珍藏本

# 中华家训经典大全集

秦泉 主编

外文出版社
FOREIGN LANGUAGES PRESS

图书在版编目（CIP）数据

中华家训经典大全集 / 秦泉主编 . — 北京：外文出版社，2012
ISBN 978-7-119-07628-7

Ⅰ . ①中…　Ⅱ . ①秦…　Ⅲ . ①家庭道德 – 中国
Ⅳ . ① B823.1

中国版本图书馆 CIP 数据核字（2012）第 071216 号

总 策 划：杨建峰
责任编辑：王　蕊
装帧设计：松雪图文
印刷监制：高　峰　苏画眉

**敬启**

本书在编写过程中，参阅和使用了一些报刊、著述和图片。由于联系上的困难，我们未能和部分作品的作者（或译者）取得联系，对此谨致深深的歉意。敬请原作者（或译者）见到本书后，及时与本书编者联系，以便我们按照国家有关规定支付稿酬并赠送样书。联系电话：010 － 84853028　联系人：松雪

## 中华家训经典大全集

主　　编：秦　泉
出版发行：外文出版社有限责任公司
地　　址：北京市西城区百万庄大街 24 号　　邮政编码：100037
网　　址：http://www.flp.com.cn
电　　话：008610-68320579（总编室）　008610-68990283（编辑部）
　　　　　008610-68995852（发行部）　008610-68996183（投稿电话）
印　　刷：北京鹏润伟业印刷有限公司
经　　销：新华书店 / 外文书店
开　　本：889mm × 1194mm　1/16
装　　别：平
印　　张：27.5
字　　数：700 千
版　　次：2012 年 5 月第 1 版第 1 次印刷
书　　号：ISBN 978-7-119-07628-7
定　　价：59.00 元

# 前言

《战国策》名篇《触龙说赵太后》中说："父母之爱子，则为之计深远。"唐太宗说："以铜为镜，可以整衣冠；以人为镜，可以知得失；以史为镜，可以知兴替。"俗语中说："富不过三代。"也有人说："成就一个富翁，只需要一夜；成就一个贵族（有修养、有知识、有财富的人），则至少需要三代。"

从古至今，上至帝王，下到臣民，多少有识家长为孩子深谋远虑，欲家业经久不衰，使子孙永为"贵族"，在茫茫古籍中苦苦搜寻适合孩子阅读的家训经典。

本书则为《颜氏家训》、《帝范》、《温公家范》、《袁氏世范》、《了凡四训》《圣谕广训》、《朱子家训》、《庭训格言》、《曾国藩家训》九部经典之作的精选本，意在使古代家训绝学"字约而旨丰"地呈现给大家。

其中，《颜氏家训》即是享有"古今家训，以此为祖"（王三聘《古今事物考》）美誉的家训著作；《帝范》被称为"帝王之细，安危兴废，咸在兹焉"；《温公家范》被封建士大夫推崇为家庭教育课本；《袁氏世范》被《四库全书》称为"不失为《颜氏家训》之亚也"；《了凡四训》糅合了儒佛道三家的思想学说，运用因果报应、福善祸淫之理，阐明忠孝仁义、诸善奉行以及立身处世之学；《圣谕广训》被《四库全书总目》称为"同约义宏，括为十有六语不为少，演为一万余言不为多"；《朱子家训》语言浅显易懂，说理中肯确切，仅以五百多字阐明修身治家之道；《庭训格言》被赵翼称为"本朝家法之严，即皇子读书一事，已迥绝千古"；《曾国藩家书》被梁启超评价为"彼其所方，字上所得之阅历而切于实际，故亲切有味，资吾侪当前之受用者，非唐宋以后儒先之言所能逮也。"而《曾国藩家训》正是《曾国藩家书》中所选之精品。

如果读者能从本书的家训经典中撷取一颗颗千百年来沉淀凝结的露珠，并让其放射出绚烂五彩的光芒，那么编者就心愿已足。

# 前言

[illegible]

# 总目录

# 颜氏家训

〔北朝〕颜之推 撰

# 《颜氏家训》导读

《颜氏家训》是我国现存最早、影响最大的家训专著。成于隋文帝平陈(589年)以后,隋炀帝即位(604年)之前。被誉为“古今家训,以此为祖”。

《颜氏家训》的作者颜之推(531—约595年),南北朝时期著名教育家、思想家。字介,琅邪临沂(今山东临沂)人。传为孔子弟子颜回三十五代孙。生于江陵(今湖北江陵),少传家业,精通古典,博览群书,善于文辞。初仕梁湘东王萧绎,为国佐常侍,加镇西墨曹参军。侯景作乱,被囚送建邺(今江苏南京);侯景之乱平定后,还至江陵,为梁元帝萧绎散骑侍郎。江陵为西魏军所破,之推携家投奔北齐,官至黄门侍郎、平原太守。齐亡入周,为御史上士。隋朝统一中国后,被太子召为学士,后终于此职。

颜之推所生活的时代,正是社会剧烈动荡、分裂割据的时代。他从耳闻目睹和饱经忧患中找出一条安身立命的经验——父兄不可常依,乡国不可常保,一旦流离无人庇荫,当求之于自身。他以“务先王之道,绍家世之业”为目的,论立身治家之法,辩正时俗之谬,作《颜氏家训》20篇,以训诫子孙。纵观全书,颜之推的教育思想可概括为如下三个方面:

第一,以儒家道统为其家庭教育的理论基础。颜之推虽然因为一生流离颠沛,三为亡国之人,深受佛教思想的影响,但其思想核心仍在儒家道统。他说:“圣贤之书,教人诚孝”(《序致》),“礼为教本,敬者身基”(《勉学》)。他还说:“古之学者为人,行道以利世也;今之学者为己,修身以求道也。”(《勉学》)“行道”、“修身”都是儒家思想的反映。他要求子孙从小就研习儒家经典。他把夫妇、父子、兄弟三亲视为人伦之重,大力倡导父慈子孝、兄友弟恭、夫义妇顺,视之为风化之要。总之,按照儒家的道德规范来教育后代,是颜之推“留此二十篇”(《序致》)的基本旨意。

第二,融合了佛儒两家思想,提出以培养“德艺周厚”的人才为其家庭教育的目的。《颜氏家训》开篇即把教育子孙“立身扬名”视为家教的主题。同时他推崇儒家“五常”——仁、义、礼、智、信(《归心》),主张士大夫按照儒家的道德规范“修身慎行”,从而达到“体道合德”的“上士”境界(《名实》)。颜之推在强调“德”的同时,十分重视“艺”之于人的重要性。所谓“艺”,即真才实学。真才实学首先来自勤学苦读。其次,他还主张士大夫应向下层人民学习,并掌握琴棋书画之类实用而且又能愉情悦性的杂艺。这些,在今天看来仍不失其积极意义。

第三,全面、切实的治家方法。《颜氏家训》中的大多数篇章对于治家之法都有所涉及。颜之推认为:“夫风化者,自上而行于下者也,自先而施于后者也”(《治家》),所以长辈必须以身作则,为子孙树立良好的榜样。他重视儿童的早期教育,认为“人生小幼,精神专利,长成已后,思虑散逸,固须早教,勿失机也”(《勉学》)。他还主张,治家应宽严适度，持家应“施而不奢，俭而不吝”(《治家》)；并晓谕子孙慎于结友：“与善人居，如入芝兰之室，久而自芳也；与恶人居，如入鲍鱼之肆，久而自臭也”(《慕贤》)。这些论述，都可为当今所借鉴。

除此之外，《颜氏家训》还对佛教的流行、俗文字的兴盛、南北方言及风俗的差异等作了较为翔实的记载。这些对于研究古代的经籍、历史、文学、文字、音韵等，提供了丰富的文献资料。

《颜氏家训》内容广泛，堪称乱世之中的经验总结，也是我国古代重要的教育典籍，而颜之推的家训思想，至今对人们仍有很大的借鉴作用。

# 颜氏家训目录

## 卷第一

### 序致第一

【原文】

夫圣贤之书，教人诚孝，慎言检迹，立身扬名，亦已备矣。魏、晋已来，所著诸子，理重事复，递相模敩，犹屋下架屋，床上施床耳。吾今所以复为此者，非敢轨物范世也，业以整齐门内，提撕子孙。夫同言而信，信其所亲；同命而行，行其所服。禁童子之暴谑，则师友之诫，不如傅婢之指挥；止凡人之斗阋，则尧舜之道，不如寡妻之诲谕。吾望此书为汝曹之所信，犹贤于傅婢寡妻耳。

【译文】

古时候圣贤的著作，都是教诲人们要忠诚和孝顺，言语要谨慎，行为要检点，要以高尚的人格扬名于人世间。这些道理，他们已说得很完善了。魏、晋以来，各学派写的阐述圣贤思想的著作，相互仿效，事理重复，就像屋下建屋和床上叠床一样，都是多余。现在我又来写这种书，并不敢要以此来规范人的言行，只是为了整顿门风、教诲下一代罢了。同样的一句话，有些人会信服，因为说话的人是他们所亲近的人；同样的命令，有些人会遵行，因为下命令的是他们所敬服的人。禁止儿童过分的戏谑，与其让老师、朋友去劝诫，还不如让日常侍奉他的仆人、侍女去劝阻；阻止兄弟间的争斗，尧舜的教诲还比不上自家妻子的诱导规劝。我希望这本书能被你们所相信，希望比侍婢对孩童、妻子对丈夫所起的作用更大一点。

【原文】

吾家风教，素为整密。昔在龆龀，便蒙诱诲；每从两兄，晓夕温凊，规行矩步，安辞定色，锵锵翼翼，若朝严君焉。赐以优言，问所好尚，励短引长，莫不恳笃。年始九岁，便丁荼蓼，家涂离散，百口索然。慈兄鞠养，苦辛备至；有仁无威，导示不切。虽读《礼》、《传》，微爱属文，颇为凡人之所陶染，肆欲轻言，不修边幅。年十八九，少知砥砺，习若自然，卒难洗荡。二十已后，大过稀焉；每常心共口敌，性与情竞，夜觉晓非，今悔昨失，自怜无教，以至于斯。追思平昔之指，铭肌镂骨，非徒古书之诫，经目过耳也。故留此二十篇，以为汝曹后车耳。

【译文】

我家的家风家教，一贯严整细密。孩童年代，我就受到了这方面的开导和教诲。平时，跟随两个兄长，早晚照顾双亲，冬天暖被，夏日扇凉，做事循规蹈矩，言语适当，神色安详，行动举止小心谨慎，就像给父母大人请安一样。长辈们经常勉励我，关心我的爱好，鼓励我扬长避短，态度都十分诚恳。九岁那年，我便遇到了父母双亡的大难。从此，家道中落，人口凋敝，一个大家庭日益衰落。慈爱的兄长抚养我长大，历尽了千辛万苦；兄长只有慈爱，没有威严，对人总是注重劝导，而不予怪罪。我虽然读了《礼记》、《左传》，喜欢写点文章，但是与世俗之人交往而受到他们的感染，便轻狂放纵，说话随意，仪容外表不够庄重。到了十八九岁，才渐渐懂得磨砺自己的言行。但习惯成自然，最终还是改不了过去养成的不良习惯。直到了二十岁以后，我才很少再犯什么大的错误。平常在信口开河的时候，心里便告诫，加以制止，理智与情感经常发生冲突；晚上躺下以后常常反省白天做的错事，今天常常懊悔昨天的过失。自伤没有得到很好的教育，以至到了这种地步。追忆自己平时所立的志向，真是感受深刻，绝不是仅从古书中的告诫就能认识到的，而是耳闻目睹的。所以，我留下了这二十篇文章，用来作为你们的前车之鉴吧。

## 教子第二

**【原文】**

上智不教而成，下愚虽教无益，中庸之人，不教不知也。古者，圣王有胎教之法：怀子三月，出居别宫，目不邪视，耳不妄听，音声滋味，以礼节之。书之玉版，藏诸金匮。生子咳啼，师保固明孝仁礼义，导习之矣。凡庶纵不能尔，当及婴稚，识人颜色，知人喜怒，便加教诲，使为则为，使止则止。比及数岁，可省笞罚。

**【译文】**

天生聪慧，智力超群的人，不用教育就能成才；智能低下的人，即使教育再多也于事无补；但是智力平常的人，不教育就不明道理。古时候的圣王就施行胎教之法：王后怀孕三个月的时候，就搬出皇宫，到其他宫中居住，眼睛不看丑陋的东西，耳朵不听胡言乱语，所听音乐和所嗜口味等，都要受到礼仪的节制。君王还把这些胎教之法写到玉版上，藏进金柜里。而当胎儿出生尚在襁褓中时，就选定了太师、太保来讲解孝、仁、礼、义以他进行引导。普通老百姓家纵然不能做到这样，那也应在婴儿即将懂得识人脸色、知道别人喜怒时，就加以指导，教育他们做大人允许做的事情，不做不允许做的事情。这样，等到孩子长大几岁时，就可以少挨甚至是不用挨鞭笞的惩罚了。

**【原文】**

父母威严而有慈，则子女畏慎而生孝矣。吾见世间，无教而有爱，每不能然；饮食运为，恣其所欲，宜诫翻奖，应诃反笑，至有识知，谓法当尔。骄慢已习，方复制之，捶挞至死而无威，忿怒日隆而增怨，逮于成长，终为败德。孔子云："少成若天性，习惯如自然"是也。俗谚云："教妇初来，教儿婴孩。"诚哉斯语！

**【译文】**

父母对孩子既要保持一定的威信，又不能丧失关爱，这样子女自然会尊敬谨慎，从而产生孝心。我见到现在有一些父母对孩子不讲教诲而一味溺爱的，往往不能如此。他们对孩子的饮食起居、言行举止过于迁就，不加管制，该批评时反而夸奖，该训斥责骂时反而一笑了之，等孩子懂事了，就会觉得这些道理本来就如此。等孩子傲慢的习惯已经养成时，再去管教，纵使鞭打得再厉害，父母也难以树立威严了。而且父母越是愤怒，子女就越是怨恨。这样的孩子长大成人后，最终会成为品德败坏的人。孔子说："从小养成的就像天性，习惯了的也就成为自然。"讲的正是这个道理。俗谚说："教导媳妇要在初来时，教导儿女要在婴孩时。"这话说得真是再合适不过了。

【原文】

凡人不能教子女者，亦非欲陷其罪恶；但重于诃怒，伤其颜色，不忍楚挞惨其肌肤耳。当以疾病为谕，安得不用汤药针艾救之哉？又宜思勤督训者，可愿苛虐于骨肉乎？诚不得已也。

【译文】

一般人不善于教育孩子，也并非想要使子女陷入险恶的境地，只是他们不想因斥责怒骂而伤了孩子的自尊，不想因体罚鞭挞而使他们承受痛苦。这该用生病来做比喻，一个人生了病，怎么可以不用汤药、针艾就能治好呢？还应该想想那些勤于督促训导子女的父母，难道他们愿意虐待自己的子女吗？实在是不得已啊！

【原文】

王大司马母魏夫人，性甚严正。王在湓城时，为三千人将，年逾四十，少不如意，犹捶挞之，故能成其勋业。梁元帝时，有一学士，聪敏有才，为父所宠，失于教义：一言之是，遍于行路，终年誉之；一行之非，揜藏文饰，冀其自改。年登婚宦，暴慢日滋，竟以言语不择，为周逖抽肠衅鼓云。

【译文】

梁朝大司马王僧辩的母亲魏夫人，本性严厉正直。王僧辩驻守湓城时，已经是一位统领三千人的将帅，且年纪过了四十，但他的行为稍有令母亲不满意的地方，就要遭到母亲棍棒的责罚，也正是因此才成就了他的功业。梁元帝时，有一位聪明而有才气的学士，但被父亲溺爱，疏于管教。他有一点成绩，其父就表扬个没完，恨不得让满街的人都知道；而他要是做了错事，其父就为他百般掩饰，希望他能自己改正。等到这位学士成年以后，凶暴傲慢的习气越来越重，后来因为说话放肆，激怒了比他更骄横、更凶恶的周逖，周逖把他的肠子抽出，并把他的血涂在了战鼓上。

【原文】

父子之严，不可以狎；骨肉之爱，不可以简。简则慈孝不接，狎则怠慢生焉。由命士以上，父子异宫，此不狎之道也；抑搔痒痛，悬衾箧枕，此不简之教也。或问曰："陈亢喜闻君子之远其子，何谓也？"对曰："有是也。盖君子之不亲教其子也。《诗》有讽刺之辞，《礼》有嫌疑之诫，《书》有悖乱之事，《春秋》有邪僻之讥，《易》有备物之象：皆非父子之可通言，故不亲授耳。"

【译文】

父亲与儿子之间的关系要严肃，而不可以过分亲昵；骨肉之间的亲情，不可以简慢不拘礼节。不拘礼节就难以做到父慈子孝；过分亲昵了，晚辈对长辈的怠慢之心就会产生，这样必然影响教育的效果。命士以上的官，父子分开居住，这就是父子之间的关系不能过于亲密的道理。至于晚辈为长辈搔痒抚痛，整理卧具等，都是教育骨肉不能简慢的道理。

有人问："孔子的弟子陈亢很赏识君子远离自己的孩子，这该如何解释呢？"回答说："这是富含道理的，品德高尚的人不能亲自教导自己的子女。《诗经》中有些言辞讽刺君王，《礼记》中有些告诫回避嫌疑，《尚书》中讲的事例有些是犯上作乱的，《春秋》中有对淫乱行为的指责，《易经》的卦象包容阴阳万物，这些都不是父子之间可以直接交流的，所以品德高尚的人不能亲自教导自己的孩子。”

【原文】

齐武成帝子琅邪王，太子母弟也，生而聪慧，帝及后并笃爱之，衣服饮食，与东宫相准。帝每面称之曰：“此黠儿也，当有所成。”及太子即位，王居别宫，礼数优僭，不与诸王等。太后犹谓不足，常以为言。年十许岁，骄恣无节，器服玩好，必拟乘舆；常朝南殿，见典御进新冰，钩盾献早李，还索不得，遂大怒，询曰：“至尊已有，我何意无？”不知分齐，率皆如此。识者多有叔段、州吁之讥。后嫌宰相，遂矫诏斩之，又惧有救，乃勒麾下军士，防守殿门；既无反心，受劳而罢，后竟坐此幽薨。

【译文】

北齐武成帝的儿子琅琊王高俨，是太子高纬的同母弟弟，他因天生聪颖而受到父王和母后的厚爱。他的衣服饮食都与太子同一个标准。而且武成帝总是当面夸奖他：“这孩子非常聪明，以后一定有所作为。”太子高纬即位后琅琊王移居别宫，但他仍与诸王不同，受到优厚的待遇。尽管如此，太后还嫌不够，常常在高纬面前埋怨。琅琊王十多岁时，傲慢任性，没有节制，他的器用服饰，珍奇玩具，都要与当皇帝的哥哥攀比。有一天，他到南殿朝拜，看到典御官和钩盾向皇上进献新到的冰块和早熟的李子，因索要这些供品不成而大发脾气，骂道：“皇上已有的东西，凭什么我没有？”做事没有分寸，在其他事情上也是这样。熟悉他的人，背后纷纷用叔段、州吁来讥讽他（叔段、州吁都是春秋时因从小被宠坏，最后招致杀身之祸的人）。后来，他又假传圣旨，将与其发生摩擦的宰相杀了，但因担心会有人前来相救，居然命其部下守住了殿门。尽管他并没有反叛的意思，并且在受到了抚慰以后撤了兵，但后来还是因为此事而被秘密杀死了。

【原文】

人之爱子，罕亦能均；自古及今，此弊多矣。贤俊者自可赏爱，顽鲁者亦当矜怜，有偏宠者，虽欲以厚之，更所以祸之。共叔之死，母实为之；赵王之戮，父实使之。刘表之倾宗覆族，袁绍之地裂兵亡，可为灵龟明鉴也。

【译文】

每个人都爱自己的孩子，但能做到公平相待的却寥寥无几。从古至今，这种种弊病可谓数不胜数。聪明俊秀的孩子固然值得赏识和疼爱，顽皮愚笨的孩子也应该得到同情和怜爱。那些偏爱孩子的父母，原本是想对某个孩子好，但结果反而会给他带来祸殃。共叔段的死，实际是他母亲造成的；赵王的被害，实际是他父亲造成的。宗族倾覆的刘表，兵败地失的袁绍，都可作为灵应的龟兆和明亮的镜子，使后人借鉴。

【原文】

齐朝有一士大夫，尝谓吾曰：“我有一儿，年已十七，颇晓书疏，教其鲜卑语及弹琵琶，稍欲通解，以此伏事公卿，无不宠爱，亦要事也。”吾时俛而不答。异哉，此人之教子也！若由此业，自致卿相，亦不愿汝曹为之。

【译文】

北齐有一位士大夫，曾经对我说：“我有个儿子，已经十七岁了，通晓公文的书写，教他讲鲜卑语、弹奏琵琶，差不多都学会了，用这些本领来服侍三公九卿，没有不宠爱他的，这也是很重要的事情啊。”我那时候低头没有回应他。这个人教育孩子的方法真是太奇怪了！如果用这种办法去取媚于人，即使做到卿相，我也不愿让你们这样做的。

## 兄弟第三

【原文】

夫有人民而后有夫妇，有夫妇而后有父子，有父子而后有兄弟：一家之亲，此三而已矣。自兹以往，至于九族，皆本于三亲焉，故于人伦为重者也，不可不笃。

【译文】

世上是先有人类然后有夫妇，有了夫妇才产生父子，有了父子之后才有兄弟，一个家庭中的亲人，仅此三者罢了。由此延展推广，直至所谓九族，都是从三亲拓展而来的，所以说“三亲”是人伦关系中最重要的，不能不认真对待。

【原文】

兄弟者，分形连气之人也，方其幼也，父母左提右挈，前襟后裾，食则同案，衣则传服，学则连业，游则共方，虽有悖乱之人，不能不相爱也。及其壮也，各妻其妻，各子其子，虽有笃厚之人，不能不少衰也。娣姒之比兄弟，则疏薄矣；今使疏薄之人，而节量亲厚之恩，犹方底而圆盖，必不合矣。惟友悌深至，不为旁人之所移者，免夫！

【译文】

哥哥与弟弟，形体不同，气血相通。在他们还很小的时候，父母亲左手拉一个，右手扯一个；一个拉着父母的前襟，一个扯着父母的后裾；吃饭都是用的同一个几案，衣服是哥哥穿了弟弟又穿，学习用具也是哥哥用了弟弟又用，放学也是在同一个地方，即使有时做事有点悖乱情理，也不能不互相爱护。等他们长大以后，各自有了妻子，各自有了孩子，即使是性情秉厚的兄弟，感情也比不上小时候那样深厚。但妯娌之间与兄弟之间相比，就更疏远些了。如今让感情疏远的妯娌来节制度量亲密的兄弟之情，就像是给方形的底座配上圆形的盖子，必定不合适的。只有兄弟间互相亲近，感情至深，不会受别人影响而疏远，才可避免上述情况。

【原文】

二亲既殁，兄弟相顾，当如形之与影，声之与响；爱先人之遗体，惜己身之分气，非兄弟何念哉？兄弟之际，异于他人，望深则易怨，地亲则易弭。譬犹居室，一穴则塞之，一隙则涂之，则无颓毁之虑；如雀鼠之不恤，风雨之不防，壁陷楹沦，无可救矣。仆妾之为雀鼠，妻子之为风雨，甚哉！

【译文】

父母双亲去世之后，兄弟互相照顾，就更应当像形体与影子、声音和回音一样。珍惜先辈给予的身体，互相怜惜从父母那儿分来的气息，不是兄弟谁又会这样怜惜呢！兄弟之间的感情，与别人是不同的，对对方期望过高就容易产生失落埋怨，相处亲密的话，就会消除不满的情绪。就好比所居住的房屋一样，有一个洞穴就把它堵好，有一条缝隙就马上堵住，那就永远没有颓毁倒塌的顾虑；如果不留心麻雀、老鼠的危害，不防范风雨的腐蚀，等到墙倒柱塌时，就无法挽救了。佣人、小妾就好比麻雀、老鼠一样，妻子就好比风雨，这种危害就更厉害了！

【原文】

兄弟不睦，则子侄不爱；子侄不爱，则群从疏薄；群从疏薄，则僮仆为雠敌矣。如此，则行路皆踖其面而蹈其心，谁救之哉？人或交天下之士，皆有欢爱，而失敬于兄者，何其能多而不能少也！人或将数万之师，得其死力，而失恩于弟者，何其能疏而不能亲也！

【译文】

如果兄弟之间关系不和谐，那他们的孩子也不会友好；既然子侄们不互相友爱，那整个家族中的众子弟就会疏远，感情淡薄；众子弟都疏远，感情淡薄了，那各家的仆人就会成为仇家了。这样一来，过往的陌路人都可以任意践踏、欺负他们，谁又能挽救他们呢。有些人能结交天下之勇士，而且能友善相处，但对于他的兄长却处处失敬，为什么能够和那么多的人相处融洽而不能善待自己为数极少的弟弟呢？有的人能统领数万人的军队，使部下都能为他拼死效劳，但对自己的弟弟却不亲密，为什么能对关系疏远的人恩爱，却对自己亲兄弟薄情寡义呢？

【原文】

娣姒者，多争之地也。使骨肉居之，亦不若各归四海，感霜露而相思，伫日月之相望也。况以行路之人，处多争之地，能无间者，鲜矣。所以然者，以其当公务而执私情，处重责而怀薄义也；若能恕己而行，换子而抚，则此患不生矣。

【译文】

妯娌之间是很容易发生争斗的，即使是同胞姐妹做了妯娌住在一起，也不如让她们各自一方，那样倒还会感叹霜露降临、时节变化而互相思念，仰望日月的圆缺而企盼着相聚的时光。何况一般妯娌都是陌路之人，相互之间能不产生误会，和睦相处是很少的。之所以会这样，是因为他们在处理大家庭的公事时都要各自为自己的小家作打算。负担重任却心怀私怨。如果都能以仁爱之心去处理事情，把对方的孩子当做自己的孩子一样抚育，就不会产生这种妯娌不和的事情了。

【原文】

人之事兄，不可同于事父，何怨爱弟不及爱子乎？是反照而不明也。沛国刘琎，尝与兄瓛连栋隔壁，瓛呼之数声不应，良久方答；瓛怪问之，乃曰："向来未着衣帽故也。"以此事兄，可以免矣。

【译文】

有的人侍奉兄长，不肯像对待父辈一样，既然这样，又怎能怨哥哥爱弟弟不如父亲爱儿子那样的深沉呢？由此反省就会知道自己的不是了。沛国有个人名叫刘琎的，曾经住在他哥哥的隔壁，有一次，他哥哥刘瓛在那边喊刘琎，接连叫了几声刘琎都没有回答，过了好一会儿才听到刘琎的回答。刘瓛觉得很诧异，问他为什么刚才不答应，刘琎就说："因为那会我还没有穿好衣服，没有戴好帽子。"用这种态度来侍奉兄长，就不用担心哥哥爱弟弟不如爱他的孩子了。

【原文】

江陵王玄绍，弟孝英、子敏，兄弟三人，特相友爱，所得甘旨新异，非共聚食，必不先尝，孜孜色貌，相见如不足者。及西台陷没，玄绍以形体魁梧，为兵所围，二弟争共抱持，各求代死，终不得解，遂并命尔。

【译文】

江陵的王玄绍与他的弟弟王孝英、王子敏，兄弟三人非常和睦。得到美味或新鲜稀奇的食物，除非兄弟三人聚在一起享用，否则绝对不会拿来品尝。兄弟三人勤勉热诚都在神态上显露出来，相见时总觉得在一起的日子不够。等到西台被攻陷，王玄绍因为体形魁梧，被敌兵包围，两个弟弟争着去抱住他，都要替他去死，但最终未能消解灾难，三人一起被害。

## 后娶第四

【原文】

吉甫，贤父也，伯奇，孝子也，以贤父御孝子，合得终于天性，而后妻间之，伯奇遂放。曾参妇死，谓其子曰："吾不及吉甫，汝不及伯奇。"王骏丧妻，亦谓人曰："我不及曾参，子不如华、元。"并终身不娶，此等足以为诫。其后，假继惨虐孤遗，离间骨肉，伤心断肠者，何可胜数。慎之哉！慎之哉！

【译文】

尹吉甫是一位圣明的父亲，伯奇是一个孝顺的儿子，以贤明的父亲来教诲孝顺的儿子，应当是完全符合父慈子孝美德的。但由于吉甫的后妻从中挑拨，伯奇便被父亲流放。曾参的妻子死后，对他的儿子教诲道："我比不上吉甫贤明，你们也不如伯奇孝顺，所以我不敢再娶。"王骏丧妻后，也对劝他再娶的人说;"我不及曾参，我的儿子也比不上曾华、曾元。"他们都终身没有再娶。这些事都足以让人引以为戒。在曾参、王骏之外，继母虐待前妻的子女，离间父子骨肉的关系，让人伤心断肠的事，真是数不胜数。你们在娶后妻这件事上，一定要慎之又慎啊！

【原文】

江左不讳庶孽，丧室之后，多以妾媵终家事；疥癣蚊虻，或未能免，限以大分，故稀斗阋之耻。河北鄙于侧出，不预人流，是以必须重娶，至于三四，母年有少于子者。后母之弟，与前妇之兄，衣服饮食，爰及婚宦，至于士庶贵贱之隔，俗以为常。身没之后，辞讼盈公门，谤辱彰道路，子诬母为妾，弟黜兄为佣，播扬先人之辞迹，暴露祖考之长短，以求直己者，往往而有。悲夫！自古奸臣佞妾，以一言陷人者众矣！况夫妇之义，晓夕移之，婢仆求容，助相说引，积年累月，安有孝子乎？此不可不畏。

【译文】

江东地区的人不避讳婢妾所生的孩子，正妻去世后，大多以妾来主管家事。家庭内小的纠纷或许不能避免，但限于婢妾的身份地位不同，因此很少有子女争斗这种有辱家门的事情。而黄河以北的人却鄙视婢妾所生的孩子，把他们当下等人对待，因此当正妻死后，就必须再娶，甚至于娶三四次，有的后妻年龄比前妻的子女还小。后妻生的儿子，与前妻所生的儿子，从穿衣吃饭的待遇以至婚配、做官，都有着士人与庶人、贵族与贱民一样的差别，而他们对此也习惯了。这样，一旦父亲去世之后，家庭成员之间的诉讼之事充斥官府，诽谤辱骂之声在路上都听得到，前妻之子诬蔑后母是婢妾，后妻之子贬黜前妻之子为佣仆，各人到处宣扬祖先的私事，争相暴露祖先的是是非非，想以此证明自己有道理，这种事在那些再娶的家族经常发生。这真可悲啊！自古以来，奸臣佞妾以一句话就陷害了别人的事太多了。何况夫妻间的情义，早晚之间就可以改变，奴婢为了求取主人的欢心，就从旁帮着劝说诱惑，这样长年累月下去，怎么还会有孝子呢？这不能不让人感到可怕。

【原文】

凡庸之性，后夫多宠前夫之孤，后妻必虐前妻之子；非唯妇人怀嫉妒之情，丈夫有沈惑之僻，亦事势使之然也。前夫之孤，不敢与我子争家，提携鞠养，积习生爱，故宠之；前妻之子，每居己生之上，宦学婚嫁，莫不为防焉，故虐之。异姓宠则父母被怨，继亲虐则兄弟为雠，家有此者，皆门户之祸也。

【译文】

按常人的秉性来看，后夫大部分宠爱前夫的子女，后妻则必定会虐待前妻的子女。这并不只是因为妇人嫉妒心强，男子本性容易沉于迷惑，实际上这是事物发展的形势和环境使他们如此。前夫的子女，不敢与后夫的子女争夺财产，在这种情况下，后父从小照顾养育他，日子一长自然就会产生爱心，所以后父就宠爱他。前妻的孩子，年龄地位一般都在自己亲生的子女之上，无论做官、读书还是娶妻出嫁，没有一样不要提防的，所以后母虐待他们。父母宠爱异姓孩子则会招致自己孩子的怨恨，继母虐待前妻的孩子则会使兄弟之间变成仇人，凡是家中有这些事的，都可说是家门的灾祸啊。

【原文】

思鲁等从舅殷外臣，博达之士也。有子基、谌，皆已成立，而再娶王氏。基每拜见后母，感慕呜咽，不能自持，家人莫忍仰视。王亦凄怆，不知所容，旬月求退，便以礼遣，此亦悔事也。

【译文】

思鲁等孩子的堂舅殷外臣，是一位广博达理的人士。他的两个儿子殷基、殷谌，都已经长大成人，而他在妻亡后又再娶王氏。殷基每次去拜见继母，都因思念生母而痛哭流涕，不能自已，家人都不忍心抬头看他。王氏见了也不禁感到凄苦悲伤，不知该如何面对他，因此结婚不到半个月就请求退婚，殷外臣只好按照礼节将她送回娘家，这也是一件让人悔恨的事啊。

【原文】

《后汉书》曰：“安帝时，汝南薛包孟尝，好学笃行，丧母，以至孝闻。及父娶后妻而憎包，分出之。包日夜号泣，不能去，至被殴杖。不得已，庐于舍外，旦入而洒埽。父怒，又逐之，乃庐于里门，昏晨不废。积岁馀，父母惭而还之。后行六年服，丧过乎哀。既而弟子求分财异居，包不能止，乃中分其财；奴婢引其老者，曰：‘与我共事久，若不能使也。’田庐取其荒顿者，曰：‘吾少时所理，意所恋也。’器物取其朽败者，曰：‘我素所服食，身口所安也。’弟子数破其产，还复赈给。建光中，公车特征，至拜侍中。包性恬虚，称疾不起，以死自乞。有诏赐告归也。”

【译文】

《后汉书》记载："汉安帝时，汝南有位姓薛名包字孟尝的人，积极上进，品行宽厚，母亲已经过世，他因特别孝顺而远近闻名。等到他的父亲娶了后妻，逐渐憎恶薛包，将他逐出家门。薛包日夜痛哭流泪，不愿离家，以致被父亲用棍棒殴打。薛包迫不得已，只好在家门外搭间草棚住着，每天早上都回家打扫房屋。他的父亲十分恼怒，又把他赶走，于是薛包就在里巷外面搭间小屋住着，每天早晚仍坚持向父母请安。这样过了一年多，他的父母也感到惭愧，让他搬回了家。当父母去世后，薛包守孝六年，超过一般守孝三年的礼法惯例。接下来，弟弟要求分家居住，薛包无法制止，只好将家产平分。自己主动分取奴婢中年长虚弱者，说：'这些人与我共事的时间很长，你使唤不了他们。'田地房屋中荒芜破败的分给自己，说：'这些是我小时候修整过的，情意上十分依恋。'器具物品则拿了些腐朽破旧的，说：'我平素使用的，已经习惯了。'分家后，他的弟弟几次把自己的家产败落了，薛包一次又一次资助他。建光年间，朝廷特意征聘他，直至任用他为侍中。薛包生性恬淡，称疾不起，快要死了，乞求回家终老。皇帝只好下诏书让他保留官衔回家了。"

## 治家第五

【原文】

夫风化者，自上而行于下者也，自先而施于后者也。是以父不慈则子不孝，兄不友则弟不恭，夫不义则妇不顺矣。父慈而子逆，兄友而弟傲，夫义而妇陵，则天之凶民，乃刑戮之所摄，非训导之所移也。

【译文】

教育感化的事情，是由上到下推行的，是从前人向后人延续的。所以亲父不慈爱，那么孩子不孝顺；兄长不友爱，那么弟弟就不恭敬；丈夫不讲情义，妻子就不会温顺。如果父亲慈爱而孩子却叛逆，兄长友爱而弟弟却傲慢，丈夫仁义而妻子却张扬跋扈，那么这些就是天生的恶毒之人，要用刑罚杀戮来迫使他畏惧，而不是仅用训诲教导就能将其改变的。

【原文】

笞怒废于家，则竖子之过立见；刑罚不中，则民无所措手足。治家之宽猛，亦犹国焉。

【译文】

如果将鞭笞的惩罚废置太久，那么孩子的错误就会马上出现；如果刑罚用得欠妥，那老百姓就会不知所措。治家的宽仁和严格，也像治国一样。

【原文】

孔子曰："奢则不孙，俭则固；与其不孙也，宁固。"又云："如有周公之才之美，使骄且吝，其馀不足观也已。"然则可俭而不可吝已。俭者，省约为礼之谓也；吝者，穷急不恤之谓也。今有施则奢，俭则吝；如能施而不奢，俭而不吝，可矣。

【译文】

孔子说："奢侈了就导致骄纵无理，节俭了就会显得固陋。与其骄纵无理，守可固陋。"又说："一个人即便有周公那样的才华和美德，但如果他骄纵且小气，别的优点再多也不值得称赞了。"这样说来，俭省可取而吝啬不可取。俭省，是合乎礼节的节省；吝啬，是在别人困难危急的时候也不体恤救助。当今舍得施舍的人过于奢侈,节俭的人又吝啬小气。如果能够做到施舍于他人而不奢侈,俭省而不吝啬,那就好了。

**【原文】**

生民之本,要当稼穑而食,桑麻以衣。蔬果之畜,园场之所产;鸡豚之善,埘圈之所生。爰及栋宇器械,樵苏脂烛,莫非种殖之物也。至能守其业者,闭门而为生之具以足,但家无盐井耳。今北土风俗,率能躬俭节用,以赡衣食;江南奢侈,多不逮焉。

**【译文】**

老百姓生存的根本,就是要种植庄稼和桑麻而收获衣食;储藏的蔬菜果品,是果园场圃生产出来的;食用的鸡肉猪肉等美食,是鸡窝,猪圈畜养出来的。至于房屋器具,柴草蜡烛,没有一样不是靠种植的东西来制造的。那种能持家的,即使不出门,他们的生活必需品都已经足够了,家里所缺的只是一口盐井而已。如今北方的习俗,都能做到省俭节用,能承担起家里的衣食所用;江南一带较浪费,多数比不上北方节俭。

**【原文】**

梁孝元世,有中书舍人,治家失度,而过严刻,妻妾遂共货刺客,伺醉而杀之。

**【译文】**

梁元帝时候,有一位中书舍人,因为其治理家庭不能把握好分寸,过分严厉尖刻,结果其妻妾收买刺客,趁他醉酒之际将其杀死了。

**【原文】**

世间名士,但务宽仁;至于饮食饷馈,僮仆减损,施惠然诺,妻子节量,狎侮宾客,侵耗乡党:此亦为家之巨蠹矣。

**【译文】**

今世的名士,在管理家庭上只求宽厚仁爱,却弄得待客馈送的食物,被童仆克扣,答应资助别人的财务,被妻子管束,甚至家里还会发生轻侮宾客,刻薄乡邻的事情:这也是治家的大祸害啊。

**【原文】**

齐吏部侍郎房文烈,未尝嗔怒,经霖雨绝粮,遣婢籴米,因尔逃窜,三四许日,方复擒之。房徐曰:“举家无食,汝何处来?”竟无捶挞。尝寄人宅,奴婢彻屋为薪略尽,闻之颦蹙,卒无一言。

**【译文】**

北齐吏部侍郎房文烈,从未生气发怒。有一次倾盆大雨,家里断了粮。他派一名婢女去籴米,这个婢女竟乘机逃走。过了三四天,才把她抓获。房文烈见了她,语气和缓地说:“家人都没有粮食了,你跑到哪里去了?”竟然没有鞭打这个婢女。房文烈曾经把房子借给别人居住,那人的奴婢把房子拆了当柴烧,差不多都要拆光了。房文烈听到了这些事,只是眉头紧皱,最后还是一句话都没有说。

【原文】

裴子野有疏亲故属饥寒不能自济者，皆收养之。家素清贫，时逢水旱，二石米为薄粥，仅得遍焉，躬自同之，常无厌色。邺下有一领军，贪积已甚，家童八百，誓满一千；朝夕每人肴膳，以十五钱为率，遇有客旅，更无以兼。后坐事伏法，籍其家产，麻鞋一屋，弊衣数库，其余财宝，不可胜言。

【译文】

裴子野把他的亲属中凡是有饥寒而没有能力自救的人，都收养了下来。他的家里一向贫穷，当时又遇上水旱灾害，他便用二石米煮成稀粥，勉强让大家都吃上一点，自己也和大家一起吃，从没有显出过厌倦的神色。邺城有个大将军，积蓄甚多依然贪得无厌，家童已有了八百人，还发誓要凑满一千，而每人一天的饭菜，却以十五文钱为标准，即使遇到客人来，也不增加一些。后来犯事，朝廷将其处死，没收了其家产，发现仅麻鞋就有一屋子，破旧衣服堆满了几个仓库，其余的财宝，更是数都数不清。

【原文】

南阳有人，为生奥博，性殊俭吝，冬至后女婿谒之，乃设一铜瓯酒，数脔獐肉；婿恨其单率，一举尽之。主人愕然，俯仰命益，如此者再。退而责其女曰："某郎好酒，故汝常贫。"及其死后，诸子争财，兄遂杀弟。

【译文】

南阳有个人，生平深藏广蓄，但性格特别吝啬。冬至后一天，女婿前来拜见他，他只给女婿准备了一铜瓯的酒和几片切成小块的獐子肉，女婿嫌他太吝啬，把酒肉一下子就吃完喝光了。这个人很吃惊，只好勉强叫人添酒加菜，这样先后添了两次。过后，他责怪女儿说："你丈夫嗜酒成性，才弄得你总是贫穷。"等到他死后，几个儿子争遗产，哥哥竟然把弟弟杀了。

【原文】

妇主中馈，惟事酒食衣服之礼耳。国不可使预政，家不可使干蛊；如有聪明才智，识达古今，正当辅佐君子，助其不足，必无牝鸡晨鸣，以致祸也。

【译文】

妇女主持家务，只要负责食物酒肉衣服等礼仪方面就行了。国家不能让妇人干政，当然也不能让她干预家里的大事了。如果她们真有聪明才智，见识通达古今，也只应辅助丈夫，以弥补丈夫的不足。一定不要像母鸡晨鸣一样，招致灾祸。

【原文】

江东妇女，略无交游，其婚姻之家，或数十年间，未相识者，惟以信命赠遗，致殷勤焉。邺下风俗，专以妇持门户，争讼曲直，造请逢迎，车乘填街衢，绮罗盈府寺，代子求官，为夫诉屈。此乃恒、代之遗风乎？南间贫素，皆事外饰，车乘衣服，必贵整齐；家人妻子，不免饥寒。河北人事，多由内政，绮罗金翠，不可废阙，羸马顇奴，仅充而已；倡和之礼，或尔汝之。

【译文】

江东的妇女，很少与外界交往，即使是结成婚姻的亲家，有的十几年没见过面，只派人传达音信或送礼物，来互相问候和诉说感情。邺城的风俗，特地让妇女当家，她们为了辨明是非曲直而争讼于公堂，请客送礼，谒见迎候，她们乘坐的车马填塞了道路，她们穿的绸缎罗绮挤满官署。有的是替儿子乞求官职，有的是给丈夫诉说冤屈。这应该就是恒州、代郡一带的北魏鲜卑的遗风吧？在南方，即使是贫素人家，也都注意修饰外表，车马、衣服一定讲究齐整，而家里的妻子儿女却不免饥寒。黄河以北的交际应酬，也多凭妇女，绮罗金翠，不能缺少，而家里的瘦弱马匹和憔悴奴仆，都不过是勉强充数而已。夫妇之间交流，有时"尔"、"汝"相称，用词并不拘泥夫唱妇和的礼数。

**【原文】**

河北妇人，织纴组紃之事，黼黻锦绣罗绮之工，大优于江东也。

**【译文】**

黄河以北地区的妇女，编织纺织、绣花织锦的手艺，都大大超过江东的妇女。

**【原文】**

太公曰："养女太多，一费也。"陈蕃曰："盗不过五女之门。"女之为累，亦以深矣。然天生蒸民，先人传体，其如之何？世人多不举女，贼行骨肉，岂当如此，而望福于天乎？吾有疏亲，家饶妓媵，诞育将及，便遣阍竖守之。体有不安，窥窗倚户，若生女者，辄持将去，母随号泣，使人不忍闻也。

**【译文】**

姜太公说："养女儿太多，是家庭的一种消耗。"后汉大臣陈蕃说过："盗贼都不愿偷盗有五个女儿的家庭。"可见，女儿带来的拖累也够深重了。但天生众民，又是先人的遗体，又能把她怎么样呢？世人很多生了女儿不愿抚养，将亲生骨肉杀害致死。这样岂能盼望上天降福？我有个远亲，家里姬妾非常多。产期临近，他就派童仆守候着。临产时，童仆就在窗户外窥探，如果生了女孩，马上抱走。产妇随即哭号，其场面惨不忍睹。

**【原文】**

妇人之性，率宠子婿而虐儿妇。宠婿，则兄弟之怨生焉；虐妇，则姊妹之谗行焉。然则女之行留，皆得罪于其家者，母实为之。至有谚云："落索阿姑餐。"此其相报也。家之常弊，可不诫哉！

**【译文】**

妇女的天性，大多宠爱女婿而虐待儿媳。宠爱女婿则自己的儿子就会产生怨恨，虐待儿媳则自己的女儿就易进谗言。这样，女的不论是出嫁还是留待闺中都会得罪于家，而这些都是做母亲的一手酿成的。以致有句谚语讲道："落索阿姑餐。"是说婆婆吃顿饭都要受冷眼。做儿媳的就是以冷落婆婆作为报复的手段，实在是报应啊。这是家庭里常见的弊端，不能不引以为戒啊！

**【原文】**

婚姻素对，靖侯成规。近世嫁娶，遂有卖女纳财，买妇输绢，比量父祖，计较锱铢，责多还少，市井无异。或猥婿在门，或傲妇擅室，贪荣求利，反招羞耻，可不慎欤？

**【译文】**

婚娶一定要找清白人家的子女作为对象，这时当年先祖靖侯定下的制度。近年来，就有为获得钱财而嫁出女儿的，也有以馈送厚礼来娶进儿媳的，这些人相互攀比门第，斤斤计较，都想占取便宜，这和做买卖没有什么区别。以至于有的人招来个下流女婿，有的人娶进个骄纵蛮横的老婆，这都是由于他们贪图虚荣，才招来耻辱。这样的事，我们能不谨慎吗？

**【原文】**

借人典籍，皆须爱护，先有缺坏，就为补治，此亦士大夫百行之一也。济阳江禄，读书未竟，虽有急速，必待卷束整齐，然后得起，故无损败，人不厌其求假焉。或有狼藉几案，分散部帙，多为童幼婢妾之所点污，风雨虫鼠之所毁伤，实为累德。吾每读圣人之书，未尝不肃敬对之；其故纸有《五经》词义及贤达姓名，不敢秽用也。

**【译文】**

借来的书本，都要爱护有加，若原先有缺损的卷页，就要给修补完好，这也是士大夫应做的百种善行之一。济阳人江禄，当他读书还未读完时，如果有非常紧急的事情，他也要先把书本放好，然后才起身，因此他的书籍都整洁干净。别人对他来借书也不会感到厌烦。有的人把书籍乱丢在桌案上，以致书卷被弄散或遗失，多被小孩婢妾弄脏，或者被风雨虫鼠毁伤，这真是有损道德。我每次读圣人写的书时，从来没有不谨慎对待的。如果废旧纸上有《五经》的词句和圣贤的名字，都绝不敢用在污秽之处。

**【原文】**

吾家巫觋祷请，绝于言议；符书章醮，亦无祈焉，并汝曹所见也。勿为妖妄之费。

**【译文】**

我们家里，从来不请那些巫婆神汉装神弄鬼；也从不请道僧画符弄法，求天祈福，这些你们都是明了的。切莫把钱浪费在这些巫妖虚妄的事情上。

# 卷第二

## 风操第六

**【原文】**

吾观《礼经》，圣人之教：箕帚匕箸，咳唾唯诺，执烛沃盥，皆有节文，亦为至矣。但既残缺，非复全书；其有所不载，及世事变改者，学达君子，自为节度，相承行之，故世号士大夫风操。而家门颇有不同，所见互称长短；然其阡陌，亦自可知。昔在江南，目能视而见之，耳能听而闻之；蓬生麻中，不劳翰墨。汝曹生于戎马之间，视听之所不晓，故聊记录，以传示子孙。

**【译文】**

我看《礼经》上讲的都是圣贤人的教诲：在长辈面前怎样使用畚箕扫帚，吃饭时如何使用匙子和筷子，咳嗽、吐痰应该留意什么，如何使应答合理，如何持烛照明、以礼待客，以及如何端盆送水侍奉长辈盥洗等等，都有精确的规范，说得已经非常完备了。但是此书已经残破，不再是完整的本子；而且有一些礼仪规范，书上并未记载，有些则需根据世事的变迁而作相应的调整，于是博学通达之士便自己制定了规范，递相沿袭，予以施行，所以世人就称之为士大夫风度节操。然而各个家庭的情况颇有不同之处，对这些礼仪规范的认识也各有长短。不过，基本脉络也还是知晓的。从前我在江南的时候，亲眼所见，亲耳所闻，早已耳濡目染，就像蓬蒿生长在大麻之中，用不着依靠绳墨也长得很直一样。你们生于兵荒马乱的年代，对这些礼仪规范自然是陌生的。所以我暂且将它们记录下来，用以传示子孙后代。

**【原文】**

《礼》曰："见似目瞿，闻名心瞿。"有所感触，恻怆心眼；若在从容平常之地，幸须申其情耳。必不可避，亦当忍之；犹如伯叔兄弟，酷类先人，可得终身肠断，与之绝耶？又："临文不讳，庙中不讳，君所无私讳。"益知闻名，须有消息，不必期于颠沛而走也。梁世谢举，甚有声誉，闻讳必哭，为世所讥。又有臧逢世，臧严之子也，笃学修行，不坠门风；孝元经牧江州，遣往建昌督事，郡县民庶，竞修笺书，朝夕辐辏，几案盈积，书有称"严寒"者，必对之流涕，不省取记，多废公事，物情怨骇，竟以不办而还。此并过事也。

**【译文】**

《礼记》上说："见到容貌与自己已故父母相似的人，听到与自己已故父母的名字，都会担心恐慌。"这是由于心中有所感触，引发了深藏心底的忧伤。如果是在悠闲舒缓的平常地方碰到此类事，可以把这种情感发泄出来。如果回避不了的，也应当忍一忍。比如自己的叔伯、兄弟，相貌酷似已故的父亲，难道你能因此而一辈子伤心断肠、永远断绝与他们的交往吗？《礼记》又说："读写文章时不用避讳；在宗庙祭祀时不用避讳；在国君面前说话时不避私讳。”这就使我们更加理解：在听到与已故父母相同的名字时，必须先考虑一下自己该取何种态度，而没有必要慌张地急于趋避。梁朝的谢举，很有声誉，但他一听到别人称呼自己父母的名字必定要哭，因此遭到世人的讥笑。还有一个臧逢世，是臧严的儿子，为人努力向上，修养品行，不败坏自家门风。梁元帝担任江州刺史的时候，派他到建昌督察公事。当地郡县的民众竞相给他写信，从早到晚聚集到官署，案桌上公犊和信札堆积如山。可是这位臧逢世在处理公务时，只要见到文书中提及“严寒”二字的，他就要伤感流泪，无心审阅文牍，因此经常误事。人们对此深感惊异和不满，藏逢世终因不称职而被免职。上述二人的做法都太过分了。

【原文】

近在扬都，有一士人讳审，而与沈氏交结周厚，沈与其书，名而不姓，此非人情也。

【译文】

最近在扬州，有一位读书人忌讳“审”字，他与一位姓沈的人情同手足。姓沈的人给他写信，只署名字而不署姓氏，这就不合人之常情了。

【原文】

凡避讳者，皆须得其同训以代换之：桓公名白，博有五皓之称；厉王名长，琴有修短之目。不闻谓布帛为布皓，呼肾肠为肾修也。梁武小名阿练，子孙皆呼练为绢；乃谓销炼物为销绢物，恐乖其义。或有讳云者，呼纷纭为纷烟；有讳桐者，呼梧桐树为白铁树，便似戏笑耳。

【译文】

大凡要避讳的字，都一定用它的同义词来替代：齐桓公名叫小白，所以博戏中的“五白”就有了“五皓”的叫法；淮南厉王名长，于是“琴有长短”就被说成“琴有修短”。但是，还没有听说过把“布帛”说成“布皓”，把“肾肠”称作“肾修”的。梁武帝的小名叫阿练，他的子孙都把“练”说成“绢”；可是，如果把“销炼”物品说成“销绢”物品，恐怕就有悖于事义了。关于有忌讳“云”字的人把“纷纭”说成“纷烟”；忌讳“桐”字的人把“梧桐树”称作“白铁树”，就更像是在开玩笑了。

【原文】

周公名子曰禽，孔子名儿曰鲤，止在其身，自可无禁。至若卫侯、魏公子、楚太子，皆名虮虱；长卿名犬子，王修名狗子，上有连及，理未为通，古之所行，今之所笑也。北土多有名儿为驴驹、豚子者，使其自称及兄弟所名，亦何忍哉？前汉有尹翁归，后汉有郑翁归，梁家亦有孔翁归，又有顾翁宠；晋代有许思妣、孟少孤，如此名字，幸当避之。

【译文】

周公给儿子取名叫禽，孔子给儿子取名叫鲤，这些名字只与被命名的人本身有关，自然无须阻止。至于像卫侯、韩公子、楚太子都取名为虮虱；司马相如又名犬子，王修名叫狗子，这就牵连步及他们的父辈，情理上无法融通了。古人所做的一些事情，现在的人就觉得荒唐了。北方人常给儿子取名为驴驹、猪仔之类的，假如让他们这样自称，或者让他们的兄弟这样称呼，又怎么受得了呢？前汉有人叫尹翁归，后汉有人叫郑翁归，梁朝也有人叫孔翁归，还有人叫顾翁宠；晋代又有人叫许思妣、孟少孤，像这一类名字，还是应当尽力回避。

【原文】

今人避讳，更急于古。凡名子者，当为孙地。吾亲识中有讳襄、讳友、讳同、讳清、讳和、讳禹，交疏造次，一座百犯，闻者辛苦，无憀赖焉。

【译文】

今人的避讳，比古人更严格。人们在为儿子取名时，就应当设身处地为孙辈着想。我的亲朋好友中有讳“襄”字的、讳“友”字的、讳“同”字的、讳“清”字的、讳“和”字的、讳“禹”字的，情谊疏浅的人一时仓猝，很容易冒犯在座众人的忌讳，听到的人感到辛酸悲苦，弄得无所适从。

【原文】

昔司马长卿慕蔺相如，故名相如，顾元叹慕蔡邕，故名雍，而后汉有朱伥字孙卿，许暹字颜回，梁世有庾晏婴、祖孙登，连古人姓为名字，亦鄙事也。

【译文】

从前司马长卿敬佩蔺相如，所以就改名相如；顾元叹钦慕蔡邕，因此就改名为雍。而后汉的朱怅字孙卿，许暹字颜回；梁朝有庾晏婴、祖孙登，这些人竟然把古人连名带姓都选作自己的名字，也是一件庸俗鄙贱的事啊。

【原文】

昔刘文饶不忍骂奴为畜产，今世愚人遂以相戏，或有指名为豚犊者。有识傍观，犹欲掩耳，况当之者乎？

【译文】

以前，刘文饶不忍心骂仆人为畜生，而当今有些愚昧浅陋的人却用这类字眼相互取乐，有的人还称呼别人为猪仔、牛犊。有见识的旁观者尚且听不下去想把耳朵捂住，何况那当事人呢！

【原文】

近在议曹，共平章百官秩禄，有一显贵，当世名臣，意嫌所议过厚。齐朝有一两士族文学之人，谓此贵曰：“今日天下大同，须为百代典式，岂得尚作关中旧意？明公定是陶朱公大儿耳！”彼此欢笑，不以为嫌。

【译文】

近日我在议曹与众人一起商议关于百官的俸禄问题，有一位显贵，是当今显赫，他对众人所议的百官俸禄过于优待表示不满。有一两位原齐朝的士族文学侍从，便对这位显贵说：“现在天下统一了，我们应该为后世建立一个典范，怎么能依然沿袭以前的关中旧规呢？您如此吝啬，一定是陶朱公的大儿子吧！”说罢彼此欢笑，竟然不嫌忌这种把戏。

【原文】

昔侯霸之子孙，称其祖父曰家公；陈思王称其父为家父，母为家母；潘尼称其祖曰家祖：古人之所行，今人之所笑也。今南北风俗，言其祖及二亲，无云家者；田里猥人，方有此言耳。凡与人言，言己世父，以次第称之，不云家者，以尊于父，不敢家也。凡言姑姊妹女子子：已嫁，则以夫氏称之；在室，则以次第称之。言礼成他族，不得云家也。子孙不得称家者，轻略之也。蔡邕书集，呼其姑姊为家姑、家姊；班固书集，亦云家孙，今并不行也。

【译文】

很久以前，侯霸的儿子称自己的祖父为家公；陈思王曹植称自己的父亲为家父，称母亲为家母；潘尼称自己的祖父为家祖。古人的这种叫法，现在的人就觉得很可笑了。如今南北各地的风俗，提到祖父及双亲，没有人称作“家”某某的；只有那些村野鄙俗之人，才会有这样的叫法。凡是与别人说话，涉及自己的伯父，只是按照父辈排行顺序称呼，而不冠以“家”字，是因为伯父比父亲年长，不敢称“家”。凡是提及自己的姑表姊妹，已经出嫁的，就以她丈夫的姓氏称呼；没有出嫁的，就以长幼排行顺序称呼。这是说女子一经行了婚嫁之礼，就成了夫家的人，不能再称作“家”了。对于子孙，也不可以称“家”，以示对他们的轻略。蔡邕在文集中称呼他的姑、姊为家姑、家姊；班固在文集中也有家孙的称呼，这种称呼如今都不流行了。

【原文】

凡与人言，称彼祖父母、世父母、父母及长姑，皆加尊字，自叔父母已下，则加贤字，尊卑之差也。王羲之书，称彼之母与自称己母同，不云尊字，今所非也。

【译文】

凡是与人谈话，称呼对方的祖父母、伯父母、父母以及长姑，都要加个“尊”字；自叔父母以下，则在称呼前加个“贤”字，这是为了表示尊卑的区别。王羲之在书信中，称呼别人的母亲和称呼自己的母亲时一样，前面不加“尊”字，如今认为这样做是欠妥的。

【原文】

南人冬至岁首，不诣丧家；若不修书，则过节束带以申慰。北人至岁之日，重行吊礼；礼无明文，则吾不取。南人宾至不迎，相见捧手而不揖，送客下席而已；北人迎送并至门，相见则揖，皆古之道也，吾善其迎揖。

【译文】

南方人在冬至和岁首这两个日子，不到办丧事的人家去；如果不写信的话，就等过了冬至、岁首，再穿戴整齐前去吊唁，以表示慰问。北方人在冬至、岁首这两个节日，特别重视行吊唁之礼，这种做法在礼仪上没有明文约束，因而我觉得不可取。南方人在有客到来时不去门外迎接，宾主相见时只是拱手而不欠身，送客时也仅仅离开座席而已；北方人迎送客人都到门口，宾主相见时行礼作揖，这些都是古人所遵守的，我很欣赏这种迎送的礼节。

【原文】

昔者，王侯自称孤、寡、不穀，自兹以降，虽孔子圣师，与门人言皆称名也。后虽有臣、仆之称，行者盖亦寡焉。江南轻重，各有谓号，具诸《书仪》；北人多称名者，乃古之遗风，吾善其称名焉。

【译文】

以前，帝王、诸侯都自称为孤、寡、不穀，从那以后，即使是孔子这样的至圣先师，与他的门徒们谈话时也直呼自己的名字。后来虽然有人自称为臣、仆，但这样做的人大约也并不多见。江南之人不论尊卑贵贱，都各有称呼，这都记载在《书仪》中。北方人则大多以名自称，这是古代的遗风遗俗，我赞许他们直呼自己名字的做法。

【原文】

言及先人，理当感慕，古者之所易，今人之所难。江南人事不获已，须言阀阅，必以文翰，罕有面论者。北人无何便尔话说，及相访问。如此之事，不可加于人也。人加诸己，则当避之。名位未高，如为勋贵所逼，隐忍方便，速报取了；勿使烦重，感辱祖父。若没，言须及者，则敛容肃坐，称大门中，世父、叔父则称从兄弟门中，兄弟则称亡者子某门中，各以其尊卑轻重为容色之节，皆变于常。若与君言，虽变于色，犹云亡祖亡伯亡叔也。吾见名士，亦有呼其亡兄弟为兄子弟子门中者，亦未为安贴也。北土风俗，都不行此。太山羊侃，梁初入南；吾近至邺，其兄子肃访侃委曲，吾答之云："卿从门中在梁，如此如此。"肃曰："是我亲第七亡叔，非从也。"祖孝徵在坐，先知江南风俗，乃谓之云："贤从弟门中，何故不解？"

【译文】

每当提到亡父的时候，按常规应当悼念亡父的恩情，这对古人来说是很容易的事情，而现在的人却觉得困难。江南人除非万不得已，必须谈论家世，也一定是用书信的方式，很少当面议论的。北方人则没什么缘由便想找人聊天，就会互相访问。这种事情各人有各人的习惯，不可以强加于人。如果别人把这样的事强加于你，就应当尽力设法予以回避。如果自己的名声地位都不高，又遇到权贵逼迫而必须言及家世，你可以暂且忍耐，随机应变，做一些言简意赅的回答，尽快结束谈话，不要让这种谈话变得繁复，使自己的祖辈和父辈受到污辱。如果自己的祖父、父亲已经去世，在必须提及他们的时候，就要表情严肃，坐得端正，口称"大门中"；提及去世的伯父、叔父，就称"从兄弟门中"；提到已过世的兄弟，则称死者儿子"某某门中"，并且要根据他们身份的高低、地位的贵贱，来定夺自己在表情流露上应该掌握的分寸，与平时的神情都要有所不同。如果与君王谈起自己已故的长辈，虽然也要表露出神色的变化，但还是称他们为亡祖、亡伯、亡叔。我看见一些名士，也有将已故的兄、弟称作兄子"某某门中"或弟子"某某门中"，这也是未必合适的。北方地区的风俗，都不这样称呼。泰山郡有个羊侃，在梁朝初年到了南方。最近我到过邺城，羊侃哥哥的儿子羊肃来向我询问羊侃的具体情况，我回答他说："您的从门中在梁朝的情况如何如何。"羊肃说："他是我的亲第七亡叔，不是堂叔。"当时祖孝微也在座，他早就知道江南的风俗，就对羊肃说："就是指贤从弟门中，您怎么不理解呢？"

【原文】

古人皆呼伯父叔父，而今世多单呼伯叔。从父兄弟姊妹已孤，而对其前，呼其母为伯叔母，此不可避者也。兄弟之子已孤，与他人言，对孤者前，呼为兄子弟子，颇为不忍；北土人多呼为侄。按：《尔雅》、《丧服经》、《左传》，侄虽名通男女，并是对姑之称。晋世已来，始呼叔侄；今呼为侄，于理为胜也。

【译文】

古时候的人都称呼伯父、叔父，现在的人大部分只单称伯、叔。如果伯父、叔父的子女父亲死后，那么在他们面前说话的时候，称他们的母亲为伯母、叔母，这是无法避免的。假如兄弟的儿子丧父，你在当着他们的面与别人讲话时，直称他们为兄之子或弟之子，也是很不礼貌的；北方人大多叫他们为"侄"。据考查：在《尔雅》、《丧服经》、《左传》等书中，"侄"的称呼虽说男女都可以通用，但都是相对于姑姑而言。晋代以来，才开始有叔侄的称呼；现在统称为"侄"，从情理上说是更合适的。

【原文】

别易会难，古人所重；江南饯送，下泣言离。有王子侯，梁武帝弟，出为东郡，与武帝别，帝曰："我年已老，与汝分张，甚以恻怆。"数行泪下。侯遂密云，赧然而出。坐此被责，飘飖舟渚，一百许日，卒不得去。北间风俗，不屑此事，歧路言离，欢笑分首。然人性自有少涕泪者，肠虽欲绝，目犹烂然；如此之人，不可强责。

【译文】

离别时容易相见难，因此古人很看重离别的感情。江南地区在为人饯行送别时，谈到分离就掉眼泪。梁朝有位王子侯，是梁武帝的弟弟，他在前往东边的州郡任职之前，去向梁武帝告别。梁武帝说："我年纪大了，与你分别，非常伤心。"说完，两行眼泪就流了下来。王子侯也显出悲伤的样子，却挤不出眼泪，只能面有愧色地红着脸离开了皇宫。他因为这件事而受到指责，舟船在停泊处飘荡了一百多天，终于还是不能离开。北方的习惯，就不屑于离别的凄切，在岔道口说起别离，欢笑着分手。当然有的人天生就不爱流泪，即使悲痛得肠断欲绝，两眼依然炯炯有神。对这样的人，就不能勉强和指责他。

【原文】

凡亲属名称，皆须粉墨，不可滥也。无风教者，其父已孤，呼外祖父母与祖父母同，使人为其不喜闻也。虽质于面，皆当加外以别之；父母之世叔父，皆当加其次第以别之；父母之世叔母，皆当加其姓以别之；父母之群从世叔父母及从祖父母，皆当加其爵位若姓以别之。河北士人，皆呼外祖父母为家公家母；江南田里间亦言之。以家代外，非吾所识。

【译文】

只要是亲属的称谓，都必须分辨明白，不可随便滥用。那些缺乏修养的人，在祖父母去世以后，称呼外祖父、外祖母与称呼祖父、祖母相同，让人听了不开心。即使是当着外祖父、外祖母的面，也必须在称呼上加个"外"字以示区别；称呼父母亲的伯父、叔父，都应当加上他们的长幼顺序来予以区别；称呼父母亲的伯母、叔母，都应当加上她们的姓氏来予以区别；称呼父母亲的堂伯父、堂伯母、堂叔父、堂叔母以及堂祖父、堂祖母，都应当加上他们的爵位或者姓氏来予以区别。河北的人，都称外祖父、外祖母为家公、家母；江南乡间偶尔也有这种叫法。用"家"字代替了"外"字，这其中的原因我就不明白了。

【原文】

凡宗亲世数，有从父，有从祖，有族祖。江南风俗，自兹已往，高秩者，通呼为尊；同昭穆者，虽百世犹称兄弟；若对他人称之，皆云族人。河北士人，虽三二十世，犹呼为从伯从叔。梁武帝尝问一中土人曰："卿北人，何故不知有族？"答云："骨肉易疏，不忍言族耳。"当时虽为敏对，于理未通。

【译文】

相同宗亲的世系辈分，有从父，有从祖，有族祖。江南的风俗习惯，是由此而延伸，对职位高的，通称为尊；同一个祖宗而辈分相同的人，即使相隔百代也还是称作兄弟；如果是对外人称呼自己宗族的人，则均称作族人。河北的士人，虽然隔了二三十代，仍然称呼从伯、从叔。梁武帝曾经问一个中原士人："你是北方人，为什么不知道有族人的称呼？"中原士人回答说："同宗骨肉之间的关系容易疏远，所以我不忍心用'族'这个称呼。"这在当时虽然算得上是一种巧妙的回答，但从礼节上却是行不通的。

【原文】

吾尝问周弘让曰："父母中外姊妹，何以称之？"周曰："亦呼为丈人。"自古未见丈人之称施于妇人也。吾亲表所行，若父属者，为某姓姑；母属者，为某姓姨。中外丈人之妇，猥俗呼为丈母，士大夫谓之王母、谢母云。而《陆机集》有《与长沙顾母书》，乃其从叔母也，今所不行。

【译文】

我曾经问周弘让："父母亲的中表姊妹，应该如何称呼她们？"周弘让回答说："也把她们称呼为丈人。"自古以来没有见过把丈人的称呼用于妇人身上的。我的亲表们是这样称呼的：如果是父亲的中表姐妹，应该称她为某姓姑；如果是母亲的中表姊妹，就称她为某姓姨。中表长辈的妻子，俚俗称为丈母，而士大夫则称她们为王母、谢母等等。《陆机集》中有《与长沙顾母书》，其中的顾母就是陆机的从叔母，这种称呼在当前已经不通行了。

【原文】

齐朝士子，皆呼祖仆射为祖公，全不嫌有所涉也，乃有对面以相戏者。

【译文】

齐朝的士大夫们，都称仆射祖珽为"祖公"，毫不忌讳这样称呼会涉及对自家祖父的称呼，甚至还有人当着祖珽的面用这种称呼来取笑的。

【原文】

古者，名以正体，字以表德，名终则讳之，字乃可以为孙氏。孔子弟子记事者，皆称仲尼；吕后微时，尝字高祖为季；至汉爰种，字其叔父曰丝；王丹与侯霸子语，字霸为君房；江南至今不讳字也。河北士人全不辨之，名亦呼为字，字固呼为字。尚书王元景兄弟，皆号名人，其父名云，字罗汉，一皆讳之，其馀不足怪也。

【译文】

古代的人，名是用来端正礼仪，字是用来表明品德。名在死后要对之避讳，字却可以作为孙子的氏。孔子的弟子在记录孔子的言行时，都称孔子为"仲尼"；吕后微贱的时候，曾经以汉高祖刘邦的字称呼他为"季"；到汉代的爰种，也以他叔父的字称作"丝"；王丹与侯霸的儿子交谈时，也称侯霸的字"君房"。江南到现在仍然不避讳称字。北方的士大夫时名和字完全没有区别，名也称作字，字固然也称作字了。尚书王元景兄弟俩，都被称作名人，他们的父亲名云，字罗汉，他俩对父亲的名和字一概加以避讳，其他的人诸多避讳，也就不足为奇了。

【原文】

《礼·间传》云："斩缞之哭，若往而不反；齐缞之哭，若往而反；大功之哭，三曲而偯；小功缌麻，哀容可也，此哀之发于声音也。"《孝经》云："哭不偯。"皆论哭有轻重质文之声也。礼以哭有言者为号，然则哭亦有辞也。江南丧哭，时有哀诉之言耳；山东重丧，则唯呼苍天，期功以下，则唯呼痛深，便是号而不哭。

【译文】

《礼记·间传》说："穿戴斩缞的丧服居丧时，一声痛哭直到气竭，好像再也回不过气来似的；穿戴齐缞的丧服居丧时，要哭得死去活来；穿戴大功丧服居丧时，要哭得一声三折，余音尚存；穿戴小功、缌麻丧服居丧时，只要体现出悲哀的神情就可以了。这就是哀痛之情通过声音表现出来的不同情形。”《孝经》说：“孝子痛失双亲，哭声不拖余音。”这些话都论述了哀哭之声有轻有重、有质朴、有文饰等差异。丧礼中把边哭边哀诉者称作号，如此则哀哭也可以带有言辞了。江南人在居丧哀哭时，常常夹杂有哀诉的言语；北方人在服重丧时，只知呼天叫地，而在服期功以下之丧时，则只是叫呼悲痛深刻，这便是号而不哭。

【原文】

江南凡遭重丧，若相知者，同在城邑，三日不吊则绝之；除丧，虽相遇则避之，怨其不己悯也。有故及道遥者，致书可也；无书亦如之。北俗则不尔。江南凡吊者，主人之外，不识者不执手；识轻服而不识主人，则不于会所而吊，他日修名诣其家。

【译文】

在江南一带，凡遇到重丧，如果是相互认识的知心朋友，又住在同一个城邑，三日之内还未吊唁，丧家就会与他断绝来往；即使在丧期过后，丧家与他在路上碰到，也会避开他，因为心中怨恨他不怜惜自己。如果另有缘故或者路途遥远而不能前来吊唁的话，写封信表示安慰也可以；如若不写信，丧家也照样与他们恩断情绝。北方的风俗则不是这样。江南地区凡来吊唁的人，除了丧主之外，不与不相识的人握手；如果只了解披戴较轻丧服的人而不认识丧主，就不必到治丧现场吊唁，改日书写好名刺再到丧家表示慰问就行了。

【原文】

阴阳家云：“辰为水墓，又为土墓，故不得哭。”王充《论衡》云：“辰日不哭，哭必重丧。”今无教者，辰日有丧，不问轻重，举家清谧，不敢发声，以辞吊客。道书又曰：“晦歌朔哭，皆当有罪，天夺其算。”丧家朔望，哀感弥深，宁当惜寿，又不哭也？亦不谕。

【译文】

阴阳家说：“辰日是水墓，又是土墓，所以不能哭丧。”王充的《论衡》说：“辰日不能哭丧，要是哭丧肯定会再死人。”现在有些缺乏教养的人，辰日遇到丧事，就不分轻丧还是重丧，全家都很安静的，不敢发出哭声，并且拒绝前来吊丧的宾客。道家的书上说：“晦日唱歌，朔日哭泣，都是有罪的，上天会减少他的寿命。”丧家在朔日和望日，哀痛的情愫特别深切，难道只为了珍惜自己的生命，就不痛哭了吗？这真叫人莫名其妙。

【原文】

偏傍之书，死有归杀。子孙逃窜，莫肯在家；画瓦书符，作诸厌胜；丧出之日，门前然火，户外列灰，袚送家鬼，章断注连。凡如此比，不近有情，乃儒雅之罪人，弹议所当加也。

【译文】

旁门左道的书籍说：人死之后，灵魂会在某一天回家一次。这一天，家中子孙们都逃避在外，谁都不肯待在家里；又说：用画瓦和书符的办法可以镇诅可以制妖；还说：出殡的时候，门前要燃火，屋外要铺灰，还要举行仪式来送走家鬼，写奏折向上天祈求断绝死者的殃祸延及家人。诸如此类的行为，都不近情理，是儒术的罪人，应当对之进行批判。

【原文】

已孤，而履岁及长至之节，无父，拜母、祖父母、世叔父母、姑、兄、姊，则皆泣；无母，拜父、外祖父母、舅、姨、兄、姊，亦如之。此人情也。

**【译文】**

父母去世以后，每当元旦及冬至这两个节日里，倘若去世的是父亲，就要拜见母亲、祖父母、伯叔父母、姑母、兄长、姐姐，拜时都要流泪；如果去世的是母亲，就要去拜见父亲、外祖父母、舅父、姨母、兄长、姐姐，也一样要痛哭。这是人之常情啊。

**【原文】**

江左朝臣，子孙初释服，朝见二宫，皆当泣涕；二宫为之改容。颇有肤色充泽，无哀感者，梁武薄其为人，多被抑退。裴政出服，问讯武帝，贬瘦枯槁，涕泗滂沱，武帝目送之曰："裴政之文裴之礼不死也。"

**【译文】**

江南的朝廷大臣去世后，他们的后辈在除去丧服之初，如果去朝觐天子和太子，都应该痛哭流涕；天子和太子也会为之动情。也颇有些肤色丰润，毫无哀痛表情的人，梁武帝鄙薄他们的为人，往往将他们贬退降谪。裴政除去丧服后，按照僧侣的礼节朝觐梁武帝，他面容瘦弱倦怠，涕泪横流。梁武帝目送着他离去，说道："裴政之父裴之礼没有死啊。"

**【原文】**

二亲既没，所居斋寝，子与妇弗忍入焉。北朝顿丘李构，母刘氏，夫人亡后，所住之堂，终身锁闭，弗忍开入也。夫人，宋广州刺史纂之孙女，故构犹染江南风教。其父奖，为扬州刺史，镇寿春，遇害。构尝与王松年、祖孝徵数人同集谈宴。孝徵善画，遇有纸笔，图写为人。顷之，因割鹿尾，戏截画人以示构，而无他意。构怆然动色，便起就马而去。举座惊骇，莫测其情。祖君寻悟，方深反侧，当时罕有能感此者。吴郡陆襄，父闲被刑，襄终身布衣蔬饭，虽姜菜有切割，皆不忍食；居家惟以掐摘供厨。江宁姚子笃，母以烧死，终身不忍啖炙。豫章熊康，父以醉而为奴所杀，终身不复尝酒。然礼缘人情，恩由义断，亲以噎死，亦当不可绝食也。

**【译文】**

父母去世以后，他们生前斋戒时居住的地方，儿子与媳妇就不忍心进去了。北朝顿丘郡的李构，在他母亲刘氏去世后，就把她生前所居住的堂屋一直关闭着，李构至死都不忍心开门进屋。刘氏是刘宋时广州刺史刘纂的孙女，所以李构仍然受到了江南风俗的感染。李构的父亲李奖，是扬州刺史，他在镇守寿春时被人杀害。李构曾经与王松年、祖孝徵等人聚在一起消遣聊天。祖孝徵擅长画画，正巧有纸笔，就画了个人。过了一会，祖孝徵就割下宴席上的鹿尾，随手开玩笑地把人像截断，拿给李构看，并没有其他的意思。谁知李构却哀痛得脸色大变，立即起身跃马而去。所有在座的人都惊诧不已，不知道其中的缘由。祖孝徵很快就醒悟过来，这才深感惶恐不安。然而当时却很少有人能够感受到这一点。吴郡的陆襄，他的父亲陆闲被砍头，因此陆襄终身穿布衣吃蔬食，即使是姜菜，如果被刀切过，他都不忍心食用；平时在家也只用指掐手摘的蔬菜供厨房之用。江宁的姚子笃，因为母亲是被大火烧死的，所以他终身都不忍心吃火烤的肉食。豫章郡的熊康，父亲因酒醉而被奴仆所杀，所以他终身不再尝酒。然而礼节是因为人的感情需要而设立的，报答恩情也要根据事理来决定。假如双亲是因为吃饭而噎死的，子女总不见得就因此绝食吧。

【原文】

《礼经》:父之遗书,母之杯圈,感其手口之泽,不忍读用。政为常所讲习,雠校缮写,及偏加服用,有迹可思者耳。若寻常坟典,为生什物,安可悉废之乎?既不读用,无容散逸,惟当缄保,以留后世耳。

【译文】

《礼经》上说:父亲留下来的书籍,母亲生前用过的杯子,子女感念上面存留着父母的手汗与口气,就不忍心阅读和使用。正是因为这些书籍是他们生前经常讲习的,亲手校对缮写过的,或是特别喜欢的,上面留有他们的遗迹,所以会触发思念之情。如果只是普通的书籍,以及各种生活日用品,怎么可以全都废弃不用呢?父母的遗物既然不忍阅读和使用,又不允许随意散失亡佚,那就只能保存起来,留传给后代了。

【原文】

思鲁等第四舅母,亲吴郡张建女也,有第五妹,三岁丧母。灵床上屏风,平生旧物,屋漏沾湿,出曝晒之,女子一见,伏床流涕。家人怪其不起,乃往抱持;荐席淹渍,精神伤怛,不能饮食。将以问医,医诊脉云:"肠断矣!"因尔便吐血,数日而亡。中外怜之,莫不悲叹。

【译文】

思鲁兄弟几个人的四舅母,是吴郡张建的女儿,她的五妹,三岁时母亲就过世了。灵床上摆设的屏风,是她母亲生前使用的物品。因房屋漏雨,沾湿了屏风,被人拿出去晾晒,那女孩一见屏风,就伏在床上痛哭流涕。家里人见她一直哭泣,觉得奇怪,就过去抱她起身,只见垫席已被泪水浸湿。她神情悲伤,不能进食。家里人带她去看医生,医生诊脉以后说道:"她已经伤心断肠了!"女孩因此吐血,没几天就去世了。家人和外人都很怜惜她,没有不悲伤慨叹的。

【原文】

《礼》云:"忌日不乐。"正以感慕罔极,恻怆无聊,故不接外宾,不理众务耳。必能悲惨自居,何限于深藏也?世人或端坐奥室,不妨言笑,盛营甘美,厚供斋食;迫有急卒,密戚至交,尽无相见之理:盖不知礼意乎!

【译文】

《礼记》上写道:"忌日不宴饮作乐。"正是由于有说不尽的感伤和思慕,悲伤欲绝,郁闷不乐,所以忌日不接待客人,也不处理日常事务。如果确能做到应付自如,又何必把自己深藏起来呢?世上有的人虽然端坐于深宅之中,却并不妨碍他兴致勃勃,还精心准备了美味佳肴,斋食非常丰盛。可是一旦有急事仓促发生,或有至亲好友到来,却全都没有出来相见的道理,这似乎是不懂礼节吧!

【原文】

魏世王修,母以社日亡;来岁社日,修感念哀甚,邻里闻之,为之罢社。今二亲丧亡,偶值伏腊分至之节,及月小晦后,忌之外,所经此日,犹应感慕,异于余辰,不预饮宴、闻声乐及行游也。

【译文】

曹魏王修的母亲是在社日当天去世的。第二年的这一天,王修深刻怀念母亲,非常悲痛。邻里乡亲听说后,为此而停止了社日的活动。现在,父母双亲去世的日子,如果恰好正碰上伏祭、腊祭、春分、秋分、夏至、冬至这些节日,以及小月晦后的那天,虽然都在忌日之外,可是应当对去世的父母感怀思慕,与其他日子有所不同。在这些日子里,应该做到不参加宴饮、不欣赏音乐以及不出门玩乐。

【原文】

刘绍、缓、绥,兄弟并为名器,其父名昭,一生不为照字,惟依《尔雅》火旁作召耳。然凡文与正讳相犯,当自可避;其有同音异字,不可悉然。刘字之下,即有昭音。吕尚之儿,如不为上;赵壹之子,傥不作一:便是下笔即妨,是书皆触也。

【译文】

刘绍、刘缓、刘绥,兄弟全是名人,他们的父亲名昭,因而他们一辈子都不写"照"字,只是依照《尔雅》,用火旁加召来取代。然而,凡是文字与人的正名相同,自然应当避讳;但如果是同音异字,就不可以完全回避了。"劉"字的下半部分,就有"昭"的发音。吕尚的儿子如果不能写"上"字,赵壹的儿子如果不能写"一"字,那便会一下笔就无从下手,一写字就会犯忌讳了。

【原文】

尝有甲设宴席,请乙为宾;而旦于公庭见乙之子,问之曰:"尊侯早晚顾宅?"乙子称其父已往。时以为笑。如此比例,触类慎之,不可陷于轻脱。

【译文】

曾经有某甲安排宴会,拟请某乙前来做客。当他早上在朝堂见到某乙的儿子时,就问道:"令尊何时可以光顾寒舍?"某乙的儿子却说他父亲已经去了,一时被当做笑话。诸如此类的事情,一定要慎重相待,千万不可陷于鲁莽。

【原文】

江南风俗,儿生一期,为制新衣,盥浴装饰,男则用弓矢纸笔,女则刀尺针缕,并加饮食之物,及珍宝服玩,置之儿前,观其发意所取,以验贪廉愚智,名之为试儿。亲表聚集,致宴享焉。自兹已后,二亲若在,每至此日,尝有酒食之事耳。无教之徒,虽已孤露,其日皆为供顿,酣畅声乐,不知有所感伤。梁孝元年少之时,每八月六日载诞之辰,常设斋讲;自阮修容薨殁之后,此事亦绝。

【译文】

江南地区的风俗,孩子出生下来满一周岁,就为他量做新衣服,为他梳洗打扮,如果是男孩,就用弓箭、纸笔,如果是女孩,就用剪刀、尺子、针线,再加上食物以及珍宝、玩具等,把这些物件放在孩子的面前,观察他(她)想要抓获什么东西,以此来检验孩子将来是贪婪还是廉洁,是傻笨还是聪明,称之为"试儿"。这一天,亲戚们相聚在一起,主人则设宴招待他们。从这以后,如果双亲还健在,每到这一天,就要举办酒宴。那些没有教养的人,虽然父母已经过世,到了这一天,依然摆设酒宴,尽兴痛饮,纵情声乐,而不知道应该有所感伤。梁元帝年轻的时候,每天八月六日生日这一天,总要宣讲佛法。自从他母亲阮修容去世以后,这种事也就中止了。

【原文】

人有忧疾，则呼天地父母，自古而然。今世讳避，触途急切。而江东士庶，痛则称祢。祢是父之庙号，父在无容称庙，父殁何容辄呼？《苍颉篇》有"倄"字，《训诂》云："痛而謼也，音羽罪反。"今北人痛则呼之。《声类》音于耒反，今南人痛或呼之。此二音随其乡俗，并可行也。

【译文】

人有了忧患疾病，就呼喊天地呼喊父母，自古以来就是如此。现在的人讲究避讳，处处比古人更加有过之而无不及。而江东的士大夫和平民百姓，悲痛的时候就称作"祢"。"祢"是已故父亲的庙号，父亲健在时不允许称呼庙号，父亲去世后又怎么能任意称呼他的庙号呢？《苍颉篇》有个"倄"字，《训诂》释意说："这是悲痛时呼叫的声音，发音是羽罪反。"现在北方人感到难过时就呼叫这个声音。《声类》则将"倄"字注为于耒反，现在南方人感到困苦时也有呼叫这个音的。这两种读音按照人们各自的乡俗，都是可行的。

【原文】

梁世被系劾者，子孙弟侄，皆诣阙三日，露跣陈谢；子孙有官，自陈解职。子则草屩粗衣，蓬头垢面，周章道路，要候执事，叩头流血，申诉冤情。若配徒隶，诸子并立草庵于所署门，不敢宁宅，动经旬日，官司驱遣，然后始退。江南诸宪司弹人事，事虽不重，而以教义见辱者，或被轻系而身死狱户者，皆为怨雠，子孙三世不交通矣。到洽为御史中丞，初欲弹刘孝绰，其兄溉先与刘善，苦谏不得，乃诣刘涕泣告别而去。

【译文】

梁朝被关押论罪的官吏，他的家族都要连续三天前往朝廷谢罪，而且不能戴帽子，光着脚；如果子孙中有当官的，还要主动请求解除官职。他的儿子则穿上草鞋和粗布衣服，蓬头垢面，慌张地在道路上迎候主事官员，叩头直至流血，为父亲申诉冤情。如果被关押的人被发配成为服苦役的罪犯，他的儿子们就一起在官署门前搭个小草棚休息，而不敢安居家中，往往一住就是十多天，直到官府前来驱逐，才从草棚退离。江南一带的诸位御史拥有弹劾纠察官吏的权力，有的官员案情虽不严重，只是因为教义而受弹劾之辱，或者是稍微受些牵连而遭拘囚身死狱中，这些人家便与御史结下了仇恨，双方的子孙三代都不相往来。到洽当御史中丞的时候，最初想弹劾刘孝绰。他的哥哥到溉原先与刘孝绰关系友善，苦苦规劝到洽不要弹劾刘孝绰，却未能奏效，只得前往刘孝绰处，痛哭着向他告别后悄然离去。

【原文】

兵凶战危，非安全之道。古者，天子丧服以临师，将军凿凶门而出。父祖伯叔，若在军阵，贬损自居，不宜奏乐宴会及婚冠吉庆事也。若居围城之中，憔悴容色，除去饰玩，常为临深履薄之状焉。父母疾笃，医虽贱虽少，则涕泣而拜之，以求哀也。梁孝元在江州，尝有不豫；世子方等亲拜中兵参军李猷焉。

【译文】

兵器是凶器，作战是危事，这些都不是安全之道。古代，天子身穿丧服亲临军队，将军则凿一扇凶门出发。如果某人的父亲、祖父、伯伯、叔叔在战场上，他就应该压抑自己，自我约束，不宜参加奏乐、宴饮以及婚礼、冠礼等吉庆活动。如果长辈被围困在城邑之中，晚辈就应该是面容苦涩，把装饰品和玩赏之物除掉，时时显露出一种如临深渊、如履薄冰的警惕戒惧神色。如果他的父母生病，需要请医生前来救助时，即使医生的地位低，或者年纪轻，也应该流着泪行礼拜见，以此求得医生的同情。梁元帝在江州的时候，曾经得过重病，他的长子萧方等就亲自拜求过中兵参军李猷。

【原文】

四海之人，结为兄弟，亦何容易。必有志均义敌，令终如始者，方可议之。一尔之后，命子拜伏，呼为丈人，申父友之敬；身事彼亲，亦宜加礼。比见北人，甚轻此节，行路相逢，便定昆季，望年观貌，不择是非，至有结父为兄，托子为弟者。

【译文】

四海异姓的朋友结拜为兄弟，这事相当困难。一定要是志同道合而又始终如一的人，才可以谈论此事。一旦约定为兄弟之后，就要让自己的儿子向他伏地下拜，称他为丈人，以表现对父亲朋友的敬意；自己对结拜兄弟的父母亲，也应该以礼相待。近来我见到一些北方人，非常轻略此事，两个人狭路相逢，立刻就结拜为兄弟，只是问问年纪看看外表，也不辨别一下是否妥当，以致竟有把父辈视为兄长，将子侄辈当成弟弟的事。

【原文】

昔者，周公一沐三握发，一饭三吐餐，以接白屋之士，一日所见者七十余人。晋文公以沐辞竖头须，致有图反之诮。门不停宾，古所贵也。失教之家，阍寺无礼，或以主君寝食嗔怒，拒客未通，江南深以为耻。黄门侍郎裴之礼，号善为士大夫，有如此辈，对宾杖之。其门生僮仆，接于他人，折旋俯仰，辞色应对，莫不肃敬，与主无别也。

【译文】

以前，周公宁可在洗头时三度绾起头发停下来，吃饭时三次吐出正在咀嚼的食物，去接待来访的穷困贤士，曾经在一天之内接见了七十多人。而晋文公以正在洗头为理由，拒绝接见童仆头须，头须因此而讥诮他思维颠倒。不使宾客停留在门前，是古人所看重的礼节。那些缺少教养的人家，看门人也没有礼貌，有的看门人以主人正在睡觉、吃饭或发脾气为借口，将来访的客人拒之门外，不为客人通报，江南人以此种做法看作很可耻。黄门侍郎裴之礼，被称赞是能为人楷模的士大夫，他如果检查出家中仆人慢待宾客，就会当着客人的面杖罚这个仆人。他家的门子、僮仆在接待宾客时，进退礼仪，言行举止，无不严肃恭敬，与主人没有一点区别。

## 慕贤第七

【原文】

古人云："千载一圣，犹旦暮也；五百年一贤，犹比髆也。"言圣贤之难得，疏阔如此。傥遭不世明达君子，安可不攀附景仰之乎？吾生于乱世，长于戎马，流离播越，闻见已多；所值名贤，未尝不心醉魂迷向慕之也。人在年少，神情未定，所与款狎，熏渍陶染，言笑举动，无心于学，潜移暗化，自然似之；何况操履艺能，较明易习者也？是以与善人居，如入芝兰之室，久而自芳也；与恶人居，如入鲍鱼之肆，久而自臭也。墨子悲于染丝，是之谓矣。君子必慎交游焉。孔子曰："无友不如己者。"颜、闵之徒，何可世得！但优于我，便足贵之。

【译文】

古人说："千载一圣，犹旦暮也；五百年一贤，犹比髀也。"意思是说圣贤十分难寻，要经过很长时间才能发现一个。假如碰上了世上罕有的明达君子，怎么能不攀附景仰他呢？我成长在乱世之中，在兵荒马乱中长大，无家可归，所听到的和所看到的够多了，但遇到名人贤士，未尝不心醉神迷地崇拜他。人在年轻的时候，精神性情尚未成熟，与圣贤之士亲近还可以受到其熏陶。他的言行举止，音容笑貌，即使无心去仿效，但在潜移默化中，自然跟他相似。何况操守和技能，是比较容易掌握的东西呢？因此，与善人相处，就像与芷兰香草共处一室，时间久了，自己也会变得芳香了；与恶人相处，就像是进入满是鲍鱼的房间，时间久了，人也变得跟鲍鱼一样臭。墨子有感于染丝而悲叹，他说的也是一样的道理。君子结交朋友一定要谨慎啊。孔子说："不要跟不如自己的人做朋友。"像颜回、闵损那样的贤人，我们一辈子都难遇上。但只要比我强的，那也就值得我尊敬了。

【原文】

世人多蔽，贵耳贱目，重遥轻近。少长周旋，如有贤哲，每相狎侮，不加礼敬；他乡异县，微藉风声，延颈企踵，甚于饥渴。校其长短，核其精粗，或彼不能如此矣。所以鲁人谓孔子为东家丘，昔虞国宫之奇，少长于君，君狎之，不纳其谏，以至亡国，不可不留心也。

【译文】

世上的人大部分没有见识，对传闻的人和事十分相信，对自己亲眼看见的却不相信；对远方的人十分重视，对自己身边的人却常常忽略。跟自己一起长大的人，如果当中有人成了贤达之士，往往就对他轻狎怠慢，缺少敬意。如果是异乡别县的人，只凭听到了他们一点点的名声，就争着去认识一下，以致伸长了脖子，踮起了脚跟，如饥似渴地去仰慕。比较两个人的长短，核对两者的优劣，或许远方的圣人不如自己身边的贤士。因此鲁国的人不把孔子视为圣人，而称之为"东家丘"。从前虞国的宫之奇，与国君一块长大，国君与他较为亲近，因而不肯受他的劝告，以至亡了国。这个教训我们不可不多加注意啊！

【原文】

用其言，弃其身，古人所耻。凡有一言一行，取于人者，皆显称之，不可窃人之美，以为己力；虽轻虽贱者，必归功焉。窃人之财，刑辟之所处；窃人之美，鬼神之所责。

【译文】

听从别人的言语，嫌弃这个人本身，古人认为这是非常可耻的。凡是一句话，或一个举措，取自于他人的，都应该公开弘扬，不能够掠人之美，当做是自己的功劳；即使是地位低下之人，身份卑微之士，也要把功劳归功于他。盗窃他人的财物，会受到刑律的处罚；盗窃别人的功绩，会遭到鬼神的斥责。

【原文】

梁孝元前在荆州，有丁觇者，洪亭民耳，颇善属文，殊工草隶；孝元书记，一皆使之。军府轻贱，多未之重，耻令子弟以为楷法，时云："丁君十纸，不敌王褒数字。"吾雅爱其手迹，常所宝持。孝元尝遣典签惠编送文章示萧祭酒，祭酒问云："君王比赐书翰，及写诗笔，殊为佳手，姓名为谁？那得都无声问？"编以实答。子云叹曰："此人后生无比，遂不为世所称，亦是奇事。"于是闻者稍复刮目。稍仕至尚书仪曹郎，末为晋安王侍读，随王东下。及西台陷殁，简牍湮散，丁亦寻卒于扬州；前所轻者，后思一纸，不可得矣。

【译文】

梁孝元帝在荆州时，曾经有一位叫丁觇的人，是洪亭那个地方的人。他很会写东西，尤其擅长草书和隶书。孝元帝的文书抄写，全都是由他负责。军府中的人看不起他，耻于让自己的子弟去临习他的书法。当时有这样的说法："丁觇写满字的十张纸，抵不上王褒的几个字。"我非常喜欢丁觇的书法墨宝，常常把它们收藏起来。孝元帝曾经派典签惠编把文章送给祭酒萧子云看。萧子云问："君王近来常有书信赐给我，里面的诗歌文章、书法都非常漂亮，实在是一位非常出色的人才，那人姓甚名谁？怎么会一点名声都没有呢？"惠编据实回答。子云十分动情地说："这个人在年轻人中无与伦比，竟然不被世人所称道，实在是一件怪事。"别的人听了子云这样的评价以后，才改变对丁觇的认识。后来，丁觇也渐渐官至尚书仪曹郎，后来担任晋安王的伴读，追随着晋安王顺江东下。等到后来江陵陷落的时候，那些文书竹简礼札都丢失了，丁觇不久也死于扬州。以前那些看不起他的人，想再得到他的只字片纸，也是不可能了。

【原文】

侯景初入建业，台门虽闭，公私草扰，各不自全。太子左卫率羊侃坐东掖门，部分经略，一宿皆办，遂得百馀日抗拒凶逆。于时，城内四万许人，王公朝士，不下一百，便是恃侃一人安之，其相去如此。古人云："巢父、许由，让于天下；市道小人，争一钱之利。"亦已悬矣。

【译文】

侯景刚进入建业城的时候，城门紧紧地关闭，即使这样，城内的官吏和百姓一片狼藉，人人都在担心自己的安危。这时，太子左卫率（官名）羊侃坐镇东掖门，他在那里部署策划防守事务，一夜之间就办完了应办的事。因此，才争取到一百多天的时间来抵御凶恶的侯景之乱。当时，城里面有四万多人，王公大臣不下一百人，但就凭着羊侃一个人平复了局势，其间的相差竟到了如此地步。古人说："巢父、许由，把天下让给别人；而市道小人，却为一钱之利争执不休。"这其中，人与人之间的差距就更大了。

【原文】

齐文宣帝即位数年，便沉湎纵恣，略无纲纪；尚能委政尚书令杨遵彦，内外清谧，朝野晏如，各得其所，物无异议，终天保之朝。遵彦后为孝昭所戮，刑政于是衰矣。斛律明月，齐朝折冲之臣，无罪被诛，将士解体，周人始有吞齐之志，关中至今誉之。此人用兵，岂止万夫之望而已哉！国之存亡，系其生死。

【译文】

齐文宣帝登上皇位没几年，就沉溺于酒色，放纵恣肆，目无章纪。但他总算还能把政事授权尚书令杨遵彦应付，所以朝廷内外倒也平静，朝野上下安然，人人各得其所，没有引起什么动乱，最终保全了天保王朝。后来杨遵彦被孝昭帝所杀，国家的刑律政令也因此而废弛了。斛律明月是齐朝安邦御敌的将帅，可他却无罪被杀，军队将士因而人心涣散，这使北周萌发了吞并北齐的念头。而关中的人民，至今仍对斛律明月赞不绝口。这个人用兵打仗，又岂止是众望所归！他的生死可关系到国家的存亡大计。

**【原文】**

张延隽之为晋州行台左丞，匡维主将，镇抚疆场，储积器用，爱活黎民，隐若敌国矣。群小不得行志，同力迁之；既代之后，公私扰乱，周师一举，此镇先平。齐亡之迹，启于是矣。

**【译文】**

张延隽在任晋州行台左丞时，扶持主将，镇守边疆国界，储积物资，爱惜黎民百姓，使晋州坚稳威重可与一国相匹敌。而一些无耻小人因为不能随心所欲便大力排挤他；后来，张延隽被取代了，晋州上下一片混乱，北周一举兵，晋州就被扫平了。齐朝的败亡历程就是从这里开始了。

# 卷第三

## 勉学第八

**【原文】**

自古明王圣帝犹须勤学，况凡庶乎！此事遍于经史，吾亦不能郑重，聊举近世切要，以启寤汝耳。士大夫子弟，数岁已上，莫不被教，多者或至《礼》、《传》，少者不失《诗》、《论》。及至冠婚，体性稍定；因此天机，倍须训诱。有志尚者，遂能磨砺，以就素业；无履立者，自兹堕慢，便为凡人。人生在世，会当有业：农民则计量耕稼，商贾则讨论货贿，工巧则致精器用，伎艺则沉思法术，武夫则惯习弓马，文士则讲议经书。多见士大夫耻涉农商，差务工伎，射则不能穿札，笔则才记姓名，饱食醉酒，忽忽无事，以此销日，以此终年。或因家世余绪，得一阶半级，便自为足，全忘修学；及有吉凶大事，议论得失，蒙然张口，如坐云雾；公私宴集，谈古赋诗，塞默低头，欠伸而已。有识旁观，代其入地。何惜数年勤学，长受一生愧辱哉！

**【译文】**

古时的圣明帝王尚且需要努力奋斗，何况普通百姓呢！这类事在经籍史书中到处可见，我也不能一一例举，姑且举几个近世紧要的事说明一下，借以启发感悟你们。士大夫家的子弟，长到几岁以后，没有不受教育的，学得多的学了《礼经》、《春秋三传》，学得少的也不会少于《诗经》、《论语》。等到他们二十岁行冠礼或结婚以后身体性情逐渐成熟，应根据他们的本性，加倍对他们进行教育和指导。那些有志向求上进的，就能经受磨炼，成就事业；那些没有毅力的，从此懒惰下去，就成了平庸的人。人生在世，都应当有自身的职业：农民要琢磨怎样耕田种地，商贩要商讨买卖生财之道，能工巧匠要精心制作器具，艺人要深入研习技艺，武士要熟悉骑马射箭，文人要讲论儒家经典。我经常见到不少士大夫耻于从事农商，又缺乏手工技艺，射箭连铠甲上的页片也射不穿，动笔仅仅能写出自己的名字，整天花天酒地，恍恍惚惚，无所事事，以此消磨时光，以此了结生命。有的人靠着祖上的荫庇，得到了一官半职，便自我丧失斗志，完全忘记了学习修业，以致碰上吉凶大事，与人议论得失时，就懵懵懂懂，张口结舌，如坠云雾之中。在各种公私宴会上，大家谈古论今，吟诗作赋，他却像被塞住了嘴一样，低头不语，只好打哈欠伸懒腰替代罢了。那些有见识的旁观者，都为他羞得恨不能钻到地下去。这些人为什么舍不得苦学几年，而宁愿长受一生的愧辱呢！

**【原文】**

梁朝全盛之时，贵游子弟，多无学术，至于谚云："上车不落则著作，体中何如则秘书。"无不熏衣剃面，傅粉施朱，驾长檐车，跟高齿屐，坐棋子方褥，凭斑丝隐囊，列器玩于左右，从容出入，望若神仙。明经求第，则顾人答策；三九公宴，则假手赋诗。当尔之时，亦快士也。及离乱之后，朝市迁革，铨衡选举，非复曩者之亲；当路秉权，不见昔时之党。求诸身而无所得，施之世而无所用。被褐而丧珠，失皮而露质，兀若枯木，泊若穷流，鹿独戎马之间，转死沟壑之际。当尔之时，诚驽材也。有学艺者，触地而安。自荒乱已来，诸见俘虏。虽百世小人，知读《论语》、《孝经》者，尚为人师；虽千载冠冕，不晓书记者，莫不耕田养马。以此观之，安可不自勉耶？若能常保数百卷书，千载终不为小人也。

【译文】

梁朝鼎盛时期，没有官职的贵族子弟，大部分不学无术，所以有谚语说："只要登车不跌跤，便可当著作郎；只要能写'身体怎样'的人，便可当秘书。"这些贵族子弟没有一个不以香料熏衣，修剃脸面，涂脂抹粉，乘坐长檐车，穿戴高齿屐，坐在方格图案的丝绸坐褥上，倚着杂色丝织靠枕，身边摆着各种古玩，从容地进进出出，看上去好似神仙一样。到参加明经科考以求取功名的时候，他们就雇人顶替自己回答策问；在三公九卿出席的宴会上，他们就请别人代替自己吟诗作赋。这种时候，他们也算非常快意之士。及至动乱之后，改朝换代，选人用人的不是往日的亲朋；当政掌权的，不再是过去的同伙。此时，这些贵族子弟想靠自己去求得一官半职，却无能为力；想在社会上施展才华，又身无长技。他们只能身穿粗布衣服，丢掉自己的品性，剥下华丽的外表，露出无能的本质，呆头呆脑像枯槁的木头，有气无力像快要干涸的水流，在兵荒马乱之中颠沛流离，最后抛尸于荒山野岭之中。这时候，这些贵族子弟的的确确成了蠢材。而有学识、有技艺的人，则到处可以安身。自从乱世以来，我见过不少俘虏。即使世代是下等人，只要懂得《孝经》、《论语》，还可以给别人当老师；即使是年代久远的世家大族，只要不会动笔作文，没有一个不去耕田养马。由此推论，人们怎能不自励自勉、努力学习呢？如果能够经常进行几百卷书籍研读，就是再过一千年也不会成为卑贱之人。

【原文】

夫明《六经》之指，涉百家之书，纵不能增益德行，敦厉风俗，犹为一艺，得以自资。父兄不可常依，乡国不可常保，一旦流离，无人庇荫，当自求诸身耳。谚曰："积财千万，不如薄伎在身。"伎之易习而可贵者，无过读书也。世人不问愚智，皆欲识人之多，见事之广，而不肯读书，是犹求饱而懒营馔，欲暖而惰裁衣也。夫读书之人，自羲、农已来，宇宙之下，凡识几人，凡见几事，生民之成败好恶，固不足论，天地所不能藏，鬼神所不能隐也。

【译文】

精读六经旨意、涉猎百家著述的人，即使不能增加品德修养，砥砺世风习俗，仍算有一技之长，可借此自谋生计。父亲兄长不能长期依赖，家乡疆域不能常保无虞，一旦流离失所，没有人庇护救济时，就得靠自己了。俗话说："积蓄千万，不如身有薄技。"易于学习而又可贵的本事没有比得上读书的。世人不管愚蠢的还是聪明的，都希望认识的人多，见识的事广，却不愿读书，这就好像想饱餐却懒得做饭，想暖却懒得裁衣一样。那些读书人，从伏羲、神农的时代以来，在这世界上，认识过多少人，见识过多少事，对一般人的成败好恶，他们看得很清楚，这不用详述了，即使天地的事也不能在他们眼中隐避，就是鬼神的事也不能在他们眼前躲藏。

【原文】

有客难主人曰："吾见强弩长戟，诛罪安民，以取公侯者有矣；文义习吏，匡时富国，以取卿相者有矣；学备古今，才兼文武，身无禄位，妻子饥寒者，不可胜数，安足贵学乎？"主人对曰："夫命之穷达，犹金玉木石也；修以学艺，犹磨莹雕刻也。金玉之磨莹，自美其矿璞；木石之段块，自丑其雕刻。安可言木石之雕刻，乃胜金玉之矿璞哉？不得以有学之贫贱，比于无学之富贵也。且负甲为兵，咋笔为吏，身死名灭者如牛毛，角立杰出者如芝草；握素披黄，吟道咏德，苦辛无益者如日蚀，逸乐名利者如秋荼，岂得同年而语矣。且又闻之：生而知之者上，学而知之者次。所以学者，欲其多知明达耳。必有天才，拔群出类，为将则暗与孙武、吴起同术，执政则悬得管仲、子产之教，虽未读书，吾亦谓之学矣。今子即不能然，不师古之踪迹，犹蒙被而卧耳。"

【译文】

有客人曾经质询我说："我看到过有手拿强弓长戟，诛灭罪人，抚慰百姓，以此取得公侯爵位的人；有阐释礼数，研习吏道，匡正时事，使国家富足，以此博取卿相职位的人；而学问贯通古今，才能兼备文武，却身无俸禄官职，妻儿挨饿受冻的人，却数不胜数。这么看来，何苦看重学习呢？"我回答他说："每个人的命运是穷困还是显赫，就好比金玉与木石；研习学问和技艺，就好比琢磨金玉，雕刻木石。经过雕琢的金玉，比矿石璞玉更美；一段未经雕刻的一块木石比经过雕刻的丑陋多了。怎么可以说经过雕刻的木石，就胜过未经琢磨的矿石璞玉呢？所以，不能以博学的贫贱人，去与浅薄富贵人相比。况且披起铠甲当兵，与用笔充任小吏的人，身死名灭的，多如牛毛，卓然挺立的，少如灵芝；勤奋攻读，修养品性，含辛茹苦的人，像日食那样少见，而闲适安乐、追名逐利的人，却像秋荼那样繁多，二者怎能同日而语呢？况且我又听说：生下来就明白事理的是高等人，通过学习才明白事理的是次一等的人。人之所以要学习，是想增多知识，明白事理。如果说有天才存在的话，那就是杰出的人，他们如做将领，便暗中具备了与孙武、吴起相同的军事谋略；若做执政者，先天就获得了管仲、子产那样的政治才干。虽然他们没有读过书，我也认为他们是有知识的人。现在你却不能做到这样，不去师法古人的所作所为，就像蒙着被子睡大觉，什么也看不见了。"

【原文】

人见邻里亲戚有佳快者，使子弟慕而学之，不知使学古人，何其蔽也哉？世人但知跨马被甲，长稍强弓，便云我能为将；不知明乎天道，辩乎地利，比量逆顺，鉴达兴亡之妙也。但知承上接下，积财聚谷，便云我能为相；不知敬鬼事神，移风易俗，调节阴阳，荐举贤圣之至也。但知私财不入，公事夙办，便云我能治民；不知诚己刑物，执辔如组，反风灭火，化鸱为凤之术也。但知抱令守律，早刑晚舍，便云我能平狱；不知同辕观罪，分剑追财，假言而奸露，不问而情得之察也。爰及农商工贾，厮役奴隶，钓鱼屠肉，饭牛牧羊，皆有先达，可为师表，博学求之，无不利于事也。

【译文】

人们看到邻居、亲戚中有优秀的人物，便让子弟敬仰他们，向他们学习，却不懂得让他们向古人学习，这是多么愚昧啊！人们只知道跨骏马，披铠甲，手持长矛强弓，就以为自己也能当将军，然而不知道作为一个将军，要了解天时的阴晴寒暑，分辩地理的险易远近，比较权衡战争中的逆境与顺境，审察历史上兴盛衰亡的种种奥妙。世人只知道上下左右应酬，积财储粮，就以为自己也能当宰相，却不知道作为一个宰相，要懂得敬重鬼神，移风易俗，调节自然变化，荐贤举能等基本大事。世人只知道不谋私财，公事及早办理，就以为自己也能治理好百姓，却不知道管理百姓，要诚恳待人，为人楷模，有善驾车马，止风灭火，化鸱为凤的本领。世人只知道依照法令条律，及时判刑、及时赦免，就以为自己也能秉公办案，却不知道有同辕观罪、分剑追财、用假言诱使诈伪者暴露、不用审问而案情自明的洞察力。至于农夫、商贾、工匠、童仆、奴隶、渔民、屠夫、喂牛的、放羊的人中，都有贤德的人，可以作为学习的表率，广泛地向这些人学习，对事业是非常有帮助的。

【原文】

夫所以读书学问，本欲开心明目，利于行耳。未知养亲者，欲其观古人之先意承颜，怡声下气，不惮劬劳，以致甘腝，惕然惭惧，起而行之也；未知事君者，欲其观古人之守职无侵，见危授命，不忘诚谏，以利社稷，恻然自念，思欲效之也；素骄奢者，欲其观古人之恭俭节用，卑以自牧，礼为教本，敬者身基，瞿然自失，敛容抑志也；素鄙吝者，欲其观古人之贵义轻财，少私寡欲，忌盈恶满，赒穷恤匮，赧然悔耻，积而能散也；素暴悍者，欲其观古人之小心黜己，齿弊舌存，含垢藏疾，尊贤容众，苶然沮丧，若不胜衣也；素怯懦者，欲其观古人之达生委命，强毅正直，立言必信，求福不回，勃然奋厉，不可恐慑也：历兹以往，百行皆然。纵不能淳，去泰去甚。学之所知，施无不达。世人读书者，但能言之，不能行之，忠孝无闻，仁义不足；加以断一条讼，不必得其理；宰千户县，不必理其民；问其造屋，不必知楣横而棁竖也；问其为田，不必知稷早而黍迟也；吟啸谈谑，讽咏辞赋，事既优闲，材增迂诞，军国经纶，略无施用：故为武人俗吏所共嗤诋，良由是乎！

【译文】

人们读书的原因，本来是为了开发心智、开阔视野，以利于修炼自己的品行。对那些不知道奉养父母的人，就要让他看看古人如何体察父母心意，如何看父母的脸色办事；如何轻言细语、和颜悦色地与父母说话；如何不怕劳苦，为父母办来甘美酥嫩的食品，从而使那些不孝者感到惭愧，从而行孝亲之道。对那些不知道侍奉国君的人，就要让他们看看古人如何笃守职责，而不欺凌犯上；如何在危急关头，不惜献出性命；如何不忘忠心进谏的职责，以利于国家；使他们痛心疾首地反省自己，进而想去效法古人。对那些骄傲奢侈的人，就要让他们看看古人如何恭谨俭朴，节约费用；如何谦卑自守，如何以礼让为教化的根本，以恭敬为立身的基础；使他们震惊，警觉自己的过失，从而收敛傲慢的态度，抑制那骄奢的心思。对那些平时浅薄吝啬的人，就要让他们看看古人如何重义轻财，少私寡欲，忌讳过分地贪财；如何救济穷人，体恤贫民；使他们脸红惭愧，懊悔羞耻，从而做到积财又能散财。对那些一向暴虐凶悍的人，就要让他们看看古人如何小心恭谨，约束自己，懂得齿亡舌存的道理；如何宽仁大度，尊重贤士，容纳众人；使他们看了之后垂头丧气，好像连衣服也穿不动一样。对那些平时胆小懦弱的人，就要让他们看看古人如何看透人生，听天由命；如何刚强坚毅，刚正不阿；如何信守承诺，祈求福运，而又不违祖道；使他们能奋发图强，无所畏惧。由此类推，各方面的品行都可采取上面的途径来得到借鉴。即使不能使风气纯正，也可去掉那些过分的行为。从学习中获取知识，做起事来就会得心应手。然而现在的读书人，只知空谈，不能行动。他们忠孝谈不上，仁义也欠缺；加上他们审断一桩官司，不一定了解其中的道理；主管一个千户小县，不一定亲自治理好百姓；问他们怎样造房子，不一定知道楣是横的而棁是竖的；问他们怎样种田，也不一定知道高粱下种的季节早而黍子下种的季节晚；他们整天吟咏长啸，谈笑戏谑，写诗作赋，悠闲自在，除了增加一些迂阔荒诞的事情外，对治军治国则毫无用途。因而他们被武官俗吏嗤笑辱骂，也确实是事出有因。

【原文】

夫学者所以求益耳。见人读十卷书,便自高大,凌忽长者,轻慢同列;人疾之如仇敌,恶之如鸱枭。如此以学自损,不如无学也。

【译文】

学习是为了有所收益。我看见有些人读了几十卷书,就自高自大,轻慢长者,看不起同辈。大家仇视他就像对待仇敌一样,厌恶他就像对待鸱枭一样。像这样因学了点东西反而使自己品行受损,还不如不学习。

【原文】

古之学者为己,以补不足也;今之学者为人,但能说之也。古之学者为人,行道以利世也;今之学者为己,修身以求进也。夫学者犹种树也,春玩其华,秋登其实;讲论文章,春华也,修身利行,秋实也。

【译文】

古人求学是为了充实自己,用以弥补自身的不足;现代人求学是为了向外人炫耀,只为夸夸其谈。古人求学是为别人,即奉行儒家之道,而能造福于世;现代人求学是为自己,即修身养性以谋求仕进。学习就像种树一样,春天观赏它的花朵,秋天可以收获它的果实;讲论文章,这就好比观赏春花;修身利行,这就好比摘取秋果。

【原文】

人生小幼,精神专利,长成已后,思虑散逸,固须早教,勿失机也。吾七岁时,诵《灵光殿赋》,至于今日,十年一理,犹不遗忘;二十之外,所诵经书,一月废置,便至荒芜矣。然人有坎壈,失于盛年,犹当晚学,不可自弃。孔子云:"五十以学《易》,可以无大过矣。"魏武、袁遗,老而弥笃,此皆少学而至老不倦也。曾子七十乃学,名闻天下;荀卿五十,始来游学,犹为硕儒;公孙弘四十余,方读《春秋》,以此遂登丞相;朱云亦四十始学《易》、《论语》;皇甫谧二十,始受《孝经》、《论语》:皆终成大儒,此并早迷而晚寤也。世人婚冠未学,便称迟暮,因循面墙,亦为愚耳。幼而学者,如日出之光,老而学者,如秉烛夜行,犹贤乎瞑目而无见者也。

【译文】

人在幼小的时候,精神专注敏锐;长大以后,心思容易分散。因此,对孩子必须重视早教育,不可错失良机。我七岁的时候,背诵《灵光殿赋》,直到今天,隔十年温习一次,仍然不会遗忘。二十岁以后,所背诵的经书,如果搁置一个月不温习,便到了荒疏的地步。然而人生总有坎坷,如果年轻时失去了求学的机会,还应当在晚年学习,不可自暴自弃。孔子说:"五十岁时学习《易经》,就可以不犯大的过错了。"魏武帝和袁遗,越老学习兴趣越浓厚,这都是年轻时勤奋学习直到老年也不厌倦的例子。曾子七十岁时才开始学习,依然名闻天下。荀卿五十岁才到齐国游学,仍然成了大学问家。公孙弘四十多岁才开始读《春秋》,靠这门学问登上了相位。朱云也是四十岁才开始学习《易经》、《论语》的,皇甫谧二十岁才开始学习《孝经》、《论语》,他们最后都成了大学问家。这些都是早年迷惑而晚年觉悟的例子。现在的人到成年还未开始学习,就说晚了,拖拖拉拉过日子,好像面对着墙壁,一无所见,也够愚蠢的了。小时候好学的人,就好像太阳初升时的光芒;到老来才开始学习的人,就好像手持蜡烛在夜间行走,但比那闭着眼睛什么也看不见的人强多了。

【原文】

学之兴废，随世轻重。汉时贤俊，皆以一经弘圣人之道，上明天时，下该人事，用此致卿相者多矣。末俗已来不复尔，空守章句，但诵师言，施之世务，殆无一可。故士大夫子弟，皆以博涉为贵，不肯专儒。梁朝皇孙以下，总丱之年，必先入学，观其志尚，出身已后，便从文史，略无卒业者。冠冕为此者，则有何胤、刘瓛、明山宾、周舍、朱异、周弘正、贺琛、贺革、萧子政、刘绍等，兼通文史，不徒讲说也。洛阳亦闻崔浩、张伟、刘芳，邺下又见邢子才：此四儒者，虽好经术，亦以才博擅名。如此诸贤，故为上品，以外率多田野间人，音辞鄙陋，风操蚩拙，相与专固，无所堪能，问一言辄酬数百，责其指归，或无要会。邺下谚云："博士买驴，书券三纸，未有驴字。"使汝以此为师，令人气塞。孔子曰："学也禄在其中矣。"今勤无益之事，恐非业也。夫圣人之书，所以设教，但明练经文，粗通注义，常使言行有得，亦足为人；何必"仲尼居"即须两纸疏义，燕寝讲堂，亦复何在？以此得胜，宁有益乎？光阴可惜，譬诸逝水。当博览机要，以济功业；必能兼美，吾无间焉。

【译文】

学习风气的兴盛与衰败，是随着社会对学习的轻视或重视程度而变化的。汉代的贤士俊才，都靠精通一部经书而弘扬圣人之道，上能说明自然界的变化，下能通晓人事，凭着这种特长而得到卿相职位的人可多了。汉末以后就不再是这样了，读书人都空守章句之学，只知背诵老师讲过的话，而把书本知识应用于社会事务，几乎没有一个能行的。所以，后来士大夫的子弟都以广泛涉猎为贵，不肯专攻儒学。梁朝从皇孙以下，在童年时就必定先让他们入学读书，洞察他们的志向爱好，步入仕途后，就参与文官的事务，没有一个人把学业坚持到底的。为官后还能坚持学业的，只有何胤、刘瓛、明山宾、周舍、朱异、周弘正、贺琛、贺革、萧子政等人，这些人兼通文学和史学，并不只是口头讲讲而已。在洛阳城，听说有崔浩、张伟、刘芳等三人，邺下还有邢子才：这四位儒者，虽然都喜好经术，但也以才识广博而闻名。以上诸位贤士，都是人才中的上品，除此之外，大多是些村夫闲人，他们说话粗俗浅薄，操行笨拙愚昧，互相之间固执己见，没有一件事能胜任，问他一句，他能答出几百句，若问他话中的主旨，却没有一点要领。邺下有谚语说："博士买驴，契约写了三大张，还没有写出个'驴'字。"假如你以这种人为师，真令人气愤。孔子说："学习，你的俸禄就在其中了。"现在人们忙于一些毫无益处的事情，这恐怕不是正当的事业吧。圣人的书，是用来教育人的，只要熟读经文，粗通注释和含义，使自己的言行与之符合，也足以在世上立身了。何必对"仲尼居"三字就用两张纸去解释呢？把"居"解作闲居之处也好，或把"居"解作讲习之所也罢，又都在什么地方呢？在这种问题上争个输赢，难道会有什么好处吗？光阴最值得珍惜，就像流水般一去不复返。应当广泛阅读书中那些精要的学说，来成就自己的事业；当然，如果能把博览与专精结合起来，我就再没有什么可以批评指责的了。

【原文】

俗间儒士，不涉群书，经纬之外，义疏而已。吾初入邺，与博陵崔文彦交游，尝说《王粲集》中难郑玄《尚书》事。崔转为诸儒道之，始将发口，悬见排蹙，云："文集只有诗赋铭诔，岂当论经书事乎？且先儒之中，未闻有王粲也。"崔笑而退，竟不以《粲集》示之。魏收之在议曹，与诸博士议宗庙事，引据《汉书》，博士笑曰："未闻《汉书》得证经术。"收便忿怒，都不复言，取《韦玄成传》，掷之而起。博士一夜共披寻之，达明，乃来谢曰："不谓玄成如此学也。"

【译文】

世间的读书人,不能博览群书,除了研究经书和纬书之外,只学学解释这些经典的注疏而已。我刚到邺城时候,与博陵崔文彦交往,曾谈起《王粲集》中有责难郑玄《尚书注》的事。崔文彦转而给几位读书人谈起此事,刚开口,就被无端指责,他们说:“文集中只有诗、赋、铭、诔等,难道会有论及经书的事吗?况且在先前的儒士中,没听说有王粲这个人呢。”崔文彦笑了笑便告退了,最终也没把《王粲集》给他们看。魏收任议曹时,与博士们议及有关宗庙之事,引《汉书》作为根据,博士们嘲笑说:“我们没有听说过《汉书》可以验证经学。”魏收很生气,一句话也不再说,把《汉书》中的《韦玄成传》扔给他们,就起身走了。博士们花了一个晚上的时间共同翻阅了此书,寻找有关内容,天亮时才来道歉说:“没想到韦玄成还有这等学问啊。”

【原文】

夫老、庄之书,盖全真养性,不肯以物累己也。故藏名柱史,终蹈流沙;匿迹漆园,卒辞楚相,此任纵之徒耳。何晏、王弼,祖述玄宗,递相夸尚,景附草靡,皆以农、黄之化,在乎己身,周、孔之业,弃之度外。而平叔以党曹爽见诛,触死权之网也;辅嗣以多笑人被疾,陷好胜之阱也;山巨源以蓄积取讥,背多藏厚亡之文也;夏侯玄以才望被戮,无支离拥肿之鉴也;荀奉倩丧妻,神伤而卒,非鼓缶之情也;王夷甫悼子,悲不自胜,异东门之达也;嵇叔夜排俗取祸,岂和光同尘之流也;郭子玄以倾动专势,宁后身外己之风也;阮嗣宗沉酒荒迷,乖畏途相诫之譬也;谢幼舆赃贿黜削,违弃其余鱼之旨也:彼诸人者,并其领袖,玄宗所归。其余桎梏尘滓之中,颠仆名利之下者,岂可备言乎!直取其清谈雅论,剖玄析微,宾主往复,娱心悦耳,非济世成俗之要也。洎于梁世,兹风复阐,《庄》、《老》、《周易》,总谓《三玄》。武皇、简文,躬自讲论。周弘正奉赞大猷,化行都邑,学徒千余,实为盛美。元帝在江、荆间,复所爱习,召置学生,亲为教授,废寝忘食,以夜继朝,至乃倦剧愁愤,辄以讲自释。吾时颇预末筵,亲承音旨,性既顽鲁,亦所不好云。

【译文】

老子、庄子的著作,讲的是如何保持本质、修养品性,而不让外物来施累自己。因此老子甘任柱下史,埋名隐姓,最后隐遁于沙漠之中;庄子隐居漆园为小吏,最终拒绝担任楚相,他们两人都是无所拘束,自由自在的人啊。后来有何晏、王弼,师法玄学,一个接一个地夸夸其谈,如影子依附形体、草木顺风倒伏一样,都以奉行神农、黄帝的教化,来装饰自己,而把周公、孔子的思想置之度外。然而,何晏因为党附曹爽而被杀,这是触到了贪恋权势的罗网上了;王弼因多次讥笑别人,而招来忌恨,这是掉进了争强好胜的陷阱中了;山巨源因为贪吝积敛而遭到议论,这是违背了聚敛越多所失越大的古训;夏侯玄因才学名望而遭到杀害,这是没有借鉴支离疏以疾病全生的做法;荀粲在丧妻之后,因悲伤过度而死,这就是不具有庄子在丧妻之后敲击而歌的超脱情怀了;王夷甫因悼念儿子而悲不自胜,和东门那个面对丧子之痛所抱的达观态度可不同了;嵇康因排斥俗流而惹祸,他难道是“和其光,同其尘”一类的人吗?郭象倾慕权力,仗势专权,他难道有“后身外己”的风度吗?阮籍纵酒迷乱,背离了“畏途相诫”的古训;谢鲲因贪污而遭罢免,这是违背了不贪多余财物的宗旨:以上这些人及他们的精神领袖,都要归于玄学之宗——老庄哲学。其他的人,像那些在尘世污秽中身套名缰利锁,在名利场中摔爬滚打之辈,就更不必一一细说了。只有玄学中的清谈雅论,剖析玄妙细微之处,宾主在玄谈中相互问答,可以娱心悦耳,但这些并不是拯救社会、形成良好风气的紧要之事。到了梁朝，这种玄谈的风气又盛行起来，《庄子》、《老子》、《周易》被总称为“三玄”。武帝和简文帝都亲自讲论。周弘正向君主讲述以玄学治国的大道理，其风气盛行到大小城镇，徒弟达到一千多人，实在是盛况空前。后来元帝在江陵、荆州的时候，也十分爱好研习此道，他招来一些学生，亲自为他们讲授，废寝忘食，夜以继日，以至他在极度疲倦、忧愁烦闷的时候，也以讲授玄学来自我排解。我当时也在末位就座，亲耳聆听元帝的教诲，但我资质顽钝愚鲁，对玄学也没有兴趣，所以没有什么收获。

**【原文】**

齐孝昭帝侍娄太后疾，容色憔悴，服膳减损。徐之才为灸两穴，帝握拳代痛，爪入掌心，血流满手。后既痊愈，帝寻疾崩，遗诏恨不见太后山陵之事。其天性至孝如彼，不识忌讳如此，良由无学所为。若见古人之讥欲母早死而悲哭之，则不发此言也。孝为百行之首，犹须学以修饰之，况余事乎！

**【译文】**

北齐的孝昭帝护理病中的娄太后，因辛劳而脸色憔悴，茶饭不思。徐之才为太后针灸两处穴位，孝昭帝握住自己的手，为母代痛，指甲嵌入掌心，血流满手。太后的病痊愈之后，孝昭帝却因病去世了，临终留下遗诏说：“他遗憾的是不能够为娄太后送终安葬。”他的天性如此孝顺，却不懂得忌讳又到如此地步，确实是因为不学习造成的。他如果知道古人讽刺那些盼望母亲早死而痛哭的人，就不会在遗诏中说出那样的话了。孝在各种善行中是最重要的，还需要通过学习去培养完善，何况其他的事呢！

**【原文】**

梁元帝尝为吾说：“昔在会稽，年始十二，便已好学。时又患疥，手不得拳，膝不得屈。闲斋张葛帏避蝇独坐，银瓯贮山阴甜酒，时复进之，以自宽痛。率意自读史书，一日二十卷，既未师受，或不识一字，或不解一语，要自重之，不知厌倦。”帝子之尊，童稚之逸，尚能如此，况其庶士，冀以自达者哉？

**【译文】**

梁元帝曾经对我说：“从前我在会稽的时候，才十二岁，就已喜欢学习了。那时，我身患疥疮，手不能握拳，膝不能弯曲。我在闲斋中挂上葛布帷帐以避开苍蝇独坐，银盆内装着山阴的甜酒，不时喝上几口，以减轻自己的疼痛。我随意读一些史书，一天读二十卷，没有老师传授，有时不认识某字，有时不理解某句，就需要自己反复去读，反复理解，从来不感到厌倦。”元帝以帝王之子的尊贵身份，在孩童闲逸之时，尚且能够如此用功学习，何况那些出身普通希望通过学习以求显达的人呢？

**【原文】**

古人勤学，有握锥投斧，照雪聚萤，锄则带经，牧则编简，亦为勤笃。梁世彭城刘绮，交州刺史勃之孙，早孤家贫，灯烛难办，常买荻尺寸折之，然明夜读。孝元初出会稽，精选寮寀，绮以才华，为国常侍兼记室，殊蒙礼遇，终于金紫光禄。义阳朱詹，世居江陵，后出扬都，好学，家贫无资，累日不爨，乃时吞纸以实腹。寒无毡被，抱犬而卧。犬亦饥虚，起行盗食，呼之不至，哀声动邻，犹不废业，卒成学士，官至镇南录事参军，为孝元所礼。此乃不可为之事，亦是勤学之一人。东莞臧逢世，年二十余，欲读班固《汉书》，苦假借不久，乃就姊夫刘缓乞丐客刺书翰纸末，手写一本，军府服其志尚，卒以《汉书》闻。

【译文】

古时候勤奋好学的人，有用锥子刺大腿以避免瞌睡的苏秦；有投斧于高树、下决心求学的文党；有在夜间靠雪地反射的光勤读的孙康；有收聚萤火虫以照明的车武子；汉代的倪宽耕种时也不忘带上经书；路温舒在放羊时编蒲草为简，用来写字；他们算得上是勤奋刻苦了。梁代彭城的刘绮，是交州刺史刘勃的孙子，从小死了父亲，家境贫寒，没钱买灯烛，常买回荻草，按一定尺寸折断，点燃照明夜晚读书。梁元帝任会稽太守时，精心选拔官吏，刘绮以他的才华当上了太子府中的国常侍兼记室，很受尊重，最后官至金紫光禄大夫。义阳的朱詹，世世代代住在江陵，后来到了建业，十分勤学，家贫无钱，竟连续几日不能生火做饭，他就经常吞食废纸充饥。天冷没有被盖，就抱着狗取暖睡觉。狗也十分饥饿，跑到外面去偷吃东西，朱詹呼唤也不见狗归家，悲凉的呼声惊动了邻里。然而他没有荒废学业，最终成为学士，官至镇南录事参军，为元帝所尊重。朱詹所做的，是一般人所做不到的，这也是一个勤学的例子。东莞人臧逢世，二十多岁时想读班固的《汉书》，但苦于借来的书不能长久阅读，就向姐夫刘缓要来名帖、书札的边幅纸头，亲手抄录了一本。军府中的人都佩服他的毅力，后来他终于以精通《汉书》闻名于世。

【原文】

齐有宦者内参田鹏鸾，本蛮人也。年十四五，初为阍寺，便知好学，怀袖握书，晓夕讽诵。所居卑末，使役苦辛，时伺闲隙，周章询请。每至文林馆，气喘汗流，问书之外，不暇他语。及睹古人节义之事，未尝不感激沉吟久之。吾甚怜爱，倍加开奖。后被赏遇，赐名敬宣，位至侍中开府。后主之奔青州，遣其西出，参伺动静，为周军所获。问齐主何在，绐云："已去，计当出境。"疑其不信，欧捶服之，每折一支，辞色愈厉，竟断四体而卒。蛮夷童丱，犹能以学成忠，齐之将相，比敬宣之奴不若也。

【译文】

北齐有位宦官叫田鹏鸾，本是少数民族人。十四五岁刚当上守门太监时，就懂得努力学习，怀中袖中带着书，早晚诵读。尽管他所处的地位十分低下，工作也很辛苦，但仍能经常利用空余时间，四处求教。他每次到文林馆，都是气喘汗流，除了询问书中不明白的地方外，顾不得讲其他的话。每当他从书中看到古人讲气节、重义气的事就十分激动、沉思很久。我很喜爱他，对他倍加开导勉励。后来他得到皇帝的赏识，赐名为敬宣，官位升到了侍中开府。北齐后主逃奔青州的时候，派敬宣去西边观察北周军队的动静，被俘。周军问他北齐君主在什么地方，他骗北周军队说："走了！估计已出境了。"周军不信他的话，对他严加拷打，企图使他屈服；他的四肢每被打断一条，言辞神色就更加严厉，最后终于被打断四肢而死。一位少数民族的孩子，尚且能够通过学习养成忠诚的节操，北齐的将相们，比敬宣这个奴仆都不如！

【原文】

邺平之后，见徙入关。思鲁尝谓吾曰："朝无禄位，家无积财，当肆筋力，以申供养。每被课笃，勤劳经史，未知为子，可得安乎？"吾命之曰："子当以养为心，父当以学为教。使汝弃学徇财，丰吾衣食，食之安得甘？衣之安得暖？若务先王之道，绍家世之业，藜羹缊褐，我自欲之。"

【译文】

邺城被北周军队扫平之后，北齐君主被迁送入关。思鲁曾对我说："我们在朝廷里没有俸禄，家里也没有积财，应当尽力劳动，以尽供养之责。但我常常被您督促检查功课，致力于经史，还不知道如何尽人子之道，这能让我安心吗？"我教诲他说："当儿子的应当把供养双亲之责放在心上，当父亲的应当把教育子女放在第一位。假如让你放弃学业去赚钱，使我丰衣足食，我吃着怎么会香甜？穿着怎么会感到温暖？如果你致力于先王的儒家之道，继承我们祖传的基业，那么，纵使喝野菜汤，穿麻布短衣，我也心甘情愿。"

【原文】

《书》曰："好问则裕。"《礼》云："独学而无友，则孤陋而寡闻。"盖须切磋相起明也。见有闭门读书，师心自是，稠人广坐，谬误差失者多矣。《谷梁传》称公子友与莒挐相搏，左右呼曰"孟劳"。孟劳者，鲁之宝刀名，亦见《广雅》。近在齐时，有姜仲岳谓："孟劳者，公子左右，姓孟名劳，多力之人，为国所宝。"与吾苦诤。时清河郡守邢峙，当世硕儒，助吾证之，赧然而伏。又《三辅决录》云："灵帝殿柱题曰：'堂堂乎张，京兆田郎。'"盖引《论语》，偶以四言，目京兆人田凤也。有一才士，乃言："时张京兆及田郎二人皆堂堂耳。"闻吾此说，初大惊骇，其后寻愧悔焉。江南有一权贵，读误本《蜀都赋》注，解"蹲鸱，芋也"，乃为"羊"字；人馈羊肉，答书云："损惠蹲鸱。"举朝惊骇，不解事义，久后寻迹，方知如此。元氏之世，在洛京时，有一才学重臣，新得《史记音》，而颇纰缪，误反"颛顼"字，顼当为许录反，错作许缘反，遂谓朝士言："从来缪音'专旭'，当音'专翾'耳。"此人先有高名，翕然信行；期年之后，更有硕儒，苦相究讨，方知误焉。《汉书·王莽赞》云："紫色蛙声，馀分闰位。"谓以伪乱真耳。昔吾尝共人谈书，言及王莽形状，有一俊士，自翊史学，名价甚高，乃云："王莽非直鸱目虎吻，亦紫色蛙声。"又《礼乐志》云："给太官挏马酒。"李奇注："以马乳为酒也，揰挏乃成。"二字并从手。揰挏，此谓撞捣挺挏之，今为酪酒亦然。向学士又以为种桐时，太官酿马酒乃熟。其孤陋遂至于此。太山羊肃，亦称学问，读潘岳赋："周文弱枝之枣"，为杖策之杖；《世本》："容成造历。"以历为碓磨之磨。

【译文】

《尚书》说："喜欢提问，就能充足知识。"《礼记》上说："独自一人学习而没有朋友探讨，就会学识浅陋，见闻不广。"因此，学习必须要共同切磋，互相启发，这样才能明白。我见到闭门读书，自以为是，在大庭广众之中，口出谬误的人非常多。《谷梁传》叙述公子友与莒挐搏斗，左右的人呼叫"孟劳"。孟劳是鲁国宝刀的名称，这个解释也见于《广雅》。我近来在齐国，有位叫姜仲岳的人对我说："孟劳是公子友左右的人，姓孟，名劳，是位大力士，为鲁国人所看重。"他和我苦苦争辩。当时清河郡守邢峙也在座，他是当今的大儒，帮我证实了孟劳的真实含义，姜仲岳才红着脸表示服输了。再比如，《三辅决录》说："汉灵帝在宫殿柱子上题字：'堂堂乎张，京兆田郎。'"这是引用《论语》中的话，以四言句式，来品评京兆人田凤。然而却有一位才士解释成："当时张京兆及田郎都相貌堂堂。"他听了我的上述解释，开始非常惊讶，后来又感到惭愧懊悔。江南有一位权贵，读误本《蜀都赋》的注解"蹲鸱，芋也"时，把"芋"字错作"羊"字。有人馈赠他羊肉，他回信说："实在有损您惠赐蹲鸱。"满朝官员都感到惊骇，不明白他说的是什么意思，很久以后追寻事情的来龙去脉，才知道是这么回事。北魏元氏时，在洛阳，有位有才学而位居要职的大臣，新得了一本《史记音》，书中错谬很多，如写错了"颛顼"一词的反切，"顼"字应当为许录反，却错为许缘反。这位重臣就对朝中官员说:“过去一直把颛顼读成‘专旭’,其实应该读成‘专翾’。”这位大臣以前名望很高,他的读法,大家一致赞同并遵从。一年以后,又有大学者对这个词的发音苦苦地研究探讨,才知道那个大臣的错误。《汉书·王莽赞》说:“紫色蛙声,余分闰位。”是说王莽以假乱真。过去我曾经和别人一起谈论书籍,谈到王莽的模样,有位颇有才学的人,自夸精通史学,名声很高,他说:“王莽不但长着猫头鹰一样的眼睛,老虎一样的嘴,而且有着紫色的皮肤,青蛙的嗓音。”还有,《礼乐志》上说:“给太官挏马酒。”李奇的注解是:“用马乳熬成酒,要经过撞击、搅动才能做成。”“揰挏”二字的偏旁都从“手”。所谓揰挏,这里是说把马奶捶击拌动,现在做酪酒也是用这种方法。以前有位学士又认为是要到种桐树时,太官酿造的马酒才熟。他的学识浅陋竟到了如此地步!泰山的羊肃,也称得上是有学问的人,他读潘岳赋中“周文弱枝之枣”一句,把“枝”字读作杖策的“杖”字;他读《世本》中“容成造历”一句,把“历”字认作碓磨的“磨”字。

【原文】

谈说制文,援引古昔,必须眼学,勿信耳受。江南闾里间,士大夫或不学问,羞为鄙朴,道听涂说,强事饰辞:呼征质为周、郑,谓霍乱为博陆,上荆州必称陕西,下扬都言去海郡,言食则餬口,道钱则孔方,问移则楚丘,论婚则宴尔,及王则无不仲宣,语刘则无不公幹。凡有一二百件,传相祖述,寻问莫知原由,施安时复失所。庄生有乘时鹊起之说,故谢朓诗曰:“鹊起登吴台。”吾有一亲表,作《七夕》诗云:“今夜吴台鹊,亦共往填河。”《罗浮山记》云:“望平地树如荠”。故戴暠诗云:“长安树如荠。”又邺下有一人《咏树》诗云:“遥望长安荠。”又尝见谓矜诞为夸毗,呼高年为富有春秋,皆耳学之过也。

【译文】

谈话写文章,援引古代例证,必须亲眼目睹,而不要相信听闻之辞。江南民间,有些士大夫不做学问,又羞于被视为鄙陋粗俗,就道听途说,牵强附会,修饰言辞,以示高雅博学。比如,把“征质”说成“周、郑”,把霍乱叫做“博陆”,上荆州一定要说去陕西,下扬都就说去海郡,谈起吃饭说是“糊口”,提到钱就称为“孔方”,问起迁徙的地方就说“楚丘”,谈论婚姻便说“宴尔”说到姓王的人无不代称为“仲宣”,谈起姓刘的人无不呼作“公幹”。这样的事例有一二百个,士大夫在流传中互相学习。如果向他们寻根问底,谁也不知道这些说法的缘由,使用时常常不合适。庄子有“乘时鹊起”的说法,所以谢朓的诗就说:“鹊起登吴台。”我有一位表亲,作《七夕》诗说:“今夜吴台鹊,亦共往填河。”《罗浮少记》说:“望平地树如荠。”故戴暠的诗就说:“长安树如荠。”邺下有个人的《咏树》诗说:“遥望长安荠。”我还曾经见过有人把“矜诞”解释为“夸毗”,称“高年”为“富有春秋”,这些都是仅凭听闻造成的过错。

【原文】

夫文字者,坟籍根本。世之学徒,多不晓字:读《五经》者,是徐邈而非许慎;习赋诵者,信褚诠而忽吕忱;明《史记》者,专徐、邹而废篆籀;学《汉书》者,悦应、苏而略《苍》、《雅》。不知书音是其枝叶,小学乃其宗系。至见服虔、张揖音义则贵之,得《通俗》、《广雅》而不屑。一手之中,向背如此,况异代各人乎?

【译文】

文字是典籍的根本。而世上求学者大多不懂得文字的重要性:读《五经》的人,都肯定徐邈而非议许慎；学习辞赋的人，信奉褚诠而忽视吕忱；通晓《史记》的人，都专精徐野民、邹诞生的著作，而废弃了对篆籀文的钻研；学习《汉书》的人，喜欢应劭、苏林的注释，而忽略《苍颉篇》、《尔雅》。他们不知道语音只是文字的枝叶，而字义才是文字的根本。以至有人见到服虔、张揖对个别音义的解释，就十分看重，而得到他们著的《通俗文》、《广雅》却不屑一顾。对同出一人之手的著作，尚且这样厚此薄彼，何况对不同时代不同人的著作呢？

【原文】

夫学者贵能博闻也。郡国山川，官位姓族，衣服饮食，器皿制度，皆欲根寻，得其原本；至于文字，忽不经怀，己身姓名，或多乖舛，纵得不误，亦未知所由。近世有人为子制名：兄弟皆山傍立字，而有名峙者；兄弟皆手傍立字，而有名机者；兄弟皆水傍立字，而有名凝者。名儒硕学，此例甚多。若有知吾钟之不调，一何可笑。

【译文】

求学的人都崇尚广学博闻。他们对于郡国山川、官位姓族、衣服饮食、器皿制度，都要寻根问底，弄清事物的缘由；但对于文字，却忽略而漫不经心，甚至连自己的姓名，也往往出现谬误，即使不出错误，也不知道它的由来。近代有些人为孩子起名字，兄弟几个的名字都用“山”作偏旁，其中就有取名为“凝”的；兄弟几个的名字都用“手”作偏旁，其中就有取名为“机”的；兄弟几个的名字都用“水”作偏旁，其中就有取名为“凝”的。在那些名望很高的大学者中，这类例子非常多。如果他们明白这就像晋平公的与师旷讨论钟音是否和谐那件事一样，就会明白这是多么可笑。

【原文】

吾尝从齐主幸并州，自井陉关入上艾县，东数十里，有猎闾村。后百官受马粮在晋阳东百余里亢仇城侧。并不识二所本是何地，博求古今，皆未能晓。及检《字林》、《韵集》，乃知猎闾是旧䜌余聚，亢仇旧是䅶䝁亭，悉属上艾。时太原王劭欲撰乡邑记注，因此二名闻之，大喜。

【译文】

我曾经随从北齐的君主到并州去，从井陉关进入上艾县，再往东几十里，有一个猎闾村。后来文武百官接受马粮都在晋阳以东百余里的亢仇城旁边。大家都不知道上述两处历史上本是什么地方，大量查阅古今书籍，都没有弄清楚。直到翻检《字林》、《韵集》，才明白猎闾就是原来的䜌余聚，亢仇原来叫䅶䝁亭，都属上艾县。当时太原的王劭想撰写乡邑记注，我把这两个泊地名告诉了他，他非常高兴。

【原文】

吾初读《庄子》“螝二首”，《韩非子》曰：“虫有螝者，一身两口，争食相龁，遂相杀也。”茫然不识此字何音，逢人辄问，了无解者。案：《尔雅》诸书，蚕蛹名螝，又非二首两口贪害之物。后见《古今字诂》，此亦古之虺字。积年凝滞，豁然雾解。

【译文】

我最初读《庄子》中“螝二首”这一句时，发现《韩非子》说：“有一种叫螝的虫，一个身子两张嘴，为了争夺食物而互相咬龁，以致演变为互相残杀。”我茫然不知道这个“螝”字读什么音，见到人就问，却没有一个人清楚。经考查，《尔雅》等书说，蚕蛹名螝，但又不是有两个头、两张嘴、贪吃有害的动物。后来见了《古今字诂》，才知道螝就是古代的“虺”字，我多年来积滞在胸中的问题，一下子像大雾一样消散。

**【原文】**

尝游赵州，见柏人城北有一小水，土人亦不知名。后读城西门徐整碑云“洦流东指”。众皆不识，吾案《说文》，此字古魄字也。洦，浅水貌。此水汉来本无名矣，直以浅貌目之，或当即以洦为名乎？

**【译文】**

我曾经在赵州做官，见到柏人城北面有一条小河，连当地人都不知道它的名字。后来我读了城西门徐整写的碑文，上面说：“洦流东指。”大家都不明白它的意思。我查阅了《说文》，这个“洦”字就是古“魄”字。洦，水浅的样子。这条河自汉代以来就没有名字，人们只把它当做一条浅河看待，或许就应当用这个“洦”字给它命名吧！

**【原文】**

世中书翰，多称勿勿，相承如此，不知所由，或有妄言此忽忽之残缺耳。案：《说文》：“勿者，州里所建之旗也，象其柄及三斿之形，所以趣民事。故悤遽者称为勿勿。”

**【译文】**

世上的书信，里面常写有“勿勿”二字，历来相承，互相传写，却不知道它的缘由，有人妄下断言说这就是“忽忽”的缺笔省写。按《说文》说：“勿，是乡里所树立的旗帜。这个字像旗杆和旗帜末端三条飘带的形状，是用来催促民事的。所以就把匆忙急迫称作‘勿勿’。”

**【原文】**

吾在益州，与数人同坐，初晴日晃，见地上小光，问左右：“此是何物？”有一蜀竖就视，答云：“是豆逼耳。”相顾愕然，不知所谓。命取将来，乃小豆也。穷访蜀士，呼粒为逼，时莫之解。吾云：“《三苍》、《说文》，此字白下为匕，皆训粒，《通俗文》音方力反。”众皆欢悟。

**【译文】**

我在益州的时候，曾和几个人在一起闲坐，天刚放晴，阳光明晃晃的，我看见地上有些小的光亮点，问旁边的人：“这是什么东西？”有一个蜀地的童仆走近看了看，回答道：“这是豆逼。”大家听了很惊讶地互相看着，不明白他说的是什么。我让他拿过来，原来是小豆。我曾经一一询问过蜀地的人士，他们都把“粒”叫做“逼”，当时没有谁能解释清楚。我说：“《三苍》、《说文》中，这个字就是‘白’下加‘匕’，都解释为‘粒’，《通俗文》注音作方力反。”大家领悟后都十分高兴。

**【原文】**

愍楚友婿窦如同从河州来，得一青鸟，驯养爱玩，举俗呼之为鶡。吾曰：“鶡出上党，数曾见之，色并黄黑，无驳杂也。故陈思王《鶡赋》云：‘扬玄黄之劲羽’。”试检《说文》：“鸠雀似鶡而青，出羌中。”《韵集》音介。此疑顿释。

**【译文】**

愍楚的连襟窦如同从河州回来，得到一只青色的鸟，把它驯养起来玩赏，所有的人都把这只鸟称为“鶡”我说：“鶡出产在上党，我曾经见过多次，羽毛都是黄黑色的，没有其他杂色。所以曹植的《鹖赋》说：‘鹖举起它那黄黑色的有力的翅膀。”，我试着翻阅《说文》，上面说：“鸠雀像鹖而毛色是青的，出产在羌中。”《韵集》的注音为“介”。对这个问题的疑问顿时就消除了。

【原文】

梁世有蔡朗者讳纯，既不涉学，遂呼莼为露葵。面墙之徒，递相仿效。承圣中，遣一士大夫聘齐，齐主客郎李恕问梁使曰：“江南有露葵否？”答曰：“露葵是莼，水乡所出。卿今食者绿葵菜耳。”李亦学问，但不测彼之深浅，乍闻无以核究。

【译文】

梁朝有位叫蔡朗的人，忌讳“纯”字，他原本不爱学习，把“莼”叫做“露葵”。那些不学无术之徒，也就一个跟着一个仿效。承圣年间，朝廷派遣一位士大夫出使北齐，北齐的主客郎李恕问这位梁朝的使者说：“江南有露葵吗？”使者回答说：“露葵就是莼菜，那是水泊中所出产的，您今天吃的就是绿葵菜。”李恕也是有学问的人，但不了解对方学识的深浅，乍一听他的回答，也无法加以查究。

【原文】

思鲁等姨夫彭城刘灵，尝与吾坐，诸子侍焉。吾问儒行、敏行曰：“凡字与谘议名同音者，其数多少，能尽识乎？”答曰：“未之究也，请导示之。”吾曰：“凡如此例，不预研检，忽见不识，误以问人，反为无赖所欺，不容易也。”因为说之，得五十许字。诸刘叹曰：“不意乃尔！”若遂不知，亦为异事。

【译文】

思鲁等人的姨夫彭城刘灵，曾经与我同坐闲聊，他的几个儿子在旁边陪侍。我问儒行、敏行说：“凡与你们父亲名字同音的字，它的数目共多少，你们都能认识吗？”他们回答说：“没有研究过这个问题，请您指教。”我说：“凡是像这一类的字，如果不预先研究翻检，忽然发现自己不认识时，拿去问错了人，反而会被无赖所欺骗，不能满不在乎啊。”于是我就给他们解说这个问题，共说出了五十多个字。刘灵的几个儿子感叹道：“想不到有这么多！”他们竟然一点都不了解，那也确实是怪事。

【原文】

校定书籍，亦何容易，自扬雄、刘向，方称此职耳。观天下书未遍，不得妄下雌黄。或彼以为非，此以为是；或本同末异；或两文皆欠，不可偏信一隅也。

【译文】

校对书籍，又谈何容易。从扬雄、刘向开始，才算有了称此职的人。没有读遍天下的书籍，就不能妄下定论。有时那里认为不对的地方，这里却认为是对的；有时主要内容是一样的，而小地方又有所不同；有时两种文本都有欠缺，所以不能偏信一个方面。

# 卷第四

## 文章第九

【原文】

夫文章者，原出“五经”：诏命策檄，生于《书》者也；序述论议，生于《易》者也；歌咏赋颂，生于《诗》者也；祭祀哀诔，生于《礼》者也；书奏箴铭，生于《春秋》者也。朝廷宪章，军旅誓诰，敷显仁义，发明功德，牧民建国，施用多途。至于陶冶性灵，从容讽谏，入其滋味，亦乐事也。行有余力，则可习之。

【译文】

文章出自于《五经》：诏、命、策、檄，是产生于《尚书》中的；序、述、论、议，是产生于《易经》中的；歌、咏、赋、颂是产生于《诗经》中的；祭、祀、哀、诔，是产生于《礼记》中的；书、奏、箴、铭是产生于《春秋》中的。朝廷的重要法令和军中的号令誓词，都是彰显仁道，颂扬功德的，这对统治民众，建设国家起到了举足轻重的作用。至于用文章来陶冶情操，或者对别人婉言相劝，或者阅读时深入体会其中的滋味，这也是人生一大乐事。如果有能力的话，则还可以多学习一点这方面的东西。

【原文】

然而自古文人，多陷轻薄：屈原露才扬己，显暴君过；宋玉体貌容冶，见遇俳优；东方曼倩，滑稽不雅；司马长卿，窃赀无操；王褒过章《僮约》；扬雄德败《美新》；李陵降辱夷虏；刘歆反复莽世；傅毅党附权门；班固盗窃父史；赵元叔抗竦过度；冯敬通浮华摈压；马季长佞媚获诮；蔡伯喈同恶受诛；吴质诋忤乡里；曹植悖慢犯法；杜笃乞假无厌；路粹隘狭已甚；陈琳实号粗疏；繁钦性无检格；刘桢屈强输作；王粲率躁见嫌；孔融、祢衡，诞傲致殒；杨修、丁廙，扇动取毙；阮籍无礼败俗；嵇康凌物凶终；傅玄忿斗免官；孙楚矜夸凌上；陆机犯顺履险；潘岳干没取危；颜延年负气摧黜；谢灵运空疏乱纪；王元长凶贼自治；谢玄晖侮慢见及。凡此诸人，皆其翘秀者，不能悉记，大较如此。

【译文】

但是自古至今，文人大部分陷于轻薄。屈原过于张扬自己的才华，太注重自我表现，甚至公开暴露君主的过失；宋玉因长得体态容貌冶艳而被人视作俳优；东方朔言谈太轻浮了，以致缺少雅致；司马相如盗窃钱财，缺少操守；王褒的过失显露于《僮约》；扬雄的德行败坏于《美新》；李陵投降匈奴，辱没身份；刘歆在王莽执政时立场不坚定；傅毅依附党派权贵；班固剽窃其父所著的史书；赵壹恃才倨傲有些过头；冯衍浮华而不实，遭排抑；马融谄媚于权贵遭到排挤屈辱；蔡邕同恶人勾结遭到惩处；吴质仗势横行霸道而触怒乡里；曹植目中无人而触犯国法；杜笃毫无节制地向人借讨；路粹的心胸狭小；陈琳的确粗率疏忽；繁钦生性不知检点；刘祯个性过于倔强，被罚做苦役；王粲轻率狂躁而遭人厌恶；孔融、祢衡恃才傲物而被杀害；杨修、丁廙煽动事非，咎由自取；阮籍因无礼而败坏风俗；嵇康因欺物而不得善终；傅玄因愤争而被免官；孙楚因夸耀而欺上；陆机因作乱而陷入险地；潘岳因侥幸取利而致危；颜延年因负气而被罢职；谢灵运因空疏而作乱；王元长因凶逆而被杀；谢玄晖因侮慢而被害。上述这些人，在文人中都是杰出的，其他无法全部记起，但是也不外乎此。

【原文】

至于帝王，亦或未免。自昔天子而有才华者，唯汉武、魏太祖、文帝、明帝、宋孝武帝，皆负世议，非懿德之君也。自子游、子夏、荀况、孟轲、枚乘、贾谊、苏武、张衡、左思之俦，有盛名而免过患者，时复闻之，但其损败居多耳。

【译文】

关于帝王，也有没有避免这类毛病的。自古有才气的天子，只有汉武帝、魏太祖、魏文帝、魏明帝、宋孝武帝等数人，但是他们还是照样都被世人否定，因此也不算有美德的君王。从孔子的学生子游、子夏到荀况、孟轲、枚乘、贾谊、苏武、张衡、左思等人物，既享有盛名而又没有致命错误的，倒也时常听到，不过还是经历损丧败坏的占多数。

【原文】

每尝思之，原其所积，文章之体，标举兴会，发引性灵，使人矜伐，故忽于持操，果于进取。今世文士，此患弥切，一事惬当，一句清巧，神厉九霄，志凌千载，自吟自赏，不觉更有傍人。加以砂砾所伤，惨于矛戟，讽刺之祸，速乎风尘，深宜防虑，以保元吉。

【译文】

为此，我常常考虑，寻找病源，也许应当是因为文章这样的东西，必须要高超兴致，触发性灵，而这又往往会使人炫耀才能，从而忽视其操守，去追名逐利。在当今的文士身上，这种毛病体现得淋漓尽致，一旦有一个典故用得恰当，或是一个句子做得巧妙，就会心神上达九霄，意气下凌千年，自己吟咏自我陶醉，飘飘然以至于忘了其他人的存在。加以砂砾般的伤人，比矛戟伤人更狠毒残忍；讽刺别人而招的祸患，比刮风来得更迅速。所以必须认真思考小心预防，来保全大福。

【原文】

学问有利钝，文章有巧拙。钝学累功，不妨精熟；拙文研思，终归蚩鄙。但成学士，自足为人。必乏天才，勿强操笔。吾见世人，至无才思，自谓清华，流布丑拙，亦以众矣，江南号为诊痴符。近在并州，有一士族，好为可笑诗赋，誂擎邢、魏诸公，众共嘲弄，虚相赞说，便击牛酾酒，招延声誉。其妻，明鉴妇人也，泣而谏之。此人叹曰："才华不为妻子所容，何况行路！"至死不觉，自见之谓明，此诚难也。

【译文】

做学问有快与慢的区别，写文章有巧与拙的不同。做学问缓慢的人只要肯多下工夫，就会达到精熟；写文章笨拙的人再怎么刻苦钻研思考，终究也难免流于陋劣。其实只要有了学问，就足以成就事业了，如果真的是天生缺乏资质，还是不必勉强执笔去写文章为好。我见到世人中，不乏一些极其缺乏才思，却还自以为所著文章清新华丽，让其丑拙的文章流传在外的人。这样的人真是数不胜数，这在江南被称为"詅痴符"。近来在并州地方，有个士族出身的人，喜欢写引人发笑的诗赋，还和邢邵、魏收等人开玩笑，人家嘲弄他，假意称赞他，他就杀牛斟酒，大肆宴请大家，希望人家帮他扩大声誉。他的妻子是个明白事理的女人，哭着劝他，他却叹气说："我的才华连自己的妻子和孩子都不认可，何况那些不相干的人呢！"到死也没有醒悟。自己能看清自己才叫明，这确实是很难做到的。

【原文】

学为文章，先谋亲友，得其评裁，知可施行，然后出手；慎勿师心自任，取笑旁人也。自古执笔为文者，何可胜言。然至于宏丽精华，不过数十篇耳。但使不失体裁，辞意可观，便称才士；要须动俗盖世，亦俟河之清乎！

【译文】

学写文章，首先要请教亲友，得到他们的裁判，知道拿得出去了，方能出手，千万不能自我感觉良好，让外人取笑。自古以来执笔写文章的，数不胜数，但真能做到气势宏伟、词汇精准的，只不过数十篇而已。所写文章，只要体裁没有问题，文章内容也还值得一看，那么就可称得上是才士了。但是如果一定要写出惊世骇俗压倒当世的文章，那恐怕就像黄河要澄清那样很难等待到了。

【原文】

不屈二姓，夷、齐之节也；何事非君，伊、箕之义也。自春秋已来，家有奔亡，国有吞灭，君臣固无常分矣；然而君子之交绝无恶声，一旦屈膝而事人，岂以存亡而改虑？陈孔璋居袁裁书，则呼操为豺狼；在魏制檄，则目绍为蛇虺。在时君所命，不得自专，然亦文人之巨患也，当务从容消息之。

【译文】

不向第二个朝代屈身，是伯夷、叔齐的操守；可侍奉任何君主，是伊尹、箕子所恃的道义。春秋以来，卿大夫的家族变迁流离，邦国被消灭，君主与臣子之间就没有固定的名分了；然而君子之间往来，是绝对不会招致什么不好的名声的，一旦屈膝侍奉另主，怎么可以因故主的存亡而改变自己的立场呢？陈琳跟着袁绍的时候，就称曹操为豺狼；而跟着曹操时，又称袁绍为蛇虺。所以了，这是当时君主的命令，由不得自己，但这也是文人的通病，应该好好地考虑考虑。

【原文】

或问扬雄曰："吾子少而好赋？"雄曰："然。童子雕虫篆刻，壮夫不为也。"余窃非之曰：虞舜歌《南风》之诗，周公作《鸱鸮》之咏，吉甫、史克《雅》、《颂》之美者，未闻皆在幼年累德也。孔子曰："不学《诗》，无以言。""自卫反鲁，乐正，《雅》、《颂》各得其所。"大明孝道，引《诗》证之。扬雄安敢忽之也？

【译文】

有人曾向扬雄发问："你小时候喜欢做诗吗？"扬雄答道："当然喜欢。诗赋就好像学童所练的虫书、刻符，成年人总是对此不屑一顾。"我私下不赞同这种说法：虞舜歌吟的《南风》、周公所作的《鸱鸮》，尹吉甫、史克的收在《雅》、《颂》中的那些杰作，但并没有听说因为这些是他们小时候所写而损害了他们的品行。孔子说："不学《诗》，就不能擅长辞令。"又说："我从卫国回到鲁国，整理了《诗》的乐章，使《雅》、《颂》各得其所。"孔子主张孝道，就用《诗》来进行检验。扬雄怎么可以忽略这些呢？

【原文】

若论“诗人之赋丽以则，辞人之赋丽以淫”，但知变之而已，又未知雄自为壮夫何如也？著《剧秦美新》，妄投于阁，周章怖慑，不达天命，童子之为耳。桓谭以胜老子，葛洪以方仲尼，使人叹息。此人直以晓算术，解阴阳，故著《太玄经》，数子为所惑耳；其遗言余行，孙卿、屈原之不及，安敢望大圣之清尘？且《太玄》今竟何用乎？不啻覆酱瓿而已。

【译文】

若像他所说“诗人的赋华美而合乎逻辑，词人的赋华美而过分淫滥”，这只不过是道出了二者的区别而已，却并不能说明作为一个成年人该去做什么。写了《剧秦美新》，就晕头晕脑地从天禄阁上往下跳，惊慌失措，不能通达天命，那才是小孩子的行为呢。桓谭认为扬雄胜过老子，葛洪也将扬雄与孔子相提并论，实在是让人叹息不止。扬雄不过是因为通晓术数，懂得阴阳之学，因而撰写了《太玄经》，就这样便将那几个人诱惑了；他所说的话，所做的事，还赶不上荀子和屈原呢，又怎能将他与大圣人相提并论呢？更何况《太玄经》在今天又能产生什么作用呢？恐怕跟盖酱瓿所起的作用没多大的差别吧。

【原文】

齐世有席毗者，清干之士，官至行台尚书，嗤鄙文学，嘲刘逖云：“君辈辞藻，譬若荣华，须臾之玩，非宏才也；岂比吾徒千丈松树，常有风霜，不可凋悴矣！”刘应之曰：“既有寒木，又发春华，何如也？”席笑曰：“可哉！”

【译文】

北齐有个大将名叫席毗，聪明有才干，官达行台尚书。他看不起文学，讥笑刘逖说：“你们这些人的文章，就好像花草，只能供人赏玩一会，而根本不能做栋梁；怎么能跟我这样遇到风霜而坚挺的千丈松树相比呢！”刘逖说：“既可以耐寒，又可以开花，你觉得这样如何啊？”席毗笑着答道：“那当然是再好不过了！”

【原文】

凡为文章，犹人乘骐骥，虽有逸气，当以衔勒制之，勿使流乱轨躅，放意填坑岸也。

【译文】

凡是做文章，就好像人骑千里马，虽然豪逸奔放，但还是得勒住缰绳，不要放任它，乱了奔走的方向，以免坠入沟壑。

【原文】

文章当以理致为心肾，气调为筋骨，事义为皮肤，华丽为冠冕。今世相承，趋末弃本，率多浮艳。辞与理竞，辞胜而理伏；事与才争，事繁而才损。放逸者流宕而忘归，穿凿者补缀而不足。时俗如此，安能独违？但务去泰去甚耳。必有盛才重誉，改革体裁者，实吾所希。

【译文】

文章要以道理意致作为心肾，气韵格调作为筋骨，情节用典作为皮肤，华丽辞藻作为冠冕。如今相因袭的文章，都是弃本求末，大多过于浮华。文辞与义理比较，突出文辞而掩盖道理；用典和才思相比，繁复用典而致才思受损。肆意飘逸奔放的，忘掉了文章的主旨，穿凿拘泥的，往往因东修西补而造成文意不通，文采不足。现在的通常流行习俗就是这样，自己也不好另立门户，但求不要做得太过分就行了。一定会有个才高名重的大才，出来对这种文体进行改革,那才是我所盼望的呢!

【原文】

古人之文,宏材逸气,体度风格,去今实远;但缉缀疏朴,未为密致耳。今世音律谐靡,章句偶对,讳避精详,贤于往昔多矣。宜以古之制裁为本,今之辞调为末,并须两存,不可偏弃也。

【译文】

古人作的文章,气势宏大,潇洒飘逸,其体裁风格都比当今的文章要高出很多。只是古人在结撰编著的过程中,用词造句、过渡勾连等方面还粗疏质朴,不够翔实。如今的文章,音律和谐华丽,词句整齐相对,避讳精细详密,这些都比古人的高超多了。应该用古人的体制格调为根本,以今人的文辞格调作补充,做到两者并存,不可以偏废。

【原文】

吾家世文章,甚为典正,不从流俗;梁孝元在蕃邸时,撰《西府新文》,讫无一篇见录者,亦以不偶于世,无郑、卫之音故也。有诗赋铭诔书表启疏二十卷,吾兄弟始在草土,并未得编次,便遭火荡尽,竟不传于世。衔酷茹恨,彻于心髓!操行见于《梁史·文士传》及孝元《怀旧志》。

【译文】

我先父的文章十分典雅纯正,不随流俗。梁孝元帝在湘东王府时编录的《西府新文》,先父的文章一篇都没有被收集进去,由于先父的文风不够浮艳,不迎合世人的口味。先父留有诗、赋、铭、诔、书、表、启、疏等各种文体的文章总共二十卷,我们兄弟当时在服丧期间,还没有来得及分类整理,就遭遇大火,被烧得精光,最终没有流传下来。我痛心疾首。先父的操守品行见载于《梁史·文士传》和梁元帝的《怀旧志》。

【原文】

沈隐侯曰:"文章当从三易:易见事,一也;易识字,二也;易读诵,三也。"邢子才常曰:"沈侯文章,用事不使人觉,若胸臆语也。"深以此服之。祖孝徵亦尝谓吾曰:"沈诗云:'崖倾护石髓。'此岂似用事邪?"

【译文】

沈约说:"写文章要遵从'三易'的原则:一是叙事用典浅显易懂;二是文字简单容易识认;三是方便诵读记忆。"邢子才常说:"沈约的文章,别人都觉察不出其用典录事,仿佛直抒胸臆一样。"我也由此而非常钦佩他。祖孝徵也曾对我说:"沈约的诗说'崖倾护石髓',这句诗难道真的是在用典吗?"

【原文】

邢子才、魏收俱有重名,时俗准的,以为师匠。邢赏服沈约而轻任昉,魏爱慕任昉而毁沈约,每于谈宴,辞色以之。邺下纷纭,各有朋党。祖孝徵尝谓吾曰:"任、沈之是非,乃邢、魏之优劣也。"

【译文】

邢子才、魏收两个人均负有盛名,当时的人都把他们作为模范,奉为宗师。邢子才赞赏沈约而轻视任昉，魏收仰慕任昉而诋毁沈约，他们在一起吃饭聊天时，经常为此争得面红耳赤。邺城的人对此也是说法不一，两人都有自己的朋党。祖孝徵曾对我说："任昉、沈约两人的是是非非，事实上恰恰反映了邢子才、魏收的优和劣。"

**【原文】**

《吴均集》有《破镜赋》。昔者，邑号朝歌，颜渊不舍；里名胜母，曾子敛襟：盖忌夫恶名之伤实也。破镜乃凶逆之兽，事见《汉书》，为文幸避此名也。比世往往见有和人诗者，题云敬同，《孝经》云："资于事父以事君而敬同。"不可轻言也。

**【译文】**

《吴均集》中有一篇《破镜赋》。从前有个朝歌城，就因为这个地名，颜渊便不在这里滞留；有个胜母乡，曾子到这后，整整衣襟就离开了。这也许是因为他们忌讳不好的名称会损坏事物原有的内涵吧。"破镜"是一种凶恶的野兽，其出典见于—《汉书》，写作时希望你们要避免用类似的名称。近来常看到有人随和别人的诗作，在和诗的标题上写着"敬同"二字。《孝经》里说："资于父以事君而敬同。"所以"敬同"，这个词是不可以随便使用的。

**【原文】**

梁世费旭诗云："不知是耶非。"殷沄诗云："飖飏云母舟。"简文曰："旭既不识其父，沄又飖飏其母。"此虽悉古事，不可用也。世人或有文章引《诗》"伐鼓渊渊"者，《宋书》已有屡游之诮；如此流比，幸须避之。北面事亲，别舅摛《渭阳》之咏；堂上养老，送兄赋桓山之悲，皆大失也。举此一隅，触涂宜慎。

**【译文】**

梁代费旭的诗曾说："不知是耶非。"殷沄的诗曾说："飖飏云母舟。"简文帝说："费旭既不知道他的父亲，殷沄又让他母亲到处漂泊。"这些虽然都已经是往事了，但是你们也要注意不可轻率引用。有人在作文时引用《诗经》的"伐鼓渊渊"；《宋书》对这些不懂得用反语的人曾予以讥讽。像这样的词句，你们一定要避免使用。如果在侍奉母亲，在与舅舅分别时，却尽情吟唱《渭阳》；如果在侍养老父，送别兄长时，却以"桓山之鸟"来表现自己的悲痛情绪，这些可就是大忌了。列举这些例子，你们要懂得触类旁通，举一反三，处处谨慎小心。

**【原文】**

江南文制，欲人弹射，知有病累，随即改之，陈王得之于丁廙也。山东风俗，不通击难。吾初入邺，遂尝以此忤人，至今为悔；汝曹必无轻议也。

**【译文】**

江南人写作，总是盼望听到别人的批评责备，一旦发现毛病，就立刻修改。陈思王曹植就是从丁廙那里到了这种习惯的。山东的风俗，则不知该如何去请教别人来对自己的文章进行批评指导。我刚到邺城之时，曾因批评别人的文章而得罪于人，至今还为此懊悔。你们可别轻易地就去评论别人的文章啊。

**【原文】**

凡代人为文，皆作彼语，理宜然矣。至于哀伤凶祸之辞，不可辄代。蔡邕为胡金盈作《母灵表颂》曰："悲母氏之不永，然委我而夙丧。"又为胡颢作其父铭曰："葬我考议郎君。"

《袁三公颂》曰:"猗欤我祖,出自有妫。"王粲为潘文则《思亲诗》云:"躬此劳悴,鞠予小人;庶我显妣,克保遐年。"而并载乎邕、粲之集,此例甚众。

【译文】

凡是替别人写作,就都要用别人的口气,按理说这是必需的。至于那些表达哀伤凶祸内容的文章,最好不要随便替人写作。蔡邕为胡金盈作《母灵表颂》道:"悲母氏之不永,然委我而夙丧。"又为胡颢代笔替他父亲写墓志铭说:"葬我考议郎君。"还有《袁三公颂》说:"猗欤我祖,出自有妫。"王粲替潘文写《思亲诗》说:"躬此劳悴,鞠予小人;庶我显妣,克保遐年。"这几篇文章都收录在蔡邕、王桑的文集里,此类例子有不少。

【原文】

古人之所行,今世以为讳。陈思王《武帝诔》,遂深永蛰之思;潘岳《悼亡赋》,乃怆手泽之遗。是方父于虫,匹妇于考也。蔡邕《杨秉碑》云:"统大麓之重。"潘尼《赠卢景宣》诗云:"九五思飞龙。"孙楚《王骠骑诔》云:"奄忽登遐。"陆机《父诔》云:"亿兆宅心,敦叙百揆。"《姊诔》云:"伣天之和。"今为此言,则朝廷之罪人也。王粲《赠杨德祖诗》云:"我君饯之,其乐泄泄。"不可妄施人子,况储君乎?

【译文】

古人的这些做法,今天看来是触犯了忌讳。陈思王曹植的《武帝诔》,用"永蛰"一词来表现对亡父的深切怀念;潘岳的《悼亡赋》用"手泽"一词来抒发看到亡妻遗物而勾起的悲伤。前者将父亲比喻成了永远冬眠的昆虫,后者则将亡妻跟亡父等同了。蔡邕的《杨秉碑》说:"统大麓之重。"潘尼的《赠卢景宣诗》说:"九五思龙飞。"孙楚的《王骠骑诔》说:"奄忽登遐。"陆机的《父诔》说:"亿兆宅心,敦叙百揆。"《姊诔》说:"视天之和。"如果今天仍然沿用这种写法,早成了朝廷的千古罪人了。王粲的《赠杨德祖诗》说:"我君饯之,其乐泄泄。"像这种表示母子言和的话尚且不能妄用于一般人家的儿女,更何况是太子呢?

【原文】

挽歌辞者,或云古者《虞殡》之歌,或云出自田横之客,皆为生者悼往告哀之意。陆平原多为死人自叹之言,诗格既无此例,又乖制作本意。

【译文】

挽歌辞,有些人说是始于古代的《虞殡》之歌,有些人说出自田横的门客,这都是活着的人用来悼念已故的人,以表悲哀之意的。陆机写的挽歌多是死者的自叹之言,在挽歌诗的文体中,还没有这样的先例,这也与制作挽歌诗的本意背道而驰。

【原文】

凡诗人之作,刺箴美颂,各有源流,未尝混杂,善恶同篇也。陆机为《齐讴篇》,前叙山川物产风教之盛,后章忽鄙山川之情,殊失厥体。其为《吴趋行》,何不陈子光、夫差乎?《京洛行》,胡不述赧王、灵帝乎?

【译文】

凡是诗人的作品,不管是讽刺的,还是针砭的,还是颂扬赞美的,都有它本来的源流,从来不会将贬恶扬善的内容混淆在一处。陆机作《齐讴篇》,在前半部分讲述山川物产风俗教化的盛况,却在后半部分时忽然出现了鄙薄山川的情怀,这就与诗的体制违背了。他写的

《吴趋行》,为什么不谈及子光、夫差的事呢？他写的《京洛行》,又为什么不叙述周赧王、汉灵帝的事呢？

【原文】

自古宏才博学,用事误者有矣;百家杂说,或有不同,书傥湮灭,后人不见,故未敢轻议之。今指知决纰缪者,略举一两端以为诫。《诗》云:“有鷕雉鸣。”又曰:“雉鸣求其牡。”《毛传》亦曰:“鷕,雌雉声。”又云:“雉之朝雊,尚求其雌。”郑玄注《月令》亦云:“雊,雄雉鸣。”潘岳赋曰:“雉鷕鷕以朝雊。”是则混杂其雄雌矣。《诗》云:“孔怀兄弟。”孔,甚也;怀,思也,言甚可思也。陆机《与长沙顾母书》,述从祖弟士璜死,乃言:“痛心拔脑,有如孔怀。”心既痛矣,即为甚思,何故方言有如也？观其此意,当谓亲兄弟为孔怀。

【译文】

从古至今,那些才华横溢、博学多才的人才,引用典故不恰当的也是大有人在;诸子百家的杂说,有些对相同的事件持不同的看法,如果这些湮没,那么后人就看不到了。因此我也不能妄加评论。现在我只指出那些绝对错误的,简单举几个例子让你们引以为戒。《诗经》说:“有鷕雉鸣。”又说:“雉鸣求其牡。”《毛诗训诂传》也说:“鷕,是雌雉的鸣叫声。”《诗经》又说:“雉之朝雊,尚求其雌。”郑玄注《礼记·月令》也说:“雊,是雄雉的鸣叫声。”而潘岳的赋说:“雉鷕鷕以朝雊。”如此看来就混淆了雄雌二者的区别。

【原文】

《诗》云:“父母孔迩。”而呼二亲为孔迩,于义通乎？《异物志》云:“拥剑状如蟹,但一螯偏大耳。”何逊诗云:“跃鱼如拥剑。”是不分鱼蟹也。

【译文】

《诗经》说:“孔怀兄弟。”孔,也就是非常之意;怀,就是思之意。孔怀便是非常想念之意。陆机的《与长沙顾母书》,讲述了从祖弟陆士璜之死,却说:“痛心拔脑,有如孔怀。”心中感到痛苦,当然是十分想念了,为什么还要说“有如”呢？看来他话语中是把“孔怀”理解为亲兄弟了。《诗经》说:“父母孔迩。”如果依据陆机的用法,则应将父母称作“孔迩”了,这样如何能说得通呢？《异物志》说:“拥剑的形状如蟹,只是有一只螯偏大。”何逊的诗却说:“跃鱼如拥剑。”这就是不区分鱼和蟹了。

【原文】

《汉书》:“御史府中列柏树,常有野鸟数千,栖宿其上,晨去暮来,号朝夕鸟。”而文士往往误作乌鸢用之。《抱朴子》说项曼都诈称得仙,自云:“仙人以流霞一杯与我饮之,辄不饥渴。”而简文诗云:“霞流抱朴碗。”亦犹郭象以惠施之辨为庄周言也。《后汉书》:“囚司徒崔烈以锒铛锁。”锒铛,大锁也;世间多误作金银字。武烈太子亦是数千卷学士,尝作诗云:“银锁三公脚,刀撞仆射头。”为俗所误。

【译文】

《汉书》说:“御史府中排列着一行柏树,经常发现数千只野鸟栖息在上面,早上离开了,傍晚又飞回来,因而称之为朝夕鸟。”但文人墨客却往往将“鸟”字误当“乌鸢”的“乌”字来用。《抱朴子》说,项曼伪称遇上仙人了,自言:“仙人拿一杯‘流霞’让我喝,我饥渴的感觉就消失了。”而简文帝的诗说:“霞流抱朴碗。”这就跟郭象将惠施辩说的话当做是庄周的话类似了。《后汉书》说:“囚禁司徒崔烈用银档锁。”银档,即大的铁锁链;人们经常把“银”字误作金银的“银”字。武烈太子也是酷爱读书的学士,他却曾做诗:“银镶三会脚,刀撞仆射头。”这是因其受世俗的影响而导致的错误。

【原文】

文章地理,必须惬当。梁简文《雁门太守行》乃云:“鹅军攻日逐,燕骑荡康居,大宛归善马,小月送降书。”萧子晖《陇头水》云:“天寒陇水急,散漫俱分泻,北注徂黄龙,东流会白马。”此亦明珠之颣,美玉之瑕,宜慎之。

【译文】

文章中提及地理的,必须精准。梁简文帝《雁门太守行》中说:“鹅军攻日逐,燕骑荡康居。大宛归善马,小月送降书。”萧子晖曾经在《陇头水》中说:“天寒陇水急,散漫俱分泻,北注祖黄龙,东流会白马。”这些就是明珠上的一点微小差别,美玉上的一点瑕疵,这也应该相当认真地对待。

【原文】

王籍《入若耶溪》诗云:“蝉噪林逾静,鸟鸣山更幽。”江南以为文外断绝,物无异议。简文吟咏,不能忘之,孝元讽味,以为不可复得,至《怀旧志》载于《籍传》。范阳卢询祖,邺下才俊,乃言:“此不成语,何事于能?”魏收亦然其论。《诗》云:“萧萧马鸣,悠悠旆旌。”《毛传》曰:“言不谊哗也。”吾每叹此解有情致,籍诗生于此耳。

【译文】

王籍的《入若耶溪》说:“蝉噪林逾静,鸟鸣山更幽。”江南地方的人都认为此乃无可比及的绝句,没有人对此有异议。简文帝诵吟之后,总是无法忘怀。梁元帝也经常反复回味,认为这是难得的佳句,所以在《怀旧志》中仍收载入《王籍传》。范阳卢询祖,是邺城的儒雅之人,他却说:“这两句不是什么佳句,也看不出他有多高的艺术境界。”魏收对此观点持赞同态度。《诗经》说:“萧萧马鸣,悠悠旆旌。”《毛诗话训传》说:“这是肃静不喧哗嘈杂的意思。”我每次都叹服这个解释真是别有情致。而王籍的这一诗句也正是由此而得到的。

【原文】

兰陵萧悫,梁室上黄侯之子,工于篇什。尝有《秋诗》云:“芙蓉露下落,杨柳月中疏。”时人未之赏也。吾爱其萧散,宛然在目。颍川荀仲举、琅邪诸葛汉,亦以为尔。而卢思道之徒,雅所不惬。

【译文】

兰陵地区的萧悫,是梁上黄侯晔的儿子,最喜好做诗。他曾作过一首题为《秋》的诗,诗中说:“芙蓉露下落,杨柳月中疏。”那时的人们并不看好这两句诗,而我却很喜欢,我觉得它空远散淡,所联想的景象栩栩如生。颍川荀仲举、琅邪诸葛汉,也都同意我的看法。但是卢思道等人,对这两句诗却不太满意。

【原文】

何逊诗实为清巧,多形似之言;扬都论者,恨其每病苦辛,饶贫寒气,不及刘孝绰之雍容也。虽然,刘甚忌之,平生诵何诗,常云:“蘧车响北阙,愐愐不道车。”又撰《诗苑》,止取何两篇，时人讥其不广。刘孝绰当时既有重名，无所与让；唯服谢朓，常以谢诗置几案间，动静辄讽味。简文爱陶渊明文，亦复如此。江南语曰："梁有三何，子郎最多。"三何者，逊及思澄、子郎也。子郎信饶清巧。思澄游庐山，每有佳篇，亦为冠绝。

【译文】

何逊的诗真是清爽奇巧，而且形象生动的语言很多；而扬都的评论家却批评他的诗总是太多痛苦，用心太深，衰冷萧瑟之意太浓，没有刘孝绰的诗那样雍容闲和。虽然如此，刘孝绰还是很妒忌他，平时诵读他的诗句时，总是说："蘧车响北阙，愊愊不道车。"后来他又撰写了《诗苑》，却只选录了何逊的两首诗；当时的人们都嘲笑他心胸狭窄，不够大度。刘孝绰在当时已大名鼎鼎，所以也并无谦让可言。他只佩服谢朓，常常把谢朓的诗放在桌案上，动不动就讽诵玩味。梁简文帝因为喜欢陶渊明的诗，因此也常常像他这样做。江南有俗语说："梁朝有三何，子朗才气最足。""三何"指何逊、何思澄、何子朗。何子朗的诗也擅长清新奇巧。何思澄登游庐山时也常有好诗问世，他在当时也是桂冠级的诗人。

## 名实第十

【原文】

名之与实，犹形之与影也。德艺周厚，则名必善焉；容色姝丽，则影必美焉。今不修身而求令名于世者，犹貌甚恶而责妍影于镜也。上士忘名，中士立名，下士窃名。忘名者，体道合德，享鬼神之福佑，非所以求名也；立名者，修身慎行，惧荣观之不显，非所以让名也；窃名者，厚貌深奸，干浮华之虚称，非所以得名也。

【译文】

名气对比实际，就好比实物对比影子。如果一个人能做到德才深厚，那他的名声一定不错；如果一个人面容姣好，那他的影子也一定是很美丽的。如果一个人根本不修身养性，却希望得到很好的名声，就好比那些容貌长得丑陋又希望能在镜子中看到自己漂亮的影子一样。最上等的士人是不追求名利的，一般的士人懂得修身养性，自己去树立自己的名声，最下等的士人是想方设法去偷窃名誉。忽略名利，淡泊名利的人，认真考察事物发展的规律，言行举止也符合社会道德规范，他们享受鬼神所赐的福祐，并不希望用这些去求取名利。树立名声的人，修身养性，还担忧荣誉不能明显，并不希望谦让他们的名誉。那些窃取名誉的人，貌似忠厚而心怀奸计，追求浮华的虚名，这并不是能得到好名声的途径。

【原文】

人足所履，不过数寸，然而咫尺之途，必颠蹶于崖岸，拱把之梁，每沉溺于川谷者，何哉？为其旁无余地故也。君子之立己，抑亦如之。至诚之言，人未能信，至洁之行，物或致疑，皆由言行声名，无余地也。吾每为人所毁，常以此自责。若能开方轨之路，广造舟之航，则仲由之言信，重于登坛之盟，赵熹之降城，贤于折冲之将矣。

【译文】

人的脚所踩踏到的，也不过几寸大小而已，然而在一尺来宽的路上，却经常会颠仆摔倒在山崖之下；从一两抱粗的木桥上过路，还常掉进桥下水中，这是什么原因呢？是由于他所踩的旁边再没留有余地的原因。君子要想让自己在社会上立足，也是和这个道理一样的。太诚实了的言论，别人未必会相信；太高洁的行为，别人往往会产生猜疑，这都是由于他们的言行名声太好，没留后路。我每次被人诋毁，都是用这些缘由来责备自己。我想，如果能开辟坦途，加宽渡河的浮桥，那么就能像子路那样说话令人信服，胜过诸侯登坛的盟约，像赵熹那样能以信义招降对方盘踞的城池，这是那些在战场上能叱咤风云的将军也无法实现的。

【原文】

吾见世人，清名登而金贝入，信誉显而然诺亏，不知后之矛戟，毁前之干橹也。虙子贱云："诚于此者形于彼。"人之虚实真伪在乎心，无不见乎迹，但察之未熟耳。一为察之所鉴，巧伪不如拙诚，承之以羞大矣。伯石让卿，王莽辞政，当于尔时，自以巧密；后人书之，留传万代，可为骨寒毛竖也。近有大贵，以孝著声，前后居丧，哀毁逾制，亦足以高于人矣。而尝于苫块之中，以巴豆涂脸，遂使成疮，表哭泣之过。左右僮竖，不能掩之，益使外人谓其居处饮食，皆为不信。以一伪丧百诚者，乃贪名不已故也。

【译文】

我看世上的人，树立了好的名声之后，就开始寻钱纳财，信誉树立起来后，就开始食言了，殊不知后来说的矛戟，已经戳穿了前面所说的盾牌了。虙子贱说过："在这件事情上做到了忠实，就在那件事上树立了楷模。"每个人心里的虚实真伪，都会在他的言行里表现出来，只是没有人去认真的观察罢了。一旦被考察他的人识别了，再巧妙的伪装也比不上拙劣的真诚，蒙受的羞辱太大了。春秋时伯石假意谦让卿位，东汉的王莽假意推托当政，在那个时候，自以为做得巧妙，被后人记载下来，留传万代，让今天的人看起来毛骨悚然。最近听说一个以孝著称的士人的古事。他多次守丧戴孝，因为太悲伤了而伤害身体，这已足以高人一等了。而他曾经在草垫土块之中用巴豆涂在脸上，使自己的脸落下疮疤，表示他哭得非常厉害。而他身旁的仆人，却没能为他掩盖此事，就使得外人认为他的居处饮食都透着假象，都不再相信他了。因为一次虚伪被揭露，把所有的诚实都抹掉了，是因为他太贪名了。

【原文】

有一士族，读书不过二三百卷，天才钝拙，而家世殷厚，雅自矜持，多以酒犊珍玩，交诸名士，甘其饵者，递共吹嘘。朝廷以为文华，亦尝出境聘。东莱王韩晋明笃好文学，疑彼制作，多非机杼，遂设宴言，面相讨试，竟日欢谐，辞人满席，属音赋韵，命笔为诗，彼造次即成，了非向韵。众客各自沉吟，遂无觉者。韩退叹曰："果如所量！"韩又尝问曰："玉珽杼上终葵首，当作何形？"乃答云："珽头曲圜，势如葵叶耳。"韩既有学，忍笑为吾说之。

【译文】

有一位士族子弟，读书不过二三百卷，天生愚钝笨拙，但他家里非常富有，常常以此自夸，经常拿酒杀牛摆宴，以玩物赏器交往许多名士，那些对他的利益感兴趣的人，就轮番吹捧他。朝廷真以为他是个才子，还派他到别国去通问修好。当时的东莱王韩晋明，非常喜爱文学，怀疑这位士人的作品，多半不是他自己所做，于是摆酒设宴，让大家边饮边谈，想当面向他试探。满座的客人，整天都兴高采烈，吟诗作赋，提笔作文，他也是一挥而就，但所成之文，却根本没有了原先拿出来的作品的那种韵味。客人们各自沉吟，根本没有体会到。韩晋明退席后叹道："果然不出所料！"韩晋明又曾经问过他："把玉珽刮削到椎头时，应该是什么样子？"他说："玉珽的头部是圆形的话，那样子就该像葵叶了吧。"韩晋明是博学的人，当他向我说起这件事时，还是忍不住发笑。

【原文】

治点子弟文章，以为声价，大弊事也。一则不可常继，终露其情；二则学者有凭，益不精励。

【译文】

如果给自己的弟子修改文章，以此抬高他们的名声，是一大坏事。一是因为老师不可能永远为他做这些，终究会露出他的本来面目；二是由于做学问的人认为有了依赖，自己会更不努力。

【原文】

邺下有一少年，出为襄国令，颇自勉笃。公事经怀，每加抚恤，以求声誉。凡遣兵役，握手送离，或赍梨枣饼饵，人人赠别，云："上命相烦，情所不忍；道路饥渴，以此见思。"民庶称之，不容于口。及迁为泗州别驾，此费日广，不可常周，一有伪情，触涂难继，功绩遂损败矣。

【译文】

邺城下有一位少年，曾做官到襄国县令，做事笃实。公务认真，抚恤百姓，以求得好的声誉。凡是派遣人民出服兵役，他都会一一握手相送，有时还会送些梨枣做的糟糕饼之类的小礼品，一个个的送别，还说："是皇命要求，我自己也不忍心让你们去做的。路上如果感到饥饿干渴，看到它就足以表达我的思念之情。"当时的人民对此事赞不绝口。等到他调任泗州的别驾时，这样的费用就越来越多了。难以做得面面俱到，一旦有点矫揉造作，他的一世功绩就毁坏了。

【原文】

或问曰："夫神灭形消，遗声余价，亦如蝉壳蛇皮，兽迒鸟迹耳，何预于死者，而圣人以为名教乎？"对曰："劝也，劝其立名，则获其实。且劝一伯夷，而千万人立清风矣；劝一季札，而千万人立仁风矣；劝一柳下惠，而千万人立贞风矣；劝一史鱼，而千万人立直风矣。故圣人欲其鱼鳞凤翼，杂沓参差，不绝于世，岂不弘哉？四海悠悠，皆慕名者，盖因其情而致其善耳。抑又论之，祖考之嘉名美誉，亦子孙之冕服墙宇也，自古及今，获其庇荫者亦众矣。夫修善立名者，亦犹筑室树果，生则获其利，死则遗其泽。世之汲汲者，不达此意，若其与魂爽俱升，松柏偕茂者，惑矣哉！"

【译文】

有人问道："人的灵魂和躯体是一块儿消失的，留下来的声名和评价，就好比蝉蜕下的壳和蛇蜕下的皮、兽迒鸟迹一般，与死人了没什么关系，而圣人为什么要把它作为教化的内容？"我回答说："都是为了勉励世人，劝他们要树立良好的名声，指望他们能做到名副其实。更何况劝人们向伯夷一个人学习，有成千上万的人就可以树立起清白的风气了；劝他们向季札学习，而成千上万的人又可以树立起仁爱的风气了；劝他们向柳下惠学习，而成千上万的人又可以树立起坚贞的风气了；劝他们向史鱼学习，成千上万的人就可以树立起正直的风气了。所以，圣人希望世上的人才像鱼鳞凤翼那样繁多，而且层出不穷，这个心愿是何等伟大？四海之内，芸芸众生，都爱慕好的名声，就应该根据他们的这种情感，引导他们到达美好的境界。也可以这样说，祖先们的好名声，就好比子孙们的礼服、墙宇，能给予他们的地位、财产，自古及今，能得到他的荫庇的人太多了。而且修行立名，就好比修房种树，活着时，能得到很多好处，死了能造福后代。世人有许多心情急切的人，不明白这个道理，总希望他们的名声与魂魄一同升天，像松柏一样长青不衰，那是不可能的。”

## 涉务第十一

【原文】

士君子之处世，贵能有益于物耳，不徒高谈虚论，左琴右书，以费人君禄位也。国之用材，大较不过六事：一则朝廷之臣，取其鉴达治体，经纶博雅；二则文史之臣，取其著述宪章，不忘前古；三则军旅之臣，取其断决有谋，强干习事；四则藩屏之臣，取其明练风俗，清白爱民；五则使命之臣，取其识变从宜，不辱君命；六则兴造之臣，取其程功节费，开略有术，此则皆勤学守行者所能辨也。人性有长短，岂责具美于六涂哉？但当皆晓指趣，能守一职，便无愧耳。

【译文】

君子的修身处世，贵在有利于众人，而不光是夸夸其谈，弹琴练字，以此消耗人君的俸禄爵位。国家使用的人才，大抵不过六种：一是朝廷之臣，选用他们掌握治理国家的体制纲要，要经纶满腹，博学多才；二是文史之臣，选用他们编撰典章制度，阐释前代兴亡历史，让今人不忘前人的经验和教训；三是军旅之臣，选用他们谋略果断，强力干练，熟悉战阵；四是藩屏之臣，利用他们熟悉当地民风民俗，为政清廉，爱护百姓；五是使命之臣，选用他们随机应变，因人而异，完成人君交付的外交任务；六是兴造之臣，选用他们考核工程功绩，节约费用，开创筹划。以上种种，都是勤奋学习、遵守操行的人才能做到的。人的秉性千奇百怪，怎么可以一个人在以上六个方面都做得很好呢？只要对这些都能略知一二，而做好其中的任何一个方面，也就问心无愧了。

【原文】

吾见世中文学之士，品藻古今，若指诸掌，及有试用，多无所堪。居承平之世，不知有丧乱之祸；处庙堂之下，不知有战陈之急；保俸禄之资，不知有耕稼之苦；肆吏民之上，不知有劳役之勤，故难可以应世经务也。晋朝南渡，优借士族；故江南冠带，有才干者，擢为令仆已下尚书郎中书舍人已上，典掌机要。其余文义之士，多迂诞浮华，不涉世务；纤微过失，又惜行捶楚，所以处于清高，盖护其短也。至于台阁令史，主书监帅，诸王签省，并晓习吏用，济办时须，纵有小人之态，皆可鞭杖肃督，故多见委使，盖用其长也。人每不自量，举世怨梁武帝父子爱小人而疏士大夫，此亦眼不能见其睫耳。

【译文】

我发现世上的文学人士，品评古今，似乎指点掌中之物一般，等到要让他们付诸实践，却多数不能胜任。他们求生在和平时代，不知道有丧国乱民之灾；身在朝堂之上，不知道战争攻伐的急迫；有丰厚的俸禄供给，不知道耕种庄稼的辛苦；恣行肆意于吏民头上，不知道有从事劳役的愁苦，这样就很难让他们应付时世，处理事务了。东晋南渡后，朝廷对士族宽以待人，所以在江南的官吏中，有才能的，就能提升到尚书令、尚书仆射以下，尚书郎、中书舍人以上的官职，执掌国家机密。其余那些稍懂文义的人，大都迂诞浮华，不会处理世务，如有一些小过失，也不好施以杖责，姑且只好把他们安置在名高职轻的位子上，大概是掩盖他们的缺点吧。至于尚书省的令史、主书、监、帅，外镇藩王的典签、省事，都是了解官吏事务，能够按需要履行任务的人，纵使有些人有不良的表现，都可以施行鞭打杖责的处罚，严加监督，所以这些人多被委任使用，大概是用其所长吧。人往往有些不自量，当时大家都在抱怨梁武帝父子喜欢小人而疏远士大夫，这就如同自己的眼睛无法看到自己的睫毛一样，缺乏自知之明了。

**【原文】**

梁世士大夫，皆尚褒衣博带，大冠高履，出则车舆，入则扶侍，郊郭之内，无乘马者。周弘正为宣城王所爱，给一果下马，常服御之，举朝以为放达。至乃尚书郎乘马，则纠劾之。及侯景之乱，肤脆骨柔，不堪行步，体羸气弱，不耐寒暑，坐死仓猝者，往往而然。建康令王复，性既儒雅，未尝乘骑，见马嘶喷陆梁，莫不震慑，乃谓人曰："正是虎，何故名为马乎？"其风俗至此。

**【译文】**

梁朝有好多士大夫，都喜欢宽袍大带、大冠高履，外出乘坐车舆，回到家中有僮仆侍候，在城郊以内，没有哪个士大夫骑马。周弘正为宣城王所宠信，宣城王赏给他一匹果下马，经常骑着它出外，满朝官员都说他太过轻浮。至于像尚书郎那样的官员骑马，就会受到举报弹劾。到侯景之乱时，这些士大夫肌肤柔嫩、身骨脆弱，受不了步行；气血不足、体质羸弱，耐不得寒暑。在战乱中死去的，往往是这批人。建康令王复，性情儒雅，不曾骑过马，一看到马嘶叫喷气，跳跃不止时，就感到十分恐慌，对人说："这就是头老虎，为什么叫它马呢？"当时的风气竟到了这般地步。

**【原文】**

古人欲知稼穑之艰难，斯盖贵谷务本之道也。夫食为民天，民非食不生矣，三日不粒，父子不能相存。耕种之，茠钼之，刈获之，载积之，打拂之，簸扬之，凡几涉手，而入仓廪，安可轻农事而贵末业哉？江南朝士，因晋中兴，南渡江，卒为羁旅，至今八九世，未有力田，悉资俸禄而食耳。假令有者，皆信僮仆为之，未尝目观起一拨土，耘一株苗；不知几月当下，几月当收，安识世间余务乎？故治官则不了，营家则不办，皆优闲之过也。

**【译文】**

古人体验耕种庄稼的艰难，这大概体现在重视谷物、以农为本的思想上面。民以食为天，没有饭吃则不能生存，三天不吃饭，即使是父子之间也顾不上礼节了。一茬庄稼的收获，要耕地、播种、除草、收割、运载、脱粒、扬谷，经过许多道工序，粮食才进入仓库，如此怎可轻视农活而贵重商业呢？在江南为官的士大夫们，因晋朝的中兴，渡江南来，最终寄旅此地，到现在已有八九代了，还从未下力种过田，全依靠俸禄生存。即使他们占有些土地，都是靠僮仆们来耕种，自己从未目睹翻一块土，种一株苗；不知道哪个月应该下种，哪个月应当收割，如此怎能知晓世上的其他事务呢？所以他们居官则不明晓为官之道，治家则不会经营，这些都是生活清闲无忧所造成的啊。

# 卷第五

## 省事第十二

**【原文】**

铭金人云:“无多言,多言多败;无多事,多事多患。”至哉斯戒也!能走者夺其翼,善飞者减其指,有角者无上齿,丰后者无前足,盖天道不使物有兼焉也。古人云:“多为少善,不如执一;鼫鼠五能,不成伎术。”近世有两人,朗悟士也,性多营综,略无成名,经不足以待问,史不足以讨论,文章无可传于集录,书迹未堪以留爱玩,卜筮射六得三,医药治十差五,音乐在数十人下,弓矢在千百人中,天文、画绘、棋博,鲜卑语、胡书,煎胡桃油,炼锡为银,如此之类,略得梗概,皆不通熟。惜乎,以彼神明,若省其异端,当精妙也。

**【译文】**

有一尊铜人的背上铭文:“不要多话,多话就多挫折,不要多事,多事就多祸患。”这一训诫多么正确啊!能跑的,不长翅膀;会飞的,缺少脚趾;有角的,没有上齿;后腿长的,前足退化,这大抵是大自然不让动物兼具各种长处。古人说:“干得多,而很少有干得好的,不如专心干好一件事;鼫鼠有五种技能,却没有一种技能管用。”近世有两位,都是聪明颖悟的人,兴趣广泛,却毫无一点名声,因为他们的经学知识经不起盘问,史学知识经不起探讨,文章没有可流传于集子上的,书法手迹不值得留存赏玩,为人卜筮六次只有三次准确,治病开药十次有五次出现差错,音乐造诣在几十人之下,弓矢技能在千百人里算中等,至于在天文、绘画、棋艺、鲜卑语、胡人文字、煎胡桃油、炼锡成银之类事情上,只了解些大概情况,都不精通熟练。可惜呀,凭他们的灵气,如果割弃其他的爱好,肯定在某个方面能达到精妙的程度。

**【原文】**

上书陈事,起自战国,逮于两汉,风流弥广。原其体度:攻人主之长短,谏诤之徒也;讦群臣之得失,讼诉之类也;陈国家之利害,对策之伍也;带私情之与夺,游说之俦也。总此四涂,贾诚以求位,鬻言以干禄。或无丝毫之益,而有不省之困。幸而感悟人主,为时所纳,初获不赀之赏,终陷不测之诛,则严助、朱买臣、吾丘寿王、主父偃之类甚众。良史所书,盖取其狂狷一介,论政得失耳,非士君子守法度者所为也。今世所睹,怀瑾瑜而握兰桂者,悉耻为之。守门诣阙,献书言计,率多空薄,高自矜夸,无经略之大体,咸秕糠之微事,十条之中,一不足采,纵合时务,已漏先觉,非谓不知,但患知而不行耳。或被发奸私,面相酬证,事途回穴,翻惧愆尤;人主外护声教,脱加含养,此乃侥幸之徒,不足与比肩也。

**【译文】**

给人主上书陈事的做法,起源于战国时期,到了两汉,此风流行更广。推究它的体制,指责人主长短的,是谏诤之臣;批评群臣得失的,是好讼之辈;陈说国家利害的,是对策之徒;利用感情使人主作出决策的,属游说之类。归总这四类人的做法,都是贩卖他们的诚心来换取官位,出售他们的言论来求得利禄。有的无丝毫益处,反而会因人主不省悟而陷入困厄,即使侥幸使人主觉悟,当时被采纳,他们起初虽能获得不可估量的奖赏,最后还是会陷于不可预测的诛杀,这就是指严助、朱买臣、吾丘寿王、主父偃这类的很多人。优秀史官所记录的,大概只选取洁身自好、耿介不阿的人,以评论时政得失罢了,但这不是谨守法度的士君子所做的。现在我们看到,怀"美玉"、佩"异香"的德才兼备的人,都耻于干这种事。那些守候公门,趋赴朝廷,给皇帝献书言计的人,大都空疏浅薄。自我吹嘘,没有治理国家的方略,都谈些秕糠之类的琐事,十条建议中,没有一条值得采取,即使偶有与实际切合的意见,却早已被先觉者提出。不是人们不知道,只是知道却不能实行罢了。甚至有些献书言计者被揭发包藏私心,当面与人对质,他们反会愧惧交加;即使人主为了对外维护朝廷的声誉和教化,或许对他们加以包涵,但这是些侥幸之徒,不值得让人与他们比肩为伍的。

**【原文】**

谏诤之徒,以正人君之失尔,必在得言之地,当尽匡赞之规,不容苟免偷安,垂头塞耳;至于就养有方,思不出位,干非其任,斯则罪人。故《表记》云:"事君,远而谏,则谄也;近而不谏,则尸利也。"《论语》曰:"未信而谏,人以为谤己也。"

**【译文】**

处于谏诤者的位置是纠正国君的过失,这就必须先使自己处在能够说话的地方,并且应当尽量匡助和襄赞人君,决不可苟且偷安、垂头塞耳。至于侍奉国君,要有方法,不要超越职权,如果干涉职责以外的事,就会成为朝廷的罪人。所以《礼记·表记》说:"侍奉国君,如关系疏远,却要去劝谏,此行为就是谄媚了;如关系亲近,而不进谏,那就是受禄而不尽职了。"《论语·子张》说:"未取得国君的信任,就去劝谏,国君会认为在毁谤自己。"

**【原文】**

君子当守道崇德,蓄价待时,爵禄不登,信由天命。须求趋竞,不顾羞惭,比较材能,斟量功伐,厉色扬声,东怨西怒;或有劫持宰相瑕疵,而获酬谢,或有諠聒时人视听,求见发遣;以此得官,谓为才力,何异盗食致饱,窃衣取温哉!世见躁竞得官者,便谓"弗索何获";不知时运之来,不求亦至也。见静退未遇者,便谓"弗为胡成";不知风云不与,徒求无益也。凡不求而自得,求而不得者,焉可胜算乎!

**【译文】**

君子应当坚守正道,崇尚德行,蓄积声望,等待时机,即使仍然不能晋升官禄,实在是由于天命。为达到某种需求而索求奔走,不顾羞耻,与人攀比才能,衡量功绩,声色俱厉,怨东怨西,有人甚至以宰相的缺点为要挟,从而获得官禄;还有人喧闹扰乱人们的视听,求得被安排录用。用这些手段求得官职,还声称自己有才干与能力,这与偷食致饱、窃衣取暖有什么分别呢!世人看见那些躁进奔走而得官的人,就说"不去追求怎能获得官位呢";可不知道时运一到,不去追求官位也会来的。看到那些恬静谦让而没得到官职的人,又说"不做怎么会成功呢";却不知道不到风云际会之时,徒然追求也是无益的。世间那些不追求而有所得,或追求而无所得的人,怎能算得过来呢!

【原文】

齐之季世，多以财货托附外家，諠动女谒。拜守宰者，印组光华，车骑辉赫，荣兼九族，取贵一时。而为执政所患，随而伺察，既以利得，必以利殆，微染风尘，便乖肃正，坑阱殊深，疮痏未复，纵得免死，莫不破家，然后噬脐，亦复何及。吾自南及北，未尝一言与时人论身份也，不能通达，亦无尤焉。

【译文】

北齐末世，不少人用钱财去请托依附外戚权贵，通过得宠女子去请托求官。那些被任为地方官吏的，印绶光鲜华丽，车马高大，荣耀兼及九族，富贵取于一时。可一旦被执政者忌恨，随之对他们考察调查，那些得利的，也定会因利而遇到危殆，只要稍稍染上仕途恶习，便背离了为官应有的严肃原则。陷阱是很深的，创伤是不能平复的，纵能免过一死，却没有不家道破败的。到了这种程度才后悔，也来不及了。我从南方走到北方，从未与时人谈过一句有关自己资历的话，这样虽然不能官运显达，但也绝无怨言。

【原文】

王子晋云："佐饔得尝，佐斗得伤。"此言为善则预，为恶则去，不欲党人非义之事也。凡损于物，皆无与焉。然而穷鸟入怀，仁人所悯，况死士归我，当弃之乎？伍员之托渔舟，季布之入广柳，孔融之藏张俭，孙嵩之匿赵岐，前代之所贵，而吾之所行也，以此得罪，甘心瞑目。至如郭解之代人报雠，灌夫之横怒求地，游侠之徒，非君子之所为也。如有逆乱之行，得罪于君亲者，又不足恤焉。亲友之迫危难也，家财己力，当无所吝；若横生图计，无理请谒，非吾教也。墨翟之徒，世谓热腹，杨朱之侣，世谓冷肠；肠不可冷，腹不可热，当以仁义为节文尔。

【译文】

王子晋说："帮人做饭的人，能尝到美味；帮人殴斗的人，可能要受伤害。"这是说，别人做好事，应当去参加，别人干坏事，便要避开，不要帮别人去做不仁不义之事。大凡对社会有损害的事，都不可参加。走投无路的小鸟投入怀中，仁慈的人总会怜悯它；何况敢死的勇士来投奔我，能弃之不管吗？伍员将后半生寄托在渔舟上，季布藏身于广柳车中，孔融匿藏张俭，孙高匿藏赵岐，这些都是前代人所崇尚的，也是我所信奉的，即使因此而获罪，我也心甘情愿，死而瞑目。至于像郭解代人报仇，灌夫怒责田蚡为朋友争地，都是游侠的作为，不是君子应当干的。如果有逆乱犯上的行为，得罪了人君和父母，就不值得同情。亲戚朋友遇到危机，尽家中的财物，尽己所能去解救，不应当吝惜；如果是有人横生心计、无理请求，就不是我要你们同情的了。墨子一类的人，被称为热心肠；杨朱一类人，则被称为冷心肠。人生在世，肠不应冷，但也不可热，应当遵循仁义节制言行。

【原文】

前在修文令曹，有山东学士与关中太史竞历，凡十余人，纷纭累岁，内史牒付议官平之。吾执论曰："大抵诸儒所争，四分并减分两家尔。历象之要，可以晷景测之；今验其分至薄蚀，则四分疏而减分密。疏者则称政令有宽猛，运行致盈缩，非算之失也；密者则云日月有迟速，以术求之，预知其度，无灾祥也。用疏则藏奸而不信，用密则任数而违经。且议官所知，不能精于讼者，以浅裁深，安有肯服？既非格令所司，幸勿当也。"举曹贵贱，咸以为然。有一礼官，耻为此让，苦欲留连，强加考核。机杼既薄，无以测量，还复采访讼人，窥望长短，朝夕聚议,寒暑烦劳,背春涉冬,竟无予夺,怨诮滋生,赧然而退,终为内史所迫:此好名之辱也。

【译文】

以前我在修文令曹的时候,一些山东学士和关中太守争论历法问题,总共有十几个人,纷纷扰扰地争论了好几年,内史发文牒请议官评定此事。我提出说:“大概儒生们所争论的,可分为四分历和减分历两家。历算天象的要点,可通过日晷仪的影像来测定;现在由此来检验两种历法中有关春分、秋分、夏至、冬至以及日蚀、月蚀的情况,可发现四分法疏略而减分法周密。疏略者声称政治法令也有严有松,日月的运行也相应会有不足或超前,并不是历法计算的误差;但细密者却说日月运行有快有慢,用准确的方法来计算,可提前知道它们运行的情况,这与灾祸、吉祥无关。使用疏略的四分历,可能隐藏伪作而失却真实;使用细密的减分历,可能顺应了天象而违背了经义。而且议官所知道的,不可能比争论双方更精确,而浅薄者去裁判高深者,怎能让人相信呢?这件事既然不属法律法令的范围,希望不要去裁断谁是谁非。”整个官署的人不管地位高低,都认为我的看法对。有一位礼官却认为这样做是一种耻辱,苦苦地要求不放下这个问题,想方设法地对两种历法去进行考证。他对这方面的知识本来就少,又无法实地测算,回过头来,仍去采访争执双方,想由此判断二者的优劣。他们早晚聚在一起议论,由寒到暑,从春到冬,劳累烦苦,最终不能作出判断,抱怨讥嘲之声滋生,只得惭愧退场,最后还被内史搞得十分窘迫:这是好出风头所招惹来的耻辱。

## 止足第十三

【原文】

《礼》云:“欲不可纵,志不可满。”宇宙可臻其极,情性不知其穷,唯在少欲知足,为立涯限尔。先祖靖侯戒子侄曰:“汝家书生门户,世无富贵;自今仕宦不可过二千石,婚姻勿贪势家。”吾终身服膺,以为名言也。

【译文】

《礼记》里说:“人的欲望不能太放纵,志向也不可以太盈满。”宇宙那么大,也可以达到他的极限,然而人的欲望却是没有止境的,只有寡欲知足,为自己划定一个界限。先祖靖侯告诫子孙们说:“你们的家是书香门第,历代都不是享受荣华富贵的;从今以后,你们步入官场,不能做那些俸禄超过二千石的官;婚姻大事也不可以贪图对方有权势。”我一辈子都相信这些话,把它当做至理名言。

【原文】

天地鬼神之道,皆恶满盈。谦虚冲损,可以免害。人生衣趣以覆寒露,食趣以塞饥乏耳。形骸之内,尚不得奢靡,己身之外,而欲穷骄泰邪?周穆王、秦始皇、汉武帝,富有四海,贵为天子,不知纪极,犹自败累,况士庶乎?常以二十口家,奴婢盛多,不可出二十人,良田十顷,堂室才蔽风雨,车马仅代杖策,蓄财数万,以拟吉凶急速,不啻此者,以义散之;不至此者,勿非道求之。

【译文】

天地鬼神所遵从的道理,都是厌恶盈满。只有谦虚淡泊,才可以免除灾祸。人活在世上，穿衣能御寒，饮食能充饥就足够了。就算照顾自己身体方面，也不应该奢侈，自身以外的事情，还能穷奢极欲吗？周穆王、秦始皇、汉武帝，富有天下，贵为天子了，但他们不知道该满足，最终自己毁了自己，更何况普通百姓呢？我常以为，一般二十口人的家庭，奴婢再多，也不可超出二十人，良田十来顷，房屋只求能遮风雨，车马只求能够代步，自家积蓄几万钱财，以预备婚丧急事之用，有更多钱财者，就应该仗义疏财；如果达不到这个数目的话，也不能通过不正当的手段获取。

**【原文】**

仕宦称泰，不过处在中品，前望五十人，后顾五十人，足以免耻辱，无倾危也。高此者，便当罢谢，偃仰私庭。吾近为黄门郎，已可收退；当时羁旅，惧罹谤讟，思为此计，仅未暇尔。自丧乱已来，见因托风云，徼幸富贵，旦执机权，夜填坑谷，朔欢卓、郑，晦泣颜、原者，非十人五人也。慎之哉！慎之哉！

**【译文】**

当官要做得安稳，就不要做超过中等级别的官，比自己更高职位的有五十人，比自己职位更低的有五十人，这样的位置足以免除没有官做的耻辱，也一般不会有因为贬官而发生家破人亡的事情。假如皇帝赐的官位，高于这个标准，便应该谢绝上任，安居家中。近来我担任黄门侍郎这个官职，就应该可以告退的了，但做官的时候，我一个人客居他乡，怕这样遭来别人的诽谤议论，一直在想这个事情，只是没有机会付诸实施罢了。自从丧乱发生以来，我看到一些趁机而起，侥幸得到了荣华富贵的人，早上还掌握大权，晚上便已经尸填坑谷；或者早上还像卓氏、程郑那样乐观豁达的，晚上就只能哭哭啼啼像颜渊、原思了，这样的人不止十人五人。你们务必要谨慎之又慎！

## 诫兵第十四

**【原文】**

颜氏之先，本乎邹、鲁，或分入齐，世以儒雅为业，遍在书记。仲尼门徒，升堂者七十有二，颜氏居八人焉。秦、汉、魏、晋，下逮齐、梁，未有用兵以取达者。春秋世，颜高、颜鸣、颜息、颜羽之徒，皆一斗夫耳。齐有颜涿聚，赵有颜冣，汉末有颜良，宋有颜延之，并处将军之任，竟以颠覆。汉郎颜驷，自称好武，更无事迹。颜忠以党楚王受诛，颜俊以据武威见杀，得姓已来，无清操者，唯此二人，皆罹祸败。顷世乱离，衣冠之士，虽无身手，或聚徒众，违弃素业，徼幸战功。吾既羸薄，仰惟前代，故寘心于此，子孙志之。孔子力翘门关，不以力闻，此圣证也。吾见今世士大夫，才有气干，便倚赖之，不能被甲执兵，以卫社稷；但微行险服，逞弄拳腕，大则陷危亡，小则贻耻辱，遂无免者。

**【译文】**

颜氏的祖先，原本居于邹国、鲁国，有的分迁到齐国，世代从事儒雅之业，这些都记载在古书上面。孔子的弟子，学问到达精深的人有七十二人，姓颜的就占了八个。秦、汉、魏、晋，直到齐、梁颜氏家族中，没有人靠带军队打仗而富贵的。春秋时期，颜高、颜鸣、颜息、颜羽等都是一介武夫而已。齐国有颜涿聚，赵国有颜冣，汉末有颜良，东晋末年有颜延之，都担当过将军的职务，最终都因此而倾败。汉朝郎官颜驷，自称好武，更未见他有什么功绩。颜忠因党附楚王而被诛，颜俊因割据而被杀，颜氏从得此姓以来，节操不清白的只有这两个人，他们最终都遭到了祸败。近世每逢战乱，士大夫和贵族子弟，虽然没有能力，却聚集众徒，放弃一直从事的儒雅事业，想侥幸获得成功。我身体既疲惫又单薄，又想起家族前人好兵致祸的教训，因此仍旧将心思放在读书上面，子孙们要铭记这一点。孔子力大能举起门关，却不以此闻名，这是圣人留下的证据。我看见当今的士大夫们，稍有些力气强干，就倚仗它，不是用来披盔甲、执武器保卫国家，而是穿武士之服，行踪诡秘、卖弄拳脚，重则身陷危亡，轻则自取耻辱，没有一人能幸免于此的。

【原文】

国之兴亡，兵之胜败，博学所至，幸讨论之。入帷幄之中，参庙堂之上，不能为主尽规以谋社稷，君子所耻也。然而每见文士，颇读兵书，微有经略。若居承平之世，睥睨宫阃，幸灾乐祸，首为逆乱，诖误善良；如在兵革之时，构扇反复，纵横说诱，不识存亡，强相扶戴：此皆陷身灭族之本也。诫之哉！诫之哉！

【译文】

国家的兴亡，战争的胜败，在学识达到渊博的时候是可以讨论的。在军中运筹帷幄，在朝廷里参与朝政，如果不能为人主出谋划策以确保江山的安全，这是君子所引以为耻的。但是我常常看见这样一些文人，浅略读过几本兵书，懂得一些简单谋略。如果活在盛世中，他们窥视宫室，稍有一点事便幸灾乐祸，带头作乱，连累贻害善良的人；如果在兵荒马乱的时代，就勾结煽动，反复无常，四处游说诱骗，不懂得存亡的形势，相互竭力扶持：这些都是招来杀身灭族的祸根啊。要警诫呀！要警诫！

【原文】

习五兵，便乘骑，正可称武夫尔。今世士大夫，但不读书，即称武夫儿，乃饭囊酒瓮也。

【译文】

熟练五种兵器，擅长骑马，这才可以称得上武夫。但现在的士大夫，只要不去读书，就称自己是武夫，实际上只是酒囊饭袋罢了。

## 养生第十五

【原文】

神仙之事，未可全诬；但性命在天，或难钟值。人生居世，触途牵絷：幼少之日，既有供养之勤；成立之年，便增妻孥之累。衣食资须，公私驱役；而望遁迹山林，超然尘滓，千万不遇一尔。加以金玉之费，炉器所须，益非贫士所办。学如牛毛，成如麟角。华山之下，白骨如莽，何有可遂之理？考之内教，纵使得仙，终当有死，不能出世，不愿汝曹专精于此。若其爱养神明，调护气息，慎节起卧，均适寒暄，禁忌食饮，将饵药物，遂其所禀，不为夭折者，吾无间然。诸药饵法，不废世务也。庾肩吾常服槐实，年七十余，目看细字，须发犹黑。邺中朝士，有单服杏仁、枸杞、黄精、术、车前得益者甚多，不能一一说尔。吾尝患齿，摇动欲落，饮食热冷，皆苦疼痛。见《抱朴子》牢齿之法，早朝叩齿三百下为良，行之数日，即便平愈，今恒持之。此辈小术，无损于事，亦可修也。凡欲饵药，陶隐居《太清方》中总录甚备，但须精审，不可轻脱。近有王爱州在邺学服松脂，不得节度，肠塞而死，为药所误者甚多。

【译文】

修道成仙的故事，不可说都是假的；只是人的性命取决于天意罢了，很难碰上这种机会。人活在世上，到处都受到牵挂羁绊。幼小的时候，有供奉服侍父母的辛劳；长大以后，又增加了妻子儿女的拖累。既要解决吃饭穿衣的问题，又要为公事和私事操劳奔波，这种情况下要想隐居于山林，超脱于世俗，怕千万个人中也碰不到一个。加上炼丹所需的费用以及炉、鼎等器具，更不是一般贫士所能办到的。学仙求道的人多如牛毛，成仙之人却少如麟角。华山之下，白骨有如草莽，哪里有遂心如愿的道理？查考佛教之说，虽能成仙，最终还是得死，不能摆脱尘世的束缚，我不愿意让你们专心致力于这种事。如果你们爱惜身心，调理护卫气息，起居有度，适应天气的冷暖变化，重视各种饮食的禁忌，服用药物以养生，能达到上天所赋予人的寿命，不至于中途夭折，这样的话，我也就无话可说了。掌握了诸种服药之法，就不会因此而荒废世间事务。庾肩吾常服用槐实，到了七十多岁，眼睛还能看见小字，胡须头发依旧是黑的。邺城的朝官，有人服用杏仁、枸杞、黄精、术、车前，从中得到的健康很多，难以一一说明。我曾患有牙病，牙齿松动快掉了，饮食冷热的东西，都非常疼痛。看了《抱朴子》中固齿的方法，说早上起来叩齿三百次可获好的效果；我按照这种方法做了几天，牙就好了，到现在我仍然坚持这么做。诸如之类的一些小窍门，对行事没有什么妨碍，也是可以学学的。凡是想要服药，陶隐居的《太清方》中收录的药方非常齐全，但必须精心挑选，不要轻率服用。近世有个叫王爱州的人，在邺城学服松脂，没有节制，结果因肠子梗塞而死，这种为药物所害的例子是非常多的。

【原文】

夫养生者先须虑祸，全身保性，有此生然后养之，勿徒养其无生也。单豹养于内而丧外，张毅养于外而丧内，前贤所戒也。嵇康著《养生》之论，而以傲物受刑；石崇冀服饵之征，而以贪溺取祸，往世之所迷也。

【译文】

养生的人第一必须考虑如何避免祸患，先要保住自身性命。有了生命，然后才能保养它；不要胡乱地去保养不存于世上的生命。单豹善于保养身心，却因外部的因素丧失性命；张毅善于防备外部的灾难侵害，却因体内发病而死亡，这都是古代贤人所引以为戒的。嵇康写了《养生论》，但由于傲慢无礼而遭刑戮；石崇希望服药而延年益寿，而因贪得钱财溺爱美女而自取杀身之祸，这都是古代糊涂人的例子。

【原文】

夫生不可不惜，不可苟惜。涉险畏之途，干祸难之事，贪欲以伤生，谗慝而致死，此君子之所惜哉；行诚孝而见贼，履仁义而得罪，丧身以全家，泯躯而济国，君子不咎也。自乱离已来，吾见名臣贤士，临难求生，终为不救，徒取窘辱，令人愤懑。侯景之乱，王公将相，多被戮辱，妃主姬妾，略无全者。唯吴郡太守张嵊，建义不捷，为贼所害，辞色不挠；及鄱阳王世子谢夫人，登屋诟怒，见射而毙。夫人，谢遵女也。何贤智操行若此之难？婢妾引决若此之易？悲夫！

【译文】

生命不可不珍惜，也不能毫无原则地珍惜。走非常危险的道路，做招致灾祸的事情，因贪恋欲望而损伤身体，因恶言恶语而枉遭死命，在这些方面君子是应该珍惜生命的；恪守忠孝而被杀，奉行仁义而获罪，舍一身而保全家，捐一躯而救国，在这些方面君子舍弃生命是不会被抱怨的。自丧乱以来，我见到一些名吏和贤士，面临危难苟且偷生，结果不仅无法得救，还经常招致窘迫和羞辱，令人气愤。侯景叛乱时，王公将相，大多遭杀受辱，妃嫔、公主、姬妾，几乎没有保全性命的。只有吴郡太守张嵊，组织义军反抗侯景，未能成功，被叛贼杀害，言语面色不屈不挠。还有鄱阳王嫡长子萧嗣的夫人谢氏，登上房顶大骂叛贼，被箭射死。谢夫人是谢遵的女儿。为什么那些贤良明智的吏士坚守德行就那么困难？而侍婢、小妾自杀取义竟然如此容易？真让人悲哀啊！

## 归心第十六

【原文】

三世之事，信而有征，家世归心，勿轻慢也。其间妙旨，具诸经论，不复于此，少能赞述；但惧汝曹犹未牢固，略重劝诱尔。

【译文】

佛教中所讲的过去、现在、将来“三世”的事，是可信的，是有应验的，我们家世代皈依佛教，对此你们也不能轻慢了。佛教中精妙的意旨，都记载在佛教典籍中，在此，我就不多作赞美转述了；只是怕你们对佛教的信念不够坚定，我就稍微再作一些劝说诱导罢了。

【原文】

原夫四尘五荫，剖析形有；六舟三驾，运载群生：万行归空，千门入善，辩才智惠，岂徒《七经》、百氏之博哉？明非尧、舜、周、孔所及也。内外两教，本为一体，渐积为异，深浅不同。内典初门，设五种禁；外典仁义礼智信，皆与之符。仁者，不杀之禁也；义者，不盗之禁也；礼者，不邪之禁也；智者，不酒之禁也；信者，不妄之禁也。至如畋狩军旅，燕享刑罚，因民之性，不可卒除，就为之节，使不淫滥尔。归周、孔而背释宗，何其迷也！

【译文】

推究“四尘”和“五蕴”的道理，剖析世间万事万物的奥妙；运用“三驾”、“六舟”的方法修订，超度万物众生；佛教有种种修行，让众生皈依于空，佛教中的种种法门，劝人向善，这其中包含的辩才和智慧，岂止是儒家七经和诸子百家所具有的学问？佛教的最高境界，不是尧、舜、周公、孔子之道所能达到的。佛教和儒学本身就是统一的，只是后来逐渐演变才有了区别，所以二者在境界的深浅上也有了些差异。佛典的初学门路，设有五种禁戒；儒家经典中所强调的仁、义、礼、智、信五种德行，皆与“五禁”相吻合。仁，就是不杀生的禁戒；义，就是不偷盗的禁戒；礼，就是不邪恶的禁戒；智，就是不酗酒的禁戒；信，就是不虚妄、不欺骗的禁戒。至于像打猎、作战、宴饮、刑罚等行为，本来就是人类的本性，因此不能立即废除，能做的只是就此有所节制，使它们不至于泛滥成灾也就可以了。既然都尊崇周公、孔子之道，却要违背佛教的教义，这是多么糊涂啊！

【原文】

俗之谤者，大抵有五：其一，以世界外事及神化无方为迂诞也；其二，以吉凶祸福或未报应为欺诳也；其三，以僧尼行业多不精纯为奸慝也；其四，以糜费金宝减耗课役为损国也；其五，以纵有因缘如报善恶，安能辛苦今日之甲，利益后世之乙乎？为异人也。今并释之于下云。

【译文】

世俗对佛教的指责，大概有以下五种：第一，以为佛教所讲述的是超出现实世界的以及怪诞神秘无法测定的事情；第二，以为人世的吉凶祸福不一定都会有相应的报应，佛教所强调的因果报应是用来迷惑众人的；第三，以为和尚、尼姑这一类人品行大多数不清白，寺庵是藏污纳垢的地方；第四，僧尼不交租，也不服役，损害了国家的利益；第五，认为就算真的有这种因缘之事，又怎么能使今天辛勤劳作的甲去为来世的乙预谋利益呢？他们已经是不同的两个人啊。今天，我将针对以上的指责一并解释如下。

【原文】

释一曰：夫遥大之物，宁可度量？今人所知，莫若天地。天为积气，地为积块，日为阳精，月为阴精，星为万物之精，儒家所安也。星有坠落，乃为石矣；精若是石，不得有光，性又质重，何所系属？一星之径，大者百里，一宿首尾，相去数万；百里之物，数万相连，阔狭从斜，常不盈缩。又星与日月，形色同耳，但以大小为其等差；然而日月又当石也？石既牢密，乌兔焉容？石在气中，岂能独运？日月星辰，若皆是气，气体轻浮，当与天合，往来环转，不得错违，其间迟疾，理宜一等；何故日月五星二十八宿，各有度数，移动不均？宁当气坠，忽变为石？地既滓浊，法应沉厚，凿土得泉，乃浮水上；积水之下，复有何物？江河百谷，从何处生？东流到海，何为不溢？归塘尾闾，渫何所到？沃焦之石，何气所然？潮汐去还，谁所节度？天汉悬指，那不散落？水性就下，何故上腾？天地初开，便有星宿；九州未划，列国未分，翦疆区野，若为躔次？封建已来，谁所制割？国有增减，星无进退，灾祥祸福，就中不差；乾象之大，列星之夥，何为分野，止系中国？昴为旄头，匈奴之次；西胡、东越、雕题、交阯，独弃之乎？以此而求，迄无了者，岂得以人事寻常，抑必宇宙外也？

【译文】

对于第一种指责的解释是：那些又远又大的东西，难道真的可以测量吗？人们最熟悉的便是天地了。天是云气聚结所成，地是实块积结而成，太阳是阳气的精华，月亮是阴气的精华，星辰是宇宙的精华，这种观点是儒家所倡导的。有时候，星辰坠落在大地上，就变成了石头；如果精华是石头，那么就不会有光芒，它那么沉重，是怎么悬挂于天上的呢？一颗星大概有一百里长，而星宿从头到尾，又相隔万里；像这样百里长的物体，又相隔万里连成一片，而且它们之间的宽窄纵横排列都有一定的规律，并有盈缩的变化。此外，星星与日月的形体和色泽都非常相似，只不过是它们的大小有所差异罢了。可是，日月是不是也是石头呢？石头这种物体牢固细密，那么太阳中的三足乌，月亮中的玉兔又是怎样存身的呢？石头漂浮在气体中，又怎么能独自运行呢？日月星辰，全是气体的话，那么，按说气体轻飘，应与天合而为一，来回环绕运转，它们是不可能互相交错的啊。它们的速度按理应该一致，那么为什么日月星辰、二十八星宿都有各自的速度和位置，且移动的快慢不均衡呢？难道说是气体坠地后忽然就变成了石头吗？大地既然是实块积聚而成的，应该沉重才对，可是竟能往地下挖到泉水，这就说明地是浮在水上的呀；那么积水下面还会有别的东西吗？长江、黄河以及其他众多的川溪，它们的水流都是从哪里来的呢？它们东流到海，海水为何就不会溢出地面呢？海水经过归塘、尾闾，那么这些水又泄到哪里去了呢？如果说海水被沃焦山的石头烧掉了，那么什么样的气体会让石头燃着呢？潮汐有涨有落，这又是谁控制的呢？天河在空中挂着，为什么不散落下来呢？水原本是从高处向低处流的，为何又升到天上了呢？天地初开的时候，就有了星宿，当时九州的地域还没有划分，诸侯列国也尚未分封，那么这些疆界是如何依据星辰运行的位置来确定的呢？诸侯在其分封的区域内建立诸侯国以来，主宰这些事的又是谁呢？诸侯国有增有减，但是星辰的位置却没有改变，并且其中的吉凶祸福照样发生，丝毫没有偏差；天象之大，星辰之多，为何用星宿来划分的地上州郡却只限在中原呢？被称作旄头的昴星是与匈奴相对应的，而西胡、东越、雕题、交阯这些地域，竟白白地被抛弃了，难道就没有与它们相对应的分星吗？诸如此类的问题，如果要去追究，则永远都不会有尽头，怎么可以凭常人常事的道理去判断那些茫茫宇宙之外的无穷事理呢？

**【原文】**

凡人之信，唯耳与目，耳目之外，咸致疑焉。儒家说天，自有数义：或浑或盖，乍宣乍安。斗极所周，管维所属，若所亲见，不容不同；若所测量，宁足依据？何故信凡人之臆说，迷大圣之妙旨，而欲必无恒沙世界、微尘数劫也？而邹衍亦有九州之谈。山中人不信有鱼大如木，海上人不信有木大如鱼；汉武不信弦胶，魏文不信火布；胡人见锦，不信有虫食树吐丝所成；昔在江南，不信有千人毡帐；及来河北，不信有二万斛船：皆实验也。

**【译文】**

一般人所相信的，只是耳闻目睹的事物；而对其耳闻目睹之外的事物，则加以怀疑。本来，儒家对天的看法就有几种：浑天说、盖天说和宣夜说，也有相信安天论的。除此之外，还认为北斗星围绕北极星转动，是依靠斗枢为转轴的。假如是他们亲眼所见，就应该不会有这么多看法了。如果是凭空推测度量的，那么哪种方法是可靠的呢？我们凭什么要相信凡人的预测而去怀疑圣人释迦牟尼的精妙教义呢？为什么认定绝不会有像印度恒河中的沙子那样多的世界，微小的尘埃也经历过数次的劫波呢？况且，邹衍也曾提出中国之外还有九州的说法。山里人不相会有像树木那么大的鱼，海上人也不信会有像鱼这么大的树木；汉武帝不相信世上会有可以黏合断裂弓弦刀剑的弦胶，魏文帝也不相信会有耐火的火浣布；胡人看见锦后，怎么也不信这是用吃桑叶的蚕所吐的丝织成的；从前我在江南的时候，不相信会有容纳千人的毡帐，等我到了黄河以北后，才发现这里的人们还不相信会有容纳二万斛的大船呢：而这些却都是得到事实验证的。

**【原文】**

世有祝师及诸幻术，犹能履火蹈刃，种瓜移井，倏忽之间，十变五化。人力所为，尚能如此；何况神通感应，不可思量，千里宝幢，百由旬座，化成净土，踊出妙塔乎？

**【译文】**

世上有巫师和通晓各种幻术的人，他们还能穿行在火焰中，在刀刃上行走，能使种下的瓜果即刻成熟，还能挪开井盖，在片刻间做到千变万化。人的力量尚且如此，更何况神通广大的佛呢，这就更是不敢想象的了，数千里高的幢旗，数千里广的莲花宝座，庄严洁净的极乐世界；还有从地上涌出的一座座宝塔，难道这些不是瞬间变幻出来的吗？

**【原文】**

释二曰：夫信谤之征，有如影响；耳闻目见，其事已多。或乃精诚不深，业缘未感，时傥差阑，终当获报耳。善恶之行，祸福所归。九流百氏，皆同此论，岂独释典为虚妄乎？项橐、颜回之短折,伯夷、原宪之冻馁,盗跖、庄跻之福寿,齐景、桓魋之富强,若引之先业,冀以后生,更为通耳。如以行善而偶钟祸报,为恶而傥值福征,便生怨尤,即为欺诡;则亦尧、舜之云虚,周、孔之不实也,又欲安所依信而立身乎?

【译文】

对第二种责难的解释是:我相信你们所诽谤的佛教因果报应之说。这报应就如同形体与影子、声音与回响。我曾耳闻目睹了很多这样的事。也有没得到应验的,这大概是因为当事者的精诚还不够,所以因缘尚未发生感应;报应的时间虽然有早有晚,但最后还是会得到报应的。一个人善与恶的行为,往往决定了他会招致的福与祸。九流百家对这个观点也都认可,为什么只有佛家这样说了才被认为是虚伪的呢?项橐、颜回的短命而亡,伯夷、原宪挨饿受冻,盗跖、庄跻得福获寿,齐景公、桓魋富足强大,要是将这看成是他们的前辈功德或恶业,报应在后人身上,道理就很好说明白了。如果是因为行善积德而偶然招致灾祸,做坏事又意外获得福报,因此产生怨恨之心,从此便认定因果报应之说是假的;那么这也就是在指责尧、舜的事迹是虚假的,周公、孔子也是不可信的。这样一来,还有什么可以相信的呢?又拿什么信念来立身处世呢?

【原文】

释三曰:开辟已来,不善人多而善人少,何由悉责其精洁乎?见有名僧高行,弃之不说;若睹凡僧流俗,便生非毁。且学者之不勤,岂教者之为过?俗僧之学经律,何异士人之学《诗》、《礼》?以《诗》、《礼》之教,格朝廷之人,略无全行者;以经律之禁,格出家之辈,而独责无犯哉?且阙行之臣,犹求禄位;毁禁之侣,何惭供养乎?其于戒行,自当有犯。一披法服,已堕僧数,岁中所计,斋讲诵持,比诸白衣,犹不啻山海也。

【译文】

对第三种责难的解释是:自从开天辟地有了人类以来,就是坏人多而好人少,怎么能要求每一个僧尼都是纯洁的呢?看见名僧高尚的德行,都置之不理;见到了凡庸僧尼伤风败俗,就指责非议谤毁。再说了,接受教育的人不勤奋,这难道是教育者的过错吗?何况凡庸僧尼学习佛经,这跟士人学习《诗经》、《礼记》又有什么区别呢?用《诗经》、《礼记》中所规定的标准去要求朝廷中的官员,恐怕也没有几个是合格的吧;用佛经的戒律去衡量出家人,为什么唯独要求他们不能违犯戒律呢?有缺点的官员,尚且能获取高官厚禄;那么犯了戒律的僧尼,享受供养又有什么惭愧的呢?对于制定的行为规范,人们难免会偶尔违反。出家人一旦披上法衣,一年到头便吃斋念佛,这与世人的修养相比,其修养的高低程度远远超过了高山与深海的差距。

【原文】

释四曰:内教多途,出家自是其一法耳。若能诚孝在心,仁惠为本,须达、流水,不必剃落须发;岂令罄井田而起塔庙,穷编户以为僧尼也?皆由为政不能节之,遂使非法之寺,妨民稼穑,无业之僧,空国赋算,非大觉之本旨也。抑又论之:求道者,身计也;惜费者,国谋也。身计国谋,不可两遂。诚臣徇主而弃亲,孝子安家而忘国,各有行也。儒有不屈王侯高尚其事,隐有让王辞相避世山林;安可计其赋役,以为罪人?若能偕化黔首,悉入道场,如妙乐之世,穰佉之国,则有自然稻米,无尽宝藏,安求田蚕之利乎?

【译文】

对第四种责难的解释是：出家仅是佛教修行的众多方法中的一种。如果能把忠孝牢记在心，把仁爱施惠作为修身之本，那么像须达、流水两位长者那样，也就不用剃度为僧了，哪里用将所有的田地用来建寺庙佛塔，让所有的编户都去当僧尼的呢？由于掌政者对佛事没能很好地节制，使得一些不守法纪的寺院，妨碍了民众的劳作，德行不好的僧尼，坐享国家的赋税，而这并非佛教的本旨。我还可以这样说，信奉佛教，是个人的计划，珍惜费用，则是国家的谋划。个人的计划和国家的谋划是无法达到两全其美的。这就好像忠臣献身于君主而放弃赡养双亲的责任，孝子为了孝敬双亲而忽略了对国家应尽的义务，各自有不同的行为准则。儒家中有不屈从于王侯自命清高的，隐士中也有不留恋相位遁世山林的，难道也要计算他们的赋税徭役，并说他们是逃避赋役的罪人吗？假使能感化百姓都信奉佛教，皈依释迦牟尼，则会像佛经中所说的妙乐、禳佉国那样，会有自然生长的稻米和用之无尽的宝藏，当然就不用去谋求种田养蚕的收益了。

【原文】

释五曰：形体虽死，精神犹存。人生在世，望于后身似不相属；及其殁后，则与前身似犹老少朝夕耳。世有魂神，示现梦想，或降童妾，或感妻孥，求索饮食，征须福佑，亦为不少矣。今人贫贱疾苦，莫不怨尤前世不修功业；以此而论，安可不为之作地乎？

【译文】

对第五种指责的解释是：人的形体虽然死去了，但是精神却依然存活。人活在这个世界上，看看自己来世的后身，似乎生前与死后毫无关系，但是等到死后，才发现后身与前身的关系，就仿佛老人与小孩、早晨与晚上一样密切。世上有死者的魂灵，会出现在活人的梦中，有的托梦给仆人小妾，有的托梦给妻子儿女，向他们索求饮食，乞求福佑而得到应验的事，这类事情也不少了。如今有的人看到自己一辈子贫贱受苦，都怨恨前世没有修好功德。从这一点来讲，活着的时候为什么不为自己来世的灵魂留一片安乐之地呢？

【原文】

夫有子孙，自是天地间一苍生耳，何预身事？而乃爱护，遗其基址，况于己之神爽，顿欲弃之哉？凡夫蒙蔽，不见未来，故言彼生与今非一体耳；若有天眼，鉴其念念随灭，生生不断，岂可不怖畏邪？又君子处世，贵能克己复礼，济时益物。治家者欲一家之庆，治国者欲一国之良，仆妾臣民，与身竟何亲也，而为勤苦修德乎？亦是尧、舜、周、孔虚失愉乐耳。一人修道，济度几许苍生？免脱几身罪累？幸熟思之！汝曹若观俗计，树立门户，不弃妻子，未能出家；但当兼修戒行，留心诵读，以为来世津梁。人生难得，无虚过也。

【译文】

至于人有子孙后代，他们都不过是天地间芸芸众生中的一个而已，跟我们自身又有何相干？就这样还要尽心尽力地去爱护他们，将家业留给他们。那么对于自己的灵魂，我们又怎么能轻易舍弃不顾呢？蒙昧闭塞的凡夫俗子，无法预知来世，所以他们往往宣称来生和今生不是一体。如果人有洞察万物的天眼，就能看到生死轮回了，要是这样的话，他难道不感到惧怕吗？而且君子处世最重要的是要合乎礼仪，匡时救世，有益于人。治家的人盼望家庭幸福美满,治国的人希望国家繁荣昌盛。仆人、侍妾、臣子、民众,和我自身又有什么关系呢?为什么还要为他们而辛苦劳作呢?这也和尧、舜、周公、孔子一样,为了别人能幸福而牺牲自己的欢乐罢了。一个人修身求道,可以超度几个苍生,能使几个人解脱罪恶?这样的问题,你们一定要好好思索。如果你们要顾及世俗的生计,建立门户,不能舍弃妻儿,不能出家当和尚,但要兼及修行,留心于诵读佛经,以此来为来世的幸福架好桥梁。人生是非常宝贵的,你们万万不可虚度啊!

**【原文】**

儒家君子,尚离庖厨,见其生不忍其死,闻其声不食其肉。高柴、折像,未知内教,皆能不杀,此乃仁者自然用心。含生之徒,莫不爱命;去杀之事,必勉行之。好杀之人,临死报验,子孙殃祸,其数甚多,不能悉录耳,且示数条于末。

**【译文】**

儒家的君子,尚且能远离厨房,看到活的动物不忍心被杀死,听到动物被宰杀时的惨叫声,就不忍心吃它们的肉。高柴、折像二人并不知道佛教的教义,可是他们都能做到不杀生,这是仁慈之人天然的善心。凡是有生命的东西,没有不爱惜自己生命的;要远离杀生的事,必须努力做到这一点。喜欢杀生的人,临死会遭到报应,子孙要遭殃,这样的例子很多很多,我不能一一记录,暂且在本文的结尾举几个事例吧!

**【原文】**

梁世有人,常以鸡卵白和沐,云使发光,每沐辄二三十枚。临死,发中但闻啾啾数千鸡雏声。

**【译文】**

梁朝有个人,常常用鸡蛋清来洗头发,说这样能使头发有光泽,每次洗发都会用去二三十个鸡蛋。临死前,他听到了头发中传来几千只小鸡的啾啾鸣叫声。

**【原文】**

江陵刘氏,以卖鳝羹为业。后生一儿头是鳝,自颈以下,方为人耳。

**【译文】**

江陵有个姓刘的人,靠卖鳝鱼羹为生。后来生了一个孩子,头像鳝鱼,从脖子以下,才是人形。

**【原文】**

王克为永嘉郡守,有人饷羊,集宾欲宴。而羊绳解,来投一客,先跪两拜,便入衣中。此客竟不言之,固无救请。须臾,宰羊为羹,先行至客。一脔入口,便下皮内,周行遍体,痛楚号叫;方复说之。遂作羊鸣而死。

**【译文】**

王克任永嘉太守时,有人送了一只羊给他。他就打算开一个宴会来宴请宾客。谁知那只羊将绳子挣断,跑到一位客人跟前,跪下拜了两拜就钻入客人的衣服里了。那客人竟然没有对别人说，也没去为那只羊向王克求情。过了一会，羊便被宰杀做成了羊羹，先送到那位客人面前。他夹了一块肉，刚送进嘴里，就觉得那肉窜入皮内，周身乱窜，他疼痛得大声号叫。这时他才说出羊向他求情的事来，尔后他发出几声羊叫，便死去了。

【原文】

梁孝元在江州时，有人为望蔡县令，经刘敬躬乱，县廨被焚，寄寺而住。民将牛酒作礼，县令以牛系刹柱，屏除形像，铺设床坐，于堂上接宾。未杀之顷，牛解，径来至阶而拜，县令大笑，命左右宰之。饮啖醉饱，便卧檐下。稍醒而觉体痒，爬搔隐疹，因尔成癞，十许年死。

【译文】

梁元帝在江州的时候，有个人在望蔡县当县令，恰巧刘敬躬叛乱，县里的官署被烧毁了，他暂时寄住在一所寺庙里。老百姓将一头牛和几缸酒作为礼物送给他，县令将牛拴在幡柱上，搬掉佛像，摆上坐具，在佛堂上接待宾客。马上就要被宰杀的牛挣脱了绳索，径直冲到台阶前向县令跪拜。县令大笑，但还是令旁边的侍从把牛杀了。酒足饭饱后，县令躺在屋檐下睡着了。醒来后感觉身体发痒，抓搔后身上起了疙瘩，他因此得了恶疮，十几年后病死了。

【原文】

杨思达为西阳郡守，值侯景乱，时复旱俭，饥民盗田中麦。思达遣一部曲守视，所得盗者，辄截手腕，凡戮十馀人。部曲后生一男，自然无手。

【译文】

杨思达在西阳任郡守的时候，恰遇上侯景作乱，当时又闹旱灾，老百姓饥饿难忍，就去偷官田里的麦子。杨思达就派手下一名部曲去守麦田，偷麦子的老百姓一旦被抓到，就会被砍掉手腕，一共有十几个人遭殃。后来他生了一个儿子，孩子一出生就没有手。

【原文】

齐有一奉朝请，家甚豪侈，非手杀牛，啖之不美。年三十许，病笃，大见牛来，举体如被刀刺，叫呼而终。

【译文】

齐国有个奉朝请，家里非常奢华，假如不是亲手宰的牛，吃起来就觉得味道不鲜美。三十多岁的时候，他得了重病，看见一大群牛冲向他，他感觉全身如刀般疼痛，在大声呼叫中死去。

【原文】

江陵高伟，随吾入齐，凡数年，向幽州淀中捕鱼。后病，每见群鱼啮之而死。

【译文】

江陵的高伟，是跟我一起来齐国的。几年以来，他时常去幽州的湖泊捕鱼。后来患了重病，常看见成群的鱼来咬他，因此而死了。

【原文】

世有痴人，不识仁义，不知富贵并由天命。为子娶妇，恨其生资不足，倚作舅姑之尊，蛇虺其性，毒口加诬，不识忌讳，骂辱妇之父母，却成教妇不孝己身，不顾他恨。但怜己之子女，不爱己之儿妇。如此之人，阴纪其过，鬼夺其算。慎不可与为邻，何况交结乎？避之哉！

【译文】

世上有这样一类痴迷之人，不晓得仁义，也不知道富贵由天。给儿子娶媳妇时，嫌媳妇的嫁妆太少，于是就依仗自己当公婆的尊长身份，怀着毒蛇般的心性，恶意辱骂媳妇，无所忌讳，甚至谩骂侮辱女方的双亲，这反而是教会媳妇不孝自己，也不顾她的怨恨会招来祸害。只疼爱自己的子女，不爱护自己的儿媳。像这种人，阴间地府也会将他们的罪过记录下来，鬼神也会减掉他的寿命。万万不可与这种人为邻，更不能与这种人交朋友。还是避开他们吧！

# 卷第六

## 书证第十七

**【原文】**

《诗》云:"参差荇菜。"《尔雅》云:"荇,接余也。"字或为"莕"。先儒解释皆云:"水草,圆叶细茎,随水浅深。今是水悉有之,黄花似莼,江南俗亦呼为猪莼,或呼为荇菜。刘芳具有注释。而河北俗人多不识之,博士皆以参差者是苋菜,呼人苋为人荇,亦可笑之甚。

**【译文】**

《诗经》上说:"参差荇菜。"《尔雅》说:"荇菜,就是接余。"有时写作"莕"。从前的学者都解释说:荇菜是水草的一种,圆圆的叶子,细细的茎,随水的深浅而生长。现在凡是有水的地方都生长这种植物,黄色的花和莼菜花一样,江南民间也把它称为"猪莼",或叫"荇菜"。刘芳对这些都有详细的解释。但在河北地区大多百姓不认识荇菜,连饱读诗书的博士官都把这种参差不齐的荇菜当成"苋菜",把"人苋"叫做"人荇",这也太可笑了。

**【原文】**

《诗》云:"谁谓荼苦?"《尔雅》、《毛诗传》并以荼,苦菜也。又《礼》云:"苦菜秀。"案:《易统通卦验玄图》曰:"苦菜生于寒秋,更冬历春,得夏乃成。"今中原苦菜则如此也。一名"游冬",叶似苦苣而细,摘断有白汁,花黄似菊。江南别有苦菜,叶似酸浆,其花或紫或白,子大如珠,熟时或赤或黑,此菜可以释劳。案:郭璞注《尔雅》,此乃"蘵",黄蒢也。今河北谓之"龙葵"。梁世讲《礼》者,以此当苦菜;既无宿根,至春方生耳,亦大误也。又高诱注《吕氏春秋》曰:"荣而不实曰英。"苦菜当言英,益知非龙葵也。

**【译文】**

《诗经》上说:"谁谓荼苦?"《尔雅》和《毛诗传》都把"荼"解释成"苦菜"。而《礼记》也说:"苦菜开花而不结实。"按:《易统通卦验玄图》说:"苦菜生长在寒冷的深秋,经过冬天和春天,到夏天才长大。"现在中原的苦菜就是如此。苦菜又叫"游冬",叶子像苦苣菜但略细一些,掐断后有白汁流出,花黄与菊花相同。江南地区还有一种苦菜,叶子像酸浆草,花有的是紫色,有的是白色,果实像珠子一样大小,成熟后有的是红色,有的是黑色,吃了这种苦菜可缓解疲劳。按:郭璞《尔雅》注说,这种苦菜是蘵草,即黄蒢。现在河北人称它为"龙葵"。梁代有个讲解《礼记》的人,把它当中原地区的苦菜,认为它没有宿根,到春天才能生长,这显然是一个大误解。此外,高诱注的《吕氏春秋》中说:"开花而不结果的叫英。"由此,苦菜应当叫做"英",更说明它绝不是"龙葵"。

**【原文】**

《诗》云:"有杕之杜。"江南本并"木"傍施"大"。《传》曰:"杕,独皃也。"徐仙民音徒计反。《说文》曰："杕，树皃也。"在"木部"。《韵集》音"次第"之"第"，而河北本皆为夷狄之狄，读亦如字，此大误也。

【译文】

《诗经》上说："有杕之杜。"江南版本的"杕"字都是"木"字旁加一个"大"字。《毛诗传》解释说："杕，孤零零的样子。"徐仙民注音"杕"为"徒计反"。《说文解字》说："杕，树木的样子。"且本字在"木"部中。《韵集》注音它为"次第"的"第"，而河北地区的版本都注为"夷狄"的"狄"，读法也与"狄"字相同，这是一个大错误。

【原文】

《诗》云："駉駉牡马。"江南书皆作"牝牡"之"牡"，河北本悉为"放牧"之"牧"。邺下博士见难云："《駉颂》既美僖公牧于坰野之事，何限騲骘乎？"余答曰："案：《毛传》云：'駉駉，良马腹干肥张也。'其下又云：'诸侯六闲四种：有良马、戎马、田马、驽马。'若作放牧之意，通于牝牡，则不容限在良马独得駉駉之称。良马，天子以驾玉辂，诸侯以充朝聘郊祀，必无騲也。《周礼·圉人职》：'良马，匹一人。驽马，丽一人。'圉人所养，亦非騲也；颂人举其强骏者言之，于义为得也。《易》曰：'良马逐逐。'《左传》云：'以其良马二。'亦精骏之称，非通语也。今以《诗传》良马，通于牧騲，恐失毛生之意，且不见刘芳《义证》乎？"

【译文】

《诗经》上说："駉駉牡马。"江南版本《诗经》都作"牝牡"的"牡"字，而河北地区流传的版本都是"放牧"的"牧"字。邺下有位博士问我："《駉颂》既然是赞颂鲁僖公在郊外放牧之事，为什么要局限公马、母马呢？"我解释说："根据《毛诗传》的解释，'駉駉，形容良马腹部和躯干肥壮的样子'。下文又说：'诸侯有六个马厩，四种马：即良马、戎马、田马、驽马。'假如解释为'放牧'的意思，公马或母马都讲得通，也就不该局限于用'駉駉'来形容了。良马，天子用它驾玉车，诸侯用来朝见天子，去郊外祭祀天地，一定不会有母马。《周礼·圉人职》说：'良马，一人饲养一匹；驽马，一个人饲养两匹。'圉人所养的，也不是母马；诗人以良马的健壮强劲来形容鲁僖公，这才能与文义相合。《易经》说：'两匹良马奔逐。'《左传》说：'用两匹良马。'这都是对精壮骏马的称呼，并不是通称所有的马。现在把《毛诗传》上的良马等同于牧马和母马，恐怕有违毛苌的本意，再说，难道没看见刘芳在《毛诗笺音义证》中对这一句的注释吗？"

【原文】

《月令》云："荔挺出。"郑玄注云："荔挺，马薤也。"《说文》云："荔，似蒲而小，根可为刷。"《广雅》云："马薤，荔也。"《通俗文》亦云马蔺。《易统通卦验玄图》云："荔挺不出，则国多火灾。"蔡邕《月令章句》云："荔似挺。"高诱注《吕氏春秋》云："荔草挺出也。"然则月令注荔挺为草名，误矣。河北平泽率生之。江东颇有此物，人或种于阶庭，但呼为"旱蒲"，故不识马薤。讲《礼》者乃以为马苋；马苋堪食，亦名豚耳，俗名马齿。江陵尝有一僧，面形上广下狭；刘缓幼子民誉，年始数岁，俊晤善体物，见此僧云："面似马苋。"其伯父绍因呼为"荔挺法师"。绍亲讲《礼》名儒，尚误如此。

【译文】

《礼记·月令》说："荔挺出。"郑玄注解说："荔挺，就是马薤。"《说文解字》说："荔，像蒲而比它小，根可做成刷子。"《广雅》说："马薤就是荔。"《通俗文》也称"荔"为"马蔺"。《易统通卦验玄图》中说:“如果荔草长不出来,国家就会多火灾。”蔡邕的《月令章句》说:“荔似挺。”高诱注《吕氏春秋》说:“荔挺出也。”那么说《月令注》把“荔挺”当成草的名字,是错误的。河北地区的沼泽中大多生有荔草。江东也多有这种东西,有人把它种在庭院里,只是称它为旱蒲,因此不知道“马薤”这个名字。讲解《礼记》的人把荔称作“马苋”;马苋能够吃,也叫“豚耳”,俗名“马齿”。江陵曾有一位僧人,脸形上宽下窄。刘缓的小儿子刘民誉,年纪才几岁,却聪明过人,善于描绘事物,他看见了这位僧人,说:“他的脸像马苋。”他的伯父刘绍因此称此僧人为“荔挺法师”。刘凝本人是讲解《礼记》的著名学者,尚且会出现这样的错误。

**【原文】**

《诗》云:“将其来施施。”《毛传》云:“施施,难进之意。”郑《笺》云:“施施,舒行貌也。”《韩诗》亦重为施施。河北《毛诗》皆云施施。江南旧本,悉单为施,俗遂是之,恐为少误。

**【译文】**

《诗经》上说:“将其来施施。”《毛诗传》说:“施施,难以行进的意思。”郑玄的《毛诗传笺》说:“施施,行进舒缓的样子。”《韩诗》也重叠“施”为“施施”。黄河以北版本的《毛诗传》都写作“施施”。江南过去的旧版本,都单作一个“施”字讲,慢慢地大家就认可了它,恐怕这是个小错误。

**【原文】**

《诗》云:“有渰萋萋,兴云祁祁。”《毛传》云:“渰,阴云貌。萋萋,云行貌。祁祁,徐貌也。”《笺》云:“古者,阴阳和,风雨时,其来祁祁然,不暴疾也。”案:渰已是阴云,何劳复云“兴云祁祁”耶?“云”当为“雨”,俗写误耳。班固《灵台诗》云:“三光宣精,五行布序,习习祥风,祁祁甘雨。”此其证也。

**【译文】**

《诗经》中说:“有渰萋萋,兴云祁祁。”《毛诗传》说:“渰,阴云密布的样子。萋萋,云移动的样子。祁祁,舒缓的样子。”郑玄的《笺》说:“古时候,阴阳和谐,风雨及时,它们来时总是缓缓的,不会突然猛烈。”按:“渰”已是阴云,何必又重复用“兴云祁祁”呢?可见“云”字当为“雨”字,是在人们抄写时弄错的吧。班固的《灵台》一诗里说:“三光宣泄着光芒,五行安排着大自然的季节,习习的和祥风,祁祁的及时雨。”这就是“云”当为“雨”的一条证据。

**【原文】**

《礼》云:“定犹豫,决嫌疑。”《离骚》曰:“心犹豫而狐疑。”先儒未有释者。案:《尸子》曰:“五尺犬为犹。”《说文》云:“陇西谓犬子为犹。”吾以为人将犬行,犬好豫在人前,待人不得,又来迎候,如此返往,至于终日,斯乃“豫”之所以为未定也,故称犹豫。或以《尔雅》曰:“犹如麂,善登木。”犹,兽名也,既闻人声,乃豫缘木,如此上下,故称“犹豫”。狐之为兽,又多猜疑,故听河冰无流水声,然后敢渡。今俗云:“狐疑,虎卜。”则其义也。

**【译文】**

《礼记》中说:“定犹豫,决嫌疑。”《离骚》说:“心犹豫而狐疑。”从前的学者没有对这两句话进行过解释。按《尸子》上说:“身长五尺的狗叫做犹。”《说文解字》说:“陇西人称小狗为犹。”我认为人带着狗走路时,狗喜欢先跑到人的前面,等不到人时,又来迎接等候,如此跑来跑去,直到一天结束,这就是"豫"字解释为左右不定的缘由,因此叫"犹豫"。有人根据《尔雅》说:"犹长得像麂,善攀爬树木。"犹是一种野兽的名称,听到人的声音后,就预先爬到树上,如此爬上爬下,所以称为"犹豫"。狐狸这种野兽,天性多疑,因此要听到冰河下面没有流水声,才敢过河。如今俗话说的"狐疑,虎卜",这是这个含义。

**【原文】**

《左传》曰:"齐侯痎,遂痁。"《说文》云:"痎,二日一发之疟。痁,有热疟也。"案:齐侯之病,本是间日一发,渐加重乎故,为诸侯忧也。今北方犹呼"痎疟",音"皆"。而世间传本多以痎为"疥",杜征南亦无解释,徐仙民音"介",俗儒就为通云:"病疥,令人恶寒,变而成疟。"此臆说也。疥癣小疾,何足可论,宁有患疥转作疟乎?

**【译文】**

《左传》记有:"齐侯痎,遂痁。"《说文解字》说:"痎,两日发作一次的疟疾是常发热的疟疾。"按:齐景公的病,本是两天发作一次,后来逐渐加重,成了诸侯担心的事情。如今,北方人依旧称为"痎疟","痎"音"皆"。可是世间流传的版本中,大多把"痎"写成"疥",杜预对此也未作过解释,徐仙民只说"痎"音"介",一般的学者就根据这一说法解释说:"患了疥疮,使人有怕寒的症状,转变成了疟疾。"这纯是一种误断。疥癣那样的小病,何足挂齿,难道患疥癣就会转化成疟疾吗?

**【原文】**

《尚书》曰:"惟影响。"《周礼》云:"土圭测影,影朝影夕。"《孟子》曰:"图影失形。"《庄子》云:"罔两问影。"如此等字,皆当为"光景"之"景"。凡阴景者,因光而生,故即谓为"景"。《淮南子》呼为"景柱",《广雅》云:"晷柱挂景。"并是也。至晋世葛洪《字苑》,傍始加"彡",音于景反。而世间辄改治《尚书》、《周礼》、《庄》、《孟》从葛洪字,甚为失矣。

**【译文】**

《尚书》中有:"惟影响。"《周礼》中有:"土圭测影,影朝影夕。"《孟子》说:"图影失形。"《庄子》又说:"罔两问影。"这些"影"字,都应该写作叫做"光景"之"景"。凡是阴影,都是由于有光而生的,因此叫做"景"。《淮南子》称"景"为"景柱",《广雅》说:"晷柱挂景。"都是这样的。直到晋朝葛洪在《字苑》中,才在"景"字旁加"彡",且注音为"於景反"。而世间的一些人随意就把《尚书》、《周礼》、《庄子》、《孟子》中的"景"字改成了葛洪写的"影"字。这真是很大的错误。

**【原文】**

太公《六韬》,有天陈、地陈、人陈、云鸟之陈。《论语》曰:"卫灵公问陈于孔子。"《左传》:"为鱼丽之陈。"俗本多作"阜"傍"车乘"之"车"。案诸陈队,并作"陈、郑"之"陈"。夫行陈之义,取于陈列耳,此六书为假借也,《苍》、《雅》及近世字书,皆无别字;唯王羲之《小学章》,独"阜"傍作"车",纵复俗行,不宜追改《六韬》、《论语》、《左传》也。

**【译文】**

姜太公的《六韬》中,说到天陈、地陈、人陈、云鸟之陈。《论语》中说:"卫灵公向孔子询问行军布陈的事。"《左传》中说:"为鱼丽之陈。"一般的流传版本通常把"陈"字作阜旁加"车乘"的"车"。按:以上陈队的"陈"字,都作陈国、郑国的"陈"字。列陈的含义,取义于

"陈列"这个词,这在六书中都属于假借法,《仓颉篇》、《尔雅》以及近代的字书,都没有其他的写法;只有王羲之的《小学章》中,写为阜旁加"车"字,即使今人从俗将"陈"字写作"阵",也不应该把《六韬》、《论语》、《左传》等中的"陈"字都改为"阵"字。

【原文】

《诗》云:"黄鸟于飞,集于灌木。"《传》云:"灌木,丛木也。"此乃《尔雅》之文,故李巡注曰:"木丛生曰灌。"《尔雅》末章又云:"木族生为灌。"族亦丛聚也。所以江南《诗》古本皆为"丛聚"之"丛",而古"丛"字似冣字,近世儒生,因改为冣,解云:"木之冣高长者。"案:众家《尔雅》及解《诗》无言此者,唯周续之《毛诗注》,音为徂会反,刘昌宗《诗注》,音为在公反,又祖会反:皆为穿凿,失《尔雅》训也。

【译文】

《诗经》说:"黄鸟于飞,集于灌木。"《毛诗传》说:"灌本,就是丛生的树木。"这出自《尔雅》,所以李巡注释的《尔雅》说:"树木丛生称为灌。"并且它的末章又说:"树木族生的称为灌。""族",就是丛、聚的意思。因此江南地区的《诗经》古本中都是"丛聚"的"丛"字,而古"丛"字像"冣"字,近代的儒生,因而将它改成了"冣",解释成:"是树木中最高大的。"按:各家研究《尔雅》和《诗经》的注本都时此没有解释,只有周续之的《毛诗注》对这个字注音为"徂会反"。刘昌宗的《诗注》注音为"在公反"或"祖会反":这都是牵强附会,偏离了《尔雅》的原意。

【原文】

"也"是语已及助句之辞,文籍备有之矣。河北经传,悉略此字,其间字有不可得无者,至如"伯也执殳","于旅也语","回也屡空","风,风也,教也",及《诗传》云:"不戢,戢也;不傩,傩也。""不多,多也。"如斯之类,傥削此文,颇成废阙。《诗》言:"青青子衿。"《传》曰:"青衿,青领也,学子之服。"按:古者,斜领下连于衿,故谓领为"衿"。孙炎、郭璞注《尔雅》,曹大家注《列女传》,并云:"衿,交领也。"邺下《诗》本,既无"也"字,群儒因谬说云:"青衿、青领,是衣两处之名,皆以青为饰。"用释"青青"二字,其失大矣!又有俗学,闻经传中时须"也"字,辄以意加之,每不得所,益成可笑。

【译文】

"也"字是用在语尾或作语助的词,文章典籍中常用到这个词。黄河以北地区流传版本的经、传,都省略了这个字,这其中有些"也"字是不能省略,像"伯也执殳","于旅也语","回也屡空","风,风也,教也",以及《诗传》中所说的:"不戢,戢也;不傩,傩也。""不多,多也。"这一类的句子,如果去掉"也"字,就成了不完整的句子。《诗经》说:"青青子衿。"《毛传》解释说:"青衿,青色的领子,学生穿的衣服。"按:古代,斜领向下与衣襟相连,所以称衣领为衿。孙炎、郭璞注的《尔雅》中,曹大家注的《列女传》中,都说:"衿,交叠于胸前的衣领。"邺下版的《诗经》中,没有"也"字,许多学者们因而错误地说:"青衿、青领,是衣服上两处地方的名称,都用青颜色作装饰。"用以来解释"青青"二字,这错误就太大了。还有一些平庸的学子,所说经、传中常常用"也"字,动辄随意添加,常常用得不当,这就更加可笑了。

【原文】

《易》有蜀才注,江南学士,遂不知是何人。王俭《四部目录》,不言姓名,题云:"王弼后人。”谢炅、夏侯该，并读数千卷书，皆疑是谯周；而《李蜀书》一名《汉之书》云：“姓范，名长生，自称蜀才。”南方以晋家渡江后，北间传记，皆名为“伪书”，不贵省读，故不见也。

**【译文】**

《易经》有蜀才作的注释，江南的学者，竟然不知道蜀才是何许人。王俭的《四部目录》中，也没有谈到他的姓名，只写了“王弼后人”。谢灵、夏侯该读了几千卷书，都怀疑蜀才就是蜀国的谯周；而《李蜀书》又名《汉之书》中有：“其人姓范，名长生，自称蜀才。”南方人认为晋朝渡江之后，北方的书籍都称伪书，人们没有仔细阅读它们，所以没有见过这段记载。

**【原文】**

《礼·王制》云：“裸股肱。”郑注云：“谓捋衣出其臂胫。”今书皆作“擐甲”之“擐”。国子博士萧该云：“‘擐’当作‘揎’，音‘宣’，‘擐’是穿著之名，非出臂之义。”案《字林》，萧读是，徐爰音‘患’，非也。

**【译文】**

《礼记·王制》说：“裸股肱。”郑玄说：“说的是揎起衣服、露出臂和腿。”现在的书都把“揎”字写成“擐甲”的“擐”字。国子博士萧该认为：“‘擐’应当是‘揎’字，音‘宣’，‘擐’是穿着的意思，没有露出手臂的含义。”查考《字林》，萧该的读音是正确的，徐爰把“擐”读为“患”，是不对的。

**【原文】**

《汉书》：“田肎贺上。”江南本皆作“宵”字。沛国刘显，博览经籍，偏精班《汉》，梁代谓之“《汉》圣”。显子臻，不坠家业。读班史，呼为“田肎”。梁元帝尝问之，答曰：“此无义可求，但臣家旧本，以雌黄改‘宵’为‘肎’”。元帝无以难之。吾至江北，见本为“肎”。

**【译文】**

《汉书》说：“田肎贺上。”江南流传的版本把“肎”写作“宵”。沛国的刘显，博览群书，尤为偏爱班固的《汉书》，梁朝人称他为“《汉》圣”。刘显的儿子刘臻，继承家传之学。他读班固的《汉书》时，读作“田肎”。梁元帝曾问他这样读的原因，他回答说：“这没有什么含义可寻求，只是我家的旧本中，都用雌黄把‘宵’字改成了‘肎’字。”元帝因此也没法诘难他。我到了北方，看见这里的版本就写作“肎”字。

**【原文】**

《汉书·王莽赞》云：“紫色蛙声，余分闰位。”盖谓非玄黄之色，不中律吕之音也。近有学士，名问甚高，遂云：“王莽非直鸢髆虎视，而复紫色蛙声。”亦为误矣。

**【译文】**

《汉书·王莽赞》说：“紫色蛙声，余分闰位。”大概意思是：王莽的帝位，不是玄黄正色，不符合律吕正音。最近有位德高望重的学者，竟然说：“王莽不仅长着鹰的臂膀、虎的眼睛，而且肤色发紫、声音像青蛙。”这显然也是错误的。

**【原文】**

简“策”字，“竹”下施“朿”。末代隶书，似杞、宋之“宋”，亦有“竹”下遂为“夾”者；犹如“刺”字之傍应为“朿”，今亦作“夾”。徐仙民《春秋》、《礼音》，遂以“筴”为正字，以“策”为音，殊为颠倒。《史记》又作“悉”字，误而为“述”，作“妬”字，误而为“姤”。裴、徐、邹皆以“悉”字音“述”，以“妬”字音“姤”。既尔，则亦可以“亥”为“豕”字音，以“帝”为“虎”字音乎？

【译文】

简策的“策”字，是“竹”字头下面加一个“朿”字，后代隶书中，写得很像杞国、宋国的“宋”字，也有在“竹”字下加一个“夹”字的，就像“刺”字的偏旁应当是“朿”，如今也写作“夹”。徐仙民的《春秋左氏传音》、《礼记音》中，竟以“朿”字为正字，以“策”作读音，恰巧颠倒了。《史记》在写“悉”字时，也误写为“述”字，写“妒”字时，误写为“姤”字，裴骃、徐广、邹诞生都以“悉”字给“述”字注音，以“妬”字给“姤”字注音。既然这样，那怎么不能用“亥”字为“豕”字注音，以“帝”字为“虎”字注音呢？

【原文】

张揖云：“虙，今伏羲氏也。”孟康《汉书·古文注》亦云：“虙，今伏。”而皇甫谧云：“伏羲或谓之宓羲。”按诸经史纬候，遂无“宓羲”之号。“虙”字从“虍”，“宓”字从“宀”，下俱为“必”，末世传写，遂误以“虙”为“宓”，而《帝王世纪》因误更立名耳。何以验之？孔子弟子虙子贱为单父宰，即虙羲之后，“俗”字亦为“宓”，或复加“山”。今兖州永昌郡城，旧单父地也，东门有子贱碑，汉世所立，乃曰：“济南伏生，即子贱之后。”是知“虙”之与“伏”，古来通字，误以为“宓”，较可知矣。

【译文】

张揖说：“虙，就是现在所说的伏羲氏。”孟康《汉书》古文注也说：“虙，就是现在的伏。”而皇甫谧却说：“伏羲，有人也称为宓羲。”按：各种经、史、纬、候的书籍，没有宓羲这个称号。“虙”字从“虙”，“虍”字从“宓”，下面都为“必”，后代人的传抄，误把“虙”写成“宓”，《帝王世纪》因此另立了一个“宓羲”的名称。拿什么来验证呢？孔子的弟子虑子贱担任单父宰，他就是虙羲的后代，他的姓俗写作“宓”，有的在它下面再加个“山”。如今兖州的永昌郡城，就是昔日单父主管的故地，城东门的“子贱碑”，是汉代树立的，上面刻着：“济南人伏生，是子贱的后人。”由此可知：“虑”与“伏”，自古以来就通用，后人误将“虙”写成“宓”的原因，就可以明显看出来了。

【原文】

《太史公记》曰：“宁为鸡口，无为牛后。”此是删《战国策》耳。案：延笃《战国策音义》曰：“尸，鸡中之主。从，牛子。”然则，“口”当为“尸”，“后”当为“從”，俗写误也。

【译文】

《史记》中说：“宁为鸡口，无为牛后。”这是从《战国策》中摘取的。按：延笃《战国策音义》说：“尸，鸡群中的主人。从，小牛犊。”因此可知，“口”字当是“尸”字，“后”应是“从”字，世间抄写版本的写法是错误的。

【原文】

应劭《风俗通》云：“《太史公记》：‘高渐离变名易姓，为人庸保，匿作于宋子，久之作苦，闻其家堂上有客击筑，伎痒，不能无出言。’”案：伎痒者，怀其伎而腹痒也。是以潘岳《射雉赋》亦云：“徒心烦而伎痒。”今《史记》并作“徘徊”，或作“彷徨不能无出言”，是为俗传写误耳。

【译文】

应劭的《风俗通》说："《史记》中有：'高渐离改名换姓，给人做仆役，藏身在宋子县。时间长了，劳作辛苦，听到家里堂上有客人击筑唱歌，他不禁技痒，于是就唱了起来。"，按：所谓技痒，就是怀有某种技艺，心里发痒想表现出来。因此，潘岳《射雉赋》中说："只是心烦和技痒。"现在的《史记》都写成"徘徊"，或写作"彷徨不能无出言。"这是世俗传抄本抄错了。

【原文】

《太史公》论英布曰："祸之兴自爱姬，生于妒媚，以至灭国。"又《汉书·外戚传》亦云："成结宠妾妒媚之诛。"此二"媚"并当作"娼"，娼亦妒也，义见《礼记》、《三苍》。且《五宗世家》亦云："常山宪王后妒娼。"王充《论衡》云："妒夫娼妇生，则忿怒斗讼。"益知"娼"是"妒"之别名。原英布之诛为意贲赫耳，不得言"媚"。

【译文】

《史记》在评论英布时说："杀身之祸起自爱姬，源于妒媚，以致灭国。"另外《汉书·外戚传》也说："汉成帝的皇后因妒媚而遭杀身之祸。"这两句的"媚"都应当作"娼"，"娼"也是"嫉妒"的意思。这个意思可见于《礼记》、《三苍》。而且《五宗世家》也说："常山宪王的王后妒娼。"王充的《论衡》说："妒夫娼妇出现，就会互相忿怒斗讼。"由此更可以知道"娼"是"妒"的另一种别名。推究英布被杀的原因，是指贲赫，不能说是"媚"所导致。

【原文】

《史记·始皇本纪》："二十八年，丞相隗林、丞相王绾等，议于海上。"诸本皆作"山林"之"林"。开皇二年五月，长安民掘得秦时铁称权，旁有铜涂镌铭二所。其一所曰："廿六年，皇帝尽并兼天下诸侯，黔首大安，立号为皇帝，乃诏丞相状、绾，法度量则不一、嫌疑者，皆明一之。"凡四十字。其一所曰："元年，制诏丞相斯、去疾，法度量，尽始皇帝为之，皆有刻辞焉。今袭号而刻辞不称始皇帝，其于久远也，如后嗣为之者，不称成功盛德，刻此诏□左，使毋疑。"凡五十八字，一字磨灭，见有五十七字，了了分明。其书兼为古隶。余被敕写读之，与内史令李德林对，见此称权，今在官库；其"丞相状"字，乃为状貌之"状"，"爿"旁作"犬"；则知俗作"隗林"，非也，当为"隗状"耳。

【译文】

《史记·秦始皇本纪》说："始皇二十八年，丞相隗林、丞相王绾等人，在东海之滨议事。"各种传本都将"隗林"的"林"写作"山林"的"林"。隋开皇二年五月，有长安的百姓挖出一个秦时的铁秤锤，一旁有镀铜的雕刻铭文二处，其中一处刻着："廿六年，秦始皇吞并了天下各诸侯国，百姓非常安定，立号为皇帝，下诏任隗状、王绾为丞相，度量不规范统一而有质疑的，都明确和统一了。"原文总共四十个字。另一处铜板刻有："元年，制诏丞相斯、去疾，法度量，尽皇帝为之，皆有刻辞焉。今现在袭号而刻辞不称始皇帝，其于久远也，如后嗣为之者，不称成功盛德，刻此诏□左，使毋疑。"总共五十八个字，有一个字已磨去看不见了，现有五十七个字，字字分明。它的字体都是古隶书。我接受皇帝诏命摹写、摹抄这些文字，与内史令李德林核对，见到了这两个秤锤，现在在官库里面；上面的"丞相状"，是"状貌"的"状"字，一边为"犬"。由此可知，俗本写作"隗林"，是错误的，应当是写作"隗状"。

【原文】

《汉书》云:“中外禔福。”字当从“示”。禔,安也,音“匙匕”之“匙”,义见《苍》、《雅》、《方言》。河北学士皆云如此。而江南书本多误从“手”,属文者对耦,并为“提挈”之意,恐为误也。

【译文】

《汉书》中说:“中外禔福。”“禔”字应当从“示”旁。“禔”是“安”的意思,读音“匙匕”的“匙”,它的字义解释可见于《三苍》、《尔雅》和《方言》。河北的学者都认为如此。可江南流行的书本中,大多误为从“手”旁,做文章的人写对偶句时,都将其作为“提挈”的意思,恐怕是错误的。

【原文】

或问:“《汉书注》:‘为元后父名禁,故禁中为省中。’何故以‘省’代‘禁’?”答曰:“案:《周礼·宫正》:‘掌王宫之戒令纠禁。’郑注云:‘纠,犹割也,察也。’李登云:‘省,察也。’张揖云:‘省,今省詧也。’然则小井、所领二反,并得训‘察’。其处既常有禁卫省察,故以‘省’代‘禁’。詧,古察字也。”

【译文】

有人问:“《汉书注》说:‘因汉元帝皇后的父亲名禁,因此把禁中改为省中。’为什么要用‘省’字代替‘禁’字呢?”我回答说:“按:《周礼·宫正》说:‘掌管王宫之戒令纠禁。’郑玄的注说:‘纠,是割或察的意思。’李登说:‘省,是察的意思。’张揖说:‘省,现在是省察的意思。’这样的话,那么音为小井切、所领切的‘省’字都可以解释为‘察’。禁中既经常有禁卫军省察,所以就用‘省’代替‘禁’。詧,就是古代的‘察’字。”

【原文】

《汉·明帝纪》:“为四姓小侯立学。”按:桓帝加元服,又赐四姓及梁、邓小侯帛,是知皆外戚也。明帝时,外戚有樊氏、郭氏、阴氏、马氏为四姓。谓之小侯者,或以年小获封,故须立学耳;或以侍祠猥朝,侯非列侯,故曰小侯。《礼》云:“庶方小侯。”则其义也。

【译文】

《后汉书·明帝纪》里说:“为四姓小侯立学。”按:桓帝行冠礼时,曾赐给四姓及梁、邓等小侯丝帛,由此可知这些人都是外戚。明帝时,外戚有樊氏、郭氏、阴氏、马氏四姓。称他们为小侯,或者是因为他们年龄小而获封,所以要为他们建立学舍。也或者因为他们属侍祠侯、猥朝侯,这些侯爵并非列侯,所以称小侯。《礼记》中说:“各地小侯。”就是这个意思。

【原文】

《后汉书》云:“鹳雀衔三鳝鱼。”多假借为“鳣鲔”之“鳣”。俗之学士,因谓之为鳣鱼。案:魏武《四时食制》:“鳣鱼大如五斗奁,长一丈。”郭璞注《尔雅》:“鳣长二三丈。”安有鹳雀能胜一者,况三乎?鳣又纯灰色,无文章也。鳣鱼长者不过三尺,大者不过三指,黄地黑文;故都讲云:“蛇鳝,卿大夫服之象也。”《续汉书》及《搜神记》亦说此事,皆作“鳝”字。孙卿云:“鱼鳖鳅鳣。”及《韩非》、《说苑》皆曰:“鳣似蛇,蚕似蠋。”并作“鳣”字,假“鳣”为“鳝”,其来久矣。

【译文】

《后汉书》说:“鹳雀衔三鳝鱼。”“鳝”字大多通假为“鳣鲔”的“鳣”字;一般的学者,因此称之为“鳣鱼”。按:魏武帝《四时食制》说:“鳣鱼大如五斗奁,长有一丈。”郭璞《尔雅注》说:“鳣长二三丈。”哪里会有一只鹳雀能衔动一条鳣鱼的,更何况三条呢?且鳣鱼又是纯灰色,身上没有花纹。鳝鱼长不超过三尺,大者粗不超过三指,黄的底色,黑的花纹,所以说:“蛇鳝,是卿大夫衣服的象征。”《续汉书》和《搜神记》中也说到了这件事,都写作“鳝”字。荀卿说:“鱼鳖鳅鳣。”以及《韩非子》、《说苑》都说:“鳣鱼像蛇,蚕像蠋。”都写作“鳣”字。可见,把“鳣”字假借为“鳝”字,已经很长时间了。

【原文】

《后汉书》:“酷吏樊晔为天水郡守,凉州为之歌曰:‘宁见乳虎穴,不入冀府寺’。”而江南书本“穴”皆误作“六”。学士因循,迷而不寤。夫虎豹穴居,事之较者;所以班超云:“不探虎穴,安得虎子?”宁当论其六七耶?

【译文】

《后汉书》说:“酷吏樊哗任天水太守时,凉州的百姓为他编了歌谣说:‘宁见乳虎穴,不入冀府寺。”,可江南版本的书中,都将“穴”误成“六”。学者们沿袭这个说法,且一直迷误没有觉醒。虎豹住在洞穴中这是很明白的事,所以班超说:“不探虎穴,安得虎子?”难道他说的是六只虎或七只虎吗?

【原文】

《后汉书·杨由传》云:“风吹削肺。”此是削札牍之柿耳。古者,书误则削之,故《左传》云“削而投之”是也。或即谓“札”为“削”,王褒《童约》曰:“书削代牍。”苏竟书云:“昔以摩研编削之才。”皆其证也。《诗》云:“伐木浒浒。”《毛传》云:“浒浒,柿貌也。”史家假借为“肝肺”字,俗本因是悉作“脯腊”之“脯”,或为“反哺”之“哺”。学士因解云:“削哺,是屏障之名。”既无证据,亦为妄矣!此是风角占候耳。《风角书》曰:“庶人风者,拂地扬尘转削。”若是屏障,何由可转也?

【译文】

《后汉书·杨由传》中说:“风吹削肺。”这个“肺”字是削札犊的“柿”字。古时候,写错了字就把它刮掉,所以《左传》说“削去错字,把它丢了”,就是这个意思。有人将“札”称为“削”,王褒《童约》说:“书削代犊。”苏竟给人的信中说:“从前,靠切磋编纂书籍的才能。”这都是证据。《诗经》中有“伐木浒浒”。毛《传》解释说:“浒浒,砍削的样子。”史官假借它为“肝肺”的“肺”字,世间流传的本子因此全都写作“脯腊”的“脯”字,或“反哺”的“哺”字。学者因此解释说:“削哺,是屏障的名字。”这种解说既无证据,也太荒谬了!“风吹削哺”讲的是风角占候的办法。《风角书》说:“恶劣的风,能够掠过地面,扬起灰尘,使木屑转动。”假如“削哺”是“屏障”,怎么能吹转它呢?

【原文】

《三辅决录》云:“前队大夫范仲公,盐豉蒜果共一筒。”“果”当作“魏颗”之“颗”。北土通呼物一凷,改为一颗,“蒜颗”是俗间常语耳。故陈思王《鹞雀赋》曰:“头如果蒜,目似擘椒。”又《道经》云:“合口诵经声璅璅,眼中泪出珠子碟。”其字虽异,其音与义颇同。江南但呼为"蒜符",不知谓为"颗"。学士相承,读为"裹结"之"裹",言盐与蒜共一苞裹,内筒中耳。《正史削繁音义》又音"蒜颗"为苦戈反,皆失也。

【译文】

《三辅决录》说:"前队大夫范仲公,将盐、豉、蒜果放在一个竹筒里。""果"字当是"魏颗"的"颗"。北方地区普通将"一块"东西称为"一颗",蒜颗就是民间的习惯用语。因此陈思王《鹞雀赋》说:"头像一颗蒜头,眼像剖开的椒。"又如《道经》说:"合口诵经声璅璅,眼中泪出珠子碟。"这个"碟"字虽然写法不一样,但发音与意义是完全相同的。江南人只是称呼为"蒜符",而不知道叫"蒜颗"。学者们相互传承,读成了"裹结"的"裹",说范仲公把盐和蒜置于同一个包裹中,放进竹筒中。《正史削繁音义》又音"颗"为"苦戈反",这都是错误的。

【原文】

有人访吾曰:"《魏志》蒋济上书云'弊攰之民',是何字也?"余应之曰:"意为'攰'即是'皴倦'之'皴'耳。张揖、吕忱并云:'支傍作刀剑之刀,亦是剞字。'不知蒋氏自造'支'傍作'筋力'之'力',或借'剞'字,终当音九伪反。"

【译文】

有人问我说:"《魏志》蒋济上疏说:'弊攰之民',这个'攰'是什么字?"我告诉他说:"我想'攰'的'皴'就是'皴'。张揖、吕忱都说:'支旁加个'刀剑'的'刀',也就是'剞'字。'不知道这是蒋氏用支旁加'筋力'的'力',或是假借为'剞'字,但这个字最终究当读为'九伪反'。"

【原文】

《晋中兴书》:"太山羊曼,常颓纵任侠,饮酒诞节,兖州号为'䵍伯'。"此字皆无音训。梁孝元帝常谓吾曰:"由来不识。唯张简宪见教,呼为'嚃羹'之'嚃'。自尔便遵承之,亦不知所出。"简宪是湘州刺史张缵谥也,江南号为硕学。案:法盛世代殊近,当是耆老相传;俗间又有"䵍䵍"语,盖无所不施,无所不容之意也。顾野王《玉篇》误为"黑"傍"沓"。顾虽博物,犹出简宪、孝元之下,而二人皆云重边。吾所见数本,并无作黑者。"重沓"是多饶积厚之意,从"黑"更无义旨。

【译文】

《晋中兴书》说:"泰山人羊曼,常常疏慢放纵、仗义行侠,饮酒没有节制,兖州人称他为䵍伯。"文中的"䵍"字,各种版本都没有注释。梁孝元帝曾对我说:"我从来不认识这个字。只有张简宪教过我,把它称为'嚃羹'的'嚃'。从那以后,我就一直认同这个发音,也不知道它的出处。"简宪是湘州刺史张缵的谥号,江南人都称赞他学问渊博。按:何法盛生活的年代离我们较近,"䵍"字应当是老人们传下来的;世间还有"䵍䵍"一词,大概是无所不施、无所不容之意。顾野王所著的《玉篇》把䵍误写成"黑"旁加"沓"。顾野王虽学问渊博,但水平还是在张缵和孝元帝之下,张、孝二人都认为是"重"字边。我看过的几个别的版本,都没有写作"黑"旁的。重沓表示多饶积厚的意思,从"黑"旁,就不知道是什么意思了。

【原文】

《古乐府》歌词,先述三子,次及三妇,妇是对舅姑之称。其末章云:"丈人且安坐,调弦未遽央。”古者，子妇供事舅姑，旦夕在侧，与儿女无异，故有此言。“丈人”亦长老之目，今世俗犹呼其祖考为先亡丈人。又疑“丈”当作“大”，北间风俗，妇呼舅为“大人公”。“丈”之与“大”，易为误耳。近代文士，颇作《三妇诗》，乃为匹嫡并耦己之群妻之意，又加郑、卫之辞，大雅君子，何其谬乎！

【译文】

《古乐府》歌词，先叙述三子，再提及三个媳妇，“妇”是相对公婆的称呼。歌词的最后一章说道：“丈人且安坐，调弦未遽央。”在古代，儿媳妇供养侍奉公婆，早晚都在身旁，与儿女没有什么区别，所以歌中有这些话。丈人也是对长辈老人的称呼，现在习惯上仍称呼已故的祖父、父亲为先亡丈人。我又怀疑“丈”应当作“大”，北方人的风俗，媳妇称呼公公为大人公。“丈”与“大”，是容易写错的。近代文人，很多人写过《三妇诗》，表达的是自己与妻妾们相处的内容，还加入些淫邪的语句，这帮大雅君子，怎么会如此荒谬呢？

【原文】

《古乐府》歌百里奚词曰：“百里奚，五羊皮。忆别时，烹伏雌，吹扊扅；今日富贵忘我为！”“吹”当作炊煮之“炊”。案：蔡邕《月令章句》曰：“键，关牡也，所以止扉，或谓之剡移。”然则当时贫困，并以门牡木作薪炊耳。《声类》作“扊”，又或作“扂”。

【译文】

《古乐府》歌唱百里奚的歌词说道：“百里奚，五羊皮。忆别时，烹伏雌，吹扊扅；今日富贵忘我为！”文中道“吹”应当写作“炊煮”的“炊”字。按：蔡邕《月令章句》说：“键，就是门闩，是用来关闭门的，也有人称作为剡移。”由此可知，百里奚当时家中贫困，把门闩当柴火烧了。《声类》中把它写成“扊”，又有些书写成“扂”。

【原文】

《通俗文》，世间题云“河南服虔字子慎造”。虔既是汉人，其叙乃引苏林、张揖；苏、张皆是魏人。且郑玄以前，全不解反语，通俗反音，甚会近俗。阮孝绪又云“李虔所造”。河北此书，家藏一本，遂无作李虔者。《晋中经簿》及《七志》，并无其目，竟不得知谁制。然其文义允惬，实是高才。殷仲堪《常用字训》，亦引服虔《俗说》，今复无此书，未知即是《通俗文》，为当有异？或更有服虔乎？不能明也。

【译文】

《通俗文》这本书，世间的本子都题为“河南服虔字子慎造”。服虔既然是汉人，他的《叙》却引用了苏林和张揖的话；而苏、张都是三国魏人。况且在郑玄之前，人们都不了解反切，《通俗文》的反切注音，很符合近代人的习尚。阮孝绪又说“是李虔撰写的”。这本书在河北地区，每家都收藏一本，唯独没有题为李虔的。《晋中经薄》和《七志》，都没有这本书条目，最终无法确定这书是谁写的。然而这本书的文辞精当妥帖，作者确实是位学问高深的人。殷仲堪的《常用字训》，也引用过服虔的《俗说》，现在已没有这本书了，不知它是否就是《通俗文》，还是另一本书？或是另有一位服虔？这我就不知道了。

【原文】

或问：“《山海经》，夏禹及益所记，而有长沙、零陵、桂阳、诸暨，如此郡县不少，以为何也？”答曰：“史之阙文，为日久矣；加复秦人灭学，董卓焚书，典籍错乱，非止于此。譬犹《本草》神农所述，而有豫章、朱崖、赵国、常山、奉高、真定、临淄、冯翊等郡县名，出诸药物；《尔雅》周公所作，而云'张仲孝友'；仲尼修《春秋》，而《经》书孔丘卒；《世本》左丘明所书，而有燕王喜、汉高祖；《汲冢琐语》，乃载《秦望碑》；《苍颉篇》李斯所造，而云'汉兼天下，海内并厕，豨黥韩覆，畔讨灭残'；《列仙传》刘向所造，而《赞》云"七十四人出佛经"；《列女传》亦向所造，其子歆又作《颂》，终于赵悼后，而传有更始韩夫人、明德马后及梁夫人嫕：皆由后人所羼，非本文也。"

【译文】

有人问："《山海经》是夏禹、伯益记述的，而书里面有长沙、零陵、桂阳、诸暨这一类秦汉时的郡、县地名不少，这又是为什么呢？"我回答说："史书中的缺漏之处，由来已久了；再加上秦始皇毁灭学术，董卓焚毁书籍，各种典籍发生了错乱，问题还不止这些。比如《本草经》是神农记述的，其中却有豫章、朱崖、赵国、常山、奉高、真定，临淄、冯翊等汉代才有的郡县地名和出产的各种药物；《尔雅》是周公撰写的，书中却说'张仲孝友'；《春秋》为孔子修订，而《春秋》里却提到孔子去世之事；《世本》是左丘明撰写的，书中却有燕王喜、汉高祖的名字；《汲冢琐语》是出于战国时的书籍，书中却载有《秦望碑》；《苍颉篇》是李斯撰写的，里面却载有'汉朝兼并天下，海内诸侯竞相参与，陈豨被黥，韩信败灭，叛臣被讨伐，残贼被诛杀'等话；《列仙传》本是刘向撰写的，而书中的《赞》却说有七十四人出自佛经；《列女传》也是刘向撰写的，他的儿子刘歆又写了《列女传颂》，记事截止到赵悼后，而传中却有更始韩夫人、明德马后和梁夫人嫕：这些都是后人掺杂进去的，根本不是原文。"

【原文】

或问曰："《东宫旧事》何以呼'鸱尾'为'祠尾'？"答曰："张敞者，吴人，不甚稽古，随宜记注，逐乡俗讹谬，造作书字耳。吴人呼'祠祀'为'鸱祀'，故以'祠'代'鸱'字；呼'绀'为'禁'，故以'系'傍作'禁'代'绀'字；呼'盏'为竹简反，故以'木'傍作'展'代'盏'字；呼'镬'字为'霍'字，故以'金'傍作'霍'代'镬'字；又'金'傍作患为'镮'字，'木'傍作'鬼'为'魁'字，'火'傍作'庶'为'炙'字，'既'下作'毛'为'髻'字；金花则'金'傍作'华'，窗扇则'木'傍作'扇'：诸如此类，专辄不少。"

【译文】

有人问道："《东宫旧事》中为什么称'鸱尾'为'祠尾'？"我解释说："因为本书作者张敞是吴郡人，不大考查古代的事情，随意记述注解，沿袭了民间的错误，造出了这类文词。吴人称'祠祀'为'鸱祀'，所以用'祠'字代'鸱'字；呼'绀'为'禁'，因此用系旁加'禁'代替'绀'字；音'盏'为'竹简反'，因此把木旁加'展'代替'盏'字；他们称'镬'为'霍'，因此把金旁加'霍'代替'镬'字；又用金旁加'患'代替'镮'字，木旁加'鬼'代替'魁'字，火旁加'庶'代替'炙'，'既'下加'毛'代替'髻'字；金花就用金旁加'华'表示，窗扇就用木旁加'扇'表示：诸如此类的字，杜撰的还真不少。"

【原文】

又问："《东宫旧事》'六色罽緅'是何等物？当作何音？"答曰："案：《说文》云：'莙，牛藻也，读若"威"。'《音隐》：'坞瑰反。'即陆机所谓'聚藻，叶如蓬'者也。又郭璞注《三苍》亦云：'蕴，藻之类也，细叶蓬茸生。'然今水中有此物，一节长数寸，细茸如丝，圆绕可爱，长者二三十节，犹呼为'莙'。又寸断五色丝，横著线股间绳之，以象莙草，用以饰物，即名为

'莙';于时当绁六色罽,作此莙以饰绲带,张敞因造'系'旁'畏'耳,宜作'隈'。"

【译文】

又有人问道:"《东宫旧事》里说的'六色罽緦',是什么东西呢? 应该读什么音?"我回答说:"按:《说文解字》说:'莙,就是牛藻,读作威的音。'而《说文音隐》注音为'坞瑰反'。就是陆机所说的'聚藻的叶子像蓬草'的那种植物。此外,郭璞注《三苍》也说:'蕴,藻类植物叶子长得蓬松柔密。'现今水中生长这种植物,每节长有几寸,纤细柔密如丝,缠绕成圆形,非常可爱,最长的有二三十节,依旧称为'莙'。此外,把五色丝线剪成一寸长,横放在几股线中间用绳子系住,做成莙草的样子,用来装饰物品,这种饰品就称为'莙';当时应当用六色丝线扎成类似莙草形状的装饰品,用来装饰丝带,张敞因此造了个系旁加'畏'的字,音应当读作'隈'。"

【原文】

柏人城东北有一孤山,古书无载者。唯阚骃《十三州志》以为舜纳于大麓,即谓此山,其上今犹有尧祠焉;世俗或呼为"宣务山",或呼为"虚无山",莫知所出。赵郡士族有李穆叔、季节兄弟、李普济,亦为学问,并不能定乡邑此山。余尝为赵州佐,共太原王邵读柏人城西门内碑。碑是汉桓帝时柏人县民为县令徐整所立,铭曰:"山有巏嵍,王乔所仙。"方知此"巏嵍"山也。"巏"字遂无所出。"嵍"字依诸字书,即"旄丘"之"旄"也。"旄"字,《字林》一音亡付反,今依附俗名,当音"权务"耳。入邺,为魏收说之,收大嘉叹。值其为《赵州庄严寺碑铭》,因云:"权务之精"。即用此也。

【译文】

柏人城的东北有一座孤山,古书中没有关于此山的记载。只有阚骃的《十三州志》中提到舜进入大山林,说的就是这座山,山上现在还有尧的祠堂;人们通常称它"宣务山",或称"虚无山",但没有人知道这种称呼的来历。赵郡士族中有李穆叔、李季节兄弟和李普济,是很有学问的人,但都不知晓家乡这座山的名称。我曾在赵州任州佐,和太原人王邵一起读过柏人城西门内的碑刻。碑是汉桓帝时柏人县民众给县令徐整竖立的,铭文上面说:"有座巏嵍山,是王乔成仙的地方。"我才知道原来这座山就是巏嵍山。可"巏"字竟找不到出处。"嵍"字根据各种字书,就是"旄丘"的"旄"字;"旄"字,《字林》音为"亡付反"。现在依照通俗的称呼,"巏嵍"应读为"权务"。到邺城后,我曾对魏收说了这件事,魏收对此大为赞许。恰逢他在写《赵州庄严寺碑铭》,于是写了"权务之精"的句子,引用的就是我所说的这个典故。

【原文】

或问:"一夜何故五更? 更何所训?"答曰:"汉、魏以来,谓为甲夜、乙夜、丙夜、丁夜、戊夜;又云鼓,一鼓、二鼓、三鼓、四鼓、五鼓;亦云一更、二更、三更、四更、五更,皆以'五'为节。《西都赋》亦云:'卫以严更之署。'所以尔者,假令正月建寅,斗柄夕则指寅,晓则指午矣;自寅至午,凡历五辰。冬夏之月,虽复长短参差,然辰间辽阔,盈不过六,缩不至四,进退常在五者之间。更,历也,经也,故曰五更尔。"

【译文】

有人问道："一夜为什么分为五更？'更'字怎样解释？"我回答说："自汉、魏以来，一夜分为甲夜、乙夜、丙夜、丁夜和戊夜，又叫鼓，即一鼓、二鼓、三鼓、四鼓和五鼓，还称叫一更、二更、三更、四更和五更，都是用五来划分时间的。《西都赋》也说：'以严密监督更鼓的郎署，保卫皇宫。'之所以这么分，是因为把正月假定为建寅月，北斗星的斗柄日落时就指向寅时，黎明时就指向午时了；从寅时到午时，总共经过五个时辰。冬、夏的月份尽管白天与黑夜的时间长短不一样，但是对于时辰间的差距，长不会超过六个时辰，短不少于四个时辰，进退通常在五个时辰之间。更，就是经历、经过的意思，所以一夜分为五更。"

【原文】

《尔雅》云："术，山蓟也。"郭璞注云："今术似蓟而生山中。"案：术叶其体似蓟，近世文士，遂读"蓟"为"筋肉"之"筋"，以耦"地骨"用之，恐失其义。

【译文】

《尔雅》说："术，山蓟也。"郭璞的注解说："如今，术像蓟，长在山里。"按：术的叶子形状如蓟，近代的文士，竟就把"蓟"读作"筋肉"的"筋"，并且拿"山蓟"与"地骨"作为对偶来使用，恐怕不符合它的本义了。

【原文】

或问："俗名'傀儡子'为'郭秃'，有故实乎？"答曰："《风俗通》云：'诸郭皆讳秃。'当是前代人有姓郭而病秃者，滑稽戏调，故后人为其象，呼为'郭秃'，犹《文康》象庾亮耳。"

【译文】

有人问道："俗称木偶戏为郭秃，有什么典故吗？"我回答说："《风俗通》说：'姓郭的人都避讳秃字。'这大概是前代姓郭的有人得了秃头病，又喜欢开玩笑，所以后人就以他的形象作傀儡，称为'郭秃'，就像《文康》乐舞中有庾亮的像一样。"

【原文】

或问曰："何故名'治狱参军'为'长流'乎？"答曰："《帝王世纪》云：'帝少昊崩，其神降于长流之山，于祀主秋。'案：《周礼·秋官》，司寇主刑罚、长流之职，汉、魏捕贼掾耳。晋、宋以来，始为参军，上属司寇，故取秋帝所居为嘉名焉。"

【译文】

有人问道："为什么称治狱参军叫长流呢？"我回答说："《帝王世纪》说：'少昊帝驾崩以后，他的神灵降临在长流山上，在这里主持秋祭'。按：《周礼·秋官》说：'司寇主管刑罚。长流的职责，就是汉、魏时期的捕贼掾。晋、宋以来，长流才被称作参军，上属司寇管辖，所以取秋帝少昊住的地方作为美名'。"

【原文】

客有难主人曰："今之经典，子皆谓非，《说文》所言，子皆云是，然则许慎胜孔子乎？"主人拊掌大笑，应之曰："今之经典，皆孔子手迹耶？"客曰："今之《说文》，皆许慎手迹乎？"答曰:"许慎检以六文,贯以部分,使不得误,误则觉之。孔子存其义而不论其文也。先儒尚得改文从意,何况书写流传耶?必如《左传》'止戈'为'武',反'正'为'乏','皿虫'为'蛊','亥'有'二首六身'之类,后人自不得辄改也,安敢以《说文》校其是非哉?且余亦不专以《说文》为是也,其有援引经传,与今乖者,未之敢从。又相如《封禅书》曰:'導一茎六穗于庖,牺双觡共抵之兽。'此'导'训'择',光武诏云:'非徒有豫养导择之劳'是也。而《说文》云:'導是禾名。'引《封禅书》为证;无妨自当有禾名導,非相如所用也。'禾一茎六穗于庖',岂成文乎?纵使相如天才鄙拙,强为此语;则下句当云'麟双觡共抵之兽',不得云'牺'也。吾尝笑许纯儒,不达文章之体,如此之流,不足凭信。大抵服其为书,隐括有条例,剖析穷根源,郑玄注书,往往引以为证;若不信其说,则冥冥不知一点一画,有何意焉。"

【译文】

有客人诘难问我说:"现在的经典,你都说不正确,《说文解字》所讲的,你都说对,这样的话,难道许慎能胜过孔子吗?"我拍手大笑,回答说:"今天的经典,都是孔子的手迹吗?"客人说:"今天的《说文解字》,都是许慎的亲笔手迹吗?"我回答道:"许慎用六书来检验文字,用部首贯串全书,使全书不致出现错误,有错误也能发现。孔子只保存文句的含义而不究论文字本身。前辈学者尚能改动经典的文字以顺应全文的意义,何况经过书写流传呢?必须像《左传》所说的'止戈'为'武','反正'为'乏','皿虫'为'蛊','亥'有'二首六身'这类情况,后人自然不能随意改动,哪能用《说文解字》来校订它们的是非呢?而且我也不是只以《说文解字》为是,其中有援引经传的文句,而与今天的经意不相合的,我也不敢盲从。又比如司马相如《封禅书》说:'导一茎六穗于庖,牺双觡共抵之兽。'这个'导'字意思为'择'。汉光武帝的诏书说:'非徒有豫养导择之劳。'其中的'导'字,就是这个含义。而《说文解字》说:'导是禾名。'并引《封禅书》为证。我们不妨说本来就有一种作物叫"导",不是司马相如在《封禅书》中所使用的。否则,'禾一茎六穗于庖',怎能成句呢?即使司马相如天生才能低劣,勉强写下这样的话,那么下一句也应当说'麟双觡共抵之兽',而不能说'牺'。我曾经嘲笑许慎是个纯粹儒者,不了解文章的体裁,像这一类引证,就不足凭信了。但大体来说,我佩服许慎的这本书,对文字的审定与组织有条例,剖析文义也能穷尽根源,郑玄注解经书,往往引用《说文解字》作证;如果我们不相信《说文解字》的解释,就会糊里糊涂不知道文字的一点一划都是什么意思。"

【原文】

世间小学者,不通古今,必依小篆,是正书记;凡《尔雅》、《三苍》、《说文》,岂能悉得苍颉本指哉?亦是随代损益,乐有同异。西晋已往字书,何可全非?但令体例成就,不为专辄耳。考校是非,特须消息。至如"仲尼居",三字之中,两字非体,《三苍》"尼"旁益"丘",《说文》"尸"下施"几":如此之类,何由可从?古无二字,又多假借,以"中"为"仲",以"说"为"悦",以"召"为"邵",以"閒"为"闲";如此之徒,亦不劳改。自有讹谬,过成鄙俗,"亂"旁为"舌","揖"下无"耳","鼋"、"鼍"从"龜","奮"、"奪"从"雚","席"中加"带","恶"上安"西","鼓"外设"皮","鑿"头生"毁","離"则配"禹","壑"乃施"豁","巫"混"经"旁,"皋"分"泽"片,"獵"化为"獦","寵"变成"竉","业"左益"片","靈"底著"器","率"字自有"律"音,强改为别;"单"字自有"善"音,辄析成异:如此之类,不可不治。吾昔初看《说文》,蚩薄世字,从正则惧人不识,随俗则意嫌其非,略是不得下笔也。所见渐广,更知通变,救前之执,将欲半焉。若文章著述,犹择微相影响者行之,官曹文书,世间尺牍,幸不违俗也。

【译文】

世上研究文字学的人,不通晓古今的变化,写字一定要依据小篆,并根据它来校对书籍。凡《尔雅》、《三苍》、《说文》上的文字,哪能全部找到苍颉造字时的最初本旨呢?文字也是随着年代变化而增删变化,前后有同有异。西晋以前的字书,哪能一概否定呢?只要它能使体例完整,不任意专断就行了。考校文字的是非,特别需要斟酌。至于像"仲尼居",三个字中有两个不合正体,《三苍》中的"尼"字在"尼"旁边加上"丘",《说文》中的"居"字在"尸"下面放了"几":像这种例子,哪能遵从呢?古代没有一个字两种形体,又大多通假字,以"中"为"仲",以"说"为"悦",以"召"为"邵",以"间"为"闲":这类情况,也用不着费心去改动。有的文字本身就有错讹,延用时间长了就成了习俗,如"亂"旁边是"舌","揖"字下面无"耳","鼋"、"鼍"的下部从"龜","奮"、"奪"的下面是"雚","席"字中间加"带","恶"字上面放"西","鼓"字的右面加"皮","鑿"字头上写成"毁","離"字左面配上"禹","壑"字上面加"豁","巫"与"经"的析成相混淆,"皋"字分"泽"的半边,"猎"字变成了"獦","寵"字变成了"竉","业"字左面加上"片","靈"的下面写成"器","率"字本来就有"律"这个音,却勉强改换成别的字,"单"字本来就有"善"这个读音,却分析成不同的音:像这类情况,不能不加以改正。我以前看《说文解字》时,看不起俗字,想依从正体又怕别人不认识,想按通俗的写法又嫌它不正确,这样就完全不能下笔为文了。随着见闻逐渐增广,我进一步懂得了通变的道理,要补救从前的偏执,就得把从正和随俗二者结合起来。至于写文章做学问,依旧要选择与《说文解字》字体略微相近的来使用,如果官府的文书,或社会上的信函,最好不违背通行的习惯。

【原文】

案:弥亙字从二间舟,《诗》云:"亙之秬秠"是也。今之隶书,转"舟"为"日";而何法盛《中兴书》乃以"舟"在"二"间为舟"航"字,谬也。《春秋说》以"人十四心"为"德",《诗说》以"二在天下"为"酉",《汉书》以"货泉"为"白水真人",《新论》以"金昆"为"银",《国志》以"天上有口"为"吴",《晋书》以"黄头小人"为"恭",《宋书》以"召刀"为"邵",《参同契》以"人负告"为"造":如此之例,盖数术谬语,假借依附,杂以戏笑耳。如犹转"贡"字为"项",以"叱"为"匕",安可用此定文字音读乎?潘、陆诸子《离合诗》、《赋》,《栻卜》、《破字经》及鲍昭《谜字》,皆取会流俗,不足以形声论之也。

【译文】

按:弥亙的"亙"字是二字中间加舟,《诗经》所说的"亙之秬秠"就是这个字。如今的隶书,改"舟"为"日",而何法盛的《中兴书》以"舟"在"二"间为"舟航"的"航"字,这是不对的。《春秋说》以"人、十、四、心"为"德"字,《诗说》以"二"在"天"的下面为"酉"字,《汉书》以"货泉"二字拆开作"白、水、真、人"四字,《新论》以"金昆"为"银"字,《三国志》以"天"上面加"口"为"吴"字,《晋书》以"黄"字头加"小、人"为"恭"字,《宋书》以"召、刀"合成"劭"字,《参同契》以"人负告"为"造"字:这一类的事例,大抵是玩弄术数的荒谬言词,不过是假托附会，加上游戏玩笑罢了。比如，把“贡”字转变成“项”字，把“叱”当成“七”字，怎能用这种方式确定文字的读音呢？潘岳、陆机等人的《离合诗》、《赋》、《栻卜》、《破字经》，以及鲍昭的《谜字》，都是迎合了流行的习俗，不值得用形声的方法来分析它们。

【原文】

河间邢芳语吾云：“《贾谊传》云：‘日中必熭。’注：‘熭，暴也。’曾见人解云：‘此是暴疾之意，正言日中不须臾，卒然便昃耳。’此释为当乎？”吾谓邢曰：“此语本出太公《六韬》，案字书，古者‘暴晒’字与‘暴疾’字相似，唯下少异，后人专辄加傍‘日’耳。言日中时，必须暴晒。不尔者，失其时也。晋灼已有详释。”芳笑服而退。

【译文】

河间人邢芳对我说：“《汉书·贾谊传》说：‘日中必熭。’注：‘熭，暴也。’我曾经看见有这样的解释说：‘这是暴疾的意思，就是说太阳当顶时不一会儿，突然便西斜了。’这个解释合适吗？”我对邢芳说：“这句话本出自姜太公的《六韬》，按字书，古时候‘㬥晒’的‘㬥’字与‘暴疾’的字很相似，只是下部分略微不同，后人便随意地在‘㬥’字旁加了个‘日’旁。‘日中必熭’的意思是，太阳当顶时，必须抓紧暴晒物品，否则，就会失去晾晒的好时机。晋灼对这句话已有详细解释。”邢芳听了，信服地含笑告退了。

# 卷第七

## 音辞第十八

【原文】

夫九州之人，言语不同，生民已来，固常然矣。自《春秋》标齐言之传，《离骚》目楚词之经，此盖其较明之初也。后有扬雄著《方言》，其言大备。然皆考名物之同异，不显声读之是非也。逮郑玄注"六经"，高诱解《吕览》、《淮南》，许慎造《说文》，刘熹制《释名》，始有譬况假借以证音字耳。而古语与今殊别，其间轻重清浊，犹未可晓；加以内言外言、急言徐言、读若之类，益使人疑。孙叔言创《尔雅音义》，是汉末人独知反语。至于魏世，此事大行。高贵乡公不解反语，以为怪异。自兹厥后，音韵锋出，各有土风，递相非笑，指马之谕，未知孰是。共以帝王都邑，参校方俗，考核古今，为之折衷。搉而量之，独金陵与洛下耳。南方水土和柔，其音清举而切诣，失在浮浅，其辞多鄙俗；北方山川深厚，其音沉浊而𫔎钝，得其质直，其辞多古语。然冠冕君子，南方为优；闾里小人，北方为愈。易服而与之谈，南方士庶，数言可辩；隔垣而听其语，北方朝野，终日难分。而南染吴、越，北杂夷虏，皆有深弊，不可具论。其谬失轻微者，则南人以"钱"为"涎"，以"石"为"射"，以"贱"为"羡"，以"是"为"舐"；北人以"庶"为"戍"，以"如"为"儒"，以"紫"为"姊"，以"洽"为"狎"：如此之例，两失甚多。至邺已来，唯见崔子约、崔瞻叔侄，李祖仁、李蔚兄弟，颇事言词，少为切正。李季节著《音韵决疑》，时有错失；阳休之造《切韵》，殊为疏野。吾家儿女，虽在孩稚，便渐督正之；一言讹替，以为己罪矣。云为品物，未考书记者，不敢辄名，汝曹所知也。

【译文】

九州的人，语言都不尽相同，自从有了人类以来，本来就是如此。自《春秋公羊传》记明齐地的语言，《离骚》被视为楚地语词的经典，这也许是明确方言差异的最初的说法。而后扬雄著《方言》，这方面的论述就非常详细了。然而都是考证事物名称的异同，并没有说明读音是否正确。直到郑玄注释"六经"，高诱注解《吕氏春秋》、《淮南子》，许慎著《说文解字》，刘熹著《释名》，才开始用譬况、假借的方法来标明音读。但是古音与今音有区别，其中语音的轻重、清浊、还未能了解，再加上内言外言，急言徐言，读若之类的注音方式，更使人疑惑不解。孙叔言著《尔雅音义》，他是汉末人唯一懂反切注音法的。到了曹魏时期，这种反切注音法大为盛行。高贵乡公曹髦不懂得这种反切注音法，被看做是一件怪异的事。从这以后，韵书层出不穷，这些书各自记录各地的方言，互相非议取笑，各是其是，各非其非，不知晓谁是谁非。后来大家都用帝王都城的语音，参考比较各地方言，究核古今语音，采取一个折衷的方式。经过斟酌和权衡，只有建康音和洛阳音可取。南方水土柔和，语音清亮悠扬而发音急切，不足之处在发音浅浮，言语多鄙陋粗俗。北方的山川深邃浑厚，语音低沉浊重而迟缓，体现了其朴实正直，言辞中保存了很多古语。然而就官宦士子的语言而说，南方优于北方；而市井平民的语言，则北方胜过南方。如果交换了服装然后再让他们交谈，南方的士大夫和平民，只需听他们几句就可辨身份。隔着墙听人家说话，若是北方的官员和平民，听一天也难以区分出来。但是南方语言受到吴语、越语的影响，北方语夹杂着外族语言，二者都存在着很大的弊端，这里不能一一详细列举。它们中错在发音轻微的，则如南方人把“钱”读作“涎”，把“石”读作“射”，把“贱”读作“羡”，把“是”读作“舐”；北方人把“庶”读作“戍”，把“如”读作“儒”，把“紫”读作“姊”，把“洽”读作“狎”。像这样的例证，南方与北方的错误都很多。我到邺都以来，只知道崔子约、崔瞻叔侄二人，李祖仁、李蔚兄弟俩对语言略有研究，稍微做了些切磋补正。李季节著《音韵决疑》，常出现差错；阳休之著《切韵》，特别粗略草率。我家的儿女，尽管还在幼儿时期，就逐渐纠正这种发音错误。所作的某种器物，没有经过考证有关书籍，就不敢随便称呼，这些都是你们应该知道的。

【原文】

古今言语，时俗不同；著述之人，楚、夏各异。《苍颉训诂》，反“稗”为“逋卖”，反“娃”为“於乖”；《战国策》音“刎”为“免”，《穆天子传》音“谏”为“间”；《说文》音“戛”为“棘”，读“皿”为“猛”；《字林》音“看”为“口甘反”，音“伸”为“辛”；《韵集》以成、仍、宏、登合成两韵，为、奇、益、石分作四章；李登《声类》以“系”音“羿”，刘昌宗《周官音》读“乘”若“承”：此例甚广，必须考校。前世反语，又多不切，徐仙民《毛诗音》反“骤”为“在遘”，《左传音》切“椽”为“徒缘”，不可依信，亦为众矣。今之学士，语亦不正；古独何人，必应随其讹僻乎？《通俗文》曰：“入室求曰搜。”反为“兄侯”。然则“兄”当音“所荣反”。今北俗通行此音，亦古语之不可用者。玙璠，鲁人宝玉，当音“余烦”，江南皆音“藩屏”之“藩”。“岐”山当音为“奇”，江南皆呼为“神祇”之“祇”。江陵陷没，此音被于关中，不知二者何所承案。以吾浅学，未之前闻也。

【译文】

古今的言语，因为习俗和风气的变化而有所差异；著书立说的人，由于地处南北而在语音上各有不同。《苍颉训诂》中，“稗”注音为“逋卖切”，“娃”注音为“於乖切”；《战国策》注“刎”音为“免”；《穆天子传》注“谏”音为“间”；《说文解字》注“戛”音为“棘”，将“皿”读作“猛”；《字林》注“看”音为“口甘反”，注“伸”音为“辛”；《韵集》中把“成”、“仍”、“宏”、“登”合为两个韵，又把“为”、“奇”、“益”、“石”分入四个韵部；李登《声类》将“系”注音“羿”；刘昌宗《周官音》将“乘”读作“承”，诸如此类例子很多，必须加以校正。前人标注的反切，又有很多是不太贴切的。徐仙民《毛诗音》将“骤”的反切音注为“在遘”，《左传音》将“掾”反切音注为“徒缘”，像这样不可依从相信的反切，也非常多。现在的学者，语音也有读得不正确的；难道古人是什么奇特的人，一定要沿袭他们的讹误吗？《通俗文》说：“入室求曰搜。”反切音注作“兄侯”。假如是这样的话，那么“兄”就应该读作“所荣反”。如今北方民间通行这个读音，这也是古代言事中不能沿袭的例子。玙璠，是鲁国的宝玉，“璠”是反切音当作“余烦”，江南地区的人都把它读成藩屏的“藩”音。岐山的“岐”音应当该读作“奇”，江南地区的人都把它读作神祇的“祇”。江陵陷落以后，这两种读音流传到关中，不知道二者所依据的是哪些典籍。我才疏学浅，从来没有听说过。

【原文】

北人之音，多以"举"、"莒"为"矩"；唯李季节云："齐桓公与管仲于台上谋伐莒，东郭牙望见桓公口开而不闭，故知所言者莒也。然则莒、矩必不同呼。"此为知音矣。

【译文】

北方人的语音，多将"举"、"莒"读成"矩"；只有李季节说过："齐桓公与管仲在台上商议讨伐莒国的事，东郭牙远远望见桓公的嘴张开而合不上，因此就知道他们谈论的是正是莒国。这样看来，'莒'、'矩'二字的拼读不同。"这样的人就是懂音韵的人了。

【原文】

夫物体自有精粗，精粗谓之好恶；人心有所去取，去取谓之好恶。此音见于葛洪、徐邈。而河北学士读《尚书》云好生恶杀。是为一论物体，一就人情，殊不通矣。

【译文】

物体本身有精细、粗糙的区别，精细的被称作好，粗糙的被称作恶；人的情感对事物有放弃或吸取，这种吸取或放弃就被称作好或恶。后一种好、恶的读音始于葛洪、徐邈。而河北地区的学者读《尚书》时却将"好（呼报反）生恶（乌故反）杀"读作"好（呼皓切）生恶（乌各切）杀"。这种一面取评论事物体质地的读音，一面却表达人的情绪的意思，根本说不通。

【原文】

甫者，男子之美称，古书多假借为"父"字；北人遂无一人呼为"甫"者，亦所未喻。唯管仲、范增之号，须依字读耳。

【译文】

"甫"，对男子的美称，古书多通假为"父"字；于是北方人没有一个人将"父"读作"甫"音，这也是因为他们不明白其中的道理的缘故。只有管仲、范增的号，须依父字本音来读。

【原文】

案：诸字书，"焉"者鸟名，或云语词，皆音"于愆反"。自葛洪《要用字苑》分"焉"字音训：若训"何"训"安"，当音"于愆反"，"于焉逍遥"，"于焉嘉客"，"焉用佞"，"焉得仁"之类是也；若送句及助词，当音"矣愆反"，"故称龙焉"，"故称血焉"，"有民人焉"，"有社稷焉"，"托始焉尔"，"晋、郑焉依"之类是也。江南至今行此分别，昭然易晓；而河北混同一音，虽依古读，不可行于今也。

【译文】

案：各字书将"焉"释为鸟名，或解释为虚词，都注音"于愆反"。自葛洪著《要用字苑》以来，开始区分"焉"字的读音释义。假如解释作"何"、"安"，就应当读作"于愆反"，"于焉逍遥"、"于焉嘉客"、"焉用佞"、"焉得仁"之类的句子就是如此；如果"焉"字是用作句尾语气词及句中语气词，就应该读作"矣愆反"，"故称龙焉"、"故称血焉"、"有民人焉"、"有社稷焉"、"托始焉尔"，"晋、郑焉依"之类的句子就是这样。江南地区至今流行这两种不同的读音，其意思就非常容易明白；而河北地区把两种读音混成一个读音，虽然这是遵从古音，却在今天不能通行。

【原文】

邪者，未定之词。《左传》曰：“不知天之弃鲁邪？抑鲁君有罪于鬼神邪？”《庄子》云：“天邪地邪？”《汉书》云“是邪非邪”之类是也。而北人即呼为也，亦为误矣。难者曰：“《系辞》云：‘乾坤，《易》之门户邪？’此又为未定辞乎？”答曰：“何为不尔！上先标问，下方列德以折之耳。”

【译文】

邪，是表示疑问的词。《左传》中说：“不知天之弃鲁邪？抑鲁君有罪于鬼神邪？”庄子说：“天邪地邪？”《汉书》说：“是邪非邪？”这些句中的“邪”字就是这种用法。而北方人把“邪”字读作“也”，那就是错误了。有人诘难我说：“《系辞》说：‘乾坤，易之门户邪？’这个‘邪’字也是疑问语气词吗？”我回答说：“为什么不是呢？前面先提出问题，后面陈述阴阳之德的道理来做裁断啊。”

【原文】

江南学士读《左传》，口相传述，自为凡例，军自败曰“败”，打破人军曰“败”。诸记传未见“补败反”，徐仙民读《左传》，唯一处有此音，又不言自败、败人之别，此为穿凿耳。

【译文】

江南地区的学者读《左传》，是靠口授互相传述，自立音读章法，军队自己溃败说“败”（蒲迈反），打败敌国军队说“败”（补迈反）。各种流传本中都没有见过“补迈反”这个注音。徐仙民读的《左传》，只有一处注了这个读音，并没有说明自败、打败别人的差别，这显然有些牵强附会了。

【原文】

古人云：“膏粱难整。”以其为骄奢自足，不能克励也。吾见王侯外戚，语多不正，亦由内染贱保傅，外无良师友故耳。梁世有一侯，尝对元帝饮谑，自陈“痴钝”，乃成“飔段”，元帝答之云：“飔异凉风，段非干木。”谓“郢州”为“永州”，元帝启报简文，简文云：“庚辰吴入，遂成司隶”。如此之类，举口皆然。元帝手教诸子侍读，以此为诫。

【译文】

古人说：“整天享用精美食物的人，他的品德很少有端正的。”这是因为他们骄横奢侈，自我满足，不能克制私欲，不能勉励自己。我见那些王公贵戚，读音大多不纯正，这也是由于他们在内受到下贱保傅的熏染，在外没有良师益友的原因。梁朝有一位被封为侯爵的人，曾经和梁元帝一起饮酒戏谑，自称“痴钝”，却把这两个字念成“飔段”。元帝回答他说：“（按照你的读法，）‘飔’就不同于凉风，‘段’就不同于段干木了。”那侯爵又把“郢州”读成“永州”。元帝把这件事告诉简文帝，简文帝说：“庚辰日吴人入楚郢都的‘郢’却成了后汉司隶校尉鲍永的‘永’。”诸如此类，那些王公贵戚张口就是。元帝亲自教导那些公子侍读，就将这些作为对他们的告诫。

【原文】

河北切“攻”字为“古琮”，与“工”、“公”、“功”三字不同，殊为僻也。比世有人名暹，自称为“纤”；名琨，自称为“衮”；名“洸”，自称为“汪”；名矟，自称为“獡”。非唯音韵舛错，亦使其儿孙避讳纷纭矣。

【译文】

河北地区的人反切“攻”字为“古琮”，与“工”、“公”、“功”三字读音不同，这是非常错误的。近代有人名叫“暹”，他自己将“暹”读成“纤”；有人名叫“琨”，他自己将“琨”读成“充”；有人名叫“洸”，他自己将“洸”读作“汪”；有人名叫“矟”，他自己将“矟”读成“獡”。这样不但在音韵上有错误，他使后代子孙的避讳变得纷繁复杂了。

## 杂艺第十九

【原文】

真草书迹，微须留意。江南谚云：“尺牍书疏，千里面目也。”承晋、宋余俗，相与事之，故无顿狼狈者。吾幼承门业，加性爱重，所见法书亦多，而玩习功夫颇至，遂不能佳者，良由无分故也。然而此艺不须过精。夫巧者劳而智者忧，常为人所役使，更觉为累；韦仲将遗戒，深有以也。

【译文】

楷书、草书等书法，是要稍加留意的。江南谚语说：“咫尺书信，就是你给千里之外的人看的脸面。”今人继承了两晋、刘宋以来的风气，留心学习书法，所以在这方面不会觉得为难窘迫。我小时候继承家传的学业，再加上自己生性喜欢书法，所看到的书法范帖很多，也在赏玩研习上下了很大工夫，但终究不见书法水平的提高，这也许是我没有这方面的天分的缘故吧。然而这门技艺也没必要学得过精。因为巧者多劳，智者多忧，一旦常常受人支使差遣，你就会觉得精通书法是一种负担了。韦仲将告诫儿孙千万不要学书法，还确实是有道理的。

【原文】

王逸少风流才士，萧散名人，举世惟知其书，翻以能自蔽也。萧子云每叹曰：“吾著《齐书》，勒成一典，文章弘义，自谓可观；唯以笔迹得名，亦异事也。”王褒地胄清华，才学优敏，后虽入关，亦被礼遇。犹以书工，崎岖碑碣之间，辛苦笔砚之役，尝悔恨曰：“假使吾不知书，可不至今日邪？”以此观之，慎勿以书自命。虽然，厮猥之人，以能书拔擢者多矣。故道不同不相为谋也。

【译文】

王羲之是位风流才子，他潇洒散淡，谁都知道他的书法，但是正是因为这样，反而将他的其他方面的特长掩盖了。萧子云时常感叹说：“我撰写了《齐书》，刻印成一部典籍，书中文采大义，我认为很值得一读，到头来却只是由于抄写得精妙，靠书法出了名，也算是怪事了。”王褒出身高贵，才华横溢，文思敏捷，到了关中后，他也依然得到礼遇。由于他擅长书法，因此便常常给人书写，劳顿于碑碣之间，辛苦于笔砚之役。他曾后悔地说：“如果我不会书法，也许就不会像今天这样劳碌了吧？”因此，千万不可以精通书法而自命不凡。话虽如此，地位低下的人，因写得一手好字而被提拔的事例也不少。所以说，道业不同的人是不能谋划到一块的。

【原文】

梁氏秘阁散逸以来，吾见二王真草多矣，家中尝得十卷；方知陶隐居、阮交州、萧祭酒诸书，莫不得羲之之体，故是书之渊源。萧晚节所变，乃右军年少时法也。

【译文】

梁武帝秘阁珍藏的图书典藉散失以后，我见到了很多王羲之、王献之的真书、草书墨迹，家里也曾收藏十卷。看了这些作品，才知道陶隐居、阮交州、萧祭酒等人的字，都是学的王羲之的字体，可以说王羲之的字应是书法的渊源。萧祭酒晚年时的字有所变化，这种改变就是转向王羲之年轻时所写的书体。

【原文】

晋、宋以来，多能书者。故其时俗，递相染尚，所有部帙，楷正可观，不无俗字，非为大损。至梁天监之间，斯风未变；大同之末，讹替滋生。萧子云改易字体，邵陵王颇行伪字；朝野翕然，以为楷式，画虎不成，多所伤败。至为一字，唯见数点，或妄斟酌，逐便转移。尔后坟籍，略不可看。北朝丧乱之余，书迹鄙陋，加以专辄造字，猥拙甚于江南。乃以“百”“念”为“忧”、“言”“反”为“变”、“不”“用”为“罢”、“追”“来”为“归”、“更”“生”为“苏”、“先”“人”为“老”，如此非一，遍满经传。唯有姚元标工于楷隶，留心小学，后生师之者众。洎于齐末，秘书缮写，贤于往日多矣。

【译文】

两晋、刘宋以来，大多人通晓书法，所以一时形成了风气。在人们中相互产生了影响，所有的书籍文献都写得楷正可观十分好看。尽管其中也难免会出现个别俗体字，但不影响大局。这种风气直到梁武帝天监年间也都还没有消退。到了大同末年，异体错讹之字逐渐产生并大量出现。萧子云改变字的形体，邵陵王常使用错别字；朝野上下都风起效仿，作为模式，如此画虎不成反类犬，造成很严重的损害。有的将一个字简化成只有几个点，有的将字体任意安排，任意改变偏旁的位置。从此以后的文献典籍几乎没法看了。北朝在经历了长期的兵荒马乱以后，书写字迹鄙陋不堪，再加上擅自造字，字体比江南的还要粗俗拙劣。甚至出现将“百”、“念”两字组合替代“忧”字，“言”、“反”两字相组合替代“变”字，“不”、“用”两字组合替代“罢”字，“追”、“来”两字组合替代“归”字，“更”、“生”两字组合替代“苏”字，“先”、“人”两字组合替代“老”字。像这样的情况并不是个别的，而是遍见于经书典籍中。唯有姚元标擅长楷书、隶书，专心研究文字训诂的学问，跟从他学习的门生很多。到了北齐末年，掌管典籍文献的官吏所抄写的字体，就比以往好了很多。

【原文】

江南闾里间有《画书赋》，乃陶隐居弟子杜道士所为；其人未甚识字，轻为轨则，托名贵师，世俗传信，后生颇为所误也。

【译文】

江南民间流传有《画书赋》一书，是陶隐居的弟子杜道士撰写的。这个人认识不了几个字，却随意地规定字体的法则，还假托名师，世人就以讹传讹，信以为真，真是误人子弟。

【原文】

画绘之工，亦为妙矣；自古名士，多或能之。吾家尝有梁元帝手画蝉雀白团扇及马图，亦难及也。武烈太子偏能写真，坐上宾客，随宜点染，即成数人，以问童孺，皆知姓名矣。萧贲、刘孝先、刘灵，并文学已外，复佳此法。玩阅古今，特可宝爱。若官未通显，每被公私使令，亦为猥役。

【译文】

擅长绘画工艺，也是很奇妙的一件事，自古以来的名士，大多都有这本领。我家就曾保存有梁元帝亲手画的蝉、雀白、团扇和马图，也是一般人难以达到的水平。梁元帝的长子萧方等尤其善于画人物写真，在座的宾客，他只要用笔随意点染，就能画出几位形象逼真的人物拿了画像去问小孩，小孩都能指出画中人物的姓名。还有萧贲、刘孝先、刘灵除了精通文章学术之外，也精通绘画。赏玩古今名画，确实让人爱不释手。但是如果善于作画的人官位不显贵，那么他就会常常被公家或私人使唤，作画也就成了一种苦差事。

【原文】

吴县顾士端出身湘东王国侍郎，后为镇南府刑狱参军，有子曰庭，西朝中书舍人，父子并有琴书之艺，尤妙丹青，常被元帝所使，每怀羞恨。彭城刘岳，橐之子也，仕为骠骑府管记、平氏县令，才学快士，而画绝伦。后随武陵王入蜀，下牢之败，遂为陆护军画支江寺壁，与诸工巧杂处。向使三贤都不晓画，直运素业，岂见此耻乎？

【译文】

吴县顾士端最初为湘东王国的侍郎，后来任镇南府刑狱参军，他有个儿子名叫顾庭，是梁元帝时的中书舍人，父子俩都有琴棋书画的本领，尤其精通绘画，因此经常被梁元帝使唤，他们也常因此感到羞愧悔恨。彭城有位刘岳，是刘橐的儿子，担任过骠骑府管记、平氏县令，很有才华，为人爽快，绘画技艺极高超，后来跟随武陵王到蜀地，下牢关战败后，他被陆护军弄到支江的寺院里去画壁画，和那些工匠杂处在一起。倘若这三位贤能的人当初都不会绘画，一直只致力于清闲高雅的事业，怎么会遇上这样的耻辱呢？

【原文】

弧矢之利，以威天下，先王所以观德择贤，亦济身之急务也。江南谓世之常射，以为兵射，冠冕儒生，多不习此；别有博射，弱弓长箭，施于准的，揖让升降，以行礼焉。防御寇难，了无所益。乱离之后，此术遂亡。河北文士，率晓兵射，非直葛洪一箭，已解追兵，三九宴集，常縻荣赐。虽然，要轻禽，截狡兽，不愿汝辈为之。

【译文】

弓箭之利，可以威震天下，古代的帝王以射箭来考察人的品行，选拔贤才，同时，学会射箭也是保全性命的第一要事。江南的人将世上常见的射箭，看成是武夫的射箭，叫做兵射，因此出身仕宦之家的儒雅书生都不肯学习此技。还有一种比赛用的射箭，叫做“博射”，这种情况下，弓的力量很弱，箭身很长，射向箭靶，宾主相见，温文尔雅，作揖相让，以此表达礼节。这种射箭对于防御敌寇，解救危难一点作用没有。经过了战乱之后，这种“博射”就看不到了。北方的文士，大多通晓“兵射”，不仅是葛洪能用箭来追杀贼寇，而且在三公九卿宴会上，常常赏赐射箭的胜利者。虽然这关系到荣誉与赏赐，但是，射箭去猎获飞禽走兽，我还是不愿意你们去干这种事情。

【原文】

卜筮者，圣人之业也；但近世无复佳师，多不能中。古者，卜以决疑，今人生疑于卜，何者？守道信谋，欲行一事，卜得恶卦，反令忕忕，此之谓乎！且十中六七，以为上手，粗知大意，又不委曲。凡射奇偶，自然半收，何足赖也。世传云：“解阴阳者，为鬼所嫉，坎壈贫穷，多不称泰。”吾观近古以来，尤精妙者，唯京房、管辂、郭璞耳，皆无官位，多或罹灾，此言令人益信。傥值世网严密，强负此名，便有诖误，亦祸源也。及星文风气，率不劳为之。吾尝学《六壬式》，亦值世间好匠，聚得《龙首》、《金匮》、《玉軨变》、《玉历》十许种书，讨求无验，寻亦悔罢。凡阴阳之术，与天地俱生，亦吉凶德刑，不可不信；但去圣既远，世传术书，皆出流俗，言辞鄙浅，验少妄多。至如反支不行，竟以遇害；归忌寄宿，不免凶终：拘而多忌，亦无益也。

【译文】

卜筮，是圣人从事的职业；只是近代再也没有出现过高明的巫师，所占多数都没有灵验。古时候，用占卜来解疑，而如今的人却对占卜产生了怀疑。是什么原因呢？凡是恪守道义，相信自己意志的人，当他打算去办一件事，可是占卜时却占卜到了恶卦，于是令他恐惧不安，疑虑生于卜也许就是这个意思。而且，占卜十次，其中有六七次应验的就认为是占卜的高手，对占卜只是略知皮毛，又不能说明其中道理。这就好比是猜奇偶正负，自然会有猜中一半的概率，这又怎么能让人信服呢？世人传言说：“懂阴阳占卜的人，被鬼神嫉妒，一生坎坷穷困，多不太平。”我看近古以来，精通占卜的也就只有京房、管格、郭璞三人了。这三个人均未有官职，而且遭遇了很多祸患，于是这个传言就更让世人相信了。如果正好赶上世间法网严密，勉强地背负着占卜的名声，就会受到拖累，这也是一条祸根啊。至于看天文、观星象、测气候的事，一概不要去为此劳心。我曾读过《六壬式》，也曾遇过占卜高手，收集了《龙首》、《金匮》、《玉軨变》、《玉历》等十几种占卜的书籍，探研之后发现书中所说并不应验，于是便开始后悔，也因此放弃了。大多数阴阳占卜之术，与天地同生，它预昭人间的吉凶福祸、施加恩泽与惩罚，是不能不信的；只是由于今天离圣人的年代太久远了，再加上世上流传占卜的书，大都出于凡俗平庸之手，言辞浅薄粗鄙，很少灵验的，多为妄说之词。至于有人在反支日不敢远行，反而遇害；有人在归忌日寄居在外，还是没有逃过祸害。拘泥于此类说法而多忌讳，也是没有什么益处。

【原文】

算术亦是六艺要事；自古儒士论天道，定律历者，皆学通之。然可以兼明，不可以专业。江南此学殊少，唯范阳祖暅精之，位至南康大守。河北多晓此术。

【译文】

算术也是六艺中重要的一项，自古以来的读书人谈论天文，推定历法，都要通晓算术。

然而，可以兼学算术，不要专门去研究它。江南通晓算术的人不多，只有范阳的祖暅精通它，他官至南康太守，河北地区的人通晓这种学问的很多。

【原文】

医方之事，取妙极难，不劝汝曹以自命也。微解药性，小小和合，居家得以救急，亦为胜事，皇甫谧、殷仲堪则其人也。

【译文】

医学方面，要达到高水准极为困难，我不鼓励你们以此作为自己的专职。略微了解一些药物的性能，稍微懂得如何配药，居家过日子时能够用来救急，也就可以了。皇甫谧、殷仲堪就是这样的人。

【原文】

《礼》曰："君子无故不彻琴瑟。"古来名士，多所爱好。洎于梁初，衣冠子孙，不知琴者，号有所阙；大同以末，斯风顿尽。然而此乐愔愔雅致，有深味哉！今世曲解，虽变于古，犹足以畅神情也。唯不可令有称誉，见役勋贵，处之下坐，以取残杯冷炙之辱。戴安道犹遭之，况尔曹乎！

【译文】

《礼记》说："君子无故不彻琴瑟。"自古以来的名士，大多数人爱好音乐。到了梁朝初期，如果贵族子弟不懂弹琴鼓瑟，就会被认为有缺憾；但到大同末以来，这种风气逐渐衰歇。然而话又说回来了，音乐和谐美妙，悦耳雅致，的确意味无穷！现在所流行的琴曲歌词，尽管经过演变而与古代有了很大的差别，但是还是足以使人听了神情舒畅。只是不要以擅长音乐闻名，不然就会被达官贵人所役使，身居下座为人演奏，以讨得残羹剩饭，备受屈辱。连戴安道这样的人都遭遇过这样的事情，何况你们呢？

【原文】

《家语》曰："君子不博，为其兼行恶道故也。"《论语》云："不有博弈者乎？为之，犹贤乎已。"然则圣人不用博奕为教；但以学者不可常精，有时疲倦，则傥为之，犹胜饱食昏睡，兀然端坐耳。至如吴太子以为无益，命韦昭论之；王肃、葛洪、陶侃之徒，不许目观手执，此并勤笃之志也。能尔为佳。古为大博则六箸，小博则二茕，今无晓者。比世所行，一茕十二棋，数术浅短，不足可玩。围棋有手谈、坐隐之目，颇为雅戏；但令人耽愦，废丧实多，不可常也。

【译文】

《孔子家语》说："君子不做赌博类的游戏，是因为博戏也会使人步入邪道的缘故。"《论语》说："不是有博弈的游戏吗？玩玩它，也总比闲着好！"话虽这样说，但圣人并不把这些作为教育的内容，只是读书时不能长时间的集中精力，偶尔疲倦了，就玩一玩放松一下，这样总比一吃饱就昏睡或呆坐在那里要强些。至于像吴太子认为，这些毫无益处，就命令韦昭处置它；像王肃、葛洪、陶侃那样，不准学生们看、更不许碰，这大概是为了鞭策和坚定他们的志向，能做到这样当然更好了。古时候进行大的博戏时就用六箸，小赛时则用二茕，只是现在已经没有精通这种玩法的人了。今天所盛行的，只是一茕十二棋，路数方法简单乏味，不值得一玩。围棋有“手谈”、“坐隐”的名称，的确算得上是一种高雅的游戏；但它却往往使人沉迷而无法自拔，从而荒废了许多正事，所以这也不能常玩。

【原文】

投壶之礼，近世愈精。古者，实以小豆，为其矢之跃也。今则唯欲其骁，益多益喜，乃有倚竿、带剑、狼壶、豹尾、龙首之名。其尤妙者，有莲花骁。汝南周璝，弘正之子，会稽贺徽，贺革之子，并能一箭四十馀骁。贺又尝为小障，置壶其外，隔障投之，无所失也。至邺以来，亦见广宁、兰陵诸王，有此校具，举国遂无投得一骁者。弹棋亦近世雅戏，消愁释愦，时可为之。

【译文】

投壶这种游戏，近代就更加精妙了。古时候投壶，先往壶中装入小豆，以防止箭矢反跳出来，而现在投壶，却要故意使投进的箭矢能弹跳出来，并且弹跳出来的次数越多越高兴，于是便有了倚竿、带剑、狼壶、豹尾、龙首等名目。其中最精彩的要数莲花骁了。汝南的周璝，是周弘正的儿子；会稽的贺徽，是贺革的儿子，他们都能用一个箭矢跳弹出四十个来回。贺徽还曾设了小屏障，将壶放在屏障外面，隔着屏障投壶，百发百中。我到了邺都以后，也见到广宁王、兰陵王他们有投壶的设备，全国没有一个人能投得弹跳回来。弹棋在近代也是一项高雅的游戏，用来消遣解闷，偶尔玩一下还是可以的。

## 终制第二十

【原文】

死者，人之常分，不可免也。吾年十九，值梁家丧乱，其间与白刃为伍者，亦常数辈；幸承余福，得至于今。古人云：“五十不为夭。”吾已六十余，故心坦然，不以残年为念。先有风气之疾，常疑奄然，聊书素怀，以为汝诫。

【译文】

死亡，对于每个人来说是不能避免的。我十九岁的时候，遇上梁朝发生兵乱，当时与白晃晃的刀枪相处的日子，也有好多次；幸而承荫祖上的余福，得以活到今天。古人说：“五十岁死亡，不算夭折。”现今，我已六十多岁了，所以心里坦荡，不顾虑自己还有多少余年。我先前患过风气病，常常疑心会突然死亡，姑且先写下我平时的一些想法，作为对你们的嘱告。

【原文】

先君先夫人皆未还建邺旧山，旅葬江陵东郭。承圣末，已启求扬都，欲营迁厝。蒙诏赐银百两，已于扬州小郊北地烧砖，便值本朝沦没，流离如此，数十年间，绝于还望。今虽混一，家道罄穷，何由办此奉营资费？且扬都污毁，无复孑遗，还被下湿，未为得计。自咎自责，贯心刻髓。计吾兄弟，不当仕进；但以门衰，骨肉单弱，五服之内，傍无一人，播越他乡，无复资荫；使汝等沉沦厮役，以为先世之耻；故靦冒人间，不敢坠失。兼以北方政教严切，全无隐退者故也。

【译文】

我先父母的灵柩都没有归葬建邺，暂时客葬在江陵的东郭，承圣末年，我已向朝廷提出请求，想设法迁葬。承蒙皇上下诏，赐给我百两银子，我已在扬都北边一块狭小的地方烧制墓砖，碰巧遇上梁朝覆没，流离到了这里。几十年来，对迁葬父母还归故土的想法已经绝望了。现在，国家虽然统一了，可我的资财却用完了，还有什么办法来置办迁葬的费用呢？况且，扬州城已经被毁弃，不再有遗留，回到那低湿的地方去，也不是什么好办法。我内心自怨自责，刻骨铭心。想来我们兄弟，不应当走仕途之路。仅仅因为门庭衰落，骨肉至亲孤单弱小，在五服之内，没有一个人可以依托，只有迁居他乡，失去了门第的荫庇；倘若使你们子弟沦至奴仆的地位，这就成了祖上的耻辱；因此我含辱忍耻地生活在人间，不敢辞官隐退。加上北朝的政教非常严厉，完全没有隐退的官员，这也是我不便隐居的一个原因。

【原文】

今年老疾侵，傥然奄忽，岂求备礼乎？一日放臂，沐浴而已，不劳复魄，殓以常衣。先夫人弃背之时，属世荒馑，家涂空迫，兄弟幼弱，棺器率薄，藏内无砖。吾当松棺二寸，衣帽已外，一不得自随，床上唯施七星板；至如蜡弩牙、玉豚、锡人之属，并须停省，粮罂明器，故不得营，碑志旒旐，弥在言外。载以鳖甲车，衬土而下，平地无坟；若惧拜扫不知兆域，当筑一堵低墙于左右前后，随为私记耳。灵筵勿设枕几，朔望祥禫，唯下白粥清水干枣，不得有酒肉饼果之祭。亲友来餟酹者，一皆拒之。汝曹若违吾心，有加先妣，则陷父不孝，在汝安乎？其内典功德，随力所至，勿刳竭生资，使冻馁也。四时祭祀，周、孔所教，欲人勿死其亲，不忘孝道也。求诸内典，则无益焉。杀生为之，翻增罪累。若报罔极之德，霜露之悲，有时斋供，及七月半盂兰盆，望于汝也。

【译文】

现在我年老多病，如果突然死去，难道会要求你们对我丧礼周备吗？我一旦归天，只求为我沐浴净身，不劳你们举行“复魂”礼，给我穿上普通衣服入殓。你们祖母弃我而去的时候，正逢年岁饥荒，家境困窘，兄弟幼弱，因此棺材随葬物都很简薄，坟内无砖。我也只需两寸厚的松棺，除穿戴的衣帽以外，一概不能有随葬品，棺材底部垫些七星板；至于蜡弩牙、玉豚、锡人一类的东西，一律省去；粮罂和明器，原本就不需办理，碑志和魂幡，更不必提了。用鳖甲车运载棺材，墓中陪衬些泥土就可下葬，上面平地即可，不需垒成坟堆；如果担心扫墓时不清楚墓界，可以在前后左右筑一座低矮的墙，顺便做一个标记就行了。灵筵上不要设枕几，禫祭祀时，只需摆些白粥、清水和干枣，不能用酒、肉、饼、果作祭品。亲友来祭奠的，一律谢绝。你们如果违背我的想法，超过了对我母亲的葬祭，那就是使你们的父亲陷入不孝的境地，你们为此能安心吗？至于诵经念佛等功德，量力而行，不要弄得耗尽资财，使自己受冻挨饿。一年四季对先辈进行祭祀，这是周公、孔子的教导，目的是要人们不忘记死去的亲人，不忘记孝道。假如从佛经找根据，这就没有什么意义了。杀生来祭祀，反而会增加死者的罪过。倘若你们要报答父母的无穷恩德，表达思念亲人的悲痛，就按时供奉斋品，到七月半的盂兰盆节，我也希望你们的斋供。

【原文】

孔子之葬亲也,云:“古者,墓而不坟。丘东西南北之人也,不可以弗识也。”于是封之崇四尺。然则君子应世行道,亦有不守坟墓之时,况为事际所逼也!吾今羁旅,身若浮云,竟未知何乡是吾葬地;唯当气绝便埋之耳。汝曹宜以传业扬名为务,不可顾恋朽壤,以取堙没也。

【译文】

孔子安葬亲人时,说:“古代只是筑墓而不垒坟。但我孔丘是个东西南北漂泊不定的人,墓上不能没有标志。”于是,垒了一座四尺高的坟堆。这样看来,君子处世行道,也有不遵守“墓而不坟”的古制的时候,何况为事势所逼迫呢!我是羁旅之人,像浮云一样游移不定,居然不知道何方乡土是我的葬身之地;我断气后埋在当地就可以了。你们应以承传家业、播扬名声为要务,切不可顾念埋葬先人的腐土,以致埋没了自己的前程。

# 帝范

〔唐〕李世民 撰

# 《帝范》导读

《帝范》共四卷，十二篇，是唐太宗李世民在晚年专门为太子（即后来的唐高宗李治）所写的一部有关帝王治国修身之道的政论性著作。

唐太宗为唐高祖李渊的次子。隋大业十三年(617 年)，他看到在农民起义的打击下，“隋朝将终”，劝其父李渊“顺民心，兴义兵”，并亲自参与了策划李渊在太原起兵反隋之举。武德元年(618 年)，李渊建立唐朝时，被任命为尚书令，封秦王，屡为主将统兵。他先后率唐军主力消灭了薛举、李轨等军阀割据势力，镇压了窦建德等农民起义军，为巩固统一的大唐封建王朝立下了丰功伟绩。武德九年(626 年)，他为争夺皇位继承权，发动“玄武门之变”，杀兄太子建成、弟齐王元吉，得立为太子，不久代其父为帝，次年改元贞观。

在位期间，以隋亡为鉴戒，励精图治。实行对农民轻徭薄赋的政策，继续推行均田制和租庸调制，兴修水利，重视农业生产，使社会经济得到恢复和发展；政治上进一步完善和加强中央集权制度，继续实行三省六部制，发展科举制度，扩大统治基础；任贤纳谏，革除隋代弊政，整顿各级政权组织，编纂法典，修订律令和各项规章制度，裁减冗官，惩治贪官污吏，提倡廉洁奉公，政治较清明。

从贞观三年(629 年)开始，先后击败了东、西突厥，解除了边疆少数民族对唐朝的严重威胁，促进了唐与西域的经济文化交流。贞观十五年(641 年)，以宗室女文成公主嫁吐蕃赞普松赞干布，加强了汉、藏两族的联系和友谊。但是，贞观中期以后，唐太宗陶醉于所谓“太平盛世”之中，逐渐失去往日的励精图治作风，开始独断专行，“渐恶直言”。为了满足豪华奢侈生活的需要，也效法历史上的昏王暴君，大征徭役，到处兴建宫殿，诸如洛阳的飞山宫、骊山的翠微宫、宜春的玉华宫、汝州的襄城宫……动用的人力、物力和财物难以计算。为了“锦绣珠玉”、“犬马鹰鹘”，又经常巡游狩猎，骚扰地方百姓。尽管如此，唐太宗仍可称为中国封建史上具有雄才大略的君主和中华民族史上杰出的人物之一，他对我国封建社会的发展，对建立和巩固统一的多民族国家，确实起过重要的促进作用。

贞观十七年(643 年)，皇太子承乾被告谋反，案验有实，唐太宗废掉他。改立晋王李治为太子。李治天性软弱无能，唐太宗“每思此为忧，未尝不废寝忘食”。于日理万机之暇，博览史籍，亲自搜集了历朝历代帝王有关安邦治国的道理、经验和教训以及一些所谓“明王”、“暗主”的言行事迹，写成这部《帝范》，于贞观二十二年(648 年)赐给李治，希望太子李治能从中吸取教益，以为鉴戒，即位后维持、巩固唐王朝统治，使唐代基业传之万世。

《帝范》从君体、建亲、求贤、审官、纳谏、去谗、诫盈、崇俭、赏罚、务农、阅武、崇文十二个角度论述了帝王的治国修身之道。整部书为骈体文，文字简炼，语言生动，论点明确，从中可见到唐太宗学识渊博，既熟悉儒家经典，又了解前代治乱兴衰历史，在文学上也有很深造诣。《帝范》集中体现了唐太宗的政治思想，是我们今天研究唐太宗的重要历史资料。

此书虽然是一部有关封建帝王治国修身之道的教科书，但书中所反映出来的某些思想，如倡导任人唯贤、重视人才，宽大心志、谨虚恭谨、虚心纳谏，生活节俭，禁忌骄侈，重视农业生产、军事备战等，以及希望国家大治、民族繁荣兴旺的高尚理想，在今天看来也是难能可贵的和具有进步性和现实意义的。相信读者读了之后会从中得到许多启示。

# 《帝范》序

唐太宗文皇帝撰

序曰：序，次也。又，述也。曰者，发语之辞。朕闻大德曰生，《易·系辞》曰："天地之大德曰生。"言天地之威德，在乎生物也。大宝曰位。《易·系辞》曰："圣人之大宝曰位。"言圣人大可宝贵者，在於位耳。宝是重贵之物，贵为天子，蔑以加矣，故称大宝也。辨其上下，树之君臣。曲礼曰："君臣上下，非礼不定。"辨，别也；树，立也。所以抚育黎元，《封禅文》曰："受厚福以浸黎元。"抚，慰勉安之也。黎，众也。汉文帝诏曰："以全天下元元之民。"师古曰："元元，善意也。"钧陶庶类。董仲舒《贤良策》曰："上之化下，下之从上，犹泥之在钧，唯甄者之所为。"邹阳曰："独化於陶钧之上。"师古曰："陶家谓转者为钧，盖取周回调钧耳。言圣王制驭天下，亦犹陶人转钧也。"自非克明克哲，允武允文，梁武帝立太子诏曰："今岱宗牢落，天步艰难，淳风犹郁，黎民未人。自非克明克哲，允文允武，岂能荷神器之重，嗣龙图之尊。"克，能也。允，信也。皇天眷命《尚书·大禹谟》曰："皇天眷命，奄有四海，为天下君。"皇，大也。《毛诗·传》曰："尊而称之，则称皇天。"眷，顾念也。谓天命归之也。按：注"尊而称之"，"称"当作'君'。历数在躬，《论语》"尧曰：'咨尔舜，天之历数在尔躬。'"历数，天道也。言天道在汝身也。安可以滥握灵图，叨临神器？《东都赋》曰："俯协河图之灵。"故云灵图乃帝王符应也。《老子》曰："天下神器，不可为也。为者，败之。"韦昭曰："神器，天子玺符、服御之物，亦帝位也。"此言"握灵图、临神器者，必有明哲武文之姿，天命历数之应。"是以翠妫荐唐尧之德，《龙鱼河图》曰："尧时与群贤到翠妫之川，大龟负图来投尧，尧敕臣下写取，告瑞应。写毕，龟还水中。"妫，居为切。玄圭锡夏禹之功。《尚书·禹贡》曰："禹锡玄圭，告厥成功。"《疏》曰："水之功尽，加于四海，以禹功如是，故帝赐以玄色之圭，告其能成天之功。"以玄为天之色，天谓之玄，故以玄色圭以彰显之也。丹字呈祥，周开八百之祚；《中候感应》云："文王受命，有赤雀衔丹书入丰，止於昌户，再拜，稽首受。"八百者，《尚书运期授》引《河图》曰："苍帝之治，八百二十岁，立戊午蔀。"注云："周文王以戊午蔀二十九年受命。后终八百余年。开，兴也。祚，国祚。又，位也。"按：《中候》云："入丰蔀，止于昌户，乃拜，稽首受最。"素灵表瑞，汉启重世之基。《高帝纪》曰：高祖被酒，夜行径泽中，令一人(行)前。行前者还报曰："有大蛇当道径，愿还。"高祖醉，曰："壮士何畏！"乃前，拔剑斩蛇。蛇分为两，道开。行数里，醉困卧。后人来至蛇所，有一老妪夜哭。人问妪何哭，妪曰："人杀吾子。"人曰："妪子何为见杀？"曰："吾子，白帝子也，化为蛇，当道，今者赤帝子斩之，故哭。"乃以妪为不诚，欲苦之，妪因忽不见。今云素灵，即白帝子也。重世者，谓前后两汉二十四帝，共四百年天下也。由此观之，帝王之业，非可以力争者矣！《王命论》曰：帝王之祚，必有明圣显懿之德，丰功厚利积累之业。以神器有命，不可以知力求。以此详之，自尧、禹、周、汉以来，兴业之君，皆有符命，岂许以智力争夺而得者乎。

昔隋季版荡，版，《毛诗》作"板"。凡伯刺厉王诗篇名也。反也。反先王之道也。荡者，召穆公刺厉王诗篇名也。荡者，言荡荡然法度废坏也。厉王无道，坏灭法度，言荡荡然废坏。今云"板荡"，是合二诗之篇名目之也。以隋文创业，才至炀帝，荒淫暴虐又过于厉王者矣，故亦曰"板荡"耳。海内分崩，《论语》曰："分崩离析"，又华谭策曰："臣闻，汉末分崩，英雄鼎峙。"言四海之内，分裂崩坏。先皇以神武之姿，谓高祖也。高祖讳渊，周上柱国李虎之孙，唐公李昞之子也。袭封唐公，始为太原留守，后受隋禅，改元武德，庙号高祖。言高祖有神明武略之雄姿。当经纶之会，《易·屯卦·大象》曰："君子以经纶。"解丝棼者，纶之经之，君子经纶，以解屯难也。凡事有未决，反复思念，亦经纶之象。盖谓天造草昧之时也。会，犹际也。斩灵蛇而定王业；启金镜而握天枢。斩灵蛇者，是借汉祖之事以喻祯祥也。案：唐诸志籍，高祖未尝有斩蛇之事。启金镜者，金镜喻光明之道也。《考灵曜》曰："秦失金镜，鱼目入珠。"注云："金镜喻明。"高祖当炀帝之贼虐暴陵天下，昏暗至甚也，高祖挽天河，洗甲兵，宇宙妖氛一涤而净，岂非开光明之道哉！启，开也。亦犹隋失金镜，高祖得而启之也。谓重开清明之道也。天枢，天机。握天枢犹得天机也。握，持也。按："秦失金镜"二句出《尚书帝命验》，此作《考灵曜》似误。然由五岳含气，五岳："泰、华、衡、崧、桓。泰山者，山之尊，一曰岱宗。岱，始也；宗，长也。万物之始、阴阳交代，故为五岳长。王者受命，恒封禅之。华者，变也。万物成变，由于西方。衡，一名霍，言万物霍然大也。崧，高也。言高大也。恒，常也，万物伏北方，有常也。五岳含气，谓郁而未清也。"三光戢曜，三光：日、月、星。戢曜，谓隐而不明。豺狼尚梗，《文子》曰：所为立君者，以禁暴乱也。夫养禽兽者，必除豺狼也。"豺狼尚梗”,谓群雄相逐,更相吞啖,为民人害,故喻以为豺狼也。豺狼能食兽。梗,害也。风尘未宁。言天下战争,四边之风尘未安息耳。朕以弱冠之年,《曲礼》曰:“二十曰弱冠。”孔氏曰:“二十成人,虽加冠体,犹未壮,故曰弱。至二十九,通名弱冠。”盖太宗十八岁兴义兵,二十四定天下,故称弱冠之年。冠,去声。怀慷慨之志,怀,抱也。慷慨,倜傥也。心之所之,谓志。思靖大难,以济苍生。思,念也。靖,安也。言思念靖安天下莫大之患难,以救济下民。难,奴案反。躬擐甲胄,亲当矢石,《前汉》薄昭予淮南厉王书曰:“高帝沐风雨,赴矢石,野战攻城,身被疮痍,以为子孙万世之业。”躬,身也。擐,被也。被甲胄谓之擐。在身曰甲,在首曰胄。当,抵也。矢石,谓箭炮也。言身自被擐甲胄当抵矢石。英果雄勇如此。擐,胡惯反。夕对鱼鳞之阵;朝临鹤翼之围,《前汉·陈汤传》曰:“步兵百余人夹门鱼鳞陈。”师古曰:“言其相接次,形若鱼鳞。”《庄子·徐无鬼》曰:“君亦必无盛鹤列于丽谯之间。”注曰:“鹤列,陈兵也。丽谯,高楼也。”鱼鳞、鹤翼,皆陈兵之形势也。敌无大而不摧;兵何坚而不碎,兵法曰:小敌之坚,大敌之禽也。言敌虽强大,必能挫之,兵虽坚固,必能破之。摧,挫也。碎,破也。剪长鲸而清四海,剪,削也。削尽凶毒,清净四海。《尔雅》谓九夷、八狄,七戎、六蛮谓之四海。海,晦也。取荒远冥昧之称也。鲸,大鱼也。《六代论》曰:“扫除凶逆,剪灭鲸鲵。”又《左传》楚子曰:“古者,明王伐不敬,取其鲸鲵而封以为大戮。”杜预曰:“鲸鲵,大鱼以吞食小鱼者。”以喻不义之人也。扫欃枪而廓八紘。紘枪,星名,妖星也。八紘《淮南子》曰:九州之外,乃有八夤。八夤之外,乃有八紘。言扫除去妖星,展廓其八紘也。廓,展也。扫,除也。欃初咸反。枪楚耕反。乘庆天潢,魏王固表曰:“王孙公子不镂自雕,非鸾则凤,分枝若木,疏派天潢。”潢,天河也。谓乘履庆祥高远之派流。潢,音黄。登晖璇极。梁简文帝谢为皇太子表曰:“臣以毓庆云霄,凭晖璇极。”璇极,谓宝位也。登,升也。晖,显也。按:上二句《文苑英华》作“既承佑天潢,澄清璇极。”袭重光之永业,继大宝之隆基。《易·离卦·大象》曰:“明两作离。大人以继明照于四方。”郑康成曰:“作起也。明明相继而起,大人重光之象。尧、舜、禹、文、武之盛也。”又崔豹《古今注》曰:明帝时为太子。《乐府》辞云:“日重光,月重轮,山重晖,海重润。”重光是太子之事也。已上皆太宗自叙本末,谓险阻艰难备尝之矣,方始正储宫,继登宝位。按:“大宝”,《文苑英华》作“宝录”。注“山”字当作“星”。战战兢兢,若临深而御朽;《诗·小雅》云:“战战兢兢,如临深渊。”《书》五子之歌曰:“懔乎若朽索之驭六马。”言我虽功业如此,自即位以来,犹常恐惧戒慎,如临渊驭朽耳。太宗可谓居安虑危,善守成者也。日慎一日,思善始而令终。言我一日戒谨加如一日,惟恐不得尽善始终之美也。汝以幼年,偏钟慈爱,汝,尔也。钟,聚也。谓太子以少年独钟於父母之慈爱。义方多阙,《左传》曰:“教之以义方。”义,宜也。裁置事物合宜,谓之义。方,正也。庭训有乖。《论语》:孔子尝独立,鲤趋而过庭。曰:“不学诗,无以言”;“不学礼,无以立”,鲤退而学诗,学礼。此庭训之道也。乘,违也。言於此庭训之多有阙违。擢自维城之居,《诗》云:“怀德惟宁,宗子维城。”维城,藩障也。盖太子始封於晋也。属以少阳之任,梁简文帝上昭明太子笺曰:“正少阳之位,主承祧之责。”少阳,东方也。天子居正阳,故太子居少阳也。晋王於贞观七年遥领并州都督,十七年太子承乾废,而魏王泰次当立,亦以罪黜,乃立治为皇太子。故曰“擢自维城之居,属以少阳之任”也。任,位也。未辨君臣之礼节,《左传》曰:“君臣有礼。”《礼记》曰:“礼不逾节。”不知稼穑之艰难。《尚书·无逸》曰:“厥子乃不知稼穑之艰难。”种曰稼,敛曰穑。此言太子生长深宫,安能知民之疾苦。故以此儆之也。朕每思此为忧,未尝不废寝忘食。太宗言我尝以此为忧惧,寝不安席,食不甘味。自轩昊已降,迄至周隋,轩昊者,三皇五帝也。其详注见於《纳谏》篇。此言上言三五,下至于今。以经天纬地之君,纂业承基之主,兴亡治乱,其道焕焉。荀悦《汉纪·序》曰:“昔在上圣,惟建皇极,经纬天地,观象立法。”经纬,开创者也。纂承,守成者也。纵曰经,横曰纬。又南北为经,东西为纬。言於中兴亡治乱之道焕然明白可见者。按:注引荀悦语乃《汉纪·高帝纪》序,非《汉纪》序文。所以披镜前踪,博览史籍,聚其要言,以为近诫云耳。言我是以开明前古君臣兴亡治乱之实迹,广观经史传籍,采酌其要领,可法之格言,以为切近之鉴戒者矣。按:“览”《文苑英华》作“采”。

**【译文】**

我听说能使天地之间万事万物繁荣昌盛的叫大德。地位之高,无以复加者叫大宝。而天子既已具备了大宝之位,更应该拥有大德之行。身为一国之君主,定当率先垂范,用礼规范君臣之行,区别上下之异。如若能明此理,才可以统治百姓,驾驭天下,使乾坤运于股掌之间。相反,眼不能明辨是非,智不能甄别贤愚,文不能安邦,武不能定国,则定不能承当江山社稷之重任、九五至尊之高名。老天有眼,赋予国君生杀予夺的大权,因而凡事不可懈怠,应常存临深履薄之心,勤政爱民,鞠躬尽瘁。决不可尸位素餐,徒有虚名,使自己的才德与名位不相称。

远古之时,翠妫之川的大龟仿佛带着天神的旨意负图投尧,于是我们有了贤明的尧君。大禹治水之功广播四海,惠泽万民,所以舜帝特赐以元色之圭,用天神的征兆弘扬禹帝的伟绩。周文王因赤雀衔丹书授以重命,开创了周代八百年的繁盛局面。汉高祖刘邦斩白蛇起义,奠定了两汉四百年的丰厚基础。从上述事实来看,自尧禹周汉以来,那些有所作为的雄主们,都是秉承了上天的符命,又积累了丰功厚利,凭借励精图治而臻于善境的。由此可知,天下的得来和帝业的巩固,既不能靠机巧去谋取,更不能恃武力去争夺。

前朝的隋代,从文帝创业,到炀帝亡国,法度废坏,纲纪不行,荒淫暴虐,享国日浅。国家四分五裂,百姓生灵涂炭。高祖李渊废昏诛暴,定乱兴邦,以神明武略的雄姿,扫荡天下,宰割山河。当时尽管天下大势未定,前程难卜,军阀争霸,乱贼四起,但高祖枕戈待旦,势在必得,在一片纷纭之中,所向披靡,勇往直前。

我从18岁起随父亲兴兵讨乱,到24岁平定天下,胸怀大志,意气风发,为的是消除战祸,安抚黎民,挽狂澜于既倒,救斯民于水火。因此常将生死置之度外,披挂上阵,出生入死,身先士卒,赴汤蹈火。尽管早晚面对的是重重的敌兵,却毫无惧色,英勇奋战。更不论敌人多么强大,装备多么精良,志之所向,豪气冲天,终于东征西讨,削尽了凶逆,厘清了四海,以励精图治的气象,登上了皇帝的宝位。即位之后,在承袭和弘扬高祖遗风的同时,又始终不敢忘记自己肩负的重责。朝思暮虑,呕心沥血,勤政惧独,居安思危。位虽高而不敢自傲,权虽大而不敢自矜,对执掌天下的大事丝毫不敢掉以轻心。仿佛临近深渊而惊惧,又如同用破绳驭马而惶恐,天天反省的只是怎样能善始善终,永保帝业的辉煌。

你从小生于深宫之中,长于慈母之手,因而阅历短浅,规矩缺乏。在朝不懂得君臣之礼,在野不明白民生疾苦。没有建立什么功绩,却拥有了封邑;没有树立什么威信,却获得了太子封号。每当我想到这些时,就禁不住替你忧虑,甚至常为此而坐卧不安,眠食俱废。考察从三皇五帝奠基以来一直到周朝隋代历史,想想其中涌现了多少圣明的君王啊!再看看其间兴亡治乱的轨迹是那样昭然若揭,又不能不令人深思不已啊!我之所以旁征博引,钩沉那些经典事例和人物供你学习和参考,既是为了让你明古知今,不至胆大妄为,更是为了使你增长见识,提高本领,不辜负天神的瑞旨和百姓的期望。

# 帝范目录

# 卷一

唐太宗文皇帝撰

帝者,天之一名。以形体谓之天,以主宰谓之帝。帝者,谛也。言天荡然无心,忘于物我;公平通远,举事审谛,故谓之帝。又曰察道者帝。又三皇五帝,三王或曰帝。既天之一名而以三皇居先,是优於帝而过於天耶。曰三皇不能过天,但优於帝矣。何以为优?以遂同天之名,以为优劣耳。何则?以五帝有为而同天,三皇无为而同天。以有为无为故,知三皇优也。或曰三王抑劣於帝乎?曰三王虽实圣人,但内同天而外随时运,不得尽其圣用,逐迹为名,故谓之为王也。《礼运》曰:“大道之行,天下为公,即帝也。大道既隐,各观其亲,即王也。”三王亦顺帝之则而不尽,故不得名帝。然天之与帝,义为一也。故继天则谓之天子,其号谓之帝。总三而论之,以帝得其中正矣。皇者,天也,美也。王者,大也。天、地、人以一贯三为王,天下所法也。王,按:《左氏传》并音于况反。范,法也。言可以为帝王之法式,故名之“帝范”。以汉孔安国《尚书序》曰:“典,谟、训、诰、誓、命之文,凡百篇,示人主以轨范也。”其义同。

## 君体第一

**【原文】**

夫人者,国之先;国者,君之本。人主之体如山岳焉,高峻而不动;如日月焉,贞明而普照。兆庶之所瞻仰,天下之所归往。宽大其志,足以兼包;平正其心,足以制断。非威德无以致远,非慈厚无以怀人。抚九族以仁,接大臣以礼。奉先思孝,处位思恭。倾己勤劳,以行德义。此乃君之体也。

**【译文】**

人民是国家存在的前提;疆域是君主立国的基础。君主的准则,是君王应当如山岳一样,崇高尊大肖然镇静;有如日月一般,昼夜不息普照万物。为亿万民众所瞻仰,为天下百姓所归附。君主的心志应当宽广,足以包容万物;君主的心胸应当公正,足以裁决万事。不是顺天应人征伐不义,就不能令行禁止以达边远;没有慈爱广厚的胸怀,就无法抚慰保佑民众。安抚亲属用仁,对待大臣用礼。感念祖德祭祀祖先为孝;居君位对臣下不以傲慢为恭。竭尽自己的力量孜孜以求,来施行德义。这些就是作为君主的准则。

## 建亲第二

**【原文】**

夫六合旷道,大宝重任。旷道不可偏制,故与人共理之;重任不可独居,故与人共守之。是以封建亲戚,以为藩卫。安危同力,盛衰一心;远近相持,亲疏两用;并兼路塞,逆节不生。

昔周之兴也,割裂山河,分王宗族,内有晋、郑之辅,外有鲁、卫之虞,故卜祚灵长,历年数百。秦之季也,弃淳于之策,纳李斯之谋,不亲其亲,独智其智。颠覆莫恃,二世而亡。斯岂非枝叶不疏，则根柢难拔；股肱既殒，则心腹无依者哉！汉初定关中，诫亡秦之失策，广封懿亲，过于古制，大则专都偶国，小则跨郡连州。末大则危，尾大难掉，六王怀叛逆之志，七国受铁钺之诛。此皆地广兵强，积势之所致也。魏武创业，暗於远图。子弟无封户之人，宗室无立锥之地。外无维城以自固，内无磐石以为基。遂乃大器保於他人，社稷亡於异姓。语曰“流尽其源竭，条落则根枯”，此之谓也。夫封之太强，则为噬脐之患；致之太弱，则无固本之基。由此而言，莫若众建宗亲而少力，使轻重相镇，忧乐是同，则上无猜忌之心，下无侵冤之虑，此封建之鉴也。

斯二者，安国之基。君德之宏，唯资博达，设分悬教，以术化人；应务适时，以道制物。术以神隐为妙，道以光大为功。括苍旻以体心，则人仰之而不测；包厚地以为量，是人循之而无端。荡荡难名，宜其宏远。且敦穆九族，放勋流美于前；克谐烝乂，重华垂誉於后。无以奸破义，无以疏间亲。察之以德，则邦家俱泰，骨肉无虞，良为美矣。

【译文】

天地四方是辽阔空旷的道路，君王宝位是至极至尊的重任。天下辽阔不能靠几人控制，要和人共同管理；国家重任不能独力承担，要与人共同守卫。因此分封亲族为诸侯，以作为拱卫王室的屏障。无论国家安定危难，可以同心同德；无论国家兴盛衰落，可以万众一心。这样，无论地域远近，均能互相维护；加上不论亲疏兼顾任用，即使有互相攻伐的路，也被堵塞；纵然有不尊王命的叛逆，也不会长久。

古时周朝兴起，分割国土，封宗族为王。因此周朝内有晋国、郑国的辅助，外有鲁国、卫国的防卫，所以成王占卜，灵卦显示享世长久，周立国数百年。秦朝末期，秦始皇不用淳于越分封之策，而采纳了李斯的谋划，不能信任亲属，只知自己的智慧。结果国家颓败没有可依仗的力量，只有两代就亡国了。这难道不是“枝叶繁茂，树根就难拔起；四肢不存，身躯就无所依托”吗！汉高祖一占有天下，受秦亡国因计谋不当的教训，广泛分封至亲，超过周朝的制度。诸侯国大的可以独占二国之地，小的也可以跨郡界州县相连。梢大根小就有危险；尾大身小就难掉头。楚、赵等六王心怀叛逆之志，吴、楚等七国遭受铁钺的诛杀。这都是由于诸侯地广兵强，积蓄势力导致的。魏武帝创业，在享国长久之计上却不明智。子孙没有封国的属民，宗室没有受封的寸土。外没有相连的城池来自保，内没有亲属贤臣作基础，最终君主权位被他人占有，曹姓国家被异姓所灭。古人说“支流淌尽源头就会干涸，枝条零落树根就已枯竭”，说的就是这种情况。分封使诸侯太强，会造成鞭长莫及的祸患；让诸侯太弱，国家就没有牢固的基础。从这点来说，不如多分封宗室至亲，来削减诸侯的力量，使得大小王国互相抑制，共忧患，同欢乐，那么在上的君主没有了猜忌之心，在下的王侯没有了受欺凌被冤枉的顾虑。这就是封建诸侯的经验教训。

损强益弱这两点，是安定治理国家的根本。君德的宏大，只有凭借博和达。设立名分宣示政令，以法令教化民众；处理事物适合时宜，以道来把握事物。法令以神秘莫测为巧妙；道理以昭明盛大为有效。君主用身心总括苍天，人们就仰望而无法窥测他；君主用度量包容厚土，人们就追随他而不知他的始终。君主的心胸广博而无法形容，德行会宏大远播。况且使亲属亲善和睦，有尧帝放勋流布美名在前；能够让母、弟和谐向善，有舜帝重华流传美誉在后。不要用奸诈来破坏信义，不要让疏远的人离间亲人。用道德审察事物，那么家、国都会平安，骨肉亲密没有隔阂，这的确是很美好的！

## 求贤第三

【原文】

夫国之匡辅，必待忠良，任使得人，天下自治。故尧命四岳，禹举八元，以成恭己之隆，用赞钦明之道。士之居世，贤之立身，莫不戢翼隐鳞，待风云之会；怀奇蕴异，思会遇之秋。是明君旁求俊人，博访英贤，搜扬侧陋。不以卑而不用，不以辱而不尊。昔伊尹有莘之媵臣，吕望渭滨之贱老。夷吾困于缧绁，韩信弊於逃亡。商汤不以鼎俎为羞，姬文不以屠钓为耻，终能献规景亳，光启殷朝；执旌牧野，会昌周室。齐成一匡之业，实资仲父之谋；汉以六合为家，是赖淮阴之策。故舟航之绝海也，必假桡楫之功；鸿鹄之凌云也，必因羽翮之用；帝王之为国也，必藉匡辅之资。故求之斯劳，任之斯逸。照车十二，黄金累千，岂如多士之隆，一贤之重。此乃求贤之贵也。

【译文】

国家的匡正辅弼之臣，一定要用忠诚善良的人。任用的人合适，天下自然会整然有序。因此尧任命四岳，舜设置八元，用他们成就无为而治的兴盛；靠他们辅助钦明的道德。士人处世，贤人立身，没有谁不是收敛羽翼藏起鳞甲，等待机遇；没有谁不是身怀奇才绝艺，盼望机会来临。因此贤明的君主从各种路径寻找杰出的人才，广泛征求英才贤人，寻遍各个隐僻简陋的地方。不因为人才身份卑微而不任用，不因为人才出身下贱而不尊重。古代伊尹是有莘氏陪嫁的奴隶，吕望是渭河边卑贱的老人。管子受监牢囚禁，韩信罹逃跑的危难。商汤不因为任用了调和食物的伊尹而感到羞耻，周文王没有因任用屠夫渔翁吕望而觉得耻辱。最终伊尹献计助商汤伐夏桀，训诫太甲光大殷朝；吕望率师助周武王灭殷，诸侯会师周朝兴盛。齐桓公成就一匡天下的霸业，凭借的是管子的谋划；汉高祖统一天下，依仗的是淮阴侯韩信的计策。因此船只在大海航行，必须要靠船桨的功效；大雁翱翔在云霄，必然凭翅膀的作用。帝王统治国家，一定要借助匡正辅佐之臣的辅助。因此访求贤人要不辞辛劳，任用良臣就可享有安逸。有十二乘照车，成千的黄金，哪里比得上朝中有大量人才的兴盛，有一位贤臣的重要。这就是求得贤臣的可贵之处。

# 卷　二

## 审官第四

【原文】

夫设官分职，所以阐化宣风，故明主之任人，如巧匠之制木。直者以为辕，曲者以为轮，长者以为栋梁，短者以为栱角，无曲直长短各有所施。明主之任人，亦由是也。智者取其谋，愚者取其力，勇者取其威，怯者取其慎，无智愚勇怯，兼而用之。故良匠无弃材，明主无弃士，不以一恶忘其善，勿以小瑕掩其功，割政分机，尽其所有。然则亟牛之鼎，不可处以烹鸡；捕鼠之狸，不可使以搏兽。一钧之器，不能容以江汉之流；百石之车，不可满以斗筲之粟。何则？大非小之量，轻非重之宜。今人智有短长，能有巨细，或蕴百而尚少，或统一而为多。有轻才者，不可委以重任；有小力者，不可赖以成职。委任责成，不劳而化，此设官之当也。

斯二者，治乱之源。立国制人，资股肱以合德；宣风道俗，俟明贤而寄心。列宿腾天，助阴光之夕照；百川决地，添滨渤之深源。海月之深朗，犹假物而为大；君人御下，统极理时，独运方寸之心，以括九区之内，不资众力，何以成功？必须明职审贤，择材分禄。得其人则风行化洽，失其用则亏教伤人，故云"则哲"、"惟难"，良可慎也。

【译文】

设置官位分立职守，为的是阐明道德，宣布风化。所以贤明的君主任用人才，像巧匠使用木材，直的做车辕，弯的做轮子，长的做栋梁，短的做斗栱，不论曲直短长，各尽其用。贤明的君主任用人才，也是根据同样的道理。聪明的人用他的智谋，愚笨的人用他的力气，勇猛的人用他的威武，怯懦的人用他的谨慎，无论智愚勇怯，各种人才并用。所以好的工匠没有弃之不用的木材，贤明的君主没有弃之不用的人才，不因为一点坏处而忘记了好处，不因为小的缺点而掩盖了大的功劳。分派职务要人尽其才。不过盛牛的大鼎，不能用来烹煮小鸡；捕鼠的狸猫，不能让它搏斗猛兽。三十斤的器皿装不下江河水流；百石的大车不能用二升粟米装满。为什么呢？因为大器不适合小量，轻车不适合重载。现在人的才智有短有长，能力有大有小，或者积蓄了一百还嫌少，或者总共有一还嫌多。有轻量才的人不能委派重任；有小能力的人不可以依靠成就要职。委任合适的人并要求他做好，君主就不必自己辛苦而可以达到天下之治，这就是设置任用官员适当。

这两点，是天下安定动乱的根源。建立国家管理人民，要凭借股肱之臣达到同心同德；宣示仁风引导风气，需要等待明智之臣委托心腹。星辰升上天空，帮助月光照耀夜空；百川冲决大地，增加大海的广渤深渊。大海深月光朗，还借助了百川星辰扩大了自己；君主统治天、地、人三极，遵循春、夏、秋、冬四季，如果仅仅运用自己的智慧，总理天下的事物，而不借助众人的力量，怎么能成功呢？必须明确职位了解贤人，选择材质分派职务。用人得当，那么仁风流行教化普及；用人不当，就会败坏教化破坏人伦。所以说"知人是明智"，"选人很难”,任用官吏一定要慎重。

## 纳谏第五

【原文】

夫王者高居深视,亏听阻明,恐有过而不闻,惧有阙而莫补。所以设鞀树木,思献替之谋,倾耳虚心,伫忠正之说。言之而是,虽在仆隶刍荛犹不可弃也;言之而非,虽在王侯卿相未必可容。其义可观,不责其辩;其理可用,不责其文。至若折槛怀疏,标之以作戒;引裾却坐,显之以自非。故云忠者沥其心,智者尽其策,臣无隔情於上,君能遍照于下。昏主则不然。说者拒之以威;劝者穷之以罪。大臣惜禄而莫谏;小臣畏诛而不言。恣暴虐之心,极荒淫之志。其为壅塞无由自知,以为德超三皇,材过五帝,至于身亡国灭,岂不悲哉!此拒谏之恶也。

【译文】

君主深居宫中高在人上与世隔绝,丧失了听力,隔断了视线。唯恐有错误听不到意见,深怕有过失却无法补救。所以设置鞀鼓树立谤木,希望臣民进献对错可否的建议,虚心倾听,积累忠诚正直的意见。说得对,即使是仆役奴婢、砍柴割草的人,也不能不听取;说得不对,即使是王侯将相、身居高位的人,也不一定接受。所说的符合大义,不问言辞是否恰当;所讲的符合正理,不论文字是否华丽。至于朱云进谏攀断殿上栏杆,汉成帝保存断栏作为警诫;魏文帝不听辛毗劝谏拌衣离坐,暴露了自己的错误。所以说忠诚正直的人尽心竭力,聪明机智的人尽献计策。臣子对上没有感情上的隔阂,君主对下能够普遍关照。昏聩的君主就不是这样了。对劝说的人严厉拒绝;对规劝的人追究罪行。大臣顾惜职位而不进谏;小官害怕被杀而不上言。放纵残暴凌虐的性格,穷极放荡淫乱的心性。耳目闭塞自己毫不知觉,自以为德行超过三皇,才能超过五帝,以至于自己丧命国家灭亡,难道不可悲吗!这就是拒绝劝谏的坏处。

## 去谗第六

【原文】

夫谗佞之徒,国之蝨贼也。争荣华於旦夕,竞势利于市朝。以其谄谀之姿,恶忠贤之在己上;奸邪之志,恐富贵之不我先。朋党相持,无深而不入;比周相习,无高而不升。令色巧言,以亲於上;先意承旨,以悦於君。朝有千臣,昭公去国而不悟;弓无九石,宁一终身而不知。以疏间亲,宋有伊戾之祸;以邪败正,楚有却宛之诛。斯乃暗主庸君之所迷惑,忠臣孝子之可泣冤。故蘩兰欲茂,秋风败之;王者欲明,谗人蔽之,此奸佞之危也。

斯二者,危国之本。砥躬砺行,莫尚于忠言;败德败正,莫逾于谗佞。今人颜貌同于目际,犹不自瞻,况是非在于无形,奚能自睹。何则?饰其容者,皆解窥于明镜;修其德者,不知访于哲人,讵自庸愚,何迷之甚。良由逆耳之辞难受,顺心之说易从。彼难受者,药石之苦喉也;此易从者,鸩毒之甘口也。明王纳谏,病就苦而能消;暗主从谀,命因甘而致殒。可不诫哉!可不诫哉!

【译文】

说人坏话,花言巧语的人,是国家的害虫。他们不分日夜争夺荣华,在市场追利,在朝中逐势。因为他们奉承献媚的姿态，憎恶忠直善良的人在自己之上；因为他们狡诈邪恶的内心，恐怕富贵不是自己先占。互相勾结，没有什么深处不能进入；结党营私，没有什么高处不可以登上。花言巧语面目伪善，来巴结上司；察言观色逢迎旨意，来取悦君主。朝中有上千大臣，鲁昭公逃离国家还不醒悟；开不动九斤重的弓，齐宣王终身也不知道。关系疏远的人离间亲人，宋国有因小人伊戾而杀太子的惨祸；邪恶战胜正义，楚国才有正直的郤宛遭诬陷被杀。这是昏庸的君主受谗言迷惑，令忠臣孝子哀泣的冤屈。所以丛生的芳兰将要茂盛之时，被秋风摧毁；君主想要明察秋毫，被谄谗小人闭塞了耳目，这就是奸佞的危害。

这两点是危害国家的根源。磨炼身体德行，没什么比得上忠言；败坏道德正义，没什么超得过谗佞。现在人的面目、睫毛在自己眼前却看不见，何况是非对错在无形之间，怎么能自己看得见。为什么？因为修饰容貌的人，都知道要照镜子才能看得见面容；修养德行的人，不知道向聪明有才智的人求教，怎么能知道自己昏庸愚昧，受迷惑得有多深。这完全是因为不顺耳的话难以接受，顺心的话容易听从。那个难以接受的，是良药的苦口；这个容易听从的，是鸩毒的甜嘴。贤明的君主接受规劝，有病服了苦药可以消除；昏聩的君主听从奉承，性命因为甜毒而丧失。能不戒备吗！能不警惕吗！

# 卷　三

## 诫盈第七

【原文】

夫君者，俭以养性，静以修身。俭则人不劳，静则下不扰。人劳则怨起，下扰则政乖。人主好奇技淫声，鸷鸟猛兽，游幸无度，田猎不时，如此则徭役烦，徭役烦则人力竭，人力竭则农桑废焉。人主好高台深池，雕琢刻镂珠，玉珍玩，黼黻希谷，如此则赋敛重，赋敛重则人才遗、人才遗则饥寒之患生焉。乱世之君，极其骄奢，恣其嗜欲，土木衣缇绣，而人短褐不全；犬马厌刍豢，而人糟糠不足。故人神怨愤，上下乖离。佚乐未终，倾危已至。此骄奢之忌也。

【译文】

君主，靠节俭修善性情，用平静修炼身心。君主节俭，人民不会受劳累；君主平静，下民不会受扰乱。民众受劳累就会产生怨恨，下民受扰乱那么政局就不畅和。人主喜好新奇技艺、不正派的音乐，喜爱凶禽猛兽，游玩没有节制，狩猎不按季节，这样徭役就会繁多。徭役繁多，人力就会耗尽。人力耗尽，农田就会荒废。君主喜好高大的宫殿深深的池塘，雕梁画栋刻玉镂金，珠宝玉器珍奇玩物，华衣美服，这样赋税征收就沉重。赋税沉重，人才就会丧失。人才丧失就会发生饥饿寒冷的灾祸。乱世的君主，骄横奢侈到极点，放纵自己的嗜好贪婪，土墙木柱披上锦绣，而百姓穿不上粗衣烂衫；饲养的狗和马吃厌了草料粮食，而人们却吃不饱酒糟米糠。所以人怨恨神愤怒，上下抵触互相背离，安逸游乐没有结束，灭亡的危险已经来临。这就是骄纵奢侈的可怕。

## 崇俭第八

【原文】

夫圣世之君，存乎节俭。富贵广大，守之以约；睿智聪明，守之以愚。不以身尊而骄人，不以德厚而矜物。茅茨不剪，采椽不斫；舟车不饰，衣服无文；土阶不崇，大羹不和。非憎荣而恶味，乃处薄而行俭。故风淳俗朴，比屋可封。斯二者，荣辱之端。奢俭由人，安危在己。五关近闭，则嘉命远盈；千欲内攻，则凶源外发。是以丹桂抱蠹，终摧荣耀之芳；朱火含烟，遂郁凌云之焰。以是知骄出于志，不节则志倾；欲生于心，不遏则身丧。故桀、纣肆情而祸结，尧、舜约己而福延，可不务乎！

【译文】

圣明的君主，靠节俭来保持国家的繁荣。天下的财富，要靠躬行节俭来保持；天下的繁荣，要靠忠贤之臣的聪明才智来巩固和维持。不因为身份尊崇而对人傲慢，不因为道德深厚而恃才傲物。房顶的茅草不加修剪；建屋的柞木不加砍削；船只车辆没有装饰，衣服没有花线刺绣；土垒的台阶不高，肉汤里不加调料。不是讨厌华丽厌恶美味，而是想生活简朴施行节俭。所以风俗淳厚朴实，家家值得表彰。这两点，是光荣与耻辱的根源。奢侈节俭由个人，平安危险在自己。耳目口鼻身基本封闭没有欲望刺激，那么美好的生命不受损害生存长久。各种欲望刺激身心，那么危及生命的根源就由外部产生。因此，丹桂树被蠹虫包围，最后摧毁了茂盛浓郁的芬芳；火苗含有烟雾，于是阻碍了火光的冲天。由此得知，骄纵出于志向，不节制志向就会毁掉；欲望生自内心，不控制身体就会丧命。所以夏桀商纣恣意纵情造成祸患；唐尧虞舜约束自己福寿延绵。能够不务必节俭吗！

## 赏罚第九

【原文】

夫天之育物，犹君之御众。天以寒暑为德；君以仁爱为心。寒暑既调，则时无疾疫；风雨不节，则岁有饥寒。仁爱下施，则人不凋弊；教令失度，则政有乖违。防其害源，开其利本。显罚以威之，明赏以化之。威立则恶者惧，化行则善者劝。适己而妨于道，不加禄焉；逆己而便于国，不施刑焉。故赏者不德君，功之所致也；罚者不怨上，罪之所当也。故《书》曰"无偏无党，王道荡荡"，此赏罚之权也。

【译文】

上天孕育万物，就像君主统治民众。上天以冷热作为德行；君主以仁爱作为心意。冷热均匀，四季就没有流行疾病；风雨不匀，就有饥饿寒冷的年景。对下施行仁爱，民众就不至于窘败；教化政令失去准则，政治就会失误。防止危害的根源，开辟利益的根本。公开惩罚，树立威信，明确奖赏教育感化。威信树立坏人就惧怕，教化施行好人受鼓励。对自己合适但妨碍道德，不加官位；对自己不便而有利国家，不施刑罚。所以受到奖赏的人不感谢君主，因为功劳应受奖；受到惩罚的人不怨恨君主，因为罪行该处罚。所以《尚书》说"不偏不倚，王道广大"，这是赏罚的标准。

# 卷　四

## 务农第十

【原文】

夫食为人天，农为政本。仓廪实则知礼节，衣食足则志谦耻。故躬耕东郊，敬授人时。国无九岁之储，不足备水旱；家无一年之服，不足御寒暑。然而莫不带犊佩牛，弃坚就伪，求什一之利，废农桑之基，以一人耕而百人食，其为害也甚于秋螟。莫若禁绝浮华，劝课耕织，使人还其本俗反其真，则竞怀仁义之心，永绝贪残之路，此务农之本也。

斯二者，制俗之机。子育黎黔，惟资威惠。惠可怀也，则殊俗归风，若披霜而照春日；威可惧也，则中华慴轨，如履刃而戴雷霆。必须威惠并驰，刚柔两用，画刑不犯，移木无欺。赏罚既明，则善恶斯别；仁信普著，则遐迩宅心。劝穑务农，则饥寒之患塞；遏奢禁丽，则丰厚之利兴。且君之化下，如风偃草，上不节心，则下多逸志；君不约己，而禁人为非，是犹恶火之燃，添薪望其止焰；忿池之浊，挠浪欲止其流，不可得也。莫若先正其身，则人不言而化矣。

【译文】

食物是人的上天，农业是政治的根本。仓储充实就懂得礼仪的分寸等级，衣食充足就留意廉洁耻辱。所以帝王亲自在东部耕种，敬记农时传授百姓。国家没有九年的储备，不够防备水旱灾害；家庭没有一年的衣服，不够防御四季的冷热。然而从古至今，人们纷纷弃农为游侠，或弃农趋工商，追求高额的利润，废弃农业的根本。以一人耕作供一百人食用，这种危害超过了秋天吃粮的螟虫。如果禁止杜绝游荡浮华，勉励督促耕田纺织，让人回归本业、恢复本性，那么人们就会争相怀有仁义之心，而永远断绝走贪婪残酷的道路，这就是务农的根本。

这两点是把握社会风气的关键。君主对百姓像养育子女一样，凭借威严与恩惠。恩惠可以使人向善，那么不同的习俗同归教化，好像春天的阳光照耀着寒霜；威严可以令人惧怕，那么中华各地畏惧顺服，就像脚踩刀刃、头顶雷霆。必须威严与恩惠一样传扬，软硬两手并用，设制刑罚无人敢犯，搬木赏金绝无欺骗。奖赏惩罚已经明确，好坏就可以区别；仁爱诚实显著普遍，远近就会归心。勉励农民务农，那么饥饿寒冷的灾祸就会杜绝；禁止奢侈华美，那么丰厚的利益就会自然兴旺。况且君主对下施行教化，好像风吹草伏，上面的人没有节俭的习惯，下面的人就会贪图放荡；君主不约束自己，要禁止百姓犯错误，就好像厌恶火焰燃烧，却加柴希望火灭；恨池水混浊，却搅起浪花来使水清，这是不可能办到的。不如君主先端正自己，那么人们不用规劝就会改变了。

## 阅武第十一

【原文】

夫兵甲者，国之凶器也。土地虽广，好战则人凋；邦国虽安，亟战则人殆。凋非保全之术，殆非拟寇之方，不可以全除，不可以常用。故农隙讲武，习威仪也。是以勾践轼蛙，卒成霸业；徐偃弃武，遂以丧邦。何则？越习其威，徐忘其备。孔子曰：不教人战，是谓弃之。故知弧矢之威，以利天下。此用兵之机也。

【译文】

兵器铠甲，是国家的凶器。土地虽然辽阔，喜好战争人民就会凋零；国家虽然安定，屡次作战人民就有危险。凋零不是保全人民的手段，危险不是抵御侵犯的方法。兵器铠甲不可以全部清除，也不可以经常使用。因此农闲时讲习武事，练习威仪。所以勾践鼓舞士气，终于成就霸业；徐偃王放弃武备，于是导致丧国。为什么呢？因为越王练习他的兵威，而徐国放弃了武装。孔子说：让不习武的民众作战，就是放弃人民。所以知道了弓箭的威力，用来有利于天下。这是用兵的关键。

## 崇文第十二

【原文】

夫功成设乐，治定制礼。礼乐之兴，以儒为本。宏风道俗，莫尚于文；敷教训人，莫善于学。因文而隆道，假学以光身。不临深溪，不知地之厚；不游文翰，不识智之源。然则质蕴吴竿，非筈羽不美；性怀辨慧，非积学不成。是以建明堂，立辟雍，博览百家，精研六艺，端拱而知天下，无为而鉴古今。飞英声腾茂实，光于不朽者，其唯学乎！此文术也。

斯二者，递为国用。至若长气亘地，成败定乎锋端；巨浪滔天，兴亡决乎一阵，当此之际，则贵干戈而贱庠序。及乎海岳既晏，波尘已清，偃七德之余威，敷九功之大化，当此之际，则轻甲胄而重诗书。是知文武二途，舍一不可，与时优劣，各有其宜。武士儒人，焉可废也。

【译文】

建立功勋后设置音乐，治理安定后制定礼仪。礼乐的兴起，以儒家学说作为根本。宏大风气引导习俗，没有什么超过文化；宣示政教训诲人民，没有什么好过学校。依靠文化兴盛道德，借助学校荣耀身份。没有俯视过山谷，不知道大地的深厚；没有在文海中畅游，不知道智慧的丰源。这样，具有吴竹的材质，不借助尾羽也不成好箭；天资聪慧，没有学习的积累也不成人才。所以建设明堂，设立辟雍，博览百家，精研礼、乐、射、御、书、数六种技艺。端身拱手来了解天下，不施刑法借鉴古今。飞扬英美的名声，传扬盛美的德行，使名声德行光大不朽的，只有学习！这就是文学儒术。

文武这两者，交替被国家运用。至若长气遍地，成败决定于锋尖；巨浪滔天，兴亡取决于一战，处在这种时刻，那么就重视武力，而轻视教育。待到天下平定，海水不兴兵尘不起，停息了七德多余的威力，普遍了九功深远的教化，处在这种时刻，就轻视武备，而重视诗书。由此知道，文武两种途径，放弃任何一种都不行。这两种途径与形势的好坏相关，各有各适宜的时机。武士与文人，怎么可以偏废呢？

## 帝王统治大纲

**【原文】**

此十二条者，帝王之大纲也。安危兴废，咸在兹焉。古人有云："非知之难，惟行之不易。行之可勉，惟终实难。"是以暴乱之君，非独明于恶路；圣哲之主，非独见于善途，良由大道远而难遵，邪径近而易践。小人俯从其易，不得力行其难，故祸败及之；君子劳处其难，不能力居其易，故福庆流之。故知"祸福无门，惟人所召"。欲悔非于既往，惟慎祸于将来。当择哲主为师，毋以吾为前鉴。取法于上，仅得为中；取法于中，故为其下，自非上德，不可效焉。

吾在位以来，所制多矣！奇丽服玩，锦绣珠玉，不绝于前，此非防欲也；雕楹刻桷，高台深池，每兴其役，此非俭志也；犬马鹰鹘，无远必致，此非节心也；数有行幸，以亟劳人，此非屈己也。斯事者，吾之深过，勿以兹为是，而后法焉。但我济育苍生其益多，平定寰宇其功大，益多损少人不怨，功大过微德未亏，然犹之尽美之踪于焉，多丑尽善之道，顾此怀惭。况汝无纤毫之功，直缘基而履庆，若崇善以广德，则业泰身安；若肆情以从非，则业倾身丧。且成迟败速者，国基也；失易得难者，天位也。可不惜哉！

**【译文】**

以上12条，是帝王统治国家的施政大纲。国家的安定或危亡，兴盛或衰败，都在其中。古人曾说："懂得道理不难，难的是身体力行；身体力行也可勉强，难的是持之以恒。"所以说，暴虐荒淫的君王，并非只知道作恶的道路；圣哲的君王，并非只看见行善的途径。实在是由于励精图治的常理正道路途遥远，需要呕心沥血，竭尽全力才能到达；骄奢淫逸的邪恶之径近便易行，轻松可至。荒淫暴虐之君不愿费力，选择了易行的邪径，享乐无度，不把精力放在治理国政上，从而使政事荒废，国家大乱，国破君亡的祸事必然随之而来；圣明之君不辞劳苦，选择了难行的正道，兢兢业业于安邦治国，没有将精力放在骄奢淫逸上，从而使国家富强，社会安定，长治久安的福庆也必然随之而来。由此可知"福祸无门，福祸只是由人自身的言行招来的。"想要追悔已往的过错如何来得及？只有谨慎从事，防祸乱发生于未来。你应当选择圣明的君王作为学习的榜样，不要以我的行为作为对照。选择最圣明的君主效法，其结果是你只能达到中等德行君主的水平；选择中等德行的君主效法，其结果是你必定达不到中等君主的水平。所以不是德行非常高尚的人，不可以效仿他。

我即帝位以来，动用民力物力颇多。奇丽的服装玩物、锦绣珠玉，源源不绝，这是放纵奢侈之欲；精巧的宫殿，高台深池，常兴建不已，这是抛弃俭朴之志；犬马鹰鹘等奇兽异鸟，无论产在多远的地方也要弄来，这是恣意享乐之心；频频出巡游玩，这是为满足自己感官而劳民伤财。这些事情是我的大过错，你不要认为这样做是正确的而效法。但我赈济百姓的益处很多，捍卫边防功劳很大。对百姓益多损少，百姓不怨恨；对国家功大过小，大德没损伤。然而一生虽文功武略行迹完美，却多愧于不能善始善终。何况你没有任何的功绩，直接依靠着祖、父开创的国家基业而登上太子之位。如果你能崇尚善道以使你的德行更为高尚，则国家基业康泰，你的身体平安；如果你放纵自己的欲望为非作恶，则国家基业倾覆，你的身体危亡。并且，成功慢败亡快的是国家的基业，失去容易得到困难的是帝王的宝座，你能不珍惜国家政权和君位吗？

# 温公家范

〔宋〕司马光 撰

# 《温公家范》导读

《温公家范》是北宋著名史学家司马光(1019—1086年)的家训著作之一。被视为“古今仪则”,在家训史上具有举足轻重的地位。

这部书,要在“本诸经训”,无论立论还是取材,都主要参照了“经”、“史”,偶尔也涉及“子”部,处处言之有据,有较高的可信性,反映了司马光严谨的治学态度。再者,司马光写作本书的目的在于“以示后学准绳”,因而对前人“家训”一类著述“别加甄辑”,在有所筛选的基础上,比较全面地论述了家训的方方面面。

在这部书中,司马光根据儒家经典,阐述和发挥了儒家的伦理关系、道德标准和教子治家之道。其中很多观点对于今人仍有积极的作用。如论述“才”与“财”的关系,作者认为人缺乏钱财固然会导致生活不易,但钱财多了,不会利用,也可能增加过错。再如论述“才”与“官”的关系,作者认为一个人的才能有限,但做了大官,于国于民都不利;而当官不为国为民,只知聚敛财富,则会积殃积祸。另外,本书还就在家庭中讲求孝道的问题作了多方面的论述,有其独到之处。作者除了主张儿女平日应尽心尽力孝敬、赡养父母以外,还谈到遇上丧父丧母这样的大丧,三日后就可正常进食,哀毁过度也是有违孝道的;对于父母长辈的错误言行,儿女不应一味盲从,要婉转地进行劝说……

当然,本书也有显而易见的局限。例如对“妻妾成群”、“多子多福”、“从一而终”等持肯定态度等,在今天已失去其意义。

# 温公家范目录

# 卷之一

## 治　　家

**【原文】**

齐晏婴曰："君令臣共、父慈子孝、兄爱弟敬、夫和妻柔、姑慈妇听，礼也。"君令而不违，臣共而不二，父慈而教，子孝而箴，兄爱而友，弟敬而顺，夫和而义，妻柔而正，姑慈而从，妇听而婉，礼之善物也。

夫治家莫如礼。男女之别，礼之大节也，故治家者必以为先。《礼》：男女不杂坐，不同椸枷，不同巾栉，不亲授受。嫂叔不通问，诸母不漱裳。外言不入于阃，内言不出于阃。女子许嫁，缨。非有大故，不入其门。姑、姊、妹、女子子，已嫁而反，兄弟弗与同席而坐，弗与同器而食。

男女非有行媒，不相知名；非受币，不交不亲。故日月以告君，斋戒以告鬼神，为酒食以召乡党僚友，以厚其别也。

**【译文】**

齐国的晏婴曾说过："君王品德高尚，臣子恭顺忠心，父亲仁爱，儿子孝顺，兄长宽厚，弟弟礼敬，丈夫和气，妻子温柔，婆婆慈祥，妇妾听从，这些都是礼数。"君王品德高尚，出言不变，臣民忠心不变，父亲慈爱善教，儿子孝顺又能尽力规劝，兄长宽和又能友爱，弟弟恭敬又能顺从，丈夫和气又仁义，妻子温柔而又端庄，婆婆慈祥而又通达，妇妾听话而又婉约，这些都是讲究礼教的好事。

治家第一就是重视礼节。男女之间有别是礼节中的最关键所在，所以治理家庭一定先要讲求礼数。男女之间不杂乱相坐，不共同使用一个衣架，不要有亲肤之授；嫂嫂和叔子之间不相通问，不让庶母洗内衣；有关家事以外之事不要传到内室，家庭私事之言也不要在外面传布；女子已经许配了，就佩戴香囊。除非有大的变故，不准进入宫门内。姑姊妹的女儿已经出嫁了，回家来的时候，兄弟不要和她们同坐一条席子，也不要同用一套餐具。

男女之间不通过媒人，不要相互询问姓名，不接受对方聘礼，不相交接，所以书写日月以告诉君王，吃斋守戒以告慰于鬼神，设办酒食用来招待同乡的朋友亲戚，以表示谨慎地对待男女之间的关系。

**【原文】**

又男女非祭非丧，不相授器。其相授，则女受以篚。其无篚，则皆坐，奠之而后取之。外内不共井，不共湢浴，不通寝席，不通乞假。男子入内，不啸不指，夜行以烛，无烛则止。女子出门，必拥蔽其面，夜行以烛，无烛则止。道路，男子由右，女子由左。

又子生七年，男女不同席，不共食。男子十年，出就外傅，居宿于外，女子十年不出。

又妇人送迎不出门，见兄弟不逾阈。

【译文】

还有男女之间不是在祭祀或丧礼等场合,不互相传递器皿。如果相互传递,则女的垫上一个圆的竹筐。没有圆的竹筐,那么都坐下来,放在地上,然后再去拿。外内不共同使用一口井,不共同用一个浴室,不通用一床寝席,不互相借用东西器皿。男子到内室,不吹口哨,不东指西指,晚上走路则用蜡烛,没有蜡烛就不要动。女子外出则要用东西把脸蒙上,晚上走路要点蜡烛,没有蜡烛就不动。走路的时候,男的走右边,女的走左边。

孩子长到七岁时,便不让男女同坐一席,不共同吃饭。男子到十岁大,就让他到外面跟人学习,并住宿在外。女子到十岁就不出门。

还有,妇人送往迎来都不越出家门,见到兄弟也不越出门限。

【原文】

汉万石君石奋,无文学,恭谨,举无与比。奋长子建、次甲、次乙、次庆,皆以驯行孝谨,官至二千石。于是景帝曰:"石君及四子皆二千石,人臣尊宠乃举集其门。"故号奋为万石君。

孝景季年,万石君以上大夫禄归老于家。子孙为小吏,来归谒,万石君必朝服见之,不名。子孙有过失,不诮让,为便坐,对案不食。然后诸子相责,因长老肉袒固谢罪,改之,乃许。子孙胜冠者在侧,虽燕必冠,申申如也。僮仆䜣䜣如也,唯谨。

其执丧哀戚甚,子孙遵教亦如之。万石君家以孝谨闻乎郡国,虽齐、鲁诸儒质行,皆自以为不及也。

建元二年,郎中令王臧,以文学获罪皇太后。太后以为儒者文多质少,今万石君家,不言而躬行,乃以长子建为郎中令,少子庆为内史。

建老白首,万石君尚无恙。每五日洗沐,归谒亲,入子舍,窃问侍者,取亲中裙厕牏,身自浣洒。复与侍者,不敢令万石君知之,以为常。万石君徙居陵里,内史庆醉归,入外门不下车。万石君闻之,不食。庆恐,肉袒谢罪。不许。举宗及兄建肉袒。万石君让曰:"内史贵人,入闾里,里中长老皆走匿,而内史坐车自如,固当!"乃谢罢庆。庆乃诸子入里门,趋至家。

万石君元朔五年卒。建哭泣哀思,杖乃能行。岁余,建亦死。诸子孙咸孝,然建最甚。

【译文】

汉代万石君石奋没有什么知识,但是做事小心谨慎,没有可以同他比及的人。石奋的长子名石建,次子和第三子不知道名字,第四子叫石庆,都因为奉行孝道谨慎认真,当到了二千石的大官。于是汉景帝说:"石奋和四个儿子都做了二千石的官,做为人臣的尊贵宠幸,都集中在他们一家了。"所以就叫石奋为"万石君"。

汉景帝晚年的时候,万石君从上大夫这一高位上退休归老,他退休居家后,子孙们有些当了小官,来拜见他,万石君是要穿上朝服才接见子孙们,不直接称呼他们的名字。子孙们如有过失,也不责备。只是自已设一个普通的座位,坐在桌边不吃饭。一直到后辈们互相指责,认识到错误,并通过年长者自己光着膀子,表示悔过谢罪,加以改正,才原谅他们。能戴上帽子的子孙在身边,即使是欢乐之中,也一定戴好帽子,端端正正的样子。小孩仆人们也是一派高兴的样子,都做得很认真仔细。

他守丧的礼法也十分严谨,非常悲哀。子孙后代都跟他一样。万石君一家因此由于严守规矩,讲求孝道而声名闻乎郡国之中,即使是齐鲁这一带地方的儒生以及出名的躬行者,也觉得自己在这些方面赶不上万石君。

建元二年的时候，郎中令王臧因为犯了“文学”方面的错误而得罪皇太后，太后认为儒者文饰之事多，而缺少实干，现在万石君家不张扬自己，实实在在地做，于是就选用万石君长子石建作为郎中令，他最小的儿子石庆为内史。

石建上了年纪，连头发都白了，万石君身体还相当好。石建每隔五天休假回家，就亲自到自己房子里，私下地问侍者们一些情况，并亲自替老人洗刷内裤，然后再给侍者，并且不敢让万石君知道这件事，总是这样地做。后来万石君搬到皇陵去住。做内史的石庆喝醉了回家，从外门进来没有下车。万石君听说了这件事，就不吃饭。石庆很害怕，光着膀子，负荆谢罪。万石君不答应。全宗的人包括石庆的哥哥石建都负荆谢罪，万石君还是责备着说：“内史是位贵人了，到乡里去，乡里的长老都躲藏起来，今天内史入外门坐在车里不下来是应该的吧！”这样才算结束了这件事，并原谅了石庆。石庆和诸子以后到里门都是小步跑回家。

万石君在元朔五年的时候，离开了人世。石建哭得十分伤心，要扶着拐杖才能走路。过了一年多，石建也死了。万石君的子孙非常懂得尽孝，其中石建最孝。

【原文】

宋侍中谢弘微，从叔混以刘毅党见诛。混妻晋阳公主改适琅邪王练。公主虽执意不行，而诏与谢氏离绝，公主以混家事委之弘微。混乃世宰相，一门两封，田业十馀处，僮役千人。唯有二女，年并数岁。

弘微经纪生业，事君在公，一钱尺帛，出入皆有文簿。宋武受命，晋阳公主降封东乡君，节义可嘉，听还谢氏。自混亡至是九年，而室宇修整，仓廪充盈，门徒不异平日。田畴垦辟，有加于旧。

东乡叹曰：“仆射生平重此一子，可谓知人，仆射为不亡矣。”

中外亲姻、里党故旧，见东乡之归者，入门莫不叹息，或为流涕，感弘微之义也。弘微性严正，举止必修礼度，婢仆之前，不妄言笑。由是尊卑大小，敬之若神。及东乡君薨，遗财千万，园宅十馀所，及会稽、吴兴、琅邪诸处，太傅安、司空琰时事业奴僮，犹数百人。公私或谓：室内资财，宜归二女；田宅僮仆，应属弘微。

弘微一物不取，自以私禄营葬。混女夫殷睿，素好樗蒲，闻弘微不取财物，乃滥夺其妻妹及伯女两姑之分，以还戏责。内人皆化弘微之让，一无所争。弘微舅子领军将军刘湛，谓弘微曰：“天下事宜有裁衷，卿此不问，何以居官？”弘微笑而不答。或有讥以谢氏累世财产充殷，君一朝弃掷，譬弃物江海以为廉耳。

弘微曰：“亲戚争财，为鄙之甚。今内人尚能无言，岂可道之使争？今分多共少，不至有乏。身死之后，岂复见关？”

【译文】

南宋谢弘微的从叔谢混，因为与刘毅是同一党而被杀害了，谢混妻子晋阳公主，改嫁琅邪王练。公主虽然执意不从，但皇帝命她同谢氏一族离绝。公主就把谢混家的事委托给弘微。谢混是世袭宰相，一家两次被封赐，田产有十多处，僮仆千余人，但只剩下两个女儿，而且年才几岁。

弘微经营田产家业，就如同在官府办事一样，一分钱一尺布的开销，都详细记在账上。宋武帝当上皇帝后，晋阳公主被封为东乡君，由于她气节义行都有值得赞美之处，听从她请求还回谢家。谢氏从谢混被杀以后到东乡君返家，此时已有九年之久了，而谢氏家的房子修整得更好，仓库更加充盈，情况和平时一样，田土开垦购置的比以前更多了。

东乡君叹息说："仆射（谢混）在世时看重这位侄子，可以说是真正看对了人，仆射虽亡，实不亡矣！"

谢氏一家的各种亲戚乃至道流俗众，看到东乡君还入谢家，无不叹息，甚至哭泣的，都是感叹弘微的高节大义。弘微这个人性情严肃而又讲究法度，行为举止一定按礼行事，在奴婢仆从面前，从不随便谈话喧笑。由于这样，从尊者到卑者，都尊敬他像尊敬神一样。等到东乡君死时，留下财产千万，园宅十多处，有些还在会稽、吴兴、琅邪等地方。太傅安司空当时所辖奴仆就百人之多。人们都说谢氏财产家里的应归谢混二个女儿，外面的田土、住房则应归弘微所有。

弘微并没有要，并且用自己的钱去营办东乡君的坟墓。谢混有一个女儿的丈夫叫殷睿，平时总是喜欢一种叫樗蒲的游戏，听到弘微不拿财物，于是就夺取了他妻子、妻妹以及伯母、两姑的财产，用去还赌债，弘微的妻妾都受到了弘微退让的感化，一点也不索取。弘微的舅舅领军刘湛对弘微说："天下的事情应该有一定的原则。您却对这样的情况都不加问，怎样去当好官？"弘微听了，笑而不答。有的人讥笑说，把谢家几代的财产，替殷睿还了一次赌账，就像是把财产扔到大海里，却认为是廉洁之举一样。

弘微说："亲戚之间相互争夺财产，是一件最为可耻的事情。现在连妻妾们都没有什么话可说，难道我可以引导去争夺。现在分给你不管是多的还是少的，还不至于有什么缺乏，一个人死了之后，这些财产还有什么用？"

**【原文】**

张公艺，郓州寿张人，九世同居。北齐、隋、唐皆旌表其门。麟德中，高宗封泰山，过寿张，幸其宅。召见公艺，问所以能睦族之道。公艺请纸笔以对，乃出"忍"字百馀以进。其意以为宗族所以不协，由尊长衣食或有不均，卑幼礼节或有不备，更相责望，遂成乖争。苟能相与忍之，则常睦雍矣。

唐河东节度使柳公绰，在公卿间最有家法。中门东有小斋，自非朝谒之日，每平旦辄出至小斋。诸子仲郢等，皆束带晨省于中门之北。公绰决公私事，接宾客，与弟公权，及群从弟再食。自旦至暮，不离小斋。烛至，则以次命弟子一人执经史，立烛前躬读一过。毕，乃讲议居官治家之法。或论文，或听琴，至人定钟，然后归寝。

诸子复昏定于中门之北。凡二十馀年，未尝一日变易。其遇饥岁，则诸子皆蔬食，曰："昔吾兄弟侍先君，为丹州刺史，以学业未成，不听肉食，吾不敢忘也"。姑姊妹侄有孤嫠者，虽疏远，必为择婿嫁之。皆用刻木妆奁，缬文绢为资装。常言："必待资装丰备，何如嫁不失时？"及绰公卒，仲、郢一遵其法。

国朝公卿能守先法久而不衰者，唯故李相家。子孙数世二百馀口，犹同居同爨；田园邸舍所收，及有官者俸禄，皆聚之一库，计口日给饼饭；婚姻丧葬，所费皆有常数；分命子弟掌其家事。其规模大抵出于翰林学士宗谔所制也。

**【译文】**

张公艺是郓州寿张人，九代同住一起没分家，从北齐、隋唐都诏旌表彰他们一家。唐麟德年中，唐高宗封禅泰山，经过寿张，到张家院宅去，召见张公艺，询问是用什么方法能使亲属和睦相安。张公艺请用纸和笔来回答，于是书写了一百多个"忍"字进给唐高宗。他的意思是宗族之所以不和睦安详，是由于尊长卑幼之间的衣食有所不平均；或许是卑幼者不太悟守礼节法度；于足互相埋怨责备，最后变得相互争斗。假如能相互之间都能忍让，那么家庭就会和睦。

唐代河东节度使柳公绰在朝廷公卿中最为闻名，制定了一套家规。住房中门的东面有一小斋室，只要不是进朝拜谒之日，每天天刚刚亮，就起来到小斋之中，诸子包括仲郢等都穿戴好衣服，一早就到中门的北面去拜见。柳公绰决断公事，接对宾客，和弟柳公权及堂弟们一块吃饭，从早到晚，都不离开小斋。烛灯到了，便按次序命令子辈们，一个人拿着经史站立在烛灯前读上一遍，读完后才开始讲述议论做官、治国的办法原则。有时谈论文学，有时听听弹琴，很晚才回家去睡觉。

子辈在晚上再到中门的北面向长辈道别致礼。一直坚持了二十多年，从来没有改变。有时碰上了饥饿的日子，那么子侄们都吃蔬食，说："过去我们兄弟侍奉父亲做丹州刺史，因为学业没有成就，不准随便吃肉食，这件事一直不敢忘记。"女性亲眷如姑、姊妹、侄，假若成了寡妇之类的人物，即使是较疏远的亲戚也一定再替她选择一位夫婿出嫁，并且都用雕刻的家什及优质的绢布为嫁妆。常言说："一定要等到嫁资丰富完备，哪里比得上赶一个适当机会出嫁？"柳公绰死后，仲郢一切都按柳公绰说的办。

宋朝公卿能坚守先代之法而长期不衰的，只有故相李防家，子孙几世，有二百多口人，仍然住在一起吃饭，田园和房屋所得收入及当官子弟所得收入，都归聚到一个库中，按一天所需供给食用。结婚、办丧事等大事所需费用，都有一个规定的常数，分别命令子弟掌管这些事情。而事情的规模大小都是翰林学士宗谔所制定。

**【原文】**

夫人爪牙之利，不及虎豹；膂力之强，不及熊罴；奔走之疾，不及麋鹿；飞扬之高，不及燕雀。苟非群聚以御外患，则反为异类食矣。是故圣人教之以礼，使人知父子、兄弟之亲。人知爱其父，则知爱其兄弟矣；爱其祖，则知爱其宗族矣。如枝叶之附于根干，手足之系于身首，不可离也。岂徒使其粲然条理，以为荣观哉！乃实欲更相依庇，以捍外患也。

吐谷浑阿豺，有子二十人，病且死，谓曰："汝等各奉吾一支箭，将玩之。"俄而命母弟慕利延曰："汝取一支箭折之。"慕利延折之。又曰："汝取十九支箭折之。"慕利延不能折。

阿豺曰："汝曹知否？单者易折，众者难摧。戮力一心，然后社稷可固。"言终而死。

彼戎狄也，犹知宗族相保以为强，况华夏乎！圣人知一族不足以独立也，故又为甥舅婚媾姻娅以辅之。犹惧其未也，故又爱养百姓以卫之。故爱亲者，所以爱其身也；爱民者，所以爱其亲也。如是，则其身安若泰山，寿如箕翼，他人安得而侮之哉！

故自古圣贤未有不先亲其九族，然后能施及他人者也。彼愚者则不然，弃其九族，远其兄弟，欲以专利其身。殊不知身既孤，人斯戕之矣，于利何有哉！昔周厉王弃其九族，诗人刺之曰："怀德惟宁，宗子惟城。毋俾城坏，毋独斯畏。"苟为独居，斯可畏矣！

孔子曰："不爱其亲而爱他人者，谓之悖德，不敬其亲而敬他人者，谓之悖礼。以顺则逆，民无则焉。不在于善，而皆在于凶德，虽得之，君子不贵也。故欲爱其身而弃其宗族，乌在其能爱身也。"

孔子曰："均无贫，和无寡，安无倾。善为家者，尽其所有而均之，虽粝食不饱，敝衣不完，人无怨矣。夫怨之所生，生于自私及有厚薄也。"

汉世谚曰：一尺布，尚可缝；一斗粟，尚可舂。言尺布可缝而共衣，斗粟可舂而共食。讥文帝以天下之富，不能容其弟也。

梁中书侍郎裴子野，家贫，妻子常苦饥寒。中表贫乏者，皆收养之。时逢水旱，以二百石米为薄粥，仅得遍焉。躬自同之，曾无厌色，此得睦族之道者。

【译文】

一个人手爪的厉害赶不上虎豹；体力的强大赶不上熊罴；奔走的速度赶不上麋鹿；飞扬轻举的高度不若燕子麻雀。假如不共同生活在一起以抵御外来的侵犯，那么就会反过来为异类所吞食了。所以圣明的先哲教育人们讲求礼法，使人们知道父亲兄弟这是至为关键的亲人。知道爱他的父亲，也就知道爱他的兄弟；爱敬他的祖辈，就会懂得爱他的同宗同族了。就像枝叶附于树干，手和脚系在身体之上一样，都是不可以分离的。难道仅仅是使他们外表显得漂亮，有条理可以点缀吗？实际上是想使各自互相依靠、庇护，用来抵御外来的侵患。

吐谷浑阿豺，有二十个儿子，病倒将死的时候，对儿子们说道："你们每一人都拿上我的一支箭，把它折断。"儿子们一个个都把箭折断了。过了一会，又对母亲的弟弟慕利延说："你拿十九支箭一块折断吧！"慕利延不能把十九支箭折断。

阿豺说："你们明白吗？单支箭容易折断，多了就难以折断了，只要合成一心，共同努力，那么国家就安定、稳固了。"说完就死了。

他作为一位少数民族人物，尚且知道宗族相互亲爱、互相保护才会自我强大，何况作为华夏的人？圣明者知道一族之人不能够独立起来，所以又把甥、舅及婚姻关系等众多亲属相连在一起用来作为辅助。这样仍然害怕还不强大，所以又对百姓亲近抚爱，用来卫辅自己。所以说，爱戴亲人的人实际上是在爱自己，爱护民众的人实际上是在爱敬他自己的亲人。这样的话，他的身体就会像泰山一样安稳，寿命就像箕翼两星一样长久，其他人怎能够侮辱他？

因此自古以来，圣贤没有不先敬爱他的九族亲人，然后再把这种爱心施及他人身上的。那些愚蠢的人便不这样，抛弃他们的九族之亲，远离他们的兄弟，想到的是专意有利于自己，竟不知道自己既然孤身一人，那就会毁灭，还能得到什么利益？从前周厉王抛弃他的九族之亲，诗人讽刺说："只有保持德性才能宁静，宗族之亲就像城墙一样。不要把城墙破坏了，不要只顾及个人。"假若只是自个顾自个，那将是一件可怕的事啊！

孔子说：不恭敬自己的亲人而爱别人叫做违背道德；不敬爱自己的亲人而敬爱别的人叫做违背礼节。让顺从者去向逆反者学习，那么民众就无法学习了，不一心一意去行善，而都在行凶为恶。虽然也叫做君子，但是不值得宝贵。所以想要爱疼自己却抛弃自己的宗族的人，哪里是真正爱惜他自己呢？

孔子说："分配平均就没有贫困者，和睦就不会有孤寡的人，安定就不会倾覆。善于治家的人，把他的一切都拿出来平均享用，即使是粗饭吃不饱，恶衣穿不暖，人们也不会抱怨了。怨恨之所以产生，是由于人有自私之心，以及彼此有厚薄不等。"

有句汉代的谚语这样说：一尺布帛尚且可以缝衣，一斗粟米尚且可以舂米。意思是布帛可以缝成衣服共同使用穿戴，一斗粟米可以舂出来共吃，讥刺汉帝富有天下，却不能容纳他的弟弟。

梁代中书侍郎裴子野家中贫困，妻子经常苦于饥寒。但是却把表亲中贫困的人都收养在家。当时正碰上发生水灾，用二石米做成稀粥，才能够得上布施一遍，他自己也吃得跟大家一样，一点也没有苦厌的脸色。这是真正懂得了和睦家庭的道理。

# 卷之二

## 祖

【原文】

为人祖者，莫不思利其后世。然果能利之者，鲜矣。何以言之？今之为后世谋者，不过广营生计以遗之：田畴连阡陌，邸肆跨坊曲，粟麦盈窖仓，金帛充箧笥，慊慊然求之犹未足，施施然自以为子子孙孙累世用之莫能尽也。然不知以义方训其子，以礼法齐其家。自于数十年中，勤身苦体以聚之，而子孙于时岁之间奢靡游荡以散之，反笑其祖考之愚，不知自娱；又怨其吝啬，无恩于我，而厉虐之也。始则欺绐攘窃以充其欲；不足，则立券举债于人，俟其死而偿之。观其意，惟患其考之寿也。甚者，至于有疾不疗，阴行鸩毒，亦有之矣。然则向之所以利后世者，适足以长子孙之恶，而为身祸也。

顷尝有士大夫，其先亦国朝名臣也。家甚富而尤吝啬，斗升之粟，尺寸之帛，必自身出纳，锁而封之。昼则佩钥于身，夜则置钥于枕下。病甚，困绝，不知人。子孙窃其钥，开藏室，发箧笥，取其财。其人后苏，即扪枕下，求钥不得，愤怒遂卒。其子孙不哭，相与争匿其财，遂至斗讼。其处女亦蒙首执牒，自讦于府庭，以争嫁资，为乡党笑。

盖由子孙自幼及长，惟知有利，不知有义故也。

夫生生之资，固人所不能无，然勿求多馀。多馀，希不为累矣。使其子孙果贤耶，岂粗粝布褐不能自营，至死于道路乎？若其不贤耶，虽积金满堂，奚益哉！多藏以遗子孙，吾见其愚之甚也。然而贤圣，皆不顾子孙之匮乏邪？曰："何为其然也？"昔者圣人遗子孙以德、以礼；贤人遗子孙以廉、以俭。舜自侧微积德，至于为帝，子孙保之，享国百世而不绝。周自后稷、公刘、太王、王季、文王积德累功，至于武王而有天下。其《诗》曰："诒厥孙谋，以燕翼子。"言丰德厚泽，明礼法，以遗后世，而安固之也。故能子孙承统八百馀年，其支庶犹为天下之显侯，棋布于海内。其为利，岂不大哉！

【译文】

作为人的祖辈，都希望谋利于后代。可是真能谋利于后代的却很少。为什么这样说呢？因为如今为后代谋利之人，只不过是广积钱财留给后代。田地连阡陌，商铺遍街巷，粮食堆满粮仓，财物塞满了箱笼，祖辈们仍嫌不够，还在谋求，但是他们自己心里却怡然自得，以为子子孙孙世代享用都不能用完。可是他们这些祖辈们却不知道用做人的正道教育子孙，不知道用礼法来管理家庭。他们自己几十年中辛勤劳作积累起来的财富，却被子孙们在短期内挥霍浪费一空，子孙们反倒讥笑祖父们愚蠢，不会享受，还怨恨他们吝啬小气，对自己不好，这样虐待自己。一开始子孙们欺骗盗窃，以满足自己的欲望，不够之时，就向他人立券借债，等到长辈们死后再来偿还。静观子孙们的心思，只是担心长辈长寿。更有甚者，长辈有病非但不予治疗，还暗中下毒。那些为后代谋福利的长辈们，不但助长了子孙的罪恶，也给自己带来了杀身之祸。

曾经有位士大夫，他的祖先也是国朝名臣，家里非常富裕却很小气，连斗升之粟、尺寸之布，都要亲自管理，还把金银财宝锁起来，白天把钥匙带在身上，晚上睡觉时把钥匙放在枕头底下。后来他身患重病，不省人事，子孙们趁机偷走他的钥匙，打开贮藏室，开启财宝箱，偷走了金银财物。他从昏迷中苏醒之后就寻找枕头下面的钥匙，没有找到，于是愤怒而死。他的子孙们非但没有哭泣，还相互争夺财产，甚至于大打出手。就连未嫁之女也蒙着头拿着状纸，在公堂之上喊冤，以争夺嫁妆，他们的丑恶行为受到了同乡的讥笑。

究其原因，大概是子孙们自幼至长，只知道获取私利，不知道讲求道义的原因呀。

生活用品，本是人所必需，但是也别求太多，财物太多了，就会成为拖累。假如子孙们确实贤能，难道连粗食布衣都不能自己解决，甚至于死在路旁吗？倘若子孙们无能，即便是金银满屋，又有何益呢？祖辈们积累财富留给子孙后代，足见他们愚蠢之极。难道古圣先贤都不关心子孙后代的贫穷困乏吗？有人问："他们为什么会这样？"因为古代圣人要留给子孙高尚的品德与完备的礼法，贤人传给子孙廉洁的品质与俭朴的作风。舜出身卑贱却修养品德，终于当上帝王，他的子孙们继承他的高尚品德，统治国家历经百代而不绝。周朝从后稷、公刘、太王、王季、文王开始积德积功，到了武王之时，终于夺取政权，统治天下。《诗经》称："周文王谋及子孙，辅佐子孙。"指的是周文王积累恩德，申明礼法，而且将其传给后代，使得国家安宁、江山稳固。因而周家子孙能够统治八百多年，他的旁系也成为天下望族，诸侯星罗棋布，遍及海内。周家始祖留给后代的利益难道不大吗？

**【原文】**

孙叔敖为楚相，将死，诫其子曰："王数封我矣，吾不受也。我死，王则封汝。必无受利地。楚越之间，有寝邱者，此其地不利而名甚恶，可长有者，唯此也。"孙叔敖死，王以美地封其子，其子辞，请寝邱，累世不失。

汉相国萧何买田宅，必居穷僻处，为家不治垣屋。曰："令后世贤，师吾俭；不贤，无为势家所夺。"

南唐德胜军节度使兼中书令周本好施。或劝之曰："公春秋高，宜少留馀赀，以遗子孙。"本曰："吾系草屦事吴武王，位至将相，谁遗之乎？"

近故张文节公为宰相，所居堂室，不蔽风雨。服用饮膳，与始为河阳书记时无异。其所亲或规之曰："公月入俸禄几何，而自奉俭薄如此？外人不以公清俭为美，反以为有公孙布被之诈。"文节叹曰："以吾今日之禄，虽侯服王食，何忧不足？然人情由俭入奢则易，由奢入俭则难。此禄安能常恃？一旦失之，家人既习于奢，不能顿俭，必至失所。曷若无失其常，吾虽违世，家人犹如今日乎？"闻者服其远虑。此皆以德业遗子孙者也，所得顾不多乎？

晋光禄大夫张澄当葬父，郭璞为占墓地曰："葬某处，年过百岁，位至三司，而子孙不蕃；某处，年岁减半，位裁乡校，而累世贵显。"澄乃葬其劣处，位止光禄，年六十四而亡，其子孙昌炽，公侯将相，至梁、陈不绝。虽未必因葬地而然，足见其爱子孙厚于身矣。先公既登侍从，常曰："吾所得已多，当留以遗子孙。"处心如此，其顾念后世，不亦深乎！

**【译文】**

孙叔敖担任楚国相，临死的时候告诫他的儿子说："楚王多次赐封地给我，我都没有接受。我死后，楚王就会赐封地给你们，你们千万不要接受肥沃的封地。楚越之间有个地方叫寝邱，那里土地不好而且地名甚恶，能够长期拥有的唯有此地。"孙叔敖死后，楚王以好地赐给他的儿子，他们坚决不要，而向楚王请赐寝邱，后来好几代人都保有这块封地。

汉代著名宰相萧何，购买田地房屋时一定选择荒凉偏僻的地方，居家也不从事房屋的建设。他说："后代贤能，就会学习我俭朴的作风；即使没有大作为，也不会被势家大族夺去祖产。"

南唐德胜军节度使兼中书令周本乐善好施。有人劝他说："您年岁已高，应该留些资财给子孙后代。"周本却说："我当年脚穿草鞋，追随吴武王，官至将相，有谁遗留财产给我呢？"

新近去世的张文节公担任宰相之时，居住的房屋十分破旧，不能遮蔽风雨，衣服饮食，也跟他担任河阳书记时一样。他的亲朋规劝他说："你一个月的俸禄有多少？日常生活竟然如此俭朴。外人非但不把你的清廉俭朴看作美德，相反还认为你像公孙弘一样沽名钓誉。"文节感叹说："凭我现在的俸禄，要想穿着王侯的衣服、享用美味佳肴，何愁不够？可是就人之常情而言，由俭朴转向奢侈容易，由奢侈转为俭朴就很难。我现在的俸禄怎能常有，一旦失去，家人已经习惯了奢侈的生活，不能马上转为俭朴，必然会无法生活，与其这样，不如像未当宰相时一样平平淡淡地生活。那样的话，即使我离开人世，我的家人也还能保持现在的生活水准。"听者都信服他的深谋远虑。以上这些都是长辈们把德行和事业留给子孙后代的典范，他们的收获不是很多吗？

晋代光禄大夫张澄埋葬父亲的时候，术士郭璞为他占卜墓地说："葬在某个地方，你可以年满百岁，官至三公，但是子孙后代却不兴旺，葬在另一个地方，你的寿命要减半，还只能担任乡学小官，可是子子孙孙历代显贵。"张澄就将父亲埋在不好的地方，他只做了个光禄大夫，年仅六十四岁就死了，但是他的子孙们兴旺发达，担任公侯将相，至梁、陈时代都代有其人。尽管这一切不只是因为葬地的缘故，但是从中可见张澄疼爱子孙胜过自身。先父做了侍从之后经常说："我得到的东西已经很多，应当留些给子孙后代。"他处心积虑，为后人考虑不也很长远么？

# 卷之三

## 父

【原文】

陈亢问于伯鱼曰："子亦有异闻乎？"对曰："未也。尝独立，鲤趋而过庭，曰：'学《诗》乎？'对曰：'未也。''不学《诗》，无以言。'鲤退而学《诗》。他日又独立，鲤趋而过庭。曰：'学《礼》乎？'对曰：'未也。''不学《礼》，无以立。'鲤退而学《礼》。闻斯二者。"陈亢退而喜曰："问一得三，闻《诗》，闻《礼》，又闻君子之远其子也。"

曾子曰："君子之于子，爱之而勿面，使之而勿貌，遵之以道而勿强言。心虽爱之，不形于外，常以严庄莅之，不以辞色悦之也。不遵之以道是弃之也。然强之或伤恩，故以日月渐磨之也。"

石碏谏卫庄公曰："臣闻爱子，教之以义方，弗纳于邪。骄奢淫逸，所自邪也。四者之来，宠禄过也。"自古知爱子不知教，使至于危辱乱亡者，可胜数哉！夫爱之，当教之使成人，爱之而使陷于危辱乱亡，乌在其能爱子也？人之爱其子者，多曰："儿幼未有知耳，俟其长而教之。"是犹养恶木之萌芽，曰："俟其合抱而伐之"，其用力顾不多哉！又如开笼放鸟而捕之，解缰放马而逐之，曷若勿纵勿解之为易也。

曾子之妻出外，儿随而啼。妻曰："勿啼，吾归为尔杀豕。"妻归以语曾子，曾子即烹豕以食儿曰："毋教儿欺也。"

【译文】

陈亢向伯鱼问道："您也从您父亲孔子那里受到过不一样的教导吗？"伯鱼回答说："没有什么特别的教导。父亲曾经一个人站着的时候，我快步走上前去问候。父亲问我：'学习过《诗经》吗？'回答说：'还没有。''不学习《诗经》，没办法对答。'我退下来便学习《诗经》。又一天，父亲一个人站在那儿，我快步走上前去问候。父亲问我：'学习过《礼记》吗'？回答说：'没有'。'不学习《礼记》，没有本事立身。'我退下来便学习《礼记》，我只听说过这两件事。"陈亢退下来高兴地说："问一件事却得到三件收获。听到了学《诗》，听到了学《礼记》这两件之外，还听到了君子让自己的儿子离得远远的而没有溺爱。"

曾子说："君子对于自己的儿子。疼爱他但并不表现出来，使唤他但不要太随便，按照一定的规矩教育孩子但不要强迫他；心里虽然爱疼，不要表露到外面，经常以严肃的样子出现在孩子面前，也不用言语颜色去使孩子高兴快乐。不按一定的道理去教育孩子，实际上是在抛弃孩子。但是强迫有时又伤害恩情，所以要一天一天地慢慢磨炼孩子。"

石碏向卫庄公进谏说："愚臣听说过爱疼自己的儿子，要用仁义，德规去教育他，使他不要走上邪路，骄傲、奢侈、淫荡、放佚都是走上邪路的法门。这四者的产生，都是因为过分宠爱厚待的原因。"从古以来，人们都知道爱自己的孩子，却不知道怎样教育他们，以致让他们遭遇危险、受侮辱，甚至变成制造混乱的亡命之徒。这样的事例，连数都数不清啊！爱孩子就应该教育孩子，使他成长为人才。爱孩子却使孩子走上危险、受辱，甚至为乱、取亡之道，哪里是在真正爱孩子呢？爱孩子的人们常常这样说："孩子还小，还不懂事，等到他长大了再教育他吧！"这实际上就如爱刚刚发芽的恶木，说："等到恶木成为合抱那样大再砍伐它。"那样用力不就太多吗？又比如打开鸟笼放开鸟飞掉又去捕捉鸟儿，解开马缰绳却又去追赶马儿一样，哪里比得上不放鸟，不解缰绳那样容易呢？

曾子的妻子到外面去，儿子跟着哭啼。曾子妻哄儿子说："不要哭了，我回来以后给你杀猪吃。"妻子回来以后，把这件事告诉了曾子。曾子就杀了猪，并煮给孩子吃。说："不要教孩子欺骗的法子。"

【原文】

孟轲之母，其舍近墓。孟子之少也，嬉戏为墓间之事，踊跃筑埋。孟母曰："此非所以居之也。"乃去。舍市傍，其嬉戏为衒卖之事。孟母又曰："此非所以居之也。"乃徙舍学宫之傍，其嬉戏乃设俎豆，揖让进退。孟母曰："此真可以居子矣。"遂居之。

晋太尉陶侃，早孤，贫，为县吏。番阳孝廉范逵常过侃。时仓卒无以待宾，其母乃截发，得双髲以易酒肴。逵荐侃于庐江太守，召为督邮，由此得仕进。

唐侍御史赵武孟，少好田猎，尝获肥鲜以遗母。母泣曰："汝不读书而田猎，如是，吾无望矣。"竟不食其膳。武孟感激勤学，遂博通经史，举进士，至美官。

太子少保李景让母郑氏，性严明，早寡，家贫，亲教诸子。久雨，宅后古墙颓陷，得钱满缸。奴婢喜，走告郑。郑焚香祝曰："天盖以先君馀庆，愍妾母子孤贫，赐以此钱。然妾所愿者，诸子学业有成，他日受俸，此钱非所欲也。"亟命掩之。此唯患其子名不立也。

齐相田稷子，受下吏钱百镒，以遗其母。母曰："夫为人臣不忠，是为人子不孝也。不义之财，非吾有也；不孝之子，非吾子也。子起矣。"稷子遂惭而出，反其金，而自归于宣王请就诛。宣王悦其母之义，遂赦稷子之罪，复其位，而以公金赐母。

吴司空孟仁，尝为监鱼池官，自结网捕鱼，作鲊寄母。母还之曰："汝为鱼官，以鲊寄母，非避嫌也。"

晋陶侃为县吏，尝监鱼池。以一坩鲊遗母，母封鲊责曰："尔以官物遗我，不能益我，乃增吾忧耳。"

【译文】

孟轲的母亲，她住的地方靠近坟墓。孟子小的时候，玩耍游戏学着做坟墓之中的事情，跳来跳去又筑坟又埋人。孟子母亲说："这里不是适宜孩子居住的地方。"于是离开，住在市场的旁边。孟子游戏玩耍又学市场买卖一类的东西。孟子母亲又说："这里也不是适宜孩子居住的地方。"于是又搬到学校的旁边去住。孟子玩耍游戏于是就学着陈设祭品中的俎豆，会见宾客中的迎送一类的事情。孟子的母亲说："这里真是儿子可以居住的地方了！"于是就长期住了下来。

晋代太尉陶侃早年就丧父成为孤儿，家里贫困，当了一个县里的小官。番阳孝廉范逵曾拜访陶侃，当时仓促，陶侃家中没有东西接待宾客。陶侃的母亲就把头发剪了下来，做成两个假发拿去换酒食菜肴。之后范逵对庐江太守推荐陶侃，召陶侃为督邮，从此走上了仕途。

唐代侍御史赵武孟年少的时候喜欢打猎，曾获得很肥大鲜美的猎物送给他的母亲。母亲流着眼泪说："你不读书而这样地打猎，我没什么指望了！"坚决不吃他的东西。赵武孟深受触动，于是发奋勤学，最后博通经书史籍，中了进士，并当上了好官。

太子少保李景让的母亲姓郑，性格严厉，早年守寡，家庭贫困，自己亲自做孩子的老师。有一次下了很久的雨，住房后面的一堵古墙倒塌了，在倒塌的墙下，获得一缸子钱币。奴婢们十分高兴，跑来告诉郑氏。郑氏听说后烧香祝告说："上天大概拿祖先们余下来的恩惠关心照顾我们母子的孤苦贫困，所以赐给这些钱财，但是我所愿望的是，几个孩子在学习上有所成就，改日再接受享用这些钱财，现在并不希望用这笔钱。"于是她又急忙让人重新掩埋。这就是只担心儿子的名位不确立起来的人！

齐国的丞相田稷子，接受了下面官吏送的一百镒金子，他把金子又送给母亲。母亲说："做人臣子的不忠心，就是做儿子的不孝顺。不仁义的财产，不是我所应该有的。不孝顺的儿子，就不是我的儿子，你起来吧！"田稷子于是惭愧地出去，退还了金子，并且自己到齐宣王那儿去请求处罪。齐宣王喜欢他母亲的教子方法，就赦免了田稷子的罪行，并恢复了他的职位，并且拿公家的金子赏赐给他的母亲。

吴司空孟仁，曾经当过管理鱼池的官，自己织网捕鱼，作成腌鱼，寄给他的母亲。他的母亲退还给他，并说："你是管鱼池的官，现在拿腌鱼寄给我，这没有回避嫌疑。"

晋代陶侃做县官时，曾经掌管过鱼池，拿了一坩腌制的鲊送给他的母亲。他母亲把腌鲊封起来，责怪说："你拿公家的东西送我，不但不能帮助我，反而增加了我的顾虑。"

**【原文】**

隋大理寺卿郑善果，母翟氏，夫郑诚讨尉迟迥战死，母年二十而寡。父欲夺其志。母抱善果曰："郑君虽死，幸有此儿。弃儿为不慈，背死夫为无礼。"遂不嫁。善果以父死王事，年数岁，拜持节大将军，袭爵开封县公。

年四十，授沂州刺史，寻为鲁郡太守。母性贤明，有节操，博涉书史，通晓政事。每善果出听事，母辄坐胡床于鄣后察之。闻其剖断合理，归则大悦，即赐之坐，相对谈笑。若行事不允，或妄嗔怒，母乃还堂蒙袂而泣，终日不食。善果伏于床前，不敢起。母方起，谓之曰："吾非怒汝，乃惭汝家耳。吾为汝家妇，获奉洒扫，知汝先君忠勤之士也，守官清恪，未尝问私，以身殉国，继之以死，吾亦望汝副其此心。汝既年小而孤，吾寡耳，有慈无威，使汝不知礼训，何可负荷忠臣之业乎？汝自童稚袭茅土，汝今位至方岳，岂汝身致之邪？不思此事，而妄加嗔怒，心缘骄乐，堕于公政，内则坠尔家风，或失亡官爵，外则亏天子之法，以取辜戾。吾死日，何面目见汝先人于地下乎？"

母恒自纺绩，每至夜分而寝。善果曰："儿封侯开国，位居三品，秩俸幸足，母何自勤如此？"答曰："吁，汝年已长，吾谓汝知天下理。今闻此言，故犹未也。至于公事，何由济乎？今此秩俸，乃天子报汝先人之殉命也，当散赡六姻，为先君之慧，奈何独擅其利，以为富贵乎？又丝枲纺绩，妇人之务。上自王后，下及大夫士妻，各有所制。若堕业者，是为骄逸。吾虽不知礼，其可自则名乎？"

**【译文】**

隋代大理寺卿郑善果，母亲姓翟，她的丈夫郑诚因讨伐尉迟迥而战死了。当时翟氏年仅二十岁就守寡了。她的父亲想改变她的志向，母亲抱着郑善果说："郑君虽然死了，庆幸留有这样一位儿子，抛弃儿子是不慈祥，背叛死去的丈夫是无礼的事。"于是不再另嫁。郑善果因为父亲为王事而死，才几岁就被封拜为持节大将军，承袭开封县爵。

在善果四十岁时，被授予沂州刺史，不久又升为鲁郡太守。母亲性情贤明，很有操守节义，广泛地阅读历史、典籍，并且精通晓明政事。每次郑善果听事，母亲就在屏障后设一张胡床，坐在那儿观察郑善果。听到他剖析裁断合理，回来就十分高兴，并且赐给他座位，面对面笑谈；假如做事情不公允，或者随意发怒，母亲就回到堂厅中用衣袂蒙着脸哭泣，一天都不吃饭，善果跪伏在床前，不敢起来。母亲才对他说："我并不是对你发脾气，而是为你们家感到惭愧。我做你们家的妇人，是以奉持家务，知道你的父亲是一位忠心勤劳的人，当官清明恪守，从来不为自己谋私利，把一生都献给了国家，连生命都付出了，我也希望你能像你爹一样。你小小年纪就丧父，我是寡妇人家，有慈爱而无威严，使得你不知道礼制，怎么可以负担忠臣的事业？你自年幼就袭封了土地，现在做官到了名动山岳之位，难道是你自己得来的吗？不好好想想这件事情就随意发脾气，这是因为心里有骄傲享乐思想，没有把公务放在心上，这样的话从内讲是败坏你的家风，甚至于丢官失爵，从外讲则有损天子的法制，并因而获罪。我死的时候，有什么脸面去见你的祖宗先人于地下？"

郑母经常亲自纺纱织布，总是到夜深才睡。善果说："儿子被封侯，为开国之臣，位在三品，所得体禄尚还能赡养母亲，你何必这样辛苦勤劳？"母亲回答说："啊！你已经长大了，我认为你懂得天下事理，现在听了这句话，看来还是一位没有明白事理之人，那么那些公家事务，你怎能办好？你现在的俸禄，是皇帝报答你父亲为国丧命的，应当把它散发去赡养你的亲戚朋友，作为你亡故父亲的恩泽，你怎么能单独靠这种利益成为富贵之人？而且织丝纺麻，成布制衣，这是妇人的工作，上到王后，下到士大夫的妻子，都各有制，假如放弃这件事情，那就是骄傲逸乐，我虽然不懂得礼规，难道可以自己毁坏自己的名声吗？"

【原文】

唐中书令崔玄暐，初为库部员外郎。母卢氏尝戒之曰："吾尝闻姨兄辛玄驭云：'儿子从官于外，有人来言其贫窭不能自存，此吉语也；言其富足，车马轻肥，此恶语也。'吾尝重其言。比见中表仕宦者，多以金帛献遗其父母。父母但知忻悦，不问金帛所从来。若以非道得之，此乃为盗而未发者耳，安得不忧而更喜乎？汝今坐食俸禄，苟不能忠清，虽日杀三牲，吾犹食之不下咽也。"玄暐由是以廉谨著名。

李景让宦已达，发斑白，小有过，其母犹挞之。景让事之，终日常兢兢。及为浙西观察史，有左右都押牙迕景让意，景让杖之而毙。军中愤怒，将为变。母闻之。景让方视事，母出，坐厅事，立景让于庭下而责之曰："天子付汝以方面，国家刑法，岂得以为汝喜怒之资，妄杀无辜之人乎？万一致一方不宁，岂惟上负朝廷，使垂老之母衔羞入地，何以见汝先人乎？"命左右褫其衣，坐之，将挞其背。将佐皆至，为之请。不许。将佐拜见泣，久乃释之。军中由是遂安。此惟恐其子之入于不善也。

唐相李义甫专横，侍御史王义方欲奏弹之，先白其母曰："义方为御史，视奸臣不纠则不忠，纠之则身危而忧及于亲，为不孝。二者不能自决，奈何？"母曰："昔王陵之母，杀身以成子之名。汝能尽忠以事君，吾死不恨。"此非不爱其子，惟恐其子为善之不终也。然则为人母者，非徒鞠育其身，使不罹水火，又当养其德，使不入于邪恶，乃可谓之慈矣。

汉明德马皇后无子，贾贵人生肃宗。显宗命后母养之，谓曰："人未必当自生子，但患爱养不至耳。"后于是尽心抚育，劳瘁过于所生。肃宗亦孝，性淳笃。恩性天至，母子慈爱，始终无纤介之间。古今称之，以为美谈。

【译文】

唐代中书令崔玄暐，当初做库部员外郎，母亲卢氏曾经告诫他说："曾听姨兄辛玄驭说：

‘儿子在外做官，有人来说儿子贫困得不能自己养活自己，这是吉利的话；如果有人说他富贵得来得轻暖坐着大马车，这是不好的话。’我曾经器重这两句话。曾经看到亲戚们那些当官的，往往有拿金子、丝帛送给他们的父母。父母们则仅仅知道高兴愉快，却不问金子、丝帛是从哪儿得来的。假若不是用正常手段得到了，那这就是在做盗窃还没有被别人发现罢了。怎能不担忧，却感到高兴愉快？你现在白白地得到俸禄，假若不能忠诚清廉，即使每天杀牛、猪、羊给我吃，我也吃不下。”玄玮因此而以廉洁严谨著名。

李景让做官已经显达了，头发也白了，稍微有点过错，他的母亲仍然打他一顿。景让做事，从早到晚，经常战战兢兢，小心谨慎。等做到浙西观察使，有一位小都押牙违背了景让的意思，景让杖打他以致把人家打死了。军中群情激奋，快要发生变乱了。他的母亲听说了，当时景让正在处理公务，母亲出来，坐在厅堂中。让景让站在庭下，责骂他说：“天子交给你们权力、国家的刑法，难道能根据你们自己的高兴、愤怒，而随意杀害无辜之人吗？假如万一招致一个地方的动乱，难道只是上面有负于朝廷，也会使年老快死的母亲受到羞辱而死，我又有什么面目见到你的先辈？”命令身边的人剥下景让的衣服，让他坐着，要鞭打他的背。将命佐官都出来劝说请求，她母亲也不答应。将官从吏都跪下来并哭泣着哀求，过了许久才放了他。军队中这样才安定下来。这就是只担心他的儿子走上邪路的人！

唐代宰相李义甫专制蛮横，侍御史王义方想弹奏他，先和自己母亲说：“义方身为御史，看到奸邪之臣不纠正就不能算忠良之臣，假若去纠正邪恶之臣又会身遭不测，那样就会给亲人带来忧愁，就算是不孝之人。是行忠道还是行孝道，二者不能够自己裁决，怎么办？”母亲回答说：“从前王陵的母亲自己杀身以成全儿子的名声。你能竭尽忠道以事奉君王，我即使是死了，也不怨恨。”这并不是不爱他的儿子，只担心儿子做好事而不能坚持。然而作为人的母亲，不仅仅只是哺育儿子长大，让他不遭水火之灾，还应当培养他的道德，让他不陷入到邪恶的道路上去，这样就可以叫做慈爱了。

汉明德马皇后没有儿子，贾贵人生了肃宗。显宗命令马皇后作为母亲抚养孩子，并说：“一个女人未必都会生孩子，但担心爱护、养育孩子应尽力而已！”马皇后于是尽心抚育培养，辛苦疲劳超过了所有的人。肃宗也十分孝顺。禀性淳厚笃实，恩爱之性如与天俱来。母亲和儿子慈祥痛爱，从开始到后来都没有半点不和之事，古今人都把这件事传为美谈。

**【原文】**

齐宣王时，有人斗死于道。吏讯之。有兄弟二人立其傍，吏问之。兄曰：“我杀之。”弟曰：“非兄也，乃我杀之。”期年，吏不能决。言之于相，相不能决。言之于王，王曰：“今皆舍之，是纵有罪也；皆杀之，是诛无辜也。寡人度其母能知善恶，试问其母，听其所欲杀活。”相受命，召其母问曰：“母之子杀人，兄弟欲相代死，吏不能决，言之于王，王有仁惠，故问母，何所欲杀活？”

母泣而对曰：“杀其少者。”相受其言，因而问之曰：“夫少子者，人之所爱。今欲杀之，何也？”其母曰：“少者，妾之子也。长者，前妻之子也。其父疾且死时属于妾曰：‘善养视之。’妾曰：‘诺。’今既受人之托，许人以诺，岂可忘人之托而不信其诺耶？且杀兄活弟，是以私爱废公义也。背言忘信，是欺死者也。失言忘约，已诺不信，何以居于世哉！予虽痛子，独谓行何？”泣下沾襟。相入，言之于王。王美其义高其行，皆赦，不杀其子，而尊其母，号曰“义母”。

鲁师春姜嫁其女，三往而三逐。春姜问其故，以轻侮其室人也。春姜召其女而笞之曰：

"夫妇人以顺从为务，贞悫为首。今尔骄溢不逊以见逐，曾不悔前过。吾告汝数矣，而不吾用，尔非吾子也。"笞之百而留之。三年，乃复嫁之。女奉守节义，终知为妇人之道。今之为母者，女未嫁不能诲也；既嫁为之援，使挟己以凌其婿家；及见弃逐，则与婿家斗讼，终不自责其女之不令也。如师春姜者，岂非贤母乎？

**【译文】**

齐宣王的时候，有人被打死在路上，官吏追查。有兄弟二人站在死者旁边，官吏问他们。哥哥说："人是我杀的。"弟弟也说："不是哥哥，实是我杀的。"过了一年，官吏不能判断，就就把这件事告诉了相国，相国也不能判断，就把这件事又告诉了宣王，宣王说："现在都赦免了他们，这是放纵他们的罪；都把他们杀了，那是诛杀了无辜之人。我考虑到他们的母亲能够分别善恶，试去询问一下他们的母亲，听从她所想所做，是杀是活都由她决定。"相国接受命令，派人去喊他们的母亲来。问他们的母亲说："你的儿子杀了人，两兄弟都想替对方去死。官吏不能判断他们是谁杀了人，就把这件事告诉了大王，大王非常富于仁爱慈惠之心，所以特意询问你，想让哪一个活哪一个死？"

那位母亲哭泣着回答说："把小的杀了吧！"相国接受了他的话，因此趁机问道："小儿子是一般人最疼爱的。现在你反而要把他杀掉，这是为什么？"那位母亲说："小儿子是我亲生的儿子，大儿子是前妻生的儿子。他们的父亲病得很厉害临终的时候，嘱咐我说：'好好地照管养育孩子。'我答应说：'好'。现在既然接受他父亲的嘱托，答应了他父亲的话，难道可以忘记别人的嘱托，而不信守自己的许诺吗？况且杀掉哥哥让弟弟活下来，是拿私情破坏公义，违背嘱托违背信义，是欺骗死者。不注意自己的话忘记约言，已经答应的不信守，这样的人凭什么活在这个世界上？我虽然痛爱自己的儿子，如何对得起自己的言行？"说完眼泪沾满了衣襟。相国把这些话传到了国王那儿。国王赞美她的节义，以为她的行为高尚，就赦免她的两个儿子，并且十分尊奉他们的母亲，并把她称为"义母"。

鲁师春姜的女儿出嫁，送去三次被赶回来三次。春姜询问是什么原因，原来是因为轻视侮辱了夫家的人。春姜把女儿喊来并打了一顿，说："一个妇人把顺从看做首务，把贞洁诚实当做要事。现在你过分骄横，一点也不谦逊，因而被赶了出来，尚且没有痛悔以前的过失。我告诫你多次，却不听我的话，你不是我的女儿。"打了一百下之后把女儿留在家里，三年后才又把她嫁出去。从此女儿奉守节操礼义，终于知道了作为人之妇的道理。现在这些当母亲的，女儿没有出嫁之前不能好好教育，出嫁以后，又为女儿撑腰当靠山，依靠自己用来压制女婿一家，等到被赶出家门，就与女婿一家又打又闹，从来不去责怪他们自己女儿的不善之处。而如果能像师春姜这样，不就是一位贤母了吗？

# 卷之七

## 兄

**【原文】**

凡为人兄不友其弟者，必曰："弟不恭于我。"自古为弟而不恭者，孰若象？

万章问于孟子曰："父母使舜完廪，捐阶，瞽瞍焚廪。使浚井，出，从而揜之。象曰：'谟盖都君，咸我绩。牛羊父母，仓廪父母。干戈朕，琴朕，弤朕，二嫂使治朕栖。'象往入舜宫，舜在床琴。象曰：'郁陶，思君尔。'忸怩。舜曰：'惟兹臣庶，汝其于予治。'不识舜不知象之将杀己与？"

曰："奚而不知也？象忧亦忧，象喜亦喜。"

曰："然则，舜伪喜者与？"

曰："否。昔者有馈生鱼于郑子产，子产使校人畜之池。校人烹之，反命曰：'始舍之，圉圉焉；少则洋洋焉，攸然而逝。'子产曰：'得其所哉！得其所哉！'校人出，曰：'孰谓子产智？予既烹而食之，曰：得其所哉，得其所哉！"故君子可欺以其方，难罔以非其道。彼以爱兄之道来，故诚信而喜之，奚伪焉？"

万章问曰："象日以杀舜为事，立为天子，则放之，何也？"

孟子曰："封之也；或曰放焉。"

万章曰："舜流共工于幽州，放驩兜于崇山，杀三苗于三危，殛鲧于羽山。四罪而天下咸服，诛不仁也。象至不仁，封之有庳，有庳之人奚罪焉？仁者固如是乎？在他人则诛之，在弟则封之？"

曰："仁人之于弟也，不藏怒焉，不宿怨焉，亲爱之而已矣。亲之，欲其贵也；爱之，欲其富也。封之有庳，富贵之也。身为天子，弟为匹夫，可谓亲爱之乎？"

"敢问，或曰放者，何谓也？"

曰："象不得有为于其国，天子使吏治其国，而纳其贡赋焉，故谓之放，岂得暴彼民哉？虽然，欲常常而见之，故源源而来，不及贡；以政接于有庳。"

**【译文】**

凡是为人哥哥的，与弟弟不友好的，一定说是弟弟对自己不恭敬。自古以来做弟弟的对哥哥不恭敬的哪一个超过象？万章问孟子道："舜的父母亲打发舜去修缮谷仓，等舜上了屋顶，便抽去梯子，他父亲瞽还放火焚烧那谷仓，幸而舜设法逃了下来。于是又打发舜去淘井，他们不知道舜从旁边的洞穴出来了，使用土填塞井眼。舜的弟弟象这时说：'谋害舜都是我的功劳，牛羊分给父母，仓廪分给父母，干戈归我，琴归我，弤弓归我，两位嫂嫂要替我铺床叠被。'象便向舜的住房走去，舜却坐在床边弹琴。象说：'哎呀！我好想念你啊！'但神情之间是很不好意思的。舜说:'我想念着这些臣下和百姓,你替我管理管理吧!'舜不知象要杀他吗?"

孟子答道:"为什么不知道呢?象忧愁,他忧愁;象高兴,他也高兴。"万章说,"那么,舜的高兴是假装的吗?"孟子说:"不,从前有一个人送条活鱼给郑国的子产,子产使主管池塘的人畜养起来,那人却煮着吃了,回报说:'刚放在池塘里,它还要死不活的;一会儿,摇摆着尾巴活动起来,突然间远远地不知去向。'子产说:'它得到了好地方呵!得到了好地方啊!'那个人就出来说:'谁说子产聪明?我已经把鱼煮了煮吃了,他却还说它得到了好地方呵!得到了好地方啊!'所以对于君子,可以用合乎人情的方法来欺骗他,不能用违反道理的诡诈欺骗他。象既然假装着敬爱兄长的样子来,舜因此真诚地相信而高兴起来,怎么会是假装的呢?"万章问道:"象每天把谋杀舜的事情作为他的工作,等舜做了天子,却仅仅流放他,这是什么道理呢?"

孟子答道:"其实是舜封象为诸侯,不过有人说是流放他罢了。"万章说:"舜把共工流放到幽州,把驩兜发配到崇山,把三苗驱逐到三危,让鲧充军羽山,惩处了这四个罪犯,天下便都归服了。就因为讨伐了不仁的人的缘故。象是最不仁的人,却以有庳之国来封他。有庳国的百姓又有什么罪过?对别人就加以惩处,对弟弟就封以国土,难道仁人做法竟是这样的吗?"

孟子说:"仁人对于弟弟有所忿怒,不藏于心中,有所怨恨,不留于胸内,只是亲他爱他罢了。亲他便要使他贵;爱他便要他富,把有庳国土封给他,正是使他又富又贵,本人做了天子,弟弟却是一个老百姓,可以说是亲他爱他吗?"万章说:"我请问,为什么有人说是流放?"

孟子说:"象不能在他国土上为所欲为,天子派遣了官吏来给他治理,缴纳贡税,所以有人说是流放。象难道能够暴虐对待他的百姓吗?纵如此,舜还是想常常看着象,象也不断地来和舜相见。不必等到规定的朝贡的时候,平常也假借政治上的需要来接待他。"

**【原文】**

汉丞相陈平,少时家贫,好读书,有田三十亩,独与兄伯居。伯常耕田,纵平使游学。平为人长美色,人或谓:"陈平贫,何食而肥若是?"其嫂嫉平之不视家产,曰:"亦食糠核耳。有叔如此,不如无有。"伯闻之,逐其妇而弃之。

御史大夫卜式,本以田畜为事。有少弟,弟壮,式脱身出,独取畜羊百馀,田宅财物尽与弟。式入山牧十馀年,羊至千馀头,买田宅;而弟尽破其产。式辄复分与弟者,数矣。

唐朔方节度使李光进,弟河东节度使光颜先娶妇。母委以家事。及光进娶妇,母已亡。光颜妻籍家财,纳管钥于光进妻。光进妻不受,曰:"娣妇逮事先姑,且受先姑之命,不可改也。"因相持而泣,卒令光颜妻主之矣。

平章事韩蟥,有幼子,夫人柳氏所生也。弟滉戏于掌上,误坠阶而死,蟥禁约夫人勿悲啼,恐伤叔郎意。为兄如此,岂妻妾它人所能间哉!

**【译文】**

汉代丞相陈平,小时候家里贫困,喜欢读书,有田三十亩,一个人与哥哥陈伯住一起。陈伯常耕作种田,让陈平一个人游学。陈平为人长得很高、又漂亮。有人说陈平:"贫困之人,怎么会吃得来这样肥头大耳?”他的嫂子嫉妒陈平不料理家事,说:“也许是吃了些糠吧,有这样的叔子,还不如没有的好。”他哥哥听见了,把他的妻子赶走并且抛弃了她。

御史大夫卜式,本来从事种田畜牧,有一位小弟弟。弟弟长大后,卜式自己一个人离开家庭,只取一百来只羊,田土、住宅、财产物质全归弟弟。卜式入山放羊十多年,羊繁殖到一千多头,并且买了田地和房子。但他的弟弟却全部破坏损耗了家产,卜式就把自己的财产分给他,并且有好几次都这样做。

唐代朔方节度使李光进,弟弟是河东节度使李光颜,弟弟先于他娶了媳妇,他们母亲把家事全交给光颜的妻子。等到光进娶亲的时候,母亲已经亡故。光颜的妻子清点并收拾好家里的财产,把门锁起来。然后把钥匙交给光进的妻子。光进的妻子不接受,回答说:“弟媳曾经侍奉过故去的婆婆,并且你接受了婆婆的安排,因此婆婆的安排是不可以更改的。”说完两姑嫂相互拥抱起来哭泣,最后仍让光颜的妻子主持家政。

平章事韩缜有幼子是夫人柳氏生的,幼子与弟弟韩湟在堂上玩耍,幼子误从阶上掉下来死了。韩缜不要夫人哭泣,担心伤害叔叔的心。做哥哥如此,难道是妻妾或其他人所能离间的吗?

## 弟

【原文】

弟之事兄,主于敬爱。齐射声校尉刘琎,兄瓛夜隔壁呼琎,琎不答。方下床着衣,立,然后应。瓛怪其久,琎曰:“向束带未竟。”

梁安成康王秀,于武弟布衣昆弟,及为君臣,小心敬畏,过于疏贱者。帝益以此贤之。若此,可谓能敬矣。

后汉议郎郑均,兄为县吏,颇受礼遗,均数谏之,不听,即脱身为佣。岁馀,得钱帛归以与兄,曰:“物尽可复得。为吏坐赃,终身捐弃。”兄感其言,遂为廉洁。均好义笃实,养寡嫂孤兄,恩礼甚至。

晋咸宁中疫颖川,庾衮二兄俱亡,次兄毗复危殆,厉气方炽,父母诸弟,皆出次于外,衮独留不去。诸父兄强之,乃曰:“衮性不畏病。”遂亲自扶持,昼夜不眠。其间,复抚柩哀临不辍。如此,十有馀旬,疫势既歇,家人乃反。毗病得差,衮亦无恙。父老咸曰:“异哉！此子。守人所不能守,行人所不能行,岁寒然后知松柏之后凋,始知疫疠之不相染也。”

唐英公李勣,贵为仆射,其姊病,必亲为燃火煮粥。火焚其须鬓,姊曰:”仆射妾多矣,何为自苦如是?”勣曰:“岂为无人耶?顾今姊年老,勣亦老,虽欲久为姊煮粥,复可得乎?”若此,可谓能爱矣。

【译文】

弟弟侍奉兄长,关键是要敬重。齐代射声校尉刘琎的哥哥刘瓛夜晚在隔壁喊刘琎,刘琎没答应,下床穿好衣服,站好之后才答应。哥哥怪他为什么那么久没答应,他说:“刚才你喊我的时候我还没有整装束带。”

梁安成康王秀跟武帝是平民兄弟,等到武帝即位后,秀对武帝小心侍候,非常敬爱,其敬爱超过了那些血缘疏远的人。武帝因此更看重秀。弟弟像这样对待哥哥可谓是敬重。

东汉议郎郑均哥哥当县吏时，经常接受他人礼品，郑均多次劝谏，哥哥不听，他就去当佣人。过了一年多，他拿了钱财回来给哥哥说："钱财用尽了可以再赚。当官的贪赃枉法，就会受到惩处，再也不能为官。"哥哥听了他的话后非常感动，此后清正廉洁、不徇私情。郑均为人忠厚老实，哥哥死后，他赡养寡嫂，抚养孤儿，恩礼备至。

西晋咸宁年间颍川发生瘟疫，庾衮的两个哥哥都死了，还有个哥哥庾毗生命垂危。其时瘟疫肆虐，父母及几个弟弟都外出居住，庾衮留在家里，不肯离去。父母等人强迫他同行，他却说："我不怕染病。"就在家亲自侍候哥哥庾毗，昼夜不眠。如此这般，过了一百多天，瘟疫渐渐停息，家人才回家。庾毗的病得以康复，庾衮也安然无恙。乡亲们都说："这个儿子真是不同寻常，能够坚守他人不能坚守的岗位，能做他人不能做的事情，天气寒冷的时候才知道松柏的长青不凋，也才晓得瘟疫不传染好人。"

唐英国公李勣，官至仆射，他的姐姐病了，他就亲自为她烧火煮粥，火苗烧了他的胡须和头发。姐姐说："你的妾那么多，为何这样自找苦吃？"李勣回答说："难道是没人吗？我想到姐姐现在年老，我自己也老了，即使想长时间地为姐姐烧火煮粥，又怎么可能呢？"像这样的弟弟，可谓能够敬爱姐姐。

**【原文】**

夫兄弟至亲，一体而分，同气异息。《诗》云："凡今之人，莫如兄弟。"又云："兄弟阋于墙，外御其侮。"言兄弟同休戚，不可与他人议之也。若己之兄弟且不能爱，何况他人？己不爱人，人谁爱己？人皆莫之爱，而患难不至者，未之有也。《诗》云："毋独斯畏"，此之谓也。兄弟，手足也，今有人断其左足以益右手，庸何利乎？虺一身两口，争食相龁，遂相杀也。争利而相害，何异于虺乎？

吴太伯及弟仲雍，皆周太王之子，而王季历之兄也。季历贤而有圣子昌，太王欲立季历以及昌，于是太伯、仲雍二人乃奔荆蛮，文身断发，示不可用，以迎季历。季历果立，是为王季，而昌为文王。太伯之奔荆蛮，自号句吴。荆蛮义之，从而归之千馀家，立为吴太伯。子曰："太伯，其可谓至德也已矣。三以天下让，民无得而称焉。"

伯夷、叔齐，孤竹君之二子也。父欲立叔齐。及父卒，叔齐让伯夷。伯夷曰："父命也。"遂逃去。叔齐亦不肯立而逃之。国人立其中子。

后魏高凉王孤平，文皇帝之第四子也。多才气，有志略。烈帝之前元年，国有内难，昭成为质于后赵，烈帝临崩，顾命迎立昭成。及崩，群臣咸以新有大故，昭成来未可果，宜立长君。次弟屈，刚猛多变，不如孤之宽和柔顺，于是大人梁盖等杀屈，共推孤为嗣。孤不肯，乃自诣邺奉迎，请身留为质，石季龙义而从之。昭成即王位，乃分国半部以与之。然兄弟之际，宜相与尽诚。若徒事形迹，则外虽友爱，而内实乖离矣。

梁安成康王秀与弟始兴王憺，友爱尤笃。憺久为荆州刺史，常以所得中分秀。秀称心受之，不辞多也。若此，可谓能尽诚矣。

贤者之于兄弟，或以天下国邑让之，或争相为死；而愚者争锱铢之利，一朝之忿，或斗讼不已，或干戈相攻，至于破国灭家，为他人所有，乌在其能利也哉！正由智识褊浅，见近小而遗远大故耳，岂不哀哉！《诗》云："彼令兄弟，绰绰有裕。不令兄弟，交相为瘉。"其是之谓欤！子产曰："直钧，幼贱有罪，"然则兄弟而及于争，虽俱有罪，弟为甚矣。世之兄弟不睦者，多由异母，或前后嫡庶更相憎嫉。母既殊情，子亦异党。”

【译文】

兄弟之间相亲相爱，就如同一体而分，同气异息。《诗经》说：“现在的人，都不如兄弟那样亲密无间。”又说：“兄弟在家里虽然不和，对外却能团结一心，共同对付敌人。”说的是兄弟能够同欢乐、共患难，不能与他人相提并论。如果连自己的兄弟都不喜爱，又何况他人呢？自己不爱他人，他人又怎么会爱自己呢？谁都不喜爱，就会大难临头。《诗经》说“怕的是不得人心”，指的就是这个意思。兄弟如同手足，有人砍断他的左脚，以延长他的右手，难道有什么好处吗？虺一个身子两张嘴巴，争食相咬，自相残杀。如果兄弟为了各自的利益互相残害，跟虺有什么差别呢？

吴太伯和弟弟仲雍，都是周太王的儿子，是王季历的哥哥。季历贤能，生了圣子姬昌，周太王想立季历与姬昌为王。因此太伯、仲雍两人就奔赴荆蛮，文身截发，表示他们不能为王，以便躲避弟弟季历。季历果然被立为王，称为王季，而姬昌成了周文王。太伯到了荆蛮之后，自称句吴。荆蛮百姓认为他很讲仁义道德，纷纷归附，归顺他的人有一千多家，拥立他为吴太伯。孔子说：“太伯，可谓是很有道德，多次让位给季历，百姓无不称赞他的美德。”

伯夷、叔齐，是商代孤竹君的两个儿子。父亲孤竹君想立叔齐为继承人。等到父亲死后，叔齐想让位给伯夷，伯夷说：“那是父亲的命令。”就逃亡而去。叔齐不愿当继承人，也逃跑了。于是国人就拥立孤竹君的第二个儿子为王。

后魏高凉王孤，是平文皇帝的第四个儿子，多才多艺，很有谋略。烈帝之前元年，国内发生叛乱，昭成前往后赵做人质。烈帝临死之时，命令臣下迎立昭成为王。烈帝死后，群臣都认为皇帝刚刚驾崩，昭成不一定能归来，应该拥立新的君主。昭成的小弟屈，刚猛多变，不像孤那样宽和柔顺。因此大人梁盖等杀死屈，一起拥立孤为王。孤不同意，就亲自到邺地迎哥哥昭成，愿意留作人质。石季龙深感于他的大义就满足了他的要求。昭成当了皇帝后，就分给孤半部江山。兄弟之间，应该坦诚相待，如果徒有其表，对外虽然能团结友爱，在内却已经相互背离。

梁朝安成康王秀与弟弟始兴王憺非常友爱，憺长时间担任荆州刺史，经常把他的俸禄分一半给哥哥，秀高兴地接受，也不推辞。为人之弟像这样对待哥哥，可谓是能够尽诚尽恭。

贤能的兄弟，或以天下国邑互相推让，或者争相替死；可是那些愚蠢的兄弟，争夺锱铢小利，因为一时的忿恨，或者争吵不止，或者大动干戈，以至家灭国破，被他人占有，好处何在？那正是因为兄弟智识短浅，贪图小利，因小失大的缘故，岂不是很悲哀吗？《诗经》说：“兄弟和睦，家产就会绰绰有余；兄弟不和，就会贫病交加。”指的就是这种情况。子产说：“直钧，幼贱有罪。”如此说来，兄弟争斗，虽然都有罪过，但是弟弟的过错更大！今世兄弟不和，多半因为异母或前后嫡庶母互相憎恨、嫉妒。母亲对孩子的感情各不相同，孩子之间也不会同心同德。

## 夫

【原文】

夫妇之道，天地之大义，风化之本原也。可不重欤？《易》：“艮下兑上咸。彖曰：止而说，男下女，故娶女吉也。巽下震上恒。彖曰：刚上而柔下，雷风相与。”盖久长之道也。是故，《礼》：婿冕而亲迎，御轮三周，所以下之也；既而婿乘车先行，妇车从之，反尊卑之正也。《家人》初九：闲有家，悔亡。正家之道，靡不在初。初而骄之，至于狼犺，浸不可制，非一朝一夕之所致也。昔舜为匹夫，耕渔于田泽之中，妻天子之二女，使之行妇道于翁姑。非身率以礼义，能如是乎？

汉鲍宣妻桓氏，字少君。宣尝就少君父学，父奇其清苦，故以女妻之，装送资贿甚盛。宣不悦，谓妻曰：“少君生富骄，习美饰，而吾实贫贱，不敢当礼。”妻曰：“大人以先生修德守约，故使贱妾侍执巾栉。既奉承君子，唯命是从。”宣笑曰：“能如是，是吾志也。”妻乃悉归侍御服饰，更着短布裳，与宣共挽鹿车，归乡里。拜姑毕，提瓮出汲，修行妇道，乡邦称之。

**【译文】**

夫妇的立身处事之道，是天地间最大的道义，也是风俗教化的根本，能不重视吗？《周易》：“艮在下兑在上，是咸卦。《彖传》说：男女交往既有节制又互相愉悦，男子谦卑地向女子求婚，因此娶妻子就吉利。巽在下震在上，是恒卦。《彖传》说：男子在上，女子在下，是雷和风的结合。”这大概是永恒不变的道理。因此礼法规定：新郎戴上礼帽，迎亲的时候要驾车绕行几周，目的是为了向新娘表示谦恭。既而新郎乘车走在前面，新娘坐车跟在后面，又是为了表明男尊女卑。家人卦：“处于一位的阳爻表现的是：在整治家庭时，要注意防止妻子的空闲无聊，那样就不会产生悔恨。”端正家风的办法，就是一开始成家时就要从严管理。成家伊始就娇惯妻子，以至于妻子放荡恣肆，不可遏制。并非一朝一夕就会出现这样的情况，而是长时间没管好的恶果。古时候虞舜身为平民之时，亲自在田地之中耕田养鱼，他娶了天子的两个女儿做妻子，要她们在公婆面前履行妇道，如果他自己不遵守礼义，妻子能顺从吗？

西汉鲍宣的妻子桓氏，字少君。鲍宣曾跟随少君的父亲读书学习，父亲欣赏他的勤奋好学，就把女儿少君嫁给了他。少君的嫁妆非常丰厚，鲍宣心里不高兴，就对妻子说：“你生在富贵之家，习惯穿着漂亮的衣服，可是我非常贫穷，不敢和你一块儿生活。”妻子说：“父亲因为你品德高尚、很守信用，就让我来侍奉你，既然做了你的妻子，什么事情我都听你的。”鲍宣笑着说：“你能这样，我就心满意足了。”少君将那些贵族服装送回娘家，穿上了平民服装，与鲍宣一起挽着鹿车，回到家乡。她拜完婆母，就打水做饭，履行为妇之道，乡里之人对她大为称赞。

**【原文】**

扶风梁鸿，家贫而介洁。势家慕其高节，多欲妻之，鸿并绝不许。同县孟士有女，状肥丑而黑，力举石臼，择对不嫁，行年三十。父母问其故，女曰：“欲得贤如梁伯鸾者。”鸿闻而聘之。女求作布衣麻履，织作筐篚绩麻之具。及嫁，始以装饰，入门七日而鸿不答。妻乃跪床下请曰：“切闻夫子高义，简斥数妇，妾亦偃蹇数夫矣。今见于择，敢不请罪。”鸿曰：“吾欲裘褐之人，可与俱隐深山者尔。今乃衣绮缟，傅粉墨，岂鸿所愿哉！”妻曰：“以观夫子之志尔。妾自有隐居之服。”乃更椎髻，着布衣，操作具而前。鸿大喜曰：“此真梁鸿之妻也，能奉我矣！”字之曰：“德曜”，遂与偕隐。是皆能正其初者也。

汉梁鸿避地于吴，依大家皋伯通，居庑下，为人赁舂。每归，妻为俱食，不敢于鸿前仰视，举案齐眉。伯通察而异之。曰："彼佣，能使其妻敬之如此，非凡人也。"方舍之于家。

【译文】

东汉扶风人梁鸿，家里虽然非常困苦，但是志向高远。那些有权有势的人家羡慕他的品行高尚，都愿意把女儿嫁给他，可是他一律拒绝。同县孟氏有个女儿，长得又胖又黑又丑，力气很大，能举起石臼，家里给她选好了对象她却不愿意，年近三十，尚未婚配。父母问她缘由，她说："我想找个像梁鸿那样贤能的人为夫。"梁鸿听说后就和她订了婚。她叫父母给她准备了布衣麻鞋以及筐篚、纺织用具。出嫁后，每天都梳妆打扮。进入梁家七天，梁鸿却没有理会她。她跪在床边向丈夫请罪说："我听说你志向高洁，回绝了好几个求婚女子，我心性高傲，也回绝了几个求婚男子。如今被你选中为妻，能问问我何过之有吗？"梁鸿回答说："我想娶的是能过平民生活的女子，她能与我一起隐居深山。如今你却穿着绫罗绸缎，涂脂抹粉，哪里是我所希望的呢！"妻子说："我之所以那样打扮，为的是观察你的志向。我自有隐居的服装。"过了一会，她头绾椎髻，身穿布衣短裳，手拿用具，走到梁鸿跟前，梁鸿非常高兴，说："这才是我梁鸿喜欢的妻子！你可以侍奉我了。"将妻子取字为"德曜"，然后和她一起隐居深山。像这样的夫妻一开始就能够从严要求，日后才会生活美满。

东汉梁鸿到吴地避乱，投靠富豪皋伯通，寄居他家廊房里面，靠给人舂米为生。梁鸿每次舂米回来，妻子都为他准备好了饭菜，不敢仰视丈夫一眼，将盛饭菜的托盘高高举起，送到丈夫跟前。伯通发觉后颇为惊异，说："他一个佣人，尚且能让他的妻子如此敬重他，看来他不是平凡之人。"于是伯通就让梁鸿住进家里。

【原文】

晋太宰何曾，闺门整肃，自少及长，无声乐嬖幸之好。年老之后，与妻相见，皆正衣冠，相待如宾。己南向，妻北面再拜，上酒。酬酢既毕，便出。一岁如此者，不过再、三焉。若此，可谓能敬矣。

丈夫生而有四方之志，威令所施，大者天下，小者一官。而近不行于室家，为一妇人所制，不亦可羞哉！昔晋惠帝为贾后所制，废武悼杨太后于金墉，终膳而终，囚愍怀太子于许昌，寻杀之。唐肃宗为张后所制，迁上皇于西内，以忧崩。建宁王倓以孝忠受诛。彼二君者，贵为天子，制于悍妻，上不能保其亲，下不能庇其子，况于臣民！自古及今，以悍妻而乖离六亲、败乱其家者，可胜数哉！然则悍妻之为害大也。故凡娶妻，不可不慎择也。既娶而防之以礼，不可不在其初也。其或骄纵悍戾，训厉禁约而终不从，不可以不弃也。夫妇以义合，义绝则离之。

【译文】

西晋太宰何曾家风严谨，闺门整肃，全家之人，自少至长，没有哪一个人喜欢声乐、宠爱奴婢。何曾年老之后，每次与妻子会面，都要端正衣冠，与妻子相敬如宾。他自己面南而坐，妻子面北再拜，端上酒来，互相敬酒之后，方才外出。夫妇之间如此这般地互相行礼，一年之中不过两三次。像这样的夫妻，可谓是相敬如宾。

男子生来志在四方，发号施令，大至国家，小至一个官员的职掌，然而其号令却在家里行不通，为一个妇女所控制，不也很羞耻吗？晋惠帝被贾后控制，废掉武悼杨太后，使她在金墉绝食而死。将愍怀太子囚禁在许昌，不久就杀了他。唐肃宗受张后的控制，把父皇迁到太极宫内以致玄宗忧郁而死。建宁王倓也因为忠诚父皇被杀。那两个君王身为天子，被凶悍的妻子控制，肃宗上不能保护他的父亲，下不能庇护他的儿子，何况一般百姓呢？从古到今，因为家有悍妻而背离六亲、败坏家庭的人不可胜数。悍妻的危害很大。因此男子娶妻，不能不慎重。娶妻之后防之以礼，新婚伊始就必须对妻子约法三章。妻子骄纵悍戾，丈夫训厉禁约，却仍然不听，丈夫就要休妻。夫妇之间情义很深就在一起生活，没有情义就分离。

# 卷之八

## 妻(上)

【原文】

太史公曰:“夏之兴也,以涂山;而桀之放也,以妹喜;殷之兴也,以有绒;纣之杀也,嬖妲己;周之兴也,以姜嫄及大任;而幽王之擒也,淫于褒姒。故《易》基‘乾’、‘坤’,《诗》始《关雎》。夫妇之际,人道之大伦也。《礼》之用,唯婚姻为兢兢。夫乐调,而四时和。阴阳之变,万物之统也。可不慎欤?”为人妻者,其德有六:一曰柔顺,二曰清洁,三曰不妒,四曰俭约,五曰恭谨,六曰勤劳。夫,天也;妻,地也。夫,日也;妻,月也。夫,阳也;妻,阴也。天尊而处上,地卑而处下。日无盈亏,月有圆缺,阳唱而生物,阴和而成物。故妇人专以柔顺为德,不以强辩为美也。

汉曹大家作《女诫》,曰:“阴阳殊性,男女异行。阳以刚为德;阴以柔为用。男以强为贵;女以柔为美。故鄙谚有云:‘生男如狼,犹恐其尩;生女如鼠,犹恐其虎。’然则修身莫若敬,避强莫若顺。故曰:‘敬顺之道,妇人之大礼也’”。又曰:“妇人之得意于夫主,由舅姑之爱已也;舅姑之爱己,由叔妹之誉己也。”由此言之,我臧否誉毁,一由叔妹。叔妹之心,诚不可失也。皆知叔妹之不可失,而不能和之以求亲,其蔽也哉。自非圣人,鲜能无过,虽以贤女之行,聪哲之性,其能备乎?是故,室人和则谤掩;外内离则恶扬。此必然之势也。

【译文】

司马迁说:“夏朝的繁荣,功在涂山,桀的流放,罪在妹喜;商朝的兴起,功归有娀,纣的被杀,罪在宠爱妲己;周代的兴起是因为姜嫄及大任,而幽王的被擒,是因为褒姒的荒淫。因此《周易》基于乾坤八卦,《诗经》始于关雎之篇。夫妻之间的交往之道,是人类社会的道德规范的最大原则。《礼记》用于婚姻,只在于对待婚姻要小心谨慎。乐调节,则四时和,阴阳的变化,制约万物,能不慎重吗?”为人之妻,她的品德共有六种:一是柔顺,二是清洁,三是不嫉妒,四是勤俭节约,五为恭谨,六为勤劳。丈夫如天空,妻子像大地。丈夫是太阳,妻子是月亮。丈夫阳刚,妻子温柔。天高而居上,地卑而处下,太阳没有盈亏,月亮却有圆缺。阳唱而生物,阴和而成物。因此妻子以温柔顺从为美,以强词狡辩为丑。

东汉曹大家著有《女诫》,说:“阴阳性质不同,男女行为有别。阳以刚强为德,阴以柔顺为用。男子以强健为贵,女子以温柔为美。因此有句谚语说:‘生个男孩像豺狼,还害怕他软弱如蛇;生个女孩像老鼠,还害怕她成为老虎。’修养自身莫如恭敬,躲避强横莫若温顺,所以说:‘敬顺之道,是为人妻子的最大礼义’”。又说:“妻子受到丈夫的宠爱,是因为得到了公婆的喜爱。公婆喜爱自己,又是因为小叔小姑称赞自己。”由此可见,妻子的褒贬誉毁,完全在于小叔小姑。小叔小姑的爱心,确实不能失去。每个妻子都知道不能失去小叔小姑的爱心,却不能够温和地时待他们,岂不是大错特错吗?妻子并非圣人,怎能没有过错?即使有贤女的品行、聪慧的性情,也难以成为没有缺点的完人。因此妻子只要得到家人的信赖，她的过错就不会外传，倘若得不到家人的喜爱，她的过错就会传扬出去，这是必然的道理。

【原文】

夫叔妹者，体敌而名尊，恩疏而义亲。若淑媛谦顺之人，则能依义以笃好，崇恩以结援，使微美显章，而瑕过隐塞。姑舅矜善，而夫主嘉美，声誉曜于邑邻，休光延于父母。若夫蠢愚之人，于叔则托名以自高，于妹则因宠以骄盈。骄盈既施，何和之有？恩义既乖，何誉之臻？是以美隐而过宣，姑忿而夫愠。毁訾布于中外，耻辱集于厥身。进增父母之羞，退益君子之累。斯乃荣辱之本，而显否之基也，可不慎哉？然则求叔妹之心，固莫尚于谦顺矣。谦则德之柄，顺则妇之行，兼斯二者，足以和矣。若此，可谓能柔顺矣。妻者，齐也。一与之齐，终身不改。故忠臣不事二主，贞女不事二夫。

《易》曰：柔顺利贞，君子攸行。又曰：用六，利永贞。晏子曰：妻柔而正。言妇人虽主于柔，而不可以失正也。故后妃逾国，必乘安车辎軿；下堂，必从傅母保阿；进退，则鸣玉环佩；内饰，则结纫绸缪；野处，则帷裳壅蔽。所以正心一意，自敛制也。《诗》云："自伯之东，首如飞蓬。岂无膏沐，谁适为容？"故妇人夫不在，不为容饰，礼也。

【译文】

小叔、小姑和嫂子之间，体敌而名尊，恩疏却义亲，若是贤淑、谦顺的妻子，和小叔、小姑友好相处，崇恩结援，使自己的美德远扬，错误隐塞，以至于公婆夸奖自己，丈夫赞扬自己，声誉传播乡邻，荣耀延及父母。若是愚蠢的妻子，在小叔面前居高自大，在小姑跟前因宠骄盈。既然大施骄盈，又怎能谈得上和平相处？既然背离恩义，又哪能获取小姑、小叔的赞誉？结果自己的美德被遮掩、过错远扬、公婆愤恨、丈夫恼怒，毁訾传遍内外，而耻辱集于一身，留在夫家就会增添父母的耻辱，回到娘家又会添加丈夫的负担，对待小叔小姑的态度是为人之妻的荣辱之本、显否之基，能不慎重吗？要博得小叔小姑的欢心，最好的办法就是谦恭温顺。谦恭，是品德的根本，温顺则是妻子的品行，二者兼备，足以和小叔、小姑和平共处。妻子像这样，才能称之为柔顺。妻子，要对丈夫恭敬。一旦与丈夫结婚成家，就要终身不改。因此忠诚的大臣不能侍奉两个君主，贞洁的女子不能侍候两个丈夫。

《周易》说："妻子柔顺，有利于执守正道，丈夫才会有所远行。"又说："用六：有利于永远恪守正道。"晏婴说："妻子性情温柔，作风正派。"说的是妻子以温柔为主，此外还必须作风正派。因此皇帝的后妃离开本国，必须乘坐安车辎軿；走到堂下，要听从傅父保姆的意见，进门出门都要身佩鸣玉，在家梳妆打扮，要结纫绸缪，野外居住要穿着帷裳，为的是一心一意，自我约束。《诗经》说："自从君子远征东边，我在家披头散发。难道没有润发油吗？不是，可我为谁打扮呢？"所以妻子在丈夫外出的时候不打扮自己，这是合乎礼法的。

【原文】

蔡人妻，宋人之女也。既嫁，而夫有恶疾，其母将再嫁之。女曰："夫人之不幸也，奈何去之？适人之道，一与之醮，终身不改。不幸遇恶疾，彼无大故，又不遣妾，何以得去？"终不听。

汉陈孝妇，年十六而嫁，未有子。其夫当行戍。夫且行时，属孝妇曰："我生死未可知，幸有老母，无他兄弟备养。吾不还，汝肯养吾母乎？"妇应曰："诺。"夫果死不还。妇乃养姑不衰，慈爱愈固，纺绩织纴以为家业，终无嫁意。居丧三年，父母哀其年少无子而早寡也，将取而嫁之。孝妇曰:“夫行时,属妾以老母,妾既许诺之,夫养人老母而不能卒,许人以诺而不能信,将何以立于世?”欲自杀。其父母惧而不敢嫁也,遂使养其姑二十八年。姑八十馀,以天年终。尽卖其田宅财物以葬之,终奉祭祀。淮阳太守以闻,孝文皇帝使使者赐黄金四十斤,复之终身无所与。号曰:“孝妇”。

【译文】

蔡人的妻子是宋人的女儿。宋女出嫁后,丈夫患了重病,她的母亲想让她改嫁。宋女说:“丈夫遭遇不幸的时候,我怎能离开他?嫁给他人就要坚守道德:一旦与他结婚,就要厮守终身,不再改嫁。丈夫不幸得了重病,可是他并没有大的变故,而且他又没赶我走,我为什么要离开他呢?”始终不同意。

汉代陈孝妇,年仅十六岁就出嫁,婚后无子。她的丈夫要戍守边疆,丈夫临走的时候嘱咐她说:“我这一去,生死未卜,家有老母,没有其他弟兄能够赡养,如果我回不来,你愿意赡养我的母亲吗?”孝妇回答说:“愿意。”丈夫果然战死未还。孝妇就赡养婆婆,婆媳相依为命,互相疼爱,孝妇靠纺纱织布来维持生活,始终没有改嫁的打算。她守丧三年后,父母可怜她年轻守寡又没有儿子,就想让她改嫁。她说:“丈夫走的时候把他的老母亲托付给我,我既然许下诺言就应该坚守信用,赡养他人老母却不能送终,给人许诺却不能守信,我将如何活下去呢?”她想自杀。她的父母害怕她寻死就不敢让她改嫁,让她继续赡养婆婆。二十八年后,婆婆八十多岁,自然老死。她将房屋、田地等家产全部卖掉来安葬婆婆。而且守丧、祭祀,毫不马虎。淮阳太守将她的事迹禀报皇帝,孝文皇帝派遣使者赐她黄金四十斤,免除她终身的赋役,尊称为“孝妇”。

# 卷之九

## 妻(下)

【原文】

汉明德马皇后，常衣大练裙，不加缘。朔望，诸姬主朝请，望见后袍衣疏粗，反以为绮縠，就视乃笑。后辞曰：“此缯特宜染色，故用之耳。”六宫莫不叹息。性不喜出入游观，未尝临御窗牖，又不好音乐，上时幸苑囿离宫，希尝从行。彼天子之后犹如是，况臣民之妻乎？

唐岐阳公主适殿中少监杜悰谋曰：“上所赐奴婢，卒不肯穷屈，奏请纳之。”上嘉叹许可。因锡其直，悉自市寒贱可制指者。自是闭门落然，不闻人声。悰为澧州刺史，主后悰行。郡县闻主且至，杀牛羊犬马，数百人供具。主至，从者不过二十人，六七婢，乘驴阘茸，约所至不得肉食。驿吏立门外，舁饭食以返。不数日间，闻于京师，众哗说，以为异事。悰在澧州三年，主自始入后三年间，不识刺史厅屏。彼天子之女犹如是，况寒族乎？若此，可谓能节俭矣。

【译文】

东汉明德马皇后经常穿着粗帛衣服，衣裙也不加边。每月初一和十五举行朝诵之礼时，妃嫔们看见马皇后的衣服粗疏，还以为是很好的丝织品，走到跟前一看不禁相视而笑。马皇后回答说：“这种缯特别容易上色，我所以穿它。”妃嫔们见她那么朴素，无不感叹，马皇后不喜欢外出观光，从未到过窗前观望外面的美景，也不喜欢音乐。皇上经常巡幸离宫苑囿，皇后很少跟随。她身为皇后，尚且如此俭朴，何况平民百姓的妻子呢？

唐代岐阳公主嫁给殿中少监杜悰为妻，公主跟丈夫商量说：“皇上赏赐的奴婢，始终过不惯贫穷的生活，奏请皇上不要赏赐奴婢。”皇上大为赞叹，同意了公主的意见，赏赐给她一些银钱，公主用那些银钱买了一些出身卑贱又易于使唤的人做佣人。从此以后公主闭门不出，合家和睦，杜悰担任澧州刺史，公主随后前往。郡、县官吏听说公主要来，杀牛、羊、狗、马，几百人准备饮食。可是公主到后，随从的人不过二十个，奴婢也只有六七个，乘坐的驴子非常瘦弱，还规定所到地方不得摆设酒宴肉食。驿站官吏站在门外，抬来一些饭菜就回去了。没几天，她的事迹传到京城，众人惊奇，都当做稀奇事。杜悰在澧州任职三年，公主在那期间从未到过他的官府。她这个皇帝的女儿尚且能够如此俭朴，何况一般的百姓呢？像这样的妻子，可谓是节俭的典范。

【原文】

古之贤妇，未有不恭其夫者也。曹大家《女诫》曰：“得意一人，是为永毕；失意一人，是谓永讫。”由斯言之，夫不可不求其心。然所求者，亦非谓佞媚苟亲也。固莫若专心正色，礼义贞洁耳。耳无途听，目无邪视，出无冶容，入无废饰，无聚群辈，无看视门户，此则谓专心正色矣。若夫动静轻脱，视听陕输，入则乱发坏形，出则窈窕作态，说所不当道，观所不当视，此所谓不能专心正色矣。是以冀缺之妻馌其夫，相待如宾；梁鸿之妻馈其夫，举案齐眉。若此，可谓能恭谨矣。

《易》："《家人》，六二，无攸遂，在中馈。"《诗·葛覃》美后妃，在父母家，志在女功，为絺绤，服劳辱之事。《采蘋》、《采蘩》，美夫人能奉祭祀。彼后、夫人犹如是，况臣民之妻，可以端居终日，自安逸乎？

**【译文】**

古代的贤妻对待丈夫无不恭恭敬敬。曹大家的《女诫》说："得到丈夫的喜爱，妻子就可以终生侍候丈夫；失去丈夫的喜欢，妻子就失去了侍奉丈夫的资格。"由此可见，为人妻子一定要得到丈夫的爱。然而要得到丈夫的欢心，并非谄媚奉承就能如愿，而必须专心正色、礼义贞洁。不道听途说，目不斜视，外出不能妖艳地打扮自己，在家不能穿得破破烂烂，不能三五成群地聚会，不能到门口去张望，能做到这几点就称得上专心正色。若是举止轻佻、视听不定，在家披头散发，出门却窈窕作态，说些不该说的话，看些不该看的事，这就可谓是不能专心正色。冀缺的妻子到田间给丈夫送饭，相敬如宾；梁鸿的妻子给丈夫进献饭菜，举案齐眉。像这样的妻子，就算得上恭谨的典范。

《周易》说："《家人》卦，处于二位的阴爻表现的是，妻子在家虽然没有专断的权力，但是要管理好家务。"《诗经·葛覃》赞扬后妃，说她们在父母家里从事女工纺纱织布以及适当参加体力劳动。《采蘋》、《采蘩》称赞夫人能够进行祭祀活动。那些后妃、夫人倘且能够这样辛勤劳动，何况一般百姓的妻子呢？她们怎能端坐终日、贪图安逸呢？

**【原文】**

为人妻者，非徒备此六德而已，又当辅佐君子，成其令名。是以《卷耳》求贤审官；《殷其雷》劝以义，《汝坟》勉之以正；《鸡鸣》警戒相成。此皆内助之功也。自涂山至于太姒，其徽风著于经典，无以尚之。周宣王姜后，齐女也。宣王尝晏起，后脱簪珥，待罪永巷，使其傅母通言于王曰："妾之淫心见矣，至使君王失礼而晏朝，以见君王乐色而忘德也，敢请婢子之罪。"王曰："寡人不德，实自生过，非后之罪也。"遂复姜后而勤于王事。早朝晏退，卒成中兴之名。故鸡鸣乐鼓以告旦，后夫人必鸣佩而去君所，礼也。

陶大夫答子治陶，名誉不兴，家富三倍，妻数谏之，答子不用。居五年，从车百乘归休。宗人击牛而贺之，其妻独抱儿而泣。姑怒而数之曰："吾子治陶五年，从车百乘归休。宗人击而贺之，妇独抱儿泣，何其不祥也！"妇曰："夫人能薄而官大，是谓婴害；无功而家昌，是谓积殃。昔令尹子文之治国也，家贫而国富，君敬之，民戴之，故福结于子孙，名垂于后世。今夫子则不然。贪富务大，不顾后害，逢祸必矣。愿与少子俱脱。"姑怒，遂弃之。处期年，答子之家果以盗诛，唯其母以老免，妇乃与少子归，养姑，终卒天年。

**【译文】**

成为别人的妻子，并不是只需具备以上六种品德就可以，还应当辅佐丈夫，让他功成名就。因此《卷耳》求贤审官，《殷其雷》用义劝诫丈夫，《汝坟》勉励丈夫为人正直，《鸡鸣》警戒相成，这些都是妻子的功劳。自涂山至太姒，她们的功绩永载史籍，无人能及。周宣王姜后是齐国女子。宣王有一次起晚了，姜后就取下金簪珥环，待罪后宫，派她的保姆传话给宣王："因为我的淫心邪念，使得君王失礼晚朝、好色忘德，请求君王惩罚我。"宣王说："我德行不好，自己有错，并非皇后的过错。"宣王恢复姜后的地位，从此勤于政事，早朝晚退，终于成就中兴之名。所以《鸡鸣》很高兴敲打宣示天亮的鼓声。其后礼法也规定夫人必须鸡叫时就离开国君的住所。

大夫陶答子治理陶地之时，名声不好，家里却非常富有，妻子多次劝谏，他却不听。过了五年，他带着从车百乘回家休息，族人杀牛庆贺。唯独妻子抱着孩儿哭泣，婆婆十分愤怒地责备儿媳说："我儿治理陶地五年，带着从车百乘归来休息，族人杀牛而贺，你却抱着小孩哭泣，多不吉祥！"儿媳说："一个人能力不强却做了大官，就会招惹祸害；做官无功而家里富裕，可谓是积累祸患。先前令尹子文治理国家，家中贫穷，国家富裕，皇帝敬重，百姓爱戴，因此福结子孙、名垂后代。如今我的丈夫却不是这样，贪富务大，不顾后患，必定要招来祸害。我愿与小孩一起离开。"婆婆大怒，将儿媳赶出家门，一年之后，果然因为答子盗窃财物，他和家人被杀，唯独母亲因为年老免于一死，答子的妻子带着小孩回家赡养婆婆，直到婆婆老死。

【原文】

河南乐羊子，尝行路得遗金一饼，还，以与妻，妻曰："妾闻志士不饮盗泉之水，廉者不受嗟来之食，况拾遗求利，不污其行乎？"羊子大惭，乃捐金于野，而远寻师学。一年来归，妻跪问其故，羊子曰："久行怀思，无它异也。"妻乃引刀趋机而言曰："此织生自蚕茧，成于机杼，一丝而累，以至于寸，累寸不已，遂成丈匹。今若断斯织也，则捐失成功，稽废时月。夫子积学，当日知其所亡，以就懿德。若中道而归，何异断斯织乎？"羊子感其言，复终还业，遂七年不反。妻常躬勤养姑，又远馈羊子。

吴许升，少为博徒，不治操行。妻吕荣尝躬勤家业，以奉养其姑。数劝升修学，每有不善，辄流涕进规。荣父积忿疾升，乃呼荣欲改嫁之。荣叹曰："命之所遭，义无离二。"终不肯归。升感激自励，乃寻师远学，遂以成名。

唐文德长孙皇后崩，太宗谓近臣曰："后在宫中，每有规谏，今不复闻善言，内失一良佐，以此令人哀耳。"此皆以道辅佐君子者也。

【译文】

河南乐羊子走路时捡到了一饼金子，回家便交给妻子。妻子说："我听说有志之士不喝盗泉之水，有骨气的人不吃嗟来之食，何况你拾遗求利，难道不怕玷污了你的品行吗？"羊子非常惭愧，就把那饼金子丢到野外，到很远的地方去拜师求学。一年后羊子回来，妻子跪着询问他为何归来。羊子说："我出去久了，想念家乡，并没有别的原因。"妻子就拿刀走到织机跟前，对羊子说："蚕茧抽丝，机杼织布，根根丝线织成寸布，累寸不止，就织成一丈多长的一匹布。如果现在砍断，那么非但这匹绢织不成功，而且还荒废了时月。你去求学，应当了解你不懂的知识，以修成懿德美行。若是中途回家，其结果与砍断这匹绢有何不同？"羊子听了妻子的话非常感动，又回去继续完成他的学业，此后七年不再回家。妻子在家赡养婆婆，还要供给羊子求学所需的钱财。

吴国许升年轻的时候是个赌徒，从不进行劳作。妻子吕荣操持家务，还要侍奉婆婆。她多次劝告许升读书学习，每当许升表现不好的时候，她就泪流满面地规劝。吕荣的父亲非常忿恨许升，就要吕荣回家，准备让她改嫁。吕荣叹息地说："丈夫那样好赌，是我的苦命，但是就礼义来说，我必须忠贞如一，不能改嫁。"吕荣不愿回家。许升非常感激，就外出拜师求学，后来一举成名。

唐代文德长孙皇后死后，唐太宗对身边臣子说："皇后在宫中的时候，常常劝诫我，现在她死了我听不到忠言，失去了一个很好的帮手，因此让人感到悲哀。"以上这些妻子都是能够用道义来辅佐丈夫成就一番事业的模范。

【原文】

汉长安大昌里人妻，其夫有仇人，欲报其夫而无道径，闻其妻之孝有义，乃劫其妻之父，使要其女为中。谲父呼其父告之。女计念：不听之，则杀父，不孝；听之，则杀夫，不义。不孝不义，虽生不可以行于世。欲以身当之，乃且许诺曰："旦日在楼新沐，东首卧，则是矣。妾请开牖户待之。"还其家，乃谲其夫，使卧他所，因自沐，居楼上东首，开牖户而卧。夜半，仇家果至，断头持去。明而视之，乃其妻首也。仇人哀痛之，以为有义，遂释，不杀其夫。

光启中，杨行密围秦彦、毕师铎。扬州城中，食尽，人相食。军士掠人而卖其肉。有洪州商人周迪，夫妇同在城中。迪馁且死。其妻曰："今饥穷势不两全。君有老母，不可以不归，愿鬻妾于屠肆，以济君行道之资。"遂诣屠肆自鬻，得白金十两以授迪，号泣而别。迪至城门，以其半赂守者，求去。守者诘之，迪以实对，守者不之信，与共诣屠肆验之，见其首已在案上。众聚观，莫不叹息，竞以金帛遗之。迪收其馀骸，负之而归。古之节妇，有以死徇其夫者，况敢庸奴其夫乎？

【译文】

汉朝长安大昌里某妻的丈夫有个仇人，那个仇人想报复她的丈夫却没有办法。仇人听说她非常孝顺父母，就劫持了她的父亲，以要挟她共同设计害夫，并且假托她父亲，要她说出她丈夫的行踪。她心里寻思，不听那仇人的话，父亲就会被杀，自己就会落得不孝顺的名声；听那仇人的话，丈夫就会被杀，他人会说自己没有仁义。如果不孝顺不仁义，虽然活在世上也无颜见他人。思来想去，她就准备替丈夫去死，就许诺给那个仇人说："明天在楼上沐浴一新，朝东而卧的就是我的丈夫，我将开着窗户等你前来。"回到家，她就对丈夫撒了个谎，让他睡到别的地方。她自己换洗一新，在楼上朝东而睡，而且开着窗户。半夜，仇人果然来了，砍断她的头，拿起就跑，等到天亮一看，原来是某妻的头颅。仇人非常哀痛，认为她很讲仁义，就放过她的丈夫，不再杀他。

唐代光启年间，杨行密围攻秦彦、毕师铎，扬州城内没有粮食，出现了人吃人的惨状，士兵甚至杀死百姓、贩卖人肉。洪州商人周迪夫妻俩同住城中，周迪十分饥饿，濒临死亡，妻子说："现在我们又饿又穷，我们两个不可能同时保全性命，你家中还有年迈的母亲，你不能不回去，我愿意把自己卖给肉铺，帮助你获得回去的路费。"说罢她就到肉铺卖身，得到十两白金，将其交给丈夫，与他哭泣而别，周迪来到城门，用五两白金贿赂门卫，请求放他出城。门卫盘问，他如实以对。门卫不相信他说的话，与他一起来到肉铺，果然看见他妻子的头颅在肉案上面。众人围观，无不叹息，纷纷送给他金银财帛，周迪将妻子的遗骨收集起来，背着她回到家乡。古代的贞节妇女，能够以死殉夫，怎么可以役使大夫呢。

# 卷之十

## 妇

【原文】

曹大家《女赋》曰:舅姑之意,岂可失哉! 固莫尚于曲从矣。姑云不尔而是,固宜从命;姑云尔而非,犹宜顺命。勿得违戾是非,争分曲直。此则所谓曲从矣。故女宪曰:妇如影响,焉不可赏。

汉广汉姜诗妻,同郡庞盛之女也。诗事母至孝,妻奉顺尤笃。母好饮江水,去舍六七里,妻尝溯流而汲,后值风,不时得还,母渴,诗责而遣之。妻乃寄止邻舍,昼夜纺绩,市珍馐,使邻母以意自遗其姑。

如是者久之。姑怪问,邻母具对。姑感惭呼还,恩养愈谨。其子后因远汲溺死,妻恐姑哀伤,不敢言,而托以行学不在。

河南乐羊子,从学七年不反,妻常躬勤养姑。尝有它舍鸡,谬入园中,姑盗杀而食之。妻对鸡不餐而泣,姑怪问其故,妻曰:"自伤居贫,使食它肉。"姑竟弃之。然则舅姑有过,妇亦可几谏也。

【译文】

曹大家的《女诫》说:公公婆婆的心意,难道可以忘掉吗?没有比随其意更好的了。婆婆说你是对,你当然就可以听从,即使婆婆说你不对,仍然要顺从,不要违背她的意向,争曲与直,这就是所说的一切都顺从了。所以《女宪》说:妇人就像影子回声一样。这句话不应该记住吗?

汉代广汉姜诗的妻子,是同一个郡庞盛的女儿。姜诗对待母亲非常孝顺,妻子照顾也无微不至。母亲喜欢喝江水,江水距住房有六七里路远,姜妻常到江边为他母亲去取水。有一次遇上了大风,没有按时回家,姜诗母亲渴了,姜诗把妻子骂了一通,打发她走了。他的妻子就寄住在邻居家里,白天黑夜纺纱织布,用布换来美味佳肴,让邻居老母亲以邻居的身份送给姜诗母亲。

这样过了很长时间,她的婆婆感到非常奇怪,询问邻居老母,邻居老母如实相告。她婆婆既感激又惭愧,把她儿媳妇又接回家中。回家以后,儿媳对婆婆奉养更加严谨认真。她的儿子后来因为到很远的地方打水被淹死了。姜诗妻子怕婆婆悲伤,不敢告诉实情,而托名说到外面学习读书去了。

河南乐羊子到外面求学七年才回来。他的妻子勤勉地奉养他的婆婆。有一次别人家的鸡走错了到他们的家园中,她的婆婆偷偷地杀了,煮着吃了。乐羊子妻对着鸡不吃只哭,婆婆感到很奇怪,问是什么原因。妻子说:"自己感到悲伤,生活太贫困了,让您吃别人家的鸡肉。"听了这话,她的婆婆就把鸡肉扔掉了。然而公公婆婆确实有过错,做媳妇的也可以规劝。

【原文】

唐郑义宗妻卢氏，略涉书史，事舅姑甚得妇道。尝夜有强盗数十人，持杖鼓噪，逾垣而入，家人悉奔窜，唯有姑独在堂，卢冒白刃往至姑侧，为贼捶击，几至于死。贼去后，家人问何独不惧？卢氏曰："人所以异于禽兽者，以其有仁义也，邻里有急，尚相赴救，况在于姑而可委弃？若万一危祸，岂宜独生？"其姑每云："古人称：'岁寒，然后知松柏之后凋也'，吾今乃知卢新妇之心矣！"若卢氏者，可谓能知义矣。

唐岐阳公主，宪宗之嫡女，穆宗之母妹。母，懿安郭皇后，尚父子仪之孙也。适工部尚书杜悰，逮事舅姑。杜氏大族，其他宜为妇礼者，不翅数千人。主卑委怡顺，奉上抚下，终日惕惕，屏息拜起，一同家人礼。度二十馀年，人未尝以丝发间指为贵骄。承奉大族，时岁献馈，吉凶赙助，必亲经手。

姑凉国太夫人寝急，比丧及葬，主奉养，蚤夜不解带，亲自尝药，粥饭不经心手，一不以进。既而哭泣哀号，感动它人。彼天子之女，犹不敢失妇道，奈何臣民之女，乃敢恃其贵富以骄其舅姑？为妇若此，为夫者宜弃之；为有司者治其罪可也。

【译文】

唐代郑义宗的妻子姓卢，略涉猎书籍历史，侍奉公公婆婆十分孝顺。有一天夜里有强盗几十个人，拿着棍棒乱喊乱叫，翻墙进来。家里的人都逃跑了，只有婆婆一个人在家里，没有逃离。卢氏冒着刀枪危险，来到婆婆的身边，被盗贼抽打捶击，差不多快打死了。盗贼离开以后，家里人问她为何不害怕。卢氏回答说："人之所以和禽兽有区别，是因为人有仁德之心。邻居之间有急难尚且相互救助，更何况是婆婆有危难，怎么可以抛弃逃走？万一婆婆发生危险，难道我可以独自活下来？"她的婆婆常说："古人说：'天气寒冷了，然后知道松柏之后凋。'我今天才知道卢媳妇的心了。"像卢氏这样的人，可以说是能知道恩义的人。

唐代岐阳公主，宪宗的长女，穆宗母亲的妹妹，母亲是郭皇后，尚父杜子仪的孙女。岐阳公主嫁给了工部尚书杜悰，等到拜见公公婆婆的时候，杜氏是一个大家族，除公公婆婆以外，家庭中还有许多其他人员，应该行妇礼的也有数千人。公主十分谦卑委顺，敬奉长者，安抚下辈，每天诚惶诚恐，严肃认真，和一家人一样施行礼数。二十多年，人们从来没有因为一些丝微之事指责她的贵族气派与骄横。承顺奉敬同一大族人的时候，送礼敬献，吉事凶丧祭祀，一定亲自经手办理。

婆婆凉国太夫人生了病，到逝去安葬，公主奉侍敬养，从早到晚没有解开过腰带，并亲自尝药尝饭，不是她自己亲手做成的，一点也不让进呈；死了以后，她哭泣哀伤，感动了别的人。公主是天子女儿，尚且不敢有失妇道，而那些普通官吏的女儿，却敢依恃家里的富有在公公婆婆面前摆架子骄横任性，像这样做媳妇，做丈夫的可以抛弃她，当官者可以治她的罪。

## 妾

【原文】

卫宗二顺者，卫宗室灵王之夫人及其傅妾也。秦灭卫君，乃封灵王世家，使奉其祀。灵王死，夫人无子而守寡，傅妾有子代后。傅妾事夫人八年不衰，供养愈谨。

夫人谓傅妾曰："孺子养我甚谨，子奉祀而妾事我，我不愿也。且吾闻，主君之母，不妾事人。今我无子，于礼，斥绌之人也，而得留以尽节，是我幸也。今又烦孺子不改故节，我甚内惭，吾愿出居外，以时相见，我甚便之。”

傅妾泣而对曰：“夫人欲使灵氏受三不祥耶？公不幸早终，是一不祥也；夫人无子，而婢妾有子，是二不祥也；夫人欲居外，使婢妾居内，是三不祥也。妾闻忠臣事君，无时懈倦；孝子养亲，患无日也。妾岂敢以少贵之故，变妾之节哉？供养，固妾之职也，夫人又何勤乎？”夫人曰：“无子之人，而辱主君之母，虽子欲尔，众人谓我不知礼也。吾终愿居外而已。”傅妾退而谓其子曰：“吾闻君子处顺，奉上下之仪，修先古之礼，此顺道也。今夫人难我，将欲居外，使我处内，逆也。处逆而生，岂若守顺而死哉？”遂欲自杀。其子泣而守之，不听。夫人闻之惧，遂许傅妾留，终年供养不衰。

**【译文】**

卫宗二顺，是指卫宗室灵王的夫人和他姓傅的小妾。秦灭掉了卫国，于是封卫灵王为世家，让他奉祀卫国祖先。灵王死了以后，他的夫人没有孩子，守寡，第二房侍妾傅氏有一个儿子传宗接代。傅姓侍妾侍奉夫人八年没有变化，供奉侍养十分严肃认真。

他的夫人对姓傅的妾说：“您侍养我非常认真，儿子持祭祀而你侍奉我，我则没有什么可顾及你们的。况且我听说主人的母亲不应以侍妾身份去侍奉人。现在我没有儿子，按礼而论，算是斥遣废黜的人。却得以留下来尽守贞节，是我的一大幸运。现在又有烦你不改变从前的节操，我心中十分惭愧。我愿意住到外面去，一定的时候见上一面，那样我也十分方便心安了。”

姓傅的侍妾哭泣着答道：“夫人你想让我们卫灵氏一家受到三件不吉祥之难吗？先人不幸早早死去了，这是第一不祥；你没有儿子而我有儿子，是第二大不详；现在您想到外面去住，让我一个住在家里，不又是第三大不祥了吗？我听说忠良的人侍奉君王，没有松懈疲倦的时候；孝子奉养亲人，担心的是亲人日子不多。我作为小妾怎么敢用儿子尊贵的缘故，来改变我的节操？供奉侍养本来就是我的职责，夫人你又何必费事？”夫人说：“没有孩子的人却使主人的母亲受辱，虽然你想这样，别人会说我不知礼数。我最后还是决定住到外面去。”姓傅的侍妾退出来对她的儿子说：“我听说君子顺从，奉守敬上安下的礼仪，修行先代的礼法，这就是顺道，现在夫人想为难我，想要到外面去住，让我在家里，是反顺为逆了。为逆道地生活着，还不如守着顺道死去了。”于是准备自杀。她的儿子哭泣着守着她，不听从。夫人听说了这件事，感到害怕，于是答应姓傅的侍妾留下来，直到老，都没有减少供养。

# 袁氏世范

〔宋〕袁采 撰

# 《袁氏世范》导读

《袁氏世范》是继《颜氏家训》之后，中国古代又一部重要的家训著作，简称《世范》。《四库全书》收编此书，按语云："其书于立身处世之道反覆详尽"，"大要明白切要，使览者易知易从，故不失为《颜氏家训》之亚也。"

《袁氏世范》作者是宋朝人袁采。袁采，字君载，生卒年月不详，生活于宋高宗、宋孝宗时期，（今浙江衢州）信安人。隆庆元年登进士第三，初为县令，以廉明刚直著称于世，后仕至监登闻鼓院。任乐清县令时，曾修《乐清县志》十卷，持论质直，简古可风。任政和县令时，曾著《政和杂志》及《县令小录》，今皆不存。袁采非常重视治家教子之事。《世范》乃他任乐清县令时，为"厚人伦而美习俗"所撰写。

《世范》一书，原题《训俗》，府判刘镇为之作序时，"熟读详味者数月"，认为"其意则敦厚而委曲，习而行之，诚可以为孝悌，为忠恕，为善良，而有士君子之行矣"。因而，不仅可以"施之乐清，达诸四海可也"，而且可以"行之一时，垂诸后世可也"，故建议更名为《世范》。

本书分为睦亲、处己、治家三卷，每卷数十条目，治家处世，日用常行无所不包，事无巨细，纤悉不遗。今日读之，仍颇多教益。统观全书，《袁氏世范》的主要思想，表现在以下三方面：

第一，家居和睦以"均爱"为其本。袁氏认为，父母之于子女，须当一视同仁，不可偏爱。均其所爱，则兄弟自相谦让；爱之不均，则兄弟相争成仇。而"均爱"之心，当于子幼时，言传身教。"幼而示之以均一，则长无争财之患；幼而教之以严谨，则长无悖慢之患；幼而教之以是非分别，则长无为恶之患。"居家世代和睦，由此始也。

第二，立身处世以平易为本分。袁氏认为，人生百年，世事多变，盛衰荣辱，未有定势，当以平易之心待人待己。处富贵时不骄傲，处贫困时不抱怨，不"因人之富贵贫贱设为高下等级"，而礼待不一。无论人之富贵贫贱，与之言语，皆应悦色和颜。甚至衣着服饰亦务求平淡，不可"鲜华""异众"。如此，方可一世之间，无论穷达，皆可心安度世，不亢不卑。

第三，大小家事以严谨为准则。袁氏不愧为一方父母官，《世范》一书，于治家之事细琐至极。防盗，防火，防小儿走失，防婢妾仆厮不轨，防分家析产争讼，防田产买卖不公……凡此种种，但须细切严谨，则免生疏虞。袁氏特别针对当时的"婢仆"制度，对其饱暖、饥病、处罚，一一关切，体现了一个开明县令的仁爱。

另外，作为一部家训著作，《袁氏世范》的教育方法，至今仍可借鉴。首先，作者不重训诫，而重理喻，不空洞说教，而由情悟理。凡列条目，多由人之常情说开去。譬如，袁氏指出，人生在世，一家之内，贤否相杂，"或父子不能皆贤，或兄弟不能皆令"；一生之中，升降沉浮，“不曾有自少壮享富贵至老年者”；一乡之人，善恶并存，没有“皆善而无不善之人者”。观人视己，此乃实情。于是，袁氏及时启悟：居家宜宽容，友爱弟侄；做人心宽泰，忧患顺受；居乡则“觉人不善知自警”。情理相通，人心自悟。作者“思所以为善，又思所以使人为善”之良苦用心，可见一斑。

其次，作者不搬弄先贤古训，而注重言浅意近，易知易行。袁采自称《世范》一书，欲自别于近世宿儒之“语录”，不为“传示学者”，而为美化风俗。世俗之事乃百姓之事，因而，行文之间，袁氏有意追求“使田夫野老、幽门妇女皆晓然于心目间”，使“夫妇之愚皆可知，夫妇之不肖皆可行”。这种求实态度，造就了《袁氏世范》的文俗质美，易于传诵。而作者不避浅俗，求真求实，不为藏之山林，传之永久，但求百姓易知，切实可行。如此写作，不能不说是对中国传统著书立说观念的反拨，表现了作者不凡的勇气。

# 袁氏世范目录

# 卷一　睦　亲

## 性不可以强和

【原文】

人之至亲，莫过于父子兄弟。而父子兄弟有不和者，父子或因于责善，兄弟或因于争财。有不因责善争财而不和者，世人见其不和，或就其中分别是非，而莫明其由。盖人之性，或宽缓，或褊急，或刚暴，或柔懦，或严重，或轻薄，或持检，或放纵，或喜闲静，或喜纷拏，或所见者小，或所见者大，所禀自是不同。父必欲子之性合于己，子之性未必然；兄必欲弟之性合于己，弟之性未必然。其性不可得而合，则其言行亦不可得而合。此父子兄弟不和之根源也。况凡临事之际，一以为是，一以为非；一以为当先，一以为当后；一以为宜急，一以为宜缓；其不齐如此。若互欲同于己，必致于争论，争论不胜，至于再三，至于十数，则不和之情自兹而启，或至于终身失欢。若悉悟此理，为父兄者，通情于子弟，而不责子弟之同于己；为子弟者，仰承于父兄，而不望父兄惟己之听；则处事之际，必相和协，无乖争之患。孔子曰："事父母几谏，见志不从，又敬不违，劳而不怨。"此圣人教人和家之要术也，宜熟思之。

【译文】

对于人而言，父子兄弟之间感情最亲密，而父子兄弟之所以还有不和睦的，或者因为父子之间父亲对儿子的期望过高，要求过严；或者因为兄弟之间争夺财产所致的。有一些家庭不和，既不是因为父亲对儿子的期望过高、过严，也不是因为兄弟之间争夺财产所造成。人们看见他们父子兄弟不和，有的人试图弄清他们父子兄弟究竟谁对谁错，但终究还是未能辨明谁是谁非。人的性情，有的宽厚仁慈，有的偏激急躁，有的刚正暴烈，有的柔顺懦弱，有的威严庄重，有的轻浮浅薄，有的克己检点，有的肆意放纵，有的喜欢闲静，有的喜欢纷争，有的见识短浅，有的见识广博，脾气禀性各有不同。而父亲非要强迫儿子的性格与自己一样，儿子的性格未必能与父亲的性格一模一样；兄长也非要强求弟弟的性格与自己相同，弟弟的性格也未必能够如此。由于性格不合，那么言行也就会有所差异。这就是父子兄弟产生不和的根本所在。况且每当事到临头，一方认为是对的，一方认为是错的，一方认为应当先做，一方认为应当后做，一方认为应当快点干，一方认为应当慢点干。双方意见如此不统一，如果双方都希望对方能够同意自己的意见，就必然引起纠纷，一次争论不胜，便一而再，再而三地争辩，甚至要争上十多次，这样，父子兄弟之间的矛盾就自然产生了，甚至会终生失和。如果人们能很清楚地明白这个道理，做父亲兄长的，对儿子、弟弟要通情达理，不要再强迫他们按自己的意愿去做；而做儿子、弟弟的，则应当采纳父亲和兄长的意见，而不要指望他们会放任自己，那么，在处理事情时，父子兄弟必然会关系和睦，不会再纷争不休。孔子说过："侍奉父母时，如果他们有不对的地方，要一次次地规劝，如果自己的意见没有被采纳，也要恭恭敬敬地不与他们抵触，干起事来也毫无怨言。”这就是圣人教导我们使家庭和睦的重要方法,你们应该认真地思考一下。

## 人必贵于反思

【原文】

人之父子,或不思各尽其道,而互相责备者,尤启不和之渐也。若各能反思,则无事矣。为父者曰:“吾今日为人之父,盖前日尝为人之子矣。凡吾前日事亲之道,每事尽善,则为子者得于见闻,不待教诏而知效。倘吾前日事亲之道,有所未善,将以责其于子,得不有愧于心!”为子者曰:“吾今日为人之子,则他日亦当为人之父。今吾父之抚育我者如此,畀付我者如此,亦云厚矣。他日吾之待其子,不异于吾之父,则可以俯仰无愧。若或不及,非惟有负于其子,亦何颜以见其父?”然世之善为人子者,常善为人父;不能孝其亲者,常欲虐其子。此无他,贤者能自反,则无往而不善;不贤者不能自反,为人子则多怨,为人父则多暴。然则自反之说,惟贤者可以语此。

【译文】

父与子之间,双方不考虑自己应该承担的责任,却偏要互相责备,这是导致父子不和的根源。假如双方都能反思自己的言行,那么就会相安无事。做父亲的这样想:“我今天为人之父,从前也曾为人之子。从前我侍奉父母时如果能做到尽善尽美,那么,我的孩子经过耳濡目染而深明孝道,便不用我专门教育,他也会懂得侍奉父母了。假使我当时侍奉父母不是很周到,那么,我现在责备孩子,岂不心中有愧!”做儿子的应该这样想:“现在我为人之子,将来我也会为人之父。现在我父亲这样辛勤地育我养我,给我如此深厚的爱。将来我对待儿子应该不亚于我父亲这样对待我,这样才能做到问心无愧。否则,不仅将有负于我的儿子,也将无颜以对父亲。”假如能够成为一个孝顺的儿子,他便往往能够成为一个好父亲。不能孝顺父母的人,也常会虐待自己的儿子。这没有别的原因,因为明事理的人能够自我反思,所以做任何事都能尽心尽力。那些愚蠢的人不善于自我反思,他们做儿子时则多怨言,当父亲时则多暴虐。然而,这种反躬自思的方法,只能告诉给贤明的人。

## 父子贵慈孝

【原文】

慈父固多败子,子孝而父或不察。盖中人之性,遇强则避,遇弱则肆。父严而子知所畏,则不敢为非;父宽则子玩易,而恣其所行矣。子之不肖,父多优容;子之愿悫,父或责备之无已。惟贤智之人即无此患。至于兄友而弟或不恭,弟恭而兄或不友;夫正而妇或不顺,妇顺而夫或不正,亦由“此强即彼弱,此弱即彼强”,积渐而致之。为人父者,能以他人之不肖子喻己子,为人子者,能以他人之不贤父喻己父,则父慈而子愈孝,子孝而父益慈,无偏胜之患矣。至于兄弟、夫妇,亦各能以他人之不及者喻之,则何患不友、恭、正、顺者哉!

【译文】

父母对孩子过于溺爱,容易滋养败家的习气,儿子孝顺有时不能为父亲所察觉。大凡一般人的性格是遇到强者就回避,遇到弱者就放纵。父亲威严,儿子便害怕,就不敢为非作歹;父亲宽厚,儿子无所畏惧,就会胡作非为。儿子不孝,多是因为父亲平日的纵容导致;或者是儿子诚实谨慎，父亲却还要不停地责备他。只有贤明智慧的人才能免去以上两种弊病。至于说兄长友爱弟弟，弟弟却不尊敬兄长，或者弟弟尊敬兄长，而兄长却不友爱弟弟；丈夫正派，妻子却不柔顺，或者妻子柔顺，而丈夫却不正派，这也是由此强彼弱、此弱彼强逐渐积累而形成的。假如当父亲的能够把他人的不孝之子同自己的儿子作比较，做儿子的能够把他人不贤明的父亲与自己的父亲作比较，那么，父亲越慈爱，儿子便会越孝顺，而儿子越孝顺，父亲就会越慈爱。就不会再有此强彼弱的情况了。至于在兄弟之间，如果大家都能拿别人的缺点来与自己亲人的优点相比较的话，那么，又如何不能做到兄弟友爱、夫正妻顺呢？

## 处家贵宽容

【原文】

自古人伦，贤否相杂。或父子不能皆贤，或兄弟不能皆令；或夫流荡，或妻悍暴；少有一家之中，无此患者。虽圣贤亦无如之何。身有疮痍疣赘，虽甚可恶，不可决去。惟当宽怀处之。能知此理，则胸中泰然矣。古人所以谓父子、兄弟、夫妻之间，人所难言者如此。

【译文】

人世间自古就是贤与不贤的人相互混杂。有的是父子之间一贤一愚，有的是兄弟之间一善一恶；有的是丈夫不务正业，有的是妻子暴躁；很少有无此弊病的家庭。即使是圣贤之人，对此也是无可奈何。这就像身上长满各种疮痍，虽然令人讨厌，却无法除去一样。对此，只有心胸开阔才行。能够明白这个道理，就会心平气和，就古人所说的父子、兄弟、妻子之间的难言之隐就是这样的。

## 父兄不可辩曲直

【原文】

子之于父，弟之于兄，犹卒伍之于将帅，胥吏之于官曹，奴婢之于雇主，不可相视如朋辈，事事欲论曲直。若父兄言行之失，显然不可掩，子弟止可和言几谏。若以曲理而加之，子弟尤当顺受而不当辩。为父兄者又当自省。

【译文】

儿子与父亲，弟弟与兄长，就如同士兵与将帅、差役与官长、奴婢与雇主之间的关系一样，不能与同辈的朋友相比，每件事都想争论是非对错。如果父亲、兄长的言语和行动有明显的过失，无法掩饰，那么，做儿子、弟弟的只能心平气和地对他们进行规劝。如果父亲、兄长不讲道理，做儿子、弟弟的也只能忍受顺从，而不能争辩。做父亲、兄长的则应该反省自己的言行。

## 人贵能处忍

【原文】

人言"居家久和者，本于能忍。"然知忍而不知处忍之道，其失尤多。盖忍或有藏蓄之意。人之犯我，藏蓄而不发，不过一再而已。积之既多，其发也，如洪流之决，不可遏矣。不若随而解之，不置胸次，曰："此其不思尔！"曰："此其无知尔！"曰："此其失误尔！"曰："此其所见者小尔！"曰："此其利害宁几何？"不使之入于吾心，虽日犯我者十数，亦不至形于言而见于色。然后见忍之功效为甚大，此所谓善处忍者。

【译文】

人们经常这样说："居家过日子能够非常和睦的，是因为他们能够忍耐。"然而，如果能够忍耐却不懂得应该如何去忍耐，那么，也会犯很多错误。一般来说，忍耐带有隐藏、积蓄的意思。别人冒犯了我，我就将愤怒隐藏、积蓄起来而不发作，不过，这种作法只能使用一两次，如果心中的不满积累过多，一旦爆发，就会像决堤的洪水那样势不可遏。与其这样，还不如随时随地将心中的不满化解开来，不要郁积胸中。你不妨这样对自己说：他这样做是没有经过思考的，他这样做是他愚昧的表现，他这样做是他的一种失误，他这样做是他见识短浅，他冒犯我对我来说又有多大的危害呢！我不把这些放在心上，即使他每天冒犯我十多次，我也不会在言语表情中流露出不满。只有这样，你才能懂得忍耐的效果是多么重大。这便是我们所说的那种善于忍耐的人。

## 亲戚不可以失欢

【原文】

骨肉之失欢，有本于至微而终至不可解者。止由失欢之后，各自负气，不肯先下尔。朝夕群居，不能无相失。相失之后，有一人能先下气，与之话言，则彼此酬复，遂如平时矣。宜深思之。

【译文】

骨肉之间的矛盾，往往是由一些不起眼的小事引起的，而最终却导致了亲人们的终生失和。其原因就在于有了矛盾后，双方都各自有怨气，不肯向对方认错。一家人朝夕相处，共同生活，不可能没有矛盾。而有了矛盾之后，如果有一人能够主动与对方化解，那么，彼此关系就会得到缓和，就和平时一样和睦了。

## 家长尤当奉承

【原文】

兴盛之家，长幼多和协，盖所求皆遂，无所争也。破荡之家，妻孥未尝有过，而家长每多责骂者，衣食不给，触事不谐，积忿无所发，惟可施于妻孥之前而已。妻孥能知此，则尤当奉承。

【译文】

旺盛发达的家庭，长辈与晚辈之间相处往往都很和睦，这也许是因为他们的各种需要都能得到满足，没有什么值得争论的。贫穷破败的家庭，妻子儿女本来没有什么过错，却常常受到家长的责骂，这是因为家中衣食不足，办事也不顺利，使得家长心中积蓄起无法发泄的忿恨，而只有在妻子儿女面前发泄。妻子儿女们如果能够理解这个原因，就应当遵从家长，并体会他的难处。

## 顺适老人意

【原文】

年高之人,作事有如婴孺,喜得钱财微利,喜受饮食果实小惠,喜与孩童玩狎。为子弟者能知此,而顺适其意,则尽其欢矣。

【译文】

年长的人做事就像小孩子一样,他们喜欢在钱财上占些小便宜,喜欢得到一些好吃的东西,喜欢和小孩子一起玩耍。做后辈子孙的,如果清醒地知道这一点,遵从并满足他的意愿,那么,就能使他欢心了。

## 孝行贵诚笃

【原文】

人之孝行,根于诚笃,虽繁文末节不至,亦可以动天地,感鬼神。尝见世人有事亲不务诚笃,乃以声音笑貌缪为恭敬者,其不为天地鬼神所诛则幸矣,况望其世世笃孝,而门户昌隆者乎?苟能知此,则自此而往,应与物接,皆不可不诚。有识君子,试以诚与不诚者,较其久远,效验孰多。

【译文】

人们孝顺父母的行动,来源于发自内心的真诚情感。即使一些细小的事没有做到,也可以感动天地和鬼神。我曾经看见过世上有些人侍奉父母时不真心真意,只是在表面上假装很恭敬孝顺,他们这种人,不遭天地鬼神的惩罚就已算幸运的了,又哪里能指望世代子孙孝顺、家族兴旺发达呢!人们如果能够明白这个道理,从今以后在待人接物方面就不能不以诚相待。有见识的君子不妨观察比较一下,看看哪一种情况效果比较好。

## 人不可不孝

【原文】

人当婴孺之时,爱恋父母至切。父母于其子婴孺之时,爱念尤厚,抚育无所不至。盖由气血初分,相去未远,而婴孺之声音笑貌,自能取爱于人。亦造物者设为自然之理,使之生生不穷。虽飞走微物亦然,方其子初脱胎卵之际,乳饮哺啄,必极其爱。有伤其子则护之,不顾其身。然人于既长之后,分稍严而情稍疏。父母方求尽其慈,子方求尽其孝。飞走之属稍长,则母子不相识认,此人之所以异于飞走也。然父母于其子幼之时,爱念抚育,有不可以言尽者。子虽终身承颜致养,极尽孝道,终不能报其少小爱念抚育之恩,况孝道有不尽者。凡人之不能尽孝道者,请观人之抚育婴孺,其情爱如何,终当自悟。亦犹天地生育之道,所以及人者,至广至大,而人之报天地者何在?有对虚空焚香跪拜,或召羽流斋醮上帝,则以为能报天地,果足以报其万分之一乎?况又有怨咨乎天地者,皆不能反思之罪也。

【译文】

当人在婴幼儿时期,十分依恋父母。而父母在孩子小时对他的爱恋尤为深厚,抚育也无微不至。之所以这样,是因为父母与孩子之间气血相连,孩子出生后,这种联系也才刚刚割断，孩子的音容笑貌自然能唤起父母的爱恋。这也是造物主将这一切归为自然而然的事情，使人能够生生不息。即使是飞禽走兽也是如此，小动物刚刚出世时，它的父母哺育喂养关怀备至，表现出莫大的关爱。在其子女受到伤害时，它们便会不顾一切地加以救助。但是，人在长大以后，名分就变得稍稍严格了些，亲情则稍微淡漠。这时，父母就开始力求对子女尽其慈爱，子女则努力对父母尽其孝道。而飞禽走兽在长大以后，母子就不再相认了。这就是人类和动物的不同之处。然而，父母对于子女的爱护、抚育之情是言之不尽的，儿女们即使是终生尽孝也难以报答父母养育之恩，更何况有些人的孝道还做得不是很好呢！凡是有人不尽孝道的，那么就请他看一看，别人在抚育婴孩时是带着怎样的情爱，他应当能够有所醒悟吧。这又好比天地对人类有着极大的养育之恩，而人类能够回报天地的又有些什么呢？有人对空焚香跪拜或者请道士做道场以祭祀上帝，以为这样就能够报答天地的养育之恩，这样做真能够回报天地万分之一的养育之恩吗？更何况还有人一味地抱怨天地呢！这都是从来不进行自我反思的原因啊！

## 父母不可妄憎爱

**【原文】**

人之有子，多于婴孺之时，爱忘其丑。恣其所求，恣其所为。无故叫号，不知禁止，而以罪保母。陵轹同辈，不知戒约，而以咎他人。或言其不然，则曰："小未可责。"日渐月渍，养成其恶，此父母曲爱之过也。及其年齿渐长，爱心渐疏，微有疵失，遂成憎怒，摭其小疵，以为大恶。如遇亲故，装饰巧辞，历历陈数，断然以大不孝之名加之，而其子实无他罪，此父母妄憎之过也。爱憎之私，多先于母氏，其父若不知此理，则徇其母氏之说，牢不可解。为父者须详察此。子幼必待以严，子壮无薄其爱。

**【译文】**

一般有孩子的人，大多在孩子小的时候因为溺爱而忽视了孩子的坏毛病。随意满足孩子的无理要求，纵容孩子的坏行为。当孩子无缘无故地哭闹时，父母不去制止，反而怪罪保姆没有照顾好。孩子欺负了别人，父母不去批评劝说，反而怪罪别人家的孩子。如果有人指出孩子的毛病，父母就以孩子还小不懂事为借口而加以袒护。这样下去，孩子就养成了坏习惯，这全是父母溺爱的结果。等到孩子一天天地长大了，父母的爱子之心没有以前那样强烈了，孩子稍微有一点过失，便引起父母极大的憎恶，并把孩子小小的缺点看成是很大的错误。遇到亲戚朋友，便夸大其词，历数孩子的过失，并武断地给孩子扣上不孝的恶名。其实孩子并没有什么罪过，这全是父母胡乱厌恶孩子所造成的。这种极端的爱憎之情大多首先自母亲那儿产生，做父亲的如果不明白这个道理，就会听信孩子母亲的话，并且不易改变。做父亲的必须仔细地观察自己的儿子，当他小的时候要严格要求，长大后则不要削减对他的爱。

## 子弟须使有业

**【原文】**

人之有子，须使有业。贫贱而有业，则不至于饥寒；富贵而有业，则不至于为非。凡富贵之子弟，耽酒色，好博弈，异衣服，饰舆马，与群小为伍，以至破家者，非其本心之不肖，由无业以度日，遂起为非之心。小人赞其为非，则有哺啜钱财之利，常乘间而翼成之。子弟痛宜省悟。

【译文】

只要有孩子，就必须让孩子有一种可以谋生的事业。贫贱的人有了职业，就不至于挨饿受冻；富贵的人有了职业，就不会去为非作歹。大凡富贵人家的孩子，他们沉湎于酒色，喜好下棋赌博，爱穿奇装异服，坐着华丽的车子，与小人为伍，以至家道败落，这并不是因为他们生来就是不肖之子，而是因为没有职业，整天无所事事，这才起了为非作歹的心思。一些小人引诱他去为非作歹，以获得美食和钱财，经常找机会推波助澜。对于这类人，子弟们应该有比较清醒的认识。

## 子弟不可废学

【原文】

大抵富贵之家，教子弟读书，固欲其取科第，及深究圣贤言行之精微。然命有穷达，性有昏明，不可责其必到，尤不可因其不到而使之废学。盖子弟知书，自有所谓无用之用者存焉。史传载故事，文集妙词章，与夫阴阳、卜筮、方技、小说，亦有可喜之谈，篇卷浩博，非岁月可竟。子弟朝夕于其间，自有资益，不暇他务。又必有朋旧业儒者，相与往还谈论，何至饱食终日，无所用心，而与小人为非也可。

【译文】

大概富贵之家教子弟读书，本来是希望他们考取功名并深入研究圣贤言行中的精深道理。但是，人的命运是各有不同的，有的人贫穷，有的人富贵，而人的资质也是不一样的，有的人迟钝，有的人聪明。所以，不能责成所有的人都能获取功名，尤其不能因为子弟没有获取功名就不让他继续学习。因为在子弟们阅读的书籍中，有许多看似无用而实际上却是很有用的东西。史传中记载的故事，文集里美妙的辞章，以及那些阴阳、占卜、方技、小说之类的书籍中，都有许多可以谈论的好内容。况且卷帙浩博，不是一年半载所能读完的。子弟们朝夕沉醉在书籍中，自然会有收获，也就没有时间干其他不轨之事。再者，如果子弟们喜欢读书，那么，朋旧故交中的读书人就会与自己的子弟一道谈天说地，这样，子弟们又何必无所事事地与小人们一道去为非作歹呢？

## 教子当在幼

【原文】

人之数子，饮食衣服之爱，不可不均一；长幼尊卑之分，不可不严谨；贤否是非之迹，不可不分别。幼而示之以均一，则长无争财之患；幼而教之以严谨，则长无悖慢之患；幼而有所分别，则长无为恶之患。今人之于子，喜者其爱厚，而恶者其爱薄。初不均平，何以保其他日无争？少或犯长，而长或陵少，初不训责，何以保其他日不悖？贤者或见恶，而不肖者或见爱，初不允当，何以保其他日不为恶！

【译文】

有的人孩子多，在吃穿方面对他们必须同等相待，长幼尊卑的划分必须要严格，是非好坏一定要分清。孩子在小的时候就看到平等无别，那么长大以后就没有争财的后患；孩子在小的时候就教导他们严格遵守长幼尊卑的界限，那么长大以后就没有对父母兄长不恭敬的隐患；孩子在小的时候就教会他们懂得如何明辨是非，长大以后就不会去为非作歹。现在的人对于自己喜欢的孩子就偏爱，而对于自己不喜欢的孩子则很淡漠。从小就不能平等地对待孩子，又怎能保证他们长大以后兄弟之间不发生矛盾呢？弟弟冒犯兄长，哥哥欺负弟弟，这种现象如果在孩子小的时候得不到纠正，怎能指望孩子日后能恭敬地对待父母兄长呢？讨厌品行好的孩子，喜欢品行坏的孩子，在孩子小的时候父母就这样善恶不分，又怎能保证孩子日后不去做坏事呢？

## 父母爱子贵均

【原文】

人之兄弟不和，而至于破家者，或由于父母憎爱之偏，衣服饮食，言语动静，必厚于所爱而薄于所憎。见爱者意气日横，见憎者心不能平。积久之后，遂成深仇。所谓爱之，适所以害之也。苟父母均其所爱，兄弟自相和睦，可以两全，岂不甚善！

【译文】

兄弟之间发生矛盾以至于要分家的，多是因为父母对孩子关爱不公平，有厚有薄所致。无论是在吃穿方面，还是在言谈举止之中，父母都必然偏向于自己喜欢的孩子，而轻视自己所厌恶的孩子。这样，受父母宠爱的孩子就会日益骄横，而受父母冷落的孩子就会愤愤不平。时间一长，这种心中的不满就会演变成深深的仇恨。所谓爱孩子而恰恰是害了他。如果父母能对孩子们同等看待，使兄弟们关系融洽，难道这不是两全其美的好事吗？

## 父母常念子贫

【原文】

父母见诸子中有独贫者，往往念之，常加怜恤。饮食衣服之分，或有所偏私，子之富者或有所献，则转以与之。此乃父母均一之心。而子之富者或以为怨，此殆未之思也，若使我贫，父母必移此心于我矣。

【译文】

如果父母看见众多的孩子中只有一人生活得很窘困，就会经常挂念他，时常给他一些关照。在分配衣物时，就会给穷孩子多分一些，有时还会把其他富裕的孩子孝敬来的东西，转送给这个穷孩子。父母这样做，是因为他们希望孩子能够生活得一样美满。对这种做法，生活富裕的孩子可能会不高兴，他们也许不曾想到，假如我生活困难，父母会同样把这份爱心转移给我。

## 父母多爱幼子

【原文】

同母之子，而长者或为父母所憎，幼者或为父母所爱，此理殆不可晓。窃尝细思其由，盖人生一二岁，举动笑语自得人怜，虽他人犹爱之，况父母乎！才三四岁至五六岁，恣性啼号，多端乖劣，或损动器用，冒犯危险，凡举动言语皆人之所恶。又多痴顽，不受训戒，故虽父母,亦深恶之。方其长者可恶之时,正值幼者可爱之日,父母移其爱长者之心而更爱幼者。其憎爱之心,从此而分,遂成迤俪。最幼者当可恶之时,下无可爱之者,父母爱无所移,遂终爱之。其势或如此,为人子者,当知父母爱之所在。长者宜少让,幼者宜自抑。为父母者又须觉悟,稍稍回转,不可任意而行,使长者怀怨而幼者纵欲,以致破家可也。

【译文】

同是一母之子,大多父母讨厌长子而喜欢幼子,这个道理实在是很难理解。我私下曾经细细思索其中的原因,猜想可能因为孩子在一二岁时,言谈笑语都讨人喜欢,连外人见了都会喜欢,更何况父母呢? 而三四岁至五六岁的孩子,经常哭闹不已,他们大都性情乖戾,有时损坏器物,干一些危险的事,他们的举止都令人讨厌。又很顽皮,不听劝告,所以即使是父母也非常讨厌他。就在长子变得非常讨厌之时,又正是幼子活泼可爱的时候,于是,父母就把原本对长子的爱全部转移到幼子身上。父母对孩子的爱憎之心,就是从这时起而有了分别,并一直延续下来。在最小的孩子长到令人讨厌时,下面又没有让人可爱的孩子了,父母的爱也就无法转移了,于是,父母对孩子的喜欢和厌恶也就成了定局。作为孩子应该知道父母的那份爱究竟给了谁,大孩子要让着小孩子,小孩子则要懂得自我克制。做父母的也应该明白,有所改正,对待孩子不能任着性子决定好恶,否则,就会使大孩子心怀怨恨,而小孩子又骄纵无度,甚至导致家破。

## 舅姑当奉承

【原文】

凡人之子,性行不相远,而有后母者独不为父所喜。父无正室而有宠婢者亦然。此固父之昵于私爱,然为子者要当一意承顺,则天理久而自谐。凡人之妇,性行不相远,而有小姑者独不为舅姑所喜。此固舅姑之爱偏,然为儿妇者要当一意承顺,则尊长久而自悟。或父或舅姑终于不察,则为子为妇,无可奈何,加敬之外,任之而已。

【译文】

一般情况下,孩子们性格的差异是不大的,然而,有后母的孩子,往往总是得不到父亲的关爱。父亲没有续娶正室但有宠婢的,前妻之子大抵也同样难得父亲的欢心。这固然是因为父亲过于偏爱自己的妻妾所造成的,但是,作为儿子,如果能够做到孝顺父亲,那么,久而久之,父子之间的关系就变得融洽了。大凡人们的妻子,她们的性格和品行本来也无太大的差别,可是在有小姑子的家庭中,儿媳妇就很难讨得公公婆婆的喜欢。这固然是因为公公婆婆过于偏爱小姑子所致,但是,如果儿媳妇能够孝顺公公婆婆,那么,时间长了,公公婆婆自然会有所察觉。如果他们始终没有觉悟自己行为的不妥,那么,作为儿子、媳妇的,除了更加恭敬外,也只能顺从了。

## 同居贵怀公心

【原文】

兄弟子侄同居至于不和,本非大有所争。由其中有一人设心不公,为己稍重,虽是毫末,必独取于众,或众有所分,在己必欲多得。其他心不能平,遂启争端,破荡家产。驯小得而致大患。若知此理,各怀公心,取于私则皆取于私,取于公则皆取于公。众有所分,虽果实之属,直不数十文,亦必均平,则亦何争之有!

【译文】

同住的兄弟子侄们之所以会产生矛盾,并不是有什么大的是非争端,而大多数是由于有人私心太重、不能公平处事所造成。这种人爱占大家的小便宜,大家分东西时他总要多要一份,其他人对此心中不满,于是便起了争端,甚至导致倾家荡产。这就是贪图小利而招来的大祸。如果明白这个道理,大家各怀公心,该由自己出的钱就由自己出,该由公家出的钱就由公家出。大家分东西时,即使是分瓜果等不值钱的东西时,也必须分配平均。这样的话,大家还会有什么可争执的呢?

## 同居长幼贵和

【原文】

兄弟子侄同居,长者或恃长陵轹卑幼,专用其财,自取温饱,因而成私。簿书出入,不令幼者预知。幼者至不免饥寒,必启争端。或长者处事至公,幼者不能承顺,盗取其财,以为不肖之资,尤不能和。若长者总持大纲,幼者分干细务,长必幼谋,幼必长听,各尽公心,自然无争。

【译文】

兄弟子侄们一起同住,如果兄长依仗自己年长而欺负年幼的,独占财物,只顾自己的温饱,建立小金库。家中的收支情况都瞒着年幼者,甚至使年幼者落到无衣无食的地步,那么,长幼之间就必然会起纷争了。有时兄长办事非常公正,年幼者却很不懂事,偷家中的钱出去干坏事,这样,家庭就更无法和谐了。如果兄长总管家中大事,年幼的去干一些具体的事务,年长者一定为年幼者打算,年幼者一定听年长者的话,大家在处理事务时都能出于公心,那么,家中自然就没有矛盾了。

## 兄弟贫富不齐

【原文】

兄弟子侄,贫富厚薄不同,富者既怀独善之心,又多骄傲;贫者不生自勉之心,又多妒嫉,此所以不和。若富者时分惠其馀,不恤其不知恩;贫者知自有定分,不望其必分惠,则亦何争之有!

【译文】

兄弟子侄的贫富状况各不一样,富裕者只想自己过得好,又很骄傲,贫穷者不愿意自力更生,又生妒忌之心,这就是骨肉之间产生不和的根源。如果富裕者经常将自己多余的财物分一点给别人,并且不担心别人是否会知恩图报;而贫穷者明白贫富是命中注定的,不指望别人会给予什么好处,这样,便不会再有争端。

## 分析财产贵公当

【原文】

朝廷立法,于分析一事非不委曲详悉。然有果是窃众营私,却于典卖契中称,系妻财置到，或诡名置产，官中不能尽行根究。又有果是起于贫寒，不因父祖资产自能奋立，营置财业。或虽有祖宗财产，不因于众，别自殖立私产，其同宗之人必求分析。至于经县、经州、经所在官府，累十数年，各至破荡而后已。若富者能反思，果是因众成私，不分与贫者，于心岂无所歉！果是自置财产，分与贫者，明则为高义，幽则为阴德，又岂不胜如连年争讼，妨废家务，及资备裹粮，与嘱托吏胥，贿赂官员之徒费耶！贫者亦宜自思，彼实窃众，亦由辛苦营运以至增置，岂可悉分有之！况实彼之私财，而吾欲受之，宁不自愧！苟能知此，则所分虽微，必无争讼之费也。

【译文】

朝廷在家庭财产分配方面的立法是非常详细的，但仍有人假公济私，在典卖契约中把家族中的公有财产说成是妻子的私产，或者用化名私购田产，对此，官府不可能完全查清。又有一些确是贫寒出身的人，不靠祖辈的遗产而靠自己勤劳发奋置下产业。还有的人虽然祖辈留有财产，却是凭自己的能力另置私产，而其同宗之人要求重新分割这些财产。以至于成年累月地到县、州等各级官府去打官司，直闹到倾家荡产为止。如果富裕的人能够反思一下，真是把众人的财产化为私产而不分一点给贫穷的亲戚，心中难道就没有一点歉意吗？即使是自己创下的产业，如能分一些给穷亲戚，那么，在世间是一种义举，在阴间也是积了阴德。这样做，岂不要比因连年争讼而耽误家中事务，为打官司而花大量的钱财去贿赂要好得多吗？而贫穷者也应该自我反思一下，就算他当初把公有财产据为已有，但也是经过辛苦经营才使财富积累到今天这种程度，怎么能让他把财产全部分给别人呢？况且，那些原本就是人家创下的产业，我自己也分享一份，难道就不感到羞愧吗？如果能够明白这个道理，即便自己分得的财产很有限，也不会再去为争财产而花钱打官司了。

## 同居不必私藏金宝

【原文】

人有兄弟子侄同居，而私财独厚，虑有分析之患者，则买金银之属而深藏之，此为大愚。

若以百千金银计之，用以买产，岁收必十千。十馀年后，所谓百千者，我已取之，其分与者皆其息也，况百千又有息焉！用以典质营运，三年而其息一倍，则所谓百千者我已取之，其分与者皆其息也，况又三年再倍。不知其多少，何为而藏之箧笥，不假此收息以利众也！

余见世人有将私财假于众，使之营家久而止取其本者，其家富厚，均及兄弟子侄，绵绵不绝，此善处心之报也。

亦有窃盗众财，或寄妻家，或寄内外姻亲之家，终为其人用过，不敢取索及取索而不得者多矣。亦有作妻家姻亲之家置产，为其人所掩有者多矣。亦有作妻名置产，身死而妻改嫁，举以自随者亦多矣。

凡百君子，幸详鉴此，止须存心。

【译文】

有的家庭兄长、弟弟、子女、侄辈同住在一起，其中比较有钱的那个人，生怕自己的财产被分给了其他人，于是去买了许多金银之类的财宝回来，把它们深藏起来。这是最愚蠢的做法。

假如以十万金银来计算，用十万金银来买产物，一年的收获必定有一万。十几年以后，所谓十万金银，我已经赚够了，分给其他人的，都是它的利息。更何况十万金银又会生出利息来呢！用它来投资经营，三年就会增加一倍的利息，这样所谓十万金银，我又有了，分给其他人的，都是它的利息。何况再过三年，又多了一倍，这样不知道会赚多少钱。为什么要把钱藏在箱子里，不用它们来获得利息，又有利于别人呢？

我知道社会上有的人将自己的钱财借给别人，让别人去经营，很长时间以后只要本钱，不要利息。他家的兄长、弟弟、子女、侄辈都很富足，家运长久不衰，这就是善于对待富有换取的回报。

也有的人，偷盗了公共的财产，拿来放在妻子的娘家，或者寄放在亲戚家里，最后被这些人花掉了，不敢去要，或者干脆要不回来，这种事有很多。也有的把财产以妻子娘家和亲戚家人的名义置办起来，被这些人真的占为已有的也很多。还有的以妻子的名义置办财产，死后妻子另外嫁了人，把这些财产带着一起去的也有很多。

广大的君子们，希望认真地从这些事情中获得教训，一定要谨慎小心。

## 兄弟贵相爱

**【原文】**

兄弟义居，固世之美事。然其间有一人早亡，诸父与子侄其爱稍疏，其心未必均齐。为长而欺瞒其幼者有之，为幼而悖慢其长者有之。顾见义居而交争者，其相疾有甚于路人。前日之美事，乃甚不美矣。故兄弟当分，宜早有所定。兄弟相爱，虽异居异财，亦不害为孝义。一有交争，则孝义何在？

**【译文】**

兄弟之间长大成人了仍然住在一起，固然是很好的事情。但其中如果有一个死得早，叔父伯父与儿子侄儿之间的情分就远了一点，居心也未必公平。年纪大的有欺骗年纪小的，年纪小的有时也对年纪大的不恭顺，住在一起而相互争吵，相互之间的痛恨比不认识的人还要厉害。本来住在一起是好事，现在反成了坏事了。所以兄弟到了应该分开过的时候，应该早点定下来。兄弟之间如果相爱，即使是不住在一块，财产也分开了，也不妨碍他们孝顺与讲义气。住在一起，一旦发生了纠纷，孝顺、义气又在哪里呢？

## 同居相处贵爱

**【原文】**

同居之人，有不贤者非理以相扰，若间或一再，尚可与辩。至于百无一是，且朝夕以此相临，极为难处。同乡及同官，亦或有此。当宽其怀抱，以无可奈何处之。

**【译文】**

住在一起的人，有某些人很不和睦，没有道理地来找麻烦，如果只是偶尔一两次，还可以跟他讲道理。如果他一点情面也不讲，并且又是经常找茬的，就非常难办了。同乡之人以及同我在一起任职的同事中，也许有这种人，应该使自己心胸开阔点，即使拿他没有办法，也得这么过下去。

## 友爱弟侄

【原文】

父之兄弟,谓之伯父、叔父,其妻谓之伯母、叔母,服制减于父母一等者。盖谓其抚字教育,有父母之道,与亲父母不相远。而兄弟之子谓之“犹子”,亦谓其奉承报孝,有子之道,与亲子不相远。

故幼而无父母者,苟有伯叔父母,则不至无所养;老而无子孙者,苟有犹子,则不至于无所归。此圣王制礼立法之本意。

今人或不然,自爱其子,而不顾兄弟之子。又有因其无父母,欲兼其财,百端以扰害之,何以责其犹子之孝!故犹子亦视其伯叔父母如仇雠矣。

【译文】

父亲的哥哥、弟弟,称呼为伯父叔父,他们的妻子称呼为伯母、叔母。他们之所以只比父母疏远一层,是因为他们对自己抚养教育,就像父母做的那样,与父母差不多。而哥哥弟弟的儿子叫做“犹子”(就像儿子一样),也是说他赡养自己、孝顺自己,就像自己的儿子做得那样,与亲儿子也差得不远。

所以小时候就失去父母的人,如果有伯父母,叔父母,就不至于没有人抚养他了。老年没有子孙的人,如果有侄儿,就不至于没有归属了。这也是圣明的皇上制定这些礼制法则的本意而已。

当今的人却不是这样,他们只疼爱自己的子女而不顾兄弟的子女,又有的人因为他们没有父母,就想把他们的财物也夺过来,想尽各种方法来冒犯他们。这样怎么能要求侄儿时他们尽孝道呢?所以侄儿侄女也把伯父、伯母、叔父、叔母像仇人一样看待了。

## 和兄弟教子善

【原文】

人有数子,无所不爱,而于兄弟则相视如仇雠。往往其子因父之意,遂不礼于伯父、叔父者。殊不知,己之兄弟即父之诸子,己之诸子,即他日之兄弟。我于兄弟不和,则己之诸子更相视效,能禁其不乖戾否?

子不礼于伯叔父,则不孝于父亦其渐也。故欲吾之诸子和同,须以吾之处兄弟者示之。欲吾子之孝于己,须以其善事伯叔父者先之。

【译文】

孩子多,没有不喜欢的,而对自己的兄弟,就看成像仇人一样。常常是儿子根据父亲的旨意,就对伯父叔父不礼貌了。不知道自己的兄弟,就是父亲的几个儿子,自己的几个儿子,他们互相之间也就是兄弟。我与兄弟不和,那么我的几个儿子,也会互相观看仿效,怎能防止他们蛮横不讲理呢?

做子女的对伯父、叔父没有礼貌,也不会孝顺父亲,这是一步步发展的。所以要想几个儿子和和气气,必须把我怎样与兄弟相处的展示给他们看。要想我的子女对自己孝顺,也必须我自己先对伯父叔父孝顺。

## 背后之言不可听

【原文】

凡人之家,有子弟及妇女好传递言语,则虽圣贤同居,亦不能不争。且人之作事,不能皆是,不能皆合他人之意,宁免其背后评议?背后之言,人不传递,则彼不闻知,宁有忿争?惟此言彼闻,则积成怨恨。况两递其言,又从而增易之,两家之怨至于牢不可解。惟高明之人,有言不听,则此辈自不能离间其所亲。

【译文】

有的人家里,子弟和妇女喜欢传递耳语,这样即使是圣贤之人在一块居住,也不能不发生矛盾。并且人们做事,不能都正确,不可能都符合其他人的意思,哪能避免人们在背后议论呢?背后说的话,人不传递,那么别人就不知道,哪里再会有什么不满和争执呢?只有这个人说了话被那个人听见,才积累成怨恨。更何况两头传话,还要有所改变,两家人的怨恨,就再也解不开了。只有高明的人,有话也不去听,那么这种人也就不能够挑拨他们之间的关系了。

## 亲戚不宜频假贷

【原文】

房族、亲戚、邻居,其贫者才有所阙,必请假焉。虽米、盐、酒、醋计钱不多,然朝夕频频,令人厌烦。如假借衣服、器用,既为损污,又因以质钱。借之者历历在心,日望其偿;其借者非为不偿,又行行常自若,且语人曰:“我未尝有纤毫假贷于他。”此言一达,岂不招怨怒。

【译文】

家族中的亲戚和邻居中,生活比较穷的人刚刚缺了点什么,就要向别人去借。虽然只是米、盐、酒、醋这些不值钱的东西,但早上借晚上借,十分频繁,便会让人很厌烦。如果借的是衣服或日常用品,既被弄脏弄坏了,还要拿它们去换钱。借给东西的人把这些都放在心上,天天望着借的人归还,而借东西的人不仅不还,况且行动表情与平常一样,并且跟人家说:“我从来没有向他借过一分钱的东西。”这种话一说出来,岂不是要招惹别人的怨恨怒气吗?

## 亲旧贫者随力周济

【原文】

应亲戚故旧有所假贷,不若随力给与之。言借则我望其还,不免有所索。索之既频,而负偿冤主反怒曰:“我欲偿之,以其不当频索,则姑已之。”方其不索,则又曰:“彼不下气问我,我何为而强还之!”故索亦不偿,不索亦不偿,终于交怨而后已。

盖贫人之假贷,初无肯偿之意,纵有肯偿之意,亦何由得偿?或假贷作经营,又多以命穷计拙而折阅。方其始借之时,礼甚恭,言甚逊,其感恩之心可指日以为誓。至他日责偿之时,恨不以兵刃相加。凡亲戚故旧,因财成怨者多矣。

俗谓“不孝怨父母,欠债怨财主。”不若念其贫,随吾力之厚薄,举以与之。则我无责偿之念，彼亦无怨于我。

【译文】

答应借给亲戚和朋友的财物，不如根据自己的能力送一些给他。如借的话我希望他尽快还，（不还）难免就去要。去要的太频繁，借东西的人反而生气地说："我本来打算还他的，但他不应当这样频繁地来要。这样就暂时不予归还了。"而当他不来要了，又说："他不开口来向我要，我又为什么非要还他呢？"所以要也不还，不要也不还，反正都是以结下恩怨而告终。

大概穷人借钱，本来就没有还钱的意思。即使有还的意思，又靠什么来还呢？有的人借钱去做生意，又常常因为运气不好或办法不多而赔了本。当他借钱的时候，礼貌恭敬，说话客气，感谢的心情，可以指着太阳发誓。到了以后要还债的时候，恨不得拔刀相见。凡是亲戚朋友之间因钱财而闹矛盾的事非常多。

俗话说："儿女不孝顺，这要怪父母；人家欠了债，这要怪财主。"不如怜悯他贫穷，根据我力量的大小，送一些钱物给他，这样我既不会老想着要他还钱，他也不会对我怀恨在心了。

## 子孙常宜关防

【原文】

子孙有过，为父祖者多不自知，贵宦尤甚。盖子孙有过，多掩蔽父祖之耳目。外人知之，窃笑而已，不使其父祖知之。至于乡曲贵宦，人之进见有时，称道盛德之不暇，岂敢言其子孙之非！况又自以子孙为贤，而以人言为诬，故子孙有弥天之过而父祖不知也。间有家训稍严，而母氏犹有庇其子之恶，不使其父知之。

富家之子孙不肖，不过耽酒、好色、赌博、近小人，破家之事而已。贵宦之子孙不止此也。其居乡也，强索人之酒食，强贷人之钱财，强借人之物而不还，强买人之物而不偿；亲近群小，则使之假势以陵人；侵害善良，则多致饰词以妄讼；不恤误其父祖陷于刑辟也。凡为人父祖者，宜知此事，常关防，更常询访，或庶几焉。

【译文】

子孙有错误，当父亲、祖父的往往不知道，做大官的更是如此。因为子孙犯了错误，大都不让父亲、祖父听到看到。外人知道了，只是暗地里讥笑而已，也不让他们的父亲、祖父知道。至于地方上的大官，人们时常去拜见他们，奉承拍马还来不及，哪里还敢说他子孙的坏话？更何况大官们又自认为自己的子孙都是好的，把别人说的话当成是胡说。所以子孙即使有漫天的大错，父亲、祖父也不会知道。偶尔也有家教比较严一点的，但母亲又包庇儿子的过失，不让父亲知晓。

有钱人家的子孙不好，不过是沉溺于酒色，赌博，与品质坏的人接近，使家庭破产之类而已。有权有势的大官家的子孙就不止这些了。他们在乡里，强要别人的酒食，强要别人的钱财，强借别人的东西而不还，强买别人的东西而不付钱；与坏人混在一起，让他们也假自己的势力来欺负人；侵害善良的人，还要捏造事实来惩办他们。他们不惜使父母的名声受到损害，最终触犯刑法。凡是做人父母的，应该知道这些事理，经常提防着点，也经常去向别人询问了解，这样也许就可以防止子孙犯错误了。

## 子弟贪缪勿使仕宦

【原文】

子弟有愚缪贪污者，自不可使之仕宦。古人谓“治狱多阴德，子孙当有兴者”。谓“利人而人不知所自，则得福”。

今其愚缪，必以狱讼事悉委胥辈，改易事情，庇恶陷善，岂不与阴德相反？古人又谓“我多阴谋，道家所忌”，谓“害人而人不知所自，则得祸”。

今其贪污，必与胥辈同谋，货鬻公事，以曲为直，人受其怨，无所告诉，岂不谓之阴谋！士大夫试历数乡曲三十年前宦族，今能自存者几家？皆前事所致也。有远识者必信此言。

【译文】

子弟当中有品行贪婪的人，当然不能让他们去当官。古人说：“审讯犯人，治理监狱积了很多阴德的人，他们的子孙中一定能出现飞黄腾达的人。”又说：“对别人有好处，而别人却不知道是谁给的他好处，这种人就一定会得到好报。”

现在那些愚蠢荒谬的人，都是把审理犯人、处理打官司的事全部拿给那些小官吏去办，他们改变事实真相，包庇坏人，陷害好人，这岂不是与积阴德刚好相反？古人又说：“我有很多阴谋诡计，这是得道的人最忌讳的。”又说：“陷害别人而别人却不知陷害他的人，一定会受到惩罚。”

现在那些贪婪肮脏的人，一定是跟那些小官吏们同流合污。拿公家的事来做交易，把弯的说成直的。别人被冤枉了，却没有地方去诉说，这不就叫做阴谋吗？士大夫们请数一数家乡里面的人，三十年前是当官的人家，现在仍然存在的，还有几家？这都是前面所说的事情造成的。有远见的人，一定会相信这些话的。

## 家业兴替系子弟

【原文】

同居父兄子弟，善恶贤否相半。若顽很刻薄不惜家业之人先死，则其家兴盛未易量也；若慈善长厚勤谨之人先死，则其家不可救矣。谚云：“莫言家未成，成家子未生；莫言家未破，破家子未大”亦此意也。

【译文】

同住在一起的父亲、兄长、儿子、弟弟，好人和坏人各占一半。如果顽劣、懒惰、刻薄、不爱惜家产的人先死，这个家庭的兴盛就是不可估量的。如果慈善、忠厚、勤劳、谨慎的人先死，这个家庭就很难继续了。谚语说：“不要说家庭不兴旺，而是使家庭兴旺的子女还没出生。不要说家庭没有破败，而是使家庭毁灭的子女还没长大。”也就是这个道理。

## 男女不可幼议婚

【原文】

人之男女，不可于幼小之时便议婚姻。大抵女欲得托，男欲得偶，若论目前，悔必在后。盖富贵盛衰，更迭不常；男女之贤否，须年长乃可见。若早议婚姻，事无变易，固为甚善,或昔富而今贫,或昔贵而今贱,或所议之婿流荡不肖,或所议之女很戾不检。从其前约则难保家,背其前约则为薄义,而争讼由之以兴,可不戒哉!

【译文】

人们不可以在儿子、女儿幼小的时候,就替他们商量婚姻。因为女子想找到依恋,男子想得到配偶,如果只就眼前的情况来定,日后就必定会有悔恨。

大概富贵盛衰,变化很快,不能经常。男子女子究竟好不好,也要等到长大以后才能看出来。如果很早就商量了婚姻的事,事情没有变化,固然很好。可是如果以前富有现在变穷了,如果以前很显赫现在下台了,或者如果商定的男孩长大后放荡不贤良,商定的女孩懒惰不检点,那么遵守以前的婚约,就难以保住家庭的幸福;背叛以前的婚约,就是不讲义气。这样纷争和官司就会时有发生。一定要慎重而为。

## 议亲贵人物相当

【原文】

男女议亲,不可贪其阀阅之高,资产之厚。苟人物不相当,则子女终身抱恨,况又不和而生他事者乎!

【译文】

男女之间谈婚论嫁,不可以贪图对方家庭地位高,或财产丰厚。如果人不相配那么子女会一辈子都怀有遗憾的,更何况还会因为两人不和而产生其他纷争呢!

## 媒妁之言不可信

【原文】

古人谓"周人恶媒",以其言语反覆。给女家则曰:"男富",给男家则曰:"女美",近世尤甚。给女家则曰:"男家不求备礼,且助出嫁遣之资"。给男家则厚许其所迁之贿,且虚指数目。若轻信其言而成婚,则责恨见欺,夫妻反目,至于仳离者有之。

【译文】

古人说周人厌恶媒人,因为她们的话反复多变,欺骗女家说男家很有钱,欺骗男家说女方很漂亮。近来的媒人更是如此。欺骗女家说男家不要求礼仪齐备,并且要帮助出陪嫁的钱物;欺骗男家就答应要带来大量陪嫁,并且夸大数目。如果轻易相信了媒人的话而结了婚,就会责怪和气愤自己被欺骗了,夫妻两人反目为仇,闹到离散的也有很多人。

## 分给财产务均平

【原文】

父祖高年,怠于管干,多将财产均给子孙。若父祖出于公心,初无偏曲,子孙各能戮力,不事游荡,则均给之后,既无争讼,必至兴隆。

若父祖出于公心,初无偏曲,子孙各能戮力,不事游荡,则均给之后,既无争讼,必至兴隆。若父祖缘有过房之子,缘有前母后母之子,缘有子亡而不爱其孙,又有虽是一等子孙,自有憎爱,凡衣食财物所及,必有厚薄,致令子孙力求均给,其父祖又于其中暗有轻重,安得不起他日争端?

【译文】

父亲、祖父上了年纪以后,不再想管事,大多将财产平分给子孙。如果父亲、祖父能用公平之心分配财产,本来就不偏向哪一方,而子孙又能一起努力而不游手好闲或放荡不羁,那么平均分得财产之后,就没有争吵和打官司的事,一定会兴旺发达。

如果父亲、祖父因为有过继的儿子,因为有亲妈和后妈的儿子,因为有儿子死了而不喜欢的孙子,又有虽然都是一样的子孙,却厌恶和喜欢各不相同,这样凡是给予衣服、食品等财物,必然有多少不等,使得子孙竭力要求公平对待,而父亲、祖父又在中间暗地里有轻重偏向,这样岂能不引起以后的矛盾呢?

## 遗嘱公平维后患

【原文】

遗嘱之文,皆贤明之人为身后之虑。然亦须公平,乃可以保家。如劫于悍妻黠妾,因于后妻爱子中,有偏曲厚薄,或妄立嗣,或妄逐子,不近人情之事,不可胜数。皆所以兴讼破家也。

【译文】

遗嘱是贤良的人为自己死后的事考虑而立的。然而也必须公平才可以保住家庭的和睦。如果被凶猛狡猾的妻子逼着,便在妻子儿女中有所偏心,或者妄自定下继承人,或者妄自驱逐儿子,做很多不合乎人情的事,这都会导致官司的发生,使家庭衰落。

## 遗嘱之文宜预为

【原文】

父祖有虑子孙争讼者,常欲预为遗嘱之文,而不知风烛不常,因循不决,至于疾病危笃,虽心中尚了然,而口不能言,手不能动,饮恨而死者多矣。况有神识昏乱者乎!

【译文】

父亲、祖父有担心子孙会发生矛盾的,因而经常想事先立下遗嘱。却不知道就像风中的蜡烛一样,到了疾病危险的时候,虽然心中还明白,嘴却不能说话了,手却不能动了,怀着遗憾而死去的太多了。更何况还有很多神志不清的人呢!

# 卷二　处　己

## 人之智识有高下

【原文】

人之智识固有高下，又有高下殊绝者。高之见下，如登高望远，无不尽见；下之视高，如在墙外欲窥墙里。若高下相去差近，犹可与语；若相去远甚，不如勿告，徒费口颊尔。譬如弈棋，若高低止较三五著，尚可对弈，国手与未识筹局之人对弈，果何如哉？

【译文】

人的智力及知识水平本来就有高低之分，如果两个人的水平相差太大，那么，智力及知识水平高的人看待水平低的人，就好像登高望远，一览无余；而智力及知识水平低的人看水平高的人，就好像站在墙外想往墙内看一样，无法看清。如果两人水平相差无几，那么还可以相互交流，如果二者相差甚远，那么，水平高的人就不必去理水平低的人了。因为即使交流也是白费话语。这就好像下棋一样，双方水平差不多，还可以对弈，如果是一个国手与一个棋盲对弈，其结局又会是什么样呢？

## 处富贵不宜骄傲

【原文】

富贵乃命分偶然，岂宜以此骄傲乡曲！若本自贫窭，身致富厚，本自寒素，身致通显，此虽人之所谓贤，亦不可以此取尤于乡曲。若因父祖之遗资而坐享肥浓，因父祖之保任而驯致通显，此何以异于常人！其间有欲以此骄傲乡曲，不亦羞而可怜哉！

【译文】

富贵是命中偶然发生的事，怎么能因此而在家乡炫耀！如果本来很贫穷，后来经过苦心经营而发财致富；本来是一个平民，经过自身努力而身居高位了，这种人虽然被人称为有才能，但也不能因此而在家乡过于招摇。如果是凭借着祖先的遗产过上富足生活的人，倚靠祖辈、父辈的保举而获取高官的人，他们与常人又有什么区别呢？他们之中居然还有人想在家乡人面前骄纵，这种炫耀不仅是可耻的，而且更是可怜的。

## 礼不可因人轻重

【原文】

世有无知之人，不能一概礼待乡曲，而因人之富贵贫贱设为高下等级。见有资财有官职者则礼恭而心敬。资财愈多，官职愈高，则恭敬愈加焉。至视贫者贱者，则礼傲而心慢，曾不少顾恤。殊不知彼之富贵，非我之荣，彼之贫贱，非我之辱，何用高下分别如此！长厚有识君子必不然也。

【译文】

社会中有一些无知的人，他们对父老乡亲不能一概以礼相待，而是因人而异，以富贵贫贱为标准来划分出高下等级。他们对有钱有势的人总是恭敬有礼，而且钱财越多，官职越高，他们就越发恭敬。而当看到贫穷的平民百姓时，就非常傲慢而毫无礼貌可言。他们很少去关照、周济那些贫贱的人。殊不知，他人的富贵不是我的荣耀，他人的贫贱也不是我的耻辱，为什么要用不一样的标准来对待别人？德高望重的人一定不会这样做。

## 穷达自两途

【原文】

操履与升沉自是两途。不可谓操履之正，自宜荣贵；操履不正，自宜困厄。若如此，则孔、颜应为宰辅，而古今宰辅达官，不复小人矣。盖操履自是吾人当行之事，不可以此责效于外物。责效不效，则操履必怠，而所守或变，遂为小人之归矣。今世间多有愚蠢而享富厚，智慧而居贫寒者，皆自有一定之分，不可致诘。若知此理，安而处之，岂不省事。

【译文】

品德的好坏与官职的高低，这二者之间没有必然的关联。不能说品行端正，自然就能得到荣华富贵；也不能说品行不端，就一定会被遭受厄运。如果真是这样，孔子、颜回等人就应该当上了宰相。而事实上，古往今来的宰相和达官中有不少人就是小人。提高自己的修养自然是我们所应该做的事，不能因此而带有什么功利目的。否则，一旦没有达到预期的目的，就必然会放松了在品德方面的修养，原本奉行的信念有所改变，就会沦为一个小人。如今，世间有很多愚蠢的人在享受着富贵，而聪明的人却很贫寒，这都是命中注定的，不必深究。如果明白这个道理，泰然处之，岂不少些烦恼！

## 世事更变皆天理

【原文】

世事多更变，乃天理如此。今世人往往见目前稍稍荣盛，以为此生无足虑，不旋踵而破坏者多矣。大抵天序十年一换甲，则世事一变。今不须广论久远，只以乡曲十年前、二十年前比论目前，其成败兴衰何尝有定势！世人无远识，凡见他人兴进及有如意事则怀妒，见他人衰退及有不如意事则讥笑。同居及同乡人最多此患。若知事无定势，则自虑之不暇，何暇妒人笑人哉！

【译文】

世间的事情变化莫测，这是自然规律。现在，好多人往往看到眼前的事业稍有兴盛，就以为此生再没有值得忧虑的事了，可是，接踵而来的却是事业的失败，这种情况很多很多。天干十年一换，世上的事情也随之一变。不必说得太远，只把家乡十年前、二十年前的事情与眼前的情况相比较，就会发现，成败兴衰哪里有不变的呢？世上有些人没有远见，一看到别人事业兴旺、称心如意，就心生嫉妒；看到别人事业受挫折、不顺心时，便讥笑人家。同家族和同乡之中，有这种毛病的人很多。如果明白凡事没有固定不变的道理，那么，为自己的未来担忧恐怕还来不及呢，又哪里有时间去嫉妒别人呢？

## 人生劳逸常相若

【原文】

应高年享富贵之人,必须少壮之时尝尽艰难,受尽辛苦,不曾有自少壮享富贵安逸至老者。早年登科及早年受奏补之人,必于中年龃龉不如意,却于暮年方得荣达。或仕宦无龃龉,必其生事窘薄,忧饥寒,虑婚嫁。若早年宦达,不历艰难辛苦,及承父祖生事之厚,更无不如意者,多不获高寿。造物乘除之理,类多如此。其间亦有始终享富贵者,乃是有大福之人,亦千万人中间有之,非可常也。今人往往机心巧谋,皆欲不受辛苦,即享富贵至终身,盖不知此理,而又非理计较,欲其子孙自少小安然享大富贵,尤其蔽惑也,终于人力不能胜天。

【译文】

如果想要老年享受富贵的人,必须在年轻时历尽辛苦。没有人能从年轻时直到年老一直享受富贵安逸的生活的。早年科举及第以及早年就在朝中为官的人,到了中年之时仕途必定会不顺畅,只是到了晚年才能获得荣贵显达。有的为官之人,虽然在官场上没有什么不如意之事,可是家中却生活窘迫,常常要为吃穿发愁,为儿女的婚事担忧。如果早年官运亨通,没有品尝过生活的艰辛,又继承了父祖的一笔遗产,更没有遇到过任何不如意的事,这种人大多不会长寿。造物主对人的命运的安排大多如此。在生活中也有一些自始至终享受富贵的人,这是有大福的人,这种大福之人在千万人中才有一个,实在是极其特殊的。现在的人往往都是机关算尽,幻想不经历劳苦就能永远享受荣华富贵。这是因为他们不懂得这个道理,而且还要毫无道理地算计着,想让其子孙从小就能享受大富大贵的生活,这就更无知了。其最终结果还是人力不能胜过天命。

## 忧患顺受则少安

【原文】

人生世间,自有知识以来,即有忧患不如意事。小儿叫号,皆其意有不平。自幼至少至壮至老,如意之事常少,不如意之事常多。虽大富贵之人,天下之所仰羡以为神仙,而其不如意处,各自有之,与贫贱人无异,特所忧虑之事异尔。故谓之缺陷世界,以人生世间,无足心满意者。能达此理而顺受之,则可少安。

【译文】

人生在世间,自从有了知识,就有了忧患和不如意的事。小孩子的哭叫,都是因为某些事没有满足而致。一个人从幼年到少年再到壮年,最后到老年,如意的事常常很少,而不如意的事却常常很多。即使大富大贵之人,虽天下人都敬慕他,认为他过的是神仙一样的日子,但是,这种人也各有各的烦恼,与贫穷的平民百姓没有什么两样,只是二者所忧虑的内容有所不同罢了。所以我们把这个世界称为缺陷世界。人生不可能一切都能让人满意,能明白这个道理而能顺乎自然的人,就到一些安慰。

## 谋事难成则永久

【原文】

凡人谋事，虽日用至微者，亦须龃龉而难成。或几成而败，既败而复成，然后其成也，永久平宁，无复后患。若偶然易成，后必有不如意者。造物微机不可测度如此，静思之则见此理，可以宽怀。

【译文】

大概人们要干一件事，哪怕是日常生活中的小事，也必须是经受一些磨难还未必成功，或者快成功时又失败了，失败之后又再成功。只有这样获得的成功，才能真正永无后患。相反，如果靠偶然的机会轻而易举地获得成功，日后一定有不如意的事发生。大千世界，事物发展变化就是这样深不可料。静心思考一下，便能明白这个道理，对于事情的成功和失败也就可以想明白了。

## 性有所偏在救失

【原文】

人之德性，出于天资者，各有所偏。君子知其所偏，故以其所习为而补之，则为全德之人。常人不自知其偏，以其所偏而直情径行，故多失。《书》言九德，所谓宽、柔、愿、乱、扰、直、简、刚、强者，天资也；所谓栗、立、恭、敬、毅、温、廉、塞、义者，习为也。此圣贤之所以为圣贤也。后世有以性急而佩韦，性缓而佩弦者，亦近此类。虽然，已之所谓偏者，苦不自觉，须询之他人乃知。

【译文】

人的品性是天生的，而且各有不足之处。有学问、修养的人了解自已的不足之处，因而用加强学习的办法来弥补它，于是就变成了一个具有完美品德的人。普通的人不仅不知道自己的不足之处，反而被这种不足支配着去为所欲为，以致造成许多失误。《尚书》中说的九德，是指“宽、柔、愿、乱、扰、直、简、刚、强”，这些都是天生的；而“栗、立、恭、敬、毅、温、廉、塞、义”，这些都是通过学习而养成的。这就是圣贤之所以为圣贤的原因。后世有一些性急的人就佩带韦皮，性子慢的人就佩带丝弦，也就是这个原因。即使这样，自已的不足之处，苦于自己无法知道，就必须向别人请教。

## 人行有长短

【原文】

人之性行，虽有所短，必有所长。与人交游，若常见其短而不见其长，则时日不可同处；若常念其长，而不顾其短，虽终身与之交游可也。

【译文】

人的品行虽然有不足，但是他也必然有长处。与人交往，如果只看别人的短处而无视别人的长处，那么，就一刻也难以与人相处。反之，如果能常想着别人的长处，而不去计较别人的短处，便能与人友好相处。

## 人不可怀慢伪妒疑之心

**【原文】**

处己接物，而常怀慢心、伪心、妒心、疑心者，皆自取轻辱于人，盛德君子所不为也。慢心之人，自不如人，而好轻薄人。见敌己以下之人，及有求于我者，面前既不加礼，背后又窃讥笑。若能回省其身，则愧汗浃背矣。伪心之人，言语委曲，若甚相厚，而中心乃大不然。一时之间人所信慕，用之再三则踪迹露见，为人所唾去矣。妒心之人，常欲我之高出于人，故闻有称道人之美者，则忿然不平，以为不然；闻人有不如人者，则欣然笑快。此何加损于人，祇厚怨耳！疑心之人，人之出言未尝有心，而反覆思绎曰："此讥我何事？此笑我何事？"则与人缔怨，常萌于此。贤者闻人讥笑若不闻焉，此岂不省事！

**【译文】**

待人接物，如果常常怀着傲慢、虚伪、嫉妒、怀疑之心，就会让人看不起，这也是被品德高尚的君子所鄙视的。怀有傲慢之心的人，自己明明不如别人，却喜欢轻视别人。见到地位比自己低下并有求于己的人，不仅当面不能以礼相待，而且背后又暗地讥笑人家。这种人如果能反省一下自身，就应该惭愧得汗流浃背。怀有虚伪之心的人，言语十分委婉动听，似乎很诚恳，而心中却不以为然。这种人一时可能会得到别人的敬慕，但他把同样的手段用之再三，就会暴露出本来面目而被人唾弃。怀有嫉妒之心的人，常常希望自己比别人强，所以当听到有人被夸奖时，就感到忿忿不平，认为这种夸奖是错误的。而当听到别人有不顺心的事时，就幸灾乐祸。其实，这种行为对别人又有什么损害呢？只能徒增别人对你的怨恨而已。怀有疑心的人，别人言者无意，他却听者有心，并反复说："这一定是在讥讽我什么事？那一定是在嘲笑我什么事？"这种人与人结怨，往往是从此开始的。贤明的人对于别人的非议，总能做到泰然处之，这岂不是省却了许多烦恼。

## 人贵忠信笃敬

**【原文】**

言忠信，行笃敬，乃圣人教人取重于乡曲之术。盖财物交加，不损人而益己，患难之际，不妨人而利己，所谓忠也。有所许诺，纤毫必偿，有所期约，时刻不易，所谓信也。处事近厚，处心诚实，所谓笃也。礼貌卑下，言辞谦恭，所谓敬也。若能行此，非惟取重于乡曲，则亦无人而不自得。然敬之一事，于己无损，世人颇能行之。而矫饰假伪，其中心则轻薄，是能敬而不能笃者，君子指为谀佞，乡人久亦不归重也。

**【译文】**

言论必须讲究忠信，行为要奉行恭敬的原则，这是圣人教人们获取乡亲尊敬的方法。发家致富，以不损人利己为前提，患难之时，以不妨碍别人而利己为基准，这就是人们所说的"忠"。一旦许诺，哪怕是极小的事，也一定要实现；一旦有约，一刻都不改变，这就是人们所说的"信"。待人接物要宽厚诚实，这就是人们所说的"笃"。对地位低下的人能以礼相待，言辞谦恭，这就是人们所说的"敬"。如果能够这样做，不仅能获得乡亲们的尊敬，而且能够诸事皆顺。然而，恭敬一事，因为于己无损，世人都能做到，只是有些人不能表里如一，表面上待人很好，而心中却并非如此，这就是能敬而不能笃，君子把这种人称为小人。久而久之，乡亲们就不再尊敬他了。

## 厚于责己而薄于责人

【原文】

忠、信、笃、敬，先存其在己者，然后望其在人。如在己者未尽而以责人，人亦以此责我矣。今世之人，能自省其忠、信、笃、敬者盖寡，能责人以忠、信、笃、敬者皆然也。虽然，在我者既尽，在人者亦不必深责。今有人能尽其在我者固善矣，乃欲责人之似己，一或不满吾意，则疾之已甚，亦非有容德者，只益贻怨于人耳！

【译文】

忠诚、信实、厚道、尊敬的品格先要自己养成，然后才能要求别人。如果自己还没有做到这一点，就以此来要求别人，而别人也会以此来要求你。现在能自我反省是否做到了忠诚、信实、厚道、尊敬的人是很少的，而以忠诚、信实、厚道、尊敬来要求别人的人却很多。其实，即使自己做到了忠诚、信实、厚道、尊敬，也不必要求别人也能尽数做到。现在有人能够自己做到忠诚、信实、厚道、尊敬，这固然是一件好事，但因此而要求别人也像自己一样做到这一点，稍不如意就心生痛恨，这种人缺少容人之德，很容易与人结仇。

## 处事当无愧心

【原文】

今人有为不善之事，幸其人之不见不闻，安然自肆，无所畏忌。殊不知，人之耳目可掩，神之聪明不可掩。凡吾之处事，心以为可，心以为是，人虽不知，神已知之矣。吾之处事，心以为不可，心以为非，人虽不知，神已知之矣。吾心即神，神即祸福，心不可欺，神亦不可欺。《诗》曰："神之格思，不可度思，矧可射思。"释者以谓"吾心以为神之至也"，尚不可得而窥测，况不信其神之在左右，而以厌射之心处之，则亦何所不至哉！

【译文】

现在有人去干坏事，庆幸没有被别人看到，以至心安理得，无所顾忌。殊不知，干坏事虽可掩人耳目，却逃不出神的明察。我们做事时，内心认为是可行的，别人虽然不知道，但神已知道了；我们做事时，内心认为不该做，别人虽然不知道，但神已经知道了。我们的心就是神，神就代表着祸福，内心不能欺骗，神也不能欺骗。《诗经》上说："神的到来是不可测度的，怎么可以厌恶呢?"佛教徒认为"我的心感觉到神的到来"，尚且不能探测，更何况有的人不相信神在自己身边，而以厌恶之心对待，那么，还有什么事做不出的呢?

## 为恶祷神为无益

【原文】

人为善事而未遂，祷之于神，求其阴助，虽未见效，言之亦无愧。至于为恶事而未遂，亦祷之于神，求其阴助，岂非欺罔！如谋为盗贼而祷之于神，争讼无理而祷之于神，使神果从其言而幸中，此乃贻怒于神，开其祸端耳。

【译文】

人们做善事没有成功而向神祈祷,请求神暗中帮助自己,虽然没有见到什么成效,心中也不会感到任何羞愧。至于干坏事没有成功也向神祈祷,希望神能暗中帮助自己,这岂不是自欺欺人吗?比如想去当盗贼而祈求神的保佑,在与人争吵、打官司理亏时去祈求神的保护,即使侥幸成功,这也是惹怒神,开祸端。

## 公平正直人之当然

【原文】

凡人行己,公平正直者,可用此以事神,而不可恃此以慢神;可用此以事人,而不可恃此以傲人。虽孔子亦以敬鬼神,事大夫,畏大人为言,况下此者哉!彼有行己不当理者,中有所慊,动辄知畏,犹能避远灾祸,以保其身。至于君子而偶罹于灾祸者,多由自负以召致之耳。

【译文】

人自己能够做到公平正直,可以以此来侍奉神,而不能以此来怠慢了神;可以以此来对待人,而不能以此来自傲。连孔子都说过:敬鬼神、侍奉大夫、敬畏大人,何况庶民百姓呢?自己处事没有道理时,应该知道有所畏惧,这样才能躲避灾祸,保全自身。至于君子有时也遇到一些灾难,这多半是由于他过于自负所引起的。

## 悔心为善之几

【原文】

人之处事能常悔往事之非,常悔前言之失,常悔往年之未有知识,其贤德之进,所谓长日加益而人不自知也。古人谓,行年六十而知五十九之非者,可不勉哉!

【译文】

人能够经常时以往做过的坏事感到懊悔,对以前说过的话感到心神不安,对过去的无知感到羞愧,那么,他的品德修养就有所长进了。这就是所谓随着年龄的增长,品德方面有了进步,而本人却毫无察觉。古人说,年纪到了六十,就应该知道前五十九年做的错事。我们难道不应该以此自勉吗?

## 恶事可戒而不可为

【原文】

凡人为不善事而不成,正不须怨天尤人,此乃天之所爱,终无后患。如见他人为不善事常称意者,不须多羡,此乃天之所弃。待其积恶深厚,从而殄灭之。不在其身,则在其子孙。姑少待之,当自见也。

【译文】

凡是人做坏事而不成,不需要抱怨天抱怨人,这是天对你还很爱护,这样最终还不会有什么灾难。如果看到别的人做坏事常常做成了,不需要羡慕他,这是上天把他抛弃了。等到他的罪恶积累多了,就把他消灭掉。即使灾祸不降临在他身上,也会降临在他的子孙身上。姑且稍微等待一段时间,就自然可以看到。

## 小人当敬远

【原文】

人之平居，欲近君子而远小人者。君子之言多长厚端谨，此言先入于吾心，及吾之临事，自然出于长厚端谨矣；小人之言多刻薄浮华，此言先入于吾心，及吾之临事，自然出于刻薄浮华矣。且如朝夕闻人尚气好凌人之言，吾亦将尚气好凌人而不觉矣；朝夕闻人游荡不事绳检之言，吾亦将游荡不事绳检而不觉矣。如此非一端，非大有定力，必不免渐染之患。

【译文】

一个人平时生活，之所以要接近君子而疏远小人，是因为君子所说的话，多是厚道端庄的，这种话先进到我的心中，到了我遇到事情的时候，自然也会厚道端庄的。小人所说的话，多是刻薄浮华的，这种话先进到我的心中，到了我遇到事情的时候，自然也就刻薄浮华了。又像早晚听到别人盛气凌人的话，我也就将不自觉地盛气凌人；早晚听到别人不加检点的放荡之言，我也就将不自觉地放荡不加检点了。像这样不止一件事，不是有很强的自制力，就必然免不了逐渐沾染上这些毛病。

## 老成之言更事多

【原文】

老成之人，言有迂阔，而更事为多。后生虽天资聪明，而见识终有不及。后生例以老成为迂阔，凡其身试见效之言欲以训后生者，后生厌听而毁诋者多矣。及后生年齿渐长，历事渐多，方悟老成之言可以佩服，然已在险阻艰难备尝之后矣。

【译文】

年长成熟的人，说话迂阔，而经历的事情却很多。年轻人虽然天资聪明，而见识却赶不上他们。年轻人照例把年长成熟当做迂阔，凡是亲身经历过取得成效的话语，要拿来训导年轻人，年轻人不听而指责他们的太多了。等到年轻人年纪逐渐增大，经历的事也逐渐多了，才领悟到年长成熟人的话，可以佩服。然而这时已在尝尽艰辛之后了。

## 君子有过必思改

【原文】

圣贤犹不能无过，况人非圣贤，安得每事尽善？人有过失，非其父兄，孰肯诲责；非其契爱，孰肯谏谕。泛然相识，不过背后窃议之耳。君子惟恐有过，密访人之有言，求谢而思改。小人闻人之有言，则好为强辩，至绝往来，或起争讼者有矣。

【译文】

圣贤也不能没有错误，更何况人不是圣贤，谁能每件事都做得十全十美呢。人有了错误，不是他的父亲兄弟，谁会去教诲、责备，不是他的亲密朋友，谁会去劝说？泛泛的认识，不过是背后偷偷地议论一番罢了。君子害怕自己有错误，暗地里去访问别人的议论，承认错误而想着改正；小人听到别人的议论，喜欢强言辩解，一直到跟别人断绝往来，有的还要发生矛盾纠纷。

## 言语贵简当

【原文】

言语简寡,在我可以少悔,在人可以少怨。

【译文】

谨言慎语,自己就会少一点后悔,别人就会少一点怨气。

## 觉人不善知自警

【原文】

不善人虽人所共恶,然亦有益于人。大抵见不善人则警惧,不至自为不善。不见不善人则放肆,或至自为不善而不觉。故家无不善人,则孝友之行不彰;乡无不善人,则诚厚之迹不著。譬如磨石,彼自销损耳,刀斧资之以为利。老子云:"不善人乃善人之资。"谓此尔。若见不善人而与之同恶相济及与之争为长雄,则有损而已,夫何益?

【译文】

坏人虽然大家都很厌恶,但也对大家有益处。这就是看到不好的人就警惕害怕,自己也就不至于做坏事。没看到不好的人就放肆,这样就会自己做出不好的事也不知道。所以家里没有不好的人,孝顺、友爱的行动也就显现不出来;乡里没有不好的人,诚实、厚道的形迹也就不显著。好比磨刀石,磨刀石自己磨损罢了,刀和斧头却利用它来磨快了自己。《老子》说:"不好人是好人利用的东西。"就是说的这个意思。如果看到不好的人而与他同流合污,并且与他比比谁更厉害,就只有对自己有损,有什么好处?

## 正己可以正人

【原文】

勉人为善,谏人为恶,固是美事。先须自省,若我之平昔自不能为人,岂惟人不见听,亦反为人所薄。且如己之立朝可称,乃可诲人以立朝之方;己之临政有效,乃可诲人以临政之术;己之才学为人所尊,乃可诲人以进修之要;己之性行为人所重,乃可诲人以操履之详;已能身致富厚,乃可诲人以治家之法;已能处父母之侧而谐和无间,乃可诲人以至孝之行。苟惟不然,岂不反为所笑!

【译文】

勉励别人做好事,劝阻人做坏事,固然是好事。但首先必须自我反省一下:如果我平时自己做得不好,岂止别人不会听我的话,反而为别人所轻视。就如自己当朝臣有值得称赞的地方,才可教导人怎样当好朝臣;自己处理政事有成效,才能教导人怎样去从政;自己的才学为人所尊重,才能教导人增进修养的关键在哪儿;自己的性格品行为人所重视,才能教导人操守行为的详细方法;自己能亲身致富,才可教导人治家的方法;自己能在父母身边而和睦无隔阂,才能教导人孝顺的行动。如果不是如此,岂不是反被人讥笑吗?

## 浮言不足恤

【原文】

人之出言至善,而或有议之者;人有举事至当,而或有非之者。盖众心难一,众口难齐如此。君子之出言举事,苟揆之吾心,稽之古训,询之贤者,于理无碍,则纷纷之言皆不足恤,亦不必辩。

自古圣贤,当代宰辅,一时守令,皆不能免,况居乡曲,同为编氓,尤其无所畏,或轻议己,亦何怪焉!大抵指是为非,必妒忌之人,及素有仇怨者。此曹何足以定公论,正当勿恤勿辩也。

【译文】

人们话说得虽好,却仍有议论的;人们做事很得当,却仍有责怪的。人多了,心就难于统一,口味就难于一致,竟到如此地步。君子说话办事,如果在自己心里衡量一下,用古代的训导来考察一下,向贤良的人去咨询一下,如果不违背道理,那么乱纷纷的议论,都不用去管它,也不必去辩解。

自古以来的圣人,当代的宰相和大臣,一时的太守、县令,都不能避免被人议论,更何况住在乡里,同为百姓,没有什么可敬畏的,被人轻易地议论,又有什么奇怪呢?基本上来说,把对的说成错的人,都是妒忌的人,和平时就有仇怨的人。这类人哪足以决定大家的公论呢?可以不去管它不去辩解了。

## 谀巽之言多奸诈

【原文】

人有善诵我之美,使我喜闻而不觉其谀者,小人之最奸黠者也。彼其面谀我而我喜,及其退与他人语,未必不窃笑我为他所愚。

人有善揣人意之所向,先发其端,导而迎之,使人喜其言与己暗合者,亦小人之最奸黠者也。彼其揣我意而果合,及其退与他人语,又未必不窃笑我为他所料也。此虽大贤亦甘受其侮而不悟,奈何?

【译文】

有喜欢宣扬我优点的人,使我喜欢听而感不到他是谄媚的,这是小人当中最奸诈狡猾的。他当着我的面奉承我而我很高兴,等到他回去跟别人说时,保不准不暗地里讥笑我被他愚弄了呢。

有喜欢揣摸别人的意向的人,先开个头,引导他,逢迎他,使他喜欢自己的话,与自己暗中相合,这种人也是小人当中最奸诈狡猾的。他揣摸我的意思而最终与我相一致,等到他退下去跟别人说,也保不准不暗地里笑我被他料中了呢。这样即使是很好的人,也甘心被他侮辱而发觉不了,有什么办法呢?

## 凡事不为已甚

【原文】

人有詈人而人不答者,人必有所容也,不可以为人之畏我而更求以辱之。为之不已,人或起而我应,恐口噤而不能出言矣。

人有讼人而人不校者,人必有所处也。不可以为人之畏我而更求以攻之。为之不已,人或出而我辩,恐理亏而不能逃罪也。

【译文】

有的人骂别人而别人不回答,那别人一定是有容忍之心。不能够认为是别人怕我,而更进一步侮辱他。这样不停地去骂别人,别人如果起来报复我,恐怕我就闭口而说不出话来了。

有的人与别人争论而别人不加计较,那是别人很会处事。不能认为别人怕我而更进一步去攻击别人。这样不停地攻击别人,别人如果出来跟我辩论,恐怕我就会没有道理,而无法逃脱罪责了。

## 言语虑后则少怨尤

【原文】

亲戚故旧,人情厚密之时,不可尽以密私之事语之,恐一旦失欢,则前日所言,皆他人所凭以为争讼之资。至有失欢之时,不可尽以切实之语加之,恐忿气既平之后,或与之通好结亲,则前言可愧。

大抵忿怒之际,最不可指其隐讳之事,而暴其父祖之恶。吾之一时怒气所激,必欲指其切实而言之,不知彼之怨恨深入骨髓。古人谓"伤人之言,深于矛戟"是也。俗亦谓"打人莫打膝,道人莫道实。"

【译文】

亲戚、老朋友,关系亲密时,不能够把所有隐私的事都告诉他,恐怕一旦闹崩之后,那以前所说的话,都会成为别人凭借来与你矛盾争辩时的话柄。到了闹崩的时候,不能够尽用太激烈实在的话来说他,恐怕愤怒之气平息下来以后,也许会与他和好甚至攀亲,这时对以前说的话就很惭愧了。

愤怒的时候,最不应该挑别人隐秘忌讳的事说,也不可揭露别人父亲、祖父的不光彩的事。我如果一时被怒气所激怒,一定要对着别人的伤疤来说他,却不知道别人的怨恨,已深入到骨髓之中,这就是古人说的"伤害人的话,比刀子还厉害"。俗话也有"打人不要打他的膝盖,说人不要揭他的伤疤"的说法。

## 与人言语贵和颜

【原文】

亲戚故旧,因言语而失欢者,未必其言语之伤人,多是颜色辞气暴厉,能激人之怒。且如谏人之短,语虽切直,而能温颜下气,纵不见听,亦未必怒。

若平常言语，无伤人处，而词色俱厉，纵不见怒，亦须怀疑。古人谓“怒于室者色于市”，方其有怒，与他人言，必不卑逊。他人不知所自，安得不怪！故盛怒之际，与人言话，尤当自警。前辈有言：“诫酒后语，忌食时嗔，忍难耐事，顺自强人。”常能持此，最得便宜。

【译文】

亲戚、老朋友，因说话而造成伤害的，不一定是因为说话伤人，而多半是因为脸色、语气太粗暴、厉害，激起了人们的怒气。就像劝诫别人的缺点，话虽然说得太直太急，如果能够脸色温和，语气低缓，即使别人不听，也未必就生气。

如果是很平常的话，并没有伤害人的地方，而用词和语调都很严厉，即使别人不发火，也一定会产生怀疑。古人说：“在家里发火的人在街市上也会从脸色表现出来”，当他正有怒气的时候，与别人说话，一定也不会恭敬谦虚。别的人不知道原因在哪儿，哪能不见怪呢？所以怒气正盛的时候，跟别人说话，尤其应当自我警惕。长辈们这样说，禁止在酒后说话，忌讳在吃饭时谈论，忍受很难忍受的嗔怒，顺着能够自强的事去做。如果人常常能够遵循这些原则，便能得到好处。

## 与人交游贵和易

【原文】

与人交游，无问高下，须常和易，不可妄自尊大，修饰边幅。若言行崖异，则人岂复相近。然又不可太亵狎。樽酒会聚之际，固当歌笑尽欢，恐嘲讥中触人讳忌，则忿争兴焉。

【译文】

与别人交往，不管别人地位高低，必须一贯和蔼平易，不可以狂妄地自以为是，掩饰自己的表情。如果言语和行动差得太远，别人便不会再与你接近。但是又不可过分亲热随便，聚会举杯饮酒的时候，固然应当唱歌欢笑，尽情快乐，但就怕嘲笑别人触到别人的忌讳之处，这样争执就发生了。

## 才行高人自服

【原文】

行高人自重，不必其貌之高；才高人自服，不必其言之高。

【译文】

行为高尚，别人自然尊重你，不一定要容貌多么高雅；有真才实学的人，别人自然佩服你，不一定要言语多么花巧。

## 居官居家本一理

【原文】

士大夫居家能思居官之时，则不至干请把持而扰时政；居官能思居家之时，则不至很愎暴恣而贻人怨。不能回思者皆是也。故见任官每每称寄居官之可恶，寄居官亦多谈见任官之不韪，并与其善者而掩之也。

【译文】

士大夫闲居在家时能够想一想当官的时候，就不至于去行贿当权者而搅挠公事了；当官时能够想一想闲居在家的时候，就不至于心狠暴躁而让人怨恨了。不能回头想一想的人都是如此。所以现任官每每要说前任官多么讨厌，前任官往往说现任官多么不对，将对方的优点都掩盖了。

## 小人难责以忠信

【原文】

忠信二字，君子不守者少，小人不守者多。且如小人以物市于人，敝恶之物，饰为新奇；假伪之物，饰为真实。如绢帛之用胶糊，米麦之增湿润，肉食之灌以水，药材之易以他物。巧其言词，止于求售，误人食用，有不恤也。其不忠也类如此。

负人财物，久而不尝，人苟索之，期以一月，如期索之，不售。又期以一月，如期索之，又不售。至于十数期而不售如初。工匠制器，要其定资，责其所制之器，期以一月，如期索之，不得。又期以一月，如期索之，又不得。至于十数期而不得如初。其不信也类如此，其他不可悉数。

小人朝夕行之，略不之怪。为君子者往往忿懥，直欲深治之，至于殴打论讼。若君子自省其身，不为不忠不信之事，而怜小人之无知，及其间有不得已而为自便之计。至于如此，可以少置之度外也。

【译文】

忠诚和讲信用这两件事，君子不遵守的少，小人不遵守的多。比如小人卖东西给别人，把差的烂的东西，装成新的奇特的东西，把假的东西，装成真的东西。如把绢、帛用胶水糊上，把米、麦用水打潮，在肉里灌上水，用其他东西来代换药材。花言巧语，只为了能卖掉，误了别人的吃和用，也不管他。这些人的不忠诚就像这样。

借了别人的财物，长期不还。人家如果来要，约好一月还，到期去要不给，再约好一月，到期去要又不给，一直延期十几次也不给。这种人的不讲信用就是如此。其他的缺点不一一指出来了。

小人时刻都做不忠诚不守信的事，不足为怪。做君子的往往很气愤，就想好好整治他们，甚至于殴打或诉之公堂。如果君子反省一下自己，不做不忠诚不守信用的事，而可怜小人没有知识。其中也许有不得已，为了自己生计考虑才这样做的，这样就可以稍微少想一点这些事了。

## 衣服不可侈异

【原文】

衣服举止异众，不可游于市，必为小人所侮。

【译文】

穿着打扮，言行举止与一般人不同，就不能在街市上行走，不然必定要为小人所侮辱。

## 礼义制欲之大闲

【原文】

饮食,人之所欲,而不可无也,非理求之,则为饕为馋;男女,人之所欲,而不可无也,非理狎之,则为奸为滥;财物,人之所欲,而不可无也,非理得之,则为盗为贼。

人惟纵欲,则争端起而狱讼兴。圣王虑其如此,故制为礼以节人之饮食男女,制为义以限人之取与。君子于是三者,虽知可欲而不敢轻形于言,况敢妄萌于心!小人反是。

【译文】

吃喝之事,是人们都愿意而不可或缺的,如果不从正道上争取,就会变得贪婪;男女之事,是人们都愿意而不可或缺的,如果不从正道上亲近它,就叫淫荡和过分;钱物之事,是人们都想要而不可或缺的,如果不从正道上得到它,就叫小偷和盗贼。

人是因为放纵自己的欲望,争执矛盾才会产生,官司才会出现。圣明的君王担忧这一点,所以才制订了礼,以节制人们的吃喝、男女之事;制订了义,以限制人们的获取与给予。君子对于吃喝、男女、钱财这三样东西,虽然知道是人们的欲望所在,但却不敢轻易地说出来,怎敢在心头萌生念头?小人却正与此相反。

## 见得思义则无过

【原文】

圣人云:"不见可欲,使心不乱,此最省事之要术。"盖人见美食而必咽,见美色而必凝视,见钱财而必起欲得之心,苟非有定力者,皆不免此。惟能杜其端源,见之而不顾,则无妄想,无妄想则无过举矣。

【译文】

圣人说:"不去看想要的东西,使心里不受到扰乱。"这是最能省事的方法。因为人看见精美的食物就要吞口水,看见漂亮的女子眼珠就一动不动,看见钱财就一定会起想得到它的心愿。如果不是有坚强的抗拒力的人,都免不了这样。只有能够杜绝产生这些欲望的根源,遇见了也不去看它们,这样就不会产生欲望。没有妄想,就不会有错误的行动了。

## 子弟当谨交游

【原文】

世人有虑子弟血气未定,而酒色博弈之事,得以昏乱其心,寻至于失德破家,则拘之于家,严其出入,绝其交游,致其无所见闻,朴野蠢鄙,不近人情。

殊不知,此非良策。禁防一驰,情窦顿开,如火燎原,不可扑灭。况拘之于家,无所用心,却密为不肖之事,与出外何异!

不若时其出入,谨其交游,虽不肖之事,习闻既熟,自能识破,必知愧而不为。纵试为之,亦不至于朴野蠢鄙,全为小人之所摇荡也。

【译文】

世上有些人担心自己的孩子身心还未成熟,而喝酒、近女色、赌博、下棋一类的事,会使他们的心灵昏乱，以至于不讲品德，影响家庭的名誉。于是就把他们关在家里，控制他们的进出，断绝他们的交往，让他们什么也看不见、听不到，无知蠢笨，不近人情。

却不知道这不是个好办法。限制一旦放松，情窦马上就开了，就像火烧燃了整个草原，不可扑灭。更何况关在家里，没有什么可以操心的，暗地里做些不好的事，与到外面去又有什么不一样呢？

不如等他进出家门的时候，注意他与哪些人交往。即使有不好的事，见多了，听惯了，自然能够鉴别出来，一定会知道惭愧而不再去做。即使试着去做一做，也不至于无知蠢笨，完全被小人所左右牵制。

## 兴废有定理

【原文】

起家之人，见所作事无不如意，以为智术巧妙如此，不知其命分偶然，志气洋洋，贪多图得，又自以为独能久远，不可破坏，岂不为造物者所窃笑！

盖其破坏之人或已生于其家，曰“子”曰“孙”，朝夕环立于其者，皆他日为父祖破坏生事之人，恨其父祖目不及见耳！

前辈有建第宅，宴工匠于东庑曰：“此造宅之人。”宴子弟于西庑曰：“此卖宅之人。”后果如其言。近世士大夫有言：“目所可见者，漫尔经营；目所不及见者，不须置之谋虑”。此有识君子知非人力所及，其胸中宽泰，与蔽迷之人如何？

【译文】

家业正兴旺的人，看到所做的事，没有不如意的，以为是自己的聪明才智太高造成的。他不知道命运都是很偶然的，洋洋得意，贪图得到更多，又自以为唯有自己能永远兴旺下去，不可能衰败，岂不是会被造物主所暗中讥笑吗？

大概使他家庭衰败的人，已经出生在他家了，或者是儿子或者是孙子，早上晚上都环绕在身边的，都是以后给父亲、祖父的衰败闯祸的人。遗憾的只是父亲、祖父不能亲眼看到罢了。

前辈老人中有建造房屋的，在东厢房中宴请工匠说：“这是造房子的人。”在西房中宴请子女们说：“这是卖房子的人。”后来果然如他所说的一般。近来的士大夫有人说：“活着能看见的，随便设计规划一下；活着看不到的，就不需放在谋划考虑之内了。”这是有见识的君子知道不是人的力量所能办到的。他的心胸很宽广平畅，与蒙蔽迷惑的人比一比，孰优孰劣呢？

## 节用有常理

【原文】

人有财物，虑为人所窃，则必缄扃鐍封识之甚严；虑费用之无度而致耗散，则必算计较量，支用之甚节。然有甚严而有失者，盖百日之严，无一日之疏，则无失；百日严而一日不严，则一日之失与百日不严同也。

有甚节而终至于匮乏者，盖百事节而无一事之费，则不至于匮乏；百事节而一事不节，则一事之费与百事不节同也。

所谓百事者，自饮食衣服、屋宅园馆、舆马仆御、器用玩好……盖非一端。丰俭随其财力，则不谓之费，不量财力而为之，或虽财力可办而过于侈靡，近于不急，皆妄费也。年少主家事者宜深知之。

【译文】

人有钱财，担心被别人偷去，就一定要把它封起来锁起来，封闭得十分严密。担心花销太没有节制，以至于消耗掉了，就一定要计算、比较、衡量，支出、使用非常节约。然而也有非常谨慎也疏忽出漏子的，因为严格控制一百天，要一天都不疏忽才不会出漏子；严格控制一百天，只要疏忽了一天，那么一天疏忽与一百天都不严格也就是一样的了。

有非常节约却终至于缺乏财物的，这是由于一百件事都节约而没有一件事浪费，才不至于缺乏；一百件都节约而只要有一件事不节约，那么一件事的浪费，就与一百件事都不节约一样了。

所谓一百件事，吃喝衣服、房屋园林、馆园车马、器皿玩耍……总之不止一方面。豪爽和节约根据自己的财力决定，就不叫浪费；不根据自己的财力来花销，或者虽然财力可以承担，而过于奢侈，做些不必马上做的事，都是浪费。年纪轻而主管家务的人应该很明白这一点。

## 居官居家本一理

【原文】

居官当如居家，必有顾藉；居家当如居官，必有纲纪。

【译文】

做官就像治家，一定要有凭借依据；治家就像当官，一定要有纲领纪律。

## 周急贵乎当理

【原文】

人有患难不能济，困苦无所诉，贫乏不自存，而其人朴讷怀愧不能言于人者，吾虽无馀，亦当随力周助。此人纵不能报，亦必知恩。

若其人本非窘乏，而以干谒为业，挟持便佞之术，遍谒贵人富人之门，过州干州，过县干县，有所得则以为己能，无所得则以为怨仇。在今日则无感德之心，在他日则无报德之事。正可以不恤不顾待之，岂可割吾之不敢用以资人之不当用。

【译文】

人有灾难不能度过，困苦无处倾诉，贫穷不能生活，而这个人本身又朴质腼腆，不愿向别人诉说，我即使没有多余的，也应当根据自己的力量加以帮助。这个人即使不能报答，也是知道你的恩惠的。

如果这个人本来不是窘迫缺乏财物，而是把访求当做职业，依仗自己巧言令色的本领，拜访遍当官的、有钱的人家的门，经过一州就向一州去乞求，经过一县就向一县去乞求，讨到一点就以为自己有本事，讨不到就把别人当仇人。今天没有感激别人恩惠的想法，以后也不会有报答别人恩惠的行动。这正可以不去管不去照顾他，哪里能把我都舍不得用的拿出来给不该用的人用呢？

## 不可轻受人恩

【原文】

居乡及在旅，不可轻受人之恩。方吾未达之时，受人之恩，常在吾怀，每见其人，常怀敬畏。而其人亦以有恩在我，常有德色。

及我荣达之后，遍报则有所不及，不报则为亏义，故虽一饭、一缣，亦不可轻受。前辈见人仕宦而广求知己，戒之曰："受恩多则难以立朝。"宜详味此。

【译文】

不管是住在乡里还是在外地，都不能够轻易地接受别人的恩惠。当我没有生活来源的时候，接受别人的恩惠，常记在心中，每当看到这个人，常怀着尊敬和畏惧，而别人也认为他对我有恩，经常有一种有恩于我的表情。

等到我显达之后，全都报答则没有能力，不报答则于道义有亏，所以即使一碗饭、一块布，也不能轻易接受。前辈们看到别人当官，到处去拉关系。就警告他们说："接受别人恩惠太多，就难以秉公为朝廷办事。"应该细心地体会这一句话。

## 受人恩惠当记省

【原文】

今人受人恩惠多不记省，而有所惠于人，虽微物亦历历在心。古人言："施人勿念，受施勿忘。"诚为难事。

【译文】

当今的人受到别人好处，多不记在心头，而对别人有好处，即使是很小一件事，也清楚地记在心里。古人说："施舍别人不要老记着，受别人施舍不能不记着。"这真是一件困难的事。

## 报怨以直乃公心

【原文】

圣人言："以直报怨。"最是中道，可以通行。大抵以怨报怨，固不足道，而士大夫欲邀长厚之名者，或因宿仇纵奸邪而不治，皆矫饰不近人情。

圣人之所谓"直"者，其人贤，不以仇而废之；其人不肖，不以仇而庇之。是非去取，各当其实。此报怨，必不至递相酬复，无已时也。

【译文】

圣人说："用正直的态度去回报别人对你的仇怨。"这是最正确的方式，可以普遍地遵循。大致上用仇怨报复仇怨，固然不值一提，而有的士大夫想博得一个厚道长者的名声，就连仇人和奸邪之人也不去惩治，这都是过分伪装，不近人情了。

圣人所说的"直"，是指如果那人贤良，那就不因有仇而不用他，如果那人不贤良，也不因为有仇反而包庇他。是对是错，是去掉还是录用，全都根据真实表现。用这种态度来回报仇怨，就必然不至于互相报复，没完没了了。

## 暴吏害民必天诛

【原文】

官有贪暴，吏有横刻，贤豪之人不忍乡曲众被其恶，故出力而讼之。然贪暴之官必有所恃，或以其有亲党在要路，或以其为州郡所深喜，故常难动摇。

横刻之吏，亦有所恃，或以其为见任官之所喜，或以其结州曹吏之有素，故常无忌惮。及至人户有所诉，则官求势要之书以请托，吏以官库之钱而行贿，毁去簿历，改易案牍。人户虽健讼，亦未便轻胜。

【译文】

做大官的贪婪残暴，做小官的蛮横刻薄，贤良豪俊之人，不忍心乡里人都受他们欺负，所以要出力与他们打官司。然而贪婪残暴之官，必然有所依靠。或者因为他有亲近的嫡系身居要职，或者因为他为州官郡官所深深喜爱。所以很难动摇他。

蛮横刻薄的小官，也是有依靠的。或者因为他被上级所喜爱，或者因为他很善于结交州郡的官吏，所以能常常无所顾忌。有专为人打官司的人要打官司，大官则去请有权势的人写封信加以关照，小官则用公家的钱来行贿。销毁档案，改换材料，即使善于打官司的人，也未必能够轻易取胜。

## 民俗淳顽当求其实

【原文】

士大夫相见，往往多言某县民淳，某县民顽。及询其所以然，乃谓见任官赃污狼藉，乡民吞声饮气而不敢言，则为淳；乡民列其恶诉之州郡监司，则为顽。此其得顽之名，岂不枉哉？

【译文】

士大夫见了面，往往谈论哪一县的老百姓淳朴，哪一县的老百姓愚昧。等到去询问究竟怎么回事，原来是说现任官贪污肮脏，老百姓忍气吞声而不敢说话，这就叫淳朴。老百姓摆出他们的罪恶，向州郡的司法部门起诉，就叫做愚昧。像这样得一个愚昧的名称，岂不是太冤枉了吗？

# 卷三 治 家

## 宅舍关防贵周密

【原文】

人之居家，须令垣墙高厚，藩篱周密，窗壁门关坚牢。随损随修，如有水窦之类，亦须常设格子，务令新固，不可轻忽。虽窃盗之巧者，穴墙剪篱，穿壁决关，俄顷可辨，比之颓墙败篱、腐壁敝门以启盗者有间矣。且免奴婢奔窜及不肖子弟夜出之患。如外有窃盗，内有奔窜及子弟生事，纵官司为之受理，岂不重费财力！

【译文】

人们的住所，院墙必须造得高而厚，篱笆修得结实、严密，院门的枢纽要坚固结实。院墙、篱笆、院门都必须随坏随修。如果有通向院外的水沟之类的东西，也必须在院墙的洞口处设下木格或铁格，这些格子务必要让它总是新的和坚固的，不要轻视、忽略了这些事。这样，尽管窃盗之中身手灵巧的人在墙上挖洞、剪断篱笆、弄开门栓花不了多少时间，但也总比以残墙败篱腐壁破门来招惹强盗要好。而且，还能够避免奴婢们到处奔窜和不肖子弟夜里偷偷外出生事。如果外有盗贼，内有奴婢四处奔窜、子弟外出生事，纵使政府受理此事，你自家岂不是也要另外破费财产？

## 山居须置庄佃

【原文】

居止或在山谷村野僻静之地，须于周围要害去处置立庄屋，招诱丁多之人居之。或有火烛、窃盗，可以即相救应。

【译文】

住在山谷、偏僻荒野的地方，必须在住房周围的要道附近建造田庄，用以招揽人口多的农户居住，以备遇到火灾或盗贼时可以赶来救应你。

## 夜间防盗宜警急

【原文】

凡夜犬吠，盗未必至亦是盗来探试，不可以为他而不警。夜间遇物有声，亦不可以为鼠而不警。

【译文】

凡是夜里听到狗叫时，不是来了盗贼，就是盗贼在试探虚实，不能以为是别的事而放松了警惕。夜里听见响声，也不要以为是老鼠，就不提高警惕。

## 防盗宜巡逻

【原文】

屋之周围须令有路，可以往来，夜间遣人十数遍巡之。善虑事者居于城郭，无甚隙地，亦为夹墙，使逻者往来其间。若屋之内，则子弟及奴婢更迭巡警。

【译文】

房子周围必须留出路以供往来，夜间派人多加巡逻。善于治家的人，即使住在城市里，房与房之间没什么空地，也要设法造夹墙，好让巡逻者能在房屋之间来回走动。至于屋里则由奴婢和子弟们轮流值班。

## 夜间逐盗宜详审

【原文】

夜间觉有盗，便须直言“有盗”，徐起逐之，盗必且窜。不可乘暗击之，恐盗之急，以刃伤我，及误伤自家之人。若持烛见盗击之，犹庶几。若获盗而已受拘执，自当准法，无过殴伤。

【译文】

夜里，当你发现家中有了盗贼，应当直截了当地大喊：“有盗贼！”然后，再慢慢地起身去抓贼。盗贼见自己已被人发现，必然会抱头鼠窜，你不要乘着天黑悄悄袭击盗贼，否则，盗贼在情急之中，会用利刃杀伤你，在搏斗中，还会误伤了家人。如果拿着蜡烛与盗贼遭遇上了，在这种情况下袭击盗贼是不得已的。如果盗贼已被自家人抓获，就应该按照法律办事，不要过多地殴打他。

## 富家少蓄金帛免招盗

【原文】

多蓄之家，盗所觊觎，而其人又多置什物，喜于矜耀，尤盗之所垂涎也。富厚之家若多储钱谷，少置什物，少蓄金宝丝帛，纵被盗亦不多失。前辈有戒其家：“自冬夏衣之外，藏帛以备不虞，不过百匹。”此亦高人之见，岂可与世俗言！

【译文】

有钱财的人家，就是盗贼们偷盗的对象，而有些人又过多地置办金帛等物并喜欢向人夸耀，这样的人家，尤其令盗贼们垂涎三尺。富足之家，多储备一些钱谷，少存些金帛、古玩等东西，即使被盗，也不至于损失太多。一位前辈曾这样告诫他自己的家人：“除了冬夏衣物外，家中储藏的绢帛不要超过百匹。”这是高人的见解，岂能与世俗的人说呢！

## 防盗宜多端

【原文】

劫盗有中夜炬火露刃排门而入人家者，此犹不可不防。须于诸处往来路口委人为耳目，或有异常，则可先知。仍预置便门，遇有警急，老幼妇女且从便门走避。又须子弟及仆者平时常备器械，为御敌之计。可敌则敌，不可敌则避，切不可得我之人，执以为质，则邻保及捕盗之人不敢前。

【译文】

有的盗贼会半夜打着火把、手持利刃破门而入室抢劫，对于这种情况更要防备。为此，必须在多处交通路口派人望风，如果有什么异常情况，就能事先知道。此外，还要在家里设置一个便门，以便遇到紧急情况时，老幼妇女们能及早逃出。家中的子弟、仆人们平时要备有武器，用以御敌。盗贼来后，能打则打，不能打则退，千万不能让土匪抓住家人作为人质。否则，保丁和捕盗之人，就不敢上前抓捕了。

## 刻剥招盗之由

【原文】

劫盗虽小人之雄，亦自有见识。如富人平时不刻剥，又能乐施，又能种种方便，当兵火扰攘之际犹得保全，至不忍焚掠污辱者多。盗所快意于劫杀之家，多是积恶之人。富家各宜自省。

【译文】

土匪虽说是小人之中的强者，但也有自己的想法。如果他们见到富人家平时能不苛刻地盘剥百姓，又乐善好施，并为人们提供种种方便，于是，在烧杀抢掠之际，仍然会保全他们，并且，不忍心烧毁他家的房屋。土匪们大肆掠夺焚烧的都是些罪恶累累的富人。所以，富人们应当反省一下自己的所作所为。

## 失物不可猜疑

【原文】

家居或有失物，不可不急寻。急寻，则人或投之僻处，可以复收，则无事矣。不急，则转而出外，愈不可见。又不可妄猜疑人，猜疑之当，则人或自疑，恐生他虞；猜疑不当，则正窃者反自得意。况疑心一生，则所疑之人揣其行坐辞色皆若窃物，而实未尝有所窃也。或已形于言，或妄有所执治，而所失之物偶见，或正窃者方获，则悔将若何！

【译文】

居家生活，有时会丢失东西，这时，一定要赶快寻找。因为你及时寻找，偷东西的人见风声太紧，就有可能会把东西扔到僻静处，这样，你还可以找回失物。东西丢后，如果不是马上寻找，这件东西被小偷转移出去，就越发找不到了。另外，丢了东西，不能乱猜疑人。因为，如果猜中了，小偷就会感到心虚，恐怕会引发其他事端；猜疑不当，那么，偷了东西的人反而感到得意。况且，疑心一生，你看那被怀疑人的一举一动、一言一行都像偷东西的人，而实际上，人家并没有偷。或者你已把自己的怀疑说了出来，或者毫无根据地把被怀疑人治罪后，丢失的东西偶然又被你发现，或者真正偷东西的人刚刚被抓住，这时，你再后悔又有什么用呢？

## 睦邻里以防不虞

**【原文】**

居宅不可无邻家，虑有火烛，无人救应。宅之四围如无溪流当为池井，虑有火烛，无水救应。又须平时抚恤邻里有恩义。有士大夫平时多以官势残虐邻里，一日为仇人刃其家，火其屋宅，邻里更相戒曰："若救火，火熄之后，非惟无功，彼更讼我以为盗取他家财物，则狱讼未知了期！若不救火，不过杖一百而已。"邻里甘受杖而坐视其大厦为煨烬，生生之具无遗。此其平时暴虐之效也。

**【译文】**

你居住的周围一定要有邻居，否则，一旦着火，就会无人前来救应。住宅四周如果没有溪流，就应该挖个水池或水井，不然的话，一旦失火，将没有水可以用来灭火。此外，还应该在平时与邻里搞好关系，尽力帮助他们。有位士大夫平日倚仗官势残害百姓，一日有仇人来杀他的家人、烧他的房子，邻居们反而相互告诫说："如果救火，火被扑灭后，我们不仅无功，他反而会控告我们偷他家的东西。官司不知要打到什么时候。如果不救火，不过是被打一百杖而已。"邻居们甘愿被杖打一百，也不愿去救火，坐视他家房屋化为灰烬，生活用具烧光。这是他平日残害百姓、邻里的后果。

## 火起多从厨灶

**【原文】**

火之所起，多从厨灶。盖厨屋多时不扫，则埃墨易得引火。或灶中有留火，而灶前有积薪接连，亦引火之端也。夜间最当巡视。

**【译文】**

厨房、灶台很容易起火。因为厨房如果长久不打扫，油垢积得多了，就容易引起火灾。或者是火灶中还有余火，而灶前又有干柴，二者相遇，也容易引起火灾。所以，厨灶是夜里最应该巡视的地方。

## 焙物宿火宜儆戒

**【原文】**

烘焙物色过夜，多致遗火。人家房户，多有覆盖宿火而以衣笼罩其上，皆能致火，须常戒约。

**【译文】**

夜晚烘烤东西，多会着火。一般人家夜里大都是把火压住，并把衣笼放在火上烘烤。上述情况都能导致火灾，必须经常告诫家人，让他们多多注意。

## 田家致火之由

【原文】

蚕家屋宇低隘，于炙簇之际，不可不防火。农家储积粪壤多为茅屋，或投死灰于其间，须防内有馀烬未灭，能致火烛。

【译文】

养蚕人家房子低矮，烘烤草靶子时，不能不注意防火。农户储存粪肥的房子大都是茅屋，如果往房子里倒草木灰时，一定要防备灰中有未灭的火星，不然，便会引起火灾。

## 致火不一类

【原文】

茅屋须常防火，大风须常防火，积油物、积石灰须常防火。此类甚多，切须询究。

【译文】

茅屋必须经常防火，大风天必须经常防火，积聚油物、石灰的地方必须防火。这类需要防火的地方很多，千万要仔细小心。

## 小儿不可带金宝

【原文】

富人有爱其小儿者，以金银宝珠之属饰其身。小人有贪者，僻静处坏其性命而取其物。虽闻于官而寘于法，何益？

【译文】

富人家喜欢自己的小孩，就给他戴许多用金银珠宝制成的饰品。有些贪财的小人为了得到这些饰物，就会想方设法地把小孩引到僻静无人处，杀死小孩，夺走他身上的饰物。即使你报了案，官府也将贪财的小人绳之以法了，但被杀死的小孩却无法复生，这又有什么益处呢？

## 小儿不可临深

【原文】

人之家居，井必有干，池必有栏。深溪急流之处，峭险高危之地，机关触动之物，必有禁防，不可令小儿狎而临之。脱有疏虞，归怨于人何及！

【译文】

家里有井的人家，一定要围上护栏，有池塘的，一定要装上栅栏。有深溪急流、峭崖险滩等又高又险以及安有机关的地方，都要防止小孩接近，不然，一旦出了危险，就会后悔莫及。

## 亲宾不宜多强酒

【原文】

亲宾相访，不可多虐以酒。或被酒夜卧，须令人照管。往时括苍有困客以酒，且虑其不告而去，于是卧于空舍而钥其门，酒渴索浆不得，则取花瓶水饮之，次日启关而客死矣。其家讼于官。郡守汪怀忠究其一时舍中所有之物，云“有花瓶，浸旱莲花”。试以旱莲花浸瓶中，取罪当死者试之，验，乃释之。又有置水于案而不掩覆，屋有伏蛇遗毒于水，客饮而死者。凡事不可不谨如此。

【译文】

亲朋来访，不要强迫别人喝酒。有喝醉的人，晚上睡觉时，一定要安排人照顾。从前，在括苍，曾有人为了留住客人，就灌醉了他，又怕他醒来后会不辞而别，便把他锁在一间空客房中让他睡觉。客人酒醒后口渴，就起身找水喝，没找到，于是，就把花瓶里的水喝了。第二天，主人开门一看，客人已经死了。死者家属得到消息后，上告到官府。郡守汪怀忠追问当时屋里都有些什么东西，有人说，有一个浸泡旱莲花的花瓶。于是，他派人找来旱莲花，并浸泡在花瓶中，然后，让一个死囚饮下，人果然死了，官司才解。又有一种情况，主人在屋里给客人留了水，以便他醒来解渴，但水碗没有盖子，屋里有毒蛇，把毒液滴到了水中，客人酒醒后喝了碗里的水导致死亡。因此，干什么事都不能像这样不谨慎。

## 仆厮当取勤朴

【原文】

人家有仆，当取其朴直谨愿，勤于任事，不必责其应对进退之快人意。人之子弟不知温饱所自来者，不求自己德业之出众，而独欲仆者峭黠之出众。费财以养无用之人，固无甚害，生事为非皆此辈导之也。

【译文】

有仆人的家庭，应当选择那些朴实、正直、谨慎、老实和勤快的人来做仆人，不一定非要他能做到言语行动恰如其分。有的人家的子弟不知道温饱从哪儿来，不求自己的品德和学业出众，而只要求仆人俊俏聪慧而出众。花费钱财来供养无用之人，固然没有什么大害，但制造事端干坏事大都是这种人引导的。

## 轻诈之仆不可蓄

【原文】

仆者而有市井浮浪子弟之态，异巾美服，言语矫诈，不可蓄也。蓄仆之久而骤然如此，闺阃之事，必有可疑。

【译文】

有的仆人有着世俗轻浮放浪子弟的姿态，喜欢穿奇装异服，言语虚假而诡诈，不能留用这样的人做仆人。如果仆人以前很好而短时间内突然变得花里胡哨，那么，闺门之内，必定有可疑的地方。

## 人物之性皆贪生

【原文】

飞禽走兽之与人,形性虽殊,而喜聚恶散,贪生畏死,其情则与人同。故离群则向人悲鸣,临庖则向人哀号。为人者,既忍而不之顾,反怒其鸣号者有矣。胡不反己以思之:物之有望于人,犹人之有望于天也。物之鸣号有诉于人,而人不之恤,则人之处患难、死亡、困苦之际,乃欲仰首叫号,求天之恤耶!大抵人居病患不能支持之时,及处囹圄不能脱去之时,未尝不反复究省平日所为:某者为恶,某者为不是。其所以改悔自新者,指天誓日可表。至病患平宁及脱去罪戾,则不复记省。造罪作恶无异往日。余前所言,若言于经历患难之人,必以为然,犹恐痛定之后不复记省。彼不知患难者,安知不以吾言为迂。

【译文】

飞禽走兽与人相比,虽然形状性情不同,但是它们却与人一样,喜欢相聚而讨厌离散,并且贪生怕死。所以,离群的动物就会向人悲鸣,被人宰杀时,它们则会向人哀号。而有些人不仅没有可怜它们,反而觉得它们不停地鸣叫很烦人。这种人为什么不反过来想一想,动物对人寄予希望,犹如人对上苍寄予希望一样。动物鸣叫着,有求于人,可人却不怜悯它;那么当人处于患难、死亡、困苦之际,却想要仰头叫号,祈求苍天可怜自己!当人生重病时,当人被捕入狱时,总是要反复回想自己平日的所作所为中哪些是坏的,哪些是不对的,这时,他们会指天发誓,决心痛改前非,改过自新。可是,一旦他们的病痛解除了,或是安然出狱后,便忘记了自己曾经发过的誓言,又像从前一样无恶不作。我上面所说的话,经历过磨难的人肯定认为是正确的,但我还是担心他们会好了伤疤忘了疼。而那些未经患难的人,听了我的话,又怎知不会笑话我迂腐?

## 求乳母令食失恩

【原文】

有子而不自乳,使他人乳之,前辈已言其非矣。况其间求乳母于未产之前者,使不举己子而乳我子。有子方婴孩,使舍之而乳我子,其己子呱呱而泣,至于饿死者。有因仕宦他处,逼勒牙家诱赚良人之妻,使舍其夫与子而乳我子,因挟以归乡,使其一家离散,生前不复相见者。士夫递相庇护,国家法令有不能禁,彼独不畏于天哉!

【译文】

自己生了孩子后不亲自哺乳却让别人代为哺乳,这种做法在前辈看来已是很不好的事了,何况还有人在乳母尚未生产之前就去找人家,让人家生了孩子后丢下不管,去哺乳他的孩子。还有的是乳母的孩子也很小,主家却不让她继续哺乳自己的孩子,而来哺乳主家的孩子,这样一来,乳母的孩子因为没有奶吃会哭闹不止,有的甚至还会死掉。有人在异地做官,自己有了孩子后就逼使专门买卖妇女的牙婆,让她诱骗本分的百姓之妻,丢下自己的丈夫、儿子来哺乳他的孩子。又把乳母带回家乡,弄得人家一家人离散两处,生前不能相见。对于这种事情,士大夫们总是互相庇护,国家法令也无法禁止。难道干出这种事的人就不怕上天制裁吗?

## 钱谷不可多借人

【原文】

有轻于举债者,不可借与,必是无籍之人,已怀负赖之意。凡借人钱谷,少则易偿,多则易负。故借谷至百石,借钱至百贯,虽力可还,亦不肯还。宁以所还之资为争讼之费者多矣。

【译文】

动不动就借债的人来向你借钱,不要借给他。这种人肯定是不可靠的人,他在向你借债时就不想还你了。凡是借别人的钱谷,借得少就容易偿还,借得多则会不肯偿还。所以,借他人一百石粮食和一百贯钱的人,虽然自己有能力偿还,也不肯还,而宁愿用该还给人家的钱财来当成打官司的费用,这种人大有人在。

## 债不可轻举

【原文】

凡人之敢于举债者,必谓他日之宽馀可以偿也。不知今日无宽馀,他日何为而有宽馀。譬如百里之路,分为两日行,则两日皆办。若欲以今日之路使明日并行,虽劳苦而不可至。凡无远识之人,求目前宽馀而挪积在后者,无不破家也。切宜鉴此。

【译文】

大凡那些敢于借债的人一定会说,等到以后宽裕了就会偿还。他不知道今日没有宽裕,他日哪里会有什么宽裕呢?比如,像走一百里路,分为两天走完,那么,两天就能走完该走的路,假如把今天该走的路放到明天一起走,你虽然感到疲惫不堪,也达不到预期目的。凡是没有远识的人,为了求得眼前一时的宽裕而去借债的,日后必定会由于无法偿还债务而导致败家。千万要以此为鉴。

## 赋税宜预办

【原文】

凡有家产,必有税赋,须是先截留输纳之资,却将赢馀分给日用。岁入或薄,只得省用,不可侵支输纳之资。临时为官中所迫,则举债认息,或托揽户兑纳而高价算还,是皆可以耗家。大抵曰贫曰俭自是贤德,又是美称,切不可以此为愧。若能知此,则无破家之患矣。

【译文】

有家产就必然要交税,每年都要先把纳税的那部分提前留出来,剩下的作为日常费用。如果当年收入较少,也只能节省着用,不能侵占用于纳税的资财。官府临时要征收一些赋税,你手中没钱,就要靠借债来交税,甚至要托专门承揽租税的人来代交然后再高价偿还,这都足以使家庭破产。一般来说,人家说你家贫穷节俭是一件好事,是一种美德,你不要因此而感到羞愧。如果能明白这一点,那么,就不会有败家的担忧了。

## 造桥修路宜助财力

【原文】

乡人有纠率钱物以造桥修路及打造渡船者，宜随力助之，不可谓舍财不见获福而不为。且如造路即成，吾之晨出暮归，仆马无疏虞，及乘舆马过桥渡而不至惴惴者，皆所获之福。

【译文】

乡里有人召集大家募捐钱物，来造桥、修路、打造渡船时，人们应该依据自己财力的大小赞助这类善举。不能说自己舍了财却得不到什么好处就不做这样的事。如果将来道路修成了，你早出晚归，走在平坦的路上不至于有什么危险；乘桥、骑马过河时，也不至于担惊受怕，这就是得到的好处。

## 起造宜以渐经营

【原文】

起造屋宇，最人家至难事。年齿长壮，世事谙历，于起造一事犹多不悉，况未更事，其不因此破家者几希。盖起造之时，必先与匠者谋，匠者惟恐主人惮费而不为，则必小其规模，节其费用。主人以为力可以办，锐意为之。匠者则渐增广其规模，至数倍其费，而屋犹未及半。主人势不可中辍，则举债鬻产。匠者方喜兴作之未艾，工镪之益增。余尝劝人起造屋宇须十数年经营，以渐为之，则屋成而家富自若。盖先议基址，或平高就下，或增卑为高，或筑墙穿池，逐年为之，期以十馀年而后成。次议规模之高广，材木之若干，细至椽、桷、篱、壁、竹、木之属，必籍其数，逐年买取，随即斫削，期以十馀年而毕备。次议瓦石之多少，皆预以馀力积渐而储之。虽僦雇之费亦不取办于仓卒，故屋成而家富自若也。

【译文】

建造房屋是家中最难操办的一件事，那些年长的人还不熟悉呢，更何况那些未经世事的年轻人呢！这些年轻人能做到既造了房子又不破产的是非常少的。因为在准备建房时，首先必须和工匠们商议预算开支，而工匠们唯恐东家怕开销多就打消造房的念头，于是，在商议造房的规模和费用时，就减少预算。东家因此而以为凭自己的财力可以承受，于是就下决心要造房子了。等到开工后，工匠就渐渐扩大房子的规模，造房的费用也比预算时增加了数倍，而房子却还没有盖完一半。这时，东家已经没有了退路，只好硬着头皮借债、卖田来维持开支。工匠们庆幸房子还没造完，工钱越增越多。我曾劝别人盖房子要分十多年时间慢慢来完成，这样，房子造好了，家里依然很宽裕。造房子首先要确定地基所在地。或者把高地铲平，或者把低地垫起，或者筑墙凿池，一年干一点，十多年后，这一切准备就绪了，然后才商议房子的规模大小。盖房子用的所有木材都要逐年采购，买来后就随时整理，这样，又过了十余年，木料准备就绪了，然后再商议该用多少瓦石，根据自己的余力逐渐积累。宁可花钱储存这些东西，也不要在力所不能及时仓促地盖房子。如果能够做到以上这几点，房子盖好后，家中仍然会宽裕的。

# 了凡四训

〔明〕袁了凡 撰

# 《了凡四训》导读

作者袁了凡，生卒年不详，名表，后改名黄，字坤仪，又字仪甫，号原为学海，因拜访云谷禅师后，得以领悟“命由我作，福自己求”的立命之学，便立志多做善事，积功累德，以扭转自己的命运。从此袁了凡不愿再做一个受制于天命的凡夫俗子，因而改号为“了凡”。

袁了凡所著的《了凡四训》，是在社会上广泛流行的一本劝善书。

《了凡四训》，顾名思义，该书由四部分组成，分别是“立命之学”、“改过之法”、“积善之方”和“谦德之效”。四篇文章来自袁了凡不同的著作，其中“立命之学”是袁了凡晚年总结人生经验，训诫儿子的《立命篇》；“改过之法”和“积善之方”是他早年著作《祈嗣真诠》中的两篇“改过第一”和“积善第二（又名《科第全凭阴德》）”；“谦德之效”是他晚年所作的《谦虚利中》。四篇文章各自儿科成文，而义理又一以贯之，强调命由我作，善恶报应之理。这四篇文章在组成此书之前，就已在社会上广泛传播，并被多部书籍收录。在清代初期的《丹桂籍》上，这四篇文章被称为《袁了凡先生四训》。

# 了凡四训目录

# 立命之学

## 万般都是命，半点不由人

【原文】

余童年丧父，老母命弃举业学医，谓可以养生，可以济人，且习一艺以成名，尔父夙心也。

后余在慈云寺，遇一老者，修髯伟貌，飘飘若仙，余敬礼之。语余曰："子仕路中人也，明年即进学，何不读书？"余告以故，并叩老者姓氏里居。

曰："吾姓孔，云南人也。得邵子皇极数正传，数该传汝。"余引之归，告母。

母曰："善待之。"试其数，纤悉皆验。余遂启读书之念，谋之表兄沈称，言："郁海谷先生，在沈友夫家开馆，我送汝寄学甚便。"余遂礼郁为师。

孔为余起数：县考童生，当十四名；府考七十一名，提学考第九名。明年赴考，三处名数皆合。复为卜终身休咎，言：某年考第几名，某年当补廪，某年当贡，贡后某年，当选四川一大尹，在任三年半，即宜告归。五十三岁八月十四日丑时，当终于正寝，惜无子。余备录而谨记之。

自此以后，凡遇考校，其名数先后，皆不出孔公所悬定者。独算余食廪米九十一石五斗当出贡，及食米七十一石，屠宗师即批准补贡，余窃疑之。后果为署印杨公所驳，直至丁卯年（公元1567年），殷秋溟宗师见余场中备卷，叹曰："五策，即五篇奏议也，岂可使博洽淹贯之儒，老于窗下乎！"遂依县申文准贡，连前食米计之，实九十一石五斗也。余因此益信进退有命，迟速有时，澹然无求矣。

【译文】

我童年就失去了父亲，母亲命我放弃科举功名改学医术。她老人家说："学医可以养生活己，也能济世活人；而且学术高明，名满天下，这也是你父亲的愿望。"因此我听从了母亲的意思，放弃了考试做官的念头，而改学医。

有一天，我在慈云寺遇到了一位道骨仙风的老人，我礼貌地跟他打招呼。他告诉我说："你有做官的命，明年就可考取秀才，为什么不读书呢？"我告诉他原因，并请教老人的姓名与府居。

老人说："我姓孔，云南人。得有《邵子皇极经世》正传，命该传你。"于是我就接引孔老先生回到家里暂住，并将情形告诉了母亲。

母亲要我好好地招待老人家，并屡次试验老人的命学理数，竟然不管巨细都非常灵验。因此我就相信老人的话，有了重新读书考秀才的念头，与表哥沈称商量此事，表哥说："郁海谷先生，在沈友夫家开馆，我送你去那里求学很方便。"于是便拜郁先生做了老师。

孔老先生为我起数算命说："县考童生必得第十四名，府考得第七十一名，提学考试得第九名。"到了次年，三处考试真的都考取了，而录取的名次也确实都符合老人的预言。因此就再请老人为我卜终身之吉凶祸福。孔老先生算定的结果，说我某年考第几名，某年补上廪生缺，某年当贡生，而后某年入选为四川知县，在任三年半即离职归乡，五十三岁八月十四丑时，寿终正寝而无子，这些我都把它记录下来。

从此以后，凡碰到了考试，名次的先后，都不出孔老先生的预料。孔老先生还算定我命中注定须领用九十一石五斗的廪生米，才能升为贡生，但当我领到七十一石之时，上司即允我补贡，因此我就怀疑孔老先生预言的准确性，没想到我的补贡结果还是被驳回。直到卯年，上司又看到我的考试卷，策论作得很好，不忍埋没人才，就吩咐县官替我呈文，正式升补贡生。计算所领廪生米粮，又确实是九十一石五斗。因此我更相信："升官发财，迟速有时；富贵在天，生死有命"的命运理数，所以看淡一切，听其自然，无所企求了。

## 命由己作，福由心生

**【原文】**

贡入燕都，留京一年，终日静坐，不阅文字。己巳(公元1569年)归，游南雍，未入监，先访云谷会禅师于栖霞山中，对坐一室，凡三昼夜不瞑目。

云谷问曰："凡人所以不得作圣者，只为妄念相缠耳。汝坐三日，不见起一妄念，何也？"

余曰："吾为孔先生算定，荣辱生死，皆有定数，即要妄想，亦无可妄想。"

云谷笑曰："我待汝是豪杰，原来只是凡夫。"问其故？

曰："人未能无心，终为阴阳所缚，安得无数？但惟凡人有数；极善之人，数固拘他不定；极恶之人，数亦拘他不定。汝二十年来，被他算定，不曾转动一毫，岂非是凡夫？"

余问曰："然则数可逃乎？"

曰："命由我作，福自己求。诗书所称，的为明训。我教典中说，'求富贵得富贵，求男女得男女，求长寿得长寿。'夫妄语乃释迦大戒，诸佛菩萨，岂诳语欺人？"

余进曰："孟子言，'求则得之，是求在我者也。'道德仁义可以力求；功名富贵，如何求得？"

云谷曰："孟子之言不错，汝自错解耳。汝不见六祖说，'一切福田，不离方寸；从心而觅，感无不通。'求在我，不独得道德仁义，亦得功名富贵；内外双得，是求有益于得也。若不反躬内省，而徒向外驰求，则求之有道，而得之有命矣，内外双失，故无益。"

**【译文】**

后来到燕京国子监去读书，我留京一年，终日静坐，也懒于读书求进。己巳年，又回到南京，有一天到栖霞山，拜访云谷禅师，二人对坐一室，有三日之久不曾睡觉。云谷就问我说："凡人所以不能成圣成贤，都因为被杂念及欲望所缠；你静坐三天，不起杂念，不胡思乱想，必有原因。"

我说："被孔老先生算定了，荣辱生死，皆有定数，妄想也没有用！"云谷笑道："我以为你是豪杰，原来只是个凡夫！"我问："为什么？"他说："人若不能达到无心的境界，难免会被阴阳气数所控制，若被阴阳气数所控制，当然就有定数。但也只有凡夫俗子才有定数，极善之人命运约束不了他，极恶之人命运也约束不了他，二十年来，你被命运所控制，动弹不得，真是凡夫俗子一个！"

我问他说："一个人的命运，能逃得了吗？"

云谷说："命由己作，福由心生；祸福无门，惟人自召。诗书所称，确是明训。佛教经典里头也说过，求富贵得富贵，求男女得男女，求长寿得长寿，这都不是乱讲的。说谎是释迦的大戒，诸佛菩萨岂敢骗人？一个人只要肯做善事，命运就拘束不了他。”

我说：“孟子提过：‘求则得之。’是求在我者也。道德仁义能够力行自求，功名富贵须待他人赏赐，如何求得到？”

云谷说：“孟子的话并没有错，是你未能深入去了解。六祖慧能禅师曾经说过：‘一切福田，不离方寸；从心而觅，感无不通。’人只要从内心自求，力行仁义道德，自然就能够赢得他人的敬重，而引来身外的功名富贵。为人若不知反躬内省，从心内求，只知好高骛远，祈求身外的名利，就算用尽心机，也是双头皆空。”

天作孽犹可违，自作孽不可活。

【原文】

因问：“孔公算汝终身若何？”余以实告。

云谷曰：“汝自揣应得科第否？应生子否？”

余追省良久，曰：“不应也。科第中人，有福相，余福薄，又不能积功累行，以基厚福；兼不耐烦剧，不能容人；时或以才智盖人，直心直行，轻言妄谈。凡此皆薄福之相也，岂宜科第哉。‘地之秽者多生物，水之清者常无鱼’，余好洁，宜无子者一；和气能育万物，余善怒，宜无子者二；爱为生生之本，忍为不育之根；余矜惜名节，常不能舍己救人，宜无子者三；多言耗气，宜无子者四；喜饮铄精，宜无子者五；好彻夜长坐，而不知葆元毓神，宜无子者六。其余过恶尚多，不能悉数。”

云谷曰：“岂惟科第哉。世间享千金之者，定是千金人物；享百金之产者，定是百金人物；应饿死者，定是饿死人物；天不过因材而笃，几曾加纤毫意思。“即如生子，有百世之德者，定有百世子孙保之；有十世之德者，定有十世子孙保之；有三世二世之德者，定有三世二世子孙保之；其斩焉无后者，德至薄也。

“汝今既知非。将向来不发科第，及不生子之相，尽情改刷；务要积德，务要包荒，务要和爱，务要惜精神。从前种种，譬如昨日死；从后种种，譬如今日生；此义理再生之身。

“夫血肉之身，尚然有数；义理之身，岂不能格天。《太甲》曰，‘天作孽，犹可违；自作孽，不可活。’诗云，‘永言配命，自求多福。’孔先生算汝不登科第，不生子者，此天作之孽，犹可得而违；汝今扩充德性，力行善事，多积阴德，此自己所作之福也，安得而不受享乎？“《易》为君子谋，趋吉避凶；若言天命有常，吉何可趋，凶何可避？开章第一义，便说，‘积善之家，必有余庆。’汝信得及否？”

【译文】

云谷又问：“孔老先生到底算你终身命运如何？”我从实详诉了以往的经历。

云谷说：“你认为自己应该得功名，应该有儿子吗？”

我想了很久才说：“不应该！官场中的人都有福相，而我相貌轻薄，又未能积德以造福，加以没耐性，度量狭窄，纵情任性，轻言妄谈，自尊自大……这些都是无福之相，怎么当得了官？俗语说‘地秽多生物，水清常无鱼’，我好洁成癖，形同孤寡相，是无子一因。脾气暴躁，缺乏养育万物之和气，是无子二因。仁爱是化育之本，刻薄是不育之因，我一向洁身自好，不能舍己为人，同情别人，是无子三因。其他还有多话耗气，好酒损精，好彻夜长坐，不知养护元气……这些都是无子之因。”

云谷说：“照你这样讲，世间不应得到的事还多得很呢，岂仅功名与子嗣之事？世界上的人，能享千金财富的，一定是有千金之福的人，能享百金财富的，一定是有百金之福的人，应该饿死的，一定是应该受饿死报应的，这些都是个人造成的，上天只不过'因材施教，因势利导'而已，并未加丝毫力量。传宗接代的事也一样，但凭各人积德之厚薄。有百世功德之人，必有百世子孙可传；十世功德者，必有十世子孙可传。那些绝嗣者，必是毫无功德之人。

"你既然知道自己的缺点，那么将不发科甲与没有儿子的原因，尽量改掉。化吝啬为施舍，偏激为和平，虚伪为虔诚，浮躁为沉着，骄傲为谦虚，懒散为勤奋，残忍为仁慈，刻薄为宽容；尽量积德，尽量包涵，珍惜自己，别糟蹋自己；以前种种譬如昨日死，以后种种譬如今日生。这样必能袪除身上的病根，重新获得仁义道德的新身体。

"血肉之身纵然有其定数，然义理之身，必能感动天地而获福。《太甲》说：'天作孽犹可违，自作孽不可活。'《诗经》也提过：人若能念念不忘，想想自己所作所为，是否合乎天心，合乎天道，一定会得到好报应的。孔老先生算你当不了大官没有儿子，是天作之孽还可避免，只要你扩充德行，广积阴德，多做善事，则自己所造的福，哪有不应验的道理？《易经》一书，专谈趋吉避凶的道理，若说命运不能改变，则吉如何取？凶又如何避？《易经》第一篇就说'积善之家，必有余庆'，你相信吗？"

## 修身立命，积德祈天

【原文】

余信其言，拜而受教。因将往日之罪，佛前尽情发露，为疏一通，先求登科；誓行善事三千条，以报天地祖宗之德。

云谷出功过格示余，令所行之事，逐日登记；善则记数，恶则退除，且教持准提咒，以期必验。

语余曰："符箓家有云，'不会书符，被鬼神笑。'此有秘传，只是不动念也。执笔书符，先把万缘放下，一尘不起。从此念头不动处，下一点，谓之混沌开基。由此而一笔挥成，更无思虑，此符便灵。凡祈天立命，都要从无思无虑处感格。

"孟子论立命之学，而曰，'夭寿不贰。'夫夭寿，至贰者也。

"当其不动念时，孰为夭，孰为寿？细分之，丰歉不贰，然后可立贫富之命；穷通不贰，然后可立贵贱之命；夭寿不贰，然后可立生死之命。人生世间，惟死生为重，曰夭寿，则一切顺逆皆该之矣。

"至修身以俟之，乃积德祈天之事。曰修，则身有过恶，皆当治而去之；曰俟，则一毫觊觎，一毫将迎，皆当斩绝之矣。到此地位，直造先天之境，即此便是实学。

"汝未能无心，但能持准提咒，无记无数，不令间断，持得纯熟，于持中不持，于不持中持。到得念头不动，则灵验矣。"

余初号学海，是日改号了凡；盖悟立命之说，而不欲落凡夫窠臼也。从此而后，终日兢兢，便觉与前不同。前日只是悠悠放任，到此自有战兢惕厉景象，在暗室屋漏中，常恐得罪天地鬼神；遇人憎我毁我，自能恬然容受

【译文】

从此我猛然醒悟，深信此言，即刻拜领受教，而将往日之过失，在佛前尽情表白忏悔，先求登科，誓做三千善事，以报答天地祖宗的恩德。

云谷禅师指点我，每日所做的善事，都记在功过簿上，如有过失，则须功过相抵。并教

我持念“准提咒”，以期有所应验。

他又说：“符录家说过‘不会画符鬼神笑’，画符跟念咒有异曲同工之妙。画符时，必须心不动意念，一尘不染。在此心如止水，如晴空万里，开笔一点，叫混沌开基，由此一气呵成，一挥而就，心无杂念，则此符必灵。为人处世，祈祷天地，改善命运的道理也一样，须时刻处在无思无虑的状态之中，则人心即是天心，必能感动天地而得福。

“孟子立命之学也说过‘夭寿不二，修身以俟之，所以立命也’，一般人都认为夭与寿，是两种截然不同的遭遇，孟子为何说是一样的呢？

“试想，人若能心处不动欲念之境，随遇而安，善尽生之职责，命必然过得踏实，那么还有什么夭与寿之分呢？进一步而言，丰歉、贫富、穷通、贵贱……也都只是在心存欲念之后才有分别。正因为世人心存妄念，不敢面对现实，不能以静心处理顺境，以善心安于逆境，因此生死就变成严重的二面，一切吉凶祸福、毁誉是非、穷通贵贱，也就困扰着世人，弄得人心神不安，永无宁日。

“至于‘修身以俟之’，乃是积德祈天的事，人若能修身养性，去恶向善，安于顺逆现实，时刻处于不动丝毫是非之念的‘明心似镜’的地步，则离‘返本还源，归根复命’的境界已不为远，这便是实学。

“还未达到此‘无心’之境的人，只要时时刻刻持念‘准提咒’，念到滚瓜烂熟，有持如无持，无持似有持，到了念头不动时，就灵验了。”

因此我就把外号“学海”改为“了凡”，以纪念了悟立命之道理，而不落凡夫俗子之窠臼。从此以后，我时时小心谨慎，便觉心安理得与前不同。往日常常放荡忧郁，六神无主，到此变成了战战兢兢，小心谨慎的景象；即使处于暗室之中，也都以不获罪于天地鬼神而时加警惕。碰到有人骂我毁我，也都能淡然处之，不与他计较。

## 惟命不于常，道善则得之

**【原文】**

到明年（公元1570年）礼部考科举，孔先生算该第三，忽考第一；其言不验，而秋闱中式矣。然行义未纯，检身多误；或见善而行之不勇，或救人而心常自疑；或身勉为善，而口有过言；或醒时操持，而醉后放逸；以过折功，日常虚度。自己巳岁（公元1569年）发愿，直至己卯岁（公元1579年），历十余年，而三千善行始完。

时方从李渐庵入关，未及回向。庚辰（公元1580年）南还，始请性空、慧空诸上人，就东塔禅堂回向。遂起求子愿，亦许行三千善事。辛巳（公元1581年），生男天启。

余行一事，随以笔记；汝一母不能书，每行一事，辄用鹅毛管，印一朱圈于历日之上。或施食贫人，或放生命，一卜日有多至十余者。至癸未（公元1583年）八月，三千之数已满。复请性空辈，就家庭回向。九月十三日，复起求中进士愿，许行善事一万条，丙戌（公元1586年）登第，授宝坻知县。

余置空格一册，名日治心篇。晨起坐堂，家人携付门役，置案上，所行善恶，纤悉必记。夜则设桌于庭，效赵阅道焚香告帝。

汝母见所行不多，辄颦蹙曰：“我前在家，相助为善，故三千之数得完；今许一万，衙中无事可行，何时得圆满乎？”

夜间偶梦见一神人，余言善事难完之故。神曰：“只减粮一节，万行俱完矣。”盖宝坻之田,每亩二分三厘七毫。余为区处,减至一分四厘六毫,委有此事,心颇惊疑。适幻余禅师自五台来,余以梦告之,且问此事宜信否?

师曰:"善心真切,即一行可当万善,况合县减粮,万民受福乎?"吾即捐俸银,请其就五台山斋僧一万而回向之。

孔公算予五十三岁有厄,余未尝祈寿,是岁竟无恙,今六十九矣。《书》曰:"天难谌,命靡常。"又云:"惟命不于常。"皆非诳语。吾于是而知,凡称祸福自己求之者,乃圣贤之言;若谓祸福惟天所命,则世俗之论矣。

**【译文】**

到了第二年我又去燕京参加礼部考试,孔老人算定得第三名,却考取了第一名。孔老先生的预言开始失灵了。到了秋期举人考试,也出乎孔老先生的意料之外,竟考中了。

然而冷静检讨,还是感觉修养很勉强,譬如行善而不彻底,救人而心存疑虑,或身行善而口不择言,或平时操持守节,而醉后放荡不拘,将功抵过形同虚度,因此己巳年发愿,到了己卯年,历时十多年,才行毕三千善事,隔年回到故乡,即到佛堂还愿。并再发求子之愿,许下再行三千善事,以赎此生之过。至辛未年(仅经过一年),就生了一个男孩。

我每行一善,就用笔记下来,内人因为不识字,每行一善,就用鹅毛管在日历上印一个红圈,譬如施舍物品救济穷人,助人急难,买物放生等,有时一天就印了十几个红圈。这样继续行善积德,只花两年的时间三千善事就行完了。即刻再到佛堂还愿,并再求中进士之愿,许下再行一万件善事之愿。

经过了三年,我就考中了进士,当了宝纸知县。我准备一本空格薄子,取名治心篇,交代门人放在办公桌上,凡所行善事,务必登录,晚上则设香案于庭院,祷告天地。

内人见所行的善事不多,经常担心地说:"以前在家乡,互助行善,三千之数很快就完成,现居衙门无善可行,何日才能达成一万善事之愿,完成功果呢?"

有一天夜里,就梦见了神灵前来指点说:"只要下令减收百姓粮租,一事即可抵万事,功果可完。"

原来宝坻县的田租甚高,每亩须缴二分三厘七毫的租税。我即刻计划减低至一分四厘六毫。然而心里总是怀疑,做这么一件事何能得万善。刚好有位幻余禅师自五台山来,我就将梦里的事向他请教。

他说:"只要真诚为善,切实力行。就是一善也可抵万善,何况全县减租,万民受福,当然一善足可抵万善。"于是我捐献薪俸,拜托禅师回山时,代办请一万个僧人吃饭,以表诚心还愿回向。

孔老先生曾算我五十三岁必死,我并未为了此事祈祷,或发愿添寿,而那一年也平安无事地度过,至今我已六十九岁了。《书经》上说:"天难湛,命靡常。"又说:"惟命不于常。"是很有道理的。所谓命运之说,其实是不可信的,也非一成不变的。从此我深知:"凡是说人生祸福惟天定者,必是凡夫俗子。若说祸福凭心定,安身可以立命者,必是圣贤豪杰。"

## 谦谦君子,进德修道

**【原文】**

汝之命,未知若何?即命当荣显,常作落寞想;即时当顺利,常作拂逆想;即眼前足食,常作贫窭想;即人相爱敬,常作恐惧想;即家世望重,常作卑下想;即学问颇优,常作浅陋想。

远思扬德，近思盖父母之愆；上思报国之恩，下思造家之福；外思济人之急，内思闲己之邪。

务要日日知非，日日改过；一日不知非，即一日安于自是；一日无过可改，即一日无步可进；天下聪明俊秀不少，所以德不加修，业不加广者，只为因循二字，耽阁一生。

云谷禅师所授立命之说，乃至精至邃，至真至正之理，其熟玩而勉行之，毋自旷也。

【译文】

你的命不知究竟怎么样？但只要运逢显达时，也以落魄的心境处世；逢到顺利的境遇，也当做拂逆一样的谨慎；碰到富足的时候，也像贫穷一样的节俭；就是得到别人的拥护爱戴，也不可趾高气扬，反应小心恐惧；如果家世显赫，也不可自鸣得意，反应作卑下想；学问高深，也应礼贤下士，不耻下问。如此行持，克己复礼，则可以入道，可以进德。

时时维护祖宗之高德重望，日日弥补父母之罪愆失。上思国家社会栽培之恩，下谋家庭子女之福祉。待人常抱救急之心，待己务必严格规律。

务必日日反省，时时改过。如有一日安于现状，自认为没有过失，自以为是十全十美之人，即不会进步。天下聪明人所在皆是，所以不修道德，积行累功者，都是因循苟且，贪图安逸，而耽误了一生。

云谷禅师所说的立命之论，确实是至理名言，你应该经常诵读，并勉力躬行，才不会枉度一生。

# 改过之法

## 发心改过

【原文】

春秋诸大夫，见人言动，亿而谈其祸福，靡不验者，左国诸记可观也。

大都吉凶之兆，萌乎心而动乎四体，其过于厚者常获福，过于薄者常近祸，俗眼多翳，谓有未定而不可测者。

至诚合天，福之将至，观其善而必先知之矣。祸之将至，观其不善而必先知之矣。今欲获福而远祸，未论行善，先须改过。

【译文】

春秋时代，有许多大夫，仅凭观察一个人的言行举止，就能推测其人的吉凶祸福，并且非常准确，这种事在《左传》、《国语》诸书里，都有许多记载。

一般来说，一个人的吉凶征兆，发源于人的内心，而表现于人之外表。凡是相貌仁慈忠厚，行事稳重之人，大都能获福。相呈刻薄，行为轻佻者，大都近祸。绝对没有所谓吉凶未定，渺不可测的道理。

一个人心性的善恶，必与天心相感应。福之将至，可从其人宁静的心境、安详的态度判断出来。祸之将临，也能从其人乖戾的行为发现。人若想得福而避祸，先不谈如何行善，只要力行改过，自然就能向善。

## 改过第一要素——“羞耻心”

【原文】

但改过者，第一，要发耻心。

思古之圣贤，与我同为丈夫，彼何以百世可师？我何以一身瓦裂？耽染尘情，私行不义，谓人不知，傲然无愧，将日沦于禽兽而不自知矣；世之可羞可耻者，莫大乎此。孟子曰：“耻之于人大矣。”以其得之则圣贤，失之则禽兽耳。此改过之要机也。

【译文】

谈到改过，“羞耻心”是第一要素。

试想，古之圣贤跟我们同样是人，何以他们能流芳千古，而我们却默默无闻，甚至于身败名裂呢？人若只贪恋声色名利，纵情恣意，背着别人做些见不得人的勾当，自以为他人见不到，而自鸣得意，毫无惭愧，则将渐渐变成衣冠禽兽而不自知！世界上再没有比这种行为更可耻，更惭愧的了！孟子也说过，知耻给人的影响太大了。能做到知耻就是圣贤；不知羞耻为何物，必是禽兽无疑。改过的关键就在此一念之间，人所以异于禽兽，也仅在那一点羞耻之心而已。

## 改过第二要素——“敬畏心”

【原文】

第二，要发畏心。

天地在上，鬼神难欺，吾虽过在隐微，而天地鬼神，实鉴临之，重则降之百殃，轻则损其现福，吾何可以不惧？不惟此也。闲居之地，指视昭然；吾虽掩之甚密，文之甚巧，而肺肝早露，终难自欺；被人觑破，不值一义矣，乌得不懔懔？不惟是也。

一息尚存，弥天之恶，犹可悔改；古人有一生作恶，临死悔悟，发一善念，遂得善终者。谓一念猛厉，足以涤百年之恶也。譬如千年幽谷，一灯才照，则千年之暗俱除；故过不论久近，惟以改为贵。

但尘世无常，肉身易殒，一息不属，欲改无由矣。明则千百年担负恶名，虽孝子慈孙，不能洗涤；幽则千百劫沉沦狱报，虽圣贤佛菩萨，不能援引。乌得不畏？

【译文】

改过的第二要素，是要有“敬畏心”。

天地鬼神是欺骗不了的，人就是只犯了一点点过失，天地鬼神也知道得很清楚，犯的若是重大的过错，天必降下种种的灾难；犯的若是小过错，则会损及现世的福报。人不可不怕天地鬼神，一个人就是生活在隐蔽的暗室里，天地鬼神也同样一目了然；就是掩盖得周密，做得很巧妙，也无法掩饰自己的良心；万一被人看出破绽，那就丢脸得很，所以人必须要有敬畏心。

人只要一息尚存，滔天的大罪大恶，都有悔改的机会。古人有一生作恶，临终前懊悔觉悟，发一善愿而得善终者，正所谓“放下屠刀，立地成佛”，可以洗百年罪恶。就像千仞幽谷涵洞，一灯来照，则尽去千年黑暗一般。因此说：“过失不拘大小，以能改为要。”

但人生无常，肉体易坏，若等到呼吸停止了，想改过也来不及了。明的报应，在阳间遗臭万年,使得孝子贤孙想洗也洗不掉;暗的报应,在阴间沉沦地狱永受折磨,就是圣贤仙佛菩萨也救不了,怎可不畏?

## 改过第三要素——“勇气与决心”

**【原文】**

第三,须发勇心。

人不改过,多是因循退缩;吾须奋然振作,不用迟疑,不烦等待。小者如芒刺在肉,速与抉剔;大者如毒蛇啮指,速与斩除,无丝毫凝滞,此风雷之所以为益也。

**【译文】**

改过的第三要素,是要有“勇气与决心”。

人所以不能改过,只因为循苟且误了大事,若能发愤图强,当机立断,碰到小过像竹刺伤肉一般,赶快拔除;犯上了大过如毒蛇咬指一般,赶快断指,不犹豫不等待。就如《易经》所言:“风雷益。”风起雷动干脆利落,则改过迁善必可成功。

## 改过方法

**【原文】**

具是三心,则有过斯改,如春冰遇日,何患不消乎?

然人之过,有从事上改者,有从理上改者,有从心上改者;工夫不同,效验亦异。如前日杀生,今戒不杀;前日怒詈,今戒不怒;此就其事而改之者也。强制于外,其难百倍,且病根终在,东灭西生,非究竟廓然之道也。

善改过者,未禁其事,先明其理;如过在杀生,即思曰:上帝好生,物皆恋命,杀彼养已,岂能自安?且彼之杀也,既受屠割,复入鼎镬,种种痛苦,彻入骨髓;己之养也,珍膏罗列,食过即空,疏食菜羹,尽可充腹,何必戕彼之生,损已之福哉?又思血气之属,皆含灵知,既有灵知,皆我一体;纵不能躬修至德,使之尊我亲我,岂可日戕物命,使之仇我憾我于无穷也?一思及此,将有对食痛心,不能下咽者矣。

如前日好怒,必思曰:人有不及,情所宜矜;悖理相干,于我何与?本无可怒者。又思天下无自是之豪杰,亦无尤人之学问;有不得,皆己之德未修,感未至也。吾悉以自反,则谤毁之来,皆磨炼玉成之地;我将欢然受赐,何怒之有?又闻而不怒,虽谗焰熏天,如举火焚空,终将自息;闻谤而怒,虽巧心力辩,如春蚕作茧,自取缠绵;怒不惟无益,且有害也。其余种种过恶,皆当据理思之。此理既明,过将自止。

何谓从心而改?过有千端,惟心所造;吾心不动,过安从生?学者于好色,好名,好货,好怒,种种诸过,不必逐类寻求;但当一心为善,正念现前,邪念自然污染不上。如太阳当空,魍魉潜消,此精一之真传也。过由心造,亦由心改,如斩毒树,直断其根,奚必枝枝而伐,叶叶而摘哉?

大抵最上治心,当下清净;才动即觉,觉之即无;苟未能然,须明理以遣之;又未能然,须随事以禁之;以上事而兼行下功,未为失策。执下而昧上,则拙矣。

顾发愿改过,明须良朋提醒,幽须鬼神证明;一心忏悔,昼夜不懈,经一七,二七,以至一月,二月,三月,必有效验。

或觉心神恬旷；或觉智慧顿开；或处冗沓而触念皆通；或遇怨仇而回嗔作喜；或梦吐黑物；或梦往圣先贤，提携接引；或梦飞步太虚；或梦幢幡宝盖，种种胜事，皆过消灭之象也。然不得执此自高，画而不进。

昔蘧伯玉当二十岁时，已觉前日之非而尽改之矣。至二十一岁，乃知前之所改，未尽也；及二十二岁，回视二十一岁，犹在梦中。岁复一岁，递递改之，行年五十，而犹知四十九年之非。古人改过之学如此。

吾辈身为凡流，过恶猬集，而回思往事，常若不见其有过者，心粗而眼翳也。

然人之过恶深重者，亦有效验：或心神昏塞，转头即忘；或无事而常烦恼；或见君子而赧然相沮；或闻正论而不乐；或施惠而人反怨；或夜梦颠倒，甚则妄言失志；皆作孽之相也。苟一类此，即须奋发，舍旧图新，幸勿自误。

【译文】

人若能具备上述“三种心”，知过能改，就像春冰遇日，必会消融。

一般人改过，有从事上改，有从理上改，有从心上改三种方法。工夫不同，所得功效也不同。譬如前日杀生，今日戒杀。前日暴怒，今日静心反省。这是从事上改的法，这种只在行动上勉强压制，但病根不除，不是根本办法。

比较理想的改过方法，应该从理上改。譬如想改杀生之过，就想：“天有好生之德，物物都珍惜生命，杀他养己怎能心安？而且杀他，不但宰割，又放进锅里去烧，受种种痛苦必痛彻骨髓。健康之道，首在本身元气之运化，而不在物品之希罕珍贵，就算山珍海味，吃过了也不一定能供养身体，蔬菜素品尽可充饥果腹，何必把自己的肚子当成化尸场，折损自己的福分？”再想：“血肉之类必有灵性，与人同体，纵不能修养德，使他亲我敬我，怎可再残害生灵，使之仇我恨我呢？”若能想到此理，那就对吃肉感到伤心，下不了口，而不敢杀生了。

想改掉暴躁的坏脾气也一样，就想：“人不可能一模一样，各有所长也各有所短，没有十全十美的，因此应该互相体谅迁就，就算不合我意，而互相干扰，对我们也没啥损伤，有何可怒可气的？”再说天下也没有自以为是的豪杰，也没有怨天尤人的修养法，怎么可以只要求别人，而不要求自己呢？日常生活有不能称心如意，是自己德行未修，涵养不够，必须再自我反省。如再有人毁谤，那是要磨练我，玉成我的，欢迎都来不及，为何要发怒呢？如闻谤不怒，毁谤也会如举火烧空，必将自消自灭。若听到毁谤就动怒，想尽办法加以辩论维护，正是作茧自缚，自取其辱的做法。况且发怒不但无益，反而有害。其他尚有种种过失，都可依此类推，细细思考，道理若能明白，过错就不会发生了。

何谓从心而改，一般说来，人的过失虽然有好几百种，但归根究底，都是从心所起；若能心不动念，无私无欲，就不会有过失了。也不必逐样检讨好名、好利、好色、好货、好怒诸过失，只要一心向善，正气所钟，邪念自然消失，一尘不染，就像太阳高空，鬼魅尽消一般，这就是精一的真传。因为过从心生，也当从心上修改，如斩毒树先断其根，则必枝叶尽落，就不必枝枝去剪，叶叶来摘。

最好的改过方法是修心，使心里马上清净。妄念一动即察觉，并加以克制，则过不生。若做不到这种高深的境界，则只好明理以改过。再办不到，就只好随事而禁了。能修心并明理兼禁过，是再好不过的事。若只懂禁过，不明道理，不知修心，是笨拙的改过方法。

因此发愿改过行善，最好能有亲朋提醒督促，或请神鬼为鉴，一心忏悔，昼夜不得松弛，经过一段时日必有效验。

到此境界，自然感到心旷神怡，智慧顿开，或处杂乱环境而不动心乱性，或见仇人而不怒反喜，或梦见吐出黑色的东西，心情舒畅，或梦见圣贤提拔引接，或梦见飞上天空，或梦见各种佛旗宝伞，以及种种罕见之胜迹妙景，这就表示过消罪灭，行而有征之象。但不可就此心满意足，自鸣得意，不再求进步。

像古代贤人遽伯玉在二十岁时，就已经觉得以前的不是，而马上完全改过了。到了二十一岁又觉得以前所想改的过失，还没完全改掉。到二十二岁，又回头看看二十一岁的时候，还像在梦中一样糊里糊涂的。这样一年又一年的，逐渐改去过失。直到五十岁那年，还觉得以前四十九年的不是。古人改过的方法竟像这样。

吾辈凡夫俗子，过失像刺猬身上之刺一般多，若冷静思考，还看不到自己的过失，必是粗心大意，迷糊之人。

凡是罪孽深重之人，大都心志昏庸，失神进健忘，无事烦恼。见到正人君子，则显出惭愧沮丧之状；听到了真理大道则不高与。有时施恩反招憎怨，或做一些颠颠倒倒的噩梦，甚至于神经兮兮的自言自语。上列种种都是自作孽之相。若有了上述情况，应该即刻发愤图强，改过向善，以免自误。

# 积善之方

## 积善之家必有余庆

【原文】

易曰:“积善之家,必有余庆。”

昔颜氏将以女妻叔梁纥,而历叙其祖宗积德之长,逆知其子孙必有兴者。孔子称舜之大孝,曰:“宗庙飨之,子孙保之。”皆至论也。

试以往事征之。

杨少师荣,建宁人,世以济渡为生。久雨溪涨,横流冲毁民居,溺死者顺流而下,他舟皆捞取货物,独少师曾祖及祖,惟救人,而货物一无所取,乡人嗤其愚。逮少师父生,家渐裕。

有神人化为道者,语之曰:“汝祖父有阴功,子孙当贵显,宜葬某地。”遂依其所指而窆之,即今白兔坟也。后生少师,弱冠登第,位至三公,加曾祖、祖、父,如其官。子孙贵盛,至今尚多贤者。

【译文】

《易经》上说:“积善之家,必有馀庆。”

古代有一姓颜的人家,把女儿许配给孔子的父亲,只打听其祖父是否积有大德,而不管孔家是否富有。他认为只要祖上积有大德,其子孙必然会出人头地。孔子也称赞舜的大孝说:“宗庙飨之,子孙保之。”上述之论,确是至理名言。

再证之以往事。

福建公乡杨荣,其祖先世代以摆渡为生,每当暴雨成灾,冲毁民居时,总有人畜货物顺流而下,别的船只总是争相捞取货物,只有杨荣的曾祖和祖父以救人为要,货物一概不取。乡里的人都笑他愚笨。到了杨荣父亲出生时,杨家便渐渐富裕起来。

有一天,一位道人到杨家说:“你祖先积有阴德,子孙必当享受荣华富贵,某地龙穴可筑祖坟。”于是就依指示葬在那里,就是现在的“白兔坟”。后来生了杨荣,二十岁就登科,位至三公,并得皇上加封曾祖父、祖父、父亲官号。至今子孙还是荣华不衰,尽多贤达之士。

## 施比受更有福

【原文】

鄞人杨自惩,初为县吏,存心仁厚,守法公平。时县宰严肃,偶挞一囚,血流满前,而怒犹未息,杨跪而宽解之。宰曰:“怎奈此人越法悖理,不由人不怒。”自惩叩首曰:“上失其道,民散久矣,如得其情,哀矜勿喜;喜且不可,而况怒乎?”宰为之霁颜。

家甚贫,馈遗一无所取,遇囚人乏粮,常多方一以济之。一日,有新囚数人待哺,家又缺米;给囚则家人无食;自顾则囚人堪悯。与其妇商之。妇曰:“囚从何来?”曰:“自杭而来。沿路忍饥，菜色可掬。”因撤己之米，煮粥以食囚。后生二子，长曰守陈，次曰守址，为南北吏部侍郎。长孙为刑部侍郎；次孙为四川廉宪，又俱为名臣。今楚亭，德政，亦其裔也。

【译文】

鄞县人杨自惩，起初当县吏，心地忠厚，为人公正。有一次县长处罚一个犯人，打得血流满面，还不息怒。他就跪地为犯人求情，请县长息怒宽恕。县长说：“此人犯法违反常理，怎能叫人不怒。”他叩头说：“为政失道，百姓涣散已久，他们不懂得法律常情，只要能问出案情就好，这种事破了案都不能高兴，怎么可以发怒呢？”县长因此才息怒。

自惩家境贫穷，但他廉洁自持，从不收受别人财物。碰到犯人缺粮时，也都尽力救济。一天，新来的囚犯没得吃，自惩家也缺米，若是给囚犯吃，自己的家人就没饭吃，若是自己家人吃，囚犯又很可怜。于是他和夫人商量，夫人问：“囚犯从哪里来？”他说：“从杭州来的，一路上忍饥挨饿，面黄肌瘦。”因此，把自己家的米分一半，煮稀饭给囚犯吃。后来生有二子，长子名守陈，次子名守址，为南北吏部侍郎，长孙也做到刑部侍郎，次孙也做到四川廉宪，都是名臣，今人杨楚亭、杨德政，官运亨通，也是他的后代。

## 护生得好报

【原文】

昔正统间，邓茂七倡乱于福建，士民从贼者甚众；朝廷起鄞县张都宪楷南征，以计擒贼，后委布政司谢都事，搜杀东路贼党。谢求贼中党附册籍，凡不附贼者，密授以白布小旗，约兵至日，插旗门首，戒军兵无妄杀，全活万人。后谢之子迁，中状元，为宰辅；孙丕，复中探花。

莆田林氏，先世有老母好善，常作粉团施人，求取即与之，无倦色。一仙化为道人，每日索食六七团。母日日与之，终三年如一日，乃知其诚也。因谓之曰：“吾食汝三年粉团，何以报汝？府后有一地，葬之，子孙官爵，有一升麻子之数。”

其子依所点葬之，初世即有九人登第，累代簪缨甚盛，福建有“无林不开榜”之谣。

冯琢庵太史之父，为邑庠生。隆冬早起赴学，路遇一人，倒卧雪中，扪之，半僵矣。遂解己绵裘衣之，且扶归救苏。梦神告之曰：“汝救人一命，出至诚心，吾遣韩琦为汝子。”及生琢庵，遂名琦。

【译文】

明英宗时，福建盗贼作乱，百姓从贼者很多，朝廷派布政司谢都事，搜杀东路贼党，谢恐滥杀无辜，因此先设法取得贼党名册，凡没有参加匪党组织的人，即暗中给予白布及小旗，教他们在官兵进城时，插旗于门首，并告诫士兵不得滥杀无辜，因此救了上万人的性命。后来谢的犯子迁中状元，当宰相，孙子丕也中探花，满门得享富贵。

又蒲田有林姓人士，母亲乐善好施，常作粉团布施穷人，凡索取者都照数施舍。有一道人，每次索取六七个，三年如一日，从未间断，他母亲也照给无误，而从未表现出不高兴的样子。道人知其诚心救人，就对她说：“我吃你的粉团三年，无以为报，特地前来告诉你，你家屋后有一好地可建造祖坟，子孙官爵有一升麻籽的数目。”

林母死后，她儿子依言将她埋葬，初代即有九人登科，世代从此不断出贵人，福建至今还有“无林不开榜”的民谣。

还有冯琢庵太史之父，当学生时，有一年冬天清晨上学，路上遇到了一个人，倒在雪地中已快冻僵，就即刻脱下自己的皮袍给他穿上，并扶其回家救治。当晚就在梦中得到神灵的指点说："你救人一命，出于至诚，吾派宋朝名将韩琦作你的儿子。"而后生下了琢庵，就取外号为琦，以作纪念。

## 积德之人鬼神钦仰

**【原文】**

台州应尚书，壮年习业于山中。夜鬼啸集，往往惊人，公不惧也。一夕闻鬼云："某妇以夫久客不归，翁姑逼其嫁人。明夜当缢死于此，吾得代矣。"公潜卖田，得银四两。即伪作其夫之书，寄银还家。其父母见书，以手迹不类，疑之。既而曰："书可假，银不可假，想儿无恙。"妇遂不嫁。其子后归，夫妇相保如初。

公又闻鬼语曰："我当得代，奈此秀才坏吾事。"

旁一鬼曰："尔何不祸之？"

曰："上帝以此人心好，命作阴德尚书矣，吾何得而祸之？"应公因此益自努励，善日加修，德日加厚。遇岁饥，辄捐谷以赈之。遇亲戚有急，辄委曲维持；遇有横逆，辄反躬自责，怡然顺受。子孙登科第者，今累累也。

常熟徐凤竹，其父素富，偶遇年荒，先捐租以为同邑之倡，又分谷以贩贫乏。夜闻鬼唱于门曰："千不诓，万不诓；徐家秀才，做到了举人郎。"相续而呼，连夜不断。是岁，凤竹果举于乡。其父因而益积德，孳孳不怠，修桥修路，斋僧接众，凡有利益，无不尽心。后又闻鬼唱于门曰："千不诓，万不诓；徐家举人，直做到都堂。"凤竹官终两浙巡抚。

**【译文】**

台州应尚书，壮年时住在山中读书，夜间常听到有鬼怪作祟叫闹，但他都不害怕。有一天，他听到了鬼在谈话说："某妇人因其夫外出，很久未见归来，他公婆以为儿子死了，逼其改嫁，明天晚上会来自缢，我从此有人代替，可以转世投生了。"应尚书听到此语，就即刻卖掉了田地，得银四两，并假造了一张其夫的书信，一并送到了家。她公婆发现笔迹不同，有点怀疑，但继而一想："书信就算是假的，银子总没有平白送人的道理吧？想孩子应该平安无事才对。"因此也就不再逼他媳妇改嫁。后来她的夫婿终于回来团圆。

应尚书后来又听到了鬼话："本来有人来代替，却被那位秀才破坏了好事。"

另一个鬼说："那你就找他算账啊！"

鬼说："不行，上帝因此人心地善良，早已命他为将来阴间尚书，我怎么能害得了他？"应公从此更加努力，日日行善，积德甚多，碰到饥荒时，必捐献粮食救灾。遇到亲戚有急难时，必尽力给予协助。碰到不如意事时，则逆来顺受，反躬自省而不怨天尤人。至今其子孙为官享福者，比比皆是。

还有常熟县人徐凤竹，他父亲颇为富有，偶然碰到荒年，就免收田租，率先救灾，又拿粮食去贩灾救贫。有一天夜里，他听到鬼在门口唱道："千不诓，万不诓，徐家秀才做到举人即！"连续几无晚上唱个不停。此年徐凤竹果然中了举人。他父亲因此也就更努力积德行善，从不懈怠，举凡修桥铺路，斋僧济众，凡有益大众之事，无不尽心尽力。后来又听鬼唱道："千不诓，万不诓，徐家举人直做到都堂。"后来徐凤竹果然做到了两浙巡抚。

## 平冤减刑合天心

**【原文】**

嘉兴屠康僖公,初为刑部主事,宿狱中,细询诸囚情状,得无辜者若干人。公不自以为功,密疏其事,以白堂官。后朝审,堂官摘其语,以讯诸囚,无不服者,释冤抑十余人,一时辇下咸颂尚书之明。

公复禀曰:“辇毂之下,尚多冤民,四海之广,兆民之众,岂无枉者?宜五年差一减刑官,核实而平反之。”尚书为奏,允其议。时公亦差减刑之列。梦一神告之曰:“汝命无子,今减刑之议,深合天心,上帝赐汝三子,皆衣紫腰金。”是夕夫人有娠,后生应埙,应坤,应俊,皆显官。

**【译文】**

嘉兴屠康僖公,初为刑部主事,常往狱中探查案情,遇有无辜冤狱之人,即签报案情给审官,待开庭时,主审官依此案情审问,无辜之犯人都表心服,因而无罪释放者有十几人。一时京都百姓都说尚书廉明公正,而屠公却从不居功。

屠公又上书陈情说:“京都多有冤狱,四海之广,百姓众多,必尚有许多冤狱,应该每五年派一减刑官,详加调查以平冤狱。”皇上准其所奏,屠公也被派为减刑官之一员。有一天晚上,屠公梦见了神灵指点说:“你命中本应无子,今减刑之事,正合天心,上帝特赐你三子,并都享高官厚禄。”过了不久,夫人就怀孕了,后来连续生了三个儿子,名叫应埙、应坤、应俊,都当了大官。

## 敬神护法子孙昌

**【原文】**

嘉兴包凭,字信之。其父为池阳太守,生七子,凭最少,赘平湖袁氏,与吾父往来甚厚,博学高才,累举不第,留心二氏之学。一日东游柳湖,偶至一村寺中,见观音像,淋漓露立,即解橐中得十金,授主僧,令修屋宇。僧告以功大银少,不能竣事。复取松布四匹,检箧中衣一七件与之,内纻褶,系新置,其仆请已之。凭曰:“但得圣像无恙,吾虽裸裎何伤?”僧垂泪曰:“舍银及衣布,犹非难事。只此一点心,如何易得。”后功完,拉老父同游,宿寺中。公梦伽蓝来谢曰:“汝子当享世禄矣。”

后子汴,孙柽芳,皆登第,作显官。

嘉善支立之父,为刑房吏。有囚无辜陷重辟,意哀之,欲求其生。囚语其妻曰:“支公嘉意,愧无以报。明日延之下乡,汝以身事之,彼或肯用意,则我可生也。”其妻泣而听命。

及至,妻自出劝酒,具告以夫意。支不听,卒为尽力平反之。囚出狱,夫妻登门叩谢曰:“公如此厚德,晚世所稀。今无子,吾有弱女,送为箕帚妾,此则礼之可通者。”支为备礼而纳之,生立,弱冠中魁,官至翰林孔目。立生高,高生禄,皆贡为学博。禄生大纶,登第。

凡此十条,所行不同,同归于善而已。

**【译文】**

嘉兴人包凭,他的父亲是安徽池阳太守,生有七个儿子,包凭是最小的一个,入赘平湖袁氏为婿,跟我父亲很有交情,虽然博学多才,却几次考试都不上榜。他很留心佛道思想,有一天到太湖附近游览，偶然行至一村，见一寺院破漏，观音佛像被雨尘淋湿沾污，即取出身上所有的十两银子，交给住持僧人，让他们修缮庙宇，僧人说："工事太大，所费必巨，恐怕难以完成您交代的心愿。"于是他就再取出随身行李，将贵重值钱的衣物，交予僧人，虽经随行仆人再三劝阻，他还是诚心乐意的捐出，并说："只要佛像不破损，我没有衣物使用又有什么关系？"僧人流着泪说："施舍钱财衣物并非难事，但您的虔诚心，确实难得。"寺院修好之后，有一天他又同父亲来游此寺，夜宿寺中，即梦见护法神前来道谢说："你子孙当享世代俸禄。"

后来他的儿子汴，与孙子柽芳，都真的做了大官。

嘉善人支立的父亲，当刑房吏的时候，对一个无辜被人陷害而判死罪的囚犯很是同情，想替他洗冤，这个囚犯告诉他的妻子说："支先生待人很好，也很同情我的遭遇，愿意代我洗雪冤情。我们已没有什么可以报答，明天你请他到乡下，详述案情过节，并许身给他，或许他会更用心救我，那么我就能活命了。"他的妻子流着眼泪答应了。

隔天，支先生到她家里，她即亲切招待，并告诉她丈夫的意思。支先生断然拒绝，只答应她尽力平反案情。结果犯者无罪获释，他们夫妻登门道谢说："先生大德，世所罕见。我有小女，就送给您，当扫地的小妾，这总该合乎礼法的。"支先生备了聘礼娶了她。后来生了儿子名支立，二十岁就登科，官至翰林，孙支高以及世代子孙也都官运亨通。

以上各段所述，虽然情节、做法不同，但都是一心为善的实例。

## 真善与假善

**【原文】**

若复精而言之，则善有真，有假；有端，有曲；有阴，有阳；有是，有非；有偏，有正；有半，有满；有大，有小；有难，有易；皆当深辨。为善而不穷理，则自谓行持，岂知造孽，枉费苦心，无益也。

何谓真假？

昔有儒生数辈，谒中峰和尚，问曰："佛氏论善恶报应，如影随形。今某人善，而子孙不兴；某人恶，而家门隆盛；佛说无稽矣。"

中峰云："凡情未涤，正眼未开，认善为恶，指恶为善，往往有之。不憾己之是非颠倒，而反怨天之报应有差乎？"

众曰："善恶何致相反？"中峰令试言。

一人谓："詈人殴人是恶，敬人礼人是善。"

中峰云："未必然也。"

一人谓："贪财妄取是恶，廉洁有守是善。"

中峰云："未必然也。"众人历言其状，中峰皆谓不然。因请问。

中峰告之曰："有益于人，是善；有益于己，是恶。有益于人，则殴人、詈人皆善也；有益于己，则敬人、礼人皆恶也。是故人之行善，利人者公，公则为真；利己者私，私则为假。又根心者真，袭迹者假；又无为而为者真，有为而为者假；皆当自考。"

**【译文】**

积善之事，有真善、假善，有端善、曲善，有阴善、阳善，有是善、非善，有偏善、正善，有半善、满善，有大善、小善，有难善、易善的分别，必须做进一步的了解，不然为善而不明理，往往就会产生自认为行善，而其实是造孽的行为，枉费苦心，一点好处也没有。

什么是真善假善？

以前有几个儒生，去请教中峰和尚说：“佛家论善恶，如影随形；现在某人行善而子孙不发达，某人为恶而家门隆盛。那么佛所说的报应是没有凭据的了？”

中峰说：“一般人不明事理，智慧没开，认善为恶，认恶为善，不说自己颠倒是非，反而怨恨天地报应有差错哩！”

大家说：“善就是善，恶就是恶，哪里会认善为恶呢？”中峰就叫他们说什么是善？什么是恶？

有一个人说：“打人骂人是恶，敬人礼人是善。”

中峰说：“这也不一定。”另一个人说：“贪财妄取是恶，廉洁有守是善。”

中峰说：“那也不一定。”大家都把平时看到的善恶说出来，但中峰都不以为然。

中峰说：“凡是对人有益的就是善，只为自己的利益的就是恶。假如对人有益，即使打人骂人也算是善；假如只是为了自己的利益，即使你恭敬别人，礼让别人，也算是恶。所以为人处世，利人之善才是真善，利己之善则是假善。发自内心的善行是真善，装给别人看的善行是假善。无所求而为之善是真善，有所求而为之善是假善。”

## 端善与曲善

**【原文】**

何谓端曲？

今人见谨愿之士，类称为善而取之；圣人则宁取狂狷。至于谨愿之士，虽一乡皆好，而必以为德之贼。是世人之善恶，分明与圣人相反。

推此一端，种种取舍，无有不谬。天地鬼神之福善祸淫，皆与圣人同是非，而不与世俗同取舍。凡欲积善，决不可徇耳目，惟从心源隐微处，默默洗涤。纯是济世之心，则为端；苟有一毫媚世之心，即为曲。纯是爱人之心，则为端；有一毫愤世之心，即为曲。纯是敬人之心，则为端；有一毫玩世之心，即为曲。皆当细辨。

**【译文】**

什么是端善与曲善？

一般人都认为谨慎、随和之好好先生是善人，但圣人却认为敢作敢当豪爽狂狷之士才是善人。因为谨慎软弱没有个性的人，虽然全乡人都说他好，而他却是随波逐浪，没有志气，没有道德精神，没有道义勇气之人。所以一般人所说的善恶，跟圣人所想的不一样。

总之，天地神鬼对于善恶的观念，与圣人的观念相同，而与世俗的眼光相反。因此说：若想积德行善，决不可只为了顺乎世俗人情而讨好世人，掩人耳目，必须从内心深处潜移默化，一心只为济世，纯为爱人助人，才是端正之善。若有一丝媚世之心，一点玩世之心，则是虚伪歪曲之善。

## 阳善与阴善

**【原文】**

何谓阴阳？

凡为善而人知之，则为阳善；为善而人不知，则为阴德。阴德，天报之；阳善，享世名。

名,亦福也。名者,造物所忌;世之享盛名而实不副者,多有奇祸;人之无过咎而横被恶名者,子孙往往骤发。阴阳之际微矣哉。

【译文】

善又有阳善与阴善之分。

行善而为人知是阳善,行善而不为人知是阴善。阳善只能享受博得名誉之福报,阴善则上天必赐以厚福。世人名誉超过了实质,必有奇祸。因为盛名是造物者所忌,而有名望之人,大都只是博得虚名,缺少实际功德,因此名望之家,横逆之事特别多。因此古人劝道:“无使名过实,守愚圣所臧。”人若毫无过失,而被横加恶名,又能逆来顺受,必是大有道德修养之人,子孙往往能突然发迹。因此俗眼所看为恶昌盛之说,值得探讨,因此,阳善与阴善,差别就在于明与暗之分罢了。

## 是善与非善

【原文】

何谓是非?

鲁国之法,鲁人有赎人臣妾于诸侯,皆受金于府。子贡赎人而不受金。孔子闻而恶之曰:“赐失之矣。夫圣人举事,可以移风易俗,而教道可施于百姓,非独适己之行也。今鲁国富者寡而贫者众,受金则为不廉,何以相赎乎?自今以后,不复赎人于诸侯矣。”

子路拯人于溺,其人谢之以牛,子路受之。孔子喜曰:“自今鲁国多拯人于溺矣。”

自俗眼观之,子贡不受金为优,子路之受牛为劣,孔子则取由而黜赐焉。

乃知人之为善,不论现行而论流弊;不论一时而论久远;不论一身而论天下。现行虽善,其流足以害人,则似善而实非也;现行虽不善,而其流足以济人,则非善而实是也。然此就一节论之耳。他如非义之义,非礼之礼,非信之信,非慈之慈,皆当抉择。

【译文】

既然行善,何以又有是善、非善之说呢?

举例来讲:鲁国法律规定,若有人肯出钱去赎回被邻国抓去做臣妾的百姓,政府都依例付给一笔赏金,作为奖励。孔子的学生子贡,赎人却不愿接受奖金。孔子知道了就骂他说:“你错了,君子做事可以移风易俗,行为将成为大众的一规范,怎么可以只为了自己高兴,为了博得虚名,就随意去做呢?现在鲁国富人少,大都是穷人,你这样创下了恶例,使大家认为赎人接受赏金是丢脸的事,则以后还有谁赎得起人,从此以后赎人回国的风气,将慢慢消失了!”

还有一例:子路救起溺水之人,主人送了一头牛道谢,子路收了起来。孔子听到了说:“从此鲁人必乐于拯救溺水之人了。”因为一个肯救,一个肯谢,则会酿成风气。

以上二例,以一般人的观念说,子贡不领赏金是廉洁的好事,子路接受赠牛是施恩望报;但孔子的看法却与众不同,孔子反倒称赞子路而责备子贡。

因此说:凡人行善,不可只看行为,必须看他的流弊。不可只看现在,必看事情的结果。不可只论个人的得失,需看对大众的影响。若所行似善,而其结果足以害人,则似善而实非善。若所行虽然不善,而其结果有益于大众,则虽非善而实是善。举此一例可以旁通,例如:不应该的宽恕,过分的称赞别人,为守小信而误大事,宠爱小孩而养大患等等等,都急待吾人冷静检讨改善。

## 偏善与正善

**【原文】**

何谓偏正？

昔吕文懿公，初辞相位，归故里，海内仰之，如泰山北斗。有一乡人，醉而詈之，吕公不动，谓其仆曰："醉者勿与较也。"闭门谢之。逾年，其人犯死刑入狱。吕公始悔之曰："使当时稍与计较，送公家责治，可以小惩而大戒。吾当时只欲存心于厚，不谓养成其恶，以至于此。"此以善心而行恶事者也。

又有以恶心而行善事者。如某家大富，值岁荒，穷民自昼抢粟于市。告之县，县不理，穷民愈肆，遂私执而困辱之，众始定。不然，几乱矣。

故善者为正，恶者为偏，人皆知之。其以善心行恶事者，正中偏也；以恶心而行善事者，偏中正也。不可不知也。

**【译文】**

至于善有偏正，又当何讲？

举例说：从前吕文懿宰相辞职归乡，乡民依然尊敬他如北斗星，看重他如泰山。有一天，一个乡民醉后前去大骂他一顿，吕公不为所动，认为是醉人而不跟他计较。一年后，此人愈变愈坏，终于犯上了死刑重罪，吕公才后悔说："当初若稍微跟他计较，送官惩罚，小惩足以为戒，也许今日不会促成此种大恶，都是我当初存心过于忠厚，怕被人误为仗势欺人，以致害了他！"这是一个善心而做了恶事的例子。

再举一恶心而行善事的例子：某地有次饥荒，暴民白天公然到处抢粮，有某富家告之于官府，官府却一概不理，于是暴民更加放肆，变本加厉，逼不得已，该富家只好私自惩治暴徒，乡里才恢复平静，避免大乱。

因此说：人人皆知善是正，恶是偏。但若行善心而使事成恶，则是正中偏。若行恶心而使事成善，即是偏中正。这是为人处世应有的认识。

## 半善与满善

**【原文】**

何谓半、满？

《易》曰："善不积，不足以成名；恶不积，不足以灭身。"《书》曰："商罪贯盈，如贮物于器。"勤而积之，则满；懈而不积，则不满。此一说也。

昔有某氏女入寺，欲施而无财，止有钱二文，捐而与之，主席者亲为忏悔。及后入宫富贵，携数千金入寺舍之，主僧惟令其徒回向而已。

因问曰："吾前施钱二文，师亲为忏悔；今施数千金，而师不回向，何也？"

曰："前者物虽薄，而施心甚真，非老僧亲忏，不足报德；今物虽厚，而施心不若前日之切，令人代忏足矣。"

此千金为半，而二文为满也。

钟离授丹于吕祖，点铁为金，可以济世。

吕问曰："终变否？"

曰:“五百年后,当复本质。”

吕曰:“如此则害五百年后人矣,吾不愿为也。”

曰:“修仙要积三千功行,汝此一言,三千功行已满矣。”此又一说一也。

又为善而心不着善,则随所成就,皆得圆满。心着于善,虽终身勤励,止于半善而已。

譬如以财济人,内不见己,外不见人,中不见所施之物,是谓三轮体空,是谓一心清净,则斗粟可以种无涯之福,一文可以消千劫之罪。

倘此心未忘,虽黄金万镒,福不满也。此又一说也。

【译文】

还有半善满善,又作何解?

《易经》中说:“善不积,不足以成名;恶不积,不足以灭身。”《尚书》中说:“商罪贯盈,如贮物于器。”就像把东西存进容器一样,勤而积之则满,懈怠不积则不满。

以前有一女人,到庙里烧香,想布施却因家境困难,找遍身上只得二文钱捐献,但庙里主持高僧还是亲自替她诵经忏悔祈福。后来此女贵为官女,携带了数千金来庙布施,主持高僧却只派了徒弟替她回向。

因此她问道:“我以前只捐二文,你就亲自替我祈福,今天捐献千金,你为何不替我回向?”

高僧说:“以前布施虽小,心意真切,非老僧亲劳,不足以报答。今日布施虽多,心意却不如以前真诚,因此有人代劳即足也。”

以此为例:“千金是半善,二文是满善。”

钟离向吕洞宾传授点铁成金之术,以利行善济世。

吕祖问:“这种金会还原吗?”

钟离答:“五百年后,终究会复原为铁。”

吕祖说:“这样不是害了五百年后的人吗?这种法术我不想学。”

钟离说:“修仙要先修满三千功德,就凭你这句话,三千功德已算圆满达成,可以学仙了。”

因此说:为善必须发乎真诚自然,事后不牢记在心里,则虽小善也能达成功果。若怀有企图行善,施恩望报,就是终生行善,还只半善。

以钱财救济别人,若能做到付出金钱,而心里没有感觉。付给其人,而像没有其人。付出钱财,而像没有钱财。如此就是三轮皆空,一心清净之境,则一文足以消千劫之罪,斗米也能种无涯之福。

若施人而心不妄,施恩而望报,舍财物而心痛,那么即使是布施万两黄金,也只半善而已。

## 大小难易看动机

【原文】

何谓大小?

昔卫仲达为馆职,被摄至冥司,主者命吏呈善恶二录。比至,则恶录盈庭,其善录一轴,仅如箸而已。索秤称之,则盈庭者反轻,而如箸者反重。

仲达曰:“某年未四十,安得过恶如是多乎?”

曰:“一念不正即是,不待犯也。”

因问轴中所书何事?

曰:“朝廷尝兴大工,修三山石桥,君上疏谏之,此疏稿也。”

仲达曰:“某虽言,朝廷不从,于事无补,而能有如是之力。”

曰:“朝廷虽不从,君之一念,已在万民;向使听从,善力更大矣。”

故志在天下国家,则善虽少而大;苟在一身,虽多亦小。

何谓难易?先儒谓克己须从难克处克将去。夫子论为仁,亦曰先难。

必如江西舒翁,舍二年仅得之束脩,代偿官银,而全人夫妇;与邯郸张翁,舍十年所积之钱,代完赎银,而活人妻子,皆所谓难舍处能舍也。如镇江靳翁,虽年老无子,不忍以幼女为妾,而还之邻,此难忍处能忍也。故天降之福亦厚。

凡有财有势者,其立德皆易,易而不为,是为自暴。贫贱作福皆难,难而能为,斯可贵耳。

**【译文】**

再论善有大小,有难易之理。

古时有位叫卫仲达的人,供职朝廷为官,有一次精神解离,被摄入阴间。阎王命人呈现善恶记录薄给仲达看,他发现恶录薄摊满庭院,而善录薄只一小卷而已。阎王又命人取秤来称,大叠的恶录薄,却比那一小卷善录还轻。

仲达好奇地问;“我才三十多岁,哪来这么多的恶录?”

阎王答:“思念不正就已犯罪,不一定做了才算。”

仲达又问:“这小卷善簿写些什么?”

阎王笑一笑说:“这是朝廷常兴大功,要修三山(即福州)石桥时,你上书的奏章稿文。”

仲达说:“我虽上书,朝廷并未采纳,何以有此分量?”

阎王说:“朝廷虽未采纳,但你一念之善,普达万民之身,若被采纳,则善力更大。”

因此可知,志在天下,善达万民,则善虽小而功德大。若志在一身,善及一人,虽多也小。

至于难易之善,就像修身克己一样,必须从很难克服的地方先克服,则小的过失也就自然不会犯。

譬如江西舒翁,以二年教书所得的薪水,代缴他人的罚款,使人夫妇团圆。河北张翁,以十年省吃俭用的储蓄,代别人偿还债务,而救活他人妻女。镇江靳翁,虽年老无子,也不忍娶幼女为妻。上述倾囊相助,体谅别人,为别人着想之善举,就是所谓难舍处能舍,难忍处能忍的好例子,这种难为之善才最可贵,而天降之福也必丰厚。

有钱有势之人,行善积德是太容易了;容易行善而不为,就是自暴自弃。无钱无势之人,行善助人虽是比较困难,但若能尽力而为,在困难之中去行善,其价值就更为可贵,获福也必更大。

## 行善妙方有十味

**【原文】**

随缘济众,其类至繁,约言其纲,大约有十:第一,与人为善;第二,爱敬存心;第三,成人之美;第四,劝人为善;第五,救人危急;第六,兴建大利;第七,舍财作福;第八,护持正法;第九，敬重尊长；第十，爱惜物命。

何谓与人为善？

昔舜在雷泽，见渔者皆取深潭厚泽，而老弱则渔于急流浅滩之中，恻然哀之。往而渔焉；见争者皆匿其过而不谈；见有让者，则揄扬而取法之。期年，皆以深潭厚泽相让矣。

夫以舜之明哲，岂不能出一言教众人哉？乃不以言教而以身转之，此良工苦心也。

吾辈处末世，勿以己之长而盖人；勿以己之善而形人；勿以己之多能而困人。收敛才智，若无若虚；见人过失，且涵容而掩覆之，一则令其可改，一则令其有所顾忌而不敢纵。见人有微长可取，小善可录，翻然舍己而从之，且为艳称而广述之。凡日间，发一言，行一事，全不为自己起念，全是为物立则，此大人天下为公之度也。

何谓爱敬存心？

君子与小人，就形迹观，常易相混，惟一点存心处，则善恶悬绝，判然如黑白之相反。故曰："君子所以异于人者，以其存心也。"君子所存之心，只是爱人敬人之心。

盖人有亲疏贵贱，有智愚贤不肖；万品不齐，皆吾同胞，皆吾一体，孰非当敬爱者？爱敬众人，即是爱敬圣贤；能通众人之志，即是通圣贤之志。何者？圣贤之志，本欲斯世斯人，各得其所。吾合爱合敬，而安一世之人，即是为圣贤而安之也。

何谓成人之美？

玉之在石，抵掷则瓦砾，追琢则圭璋。故凡见人行一善事，或其人志可取而资可进，皆须诱掖而成就之。或为之奖借，或为之维持，或为白其诬而分其谤，务使成立而后已。大抵人各恶其非类，乡人之善者少，不善者多。善人在俗，亦难自立。且豪杰铮铮，不甚修形迹，多易指摘。故善事常易败，而善人常得谤。惟仁人一长者，匡直而辅翼之，其功德最宏。

何谓劝人为善？

生为人类，孰无良心？世路役役，最易没溺。凡与人相处，当方便提撕，开其迷惑。譬犹长夜大梦，而令之一觉；譬犹久陷烦恼，而拔之清凉，为惠最溥。韩愈云："一时劝人以口，百世劝人以书。"较之一与人为善，虽有形迹，然对证发药，时有奇效，不可废也。失言失人，当反吾智。

何谓救人危急？

患难颠沛，人所时有。偶一遇之，当如恫瘝在身，速为解救。或以一言伸其屈抑，或以多方济其颠连。古人云："惠不在大，赴人之急可也。"盖仁人之言哉！

何谓兴建大利？

小而一乡之内，大而一邑之中，凡有利益，最宜兴建。或开渠导水，或筑堤防患；或修桥梁，以便行旅；或施茶饭，以济饥渴；随缘劝导，协力兴修，勿避嫌疑，勿辞劳怨。

何谓舍财作福？

释门万行，以布施为先。所谓布施者，只是舍之一字耳。达者内舍六根，外舍六尘，一切所有，无不舍者。苟非能然，先从财上布施。世人以衣食为命，故财为最重。吾从而舍之，内以破吾之悭，外以济人之急。始而勉强，终则泰然，最可以荡涤私情，祛除执吝。

何谓护持正法？

法者，万世生灵之眼目也。不有正法，何以参赞天地？何以裁成万物？何以脱尘离缚？何以经世出世？故凡见圣贤庙貌，经书典籍，皆当敬重而修饬之。至于举扬正法，上报佛恩，尤当勉励。

何谓敬重尊长？

家之父兄，国之君长，与凡年高、德高、位高、识高者，皆当加意奉事。在家而奉侍父母，使深爱婉容，柔声下气，习以成性，便是和气格天之本。出而事君，行一事，毋谓君不知而自恣也。刑一人，毋谓君不知而作威也。事君如天，古人格论，此等处最关阴德。试看忠孝之家，子孙未有不绵远而昌盛者，切须慎之。

何谓爱惜物命？

凡人之所以为人者，惟此恻隐之心而已；求仁者求此，积德者积此。《周礼》："孟春之月，牺牲毋用牝。"孟子谓君子远庖厨，所以全吾恻隐之心也。故前辈有四不食之戒，谓闻杀不食，见杀不食，自养者不食，专为我杀者不食。学者未能断肉，且当从此戒之。渐渐增进，慈心愈长。

不特杀生当戒，蠢动含灵，皆为物命。求丝煮茧，锄地杀虫，念衣食之由来，皆杀彼以自活。故暴殄之孽，当与杀生等。至于手所误伤，足所误践者，不知其几，皆当委曲防之。古诗云："爱鼠常留饭，怜蛾不点灯。"何其仁也！

善行无穷，不能殚述；由此十事而推广之，则万德可备矣。

**【译文】**

行善的道理和原则，上面已经说得很详细，下面来谈随缘济众、行善积德的方法：第一，与人为善。第二，敬爱存心。第三，成人之美。第四，劝人为善。第五，救人危急。第六，兴建大利。第七，舍财作福。第八，护持正法。第九，敬重尊长。第十，爱惜生命。

何谓与人为善？

帝舜年轻的时候，在山东看渔人捕鱼，看到鱼藏丰富的静水深潭，都被年轻力壮者争相占取，而老弱渔人，反被排斥到急流浅滩之处。舜深感伤心，于是他也亲身下水捕鱼，凡是碰到别人过来抢捕，他就故意让人，而不抱怨；逢到有人把鱼让给他捕捉，就当面称赞并道谢。如此相处了一段时间，也就形成了礼让的风气。

试想，以舜之才智，哪有不能用语言教人的道理？而他却不用言教，宁取身教，潜移默化转移人心风气，真是用心良苦。

因此说：为人应尽量不拿自己的长处去彰显别人的弱点，不要故意表示自己的善心去显示别人的恶意。千万不要以自己的聪明才智，去捉弄别人，折腾别人，应该尽量谦虚处世。见人有过失，尽量宽恕包涵，则可对恶人形成一种沉默的抗议，也不会撕破恶人的面子，使恶人不敢放纵，也有改过的机会。见人小善，也要舍己从人，加以表扬。平日间，一言一语，一举一动，念念不忘为大众着想，维护真理原则，即是与人为善。

何谓敬爱存心？

就一般人的行为来看，君子与小人实在有点混淆不清，但若能留意一个人的存心正邪，则善恶就像黑白一样的分明。因此说："君子所以异于小人者，以其存心也。"君子所存之心，只是爱人敬人之心。

人虽有亲疏贵贱，智愚贤不肖之分，但万品同体都是同胞，人人应该互相敬重。敬爱众人也等于敬爱圣贤，能了解众人的立场，即合圣贤之道，因为"圣人无常心，以百姓之心为心"。人人若能敬业乐群，安分守己，敬重别人，珍重自己，即是代天行道，敬爱存心。

何谓成人之美？

一般来说，社会上持善之人较少，迷糊之人较多，而一般人又有袒护自己，排挤异群的劣根性，因此善人处于俗世，除非他能刚正不阿，否则也很难立足。加以有意行善之贤达人士，言行都与世俗不同，心直口快，不善心机，不善于粉饰自己以博取虚荣，因此见识不高的俗人,就常给他们不公道的指责,而达不到为善的目的。因此说:仁人志士,长辈君子,应时加匡正辅助,以弘扬此等善士,这种成人之美的功德可不小。

何谓劝人为善?

凡人都有良心,只因人生旅途纷扰动荡,为名为利而使人沉沦堕落,因此与人相处,须时时提醒指点他人,以解开迷惑。韩愈说:“一时劝人以口,百世劝人以书。”为人若能临机应变,因材施教,做到不失人不失言,则就像解人烦恼,醒人噩梦一样,是最好也是最实惠的事。

何谓救人危急呢?

人生在世,难免都会有失败与不幸的遭遇,当碰到别人遭到祸害之时,应当像自己碰到灾难一样,尽力给予协助,譬如拿话安慰或发泄他的冤屈,或给予其他方式的接济都可以。古人说:“恩惠不在大,能救人紧急为贵。”这才是有仁义的人的话呀!

何谓兴建大利?

就是协助建设公共设施,譬如开渠导水,修筑堤防,修建桥梁,或施茶施饭,救济贫困等,有钱出钱,有力出力,随缘劝导,勿辞劳怨。

何谓舍财作福?

佛门万种行持,以布施为第一。施就是舍,贤明的人内舍六根,外舍六尘,一切所有都可施舍而不挂意。一般人当然做不到此种境界,那么可先从施财做起。世人把钱财看得比生死更重要,因此人若能看破人生,从最困难的施财做起,以利众生,广积阴德,则内能祛除自私吝啬的劣根性,外能济人之急难,将大有助于修善行持。虽然初期会感到勉强,但慢慢地就会感到心安理得。

何谓护持正道?

正道是万世生灵的指标,没有正道,则天地万物将难以化育成长,难以脱离凡尘三界,难以维护苍生,救度众生。因此,凡是见到圣贤庙宇,或经书典籍,皆应敬重并加爱护整理,至于弘扬正道,以报佛恩,更要认真去做。

何谓敬重尊长?

就是尊重父母兄姊,长官上辈。凡是年岁、道德、职位、见识高的人都要敬重。在家侍奉父母应柔声下气,毕恭毕敬。出门服务社会国家,也不可因为天高皇帝远而放肆乱来。对犯人办案时,不可作威作福,应心平气和地处理,这些都是最关系阴德的,试看忠义之家,子孙没有不绵延昌盛的,所以一定要谨慎才是。

何谓爱惜物命?

古人曾说:“悯鼠常留饭,怜蛾不点灯。”当然一般人很难做到此种境界,这只是提醒我们,必须维护人所具有的恻隐之心;孟子说:“君子远庖厨。”也是为了养成人人皆有恻隐之心。因为人生在世,求仁者尽在此心,积德者也凭此心,因此说:为人若不能断肉持斋,也应当做到“自养者不食,见杀者不食,闻杀者不食,专为我而杀者不食”的四不食之修养,以培养慈悲心肠,增长福分智慧。

再说,古人煮茧以求丝织衣,今人种田除虫以养人,衣食之源,样样杀彼自活,因此为人一生,若不知爱惜物命,反而暴殄天物,就跟造了杀生罪孽的过失一样。至于手所误伤,足所误践者,更是常见,都应当随时防患,尽量避免。古诗说:“爱鼠常留饭,怜蛾不点灯。”真够仁爱的了!

总之,积善之方太多太多,难以一一列举畅述,但只要能依此十项方法推广修持,则万种功德都能完成的。

# 谦德之效

**【原文】**

《易》曰："天道亏盈而益谦，地道变盈而流谦，鬼神害盈而福谦，人道恶盈而好谦。"是故谦之一卦，六爻皆吉。《书》曰："满招损，谦受益。"

予屡同诸公应试，每见寒士将达，必有一段谦光可掬。

辛未（公元 1571 年）计偕，我嘉善同袍凡十人，惟丁敬宇宾，年最少，极其谦虚。

予告费锦坡曰："此兄今年必第。"

费曰："何以见之？"

予曰："惟谦受福。兄看十人中，有恂恂款款，不敢先人，如敬宇者乎？有恭敬顺承，小心谦畏，如敬宇者乎？有受侮不答，闻谤不辩，如敬宇者乎？人能如此，即天地鬼神，犹将佑之，岂有不发者？"及开榜，丁果中式。

丁丑（公元 1577 年）在京，与冯开之同处，见其虚己敛容，大变其幼年之习。李霁岩直谅益友，时面攻其非，但见其平怀顺受，未尝有一言相报。予告之曰："福有福始，祸有祸先。此心果谦，天必相之。兄今年决第矣。"已而果然。赵裕峰，字光远，山东冠县人，童年举于乡，久不第。其父为嘉善三尹，随之任。慕钱明吾，而执文见之。明吾悉抹其文，赵不惟不怒，且心服而速改焉。明年，遂登第。壬辰岁（公元 1592 年），予入觐，晤夏建所，见其人气虚意下，谦光逼人。归而告友人曰："凡天将发斯人也，未发其福，先发其慧。此慧一发，则浮者自实，肆者自敛。建所温良若此，天启之矣。"及开榜，果中式。

江阴张畏岩，积学工文，有声艺林。甲午（公元 1594 年），南京乡试，寓一寺中，揭晓无名，大骂试官，以为眯目。时有一道者，在傍微笑，张遽移怒道者。

道者曰："相公文必不佳。"

张益怒曰："汝不见我文，乌知不佳？"

道者曰："闻作文，贵心气和平，今听公骂詈，不平甚矣，文安得工？"张不觉屈服，因就而请教焉。

道者曰："中全要命；命不该中，文虽工，无益也。须自己做个转变。"

张曰："既是命，如何转变？"

道者曰："造命者天，立命者我。力行善事，广积阴德，何福不可求哉？"

张曰："我贫士，何能为？"

道者曰："善事阴功，皆由心造。常存此心，功德无量。且如谦虚一节，并不费钱，你如何不自反而骂试官乎？"

张由此折节自持，善日加修，德日加厚。丁酉（公元 1597 年），梦至一高房，得试录一册，中多缺行。问旁人。

曰："此今科试录。"

问："何多缺名？"

曰："科第阴间三年一考较，须积德无咎者，方有名。如前所缺，皆系旧该中式，因新有薄行而去之者也。”

后指一行云：“汝三年来，持身颇慎，或当补此，幸自爱。”是科果中一百五名。

由此观之，举头三尺，决有神明；趋吉避凶，断然由我。须使我存心制行，毫不得罪于天地鬼神，而虚心屈己，使天地鬼神，时时怜我，方有受福之基。

彼气盈者，必非远器，纵发亦无受用。稍有识见之士，必不忍自狭其量，而自拒其福也。况谦则受教有地，而取善无穷，尤修业者所必不可少者也。

古语云：“有志于功名者，必得功名；有志于富贵者，必得富贵。”人之有志，如树之有根。立定此志，须念念谦虚，尘尘方便，自然感动天地，而造福由我。今之求登科第者，初未尝有真志，不过一时意兴耳。兴到则求，兴阑则止。

孟子曰：“王之好乐甚，齐其庶几乎？”

予于科名亦然。

**【译文】**

《易经》说：“上天对于骄傲自满的万事万物，总是亏损它，以帮助谦虚之事物。高处之山水，总要往下流，以添补低陷的地方。鬼神对于骄傲自满的人，总要折损他，而庇护谦虚之人。人心也一样，骄傲自满者，必为人所憎恨，唯有谦虚之人才受人敬重。”《易经》一书，只有谦卦之六条道理，全都是赞颂之词，难怪俗语常说：“谦受益，满招损。”

试看清寒之士，在发达成名之前，必都有一段谦容可掬之时光。

辛未年，有同乡十多人，上京赴考，其中以丁宾的年纪最小，但却也最谦虚。

我告诉朋友说：“这位老兄今年必考中。”

朋友问：“何以见得？”

我说：“唯有谦虚者必获福。看他们一班人之中，只有他信实厚重，没有轻浮的样子；只有他恭敬温顺，虚怀若谷，不跟人争面子；也只有他受侮辱而能忍耐，听到了毁谤而不辩解。人的修养到了此种地步，天地鬼神都将保佑他，哪有不发不中的道理。”到发榜时，果然我料中了。

还有浙江秀才冯开、山东冠县赵光远，以及夏建所等人，都于连考不中之后，大改初年骄傲自负的坏脾气，而变成谦谦君子，后来也都考中了。因为上天若拟赏赐其人，未发福之前，必先打开他的智慧；智慧一开，则虚华自实，淫威自敛，其福自至。

江阴有张畏严，其人博学多才，颇有盛名，甲午年参加考试，结果名落孙山，恼羞成怒，竟然大骂考官有眼无珠，当时有一道人在旁微笑，张君却又迁怒道人。

道人说：“必是你的文章不好吧！”

张盛怒说：“你又没见我的文章，怎知不好？”

道人说：“听人家说，写文章必须心平气和，现在看你破口大骂的样子，心极不平，气极不和，怎么可能写出工巧的文章呢？”张君不知不觉就屈服了，转而请教道人。

道人说：“考试也靠命运，命不该中，花再多的时间也无用处，必须先改变自己。”

张问：“既然是命，如何能改变？”

道人说：“造命在天，立命在人，立而后道生，力行善事，广积阴德，则任何福都可求到。”

张问：“我是贫穷之人，如何行善积德？”

道人说：“善事阴德，都由心造。常存善心待人接物，则功德无量，譬如谦虚的修养风度，并不用花钱，你为何不反省，责备自己程度不够，而只责怪考官呢？”

张君从此猛然醒悟，即刻日日行善，时时积德，到了丁酉年，有一次梦见自己走进一栋高楼里，捡到了一本开榜的名录，但榜上却有许多擦掉的空格，他好奇地问身边的人说："这是什么名册？"

旁人答："是今科录取之名册啊！"

又问："为何又刷掉了这么多人呢？"

旁人答："阴间每三年就校正一次，须积德与无恶之人才能榜上留名，空白处被擦掉之人，都是本来榜上有名的，因为刚做了缺德的恶行，而被刷掉的。"

又说："你三年来谨慎修身，可能会补得此缺，应该自爱。"此年张君果然考取了一百零五名。

由此看来，俗语说"为人莫做亏心事，举头三尺有神明"是有原因的。人生在世，吉凶祸福，如何趋避，确是系于一念；人若能守一念之善，丝毫不得罪天地鬼神，谦虚地抑制自己，则天地鬼神必能时时照顾维护，以荫人福祉。

人若自骄自满，恃才傲物，恃强逞能，不但没有光明的前途，也成不了大器；就是有小小的福气，也享受不了的。因此有智慧的人，明理的人，绝对不会自毁前程，自拒其福才对。何况只有谦虚之人，才能容纳别人的教导，也才有人愿意给他福惠，而受益无穷，这是一般人讲究修持所不可少的。

古人说："有志于功名者，必得功名；有志于富贵者，必得富贵。"人能立志，像树立根，立定志向须念念不忘谦虚，处处与人方便，自然就能感动天地。因为造化唯心，成败在己。

孟子也说过："人若能扩充自己的德行，将各人所求功名富贵的希望，推及于众人，与人共享，与人同乐，则人生自必无忧无虑，和平安祥。"

因此说：凡人修身立命，必须有恒，立定志向，广积阴德，加被十方，则命运也就拘束不了人。

# 袁了凡居士传

（清·彭绍升撰）

【原文】

袁了凡先生，名黄，字坤仪，江南吴江人。了凡之先祖，赘嘉善殳氏，遂补嘉善县学生。隆庆四年，举于乡。万历十四年，成进士，授宝坻县。后七年擢兵部职方司主事。会朝鲜被倭难，来乞师；经略（官名，掌一路兵民之事，权任甚重，在总督之上。）宋应昌奏了凡军前赞画（犹今之参谋也。）兼督朝鲜兵。提督（旧官制官名。清代于重要省份设提督，统辖全省水陆各军，为武职最高之官。）李如松以封贡给倭，倭信之，不设备；如松遂袭破倭于平壤。（平壤，朝鲜安南道首邑，面江背山，形势险要。）了凡面折如松，不应行诡道，亏损国体；而如松麾下又杀平民为首功，了凡争之强。如松怒，独引兵而东。倭袭了凡，了凡击却之，而如松军果败。思脱罪，更以十罪劾了凡。而了凡旋以拾遗被议，（被忌者诬陷也。）罢职归。居常善行益切，年七十四终。熹宗（天启庙号。）朝，追叙征倭功，赠尚宝司少卿。

了凡自为诸生，好学问，通一古今之务，象纬律算兵政河渠之说，靡不晓练。（先生博学尚奇，凡河洛理数，律吕，水利，兵备，旁及勾股，堪舆，星命之学，无不精密研求，富有心得，有两行斋集历法新书皇都水利评注八代文宗群书备考手批纲鉴行世。）其在宝坻，孜孜求利民。县被潦，了凡乃浚三岔河，筑堤以御之。（宝坻属于直隶之京兆，南临渤海，西近白河，为北方易受水患之地。）又令民居海岸植柳，海水狭沙上，遇柳而淤，久之成堤。治沟塍，（界水之田塍也。）课耕种，旷土日辟。省诸摇役（省摇役，不使民从事义务工作也。）以便民。

家不富而好施。居常诵持经咒，习禅观，日有课程。公私遽冗，未尝暂辍。著戒子文四篇行于世。

夫人贤，常助之施，亦自记功行。不能书，以鹅翎茎渍朱逐日标历本。或见了凡立功少，辄颦蹙。尝为子制冬袄，将买花絮。了凡曰："丝绵轻暖，家中自有，何必买絮！"夫人曰："丝贵花贱，我欲以贵易贱，多制絮衣，以衣冻者耳。"了凡喜曰："若如是，不患此子无禄矣！"

子俨，后亦成进士，终高要知县。

【译文】

袁了凡先生，本名袁黄，字坤仪；江苏省吴江县人。年轻时入赘到浙江省嘉善县姓殳的人家；因此，在嘉善县得了公费做县里的公读生。他于明穆宗隆庆四年(1570)，在乡里中了举人；明神宗万历十四年(1586)考上进士，奉命到河北省宝坻县做县长。过了七年升拔为兵部职方司的主管人，任中刚好碰到日寇侵犯朝鲜，朝鲜向中国求救兵。当时的经略（驻朝鲜军事长官）宋应昌奏准请了凡为军前赞画（参谋长）的职务，并兼督导支援朝鲜的军队。提督李如松掌握兵权，假装赐给高官厚禄与日寇谈和，日寇信以为真，没有设防；李如松发动突击，攻破形势险要的平壤，因而打败了日寇。了凡先生因为这件事当面指责李如松，不应用诡诈的手段对付日寇，这样有损大明朝的国威；而且李如松手下的士兵随便杀害百姓，并以头来记功。了凡向李如松据理力争，李如松发怒；不但不接受劝诫，反而独自带着军队东走，使得了凡所率领的军队孤立无援。日寇因而乘机攻击了凡的军队，幸赖了凡机智应对，将日寇击退。而李如松的军队，最后终于被日寇击败了；他想要脱却自己的罪状，反而以十项罪名弹劾袁了凡；了凡很快被审判，终于在拾遗(谏官)的仕内，被迫停职返乡。在家里，了凡非常恳切，认真地行善直到去世，过世时享年七十四岁。明熹宗天启年间，了凡的冤案终于真相大白，朝廷追叙了凡征讨日寇的功绩，赠封他为尚宝司少卿的官衔。

了凡先生从当学生时，就非常喜欢研究学问，书不论古今，事不分轻重，他都认真研究，并且非常通达。例如：星象，法律，水利，理数，兵备，政治，风水等。了凡先生在宝坻县当县长时，非常注重人民的福利，常常想做些有利地方的事情；宝坻县当时常有水灾泛滥，了凡先生于是积极兴办水利，将三汊河疏通，筑堤防以抵挡水患侵袭；并且教导百姓沿着海岸种植柳树，每当海水泛滥，挟带沙土冲上岸时，遇到柳树就阻挡下来，久而久之变成一道堤防。于是了凡先生又督导百姓在堤防上建造沟渠，并鼓励百姓耕种。因此，荒废的土地渐渐被开垦，了凡先生又免除百姓种种杂役以便民，使得百姓安居乐业。

了凡先生家里并不富有，可是却非常喜欢布施，家居生活俭朴，每天诵经持咒，参禅打坐，修习止观。不管公私事务再忙，早晚定课从不间断。在这当中，了凡先生写下四篇短文，当时命名为《戒子文》，用来训诫他的儿子，就是后来广行于世的《了凡四训》这本书。

了凡先生的夫人非常贤惠，经常帮助他行善布施，并且依照功过格记下所做的功德，因为她没有读过书，不会写字；因此用鹅毛管沾红墨水，每天在历书上做记号。有时了凡先生较忙，当天所做功德较少，她就皱眉头，希望先生能多做些善事。有一次，她为儿子裁制冬天的大袍子，想买棉絮做内里。了凡先生问："家里有丝绵又轻又暖和，为什么还买棉絮呢？"了凡夫人答："丝绵较贵，棉絮便宜，我想将家里的丝绵拿去换棉絮，这样可以多裁几件棉袄，赠送给贫寒的人家过冬！"了凡先生听了非常高兴说："你这样虔诚的布施，不怕我们孩子没有福报了！"

他们的儿子袁俨，后来中了进士，最后以广东省高要县的县长退休。

# 庭训格言

〔清〕康熙皇帝 述

# 《庭训格言》导读

《庭训格言》一卷，由清代康熙皇帝述，雍正皇帝整理汇编。康熙(1654—1722年)，姓爱新觉罗，名玄烨。顺治皇帝的第三子。九岁即位，十四岁亲政。十六岁时，智擒辅命大臣鳌拜，自此，“天下大小事务”皆“一人亲理”。曾平定“三藩”之乱；1683年派兵统一台湾；两次雅克萨之战，给侵略中国黑龙江流域的沙皇俄国殖民者以沉重的打击；三次亲征图谋分裂祖国、不断发动叛乱的准噶尔贵族噶尔丹；坚决反对罗马教皇干涉中国内政的行径；为维护中国的主权和统一，做出了丰功伟绩；为了振兴社会经济，不顾守旧派的反对，采取了诸如废除“圈地令”、实行更名田、奖励垦荒、调整工商业政策等一系列革新措施，从而使清朝前期封建经济迅速恢复并有较大发展；注重传统文化，曾组织人力注释儒家经典，编辑了《古今图书集成》、《康熙字典》等。同时，虚心学习西方科学技术文化，曾聘用外国传教士并向他们学习天文学、数学、医学、地理学、哲学、音乐、绘画等。在位六十一年之久。终其一生，他既是中国封建社会大有作为的最高统治者，又是有清一代和中国历史上有杰出贡献的政治家、军事家和学者。

康熙对于家教问题也非常重视，所实行的办法也比较成功。从他之后即位的雍正、乾隆、嘉庆等有作为的皇帝身上，可以看到其家教思想和办法的影响。因此赵翼称颂说：“本朝家法之严，即皇子读书一事，已迥绝千古。”

康熙在世时曾有圣谕十六条，雍正后于每条之下加以演绎和注释，汇编成《圣谕广训》。除此之外，雍正即位之后，又将康熙帝平时在宫中对皇子们的教诲之语汇编成《庭训格言》凡246则。今特将其做一简单介绍，以飨读者。

# 庭训格言目录

## 居安要思危

【原文】

一

训曰:凡人于无事之时,常如有事而防范其未然,则自然事不生;若有事之时,却如无事,以定其虑,则其事亦自然消灭矣。古人云:“心欲小而胆欲大。”遇事当如此处也。

二

训曰:曩者三孽作乱,朕料理军务,日昃不遑,持心坚定,而外则示以暇豫,每日出游景山骑射。彼时,满洲兵俱已出征,余者尽系老弱。遂有不法之人投帖于景山路旁,云:“今三孽及察哈尔叛乱,诸路征讨,当此危殆之时,何心每日出游景山?”如此造言生事,朕置若罔闻。不久,三孽及察哈尔俱已剿灭。当时,朕若稍有疑惧之意,则人心摇动,或致意外,未可知也。此皆上天垂眕、祖宗神明加护,令朕能坚心筹画,成此大功,国已至甚危而获复安也。自古帝王如朕自幼阅历艰难者甚少。今海内承平,迴思前者,数年之间如何阅历,转觉悚然可惧矣!古人云:“居安思危。”正此之谓也。

【译文】

一

当人们没有事做的时候,应经常保持一种有事在身的状态,时刻注意提防任何可能发生的事情,这样,就不会有任何意外之事发生。如果人们在有事的时候,能够像没事时那样泰然处事,使种种忧虑平静下来,那么,已经发生的事情也会自然消失。古人曾说:“无论办任何事情,越谨慎小心越好,在行事风格上则又要勇敢大胆,雷厉风行。”我认为,遇到事情都应该如此对待。

二

从前,吴三桂等人发动“三藩”叛乱,我办理军国事务,从早到晚,没有闲空,但我保持着内心的镇定。表面上给人以悠然自得的样子,每天都到景山骑马、射箭。那时,我们满洲八旗兵都离开京城奔赴前线,留下来的都是一些老弱病残者。在这种情况下,便有一些不法分子在景山的路旁扔下一些书帖,上面写道:“现今正有‘三藩’和察哈尔布尔尼的叛乱,各路大军忙于征讨,在此危急之时,为何还有心思到景山去游玩呢?”对这种造谣生事的现象,我装作没有看见、也没有听见似的。不久,“三藩”之乱和察哈尔叛乱都先后剿灭。当时,倘若我稍稍表现出惊疑、害怕的意思,那么人心就会动摇,或许会发生一些难以预料的事。这都是上天保佑,祖宗神明加意保护,使我能够坚定信心,认真谋划,终于完成此等功业,使面临危亡的国家重获安稳。从古至今的皇帝,像我这样从小就经历了不少艰难的,真是不多啊!而今,四海之内又是太平盛世,但回想起往事,在几年的时间里我所经历的种种困难,反而有些担惊后怕。古人说:“居安思危。”讲的就是这个道理。

## 自任其过

**【原文】**

训曰：凡人孰能无过？但人有过，多不自任为过。朕则不然。于闲言中偶有遗忘而误怪他人者，必自任其过，而曰："此朕之误也。"惟其如此，使令人等竟至为所感动而自觉不安者有之。大凡能自任过者，大人居多也。

**【译文】**

作为人，有谁能不犯错误？只是人们有了过错，犯了错误，大多是自己不承认自己所犯的错误。我却不是这样。平常和人闲谈偶有因为自己遗忘而错怪他人的事情发生，事情过后，我一定会主动认错，并说："这是我的责任啊！"正因为这样，竟至于使别人被我的行动大为感动并觉得不安起来，这种情况确实有过。大抵能够自己认错并能主动承担责任的人，多为品德高尚的人。

## 谨慎从事

**【原文】**

### 一

训曰：凡人持身处世，惟当以恕存心。见人有得意事，便当生欢喜心；见人有失意事，便当生怜悯心。此皆自己实受用处。若夫忌人之成，乐人之败，何与人事？徒自坏心术耳。古语云："见人之得，如己之得；见人之失，如己之失。"如是存心。天必眕之。

### 二

训曰：凡人于事务之来，无论大小，必审之又审，方无遗虑。故孔子云："不日如之何，如之何者，吾末如之何也已矣。"诚至言也！

### 三

训曰：凡天下事不可轻忽，虽至微至易者，皆当以慎重处之。慎重者，敬也。当无事时，敬以自持。而有事时，即敬之以应事物，必谨终如始，慎修思永，习而安焉，自无废事。盖敬以存心，则心体湛然。居中，即如主人在家，自能整饬家务，此古人所谓敬以直内也。《礼记》篇首以"毋不敬"冠之，圣人一言，至理备焉。

**【译文】**

### 一

一个人立身处世，应心存宽容。看见别人有喜悦的事情，就应该为他高兴；看见别人有失落的事情，就应该对他表示怜悯、同情。其实，这种心态对自己也很有好处。如果一个人只知道嫉妒别人的成功，对别人的失败幸灾乐祸，那怎么能和别人一起共事呢？只是坏了自己的心思罢了。古人说过："看到别人有所得，就如同自己有所得；看到别人有所失，就如同自己有所失。"存有这种心思的人，上天都会保佑他。

二

一个人对于即将发生的所有事情,无论是事大还是事小,必须要十分谨慎,仔细地审察和研究,这样,才不会留下后患。因而孔子说:“遇事不先问几个‘怎么办’、‘如何办’的人,我最后也要对他所办的事说‘该拿这件事怎么办啊!’”,这果真是至理名言啊!

三

对于世间发生的一切事情,都不能掉以轻心,即便是细小的事情,也应当持以慎重的态度。慎重,就是所谓的“敬”。在没有事的时候,用“敬”来约束自己的言行。在有事的时候,以“敬”心去应付一切。做任何一件事情,都一定要始终如一,谨慎小心,坚持谨慎持重的做事原则,并养成一种良好的习惯,就不会有什么过失、错误发生。所以说,一个人心中如果有了“敬”意,那他的身心就会处在一种厚重、澄清的状态之中。把“敬”放在心上,就如同主人在家,自然能够整理好家务,这就是古人所说的“敬”能够使一个人的内心变得正直的含义。《礼记》一开篇就以“毋不敬”开头,圣人的这一句话,的确是至理名言。

## 得人心者得天下

【原文】

一

训曰:仁者无不爱。凡爱人爱物,皆爱也。故其所感甚深,所及甚广。在上则人咸戴焉;在下则人咸亲焉。己逸,则必念人之劳;己安,而必思人之苦。万物一体,痌瘝切身,斯为德之盛、仁之至。

二

训曰:尔等见朕时常所使新满洲数百,勿易视之也。昔者太祖、太宗之时,得东省一二人,即如珍宝爱惜眷养。朕自登极以来,新满洲等各带其佐领或合族来归顺者,太皇太后闻之,向朕曰:“此虽尔祖上所遗之福,亦由尔怀柔远人,教化普遍,方能令此辈倾心归顺也。岂可易视之?”圣祖母因喜极,降是旨也。

【译文】

一

君子没有他不关爱的。爱人、爱物,都是从内心发出的爱。因此他的感受非常深,他所关爱的对象也非常广。所以当他身居高位的时候,人们都爱戴他;在下,则人们都亲近他。当他自己安闲的时候,一定会想到其他人的辛劳;当他自己安适时,也一定会虑及他人的劳苦。他对天下万物都一视同仁,一切的苦和病,他都感同身受,这就是道德的最高修养,仁爱的最深境界了。

二

你们看见我经常派往新满洲的使者有数百人之多,可千万不要小看了这件事。过去,太祖、太宗在位的时候，能得到东三省来归顺的一两个人，往往视为珍宝，倍加关爱，并给以特别的照顾。自我即位以来，新满洲等地方的首领们纷纷带着他们的佐领官，或者是全族百姓前来归顺我们清朝。太皇太后听说这件事后，对我说："这虽是你的祖上留下来的福分，但也是由于你安抚边远之人，使德教风化遍及全国，才使这些人诚心诚意前来归顺啊。怎么能够小看这件事呢？"圣祖母因为太兴奋了，所以特意下达了这一圣旨。

## 治心先在克己

**【原文】**

同治元年五月己亥，谕内阁：前任太常寺少卿李棠阶奏条陈时务一折。据称：用人行政，先在治心；治心之要，先在克己。请于师傅匡弼之余，豫杜左右近习之渐。并于暇时讲解《御批通鉴辑览》及《大学衍义》等书，以收格物意诚之效。

**【译文】**

顺治元年(1644 年)五月己亥，谕告内阁：前任太常寺少卿李棠阶所奏有关当代时事的看法的条陈折文。据他所说：用人之事，首先要治其心；而治心的关键，则首先约束自己。希望在师傅辅佐、指导之外，预先杜绝左右亲幸之人的坏影响，并在闲暇之时，讲解《御批通鉴辑览》和《大学衍义》等书，通过这种方法。以求达到使自己能推究事物的原理、端正思想的目的。

## 修身立德必阅之书

**【原文】**

### 一

训曰：《书经》者，虞、夏、商、周治天下之大法也。《书》传序云："二帝三王之治本于道，二帝三王之道本于心，得其心则道与治固可得而言矣。"盖道心为人心之主，而心法为治法之原。精一执中者，尧、舜、禹相授之心法也。建中建极者，商汤、周武相传之心法也。德也仁也，敬也诚也，言虽殊而理则一，所以明此心之微妙也，帝王之家所必当讲读，故朕训汝曹皆令习读。

然《书》虽以道政事，而上而天道，下而地理，中而人事，无不备于其间，实所谓贯三才而亘万古者也。言乎天道，《虞书》书治，历明时可验也；言乎地理，《禹贡》之山川，田赋可考也；言乎君道，则典谟训诰之微言可详也；言乎臣道，则都俞吁穑告诫敷陈之忠诚可见也；言乎理数，则箕子《洪范》之九畴可叙也；言乎修德立功，则六府三事、礼乐兵农，历历可举也。然则帝王之家固必当讲读，即仕宦人家有志于事君治民之责者，亦必当讲读。孟子曰："欲为君尽君道，欲为臣尽臣道，二者皆法尧舜而已矣。"在大贤希圣之心，言必称尧舜。联则兢业自勉，惟思体诸身心，措诸政治；勿负乎天畛下民作君作师之意已耳。

### 二

训曰：凡人养生之道，无过于圣贤所留之经书。惟朕惟训汝等熟习五经四书性理，诚以其中凡存心养性立命之道，无以不具故也。看此等书，不胜于习各种杂学乎？

三

训曰：诗之为教也，所从来远矣。昔在虞廷，命夔为典乐之官，以教胄子曰："诗言志。"盖人性情之发，不能无所寄托，而诗则触于境宣于言者也。自夫子删定而后，三百篇之旨粲然可睹。采之里巷者为"风"，陈之朝廷者为"雅"，荐之郊庙者为"颂"。观其美刺而善恶之鉴昭矣；观其正变而隆替之治判矣；观其升歌下管，间歌合东之所咏叹，而祖功宗德之实著矣。千载而下，因言识心，故曰：可兴、可观、可群、可怨也。夫子雅言之教，称引诵说，惟诗最多。如《大学》、《中庸》、《孝经》，篇末必引诗以咏叹之，亦以见古人之斯须不离乎诗也。思夫伯鱼过庭之训、"小子何莫学夫诗"之教，则凡有志于学者，岂可不以学诗为要乎？

四

训曰：《易》为四圣之书。其立象、设卦、系辞，广大悉备。言其理，则无所不该；言其用，则自共伏羲、神农、黄帝、尧、舜王天下之道，咸取诸此。然而深探作《易》之旨，大抵不外阴阳而配诸人事，则有吉凶悔吝之别。运数所由盛衰；风俗所由治乱；君子小人所由进退消长，鲜不于奇偶二画屈伸变易之间见之。朕惟经学为治法之要，而诗书之文、礼乐之具、春秋之行事，罔不于《易》会通。故朕研求《易》理，玩索精蕴。前命儒臣参考诸儒注疏传义，撰为《日讲易经解义》。又命大学士李光地纂修《周易折中》。乙夜披览，一字一画，斟酌无忽。诚以《易》之为书，有观民设教之方，有通德类情之用。恐惧修省以治身，思患豫防以维世，所以极天人、穷性命、开物、前民、通变、尽利者，其理莫详于《易》。故孔子尝曰："加我数年，五十以学《易》。"盖言凡为学者不可以不学，而学又不可易视之也。

【译文】

一

《书经》是虞舜和夏、商、周几代治理天下的方法经验。《书经》传序中说："尧、舜二帝和夏禹、商汤、周武王三王治理国家是依据'道'，二帝三王依据的'道'则来源于'心'，得到了这个'心'，那么不仅可以知道什么是道，如何根据道治理天下，而且还可以了解道和治的详细内容。"其实，道德观念是人心的主体，而心法是使国家达到强盛的根本。只有尧、舜、禹传授给后人的心法，才称得上精粹纯一，中正不阿，不偏不倚；只有商汤、周武传下来的心法，才称得上治国平天下的楷模。古人所讲的"德"、"仁"、"敬"、"诚"等，说法虽然不一样，但其中的道理却是一样的，都是用来阐明心的微妙之处的，因而，帝王之家一定要认真讲读，这就是我教导你们学习《书经》的缘故。

虽然如此，《书经》主张以"道"治理天下，但上至自然规律，下至天文地理，以及世间种种人事，没有不包含在"道"之中的，它实在是贯穿于天、地、人和古往今来的全部历史了。谈论"天道"与《虞书》上论"治"的关系，有明一代的历史可以作为见证；谈论地理，《禹贡》上山川地理的理论，可从今天的田赋问题中考查到；谈论为君之道，则可以从《尧典》、《大禹谟》、《伊训》、《汤诰》等篇章的精微之言中获得比较详细的知识；谈论为臣之道，则可以从书中君臣间的论政问答、气象雍睦之词和为臣者竭尽忠诚的进谏、陈述之文中比较清楚地了解到；谈论"理数"等道理，箕子所作的《洪范》中的《九畴》篇中有比较透彻的论述；谈论修养德行、建功立业之类的事，要从书中列举有关政府机构、职能分工等内容中获得。由此可见，不仅帝王家一定要讲论学习《书经》，即使是那些仕宦人家出身且有志于侍奉君主、为治理民众尽心尽力的人,也应当认真学习讲读《书经》这部经典。孟子说:"要想使做君王的尽君道,做臣子的尽臣道,二者只有效法尧舜这一种方法了。"像孟子这种道德高尚完备的人,他们所说的、想的,都离不开尧、舜。我则只有兢兢业业,勤奋自勉,把尧、舜的思想品德、理想抱负等实践于自己的身心,实行于今天的政治,不辜负上天让我们保佑下民、为君为师的好意。

二

大凡世间保养身心以求益寿延年的办法,没有什么能超过圣贤所留下的经史典籍。因此,我只有教导你们要熟读四书五经和谈论性命理气之学的典籍,这是因为在这些经典著作中,无论是存心养性之说,还是安身立命之道,都有包容。读这些书,不比读各种杂书更好吗?

三

诗的教育功能,已由来很久了。早在虞舜时期,就曾命夔做掌管音乐的官员,并教导帝王和贵族的后代:"诗可以表达人的志向。"这是因为,人的性情一经触动,不能没有寄托,而诗正是那种因外界环境所触发,不得不借助语言来表达思想感情以寄托的最好方式。自从孔子删定《诗经》之后,《诗》三百篇的意义就更加清楚明白地被后人看到。从民间采集到的诗歌叫做"风",进献给朝廷用于郊庙朝会的正乐叫"雅",用于祭祀天地、祖宗、神鬼时的颂词叫"颂"。观看《诗经》中弃恶扬善的内容,其鉴别善恶的作用就很明了了;观看《诗经》中反映治乱的诗篇,历朝历代兴衰更替的原因就能分辨了;观看那些祭祀、宴会登堂时所奏的升歌,举行大祭等仪式时在堂下吹奏的下管之乐,更迭而唱的歌曲和众乐同时合奏之曲,祖宗流传下来的德行功业就会实实在在地感受到。虽然自孔夫子以来,千百年过去了,但通过这些诗歌我们仍能了解到前人的思想情感,所以说,诗可以比兴,诗可以观风俗之盛衰,诗可以与人交流感情,诗可以宣泄心中的怨恨。孔夫子教诲后人的名言中,引用、述说《诗经》上的句子最多。如《大学》、《中庸》、《孝经》等典籍,篇末必定要引用《诗经》上的话以表达咏叹之意,由此可见古代的人是片刻也离不开《诗》的。想一想伯鱼趋庭而过时孔子的"小子,为什么不学习《诗》"的教导,就可以知道,凡是那些有志于学习知识的人,有谁不以学《诗》作为主要内容呢?

四

《易经》是伏羲、周文王、周公和孔子四位圣人所作的一部经典著作,其中的立象、设卦、系辞等部分,内容广博、丰富。要说其中的道理,可以说是无所不包;要说其中的功用,自伏羲、神农、黄帝到尧、舜等称王天下的道理都来自这本书。然而,探究作《易经》的目的,大抵不外乎:运用阴阳之说来对照人事,就会知道有吉凶、悔恨、羞辱等不同结果的区别。命运、气数或盛或衰,社会风俗或治或乱,君子小人地位或升或降或得或失,这种现象,很少不用阳卦、阴卦这两种横线的奇偶数的变化反映出来。我只把经学看做是治理国家的最主要的方法,至于读书的文采、辞藻,礼乐的器具、功用,历史的借鉴、效能,没有不在《易经》中会合变通的。所以,我研究学习探求《易经》的道理,体味思索它精微深奥的内容。先前,我曾命文官参考历代大儒对《易经》的注疏传义,撰写了《日讲易经解义》。又命大学士李光地纂修《周易折中》。夜间十时许,我自己仍在翻阅《易经》,对书上的一字一画都进行反复推敲，不敢有一点疏忽。的确是这样，《易经》这部书，既有了解民情、施设教化的方法，又有通晓德行使人们互相交融思想感情的效用。通过对恐惧、修身的反省来改造、约束个人，用忧患意识、超前意识来改造社会。所以，在穷极天人关系、探究事物的义理和人的本性、开拓对事情的认识、引导百姓通晓事物的变化规律、充分开发一切资源等方面，其中的道理没有比《易经》阐发得更详尽了。因此，孔子曾说过："让我多活几年，到五十岁时去学《易经》。"这大概就是说，凡是做学问的人不能不学习《易经》，而学习《易经》又不可掉以轻心。

## 待人须知

**【原文】**

一

训曰：吾人燕居之时，惟宜言古人善行善言。朕每对尔等多教以善，尔等回家，各告尔之妻子，尔之妻子亦莫不乐于听也。事之美，岂有逾此者乎！

二

训曰：为人上者，教子必自幼严饬之始善。看来，有一等王公之子，幼失父母，或人惟有一子而爱恤过甚，其家下仆人多方引诱，百计奉承。若如此娇养，长大成人，不至痴呆无知，即多任性狂恶，此非爱之，而反害之也。汝等各宜留心！

**【译文】**

一

我们退朝在家的时候，只适宜说古人的善行、善言。我每次都教诲你们要多行善事，你们回家后也要把我的话告诉你们的妻子、儿女，你们的妻子、儿女也没有一个人不乐于听从你们的劝导的。世间的好事，还有超过这件事的吗！

二

作为统治者，教育子女一定要从小加以严格教导、管束，这样才有好的结果。看来也有那么一些王公大臣的子女，他们有的是从小失去父母，或者是只有一个孩子，过度地爱护和怜惜，家里的仆人们又千方百计地引诱他们、奉承他们。像这样娇生惯养下去，长大成人后，即使不至于痴呆无知，也大多任性、骄横。这并不是爱他，反而是害了他。你们各自应当小心谨慎。

## 如何用酒

**【原文】**

一

训曰：朕自幼不喜饮酒，然能饮而不饮，平日膳后或遇年节筵宴之日，止小杯一杯。人有点酒不闻者，是天性不能饮也。如朕之能饮而不饮，始为诚不饮者。大抵嗜酒则心志为其所乱而昏昧，或至病疾，实非有益于人之物。故夏先后以旨酒为深戒也。

二

训曰：原夫酒之为用，所以祀神也，所以养老也，所以献宾也，所以合欢也。其用固不可少，然沉酣湎溺至不时不节，则不可。是故，先王因为酒礼，宾主交错，揖让升降，温温其恭，威仪反反，立监佐史，常以三爵为限，况敢多饮乎？此先王之所以戒酒失也。奈何今之人无故而饮，饮必醉而后已？富家子弟败家破产，身罹疾，皆由于此。而贫穷者才得几文，便沽饮尽醉，行凶遭祸，抑何比比。故《周书》以酒为《诰》，而曰："我民用大乱丧德，亦罔非酒惟行。"

【译文】

一

我从小不喜欢喝酒，不过，我是能喝酒而不喝酒的人，平时在饭后或遇到逢年过节举行筵宴的日子，我只喝一小杯。有的人一点酒也不喝，这是他天生不能饮酒。像我这样能喝酒而不喜欢喝酒，才称得上是真心的不好饮酒之人。一般来说，嗜好饮酒的人，他的思想、志向会被酒所迷乱，从而糊涂、愚昧，或者导致生病。酒这东西，实在是对身体没有一点好处啊！所以，古代夏朝的先君都将贪恋美酒作为最要紧的戒法来执行！

二

酒，原本是用它来祭祀，用它来行养老之礼，用它来进献宾客，用它来联欢改善人际关系等。它的用途固然不少，然而一味追求痛饮后的快乐，沉迷于酒，以至于既不合时又不按礼节乱饮一气，这显然是不可以的。所以，先王为此制定了种种关于酒的礼节，宾主交错之中，使宾主间的气氛柔和、恭敬；半酣时，能保持慎重、和善、庄严的容貌举止；还专门设立了监督、辅佐执行酒礼的有关官员，常常以饮三爵为限，哪里还敢多饮呢？这就是先王之所以选用这样的办法防止饮酒造成失误的原因。为什么现在的人无缘无故去狂饮，一饮酒又必定要醉倒才罢休？富贵人家的子弟之所以弄得家破财没，自身也遭受疾病灾难的不幸，就是因为他们饮酒无度。而且那些贫穷的人身上才有几文钱，就去买酒喝得酩酊大醉，造成行凶惹祸的人或事，到处都有。所以《周书》中专门以酒为题作了一篇《诰》，其中说："要使我的百姓道德沦丧，用酒来乱其品行才能达到目的。"

## 俭以成廉　侈以成贪

【原文】

一

训曰：民生本务在勤，勤则不匮。一夫不耕，或受之饥；一妇不蚕，或受之寒。是勤可以免饥寒也。至于人生衣食财禄，皆有定数。若俭约不贪，则可以养福，亦可以致寿。若夫为官者，俭则可以养廉。居官居乡只缘不俭，宅舍欲美，妻妾欲奉，仆隶欲多，交游欲广，不贪何以给之？与其寡廉，孰如寡欲？语云："俭以成廉，侈以成贪。"此乃理之必然矣！

二

训曰:老子曰:“知足者富。”又曰:“知足不辱,知止不殆,可以长久。”奈何世人衣不过被体,而衣千金之裘犹以为不足,不知鹑衣袍缊者,固自若也,食不过充肠,罗万钱之食犹以为不足,不知箪食瓢饮者,固自乐也。朕念及于此,恒自知足。虽贵为天子,而衣服不过适体;富有四海,而每日常膳除赏赐外,所用肴馔,从不兼味。此非朕勉强为之,实由天性使然。汝等见朕如此俭德,其共勉之。

三

训曰:尝闻明代宫闱之中,食御浩繁。掖庭宫人,几至数千。小有营建,动费巨万。今以我朝各宫计之,尚不及当日妃嫔一宫之数。我朝外廷军国之需与明代略相仿佛。至于宫闱中服用,则一年之用尚不及当日一月之多。盖深念民力惟艰,国储至重,祖宗相传家法,勤俭敦朴为风。古人有言:“以一人治天下,不以天下奉一人。”以此为训,不敢过也。

【译文】

一

百姓的生活,以勤为本,有了勤就什么也不会缺少。世间如果有一个人不从事农业生产,就会有一个人因此而挨饿;如果有一个农妇不从事养蚕,就会有一个人因此而挨冻。所以说,勤劳可以帮助人们免除饥寒。至于说人生一世所能享受的衣、食,所能得到的财富、禄位,都有一定的气数。如果能够勤俭节约,就可以因此颐养福气,也可以使自己延年益寿。如果是做官的人,节约则可以使他养成和保持廉洁的操守。或在位做官,或闲居在家,如果只注重廉洁而不懂得节俭,想要使宅院宽广漂亮,使妻妾尽心尽力侍奉自己,使仆役增多,使自己的交游广泛,那么,不贪污,又能从哪里得到一切呢?与其寡廉,不如少欲。古语云:“节俭能使人变得廉洁,奢侈能使人变得贪婪。”这是千真万确的道理。

二

老子说:“自我满足的人是富有的。”又说:“自知满足的人不会招来屈辱,懂得适可而止的人不会遇上什么危险,这种人可以永远平安。”为什么世间的人明知道穿衣服是为了遮盖身体,而有人却身着价值千金的裘皮衣服还感到不满足?他们不知道身穿旧衣破袄的人也有无拘无束的自如;同样,人们吃饭也只不过为了充实肠胃,而有的人一顿饭花一万钱仍感到不满足,他们哪里知道生活清苦饮食清淡的人也自有不可与外人述说的乐趣。我一想到这里,就经常感到知足了。我虽然贵为天子,但穿衣服也只求合身;我虽有天下的财富,但每天日常用餐,除了赏赐给他人外,留给自己吃的菜肴从来不超过两种以上。这并不是我要勉强这样做,实在是由于我的天性如此。你们看到我的德行如此崇尚节俭,就一定要共同努力,相互勉励自己这样做。

三

我听说明代后宫之中,吃的用的开销很大。后宫的妃嫔、宫女等,多达数千人。稍稍有个建造,动辄花费就是数万。现在,就拿我们清朝各宫计算,尚且还达不到当时明代皇宫中一宫的妃嫔的人数多。我朝的朝廷和军务国政所需经费和明代大致相仿。至于后宫的花费，我朝一年的费用还赶不上当时明朝一月的费用。这是因为，我们深知老百姓的财力艰难，国家的储备至关重要，而祖宗流传下来的家法，又是以勤俭、纯真、朴素为风气。古人有这样一句话："让一人治理天下，但不能让天下供奉一个人。"用这句话作为训言和座右铭，不敢违背啊！

## 广开言路

【原文】

一

训曰：人君以天下之耳目为耳目，以天下之心思为心思，何虑闻见之不广？舜惟好问好察，故能"明四目，达四聪"，所以称大智也。

二

训曰：世人秉性何等无之，有一等拗性人，人以为好者，彼以为不好：人以为是者，彼反以为非。此等人似乎忠直，如或用之，必然偾事。故古人云"好人之所恶，恶人之所好，是谓拂人之性，灾必逮夫身"者，此等人之谓也。

三

训曰：凡大人度量生成与小人之心志迥异。有等小人，满口恶言，讲论大人，或者背面毁谤，日后必遭罪谴。朕所见最多。可见，天道虽隐而其应实不爽也。

【译文】

一

身为皇帝，能以天下人的耳目为自己的耳目。以天下人的想法为自己的想法，还用担心自己所见所闻不广不博吗？舜正是由于喜好询问，喜好观察，才能够广开四方之视听，洞察社会的情况，所以，才被后人称之为有大智慧的人。

二

社会中什么样性格的人都有。有一种性格执拗、古怪的人，别人以为好的，他却认为不好；别人以为是对的，他却以为是错的。这种人看起来好像忠贞正直，假如用他办事，必然会失败。所以古人说："喜好别人所厌恶的，憎恨别人所喜欢的，这就叫做逆拂而为，定会引祸上身。"说的就是这类人。

三

高尚人的胸怀与卑贱小人的心志完全不同。有一种小人，满嘴讲的是恶毒的语言，对高尚的人常常说三道四，或者背后诽谤中伤，这种人日后必定会遭到报应、惩罚。这种事我见得多了。由此可见，天道虽然隐秘，但对善恶人的报应却是不会有差错的。

## 赏功罚罪

【原文】

一

训曰：为人上者，用人虽宜信，然亦不可遽信。在下者，常视上意所向而巧以投之。一有偏好，则下必投其所好以诱之。朕于诸艺无所不能，尔等曾见我偏好一艺乎？是以凡艺俱不能溺我。

二

训曰：《虞书》云："宥过无大"。孔子云："过而不改，是谓过矣。"凡人孰能无过，若过而能改，即自新迁善之机，故人以改过为贵。其实，能改过者，无论所犯事之大小，皆不当罪之也。

【译文】

一

作为众人之上的人君，用人则应该信任，但是也不能轻易全信，因为下边的人常常窥伺上层人的意向而虚情假意地投其所好。如果上层的人一旦有某种特殊爱好，那么下边的人就一定会投其所好并加以诱惑。我对于各种技艺游戏无所不能，你们可曾见到我偏爱过某一种技艺吗？所以，任何技艺游戏都不能使我沉迷其中。

二

《虞书》上说："饶恕、赦免别人的过错，不分大小。"孔子说："有了过失而不改正，这才叫做过。"凡人谁没犯过错呢？如果有了过失而能够改正，这就是从善的转机，所以，人们对改正错误十分重视。其实，能够改正过失的人，无论他们所犯错误、过失是大是小，都不该责难他。

## 乐以太和为本

【原文】

训曰：声音之道，以和为本，故《书》曰："八音克谐，无相夺伦，神人以和。"尝见近世之人事，儒学者空谈理数，拘守旧闻，而于声字之义，鄙而不讲；工师则专肄声音，熟谙字谱，而于音律之原，茫然无知。殊不知工尺等字，即宫商之省文也。"工"、"凡"、"六"、"五"、"乙"、"上"、"尺"七字，而五声二变亦七音。工尺七字有出调，而五声二变赤旋宫，旋宫别转调，而当二变者则出调。古圣立法，原自简易，而后之人反从难处探索奥理，却不知说愈繁而理愈晦。古之雅乐，惟用正五声而间以二变，谓之七音。今之南曲亦只用五字，而出调二字不用。北曲则杂以出调二字，名曰北调。然则古乐今曲，何尝不以正变之声而为宫调之准则耶？要之，乐以太和为本。是以古圣王惟得中声以定大乐，故与天地同和，荐之郊庙而神鬼享，奏之朝廷而人心风俗以淳也。

【译文】

声音的规律,以和为根基,所以《尚书》上说:“八音和谐,不要相互失去条理,天人也因此而和睦。”我曾经看见近代的人事,文人学士空谈道理和准则,拘泥于先前的传闻,对于声音文字的意义,鄙视而不讲究;乐师们则专门研习声音,熟悉字谱,而对于音律的缘由,茫然无所知。殊不知工尺等字,就是宫商的省文啊。“工”、“凡”、“六”、“五”、“乙”、“上”、“尺”七个字,而五音二变也合成七音。工尺七字有出调,而五音二变也有旋宫,旋宫就是转调,而当变徵、变宫时就出调。古代圣贤的立法,原来是很简单的,而后代的人反而从难处入手,去探索深奥的道理,不知道解说越繁琐而道理越晦涩。古代的雅乐,只用正五音而间杂以变徵、变宫,称作七音。现在的南曲也只用宫、商、角、徵、羽五字,而出调二字不用。北曲就杂以出调变徵、变宫二字,称作北调。既然如此,那么古今的乐曲,又何尝不是以正变之声来作为宫调的准则呢?总之,音乐以阴阳二气既矛盾又统一作为根本。所以古代圣明的君子只求得到和谐的音乐来确定大乐,因此他能和天地同和,把大乐献给郊庙使鬼神享受,拿到朝廷上演奏使人心风俗也得以匡正。

# 圣谕广训

〔清〕雍正皇帝 撰

# 《圣谕广训》导读

《圣谕广训》凡一卷，清代皇帝雍正撰。雍正(1678—1735年)，姓爱新觉罗，名胤禛。康熙帝玄烨第四子，生母是孝恭仁皇后乌雅氏(时为德嫔)。幼年曾受过比较严格的皇家家庭教育，曾随其父四处巡幸，或奉命出京办事，受到了一定的社会实践锻炼。在后来谋夺皇位斗争处于白热化的时刻，他纵观全局，心计颇深，终于在康熙死后登基。

他是一个奋发有为的君主。在位的十三年里，他励精图治，勇于革新，通过实行摊丁入亩、停止户口编审、耗羡归公和养廉银等制度，调整了生产关系，在一定程度上缓和了阶级矛盾。他致力于整饬吏治，打击贪官污吏，打击朋党，清除允禩、年羹尧、隆科多等集团的有威胁的分子，改革八旗旗务，削弱下五旗王公的势力，制造文字狱，实行文化专制主义等等，进而加强了皇权，并造成比较清明和稳定的政治局面与社会环境。他重视少数民族问题，致力于经营边疆。他在西南推行"改土归流"政策，取得了一定的进展；在平定青海厄鲁持罗卡藏丹津的叛乱后，即在那里实行郡县制和札萨克制；他还平定了西藏的噶伦阿尔布巴之乱，并首次设立驻藏大臣。这些行动对于巩固和发展统一的多民族国家，都产生了积极作用和影响。为了维护国家主权，他断然驱逐了西方传教士。综观其一生，虽然他镇压了贵州苗民起义，应当批判，但他仍然是历史上一位比较杰出的帝王。清代前期康雍乾盛世的出现，与他的努力和作为不无关系，其承上启下、继往开来的作用不可泯灭。在位十三年卒，谥宪，庙号世宗，年号雍正。

雍正对家教问题颇为重视。他即位之初，地位并不巩固，为了从思想观念上使皇亲国戚和全国民众都服从于他的专制统治，特将康熙在世时所制定的有关齐家治国的上谕十六条，加以演绎、注释、整理和归纳，并详尽阐发其要义，"旁征远引，往复周详，意取显明，语多直朴"，共得万言，名曰《圣谕广训》，颁行全国。不仅自己决心延继前朝风范，沿袭旧有体制以资统治，因而恪遵不渝，身体力行；而且要求皇族子弟带头执行，要求在全国政府官员、士庶黎民中广为宣传，使全国兵民人等"仰体圣祖正德厚生之至意"，"风俗醇厚，家室和平"。在当时，各府州县学官，按例于每月初一、十五日，择地聚集士庶，宣讲《圣谕广训》。因此，《圣谕广训》不仅是典型的帝王家训、庭训，而且也是"面向全国"的名副其实的"广训"。

不过，尽管《圣谕广训》比较别致，同前面所叙述的完全意义上的帝王家训、庭训不完全一样，有其"面向全国"的意味在里边；但是，就其制作目的而言，同前面完全一致。简言之，《圣谕广训》首先是皇家家训，是要求在位的皇帝及其皇嗣首先要贯彻执行的；就是"面向全国"的部分，同样是为巩固清王朝的专制统治服务的。因此，在这里，我们仍将比较别致的《圣谕广训》的全部内容分篇逐一介绍，以飨读者！

# 《圣谕广训》序

《书》曰:“每岁孟春,遒人以木铎徇于路。”《记》曰:“司徒修六礼以节民性,明七教以兴民德。”此皆以敦本崇实之道,为牖民觉世之模。法莫良焉,意莫厚焉。我圣祖仁皇帝久道化成,德洋恩普,仁育万物,义正万民。六十年来宵衣旰食,只期薄海内外,兴仁讲让,革薄从忠,共成亲逊之风,永享升平之治。故特颁上谕十六条,晓谕八旗及直省兵民人等,自纲常名教之际,以至于耕桑作息之间,本末精粗,公私巨细,凡民情之所习,皆睿虑之所周,视尔遍氓诚如赤子。圣有谟训明证,定保万世,守之莫能易也。

朕缵承大统,临御兆人,以圣祖之心为心,以圣祖之政为政。夙夜黾勉,率由旧章。惟恐小民遵信奉行,久而或怠,用申诰诫,以示提撕。谨将上谕十六条寻绎其义,推衍其文,共得万言,名曰《圣谕广训》。旁征远引,往复周详,意取显明,语多直朴。无非奉先志以启后人,使群黎百姓家喻而户晓也。愿尔兵民等仰体圣祖正德厚生之至意,勿视为条教号令之虚文,共勉为谨身节用之。庶人尽除夫浮薄嚣凌之陋习,则风俗淳厚,家室和平。在朝廷德化,乐观其成。尔后嗣子孙,并受其福。积善之家,必有余庆。其理岂或爽哉!

# 圣谕广训目录

## 一、敦孝悌以重人伦

【原文】

我圣祖仁皇帝临御六十一年，法祖尊亲，孝思不匮，钦定《孝经衍义》一书，衍释经文，义理详贯，无非孝治天下之意。故圣谕十六条，首以孝悌弟开其端。

朕丕承鸿业，追维往训、推广立教之思，先申孝弟之义，用是与尔兵民人等宣示之。夫孝者，天之经、地之义、民之行也。人不知孝父母，独不思父母爱子之心乎！方其未离怀抱，饥不能自哺，寒不能自衣，为父母者则跬步不离，疾痛则寝食俱废，以养以教，至于成人。复为授家室，谋生理，百计经营，心力俱瘁。父母之德，实同昊天罔极。人子欲报亲恩于万一，自当内尽其心，外竭其力，谨身节用，以勤服劳，以隆孝养。毋博奕饮酒，毋好勇斗殴，毋好货财私妻子。纵使仪文未备，而诚悫有余，推而广之，如曾子所谓居处不庄非孝，事君不忠非孝，莅官不敬非孝，朋友不信非孝，战阵无勇非孝，皆孝子分内之事也。

至若父有冢子，称曰家。督弟有伯兄，尊曰家长。凡日用出入，事无大小，众子弟皆当咨禀焉。饮食必让，语言必顺，步趋必徐行，坐立必居下，凡以明弟道也。夫十年以长，则兄事之；五年以长，则肩随之；况同昊之人乎？

故不孝与不悌相因，事亲与事长并重。能为孝子然后能悌弟，能为孝子悌弟然后在田野为循良之民，在行间为忠勇之士。尔兵民亦知为子当孝，为弟当悌，所患习焉不察，致自离于人伦之外。若能痛自愧悔，出于心之至诚，竭其力之当尽，由一念孝弟积而至于念念皆然，勿尚虚文，勿略细行，勿沽名而市誉，勿勤始而怠终，孝悌之道庶克敦矣。夫不孝不悌，国有常刑。然显然之迹，刑所能防；隐然之地，法所难及。设罔知愧悔，自陷匪僻，朕心深为不忍。故叮咛告诫，庶尔兵民咸体朕意，感发兴起，各尽子弟之职。

於戏！圣人之德，本于人伦；尧舜之道，不外孝悌。孟子曰："人人亲其亲，长其长，而天下平。"尔兵民其毋视为具文焉！

【译文】

我的父皇掌政六十一年，法令循自前代并且尊亲敬长，恭孝的观念一点也不缺乏。曾经亲自主持制定《孝经衍义》一书，阐发经典之文，义理详会贯通，无非是要表明以孝道治天下的意思。所以，他所颁布的圣谕十六条，首先即是以儿子孝敬父母、弟弟敬重兄长之义作为开头。

我继承先帝大业，追忆他以往对我的教导，首先重申孝顺父母、敬爱兄长的道理，借以让天下臣民进行发扬。孝的问题，是天下万事万物头等紧要的问题。一个人不知道孝顺父母，难道他不想想父母对他是如何百般爱护的吗？当他还在父母怀抱的时候，饿了不能自己找到吃的，冷了不能自己找到穿的，父母则半步不离其身，他有了病痛，父母连睡觉饮食都会顾不及，殷勤抚养教导，使之长大成人。紧接着，又要为他主持成家，谋划生活的路子，真是千方百计，苦心操持，耗尽了全部心血和精力。父母对儿女的恩德，好比那浩瀚的天空一样无边无际。一个人如想要报答父母双亲的恩情于万一，那么他就应该内外尽心竭力，谨身节用，勤苦耐劳，以高度发扬其孝顺的精神。不要好玩贪杯，不要逞强好斗，不要贪图钱财偏爱妻子儿女。即使言行有不周到完备的地方，也应该做到诚恳仁爱有余，以此推广普及。正如孔子的学生曾参所说的，居家言行不庄重则不孝，为皇帝办事不忠心则不孝，做官不检点自己的品行则不孝，对朋友不讲信义则不孝，在战场上贪生怕死则不孝，这些都是作为一个孝子本身应该做到的事情。

至于如果父亲有长子，称之为家。督教弟弟有兄长，尊称为一家之长。凡日常生活收入支出，事无大小轻重，全家人都应该向他请示汇报。饮食必须对他谦让，语言必须对他服从，走路必须跟在他的后面慢慢而行，坐着或者站立必须在他的下面，这一切都是为了明确子弟对长者必须敬爱的道理。在社会交往中，有比自己长十岁的人则尊称为兄，年长五岁的人则以朋友相称，何况同胞亲兄弟呢？

所以，不孝顺与不敬重相联系，对待双亲与对待兄长同等重要。能够成为一个孝顺父母的儿子，然后就可以成为一个敬爱兄长的弟弟，能够成为一个既是孝子又是敬爱兄长的人，然后在乡村就可以成为一个善良的老百姓，在军营就可以成为一个忠勇双全的人，你们这些臣民虽然也知道作为儿子应当孝顺父母，作为弟弟应当敬爱兄长的道理，但我所担忧的是你们对自己的习惯不能够随时觉察，乃至于把自己排除于纲常伦理的范围之外。如果能痛下工夫，出之于内心深处的省悟，竭尽全力改过，由小到大，由浅到深，久而久之，会对孝顺父母、敬爱兄长的道理领略日深，实效日速。与此同时，不崇尚虚华的说教，不忽略细微的行动，不沽名钓誉，不有始无终，那么孝顺父母、敬爱兄长的问题就会解决得很好。关于不孝顺父母、不敬爱兄长的言行，国家有明确统一的规定予以处罚。然而，明显的迹象，刑法可以防范；暗存之处，法令就很难约束得到了。假如不知悔改，自甘堕落，那么我这个当皇帝的人就会深感不安。所以不厌其烦，谆谆告诫，希望天下民众都真正体会我的用意所在，感奋兴起，人人尽到做子弟的责任。

啊！圣人的品行之所以高尚，从根本上说来源于对人与人之间尊卑高下的重视；尧舜的思想道德，不外乎孝顺父母、敬爱兄长。孟子说："如果人人都做到应该亲近者亲近，应该敬爱者敬爱，那么天下就会兴盛太平。"我诚恳希望全国人民，切莫把它看作为一纸空文啊！

## 二、和乡党以息争讼

【原文】

古者五族为党，五州为乡，睦姻任恤之教由来尚矣。顾乡党中生齿日繁，比闾相接，睚眦小失，狎昵微嫌，一或不诫，凌兢以起，遂至屈辱公庭，委身法吏，负者自觉无颜，胜者人皆侧目，以里巷之近而举动相猜，报复相寻，何以为安生业、长子孙之计哉?! 圣祖仁皇帝悯人心之好竞，思化理之贵淳，特布训于乡党，曰和所以息争讼于未萌也。朕欲咸和万民，用是申告尔等以敦和之道焉。

《诗》曰："民之失德，干糇以愆。"言不和之渐，起于细微也。《易·讼》之象曰："君子以作事，谋始言息讼。"贵绝其端也。是故，人有亲疏，概接之以温厚。事无大小，皆处之以谦冲。毋恃富以侮贫，毋挟贵以凌贱，毋饰智以欺愚，毋倚强以凌弱，谈言可以解纷，施德不必望报。人有不及，当以情恕；非意相干，当以理遣。此既有包容之度，彼必生愧悔之心。一朝能忍，乡里称为善良；小忿不争，闾党推其长厚。乡党之和，其益大矣。

古云："非宅是卜，乡邻是卜。"缓急可恃者，莫如乡党。务使一乡之中父老子弟联为一体，安乐忧患视同一家。农商相资，工贾相让，则民与民和。训练相习，汛守相助，则兵与兵和。兵出力以卫民，民务养其力；民出财以赡兵，兵务恤其财，财兵与民交相和。由是而箪食豆羹，争端不起；鼠牙雀角，速讼无因。岂至结怨耗财，废时失业，甚且破产流离，以身殉法而不悟哉！若夫巨室耆年，乡党之望；胶庠髦士，乡党之英，宜以和揖之风为一方表率。而奸顽好事之徒，或诡计挑唆，或横行吓诈，或貌为洽比以煽诱，或假托公言而把持，有一于此，里闬非宁。乡论不容，国法俱在，尔兵民所当谨凛者也。

夫天下者，乡党之积也。尔等诚遵圣祖之懿训，尚亲睦之淳风，孝弟因此而益敦，宗族因此而益笃。里仁为美，比户可封。讼息人安，延及世世。协和遍于万邦，太和瓒于宇宙。朕与尔兵民永是赖矣。

**【译文】**

我国古代周朝时曾经确定民户编制，一族为一百家，以五族即五百家为一党，以五党即二千五百家为一州，合五州即一万二千五百家为一乡，对人民有关和睦、联姻、任免、抚恤等方面的教诲从来就很重视。但看乡党、宗族中人口日益增多，一家一巷间相互接连，怨恨之情小有发生，亲近之情稍生嫌隙，一旦不加以警惕注意，就会产生麻烦的事情，以至于发展到纠纷不断，闹到屈辱官署，托身狱吏，败讼者自觉脸上无光，胜讼者则人人对他看不起，相亲相邻经常生活在一块而举动相互猜疑，寻求报复的机会，这怎么能够做到为安居乐业、为教养子孙后代去筹划办法呢?！我的父亲圣祖仁皇帝可怜人心之好强争胜，想到教导民众之道理很重要，特意布训于乡里，指出和睦亲近可以止息争端于未发之际。我决心以调和天下民情为己任，从而重申告诫你们亲近和睦的道理。

《诗经》上说:“人与人之间之所以不和睦，只是在开始于细小的事情上未加以防范。”《易经·讼》之象上说:“有才德的人上任治事，首先考虑的是如何设法制止人与人之间的纠纷。”重要的是把争端消灭于萌芽状态之中。这个道理告诉我们，人与人之间虽有亲疏远近之分，但应一概予以温厚亲诚。凡事无论大小轻重，都要处之以谦逊的态度。不要自恃富裕以侮辱贫困之人，不要挟持尊贵以欺凌低贱之人，不要假托聪明以欺侮愚笨之人，不要倚仗强势以凌慢弱小之人，谈话之中可以化解纠纷，施德于别人不要希望图报。人家如有做得不周到的地方，应当以情感来加以宽恕；出现了意料不到的寻衅闹事纠纷，应当以道理去加以排解。你既然有宽容的气度，他则必然会产生悔悟之心。一时能够忍耐，乡里称为善良之人；生气之小事不予计较，闾党推为长厚之人。乡党之和，其好处大得很。

古语说:“不是占卜住宅，而是选择邻居。”有什么缓急之事可以依靠的，不如乡里中的乡邻戚友。务必使一乡之中上下联成一体，安乐忧患看作为一家；种地经商者相互资助供给，工匠和做生意的人相互推让支持，于是民与民之间就会和睦相处。训练方面相互习演，防守方面相助配合，于是兵与兵之间关系和谐融合。兵出力以卫民之生命财产安全，民一定致力其供养之任；民出财以供给于兵，兵一定致力于爱惜民财，则兵与民彼此和睦共处。从而老百姓挑着盛有豆粥之类的食物慰劳士兵，秩序井然，争端之事不会发生；无端寻衅闹事的人，要想很快兴起一场官司也就没有缘由了。如果都是这样，怎么会弄到相互结怨而耗费资财，荒废时光而失去生业，甚至于破产流离，以身殉法而不醒悟呢？那些大家族中的年老之人，是乡党中的希望所在；在学校里的英彦之士，则是乡党中的精英，理应以和谐揖睦之风范为所在之一带人民的表率。而奸巧愚顽、好事生非的人，或者施以诡计百般调唆人与人之间的关系，或者横行乡里吓作钱财，或者表面上看起来和谐亲切而骨子里却百般煽惑诱使，或者假托客观公正的言词而把持地方一切。这里如果有其中的一件事，则乡里内部就不会安宁。这既为乡里的舆论所不容许，而且国家的法纪俱在，你们兵民人等应当以忠诚的态度严格加以遵守。

一个国家之所以存在，是由一乡一党之积聚集合而来。你们诚挚地遵守我的父亲圣祖仁皇帝美好的训谕，崇尚亲近和睦的淳厚风气，孝顺父母、敬爱兄长之事就会做得越来越好，宗族内部的人就会因此而越来越忠厚笃实。被人尊称为仁者所居之地，家家户户可以安居乐业。争端不起而人人相安无事，且将代代延续下去。协调和谐之风遍布于全国各地，万物相和之元气蒸蒸日上于天下。我与尔等天下臣民就永远可以依赖于此了。

## 三、重农桑以足衣食

**【原文】**

朕闻养民之本，在于衣食。农桑者，衣食所由出也。一夫不耕，或受之饥。一女不织，或受之寒。

古者天子亲耕，后亲桑，躬为至尊，不殚勤劳，为天下倡。凡为兆姓：图其本也。夫衣食之道，生于地，长于时，而聚于力。本务所在，稍不自力，坐受其困。故勤则男有余粟，女有余帛；不勤则仰不足事父母，俯不足畜妻子。其理然也。

彼南北地土虽有高下燥湿之殊，然高燥者宜黍稷，下湿者宜粳稻。食之所出不同，其为农事一也。树桑养蚕，除江浙、四川、湖北外，余省多不相宜。然植麻种棉，或绩或纺，衣之所出不同，其事与树桑一也。

愿吾民尽力农桑，勿好逸恶劳，勿始勤终惰，勿因天时偶歉而轻弃田园，勿慕奇赢倍利而辄改故业。苟能重本务，虽一岁所入，公私输用而外，羡余无几，而日积月累，以至身家饶裕，子孙世守，则利赖无穷。不然，而舍本逐末，岂能若是之绵远乎？至尔兵隶在戎伍，不事农桑，试思月有分给之饷，仓有支放之米，皆百姓输纳以散给。尔等各赡身家，一丝一粒，莫不出自农桑。尔等既享其利，当彼此相安，多方礴卫，使农桑俱得尽力。尔辈衣食永远不匮，则亦重有赖焉。

若地方文武官僚俱有劝课之责，勿夺民时，勿妨民事，浮惰者惩之，勤苦者劳之，务使野无旷土，邑无游民，农无舍耒耜，妇无休其蚕织，即至山泽园圃之利，鸡豚狗彘之畜，亦皆养之有道，取之有时，以佐农桑之不逮。

庶几克勤本业，而衣食之源溥矣。所虑年谷丰登，或忽于储蓄布帛充赡，或侈于费用不俭之弊与不勤等，甚且贵金玉而忽菽粟，工文绣而废蚕桑，相率为纷华靡丽之习，尤尔兵民所当深戒者也。

自古盛王之世，老者衣帛食肉，黎民不饥不寒，享富庶之盛而致教化之兴，其道胥由乎此。我圣祖仁皇帝念切民依，尝刊《耕织图》颁行中外，所以敦本阜民者甚至。朕仰惟圣谕念民事之至重，广为诠解，劝尔等力于本务。余一人衣租食税，愿与天下共饱暖也。

**【译文】**

我知道吃饭穿衣是养民的根本，而种地养蚕则是吃饭穿衣的来源。男人不耕种田地就有可能挨饿，女人不纺纱织布就有可能受冻。

古代做皇帝的人在每年春季到来时举行耕田的典礼，皇后则在春季的最后一个月里举行躬亲纺织的典礼，把种地养蚕的事情看得特别的重要，身为至尊但不顾辛劳、竭尽全力为天下人首先作出表率。这一切都是为了天下人民：为了重视养民治国的根本。吃饭穿衣之道，在于让庄稼生于适合于它的土地，长于适合于它的时令季节，而要最后取得好的结果则要靠人力。根本任务所在，自己稍不努力去实现，就会因此受其困苦。所以，勤劳则男子有剩余的粮食，女子有多余的衣物；不勤劳则上不能侍奉父母双亲，下不能供养妻子儿女。其道理就是这样。

南北地土虽有高低、干燥湿润的区别，然而高坡干旱之地适宜种植五谷杂粮，低下湿润之地适宜种植粳稻。粮食的生产来源和方式不同，但却都是农业方面的事情。种植桑树以养蚕，除了江苏、浙江、四川、湖北以外，其他省份大都不适宜此事。然而，种植麻类和棉花等经济作物,或者搓麻线麻绳,或者纺纱织布,衣服之制造不同,而其与种桑养蚕的事情是一致的。

希望我全国老百姓尽自己之力而把吃饭穿衣方面的事情办好,不要好逸恶劳,不要起初勤劳,最后懒惰,有始而无终,不要一碰到因天灾收成偶然歉收就轻易抛弃自己的田产家园,不要看到某一货物紧缺可以赚大钱而总是改变自己以往的职业。假如能够务本,虽一年收获的粮食,除去所需公私花费之外,剩余不多,但只要日积月累,就可以身家富裕,加上子孙世守,则利赖无穷。如果舍本逐末,岂能如是延绵长远之生计吗?至于你们兵士隶在军营,不耕种田地,不植桑养蚕,试思每月有分给之饷银,仓库里有按日支放之米粮,都是由于老百姓缴纳才得以无缺食之虞。你们各人供给自己和家里人的食物钱财,一丝一粒,都来自于老百姓种田耕地、植桑养蚕。你们既然享受其利,那么应当彼此相安,多方捍卫,为老百姓提供一个安定祥和的环境,使其尽力把地种好。你们这些当兵的吃饭穿衣永远不会缺乏,主要的依靠也就在于此。

假如地方文武官吏都知道有劝导督教的责任,不占据老百姓从事农桑的农时,不妨碍老百姓从事农桑的农事,对轻浮懒惰之人加以惩罚;对勤苦耐劳之人加以慰劳奖赏,务必使乡村无荒废之地,城镇无游手好闲的人,男人不舍弃其耕作农具,妇女不休止其养蚕织布,即使是对于山上、水塘、园林、苗圃中瓜果蔬菜之类的收种,鸡鸭狗猪等家畜方面的饲养,也都讲究方法,取之有时,用以辅助吃饭穿衣方面的不足。

这样,也许就可以专务自己的本业,而吃饭穿衣之来源则会广阔。所忧虑的是五谷丰登之年,或忽用储蓄布帛补充供给,或由于奢侈而导致费用不俭之弊及不勤等,甚而有重视金玉而忽视豆谷,擅长在丝织品和衣服上绣有彩色花纹而废弃蚕桑本业,相互竞为纷华靡丽之风习,此尤需尔兵民人等深以为戒的。

自古以来,兴盛君王治理的社会,老年人穿的是丝织之衣,吃的是鱼肉,老百姓不挨饿不受冻,共享富庶之盛而使得政教内化之风气日益兴起,其道理全在于此。我圣祖仁皇帝思念关切天下人民生活之依归,曾经刊印《耕织图》发行于全国各地,其所以注重根本、扶持民众的意愿更加深切。我敬思圣祖仁皇帝圣谕认为民事之至关重要,广为解说,劝天下臣民各自致力于农桑本业。我一人穿衣吃饭都来自于百姓税租,愿与天下民众共享幸福之乐。

## 四、尚节俭以惜财用

**【原文】**

生人不能一日而无用,既不可一日而无财。然必留有余之财而后可供不时之用,故节俭尚焉。夫财犹水也,节俭犹水之蓄也。水之流不蓄,则一泄无余而水立涸矣;财之流不节,则用之无度而财立匮矣。我圣祖仁皇帝躬行节俭之为天下先,休养生息,海内殷富,犹兢兢以惜财用示训。

盖自古民风皆贵乎勤俭,然勤而不俭,则十夫之力不足供一夫之用,积岁所藏不足供一日之需,其害为更甚也。夫兵丁钱粮有一定之数,乃不知撙节,衣好鲜丽,食求甘美,一月费数月之粮,甚至称贷以遂其欲,子母相权,日复一日,债深累重,饥寒不免。农民当丰收之年仓箱充实,本可积蓄,乃酬酢往来,率多浮费,遂至空虚。夫丰年尚至空虚,荒歉必至穷困,亦其势然也,似此之人,国家未尝减其一日之粮,天地未尝不与以自然之利,究至啼饥号寒、困苦无告者，皆不节俭所致。更或祖宗勤苦俭约，日积月累，以致充裕，子孙承其遗业，不知物力艰难，任意奢侈，夸耀里党，稍不如人，即以为耻，曾不转盼遗产立尽，无以自存，求如贫者之子孙，并不可得，于是寡廉鲜耻，靡所不至。弱者饿殍沟壑，强者作慝犯刑。不俭之害，一至于此。《易》曰："不节若则嗟若。"盖言始不节俭，必至嗟悔也。尔兵民当凛遵圣训，绎思不忘。

为兵者知月粮有定，与其至不足而冀格外之赏，孰若留有余以待可继之粮？为民者知丰歉无常，与其但顾朝夕致贫窭之可忧，孰若留贮将来为水旱之有备？

大抵俭为美德，宁以固陋贻讥，礼贵得中，勿以骄盈致败。衣服不可过华，饮食不可无节，冠婚丧祭各安本分，房屋器具务取素朴，即岁时伏腊，斗酒娱宾，从俗从宜，归于约省，为天地惜物力，为朝廷惜恩膏，为祖宗惜往日之勤劳，为子孙惜后来之福泽。自此，富者不至于贫，贫者可至于富，安居乐业，含哺鼓腹，以副朕阜俗诚民之至意。《孝经》有曰："谨身节用以养父母。"此庶人之孝也。尔兵民其身体而力行之。

【译文】

每天所需要的用物，每天所需要花费的钱财，只要人活着，一天也不可缺少。然而，必须留存有余之钱财而后才可以供给不时所需之费用，因此节俭显得非常重要。钱财好比水，节约勤俭好比水之积蓄储存。如水在流淌之中不注意积蓄，则会一泻无余而使之立即干涸；钱财之花费不加以节制，则会用之无度而使钱财立即缺乏。我的父亲圣祖仁皇帝身体力行节俭为全国人民作出了榜样，休养生息，国内富实，却仍然紧缩开支以惜财用而示训国人。

自古以来最可贵的莫过于民风勤俭，然而勤而不俭，则十人之力不足以供给一人之费用，积一年所存不足以供给一日之需求，其后果更为严重。军营士兵的钱粮有一定之数目，竟不知道节省着用，穿衣讲究鲜艳华丽，饮食追求好吃好喝，一月花费数月之粮，甚至向别人借债以满足自己的无穷欲望，本利相互变化制约，日复一日，债务深重，饥寒难免。农民本当在丰收年间粮食钱财充裕之际，注意积蓄以待灾荒，竟多方交际往来，大都浮费浪用，从而弄到钱粮空虚。丰收之年尚至于钱粮空虚，灾荒歉收之年必至于穷困潦倒，发展到这个样子也是很自然的事情。像这类的人，国家未曾减少其一日之粮，天地未曾不给予以自然之利，结果弄到啼饥号寒、困苦无告的原因，都是不知勤俭所造成的。更有因为祖宗勤苦俭约，日积月累，以致家业充足富裕，而子孙继承其遗业，却不知财物来之不易，任意奢侈，在人面前显示自己的富有，满足其自己的虚荣心，稍稍不如人家，即以为羞辱，竟不要多久就把祖宗的遗产花光，以至到了无法养活自己的地步，即使想求做一个贫苦人家的子孙，也不可能了，于是寡廉鲜耻，毫无自尊心，什么事都干得出来。弱者因饥饿死于山沟，强者无视国法而犯刑。不善节俭之害，到了这样严重的程度。《易经》说："不节俭必定后悔。"说的是一开始不节约，必至最终贫穷后悔不已。你们兵民应当切实遵循我的父亲圣祖仁皇帝的训示，时刻谨记而不能忘。

当兵的人都知道每个月供应的粮食数目有规定，与其到了不足之时而希望格外赏赐，何不留有余存以待可继之粮？为民者应当晓得丰歉难以预料，与其只注意早晚致于贫穷的忧虑，为何不储存使水旱灾害时有备无患？

大体说来，勤俭节约为美德，宁可让别人讥笑我见识鄙陋，授人礼物也要坚持贵在适中，不要以骄盈而致家道败落。衣服不可过于华丽，饮食不可没有节度，红白喜事各按规矩，不可讲究排场，房屋器具陈设务必取其简利，就是在一年春夏秋冬和夏天的伏日、冬天的腊日这些重要时节，设酒席招待宾客，也应当依从风俗习惯，适宜适度，一切归于节俭，为天地爱惜物力，为朝廷爱惜德惠膏脂，为祖宗爱惜往日之勤劳，为子孙爱惜后来之幸福恩惠。自此，富裕之人不至于转为贫穷，而贫穷之人却可以至于富裕，大家安居乐业，天真纯朴而没有伪作，也符合我敦厚风俗、和谐民情的深切意愿。《孝经》上面说："谨慎言行、节约费用以供养父母双亲。"意思是一般平民百姓对父母双亲要孝顺。你们兵民应当对此身体力行之。

## 五、隆学校以端士习

【原文】

古者家有塾，党有庠，州有序，国有学，固无人不在所教之中。专其督率之地，董以师儒之官，所以成人材而厚风俗，合秀顽强懦使之归于一致也。我圣祖仁皇帝寿考作人，特隆学校，凡所以养士之恩，教士之法，无不备至。

盖以士为四民之首，人所以待士者重，则士之所以自持者益不可轻。士习端而后乡党视为仪型，风俗由之表率。务令以孝悌为本，才能为末，器识为先，文艺为后。所读者皆正书，所交者皆正士，确然于礼义之可守，惕然于廉耻之当有。惟恐立身一败，致玷宫墙；惟恐名誉虽成，负惭衾影。如是，斯可以为士否？或躁竞功利，干犯名教，习乎异端曲学而不知大道，骛乎放言高论而不事躬行，问其名则是，考其实则非矣。

昔胡瑗为教授，学者济济有成；文翁治蜀中，子弟由是大化。故广文一官，朕特饬吏部悉以孝廉明经补用，儿以为兴贤育才，化民成俗计也。然学校之隆，固在习教者有整齐严肃之规，尤在为士者有爱惜身名之意。士品果端而后发为文章。非空虚之论，见之施为；非浮薄之行，在野不愧。儒者在国即为良臣，所系顾不重哉！

至于尔兵民恐不知学校之为重，且以为尔等九与，不思身虽不列于庠序，性岂自外于伦常？孟子曰："谨庠序之教，申之以孝悌之义。"又曰："人伦明于上，小民亲于下。"则学校不独所以教士，兼所以教民。若黉宫之中，文武并列，虽经义韬略，所习者不同；而入孝出悌，人人所当共由也。士农不异业，力田者悉能敦本务实，则农亦士也；兵民无异学，即戎者皆知敬长爱亲，则兵亦士也。然则庠序者，非尔兵民所当隆重者乎？端人正士者，非尔兵民所则效者乎？孰不有君臣父子之伦？孰不有仁义礼智之性？勿谓学校之设，止以为士，各宜以善相劝，以过相规，向风慕义，勉为良善。则氓之蚩蚩，亦可以礼义为耕耘；赳赳武夫，亦可以诗书为甲胄。一道同风之盛，将复见于今日矣。

【译文】

古时候家有家的学校，党有党的学校，州有州的学校，国有国的学校，原本每个人都在受教育之中。如果专心治理其督察之地，正民风以师儒之官，就可以造就人才而厚风俗，聚合智愚强弱使之归于一致。我的父亲圣祖仁皇帝执政多年致力于培育人才，特别看重振兴学校，只要是培养读书人的思想，教导读书人的方法，无不详备周到。

一般说来，因为读书人为士农工商之首，人所以对待读书人很敬重，而读书人对待自己则更加不可随便。这是因为读书人养成了端正的品行习惯，而后乡里视作为模范，良好风俗由此形成作为表率。所以读书人一定要以孝顺父母、敬爱兄长的道理为重，才华能力为轻；以气度见识为先，写作方面的技能为后。所读之书均为正道之书，所交之人都是正道之人，坚持礼义之可以遵守，敬惧廉耻之应当保存。唯恐自己的身名败坏，致使玷污师门声誉;唯恐名誉虽已取得,而负有惭愧败行之心。假如是这样,就可以成为一个有知识的人了吧?或者有人急于与人比高下而争功名利禄,干涉、侵犯纲常名教,习惯于邪说和褊狭的言论而不知治事作人的大道理,追求夸夸其谈而不去实践,问其名则是,考其实则非。

古代著名教育家胡瑗为学官,学者众多而又有成就;汉景帝时文翁为蜀郡守,于成都起办官学,这个地区的子弟因此而受到广泛深入的教化。所以设立儒学教官一职,我特意督饬吏部一概以举人、贡生等经过严格科举考试而获得功名的人补用。所有这些都是为了兴贤育才,达到育化民智、形成一种良好风俗的目的。然而,学校之兴盛,固然在于熟悉教育的施教者应有整齐严肃之规章,但作为一个读书人,爱惜自己身名之意愿则尤为重要。他的品行果真端正而后可以阐发为文章。不是空洞虚伪的说教,要看得出在实际行动有作为;不是浮丽轻薄之行为,没有当官亦不会感到有愧名。学识多、品行端正的儒者在朝廷即为良臣,学校与国家的关系难道不重要吗?

至于你们兵民恐怕不知道学校的重要,而且认为与你们无关,不考虑自身虽然没进过学校,但其品性岂可自己将其排除于伦理纲常之外?孟子说:“谨慎地从事学校的教育,再用孝悌的道理来反复重申。”他又说:“人与人之间尊卑高下的规则显明于上层,则普通老百姓就会亲密无间于下边。”这个道理说明,学校不是单纯用来教育读书人,还兼有教育广大民众的功能。如果学校中之文武并列,虽经义韬略所习者各有不同,而有关了解孝顺父母敬爱兄长的问题,则人人应当共同由学校来启发诱导。读书的人和作田的人从总体上说并没有根本的区别,只是分工不同而已,致力于耕种田地的人如都能敦本务实,那么一个作田的人就如同一个读书的人;当兵的人与老百姓所受教育的根本内容没有什么区别,这就是说当兵的人如果都知道尊敬长辈爱护亲朋,那么当兵的人就如同一个读书的人。然则各类学校不应该为你们兵民所当重视吗?端正的人才贤正的雅士就不应该为你们兵民所当仿效吗?谁没有君臣父子之间的人伦关系?谁没有仁义礼智之类的天性?不要以为学校的设立,仅仅是为了读书人,人人都宜以善相互劝导,以过失相互规诫,向往良好的风气,仰慕可敬的义行,相互勉励为良为善,如此则乡间劳作小民之忠厚老实,亦可以礼义作为农事的工具;雄健勇猛之军营士兵,亦可以诗书作为御敌的本领,古时候天道合一的盛况,定会在当今再现。

## 六、黜异端以崇正学

**【原文】**

朕惟欲厚风俗先正人心,欲正人心先端学术。夫人受天地之中以生,惟此伦常日用之道为智愚之所共由。索隐行怪,圣贤不取。

《易》言:“蒙以养正,圣功以之。”《书》言:“无偏无颇,无反无侧,王道以之。”圣功、王道,悉本正学。至于非圣之书,不经之典,惊世骇俗,纷纷藉藉,起而为民物之蠹者,皆为异端,所宜屏绝。凡尔兵民愿谨淳朴者固多,间或迷于他歧,以无知而罹罪戾,朕甚悯之。

自古三教流传,儒宗而外,厥有仙释。朱子曰:“释氏之教,都不管天地四方,只是理会一个心。老氏之教,只是要存得一个神气。”此朱子持平之言,可知释、道之本旨矣。自游食无籍之辈,阴窃其名以坏其术,大率假灾群祸福之事,以售其诞幻无稽之谈。始则诱取资财以图肥己,渐至男女混淆聚处为烧香之会,农工废业,相逢多语怪之人。又其甚者,奸回邪慝,窜伏其中,树党结盟,夜聚晓散,干名犯义,惑世诬民。及一旦发觉,征捕株连,身陷囹圄,累及妻子。教主已为罪魁,福缘且为祸本,如白莲、闻香等教,皆前车之鉴也。又如西洋教宗天主，亦属不经，因其人通晓历数，故国家用之，尔等不可不知也。夫左道惑众，律所不宥；师巫邪术，邦有常刑。朝廷立法之意，无非禁民为非，导民为善，黜邪崇正，去危就安。尔兵民以父母之身生，太平无事之日，衣食有赖，俯仰无忧，而顾昧恒性而即匪，彝犯王章而干国宪，不亦愚之甚哉！

我的父亲圣祖仁皇帝渐民以仁，摩民以义，艺极陈常，煌煌大训，所以为世道人心计者至深远矣。尔兵民等宜仰体圣心，祗速圣教，摈斥异端直如盗贼水火。且水火盗贼害止及身，异端之害害及人心。心之本体，有正无邪，苟有主持，自然不惑。将见品行端方，诸邪不能胜正；家庭和顺，遇难可以呈祥。

事亲孝，事君忠，尽人事者即足以集天休。不求非分，不作非为，敦本业者即可以迓神庆。尔服尔耕，尔讲尔武，安布帛菽粟之常，遵荡平正直之化，则异端不待驱而自息矣。

**【译文】**

我考虑要想民风淳朴，第一要端正人心，而要端正人心，又须首先端正学术。人承天地以生，唯此纲常伦理处处用得着的大道为聪明愚昧者之所共需。寻求事物隐僻之理，行为怪异，圣贤之人是不愿接受的。

《易经》说："能在蒙昧、年幼时期就开始自养正道并得以坚持，就可以达到至高无上的功业德行的境界。"《尚书》也说：无不平、无不正，无反复、无卑邪，就可以达到先王所行仁义正道的境界。圣人的功业德行和先王所行的正道，全都源于儒家正统学说。至于那些非圣贤之书，不精辟的典籍，使世俗均感到惊慌害怕，交横杂乱，特别是为同胞同辈之祸害者，均为不合正道的言行，应当予以排斥拒绝。你们兵民之中愿意谨守淳朴者固然很多，然而有时因分辨不清而误入歧途，因无知而遭受不幸，我为他们感到怜悯忧虑。

自古以来，儒学、道学和佛学三教流传于世，即除了以儒学为主体之外，还有道佛之学。朱熹说："佛家之学说，都不管天地万物，只是注意一种思想。道家之学说，只是要存得一种精神。"这种观点，是朱熹对中国古代文化的公平之言，可以知道佛教和道教之根本意旨。自游食无籍之人，暗中盗取佛、道的名义以败坏其术，大都假借灾吉祸福之事，用以散布其诞幻无稽之言谈。起初则诱取资财以图肥己，逐渐发展到男女混杂聚集为礼拜神仙之会，农工之人废弃自已的本业，相逢在一起的大都是些语言怪异之人。又有其甚者，奸作邪恶之人，潜伏其中，树党结盟，晚上聚集到一块，早晨分散各处，侵犯名教礼义，迷乱世道、诬陷良民，无所不至。及至一旦事发，被武力制裁逮捕，相互受其牵连，身陷监狱，连累到妻子儿女。教会中之首要已为罪魁，幸福之因由此而又成为灾祸之本源，如民间秘密会党团体白莲、闻香等教之被镇压，都可作为前车之鉴。又如西方尊奉之天主教，亦属于不合正道之学说，只因其信教之人通晓天文算数，故国家承认其合法存在，你们不可不知道这个情况。那些邪门旁道迷惑民众，为法律所不能宽恕；擅长于祈祷求神骗取钱财的奸邪之术，国家有固定之刑法加以惩处。朝廷立法之用意，无非是要做到制止民众变坏，引导民众为善行良，排斥邪恶，崇尚正道，除掉危险，进入平安。你们兵民人等为父母之所生，太平无事之日，吃饭穿衣方面的事都有依靠，一举一动都无忧无虑。然而有的人不明智、缺乏恒心而立即变得行为不正，常触犯帝王之典礼制度而侵犯国家宪法，不也愚蠢得很吗？

我的父亲圣祖仁皇帝导化民众以仁，安抚民众以义，至情述说经久不变。这辉煌正道之训导，已为世道人心考虑者至深至远了。你们兵民人等应该怀着敬慕之情体会他的深厚心意，谨慎遵循他的殷切教诲，排斥异端邪说如防盗贼、水火一样。况且水火盗贼为害只及人之身体，而异端邪说之害则害及人的精神深处。思想精神之本体，天生就是有正无邪，假如能够自己主动维持正义之心，自然就不会被异端邪说所迷乱。如能做到这样，将会见到品行端正不偏,诸多邪说都不能影响正道;家庭和睦顺畅,遇到灾难就可以化为吉祥。

对待父母尽其孝道,对待君王尽其忠诚,并竭尽人事全力就可得到天赐福佑;不求非分之利,不作不正当的事,并注重自己的本业就可以得到神灵的保佑。你从事你的耕作,你讲习你的武事;从事耕作者安守穿衣吃饭之常规,讲习武事者遵循扫荡平定、端正刚直之教化,那么异端邪说不待驱赶就会自行止息了。

## 七、讲法律以儆愚顽

【原文】

法律者,帝王不得已而用之也。法有深意,律本人情。明其意,达其情,则囹圄可空,讼狱可息。故惩创于已然,不若警惕于未然之为得也。《周礼》:"州长、党正、族师,皆于月吉属其民而读法,大司寇悬象刑之法于象魏,使万民观之知所向。"方今国家酌定律例,委曲详明,昭示兵民,俾各凛成宪,远于罪戾,意甚厚也。

圣祖仁皇帝深仁厚泽于兆民,而于刑罚尤肱肱致意。朕临御以来,体好生之德,施钦恤之恩,屡颁赦款,详审爰书,庶几大化翔洽,刑期无刑。又念尔为民者生长草野,习于颛蒙,为兵者身隶戎行,易逞强悍;每至误触王章,重干宪典,因之特申训诫,警醒愚顽。

尔等幸际升平,休养生息,均宜循分守礼,以优游于化日舒长之世,平居将颁行法律条分缕析,讲明意义,见法知惧,观律怀刑。如知不孝不悌之律,自不敢为蔑伦乱纪之行;知斗殴攘夺之律,自不敢逞嚣凌强暴之气;知奸淫盗窃之律,自有以遏其邪僻之心;知越诉诬告之律,自有以革其健讼之习。

盖法律千条万绪,不过准情度理。天理人情,心所同具。心存于情理之中,身必不陷于法律之内。且尔兵民性纵愚顽,或不能通晓理义,未必不爱惜身家。试思一蹈法网,百苦备尝,与其宛转呼号,思避罪于箠楚之下,何如淡心涤虑,早悔过于清夜之间?与其倾资荡产求减毫末而国法究不能逃,何如改恶迁善,不犯科条而身家可以长保?倘不自警省,偶罹于法,上辱父母,下累妻孥,乡党不我容,宗族不我齿,即或邀恩幸免而身败行亏,已不足比于人,数追悔前非,岂不晚哉!

朕闻居家之道,为善最乐;保身之策,安分为先。勿以恶小可为,有一恶即有一法相治;勿以罪轻可玩,有一罪即有一律以惩。惟时时以三尺自凛,人人以五刑相规,惧法自不犯法,畏刑自可免刑,匪僻潜消,争竞不作。愚者尽化为智,顽者悉变为良,民乐田畴,兵安营伍,用臻刑措之治不难矣。

【译文】

刑法以及其他法律,是帝王不得已才使用的,刑法有深刻的含意,律令本来源于人之常情。明白其含意,实现其情义,则可以不使用监狱,打官司的案件就会减少。所以用法律罚惩已经发生的事情,不如警惕防范尚未发生的事情更为有利。《周礼》一书中说,掌管一州、一党和一族中政教法令的官员,都于农历每月初一集合民众来宣读政令;主管刑狱的官吏悬挂象征天道制定的刑法于皇宫门前两边楼台过道中央,使广大人民观看而知所归向。方今国家酌定律例,内容委婉却详尽明白,明确指示兵民,促使各人严格遵守现成的宪法,远离罪过,其意很是深厚。

我的父亲圣祖仁皇帝仁深义厚恩泽于亿万人民,而于刑罚之事尤为恳挚。我继位以来,体念上天爱惜生灵之德,施予体恤民众之恩,多次颁发赦免罪犯之条款,详细审视记录囚犯口供的文书,差不多气象日新,上下融洽,刑罚期间无犯刑之事发生。又想到你们为民者生长于民间，素来愚昧；为兵者隶属军营，容易逞强行悍。往往容易误触帝王之典礼制度，严重侵犯宪法律例，因此，特意重申训诫，给愚昧无知之人以警惕。

你们这些人有幸生活在太平年代，休养生息，都应当遵循名分，严守礼节，以悠然自得于太平盛世之日、安详长久之世。其平居无事之时应将所颁行的法律条目一条一条地分析理解，讲明意义，使得见法知道畏惧，观律想到刑罚。如知晓不孝顺父母不敬爱兄弟之律例，自然就不敢产生蔑视伦理、扰乱纲纪的行为；知道打架斗殴、劫掠抢夺的法律，自然不敢逞嚣凌强暴之气焰；知道奸淫盗窃的法律，自然会有遏制其邪恶不正之心念；知道越诉诬告的法律，自然会有以革除其好打官司的恶习。

法律千条万绪，不过是依照情况衡度情理。天理人情，人人心中共同具有。其心存于人情天理之中，则其身必不会陷于法律之内。况且你们兵民其性纵然愚昧固执，或许不能通达和知晓理义，但未必不爱惜自己的身家性命。试想一旦践踏法网，百苦备尝难忍，与其宛转呼号，日思避罪于刑杖之下，不如心平气和而仔细地加以考虑，早日悔过于静夜之间；与其倾资荡产以求减免罪过而终究不能逃避国法，不如改恶从善，不犯刑科律条而使自己和家庭可以长久保存。假如不自觉警惕省悟，偶然触犯法律，上则使父母感到羞耻，下则连累到妻子儿女，乡党之人对己不宽容，宗族之人对己表示鄙弃，即或取得朝廷恩赦而侥幸免于罪罚也早已身败名裂，不足和一般良民同列，那时再责备追悔前事之过，岂不晚了？

我听说居家之道最为快乐的就是为善从良，保持身名的办法则以安分守己为先务。不要以为错误不大，做了也不碍事，有一恶即有相应的一法进行惩处；不要以为罪过不重而可以轻视，有一罪即有相应的一律加以惩罚。只有时时刻刻以法律自加约束，人人以笞、杖、徒、流、死等五种刑罚相规约，惧法自不会犯法，畏刑自可以免刑，匪邪不知不觉地慢慢自行消失，争执斗殴之事也不会发生。愚昧的人尽行转化为聪明的人，固执难悟的人全都变为善良的人，农民乐于在田地耕耘，士兵安于自己的营伍，以此无人犯法的目的不久便会实现。

## 八、明礼让以厚风俗

**【原文】**

汉儒有曰：凡民函五常之性。而其刚柔缓急，音声不同，系水土之风气，故谓之风。好恶取舍，动静无恒，随厥情俗，故谓之俗。其间淳漓厚薄难以强同，奢俭质文不能一致，是以圣人制为礼以齐之。

孔子曰："安上治民，莫善于礼。"盖礼为天地之经，万物之序。其体至大，其用至广。道德仁义，非礼不成；尊卑贵贱，非礼不定；冠婚丧祭，非礼不备；郊庙燕飨，非礼不行。是知礼也者，风俗之原也。然礼之用贵于和，而礼之实存乎让。子曰："能以礼让，为国乎何有？"又曰："先之以敬让，而民不争。"使徒习乎繁文缛节而无实意以将之，则所谓礼者适足以长其浮伪，滋其文饰矣。

夫礼之节文，尔兵民或未尽习礼之实意，尔兵民皆所自具，即如事父母当孝养，事长上则当恭顺，夫妇之有倡随，兄弟之有友爱，朋友之有信义，亲族之有款洽，此即尔心自有之礼让，不待外求而得者也。诚能和以处众，平以自牧。在家庭而父子兄弟底于肃雍，在乡党而长幼老弱归于亲睦。毋犯嚣凌之戒，毋蹈纵欲之愆，毋肆一念之贪遂成攘夺，毋逞一时之忿致启纷争，毋因贫富异形有蔑视之意，毋见强弱异势起迫胁之心。各戒浇漓，共归长厚，则循于礼者无悖行，敦于让者无竞心，蔼然有恩，秩然有义，党庠术序，相率为俊良，农工商贾不失为淳朴，即韬钤介胄之士，亦被服乎礼乐诗书，以潜消其剽悍桀骜，岂非太和之气，大顺之征乎？

《书》曰："谦受益，满招损。"古语又曰："终身让路，不枉百步；终身让畔，不失一段。"可知礼之有得而无失也如此。朕愿尔兵民等聆圣祖之训而返求之于一身。尔能和其心以待人，则不和者自化；尔能平其情以接物，则不平者亦孚。

一人倡之，众人从之；一家行之，一里效之，由近以及于远，由勉以至于安，渐仁摩义，俗厚风淳，庶不负谆谆告诫之意哉！

【译文】

汉代有学者曾说过：所有的人都包含有父义、母慈、兄友、弟恭、子孝等五种通常的秉性。而其刚柔缓急，特性不一样，这与地方风气厚薄有关系，所以称之为风。好恶取舍，动静无一定规律，则随其气闭情张，所以称之为俗。其间淳朴畅达、厚薄强硬难以强求统一，奢侈俭约、质朴文雅不能要求一致，因此圣人制礼以整齐划一。

孔子说："安定朝廷，治理人民，最好的办法就是使用礼。"礼为天地的主要因素，万物之次序区别。其本体最为庞大，其功用最为广泛。要兴封建的道德仁义，不讲礼就不会实现；人与人之间尊卑上下、贵贱高低，不讲礼就不能确定下来；红白喜事的举办，不讲礼就不会完备详细；祭天地祖宗、宴请宾客，不讲礼就无法进行。所有这些都表明，礼这种东西实为风俗的本源。然而礼之使用贵在于一个"和"字，礼之实行则体现在一个"让"字。孔子说："能以礼为让，治理一个国家又有什么困难呢？"又说："先导之以敬让，而百姓就不会有争执斗殴的事发生。"假如徒习繁琐的文辞和仪节而无实际意义加以扶助倡导，则这样的仪节适足以助长其轻浮虚伪之风，滋生其文辞装饰之习。

礼之制约修饰，你们兵民或许未尽习礼之实意，其实你们人人身上都具备了这种秉性，即如对待父母双亲则应当孝顺供养，对待长辈和上级则当恭敬和顺，夫妇之间则当夫唱妇随，兄弟姊妹之间有友善亲爱之情，朋友之间有信守仁义，亲族之间亲近融洽。这就是你们心中所固有的礼义谦让，不必外求而可以得到的。如果的确能做到和顺以处众，修饰约束自己的言行举止。在家庭里父子兄弟一家人互相恭敬和好，在住的地方长幼老弱归于亲近和睦。不要犯下恃强逞凶的错误，不要实践纵情私欲的罪过，不要任一念之贪婪而变为侵夺他人的利益，不要发泄一时之私怨以致酿成相互间的纷争，不要因为贫富悬殊而有看不起贫苦人的意念，不要看到强弱异势而起迫胁弱者的心迹。人人戒其风俗浮薄之风，共同归属于深厚淳朴之习，这样则遵循于礼者无悖逆不道的行为，重视于谦让者无竞凌之心念，和气亲近于深厚的情谊，秩序井然而有正当的言行，乡党之学校州里之学校，相互倡率为俊杰之士、从良之民，作田做工经商做买卖的人不失其淳朴本色，即使是那些长于用兵、从征作战的人，也将对礼乐诗书有着亲身感受，不知不觉地消失其好斗凶残之性，这难道不是太平之气、安定境界的象征么？

《尚书》说："谦虚可以得到好处，自满则会招惹麻烦。"古人又说："一辈子给别人让路，也不会枉走百步；一辈子让给别人地界，也不会失去一段田地。"可知崇尚礼有得而不会有失。我希望你们这些兵民聆听我的父亲圣祖仁皇帝的教训。审视自身的言行。你能和顺其心以对待别人，则不和者就会自行化解；你能安静其情绪以处理事物，则不安静者也会诚实地信服。

一人倡导之，而众人跟随之，一家实行之，一地效法之，由近以及于远，由相互规勉以至于安定，受仁的感化、受义的砥砺，风俗深厚、风气淳朴，这样才不会辜负我谆谆教导亿万人民的心愿啊！

# 朱子家训

〔清〕朱用纯 撰

# 《朱子家训》导读

《朱子家训》又名《治家格言》、《朱子治家格言》，明末清初学者朱用纯著，刊于清朝康熙年间，是有清一代最为著名的一篇家教之作。

朱用纯(1617—1688年)，字致一，号柏庐，清代江苏昆山(今属江苏)人。清初居乡教授生徒，潜心钻研程朱理学。康熙中，被征博学鸿词科，固辞不应。死后，门人私谥孝定先生。著有《四书讲义》、《愧讷集》、《毋欺集》等。其《朱子家训》脍炙人口，曾被定为蒙学读本，流传极广。

《朱子家训》以骈体写成，短短506字，精辟地阐述了修身、治家之道，成为官宦士绅以至平民百姓津津乐道、倾心企慕的治家良策。虽然其中夹杂着宣扬封建道德的词句，但其中所述的许多修身、治家的道理与方法，至今仍有其重要的现实意义。

《朱子家训》以"修身"、"齐家"为宗旨，既总结了我国历代积累的传统美德，又包含了自己一生为人处世的经验之谈，对于今天仍不无参考价值。例如，他认为做人要自奉俭约，质朴老成，反对奢华浪费，乖僻颓惰，尤其是"一粥一饭，当思来处不易；半丝半缕，恒念物力维艰"，现在读来仍有发人深省的意义，我们训诫蒙童不应予以忽略。又如持家问题，他主张兄弟叔侄要互相友爱，长幼内外要法肃辞严，嫁女毋索重聘，娶媳勿计厚奁，大家相处要和顺宽厚，也都有一定的道理，有的仍有相当的针对性。再如对于亲邻和肩挑贸易者，对于国课等等，也都可见作者心存忠厚之处，他说"国课早完，即囊橐无余，自得至乐"，这对于那些以偷税漏税为聪明的人该也有启迪吧？当然，它的局限性也是很显然的，其中守分安命、因果报应和忠君思想就是，即如"奴仆勿用俊美，妻妾节忌艳妆"，虽语出有因，但不无片面性，至于"处世戒多言"更是消极地总结封建社会悲惨教训之故，读者自当明察，剔其糟粕。

《朱子家训》中有许多是前人的成语，有的也变成后世的成语。形式上长短错落，对仗中不乏变化，读来琅琅上口。还注意押韵，如洁、息、易；点、艰、连；媒、美；福、读、朴；妆、方、亡；严、奁；甚、禽、成；想、往、忘；孙、欢、天、贤、焉等。由于流传广泛，各刻本文字有所出入，这是常见的。

这部书反映了我国古代百姓的一些生活处世原则，是一本非常优秀的民间谚语集，其中大多数的谚语很有哲理，寓意耐人寻味，值得我们现代人学习。该书内容大多是教导人如何生存发展和为人处世的，可以说是一部完备的"治家"范典。

《朱子家训》一书的精妙之处就在于，他采用循循善诱、步步深入的方法进行说教，先谈"治家"，然后联系"修人"，再推广到治理国家方面，其内容深入浅出，语言浅显易懂，说理中肯确切，全书仅五百多字，却精辟地阐明了修身治家之道。

该书继承并发扬了中国传统文化的优秀特点，比如尊师敬长、勤俭持家、邻里和睦等，在今天仍然具有重要的现实意义。当然，书中还包括一些道教、佛教的处世方法，另外还有一些封建性的糟粕，如对女性的偏见、迷信报应、因循守旧等内容，需要我们辨证地看待，有所选择的进行吸收和借鉴。

【原文】

黎明即起,洒扫庭除,要内外整洁。

既昏便息,关锁门户,必亲自检点。

【译文】

每天清晨黎明就要起床,先把水洒在庭堂内外的地面然后扫地,使庭堂内外整洁干净;将近黄昏时便要休息并亲自查看一下要关锁的门窗。

【原文】

一粥一饭,当思来处不易;半丝半缕,恒念物力维艰。

【译文】

一碗粥,一碗饭,必须考虑它们是来之不易的。(衣服,布料上的)半丝、半缕线,一定要想它们的获得也是很困难的。

【原文】

宜未雨而绸缪,毋临渴而掘井。

【译文】

做任何事都要先做好准备,就像没到下雨的时候,就要先把房子修补完善,不要临时抱佛脚,像到了口渴的时候,才来掘井一样。

【原文】

自奉必须俭约,宴客切勿流连。

【译文】

自己生活,修身养性的时候一定要勤俭节约。而宴请朋友的筵席上则不要吝啬。

【原文】

器具质而洁,瓦击胜金玉;饭食约而精,园蔬愈珍馐。

【译文】

假若用的器具干净整洁的话,即使是泥做的也比金做的要好,假若吃饭吃的少而精的话,即便是普通的蔬菜也胜过珍肴美味。

【原文】

勿营华屋,勿谋良田。

【译文】

不要营造奢华的房屋,不要贪图富饶的田园。

【原文】

三姑六婆,实淫盗之媒;婢美妾娇,非闺房之福。

【译文】

三姑六婆那些人,她们实在是荒淫和盗贼的媒人。美丽的婢女、漂亮的妾,并不是家里的福分。

【原文】

童仆勿用俊美，妻妾切忌艳妆。

【译文】

书童和奴仆不要选相貌俊美的，妻妾一定不要浓妆艳抹的。

【原文】

祖宗虽远，祭祀不可不诚；子孙虽愚，经书不可不读。

【译文】

祖宗虽然离我们年代久远了，祭祀却一定要虔诚；子孙虽然愚笨，四书、五经，却要诵读。

【原文】

居身务期俭仆，教子要有义方。

【译文】

平常做人修身一定要节俭朴实，教育子孙一定要用好的方法。

【原文】

莫贪意外之财，莫饮过量之酒。

【译文】

不要贪图不属于你的钱财，饮酒的时候不要过量。

【原文】

与肩挑贸易，毋占便宜；见穷苦亲邻，须加温恤。

【译文】

与那些挑着扁担做小生意的人做买卖，不要占人家的便宜。见到穷苦的亲戚或者是邻里，要多加体恤抚慰。

【原文】

刻薄成家，理无久享；伦常乖舛，立见消亡。

【译文】

对人刻薄而发家的，绝没有永久享受的道理。行事违背常理的人，很快就会从世上消失。

【原文】

兄弟叔侄，须分多润寡；长幼内外，宜法肃辞严。

【译文】

兄弟叔侄之间要互相帮助，富裕的要资助贫困的；一个家庭要有严格的规矩，长辈对晚辈言辞应庄重。

【原文】

听妇言,乖骨肉,岂是丈夫;重资财,薄父母,不成人子。

【译文】

听从妇人的言论,溺爱骨肉,这那里是大丈夫的作为;看重钱财,而薄待父母,这不是做儿子的行为。

【原文】

嫁女择佳婿,毋索重聘;娶媳求淑女,勿计厚奁。

【译文】

嫁女儿要选择品性好的女婿,不要索要贵重的聘礼,娶儿媳要求端庄的淑女,不要计较丰厚的陪嫁。

【原文】

见富贵而生谄容者,最可耻;遇贫穷而作骄态者,贱莫甚。

【译文】

看见富贵的人就萌发谄媚之心的人,是最可耻的。遇到贫困的人故意作出不可一世的人,是最为下贱的。

【原文】

居家戒争讼,讼则终凶;处世戒多言,言多必失。

【译文】

居家过日子,应该防止争斗诉讼,一旦争斗诉讼,无论胜败,结果都不好。处世不可多说话,话说的多了,必定会有失误。

【原文】

勿恃势力而凌逼孤寡;毋贪口腹而恣杀牲禽。

【译文】

不可用权势来欺凌压迫孤儿寡妇,不要贪图口腹之欲而肆意地宰杀牛羊鸡鸭等动物。

【原文】

乖僻自是,悔误必多;颓惰自甘,家道难成。

【译文】

性格怪僻,自以为是的人,必会因常常做错事而悔恨;颓废懒惰,甘于平庸不知上进的人,是难成家立业的。

【原文】

狎昵恶少,久必受其累;屈志老成,急则可相依。

【译文】

与那些恶人结交,久而久之一定会被他们拖累。与老成的人结交,碰到急的事情就可以依靠他们。

【原文】

轻听发言，安知非人之谮诉，当忍耐三思；

因事相争，焉知非我之不是，须平心暗想。

【译文】

不要轻易相信别人的谗言，要想一想是不是别人的污蔑，应当多忍耐，多思考。因为某事而互相争吵，要想一下是不是自己的不对，要平心静气多想几次。

【原文】

施惠无念，受恩莫忘。

【译文】

帮助别人的事情不必整天耿耿于怀，受到别人的恩惠则一定不要忘记。

【原文】

凡事当留余地，得意不宜再往。

【译文】

不论做什么事，应当留有余地；得意以后，就要知足常乐，不应该再进一步。

【原文】

人有喜庆，不可生妒忌心；人有祸患，不可生喜幸心。

【译文】

他人有了喜庆的事情，不可有嫉妒之心；他人有了祸殃，不可有幸灾乐祸之心。

【原文】

善欲人见，不是真善；恶恐人知，便是大恶。

【译文】

做了好事，而想让他人看见，就不是真正的善人；做了坏事，而怕他人知道，则就是真的恶人。

【原文】

见色而起淫心，报在妻女；匿怨而用暗箭，祸延子孙。

【译文】

看到貌美的女性而起邪念的，将来会报应在自己的妻子和儿女身上；怀恨在心而暗中伤人，将会给自己的子孙留下祸根。

【原文】

家门和顺，虽饔飧不济，亦有余欢；

国课早完，即囊橐无余，自得其乐。

【译文】

如果家中人人关系融洽，即便是吃不上饭，也会过得很高兴。

国学的学习完毕，即便口袋里面没有什么钱，也会自得其乐。

【原文】

读书志在圣贤,非徒科第;为官心存君国,岂计身家。

【译文】

读书是以学习圣贤为志向的,不仅仅是为了科举考试。做官的时候心里要有国君和国家,不能仅仅考虑自己的家庭。

【原文】

安分守命,顺时听天。

【译文】

我们安守本分,努力工作生活,上天自会有它的安排。

【原文】

为人若此,庶乎近焉。

【译文】

假如能够这样做人,那就差不多和圣贤做人的道理相符了。

# 曾国藩家训

〔清〕曾国藩 撰

# 《曾国藩家训》导读

《曾国藩家训》二卷,清曾国藩撰。曾国藩(1811—1872年),字伯函,乳名宽一,更名子城,又更名国藩,号涤生。湖南湘乡人。清道光年间进士,湘军统帅,洋务派首领,湘乡派古文的创立者。咸丰二年底(1853年初),他以吏部侍郎身份奉旨在家乡湖南创办团练,后扩编成为湘军,受命镇压太平天国农民运动。历任礼、兵、工、刑、吏各部侍郎,后授大学士(相当于宰相官衔)一等毅勇侯的官爵,死后受封"文正"的谥号。

对曾国藩的评价,一百多年间有人从学术思想进行评价,认为曾氏起家词林,潜心学问,对诗辞古文用力甚勤,对程朱理学造诣颇深,因此把他推为"一代儒宗"、"理学名儒";有人从政治方面进行评价,认为曾氏镇压太平天国农民运动有功,力挽狂澜于既倒,从而誉他为"中兴名臣",是"勋德名俭,冠绝百僚";有人以历史唯物主义为指导,实事求是地对曾氏的一生功过是非作出评价。尽管观点各异,结论不一,但谁都不得不承认曾国藩在教育子女方面获得了较大的成功。用现在的话说,曾纪泽和曾纪鸿是"正牌高干子弟",然而他们都没有变成"衙内"和大少爷。曾纪泽诗文书画俱佳,又自学英文,成为清末著名爱国外交家;曾纪鸿不幸早死,研究古算学却也取得相当可喜的成就。不仅曾国藩的儿子个个成才,曾家的孙辈还出了曾广钧这样才华横溢的诗人,曾孙辈又出了曾约农、曾宝荪这样有影响的教育学家和学者。

曾国藩的家庭教育观对中国近现代官僚士大夫的影响也是很深远的。例如彭玉麟对曾国藩的家庭教育观揣摩颇深,效法可谓急切而实际。尤其在教诫子弟勤俭持家、做好官方面表现极为突出。李鸿章受曾国藩家庭教育的思想和方法的影响,除了表现在为学方面借以教其子弟外,主要集中在立身处世的问题之上。蒋介石对曾国藩的家庭教育观很重视,视之为至宝。当他发现其子在来信中未提及家训时,厉言教训说:"你没有看过《曾公家训》吗?为何来信总未提及?"总之,曾国藩的家庭教育观在中国近现代教育史上占有较重要的地位。它既来源于中国传统文化,又在新的历史环境和条件下得到阐发,并赋予了新的内容,取得了实际的效果,从而适合很大一部分人阅读,被视为教育子弟成材、保持家世经久不衰的一种切实可行的途径。的确,曾国藩家训的最终目的及其基本思想内容,虽然带阶级烙印,但其中某些具体的思想内容如戒奢、骄、怠、懒,守勤、俭、廉、朴等,尤其是其方法论,亲切、细微、耐心而富有成效,我们可以剔除其封建糟粕,吸收其辩论哲理的精华。

# 曾国藩家训目录

## 一六致两弟：

人无完人，不可强求完美

**【原文】**

沅、季两弟左右：

十一日接沅弟初六日信，是夕又接两弟初八日信，知有作一届公公之喜。初七家信尚未到也。应复事，条列如左：

一、进驻徽州，待胜仗后再看，此说甚是。目下池州之贼思犯东、建，普营之事均未妥叶，余在祁门不宜轻动，已派次青赴徽接印矣。

二、僧邸之败，沅弟去年在抚州之言皆验，实有当验之理也。余处高位，蹈危机，观陆、何与僧覆辙相寻，弥深惊惧，将有何道可以免于大戾？弟细思之百详告我。吾恐诒先人羞，非仅为一身计。

三、癸冬屏绝颇严，弟可放心。周之翰不甚密迩，或三四日一见。若再疏，则不能安其居矣。吴退庵事，断不能返汗，且待到后再看。文士之自命过高，立论过亢，几成通病。吾所批其硬在嘴、其劲在笔，此也。然天分高者，亦可引之一变而至道。如罗山、璞山、希庵皆极高亢后乃渐归平实。

即余昔年亦失之高亢，近日稍就平实。周之翰、吴退庵，其弊亦在高亢，然品行究不卑污。如此次南坡禀中胡镛、彭汝琮等，则更有难言者。余虽不愿，而不能不给札，以此衡之，亦未宜待彼太宽而待此太褊也。大抵天下无完全无间之人才，亦无完全无隙之交情。大者得正，而小者包荒，斯可耳。

四、浙江之贼之退，一至平望，一至石门，当不足虑，余得专心治皖南之事。春霆尚未到，殊可怪也。

咸丰十年八月十二日

**【译文】**

沅、季两弟左右：

我于十一日接到沅弟本月初六的来信，晚上又接到两弟于本月初八日的来信，知道自己当了爷爷，真是天大的喜事。还没有收到本月七日的家信。现将应答复的事情，逐条排列如下：

一、关于进驻徽州之事，暂先放下，打了胜仗再议，这个建议很对。如今池州的敌军正准备进攻东、建等地，普营的事也还没办好，我在祁门会一切小心，已经派次青赶赴徽州接收印信。

二、僧王的失败，沅弟去年在抚州的预言得到了应验，可见沅弟的见解确实很有道理。我现在身居要位，常蹈危机，如今又看到陆、何与僧相继战败的厄运，心中更是恐惧，我如何才能免除大难？请你深思熟虑之后，详细地告知于我。我这样做不仅仅是考虑自己的前途安危，而是害怕自己的过失会羞辱先人。

三、我对癸冬摒绝得很严格，你大可放心。与周之翰来往也不怎么密切，有时隔三四天才会约见一次，让他可以安心。目前绝不可让吴退庵返汗，暂且等到以后再说。文人大多自认为很了不起，不免言辞狂傲，文人的通病正在于此。我曾批评他只逞口舌之快，说的就是这个意思。不过天赋高的人，若适当引导，变成得道之士也是有可能的。如罗山、璞山、希庵原本都是非常高傲的人，后来才慢慢磨炼得归于平实。

我过去也是如此，错在高傲，平淡朴实是近些年才养成的。周之翰、吴退庵的缺点也是太过高傲，但品行并不卑劣。像这次南坡信中说的胡镛、彭汝琮等人，就更不可妄下结论了。我本意并非如此，但却不得不下公文，用这个来平衡一下，才不至于厚此薄彼。总的来看，天下没有没有缺陷的完美之人，友谊之中也有摩擦和矛盾。只要在大的方面能够做得正直，一些小瑕疵也可以包容，这样也就过得去了。

四、浙江的敌军已逐渐败退，一部分到了平望，一部分去了石门，已不足为虑。这样我就可以静心治理皖南的军务了。春霆现在竟然还没有到，真有些奇怪，不知道发生了什么事情。

咸丰十年八月十二日

## 一五谕纪泽：

应早起、有恒、举止厚重

**【原文】**

字谕纪泽儿：

接尔十九、二十九日两禀，知喜事完毕，新妇能得尔母之欢，是即家庭之福。

我朝列圣相承，总是寅正即起，至今二百年不改。我家高曾祖考相传早起，吾得见竟希公、星冈公皆未明即起，冬寒起坐约一个时辰，始见天亮。吾父竹亭公亦甫黎明即起，有事则不待黎明，每夜必起看一二次不等，此尔所及见者也。余近亦黎明即起，思有以绍先人之家风。尔既冠授室，当以早起为第一先务。自力行之，亦率新妇力行之。

余生平坐无恒之弊，万事无成。德无成，业无成，已可深耻矣。逮办理军事，自矢靡他，中间本志变化，尤无恒之大者，用为内耻。尔欲稍有成就，须从有恒二字下手。

余尝细观星冈公仪表绝人，全在一重字。余行路容止亦颇重厚，盖取法于星冈公。尔之容止甚轻，是一大弊病，以后宜时时留心。无论行坐，均须重厚。早起也，有恒也，重也，三者皆尔最要之务。早起是先人之家法，无恒是吾身之大耻，不重是尔身之短处，故特谆谆戒之。

吾前一信答尔所问者三条，一字中换笔，一“敢告马走”，一注疏得失，言之颇详，尔来禀何以并未提及？以后凡接我教尔之言，宜条条禀复，不可疏略。此外教尔之事，则详于寄寅皆先生看读写作一缄中矣。此谕。

咸丰九年十月十四日

**【译文】**

字谕纪泽儿：

你十九日、二十九日的两次来信我已经收到，得知喜事已经圆满完毕。很高兴听说新媳妇能让你的母亲欢心满意，这些便是我们全家人的福气啊。

我朝历代圣明的国君，总是寅正就起床，至今二百年不变。我家从高曾祖父起早起习惯便代代相传了，我曾亲眼见过竟希公、星冈公全都是起床时天还未亮，冬天寒冷时也起床坐一个时辰，才见天亮。我的父亲竹亭公起床时天也刚黎明，如果有事就不等天亮，每夜必定起床看一两次，这些你一定也曾亲眼所见。近年来，我也已经习惯黎明即起，希望能继承先人的家风。你已成年，结婚，第一要务便是早起。自己身体力行，也应教新妇力行。

我此生的缺点就是没恒心，以致一事无成。德无成，业无成，心中总是藏满遗憾和愧疚。直到开始操办军务，取代先前的志向，其间志向发生变化，尤其以做事没有恒心为最大的问题，深以之为内心的耻辱。你若想要稍稍有所成就，"有恒"二字便是你入门的门径。

我曾经仔细观察星冈公，发现他之所以仪表超出众人，原因就归结于一个重字。我自认为神情举止和走路的姿势还算稳重敦实，这些都来源于星冈公身上。你的举止言行很是轻浮，这是你一个很大的缺点，以后要注意改正，对自己的行为要经常审视，行走起坐，都要记住稳重二字。早起、有恒、稳重这三个方面是你当前要注意的最紧要的事情。世代家风的承袭便是早起，没有恒心是我此生的遗憾和耻辱，而你最大的缺点则是不稳重，所以特别谆谆告诫你改掉这个毛病。

我上封信回答了你问的三个问题：一是写字中途换笔，一是"敢告马走"，一是注疏得失。我在信中很详细地给你讲解，你的回信为什么没提到？以后凡是接到我教你的言论，都要逐条地详细答复，疏忽大意要不得。另外我教你的东西，在我给寅皆先生有关看读写作的一封信中叙述得更为详细，你一定要细读。此谕。

咸丰九年十月十四日

## 二四谕纪泽纪鸿：

### 谨遵八本、三致祥

**【原文】**

字谕纪泽、纪鸿儿：

接二月廿三日信，知家中五宅平安，甚慰甚慰。

余以初三日至休宁县，即闻景德镇失守之信。初四日写家书，托九叔处寄湘，即言此间局势危急，恐难支持，然犹意力攻徽州，或可得手，即是一条生路。

初五日进攻，强中、湘前等营在西门挫败一次。十二日再行进攻，未能诱贼出仗。是夜二更，贼匪偷营劫村，强中、湘前等营大溃。凡去二十二营，其挫败者八营（强中三营、老湘三营、湘前一、震字一），其幸而完全无恙者十四营（老湘六、霆三、礼二、亲兵一、峰二），与咸丰四年十二月十二夜贼偷湖口水营情形相仿。

此次未挫之营较多，以寻常兵事言之，此尚为小挫，不甚伤元气。目下值局势万紧之际，四面梗塞，接济已断，加此一挫，军心尤大震动。所盼望者，左军能破景德镇、乐平之贼，鲍军能从湖口迅速来援，事或略有转机，否则不堪设想矣。

余自从军以来，即怀见危授命之志。丁、戊年在家抱病，常恐溘逝牖下，渝我初志，失信于世。起复再出，意尤坚定。此次若遂不测，毫无牵恋。自念贫窭无知，官至一品，寿逾五十，薄有浮名，兼秉兵权，忝窃万分，夫复何憾！

惟古文与诗，二者用力颇深，探索颇苦，而未能介然用之，独辟康庄。古文尤确有依据，若遽先朝露，则寸心所得，遂成广陵之散。作字用功最浅，而近年亦略有人处。三者一无所成，不无耿耿。至行军本非余所长，兵贵奇而余太平，兵贵诈而余太直，岂能办此滔天之贼？即前此屡有克捷，已为侥幸，出于非望矣。

尔等长大之后，切不可涉历兵间，此事难于见功，易于造孽，尤易于诒万世口实。余久处行间，日日如坐针毡，所差不负吾心，不负所学者，未尝须臾忘爱民之意耳。近来阅历愈多，深谙督师之苦。尔曹惟当一意读书，不可从军，亦不必作官。

吾教子弟不离八本、三致祥。八者曰：读古书以训诂为本，作诗文以声调为本，养亲以得欢心为本，养生以少恼怒为本，立身以不妄语为本，治家以不晏起为本，居官以不要钱为本，行军以不扰民为本。三者曰：孝致祥，勤致祥，恕致祥。

吾父竹亭公之教人，则专重孝字。其少壮敬亲，暮年爱亲，出于至诚，故吾纂墓志，仅叙一事。

吾祖星冈公之教人，则有八字、三不信。八者曰：考、宝、早、扫、书、蔬、鱼、猪。三者曰僧巫，曰地师，曰医药，皆不信也。

处兹乱世，银钱愈少，则愈可免祸；用度愈省，则愈可养福。尔兄弟奉母，除劳字俭字之外，别无安身之法。吾当军事极危，辄将此二字叮嘱一遍，此外亦别无遗训之语，尔可禀告诸叔及尔母无忘。

咸丰十一年三月十三日

【译文】

字谕纪泽、纪鸿儿：

我已经接到了二月二十三日寄来的信，得知家中五宅均平安无事，很是欣慰。

初三我抵达休宁县，听说了景德镇失守的消息。初四我写了一封家信，并托付九叔寄回湖南。信中说这里的战况很是危急，恐怕难以支持，但仍然是我主张的对徽州发起进攻，因为若此举可以得手，就可以开辟生路。

于是初五开始进攻，强中、湘前等营在西门出师不利，受到重挫。十二日再次进攻，却没有能引敌军出城交战。当天晚上二更之时，敌军却趁夜偷袭了我军营地，强中、湘前等营损失惨重，共有二十二营去了，遭挫败的有八个营（强中三营，老湘三营，湘前一营，震字一营），其中只有十四个营有幸完好无损（老湘六营，霆三营，礼二营，亲兵一营，峰二营），这次的战况与咸丰四年十二月十二日夜敌人偷袭湖口水营的情况极其相似。

不过这次有较多的军队没有受挫，就总的情况来看，这只能算是一次小败，元气还不至于大伤。目前的战局，正值万分危急之时，四面梗塞，给养接济也已经被切断，不幸这次又是失败告终，难免军心震动。我现在最企盼的是左军能够尽快攻克景德镇、乐平之敌，鲍军能从湖口迅速赶来救援，只有这样，可能还能转变战况，否则后果之惨重将不堪设想。

自从军以来，我的志向一直是临危受命。丁戊年在家患病期间，我经常担心自己会就此死在家里，那我永远无法施展我的志向，失信于当世之人。待病愈再次为官之后，更坚定了自己最初的志向。若这次有什么不幸发生，我也毫无牵挂。我自认此生学识贫乏，竟能官至一品，而且现在已经过了知天命的年岁，薄有浮名，手掌兵权，感到惭愧万分，即使命丧于此，还有什么值得遗憾的！

只是古文与诗这两个方面，我下的工夫都很大，苦苦研究，但未能很好地利用它们，另辟蹊径。尤其是在古文方面，我确实有自己独特的心得，如果承蒙先人的指点和润泽，展示出我心中所得，就会成为绝唱《广陵散》了。虽然早年在习字上所用的功最少，但近年来也渐渐有所领悟。如今三方面都没有什么建树,对此一直耿耿不平。至于行军打仗,本来不是我所擅长的,兵贵奇而我太平直,兵贵诈而我太直.对那些强大而又奸诈的敌人这样的我如何能对付?虽然以前也小胜过多次,不过是侥幸而已,完全在我的意料之外。

你们成年立业之时,万万不可从军。从军不但难以建功立业,并且很容易造成罪孽,更易于给后世留下口实。我身在行伍之中已久,每天仍是如坐针毡,幸好平生所学还在,时刻不忘记自己的爱民之心。近来阅历渐渐增多,也深深知晓指挥军队之苦。你们只当一心一意读书,不可从军,也不必做官。

我教育子弟要谨遵"八本"和"三致祥"。这"八本"是:读古书要以训诂为本,作诗文要以声调为本,养亲要以得欢心为本,立身要以不妄语为本,养生要以少恼怒为本,治家要以不晚起为本,居官要以不要钱为本,行军要以不扰民为本。孝致祥、勤致祥、恕致祥即是所谓"三致祥"。

我父亲竹亭公教育后辈,孝字便是其侧重点,少壮时敬亲,暮年时爱亲,都是出于至诚的孝心,因此我撰写墓志,只叙述一件事。

我祖父星冈公则以"八字"和"三不信"对人进行教育。八个字是:考、宝、早、扫、书、蔬、鱼、猪;三不信是:不信僧巫、不信地仙、不信医药。

身处乱世,银钱越少,消灾免祸越容易;用费越省,越利于修身养福。你兄弟侍奉母亲,除了"劳俭"二字以外,也没有什么其他的安身方法。目前正处于军事危急的境地,生死难料,我只就此二字叮嘱一遍,也没有别的遗训之语,你们可禀告叔叔们和你的母亲,千万别忘记了。

咸丰十一年三月十三日

## 二禀父母:

### 谨守父亲保身之训

**【原文】**

男国藩跪禀:

父亲大人万福金安。

自闰三月十四日,在都门拜送父亲,嗣后共接家信五封。十五日接四弟在涟滨所发信,系第二号,始知正月信已失矣;廿二日接父亲在廿里铺发信;四月廿八信已刻接在汉口寄曹颖生家信;申刻又接在汴梁寄信;五月十五日,接父亲到长沙发信,内有四弟信、六弟文章五首,谨悉祖父母大人康强,家中老幼平安,诸弟读书发奋,并喜父亲出京一路顺畅,自京至省,仅三十余日,真极神速。

迩际男身体如常。每夜早眠,起亦渐早。惟不耐久思,思多则头昏。故常冥心于无用,优游涵养,以谨守父亲保身之训。

九弟功课有常。《礼记》九本已点完,《鉴》已看至三国,《斯文精粹》诗、文各已读半本。诗略进功,文章未进功,男亦不求速效。观其领悟,已有心得,大约手不从心耳。

甲三于四月下旬能行走,不须扶持,尚未能言。无乳可食每日一粥两饭。家妇身体亦好,已有梦熊之喜。婢仆皆如故。

今年新进士龙翰臣得状元，系前任湘乡知县见田年伯之世兄。同乡六人，得四庶常、两知县。复试单已于闰三月十六付回，兹又付呈殿试朝考全单。同乡京官如故，郑莘田给谏服阙来京。梅霖生病势沉重，深为可虑。黎樾乔老前辈处，父亲未去辞行，男已道达此意。广东之事，四月十八得捷音，兹将抄报付回。

男等在京自知谨慎，堂上各老人不必挂怀。家中事，兰姊去年生育，是男是女？楚善事如何成就？伏望示知。男谨禀，叩请母亲大人万福金安。

道光二十一年五月十八日

【译文】

儿子国藩跪地禀告：

父亲大人万福金安。

自从闰三月十四日，在京城城门拜送父亲回家，随后五封家信全接到了。十五日接到四弟从涟滨发出的信，看来是第二封，这才知道已经遗失了正月里寄出的信；二十二日接到父亲在二十里铺所发的信；四月二十八日巳刻又接到家中从汉口寄到曹颖生家的信；申刻又收到从汴梁寄来的信；五月十五日，接到父亲到达长沙后发出的信，四弟的信也在其中，还有六弟的五篇文章。从信中谨知祖父母大人身体康健，家中一切安康，诸位弟弟都发奋读书，并且令人欣喜的是，父亲离京后一路顺风，从京城到省城，只用了三十多天的时间，真是神速啊。

近来儿子身体如常无恙，每晚都早早入睡，起得也渐早。唯一不尽如人意的就是不能用脑过度，思虑过多便头昏脑涨。所以静心养神便是常事，不让脑子想任何事情，修身养性，谨遵父亲所教导的保身之训。

九弟的功课一如往常，《礼记》九本已点完，《鉴》已看到三国部分，也读了半本《斯文精粹》的诗文。诗歌稍有进步，文章依旧停滞不前，但我并不求他的学问能速见成效。看他对学问的领悟程度，心得只怕早有，之所以没有什么大的进步，大概是手不从心，表达不出来的缘故吧。

甲三在四月下旬已能下地行走，无须别人搀扶，只是还不能说话。因为没有奶吃，所以每天一顿粥、两顿饭。家妇近来身体也好，已经有了生男孩的喜兆。婢女仆从都与原来一样，没什么变动。

今年的状元是新进士龙翰臣，此人是前任湘乡知县见田年伯的世兄，同乡六个，四个得了庶常，两个担任知县。闰三月十六日已经寄回复试单，现又寄回殿试朝考的全部名册。同乡们在京城担任的官职大致未变。郑莘田给事中丧期服完之后已回到京城。可是梅霖的病却是日渐严重，让人很是担忧。黎樾乔老前辈那里，父亲无暇前去辞行，儿子已表达歉意。至于广东之事，四月十八日已经传来捷报，谨将抄报寄回，供父亲垂览。

儿等在京城为官，对教诲自当遵从，谨慎从事。堂上各位老人，无需挂念。家里的事我还有很多不知道的，兰姐去年生育，所得是男是女？到底最后如何成全楚善的事？儿子非常希望父亲大人来信告知。儿子谨禀，叩请母亲大人万福金安。

道光二十一年五月十八日

## 四禀父母：

劝弟勿夜郎自大，除去骄傲习气

**【原文】**

男国藩跪禀：

父母亲大人万福金安。六月二十三日男发第七号信交折差，七月初一日发第八号交王仕四手，不知已收到否？六月廿日，接六弟五月十二日书，七月十六接四弟、九弟五月廿九日书，皆言忙迫之至，寥寥数语，字迹潦草，即县试案首前列皆不写出。同乡有同日接信者，即考古考老生皆已详载。同一折差也，各家发信迟十余日而从容，诸弟发信早十余日而忙迫，何也？且次次忙迫，无一次从容者，又何也？

男等在京大小平安，同乡诸家皆好。惟汤海秋于七月八日得病，初九日未刻即逝。六月二十八考教习，冯树堂、郭筠仙、朱啸山皆取。湖南今年考差，仅何子贞得差，余皆未放。惟陈岱云光景最苦。男因去年之病，反以不放为乐。王仕四已善为遣回。率五大约在粮船回，现尚未定。渠身体平安，二妹不必挂心。叔父之病，男累求详信直告，至今未得，实不放心。甲三读《尔雅》，每日二十余字，颇肯率教。

六弟今年正月信欲从罗罗山处附课，男甚喜之。后来信绝不提及，不知何故？所付来京之文，殊不甚好。在省读书二年，不见长进，男心实忧之而无如何，只恨男不善教诲而已。大抵第一要除骄傲气习。中无所有而夜郎自大，此最坏事。四弟、九弟虽不长进，亦不自满。求大人教六弟，总期不自满足为要。余俟续呈。男谨禀。

道光二十四年七月廿日

**【译文】**

儿子国藩跪着禀告：

父母亲大人万福金安！儿于六月二十三日将第七封信交给信差，于七月初一将第八封信交给王仕四，让他顺便带回去，不知是否收到？我于六月二十日收到六弟写于五月十二日的信。七月十六日又接到四弟、九弟写于五月二十九日的信。整个信都在说自身如何忙碌，整篇不过寥寥几句话，而且字迹也潦草不堪，甚至连县里考试的头名和前几名，并没有提及。同乡中有同一天接到家信的，即使是考古考老生，叙述的也都很是详尽。同是一个信差，各家也是同一时间发信，也都能从容不迫地面对推迟十多天的状况，而弟弟们发信早十多天却如此忙碌无序，这是什么原因？况且每次信中都说很忙，没有一次悠闲从容的时候，原因又是什么？

儿等在京城生活安定，一切顺利。同乡的各家情况也还尚可，只有汤海秋在七月初八生病，初九日未刻便离世了。六月二十八日考教习，录取的是冯树堂、郭筠仙和朱啸山。湖南今年的考差，得了的只有何子贞，其余的都没有得，只有陈岱云的光景最苦。儿子因去年的病，反而为不外放而高兴。已经妥善地遣送回去王仕四，率五大约乘粮船回，现在还没有定。他们身体平安，二妹不必挂念。叔父的病，儿子多次恳请告诉我实情，至今没有收到，实在不放心。甲三读《尔雅》，每天二十多字，颇肯受教。

六弟今年正月的信，说到想拜罗罗山为师，儿子很高兴。后来的信绝不提这件事，不知为什么？所寄来的信，写得不好。他在省城读书两年，看不见进步，我很是担忧，但又无计可施，只恨儿子不善于教诲。要有所进步，第一便是要把骄傲的习气戒掉。腹中空空，又夜郎自大，这个最坏事。四弟、九弟虽说不见长进，但不自满，求双亲大人教导六弟，告诫其第一紧要便是切勿骄傲。其余下次再呈告。儿子谨禀。

道光二十四年七月二十日

## 五致诸弟：

### 切勿恃才自傲

**【原文】**

四位老弟足下：

前次回信内有四弟诗，想已收到。九月家信有送率五诗五首，想已阅过。吾人为学最要虚心。尝见朋友中有美材者，往往恃才傲物，动谓人不如己，见乡墨则骂乡墨不通，见会墨则骂会墨不通，既骂房官，又骂主考，未入学者则骂学院。平心而论，己之所为诗文，实亦无胜人之处；不特无胜人之处，而且有不堪对人之处。只为不肯反求诸己，便都见得人家不是，既骂考官，又骂同考而先得者。傲气既长，终不进功，所以潦倒一生而无寸进矣。

余生平科名极为顺遂，惟小考七次始售。然每次不进，未尝敢出一怨言，但深愧自己试场之诗文太丑而已。至今思之，如芒在背。当时之不敢怨言，诸弟问父亲、叔父及朱尧阶便知。盖场屋之中，只有文丑而侥幸者，断无文佳而埋没者，此一定之理也。

三房十四叔非不勤读，只为傲气太胜，自满自足，遂不能有所成。京城之中，亦多有自满之人，识者见之，发一冷笑而已。又有当名士者，鄙科名为粪土，或好作诗古，或好讲考据，或好谈理学，嚣嚣然自以为压倒一切矣。自识者观之，彼其所造，曾无几何，亦足发一冷笑而已。故吾人用功，力除傲气，力戒自满，毋为人所冷笑，乃有进步也。诸弟平日皆恂恂退让，第累年小试不售，恐因愤激之久，致生骄惰之气，故特作书戒之。务望细思吾言而深省焉。幸甚幸甚。国藩手草。

道光二十四年十月廿一日

**【译文】**

四位老弟足下：

前次回信，里面有四弟的诗，想必已收到了。九月里给家中的信中有五首诗送给率五，想必也都看过了。我们做学问，虚心最重要。我曾看到朋友中一些颇有才华的人，都恃才傲物，动不动就说别人不如自己。这些人不管是乡试还是会试，都骂人家言语不通，不仅骂房官，也骂主考，考不取就骂学院。平心静气地说，这种人自己写的诗文也不比别人好，而且有些根本就羞于示人，但他们就是不肯反过来要求自己，总说别人不好。既骂考官，也骂同科率先考中之人。人要有了骄傲之气，便不会有进步，结果只能失意潦倒一生，碌碌无为，人生也不会有任何转机。

我这一生在科名上还算顺利，只是在小考时考了七次才成功。不过，每次考试失利时一句抱怨的话都没说过，只惭愧自己在考试时不能写很好的诗文。现在想起来，还感到难过。当时虽屡遭失败，但一句怨言都不敢有，此事确属事实，几位弟弟问问父亲、叔父和朱尧阶就会知道。考场中只有以拙劣的文章侥幸得中的人,没有有出色的文采而被埋没的人,这个道理千古不变。

三房的十四叔,读书也很勤快,只是傲气太重,自满自足,终究一无所成。京城里有傲气的人也很多,有见识的人见了,只以冷笑回之。还有的人自诩名士,用粪土比喻科名。他们有的喜欢作古诗,有的喜欢讲考据,有的还喜欢谈理学,招摇过市,喧闹张扬,想着自己比所有人都强。在有见识的人看来,这些人只是沽名钓誉,只不过让人冷冷一笑罢了。我们应当一心用功,尽力消除傲气,防止自满,这样才不会让别人看笑话,才能进步。几个弟弟平日都是恭恭敬敬,几次小考都不如意,我怕你们会因长期不满而养成骄惰的习气,所以特地写这封信给你们来防止这种情绪。你们定要想想我的这些话,深刻地反省一下,如若能够做到,那才是幸运。国藩手草。

道光二十四年十月二十一日

## 七致九弟：

### 勿长傲多言,不可强充老手

**【原文】**

沅甫九弟左右:

初三日刘福一等归,接来信,藉悉一切。城贼围困已久,计不久亦可攻克。惟严断文报是第一要义,弟当以身先之。

家中四宅平安。季弟尚在湘潭,澄弟初二日自县城归矣。余身体不适。初二日住白玉堂,夜不成寐。温弟何日至吉安?在县城、长沙等处尚顺遂否?

古来言凶德致败者约有二端:曰长傲,曰多言。丹朱之不肖,曰傲,曰嚣讼,即多言也。历观名公巨卿,多以此二端败家丧生。余生平颇病执拗,德之傲也;不甚多言,而笔下亦略近乎嚣讼。静中默省我之愆尤,处处获戾,其源不外此二者。温弟性格略与我相似,而发言尤为尖刻。凡傲之凌物,不必定以言语加人,有以神气凌之者矣,有以面色凌之者矣。温弟之神气,稍有英发之姿,面色间有蛮狠之象,最易凌人。凡中心不可有所恃,心有所恃则达于面貌。以门第言,我之物望大减,方且恐为子弟之累;以才识言,近今军中炼出人才颇多,弟等亦无过人之处,皆不可恃。只宜抑然自下,一味言忠信,行笃敬,庶几可以遮护旧失,整顿新气。否则,人皆厌薄之矣。沅弟持躬涉世,差为妥洽。温弟则谈笑讥讽,要强充老手,犹不免有旧习。不可不猛省!不可不痛改!闻在县有随意嘲讽之事,有怪人差帖之意,急宜惩之。余在军多年,岂无一节可取?只因傲之一字,百无一成,故谆谆教诸弟以为戒也。九弟妇近已全好,无劳挂念。沅在营宜整饬精神,不可懈怠。至嘱。兄国藩手草。

咸丰八年三月初六日

**【译文】**

沅甫九弟左右:

初三这天,刘福一等人自军中回来,你的来信我已收到,由此信中知晓一切。城内敌人已被围困多日,攻克也只待数日。这时候,断绝敌军情报是最重要的事,弟弟应当亲自出马,以免出现差错。

家中四宅皆平安无事。季弟仍在湘潭,澄弟初二从县城归来。我身体有些不舒服,初二住在白玉堂,夜晚睡觉总失眠。温弟哪天能到达吉安?在县城、长沙等地的行程还顺利吗?

自古以来,有两条极坏的德行导致失败:一是骄傲,二是多言。丹朱不成材,就是因为他"傲",因为他"嚣讼",也就是多言的意思。历数各个朝代声名显赫的公卿大臣,大多因为这两条而身败名裂。我的毛病便是固执,而且很是高傲;虽然从不多说闲话,但是笔下近乎"嚣讼"。有时静心默默反省自己,发现我的种种过失,这两个便是根源。温弟的性情与我有很多相似之处,但却具有更尖刻的言辞。人显出傲气凌人之势,并非单单通过言语来表现,也有以神气凌人的,也有以脸色凌人的。温弟英姿勃发,蛮横之相却显现于脸色,最易给人盛气凌人之感。心中决不可有所依恃,心中有所依恃便在表面自然显现。以门第而论,我的声望大减,恐怕子弟们受到连累的亦有很多;以才识而论,近来军队里锻炼出来的人才很多,弟弟等也没有明显的过人之处,都没有可倚仗的。只能抑制自己,坚守忠信礼仪,行事诚笃敬谨,才能遮盖自己的过失,显出新气象,否则,自身会遭到轻视,甚至鄙视。沅弟为人处世谨慎小心,很是稳妥,让人放心。而温弟却时常与人谈笑讥讽,强充老手,不免沾染旧的坏习气,所以必须狠狠反省!即刻痛改前非!我还听说温弟在县城时,对别人肆加嘲讽,此做法应迅速改正。想我在军中辛苦多年,怎么一点可取之处都没呢?正因为"傲"字而百无一成。所以谆谆教导诸弟引以为戒。近日,九弟妻之病已经痊愈,无须担心。沅弟在军营中应进行整顿,以振奋精神,不可有丝毫懈怠。至嘱。兄国藩手草。

咸丰八年三月初六日

## 一三致两弟:

满招损,谦受益

**【原文】**

沅、季弟左右:

恒营专人来,接弟各一信并季所寄干鱼,喜慰之至。久不见此物,两弟各寄一次,从此山人足鱼矣。

沅弟以我切责之缄,痛自引咎,惧蹈危机而思自进于谨言慎行之路,能如是,是弟终身载福之道,而吾家之幸也。季弟信亦平和温雅,远胜往年傲岸气象。

吾于道光十九年十一月初二日进京散馆,十月二十八早侍祖父星冈公于阶前,请曰:"此次进京,求公教训。"星冈公曰:"尔的官是做不尽的,尔的才是好的,但不可傲。满招损,谦受益,尔若不傲,更好全了。"遗训不远,至今尚如耳提面命。今吾谨述此语告诫两弟,总以除傲字为第一义。唐虞之恶人曰丹朱,傲;曰象,傲;桀纣之无道,曰强足以拒谏,辩足以饰非,曰谓已有天命,谓敬不足行,皆傲也。吾自八年六月再出,即力戒惰字以儆无恒之弊。近来又力戒傲字。昨日徽州未败之前,次青心中不免有自是之见,既败之后,余益加猛省。大约军事之败,非傲即惰,二者必居其一;巨室之败,非傲即惰,二者必居其一。

余于初六日所发之折,十月初可奉谕旨。余若奉旨派出,十日即须成行。兄弟远别,未知相见何日。惟愿两弟戒此二字，并戒各后辈常守家规，则余心大慰耳。

咸丰十年九月廿四日

**【译文】**

沅弟、季弟左右：

近日恒营派专人送来两弟各一封信，还有季弟寄来的干鱼，心里实在开心。很久没有见过这样的东西了，现在两位弟弟各寄一次，从此山人的鱼也够吃了。

沅弟接到我寄去的劝勉之信，便自我反省，引咎自责，害怕陷入危机，进而谨言慎行以要求自己，沅弟能这样做，会使一生获益匪浅，也是家门之幸事。季弟的信也是平和温雅，往年傲慢之气大减，也比从前要好得多了。

道光十九年十一月初二，我进京散馆，于十月二十八日早上在台阶前侍陪祖父星冈公，垂首请示说："此次进京，恳求您给予教导训示。"星冈公说："你的官途无尽，才能无限，但不可骄傲自满。要记住满招损，谦受益的道理。假如你做到谦虚，那就更好了。"祖父虽已去世，但遗训至今仍在我耳边回响。今天我谨以此语来告诫两位弟弟，无论何时要以戒除傲字为第一要务。唐虞时代的恶人丹朱，很傲慢；有个叫象的，也傲慢；桀纣无道，自以为是，说强足以拒谏、辩足以饰非，说自己有天命，说敬不足行，都是傲的表现。自从八年六月复出以来，我一直在尽力戒惰字，把自己无恒心的毛病戒除。近来又力戒傲字。徽州战役失败以前，次青心中不免有点居功自傲，自以为是；失败之后，我对此反省的更加深入。军事上的失败，大多有很多不可避免的原因，但也有主观因素，必然有傲或惰的缘故；大家族的衰败，其原因也不过如此，非傲即惰，二者必居其一。

初六启奏的奏折，估计十月初便能接到圣旨的批复，我如果奉圣旨调往外地，十天之内就要出发。此次兄弟远别，相见又不知何年。只愿二弟戒除这两个字，并训诫各后辈子孙常守家规，那对我来说，就是最大的安慰了。

咸丰十年九月二十四日

## 一九致两弟：

做人需谨记劳、谦、廉三字

**【原文】**

沅，季弟左右：

帐棚即日赶办，大约五月可解六营，六月再解六营，使新勇略得却暑也。抬小枪之药，与大炮之药，此间并无分别，亦未制造两种药。以后定每月解药三万斤至弟处，当不致更有缺乏。王可升十四日回省，其老营十六可到。到即派往芜湖，免致南岸中段空虚。

雪琴与沅弟嫌隙已深，难遽期其水乳。沅弟所批雪信稿，有是处，亦有未当处。弟谓雪声色俱厉。凡目能见千里，而不能自见其睫，声音笑貌之拒人，每苦于不自见，苦于不自知。雪之厉，雪不自知；沅之声色，恐亦未始不厉，特不自知耳。

曾记咸丰七年冬，余咎骆、文、耆待我之薄，温甫则曰："兄之面色，每予人以难堪。"又记十一年春，树堂深咎张伴山简傲不敬，余则谓树堂面色亦拒人于千里之外。观此二者，则沅弟面色之厉，得毋似余与树尝之不自觉乎？

余家目下鼎盛之际，余忝窃将相，沅所统近二万人，季所统四五千人，近世似此者曾有几家？沅弟半年以来，七拜君恩，近世似弟者曾有几人？日中则昃，月盈则亏，吾家亦盈时矣。管子云：斗斛满则人概之，人满则天概之。余谓天之概无形，仍假手于人以概之。霍氏盈满，魏相概之，宣帝概之；诸葛恪盈满，孙峻概之，吴主概之。待他人之来概而后悔之，则已晚矣。

吾家方丰盈之际，不待天之来概、人之来概，吾与诸弟当设法先自概之。

自概之道云何，亦不外清、慎、勤三字而已。吾近将清字改为廉字，慎字改为谦字，勤字改为劳字，尤为明浅，确有可下手之处。

沅弟昔年于银钱取与之际不甚斟酌，朋辈之讥议菲薄，其根实在于此。去冬之买犁头嘴、栗子山，余亦大不谓然。以后宜不妄取分毫，不寄银回家，不多赠亲族，此廉字工夫也。

谦之存诸中者不可知，其着于外者，约有四端：曰面色，曰言语，日书函，日仆从属员。

沅弟一次添招六千人，季弟并未禀明，径招三千人，此在他统领所断做不到者，在弟尚能集事，亦算顺手。而弟等每次来信，索取帐棚子药等件，常多讥讽之词，不平之语，在兄处书函如此，则与别处书函更可知矣。沅弟之仆从随员颇有气焰，面色言语，与人酬接时，吾未及见，而申夫曾述及往年对渠之词气，至今饮憾。以后宜于此四端痛加克治，此谦字工夫也。

每日临睡之时，默数本日劳心者几件，劳力者几件，则知宣勤王事之处无多，更竭诚以图之，此劳字工夫也。

余以名位太隆，常恐祖宗留诒之福自我一人享尽，故将劳、谦、廉三字时时自惕，亦愿两贤弟之用以自惕，且即以自概耳。

湖州于初三日失守，可悯可敬。

同治元年五月十五日

**【译文】**

沅、季弟左右：

帐棚即日开始赶办，解送六个营大约在五月份完成，六月再解送六个营，到时新兵就可以靠此避暑了。小抬枪的火药和大炮的火药，这边并没有区别，两种火药也没有生产。以后一定每月解送火药三万斤到弟弟的军营，缺药的情况不会再有。王可升十四日回省城，其老营十六日可以到达，到了以后马上派往芜湖，以防南岸中段军力空虚。

在雪琴和沅弟之间有很深的嫌隙，一时难以使他们的关系达到水乳交融的地步。沅弟所批雪琴的文稿，对、错的地方都有。弟弟说雪琴声色俱厉。凡眼睛，都可以看到千里之外，却看不见自己的睫毛。声音面貌方面拒人千里之外，而自己却看不见，不知道。雪琴的严厉，雪琴自己并没有意识到。沅弟的声色，恐怕也很严厉，只是不自知而已。

记得咸丰七年的冬天，我埋怨骆、文、耆待我太薄，温甫说："哥哥常给人难堪的脸色。"还记得十一年春，树堂深怨张伴山怠慢骄傲，不够恭敬。我则说树堂的脸色太过严肃，拒人于千里之外。看这两个例证，那沅弟严厉的脸色，不是如同我与树堂一样，只有自己意识不到吗？

我家正处在鼎盛时候，而我又窃居着将相之位。沅弟统领的军队近两万人，季弟统领五千人。近世有如此盛景的，能有几家？沅弟在半年之内，七次拜受君恩，近世像老弟你的又有几个？太阳到了正午就要西斜，月亮盈满则要亏损。我家正是盈满的时候。管子说：

"斗斛满了,由人去刮平,人自满了,由天去刮平。"我说天刮平是无形的,刮平还得借手于人。霍氏盈满了,由魏相刮平,由宣帝刮平;诸葛烙盈满了,由孙峻刮平,由吴主刮平。于他人刮平之时,再去后悔已晚了!

我家正处于丰盈的状况,不等天来刮平,也不等别人来刮平,我与诸弟应当设法自己刮平。

我们又怎么能做到自我刮平呢?也不外乎清、慎、勤三个字而已。我最近将清字改成了廉字,将慎字改成了谦字,勤字改为劳字,更加浅显易懂,这样也有利于实际行动。

沅弟过去对于银钱的收与支,往往不够慎重。朋友们对你讥笑轻视,根源实际上就在这里。去年冬天买犁头嘴、栗子山,对此我很无所谓。以后应不妄取分毫,不寄钱回家,不多送亲族,这是"廉"字工夫。

谦字存于内心,他人并不可知,但外表也可表现谦,大约有四方面:一是脸色;一是言事;一是书信;一是仆从属员。

沅弟一次添招六千人,季弟并不请示,直接招了三千人,这种事别人做不到,对弟弟而言却能做到,还算顺利。而弟弟每次来信,索要帐篷、火药等东西,经常有讥讽的字句,不平的话语,写在给我的信中还有这样的话,给别人的书信就可以想象了。沅弟的仆从属员,很有嚣张气焰,脸色言语,与人应酬接触之时,我没有看见,而申夫说起往年对他的语气态度,仍感到心里不满!以后应在这四个方面痛加改正,"谦"字的工夫应该用在这里。

每天临睡之时,要默默地数一下当日有多少事营心费劲,就知道为国家办的事不多,而更要刻苦地去做,这是"劳"字的工夫。

我因为名声太重,地位太高,经常怕我一个人独享祖宗留下来的福泽,所以时常以"劳、谦、廉"三个字自我约束,也希望两位贤弟以此三字自警,并且做到自我勉励。

初三那天,湖州失守,让人听了很是痛惜,但守城将士的勇气令人敬仰。

同治元年五月十五日

## 自修之道,莫过于养心

**【原文】**

纪泽纪鸿书:

一曰慎独则心安。

自修之道,莫难于养心。心既知有善知有恶,而不能实用其力,以为善去恶,则谓之自欺。方寸之自欺与否,盖他人所不及知,而己独知之。故《大学》之《诚意》章,两言慎独。果能"好善如好好色,恶恶如恶恶臭",力去人俗,以存天理,则《大学》之所谓"自谦",《中庸》之所谓"戒慎恐惧",皆能切实行之。即曾子之所谓"自反而缩",孟子所谓"仰不愧,俯不怍",所谓"养心莫善于寡欲",皆不外乎是。故能慎独,则内省不疚,可以对天地,质鬼神,断无"行有不谦,于心则馁"之时。人无一内愧之事,则天君泰然,此心常快足宽平,是人生第一自强,第一寻乐之方,守身之先务也。

二曰主敬则身强。

"敬"之一字,孔门持以教人,春秋士大夫亦常言之,至程、朱则千言万语,不离此旨。内而专静纯一,外而整齐严肃,敬之工夫也;出门如见大宾,使民如承大祭,敬之气象也;修己以安百姓,笃恭而天下平,敬之效验也。程子谓:"上下一于恭敬,则天地自位,万物自育,气无不和，四灵毕至，聪明睿智，皆由此出。以此事天飨帝”盖谓敬则无美不备也。吾谓“敬”字切近之效，尤在能固人肌肤之会，筋骸之束。庄敬曰强，安肆曰偷，皆自然之征应，虽有衰老病躯，一遇坛庙祭献之时，战阵危急之际，亦不觉神为之悚，气为之振，斯足知敬能使人身强矣。若人无众寡，事无大小，一一恭敬，不敢懈慢，则身体之强健，又何疑乎？

三曰求仁则人悦。

凡人之生，皆得天地之理以成性，得天地之气以成形，我与民物，其大本乃同出一源。若但知私己，而不知仁民爱物，是于大本一源之道，已悖而失之矣。至于尊官厚禄，高居人上，则有拯民溺、救民饥之责。读书学古，粗知大义，即有觉后知、觉后觉之责。若但知自了，而不知教养庶民，是于天之所以厚我者，辜负甚大矣。孔门教人，莫大于求仁，而其最切者，莫要于“欲立立人、欲达达人”数语。立者，自产不惧，发富人百物有余，不假外求。达者，四达不悖，如贵人登高一呼，群山四应。人孰不欲己立己达，若能推以立人达人，则与物同春矣。后世论求仁者，莫精于张子之《西铭》。彼其视民胞物与，宏济群伦，皆事天者性分当然之事。必如此，乃可谓之人；不如此，则日悖德，曰贼。诚如其说，则虽尽立天下之人，尽达天下之人，而曾无善劳之足言，人有不悦而归之者乎？

四曰习劳则神钦。

凡人之情，莫不好逸而恶劳，无论贵贱、智愚、老少，皆贪于逸而惮于劳，古今之所同也。人一日所着之衣，所进之食，与一日所行之事，所用之力相称，则旁人韪之，鬼神许之，以为彼自食其力也。若农夫织妇终岁勤动，以成数石之粟，数尺之布，而富贵之家，终岁逸乐，不营一业，而食必珍馐，衣必锦绣，酣豢高眠，一呼百诺，此天下最不平之事，鬼神所不许也！其能久乎？古之圣君贤相，若汤之昧旦丕显，文王日昃不遑，周公夜以继日，坐以待旦，盖无时不以勤劳自励。《无逸》一篇，推之于勤则寿考，逸则夭亡，历历不爽。为一身计，则必操习技艺，磨炼筋骨，困知勉行，操心危虑，而后可以增智慧而长才识。为天下计，则必己饥己溺，一夫不获，引为余辜。大禹之周乘四载，过门不人，墨子之摩顶放踵，以利天下，皆极俭以奉身，而极勤以救民。故荀子好称大禹、墨翟之行，以其勤劳也。军兴以来，每见人有一材一技、能耐艰苦者，无不见用于人，见称于时。在其绝无材技、不惯作劳者，皆唾弃于时，饥冻就毙。故勤则寿，逸则夭，勤则有材而见用，逸则无能而见弃，勤则博济斯民，而神祇钦仰，逸则无补于人，而神鬼不钦。是以君子欲为人神所凭依，莫大于习劳也。

余衰年多病，目疾日深，万难挽回。汝及诸侄辈，身体强壮者少。古之君子修己治家，必能心安身强，而后有振兴之象，必使人悦神钦，而后有骄集之祥。今书此四条，老年用自警惕，以补昔岁之愆，并令二子各自勖勉。每夜以此四条相课，每月终以此四条相稽，仍寄诸侄共守，以期有成焉。

**【译文】**

纪泽纪鸿书：

一是慎独则内心平定。

自我修养的途径，唯养心最难。心里既然明白有善有恶，却不能尽自己的力量去行善去恶，这只是掩耳盗铃的做法。内心是不是自欺，别人无从知道，只有自己的心知道。因此《大学》的《诚意》一章，两次说到慎独。假如能够像喜欢美色那样喜欢善，讨厌恶的能像讨厌恶臭那样，把人的欲望尽量去除，以存于天理，那么《大学》中的所谓自我反省，《中庸》中的所谓戒除恐惧，便都很实际的做好了。也就是曾子所说的自我反省而有收敛，孟子所说的上无愧于天，下无疚于心，所谓清心寡欲才叫养心，都是这个道理。因此能够慎独的人，自我反省时不感到愧疚，可以面对天地，和鬼神对质，绝没有因行为失态而内心退缩的时候。人假如没有可以内疚的事，面对天地便神色泰然，这样心情是愉快平静的，人生有强的第一层道理也便蕴含其中，是最好的药方，也是修身养性的头一件大事。

二是主敬则身体强健。

"敬"这个字，孔子用来教育后人，也有春秋士大夫常挂在嘴边。到了程、朱时就千言万语不离开这个宗旨。在内专静纯一，在外整齐严肃，这是敬的功夫；在外便如对待宾客，对待百姓像行大祭祀一样谦恭，这是敬的气象；自我修养以让百姓平安，恭敬忠诚以换太平天下，这是敬的效验。程子说上下都坚持恭敬，则天地自己运行，万物自己发育生长，气象和顺，四灵都来了。聪明睿智，都由这些而产生。以这些侍奉天帝，能做到敬便很完美了。我说敬字最贴近我们的功用，尤其在于能让肌肤得到锻炼，身体变得强壮。庄重宁静则一天比一天强，散漫只会导致懒惰的加剧，都是自然的征兆应验，就算是年事高、有疾病的老人，一旦遇到坛庙祭献、战阵危急的时候，也会不知不觉地精神振奋，意气风发，敬能强身的作用便显现其中了。假如不管人多人少、事大事小，都以恭敬之心相待，不敢松懈，那么身体的强壮，还有什么值得怀疑的呢？

三是求仁则人悦。

人一生下来，性情由天地之理形成，形体由天地之气形成，我和百姓万物，其根本是同出一源的。假如只知道谋求私利，却对百姓残暴，不知道爱护万物，这是和本源的道理相违背的。至于高官厚禄，高居在百姓之上，便有拯救百姓于水火中，救济百姓于饥饿之中的责任。读书学习，大义也能粗略知晓，就有使后知后觉的人觉悟起来的责任。假如只是自己知道，而不懂得教养百姓，这就等于辜负了天地的宽仁之心。孔门教育人，最大的莫过于求仁，而其中最要紧的，莫过于"欲立立人，欲达达人"这几句话。立者，自立毫不畏惧，便如有钱人钱财过多，不需向别人借一样；达者，四通八达，没有阻碍，像有威信的人站在高处呼喊连群山都响应一般。谁不愿意自立自达，假如能推而广之使人自立自达，便能天地合一，万物共处了。后代论求仁的，没有比张子的《西铭》更加精辟的了。他把百姓看作万物，广泛周济众生，只当作这本来是应该做的事。只有这样做，才能称为人，不这样做，便是道德败坏的贼。果真能像这样，那么即便立尽天下的人，达尽天下的人，而不标榜善德劳苦，人能不高高兴兴地归服他的吗？

四是习于劳苦则鬼神也敬重。

凡人的性情，没有谁不好逸恶劳，不管贵贱智愚老少，都害怕劳苦，都向往安逸，这一点古今是一样的。倘若一个人每天穿的衣服吃的饮食，相等于他每天的工作量，则旁人会称赞他，鬼神对他也会夸奖有加，认为他是自食其力。倘若农夫织妇终年勤勤恳恳，收获数石之粮食，织成数尺之布，而富贵人家终日安逸享乐，不做一事，而美味在口，华服在身，高枕而眠，一呼百应，这种天下最不公平的事，鬼神也不赞成，怎么能长久呢？古代的圣君贤相，像商汤从天还没亮就开始操劳，文王一直工作到太阳落山，周公夜以继日通宵达旦，都是无时无刻不以勤劳自勉。《无逸》一篇，推广到勤劳则增寿，安逸则早亡，是屡试不爽的。为自己着想，则必须操习技艺，磨炼筋骨，于逆境中抗争，操心竭虑，而后可以增智慧、长见识。为天下人着想，一定要任劳任怨使自己饥渴，在水火之中煎熬自身，把不抓获民贼独夫当做自己的罪过。大禹治水四年，过家门而不入，墨子摩顶放踵，对天下都有利，都是极俭朴以修身，极勤劳以救百姓的实例。因此荀子爱称赞大禹、墨翟的行为，由于他们勤劳。自从我领兵以来，一旦看到有一技之长的人，又能吃苦耐劳的，没有不重用的，这样他们总会做点贡献。而那些没有才技，不惯于劳作的，都被当时的人所唾骂，饥冻而死。所以人长寿因勤勉，夭亡因安逸；勤勉则能人尽其材，安逸则因无能而被人抛弃；勤能够广济百姓，而神灵钦仰，安逸只会害人，鬼神也不羡慕。所以君子若是要担起人神所赋予的责任，最重要的便是学习劳动。

我年老多病，眼病逐渐严重了，治愈恐怕不易。你和侄辈们身体健壮的很少，古代的君子修身齐家，一定要使心境安平，身体强健，这才是吉兆。今天写这四条，是我老年用以自我反省，弥补以往过失；并让二子相互勉励，每天晚上以这四条作为功课，每月终了以这四条作为考查，并且寄给侄儿们，共同遵循，希望终有成就。

## 虚心、实力、勤苦、谨慎八字

**【原文】**

沅弟左右：

接初七夜一缄，欣悉句容克复，从此城贼冲出益无停足之地，当不至贻患他方，至以为慰。

弟增十六小垒，开数处地道，自因急求奏功，多方谋之。闻杭城克复之信，想弟亦增焦灼，求效之心尤迫于星火。惟此等大事，实有天意与国运为之主，特非吾辈所能为力、所能自主者。虚心、实力、勤苦、谨慎八字，尽其在我者而已。

春霆既克句容，宜亲驻句容，专打金陵破时冲出之贼。篪轩办捐之札，专人坐轮船送去。刘方伯札亦发。惟少荃近日与余兄弟音信极稀，其名声亦少减。有自沪来者，言其署是藏珍珠灯、八宝床、翡翠菜碗之类，值数十万金，其弟季荃好货尤甚等语，亦非所宜。将来沪局劝捐，恐又将与余处龃龉。幼丹截分厘金之事，今日具疏争之，竟决裂矣。

奉初六白寄谕，恐金陵军心不一，欲余亲往督办，盖亦深知城大合围之难。余拟复奏，仍由弟一手经营。惟常常怕弟患病，弟千万保养，竟此大功。顺问近好。国藩手草，三月十二日。

**【译文】**

沅弟左右：

收到你初七晚上的一封信，很欣慰你们收复了句容。从此城中敌人冲出之后更无立足之地了，应当不至于祸患到别的地方，非常欣慰。

弟弟增添十六个小营垒，开几处地道，是急功近利，多方设法攻打金陵。得知杭州收复的消息，想必弟弟更加焦急，求得成功的心情仿佛天上划过的流星。这样的大事，事实上是由天意和国家命运在做主，并非我们努力便能做到。在虚心、实力、勤苦、谨慎八字上，竭尽全力就可以了。

句容既已被鲍春霆收复了，就该驻扎在那里，准备专门攻击金陵城攻破时从城中冲出来的敌军。叫篪轩料理捐务的信，由专人坐轮船送去。业已发出致刘方伯的信。李少荃近来与我们兄弟通信极少，他的声誉也大不如前。有从上海来的人，说他官署中收藏有珍珠灯、八宝床、翡翠菜碗之类的物品，价值数十万两白银，而且他的弟弟季荃更喜好财物等等，其实这些他们都不该做。今后沪局鼓励募捐，极可能同我们引发冲突。沈幼丹主张截留厘金分给江西的事，今天写好奏折力争，居然破裂了关系。

奉初六日寄来的圣旨，圣上担心金陵前线军心不统一，交给我到前线督军的重任，可能也是深知城大，合围十分困难。我打算再上奏朝廷由弟弟一人负责到底。只是经常害怕弟弟会患病，弟弟千万注意保养身体，把这项大功拿下。随信问候，希望一切安好。国藩手草，三月十二日。

## 不可贪爱奢华，不可惯习懒惰

**【原文】**

字谕纪鸿儿：

家中人来营者，多称尔举止大方，余为少慰。凡人多望子孙为大官，余不愿为大官，但愿为读书明理之君子。勤俭自持，习劳习苦，可以处乐，可以处约，此君子也。

余服官二十年，不敢稍染官宦气习，饮食起居，尚守寒素家风，极俭也可，略丰也可，太丰则吾不敢也。凡仕宦之家，由俭入奢易，由奢返俭难。尔年尚幼，切不可贪爱奢华，不可惯习懒惰。无论大家小家、士农工商，勤苦俭约，未有不兴，骄奢倦怠，未有不败。尔读书写字，不可间断，早晨要早起，莫坠高曾祖考以来相传之家风。吾父吾叔，皆黎明即起，尔之所知也。

凡富贵功名，皆有命定，半由人力，半由天事。惟学作圣贤，全由自己作主，不与天命相干涉。吾有志学为圣贤，少时欠居敬工夫，至少犹不免偶有戏言戏动。余宜举止端庄，言不妄发，则人德之基地。

九月廿九夜手谕，时在江西抚州门外。

**【译文】**

字谕纪鸿儿：

从家里到营中来的人，对你大方的举止夸赞有加，我对此稍感欣慰。世人大多希望自己的子孙能做大官，我不希望后人做大官，只要是个君子，并能通情达理便可。勤俭自立持家，习劳习苦，可处于安乐中，可处于节俭中，这就是君子。

我做官已有二十年了，官场俗气一点也没沾染，饮食起居，依然遵照寒素家风，非常俭朴也可以，稍微丰盈点儿也可以，可却不敢太过丰厚。凡是做官的人家，从俭朴到奢侈容易，从奢侈回到俭朴就困难了。你现在年纪还小，千万不要贪图奢侈，不能养成懒散的习惯。不管是大户人家和小户人家，士农工商各种人，只要勤俭节约，家业便能兴旺；骄奢倦怠，没有家业不衰落的。你读书写字不要间断；早晨要早起，不要丢下高曾祖父的家风。我的父亲和叔父，都是黎明就起床，这是你所了解的。

凡是富贵功名，都是命里注定，天命和人事各占一半。只有学做圣贤，全靠自己做主，与天命不相关联。我有志学做圣贤，可小时候丢下了居家敬谨的功夫，因此到现在还免不了时有戏言和戏谑的行为。你应该举止端庄，不妄说话，道德修养的根本便蕴藉其中。

九月二十九日夜手谕，时在江西抚州门外。

## 大名之名不可强求

**【原文】**

沅弟左右：

十九日接弟十六日信，具悉上海解到十三万六千，合之前批之银三万钱二万串，共得银十八万有奇。春霆分去五万，合之大通之二万，又由江外粮台再解二万，即足九万之数。加以篪轩所办之米四千石，霆营尽可起程援江矣。

弟收沪银十三万零，今日再由江外粮台解去六万，合之各卡厘金，计亦可勉强过节。此节之不决裂，实天幸也。

“深信器重”，施之于富，或容有之，施之于冯，则甚不确。富欲派六千人助剿金陵，亦有信到此间，拟复信令其调回北岸，守六合而保里下河，预防湖北股匪。十二日之片，亦已发其端矣。

事事落人后着，不必追悔，不必怨人，此等处总须守定"畏天知命"四字。金陵之克，亦本朝之大勋，千古之大名，全凭天意主张，岂尽关乎人力？天于大名，吝之惜之，千磨百折，难艰拂乱而后予之。老氏所谓"不敢为天下先"者，即不敢居第一等大名之意。弟前岁初进金陵，余屡信多危惊做戒之辞，亦深知大名之不可强求。

今少荃二年以来，屡立奇功，肃清全苏，吾兄弟名望虽减，尚不致身败名裂，便是家门之福。老师虽久，而朝廷无贬词，大局无他变，即是吾兄弟之幸。只可畏天知命，不可怨天尤人。所以养身却病在此，所以持盈保泰亦在此。千嘱千嘱，无煎迫而致疾也。

顺问近好。国藩手草，四月廿日。

【译文】

沅弟左右：

十九日收到老弟十六日来信，得知已有解到上海白银十三万六千两，加上前一批的银三万两和钱二万贯，共计得白银十八万两以上。春霆分去五万两，加上大通的二万两，反一万两来源于江外粮台的银子算上，就够九万两。加上篪轩所采办的米粮四千石，春霆军对江西的援助已足够，可以出发。

弟收入上海饷银整十三万两，今天再从江外粮台解去六万两，把各卡厘的厘金也算上，合计也能凑合过端午节了。到端午节我军若不崩溃，实在是上天赐予的幸运。

如果说朝廷重视才能，对富明阿确是这么回事，但却不适用于冯子材身上。富明阿想派六千人来协助围剿金陵城，也有信函来这里，我打算回信让他把长江北岸的六合守卫调回，保护里下河，预先防御湖北敌人。十二日的附片便已经说起这件事。

部署事事落在他人之后，既不必懊悔，对别人也不该抱怨，这些地方总应该守住"畏天知命"这四个字。收复金陵，是本朝的大功勋，千古的大功名，只有上天才能做主这件事，怎么会完全由人力决定呢？上天总吝啬大的功名，经千百次磨炼，艰难动乱之后才能赐予。老子所说的"不敢为天下先"这句话，就是说不敢身居最高功绩的地位的意思。弟前年刚进攻金陵，我多次写信大多是恐惧儆戒之辞，也深深明白不能强求大名。

少荃自同治二年以来屡建奇功，肃清江苏全境，这些尽管使我兄弟名声降低，还不至于身败名裂，而家门的福气便指这些。让军旅疲乏困顿的时间已经很长久了，而朝廷并没有贬斥之词，全局没有其他变故意外，我们兄弟应该庆幸这种事情。只能敬畏上天，顺从天命，不能埋怨上天，怪罪别人。我们就是靠这个保养身体、祛除疾病，维持我家盈满之象，保持通畅、安然。千嘱千嘱。不要内心过于煎熬焦急而致患病。

随信问候，希望一切安好。国藩手草，四月廿日。

## 苟能立志，何事不可为？

【原文】

四位老弟足下：

自七月发信后，未接诸弟信，乡间寄信较省城百倍之难，故余亦不望也。

九弟前信有意与刘霞仙同伴读书，此意甚佳。霞仙近来读朱子书，大有所见，不知其言语容止、规格气象如何？若果言动有礼，威仪可则，则直以为师可也，岂特友之哉！然与之同居，亦须真能取益乃佳，无徒浮慕虚名。人苟能自立志，则圣贤豪杰，何事不可为？何必借助他人！“我欲仁，斯仁至矣。”我欲为孔孟，则日夜孜孜，惟孔孟之是学，人谁得而御我哉？若自己不立志，则虽日与尧舜禹汤同住，亦彼自彼，我自我矣，何与于我哉！

去年温甫欲读书省城，吾以为离却家门局促之地而与省城诸胜己者处，其长进当不可限量。乃两年以来，看书亦不甚多，至于诗文，则绝无长进，是不得归咎于地方之局促也。去年余为择师丁君叙忠，后以丁君处太远，不能从，余意中遂无他师可从。今年弟自择罗罗山改文，而嗣后杳无信息，是又不得归咎于无良友也。日月逝矣，再过数年则满三十，不能不趁三十以前立志猛进也。

余受父教，而余不能教弟成名，此余所深愧者。他人与余交，多有受余益者，而独诸弟不能受余之益，此又余所深恨者也。今寄霞仙信一封，诸弟可抄存信稿而细玩之。此余数年来学思之力，略具大端。

六弟前嘱余将所作诗录寄回。余往年皆未存稿，近年存稿者，不过百余首耳，实无暇抄写，待明年交一本付回可也。国藩草。

【译文】

四位老弟足下：

自七月间发信后来收到诸弟来信，乡下寄信比省城要难百倍，所以我也不是很奢望。

九弟上次来信说想与刘霞仙结伴读书，这个意见非常好。霞仙近来读朱子书大有心得，不知道他的言谈举止、规格气象怎么样？假如真是言谈行动合乎礼，气度庄重值人效仿，为师也是可以的，并非只把他看做朋友。不过与他住在一起，也须真能受益才好，不要只是图他的名声。人若是能立志，则可以做圣贤豪杰所作之事，何必借助于人！“我欲仁，斯仁至矣。”我想要成为孔、孟，则日夜不倦，把孔孟之学钻研透彻，谁又能阻止我呢？如果是自己不立志，就是每天与尧舜禹汤这些圣人住在一起，他跟我也毫不沾边，一点也不管用的！

去年六弟想要去省城读书，我想可以远离家门口这小块地方，到省城与比自己强的人相处，应该进步不小。谁知他两年以来看书也不太多，至于诗文，则丝毫没有进步，这是不能归罪于天地太小的。去年我为你选定拜丁君叙忠为师，后来由于与丁君相隔甚远，不能跟从他学习。我印象中能拜老师的人也没几个。今年弟自己选定罗罗山改文，而后又没有消息，这又不能归罪于没有学习的良友。日月如梭，三十岁转眼而至，不能不趁三十以前立志奋进。

我受父亲教诲，对弟弟成才却教育不多，这是我深感惭愧的，其他人与我交往，多有受我启发的，而独独我的弟弟不能受我一点启示，我又深深遗憾于这件事。如今有寄给霞仙的信一封，诸弟可抄下来细细体味。我数年来苦学的心得，在这封信里已写明。

六弟上次嘱咐要我寄回自己所作的诗。之前我都没有存底稿，近年存下底稿的不过百余首，实在没有时间抄写，待明年寄回全本诗即可。国藩草。

## 一致诸弟：

告兄弟相处之道

【原文】

诸位老弟足下：

正月十五日接到四弟、六弟、九弟十二月初五日所发家信。四弟之信三页，语语平实。

责我待人不恕，甚为切当。谓月月书信徒以空言责弟辈，却又不能实有好消息，令堂上阅兄之书，疑弟辈粗俗庸碌，使弟辈无地可容云云。此数语，兄读之不觉汗下。

我去年曾与九弟闲谈，云为人子者，若使父母见得我好些，谓诸兄弟俱不及我，这便是不孝；若使族党称道我好些，谓诸兄弟俱不如我，这便是不悌。何也？盖使父母心中有贤愚之分，使族党口中有贤愚之分，则必其平日有讨好的意思，暗用机计，使自己得好名声，而使其兄弟得坏名声，必其后日之嫌隙由此而生也。刘大爷、刘三爷兄弟皆想做好人，卒至视如仇雠。因刘三爷得好名声于父母族党之间，而刘大爷得坏名声故也。今四弟之所责我者，正是此道理，我所以读之汗下。但愿兄弟五人，各各明白这道理，彼此互相原谅。兄以弟得坏名为忧，弟以兄得好名为快。兄不能使弟尽道得令名，是兄之罪；弟不能使兄尽道得令名，是弟之罪。若各各如此存心，则亿万年无纤芥之嫌矣。

至于家塾读书之说，我亦知其甚难，曾与九弟面谈及数十次矣。但四弟前次来书，言欲找馆出外教书。兄意教馆之荒功误事，较之家塾为尤甚。与其出而教馆，不如静坐家塾。若云一出家塾便有明师益友，则我境之所谓明师益友者，我皆知之，且已夙夜熟筹之矣。惟汪觉庵师及欧阳沧溟先生，是兄意中所信为可师，按衡阳风俗，只有冬学要紧，自五月以后，师弟皆奉行故事而已。同学之人，类皆庸鄙无志者，又最好讪笑人（其笑法不一，总之不离乎轻薄而已。四弟若到衡阳去，必以翰林之弟相笑。薄俗可恶）。乡间无朋友，实是第一恨事。不怕无益，且大有损。习俗染人，所谓与鲍鱼处，亦与之俱化也。兄曾与九弟道及：谓衡阳不可以读书，涟滨不可以读书，为损友太多故也。

今四弟意必从觉庵师游，则千万听兄嘱咐，但取明师之益，无受损友之损也。接到此信，立即率厚二到觉庵师处受业。其束脩，今年谨具钱十挂。兄于八月准付回，不至累及家中。非不欲从丰，实不能耳。兄所最虑者，同学之人无志嬉游，端节以后放散不事事，恐弟与厚二效尤耳。切戒切戒。凡从师必久而后可以获益。四弟与季弟今年从觉庵师，若地方相安，则明年仍可从游；若一年换一处，是即无恒者，见异思迁也，欲求长进难矣。

此以上答四弟信之大略也。

六弟之信，乃一篇绝妙古文。排奡似昌黎，拗很似半山。予论古文，总须有倔强不驯之气，愈拗愈深之意。故于太史公外，独取昌黎、半山两家。论诗亦取傲兀不群者，论字亦然。每蓄此意，而不轻谈。近得何子贞意见极相合，偶谈一二句，两人相视而笑，不知六弟乃生成有此一枝妙笔。往时见弟文，亦无大奇特者，今观此信，然后知吾弟真不羁才也。欢喜无极！凡兄所有志而力不能为者，吾弟皆可为之矣。

信中言兄与诸君子讲学，恐其渐成朋党。所见甚是。然弟尽可放心。兄最怕标榜，常存闇然尚絅之意，断不至有所谓门户自表者也。信中言四弟浮躁不虚心，亦切中四弟之病。四弟当视为良友药石之言。信中又有"荒芜已久，甚无纪律"二语称此甚不是。臣子与君亲，但当称扬善美，不可道及过错；但当谕亲于道，不可疵议细节。兄从前常犯此大恶，但尚是腹诽，未曾形之笔墨。如今思之，不孝孰大乎是？常与欧阳牧云并九弟言及之，以后愿与诸弟痛惩此大罪。六弟接到此信，立即至父亲前磕头，并代我磕头请罪。

信中又言："弟之牢骚，非小人之热中，乃志士之惜阴"。读至此，不胜惘然，恨不得生两翅忽飞到家，将老弟劝慰一番，纵谈数日乃快。然向使诸弟已入学，则谣言必谓学院做情。众口铄金，何从辩起！所谓塞翁失马，安知非福。科名迟早，实有前定，虽惜阴念切，正不必以虚名萦怀耳。

来信言看《礼记》疏一本半，浩浩茫茫，苦无所得，今已尽弃，不敢复阅，现读朱子《纲目》，日十余页云云。说到此处，兄不胜悔恨。恨早岁不曾用功，如今虽欲教弟，譬盲者而欲导人之迷途也，求其不误难矣。

然兄最好苦思，又得诸益友相质证，于读书之道，有必不可易者数端：穷经必专一经，不可泛骛。读经以研寻义理为本，考据名物为末。读经有一耐字诀。一句不通，不看下句；今日不通，明日再读；今年不精，明年再读。此所谓耐也。读史之法，莫妙于设身处地。每看一处，如我便与当时之人酬酢笑语于其间。不必人人皆能记也，但记一人，则恍如接其人；不必事事皆能记也，但记一事，则恍如亲其事，经以穷理，史以考事。舍此二者，更别无学矣。

盖自西汉以至于今，识字之儒约有三途：曰义理之学，曰考据之学，曰词章之学。各执一途，互相诋毁。兄之私意，以为义理之学最大。义理明则躬行有要而经济有本。词章之学，亦所以发挥义理者也。考据之学，吾无取焉矣。此三途者，皆从事经史，各有门径。吾以为欲读经史，但当研究义理，则心一而不纷，是故经则专守一经，史则专熟一代，读经史则专主义理。此皆守约之道，确乎不可易者也。

若夫经史而外，诸子百家，汗牛充栋。或欲阅之，但当读一人之专集，不当东翻西阅。如读《昌黎集》，则目之所见，耳之所闻，无非昌黎。以为天地间，除《昌黎集》而外，更别无书也。此一集未读完，断断不换他集，亦专字诀也。六弟谨记之。

读经、读史、读专集、讲义理之学，此有志者万不可易者也。圣人复起，必从吾言矣。然此亦仅为有大志者言之。若夫为科名之学，则要读四书文，读试帖、律赋，头绪甚多。四弟、九弟、厚二弟天质较低，必须为科名之学。六弟既有大志，虽不科名可也，但当守一耐字诀耳。观来信言读《礼记》疏似不能耐者，勉之勉之。

兄少时天分不甚低，厥后日与庸鄙者处，全无所闻，窍被茅塞久矣。及乙未到京后，始有志学诗古文并作字之法，亦苦无良友。近年得一二良友，知有所谓经学者、经济者，有所谓躬行实践者，始知范、韩可学而至也，司马迁、韩愈亦可学而至也，程、朱亦可学而至也。慨然思尽涤前日之污，以为更生之人，以为父母之肖子，以为诸弟之先导。无如体气本弱，耳鸣不止，稍稍用心，便觉劳顿。每自思念，天既限我以不能苦思，是天不欲成我之学问也。故近日以来，意颇疏散。计今年若可得一差，能还一切旧债，则将归田养亲，不复恋恋于利禄矣。粗识几字，不敢为非以蹈大戾已耳，不复有志于先哲矣。

吾人第一以保身为要。我所以无大志愿者，恐用心太过，足以疲神也。诸弟亦须时时以保身为念，无忽无忽。

来信又驳我前书，谓必须博雅有才，而后可明理有用。所见极是。兄前书之意，盖以躬行为重，即子夏“贤贤易色”章之意。以为博雅者不足贵，惟明理者乃有用，特其立论过激耳。六弟信中之意，以为不博雅多闻，安能明理有用？立论极精，但弟须力行之，不可徒与兄辩驳见长耳。来信又言四弟与季弟从游觉庵师，六弟、九弟仍来京中，或肄业城南云云。兄之欲得老弟共住京中也，其情如孤雁之求曹也。自九弟辛丑秋思归，兄百计挽留，九弟当能言之。及至去秋决计南归，兄实无可如何，兄得听其自便。若九弟今年复来，则一岁之内忽去忽来，不特堂上诸大人不肯，即旁观亦且笑我兄弟轻举妄动。且两弟同来，途费须得八十金，此时实难措办。弟云能自为计，则兄窃不信。曹西垣去冬已到京，郭筠仙明年始起程，目下亦无好伴。惟城南肄业之说，则甚为得计。兄于二月间准付银二十两至金竺虔家，以为六弟、九弟省城读书之用。竺虔于二月起身南旋，其银四月初可到。

弟接到此信，立即下省肄业。省城中兄相好的如郭筠仙、凌笛舟、孙芝房，皆在别处坐书院。贺蔗农、俞岱青、陈尧农、陈庆覃诸先生皆官场中人，不能伏案用功矣。惟闻有丁君者（名叙忠，号秩臣，长沙廪生），学问切实，践履笃诚。兄虽未曾见面，而稔知其可师，凡与我相好者，皆极力称道丁君。两弟到省，先到城南住斋，立即去拜丁君（托陈季牧为介绍），执贽受业。

凡人必有师；若无师，则严惮之心不生。即以丁君为师，此外择友则慎之又慎。昌黎曰："善不吾与，吾强与之附；不善不吾恶，吾强与之拒。"一生之成败，皆关乎朋友之贤否，不可不慎也。

来信以进京为上策，以肄业城南为次策，舱郏兄非不欲从上策，因九弟去来太速，不好写信禀堂上。不特九弟形迹矛盾，即我禀堂上亦必自相矛盾也。又目下实难办途费。六弟言能自为计，亦历甘苦之言耳。若我今年能得一差，则两弟今冬与朱啸山同来甚好。目前且从次策，如六弟不以为然，则再写信来商议可也。此答六弟信之大略也。

九弟之信，写家事详细，惜说话太短。兄则每每太长，以后截长补短为妙。尧阶若有大事，诸弟随去一人帮他几天，牧云接我长信，何以全无回信？毋乃嫌我话太直乎？扶乩之事，全不足信。九弟总须立志读书，不必想及此等事。季弟一切皆须听诸兄话。

此次折弁走甚急，不暇抄日记本。余容后告。

冯树堂闻弟将到省城，写一荐条，荐两朋友。弟留心访之可也。

道光二十三年正月十七日

【译文】

诸位老弟足下：

正月十五日接到四弟、六弟、九弟十二月初五所发出的家信。其中四弟的三页信中，句句平实，尤其是批评我待人不够宽恕这一点，说得恳切恰当。说每月写信只是用空话责备弟弟们，却又几乎没有具体实际的好消息，令长辈们阅信后疑心弟弟们整日碌碌无为，不务正业，不思上进，让弟辈们无地自容等。这些话，为兄看了很惭愧。

去年我与九弟闲谈之时，曾说为人子者，如果父母过分地偏爱我，认为比别的兄弟都好，这就是不孝；若使家族同乡对我极力夸赞，而贬低众兄弟，认为都不如我出色，这就是对兄弟不友爱。原因是什么呢？那是因为如果贤能愚蠢在父母心中已有了计较，族人同乡口中有了贤能愚蠢的区别，那么平时刻意讨好的情况必有发生，以致暗用心计，自己落得个好名声，而让兄弟们身负恶名，以后自然会连续发生矛盾。比如刘大爷、刘三爷都想做好人，最后却闹得如同仇敌一般。就是因为刘三爷在父母面前、族人同乡之间得好名声，而坏名声却落在刘大爷身上。现在四弟所责备我的，也是这个道理，所以让我惭愧不已。但愿我们兄弟五人，各自都明白这个道理，彼此相互原谅。当兄长的忧虑弟弟得坏名声，弟弟为兄长得好名声而快乐。兄长不能让弟尽孝道得美名，是兄长的罪；弟弟不能让兄长尽孝道而得美名，是弟弟的罪。若彼此都能有这样的想法，那么什么时候都不会有一点矛盾了。

至于在家塾中读书做学问，我明白这也很困难。我曾经就此事与九弟面谈数十次了。但四弟前一次来信，说想找个地方边教边学，为兄认为如此是把时间浪费了，比在家塾更甚。与其外出教书，不如静坐家塾。至于说一离开家塾就有良师益友，那么真正的朋友，我都了解，且已经彻夜筹划好了，认为只有汪觉庵先生和欧阳沧溟先生，这些老师是为兄心中最信赖的。按衡阳的风俗,只有冬学要紧,从五月以后,师生都只是应付走过场而已。同学的人,大都平庸无志,又最爱嘲笑人(其笑法不一,总之不离轻薄。四弟若去衡阳,定要笑你是翰林之弟,薄俗可恶)。乡间无朋友,实在是第一恨事。好处没有,只有坏处。习俗染人,所谓入鲍鱼之肆也与其同化了。我曾经与九弟谈起,说衡阳不可以读书,涟滨也不可以读书,只因有太多坏朋友。

如今四弟已打定主意跟随衡阳觉庵先生学习,为兄之言必须听取,牢记嘱托,只需吸取良师的好处,千万不可受劣友的负面影响。接到这封信之后,望四弟立即带厚二到觉庵处受业。至于所需之学费,我已经为今年备好了十挂钱,将于八月寄回,不会误时,以免拖累家里。我也想多给家寄一些钱物,实在是心有余而力不足。为兄最为忧虑的事情,是同学中庸庸碌碌,而只知道嬉笑玩耍,至端午节放散后无所事事,怕四弟与厚二照着坏样子去做。切记切记。跟从老师学习时间长了,收获才会有的。四弟与季弟今年跟觉庵老师学习,如地方安定,则明年还可以跟觉庵学习;如果一年换一个地方,就是没恒心的人,若见异思迁,便很难求得长进。

以上所说是简略地答复四弟的信。

六弟的信,非常精彩。其文笔矫健有力,颇有韩昌黎之风,而奔放不羁的风格又很像半山。在我看来,古文就应该具有倔强不驯的文风、愈拗愈深的意境,所以除了太史公外,当此殊荣的唯独昌黎、半山两家。论诗要取孤兀不群的人,论字也是这样。这些我早已于心中思虑良久,只是不说罢了。近来与何子贞意气相投,才偶尔说一二句,两人相视而笑。我还真不知六弟有如此妙笔。以前读六弟的文章,也就一般。现在看到这封信,才知六弟竟然是个不羁之才。我太高兴了!凡是我有志去做而力不从心的愿望,我的弟弟都可以做到了。

信中说到我与各位君子共同讲学,也许一个朋党会渐渐形成。这种看法是很对的。不过六弟尽管放心,我最怕招摇,常想着要时时留意,绝对不以门房之言标榜自己。信中说到四弟浮躁不虚心,我认为这四弟的毛病正好中肯,四弟应把这视作良友药石之言。信中还有"荒芜已久,甚无纪律"这样的话。非常不正确。身为大臣的,就应敬爱国君,称赞他善良美好的地方,国君的过错要忽略;应用道理来使亲人觉悟,而不应议论些小事。我以前常犯这样的大毛病,但只是在心里想,没把它写下来。如今想来,多么不讲孝义啊!经常与欧阳牧云和九弟说到这些,以后我愿与各位兄弟一块儿痛惩这种大罪。六弟接到这封信之后,要立即到父亲跟前磕头谢罪,并代我磕头。

信中又说到弟弟的牢骚特别大,不过并不是小人热衷功名而不得的牢骚,而是有志者珍惜光阴而生出的感叹。读到此处,为兄不禁心生惘然,恨不得长一对翅膀飞回家中,劝慰毛弟一下,长谈数日才痛快。如果大家都入学了,则必有小人造谣说是学院做的人情,以致众口铄金,无法分辨!所谓塞翁失马,焉知非福。科名迟早,实为前世注定,即使再有珍惜时间的强烈念头,也不必只注重虚名。

来信中还说看了一本半《礼记》疏,浩浩茫茫,苦无所得,现在已全部放弃,不敢再读,现正读朱子《纲目》,每日十余页等。说到这里,为兄不胜悔恨。非常遗憾当年没用心努力,现在就是有心指点弟弟一二,也生怕如盲人带路一般,很难没有错路!

不过我从小喜欢探索,再加上得益于各位好友相互的验证和启发,深谙读书之道,有几条固定不变的原则:研究经书必定先专通一经,不可泛读。读经书必以研究寻求义理为本,以考证援引物事为末。经书中的一个耐字口诀是:一句不通,不看下句;今日不通,明日再读;今年不精,明年再读。这就是耐心。读史书的办法,最好莫过于换位思考。每看一处,就好比我曾与当时人物一起饮酒畅谈一般。不必人人都能记住,要记一个人,就恍如认识一个人;不必事事都要熟记,要牢牢地记住其中一件事,这件事就好像亲身经历的。研究经书的过程是可以寻求道理的,研究史书是可以考证历史的。抛开这两条,就没有其他有价值的了。

自西汉至今,读书人作学问一般有三条途径:一是义理之学,二是考据之学,三是词章之学。只是三者之间历来是各执一端,相互诋毁。我个人认为,义理之学在三者之中学问最大。义理清楚则身体力行有原则,对人处事有根基。词章之学,是发挥义理的工具。考据之学,我的收获比较少。这三条途径,都可为研习经书史学服务,各有方法。但我认为,要读好经书史学,首先就应当研究义理,就会专心致志而不为外界干扰。因而学经则应专守一经,学史则当专熟一代,读经书史学则专心致志于义理。这些都是做学问要用心专一的道理,亘古不变。

至于经史,诸子百家之学,数不胜数。如果想阅读,只应读一个人的专集,不应东翻西翻。比如读《昌黎集》,则眼睛所看见的,耳朵所听见的,无非就是昌黎,认为天下间只有《昌黎集》外,再没有其他书了。一个人的集子没读完,不可更换,这也是"专"字秘诀。以上所说六弟要用心牢记。

读经、读史、读专集、讲义理之学,有志向的人要终生致力于此,不可更改和转移丝毫。就是圣人再生,我的话他也会听。不过这些也只是对那些胸怀远大志向的人而言。如果是为了科举功名,那就要读四书,读试帖、律赋等,种类更多。四弟、九弟、厚二弟三人智力并不是特别好,那就做考取科举获得功名的学问。六弟既然胸怀大志,不致力于科举也可,但应牢记一"耐"字诀,专一安静地做学问。从来信中可见,读《礼记》疏时就好像已经有些不耐烦,这可是万万不行的,一定要克制自己,继续努力。

我年少时天分不差,只是后来每天与平庸鄙薄之人相处,以致见识短浅,学问上难以开窍。待到乙未年进京后,才在诗文和书法上用心研究,遗憾的是当时还是没有可以共同进步的良友。近些年与一两位良友结交,知道有经学、经济和躬行实践的说法,才知道范、韩二人的境界是可以通过学习达到的,司马迁、韩愈的境界,程、朱也是这样。得知此道理后,我慨然兴起,打算将昨日之污点扫尽,作为再生之人,做父母的好儿子、各位兄弟的先导。无奈身体虚弱,耳鸣不止,稍微用心,就觉得劳累。每次想到这些,老感觉老天在限制我,让我不能努力思考,不想成全我研究学问的心愿。正因如此,近日来总是心灰意冷,提不起兴趣,只想得一官半职,以还清一切旧债,之后就回老家侍奉父母,不再留恋在京为官。粗识几个字,懂些道理,也只是不敢为非作歹犯下大错而已,达到前贤的境界不敢再奢望。

我这人以保重身体为第一,之所以无大志,是怕用心太多,劳神以致病。你们也要保重身体为主,千万不要不把身体当回事。

诸弟在这次的来信中反对我的上封信,认为必须博学多才,以后才能明理致用,我承认这个看法是对的。我的信,是强调身体力行、实践的重要性,即子夏"贤贤易色"章的意思。认为博学不足贵,只有明理才有用,或许言语过激了。六弟信中的意思,是说不博学多才,怎么能明理有用?立论极精,但弟须身体力行,不能只是与我辩驳时的气势见长。来信又说四弟与季弟受业于觉庵老师,六弟九弟仍然来京,或修业城南等等,兄长想与弟弟们共住京城,这种感情好比孤雁求群。自从九弟辛丑秋想回家,兄长百计挽留,九弟应该说过了。等到去年秋天他决定回家,兄长一筹莫展,只得听他自便。如果九弟今年再来,则一年之内,忽去忽来,不仅家里前辈们不肯,就是旁观者也会哂笑他来回奔波。并且两弟同来,路费要花八十金,现在实在难以筹办,六弟说能够自己解决,为兄我不敢相信。曹西垣去年冬天已到京城,郭筠仙明年才上路,眼下也没有好伙伴。只有城南修业一说,还比较切合实际。我在二月里一定送银二十两到金竺虔家,当做六弟、九弟在省城读书的费用。竺虔于二月动身去南方,这笔银子四月初可到这。

弟接到这封信,可即刻启程去省城修业。省城中有我的好友,如郭筠仙、凌笛舟、孙芝房,都在别处的学院教书。贺蔗农、俞岱青、陈尧农、陈庆覃诸先生都是官场中人,没有时间伏案用功。只听说丁君(名叙忠,号秩臣,长沙廪生)学问渊博品行高尚。我虽然未曾谋面,但早就知道这个人是可以为师的。我的朋友都表扬他。两弟到省城之后,先到城南安身,然后立即去拜访丁君(托陈季牧介绍),执贽受业,拜为老师。

凡为人必有师;若是无老师,就没有畏惧严格的心意。就以丁君为师吧。另外,要谨慎交友,昌黎说:"善不吾与,吾强与之附;不善不吾恶,吾强与之拒。"一个人一生成败,与朋友是否贤能关系重大,千万不能掉以轻心,要慎重行事。

来信中以进京为上策,次策为在城南学校修业。为兄不是不想从上策,是因为九弟来去间隔太短,不好写信禀告长辈。不仅九弟形迹矛盾,就是我告知长辈也必前后矛盾,再则眼下路费实难筹齐。六弟说自己去想办法,同样是很难筹足。如果今年我求得一官职,则两位弟弟冬天与朱啸山一起来更好。目前暂且从次策,若六弟认为不可,再写信来商量。以上来信简略回复六弟。

九弟的信,将家中的详细情形一一告知,可惜语言太过简单,话说得太短。我写信又总是太长,而九弟又太短,今后应以截长补短为妙。尧阶如果有大事,弟弟就随意去个人去帮助他。牧云接到我的长信,不知为什么至今不见回音?不会是嫌我说话过于直率吧?扶乩之事,全不足信。九弟只需专心读书做学问,无须对这些事费心。季弟一切要听各位哥哥的。

这次送信的走得太仓促,没时间将日记抄入其中了,容日后去信时再说吧。

冯树堂听说弟弟将要起身前往省城,便写了一封推荐信,推荐你认识两个朋友。弟可留心访求。

道光二十·三年正月十七日

## 一二谕纪泽:

### 读书当勤勉,做人需忠恕

**【原文】**

字谕纪泽儿:

余此次出门,略载日记,即将日记封每次家信中。闻林文忠家书,即系如此办法。

尔在省,仅至丁、左两家,余不轻出,足慰远怀。读书之法,看、读、写、作,四者每日不可缺一。看者,如尔去年看《史记》、《汉书》、《韩文》、《近思录》,今年看《周易折中》之类是也。读者,如"四书"、《诗》、《书》、《易经》、《左传》诸经、《昭明文选》、李杜韩苏之诗、韩欧曾王之文,非高声朗诵则不能得其雄伟之概,非密咏恬吟则不能探其深远之韵。譬之富家居积,看书则在外贸易,获利三倍者也,读书则在家慎守,不轻花费者也;譬之兵家战争,看书则攻城略地,开拓土宇者也,读书则深沟坚垒,得地能守者也。看书如子夏之'旧知所亡"相近,读书与"无忘所能"相近,二者不可偏废。

至于写字,楷行篆隶,尔颇好之,切不可间断一日。既要求好,又要求快。余生平因作字迟钝,吃亏不少。尔须力求敏捷,每日能作楷书一万则几矣。

至于作诸文,亦宜在二三十岁立定规模;过三十后,则长进极难。作四书文,作试帖诗,作律赋,作古今体诗,作古文,作骈体文,数者不可不一一讲求,一一试为之。少年不可怕丑,须有狂者进取之趣,过时不试为之,则后此弥不肯为矣。

至于作人之道,圣贤千言万语,大抵不外敬恕二字。《仲弓问仁》一章,言敬恕最为亲切。自此以外,如立则见参于前也,在车则见其倚于衡也;君子无众寡,无小大,无敢慢,其为泰而不骄;正其衣冠,俨然人望而畏,斯为威而不猛,是皆言敬之最好下手者。孔言欲立立人,欲达达人;孟言行有不得,反求诸己。以仁存心,以礼存心,有终身之忧,无一朝之患,是皆言恕之最好下手者。尔心境明白,于恕字或易著功,敬字则宜勉强行之。此立德之基,不可不谨。

科场在即,亦宜保养身体。余在外平安,不多及。

再,此次日记,已封入澄侯叔函中寄至家矣。余自十二至湖口,十九夜五更开船晋江西省,二十一申刻即至章门。余不多及。又示。涤生手谕(舟次樵舍,去江西省城八十里)。

咸丰八年七月廿一日

【译文】

字谕纪泽儿:

我这次出门,把日记简略地记了下来,并把日记附在家信中寄回。听说林文忠所写的家信,也有类似的做法。

你虽身在省城,只到丁、左两家拜访,别的时候只在家里待着,我虽远离家乡,也足以安慰了。读书的方法,要坚持看、读、写、作四方面并行,不能偏漏。要看的,就像你去年看《史记》、《汉书》、《韩文》、《近思录》,还有你今年看的书《周易折中》等;要读的,如"四书"、《诗》、《书》、《易经》、《左传》等经典,《昭明文选》、李杜韩苏的诗、韩欧曾王的文章,要高声朗读一些诗,否则很难感受得到书中的雄伟气概,有些则适合低吟轻咏,这样才能领会神韵的悠然。若用富贵人家的囤积来作比喻,看书就像在外做生意,获利三倍,而读书便如在家中慎守家业,不轻易花费;若拿兵家战争来作比喻,看书就是攻城略地,开拓疆土,读书就是深沟坚垒,坚守寸土。看书就如子夏所说"日知所亡"类似,读书与"无忘所能"接近,二者不可偏废。

至于写字,楷行篆隶,你都很喜欢,但要天天坚持练字。不但要求写得好,而且也要求快。我这一生,由于写字速度缓慢,吃尽了苦头。你在写字的时候要力求敏捷快速,每天要能写一万字以上的楷书,这个程度便可达到。

至于写文章,也应在二三十岁时打好基础,过了三十,便很难再有所长进了。作四书文,作试帖诗,作律赋,作古今体诗,作古文,作骈体文,这些都要区分对待,试作也要区别。少年不可怕丑,要有狂妄进取的志趣,这时不去尝试,以后弥补便艰难了。

关于做人的道理,先哲们已说了很多,也都不外乎“敬恕”两个字。《仲弓问仁》一章,对敬恕之道作了最为贴切的阐述。除此之外,像站着见人就要参礼于前,坐车时见人就要倚到车前横木上去一样;君子无论多少,无论大小,不敢怠慢,都能泰然而不骄;正衣冠后,整齐肃穆,让人敬畏,但却威而不猛。“敬”字便是要做到这些。孔子说要立可立之人,要通达可通达之人;孟子说身体力行没有成果,便要反省自身。把仁义、礼节放在心上,虽有终身之忧,但无一朝之患。这些都是可以初窥“恕”字的门径。你心里明白,在“恕”字上或许容易见效;“敬”字你则要勉力去做。以上这是立德的基础,需谨慎对待。

科举考试即将来临,须注意保重身体。我在外面很平安,也不必说。

另有一事,这次的日记,已经封入给澄侯叔的信中寄回家里去了。我十二日到湖口,十九日夜里五更开船进入江西省,二十一日申刻就到了章门。别的不多说了。又示。

咸丰八年七月二十一日

## 一致诸弟:

### 明师益友虚心请教

**【原文】**

诸位贤弟足下:

十月廿一接九弟在长沙所发信,内途中日记六页,外药子一包。廿二接九月初二日家信,欣悉以慰。

自九弟出京后,余无日不忧虑,诚恐道路变故多端,难以臆揣。及读来书,果不出吾所料,千辛万苦,始得到家。幸哉幸哉!郑伴之不足恃,余早已知之矣。郁滋堂如此之好,余实不胜感激。在长沙时,曾未道及彭山屺,何也?又为祖母买皮袄,极好极好,可以补吾之过矣。

观四弟来信甚详,其发愤自励之志,溢于行间;然必欲找馆出外,此何意也?不过谓家塾离家太近,容易耽搁,不如出外较清净耳。然出外从师,则无甚耽搁,若出外教书,其耽搁更甚于家塾矣。

且苟能发奋自立,则家塾可读书,即旷野之地,热闹之场亦可读书,负薪牧豕,皆可读书;苟不能发奋自立,则家塾不宜读书,即清净之乡,神仙之境皆不能读书。何必择地?何必择时?但自问立志之真不真耳!

六弟自怨数奇,余亦深以为然。然屈于小试,辄发牢骚,吾窃笑其志之小,而所忧之不大也。君子之立志也,有民胞物与之量,有内圣外王之业,而后不忝于父母之生,不愧为天地之完人。故其为忧也,以不如舜、不如周公为忧也,以德不修、学不讲为忧也。是故顽民梗化则忧之;蛮夷猾夏则忧之;小人在位,贤人否闭则忧之;匹夫匹妇不被己泽则忧之。所谓悲天命而悯人穷,此君子之所忧也。若夫一身之屈伸,一家之饥饱,世俗之荣辱得失、贵贱毁誉,君子固不暇忧及此也。六弟屈于小试,自称数奇,余窃笑其所忧之不大也。

盖人不读书则已,亦即自名曰读书人,则必从事于《大学》。《大学》之纲领有三:明德、新民、止至善,皆我分内事也。若读书不能体贴到身上去,谓此三项与我身了不相涉,则读书何用?虽使能文能诗,博雅自诩,亦只算得识字之牧猪奴耳!岂得谓之明理有用之人也乎？朝廷以制艺取士，亦谓其能代圣贤立言，必能明圣贤之理，行圣贤之行，可以居官莅民、整躬率物也。若以明德、新民为分外事，则虽能文能诗，而于修己治人之道，实茫然不讲，朝廷用此等人做官，与用牧猪奴做官何以异哉？

然则既自名为读书人，则《大学》之纲领皆已立身切要之事明矣。其条目有八，自我观之，其致功之处，则仅二者而已：曰格物，曰诚意。格物，致知之事也；诚意，力行之事也。物者何？即所谓本末之物也。身、心、意、知、家、国、天下皆物也。天地万物皆物也，日用常行之事皆物也。格者，即物而穷其理也。如事亲定省，物也；究其所以当定省之理，即格物也。事兄随行，物也；究其所以当随行之理，即格物也。吾心，物也；究其存心之理，又博究其省察涵养以存心之理，即格物也。吾身，物也；究其敬身之理，又博究其立齐坐尸以敬身之理，即格物也。每日所看之书，句句皆物也；切己体察，穷究其理，即格物也。此致知之事也。所谓诚意者，即其所知而力行之，是不欺也。知一句便行一句，此力行之事也。此二者并进，下学在此，上达亦在此。

吾友吴竹如格物工夫颇深，一事一物，皆求其理。倭艮峰先生则诚意工夫极严，每日有日课册，一日之中，一念之差，一事之失，一言一默，皆笔之于书，书皆楷字。三月则订一本，自乙未年起，今三十本矣。盖其慎独之严，虽妄念偶动，必即时克治，而著之于书，故所读之书，句句皆切身之要药。兹将艮峰先生日课，抄三页付归，与诸弟看。

余自十月初一日起，亦照艮峰样，每日一念一事，皆写之于册，以便触目克治，亦写楷书。冯树堂与余同日记起，亦有日课册。树堂极为虚心，爱我如兄，敬我如师，将来必有所成。余向来有无恒之弊，自此次写日课本子起，可保终身有恒矣。盖明师益友，重重夹持，能进不能退也。本欲抄余日课册付诸弟阅，因今日镜海先生来，要将本子带回去，故不及抄。十一月有折差，准抄几页付回也。

余之益友，如倭艮峰之瑟僩，令人对之肃然；吴竹如、窦兰泉之精义，一言一事，必求至是；吴子序、邵蕙西之谈经，深思明辨；何子贞之谈字，其精妙处，无一不合，其谈诗尤最符契。子贞深喜吾诗，故吾自十月来已作诗十八首，兹抄二页付回，与诸弟阅，冯树堂、陈岱云之立志．汲汲不遑，亦良友也。镜海先生，吾虽未尝执贽请业，而心已师之矣。

吾每作书与诸弟，不觉其言之长，想诸弟或厌烦难看矣。然诸弟苟有长信与我，我实乐之，如获至宝，人固各有性情也。

余自十月初一日起记日课，念念欲改过自新；思从前与小珊有隙，实是一朝之忿，不近人情，即欲登门谢罪。恰好初九日小珊来拜寿，是夜余即至小珊家久谈。十三日与岱云合伙，请小珊吃饭，从此欢笑如初，前隙尽释矣。金竺虔报满用知县，现住小珊家，喉痛月余，现已全好。李笔峰在汤家如故。易莲舫要出门就馆，现亦甚用功，亦学倭艮峰者也。同乡李石梧已升陕西巡抚。

两大将军皆锁拿解京治罪，拟斩监候。英夷之事，业已和抚。去银二千一百万两，又各处让他码头五处。现在英夷已全退矣。两江总督牛鉴，亦锁解刑部治罪。

近事大略如此，容再续书。兄国藩手具。

道光二十二年十月廿六日

**【译文】**

诸位贤弟：

十月二十一日收到九弟从长沙寄来的信，里面夹有途中所记的日记六页和药材一包。

二十二日又收到九月初二的家信，能够知道家中的一切情况，心甚慰喜。

自从九弟出京以后，我一直担心他在路上的安危，实在害怕多有变故，不易猜度。直至读了来信，得悉他果然经历了千辛万苦终于到家，真是太幸运了！我早已知道让晓郑作旅伴不可靠，郁滋堂这样好，我实在不胜感激。在长沙时，没有谈到彭山屺，难道有什么原因吗？又为祖母买了皮袄，这样做非常好，可以弥补我的过失。

四弟的信写得很详细，字里行间充满了发奋自励的决心，却不知为什么还要到外面去教书。他说在家塾教书离家太近容易耽搁学业，还是在外面教书清净。其实，如果是在外面读书，也许不会耽搁；如果在外面教书，恐怕比在家塾教书更容易耽搁。

倘若真的发奋自立，在家塾教书可以读书，在空旷的田野或热闹的场所也可以读书，即使是背柴放猪，还能读书。假如不是真的发愤自立，不仅在家塾教书不适合读书，就是在清净的乡间，在神仙住的世外桃源，也不能读书，这样选择时间和地点有必要吗？还是问问自己是不是真的立志读书吧！

六弟抱怨自己时运不济，我也是这样认为的。不过，在小考中遭遇了失败就发牢骚，我可是要笑话你志气太小，这么小的事也忧虑。君子立志，要有为大众谋幸福的肚量，内具圣人才德、外行王者之业，这才不会辱没父母生我养我，才能做一个无愧于天地的完美之人。所以，这样的人忧虑的是，自己不如舜，不如周公，自己没有修炼好德行，学问没有讲习好。忧虑愚昧无知的人顽固不化，忧虑侵略者侵占国土，忧虑品行不好的人攫取要职，忧虑有德行、有才干的人不能发挥作用，忧虑老百姓得不到应得的福利，悲于命途不顺，怜悯人困顿，这才是一个有志之人真正应该忧虑的事。这样的人是不会忧虑个人的进退，家人的饥饱，世俗的荣辱、得失、贵贱和毁誉这些无足轻重的小事的。六弟只不过是小考没有及格，就说自己的命不好，我真要笑话你狭小的心胸了。

不读书也就罢了，既然认为自己是读书人，自己行事的准则便是《大学》。《大学》的主要内容是：明德、新民、止于至善，而这三点便是读书人分内的事。读书如果不能联系自己，说这三件事与自己毫不相干，那么，读书的用处又是什么呢？就算这个人会写文章，会作诗，自认为学识渊博、温文儒雅，他也只算得上是个识字的放猪娃。怎么能算是一个有用明理的人呢？我们都知道，八股文是朝廷选拔任事的人的标准，是因为这样选拔出来的人能代圣贤说话，能明了圣贤的心意，像圣贤一样地做事，这样的人做了官，才能起带头作用。如果把明德、新民看作分外的事，虽然能文能诗，但是对修身养性、治理百姓的道理一点不懂，朝廷任用这种人做官和任用放猪娃做官又有什么不同呢？

既然认为自己是个读书人，就一定要明白《大学》中说的原则对自己立身很重要。里边需要学习的项目有八条，据我看来，只有二条最有用，即"格物"和"诚意"。"格物"是获取知识，"诚意"是实际去做。整个的事物和现象便是"物"，身体、心灵、意识、知识、家务、国事、整个天下，都是物。"格"是去观察研究，从里面找出来事物的道理。例如，侍奉长辈，定期问候是"物"，弄清侍奉长辈、定期问候的道理是格物；尊敬兄长，跟随其后是"物"，弄清尊敬兄长要跟随在他身后的道理是格物；我们的心灵是"物"，弄清楚影响心灵活动的道理，是格物；我们的身体是"物"，弄清爱护身体的道理，把站要正、坐要直对爱护身体的作用弄清是格物；每天看的书，书上的每句话都是"物"，根据自己的体会弄清它的作用是格物，这些事是获取知识的必经阶段。"诚意"是知道了道理就要照着做，不欺骗人。知道一句就做一句，是实际行动。把格物和诚意这两点同时去做，就可以获得渊博的学问和显达的地位。

我有个叫吴竹如的朋友,他格物的功夫很深,每遇到一件事物,都要找出它们的道理来。倭艮峰先生则在诚意上要求很严格,每天都写日记,每天若有一个不对的想法,有一件事做得不好,或说了一句话,或是沉默不语,他都要用正楷字记下来。三个月写的订成一本,从乙未年到现在,已经订有三十本了。即使他独自一人之时,也不乱想、乱说、乱做,非常严格,有时出现了一点不对的念头,就立刻把它打消,而且记在日记上。所以他读的书,把每句话都密切联系起自身,就像医治自己的病的良药一样。这里将艮峰先生的日记抄三页给你们看看。

我从十月初一开始,便把艮峰先生的方法奉行为标准,将每天想的、做的,都用楷书写在日记上,好让自己一翻到便发现这些缺点并克服。冯树堂和我同一天开始写日记,他很虚心,像对兄长一样地爱护我,尊敬我像尊敬老师一样,以后一定会有成就。我向来有缺乏恒心,但在每天写日记我保证可终生有恒心。有了良师益友的督促,我便只能向前不能后退了。本来想抄我的日记给你们看的,不料今天镜海先生到我这里拿走了本子,来不及抄。十一月有信差,一定抄几页给你们看看。

在我的好友中,倭艮峰最为严谨,我一直对他心存敬意;吴竹如、窦兰泉最为精细,每一句话一件事都要寻求道理;吴子序、邵蕙西论及经典时思想深刻,条分缕析;何子贞对文字的见解很是独到,尤其是谈诗,常跟别人不谋而合。他很喜欢我的诗,所以从十月以来,我已作了十八首,这里抄两页给你们看;冯树堂、陈岱云胸怀大志,性情急切,也是好朋友。虽然没受业于镜海先生,但在心里我已把他当做老师了。

每次写信给你们,不知不觉说的很多,大约太多言语会招致你们厌烦。不过,你们要是写长信给我,我定会如获至宝,这大概是因为人与人的性情不一样吧。

我从十月初一起写日记,而自己以后改过自新便全靠他了。从前我和小珊有误会,实在是我一时愤怒,不近人情,所以我想登门请罪。恰巧初九那天,他来我家拜寿,当天晚上我去他家和他谈得很好。十三日我又和岱云请他吃饭。此后,我们的关系又恢复如初,消除了所有的误会。金竺虔报满任知县,在小珊家居住,喉痛一个多月,现已全好了。李笔峰还在汤家。易莲舫要出门教书,现在很用功,倭艮峰亦是他的楷模。同乡李石梧已升任陕西巡抚。

两大将军都锁拿押至京城治罪,准备处以斩刑。现已议和英夷的事。用去两千一百万两白银,又把全图五处码头让出去了。现在英夷已全部退出。两江总督牛鉴,也锁拿押至刑部治罪。

最近的情况大体如此,以后再给你们写信。兄国藩手书。

道光二十二年十月二十六日

## 一茎扮右共自巨

读书要有志有识有恒

**【原文】**

诸位贤弟足下:

十一月十七寄第三号信,想已收到。父亲到县纳漕,诸弟何不寄一信,交县城转寄省城也？以后凡遇有便，即须寄信，切要切要。

九弟到家，遍走各亲戚家，必各有一番景况，何不详以告我？

四妹小产以后生育颇难，然此事最大，断不可以人力勉强。劝渠家只须听其自然，不可过于矜持。又闻四妹起最晏，往往其姑反服事她。此反常之事，最足折福。天下未有不孝之妇而可得好处者，诸弟必须时劝导之，晓之以大义。

诸弟在家读书，不审每日如何用功？余自十月初一立志自新以来，虽懒惰如故，而每日楷书写日记，每日读史十面，每日记茶余偶谈一则，此三事未尝一日间断。十月二十一日立誓永戒吃水烟，洎今已两月不吃烟，已习惯成自然矣。予自立课程甚多，惟记茶余偶谈、读史十叶、写日记楷本，此三事者誓终身不间断也。诸弟每人自立课程，必须有日日不断之功。虽行船走路，俱须带在身边，予除此三事外，他课程不必能有成；而此三事者，将终身以之。

前立志作《曾氏家训》一部，曾与九弟详细道及。后因采择经史，若非经史烂熟胸中，则割裂零碎，毫无线索，至于采择诸子各家之言，尤为浩繁，虽抄数百卷犹不能尽收。然后知古人作《大学衍义》、《衍义补》诸书，乃胸中自有条例自有议论，而随便引书以证明之，非翻书而遍抄之也。然后知著书之难，故暂且不作曾氏家训。若将来胸中道理愈多，议论愈贯串，仍当为之。

现在朋友愈多。讲躬行心得者，则有镜海先生、艮峰前辈、吴竹如、窦兰泉、冯树堂；穷经知道者，则有吴子序、邵蕙西；讲诗、文、字而艺通于道者，则有何子贞；才气奔放，则有汤海秋；英气逼人志大神静，则有黄子寿。又有王少鹤（名锡振，广西主事，年二十七岁，张筱浦之妹夫）、朱廉甫（名琦，广西乙未翰林）、吴莘畬（名尚志，广东人，吴抚台之世兄）、庞作人（名文寿，浙江人）。此四君者，皆闻予名而先来拜。虽所造有浅深，要皆有志之士，不甘居于庸碌者也。

京师为人文渊薮，不求则无之；愈求则愈出。近来闻好友甚多，予不欲先去拜别人，恐徒标榜虚声。盖求友以匡已之不逮，此大益也；标榜以盗虚名，是大损也。天下有益之事，即有足损者寓乎其中，不可不辨。

黄子寿近作《选将论》一篇，共六千余字，真奇才也。黄子寿戊戌年始作破题，而六年之中遂成大学问，此天分独绝，万不可学而至。诸弟不必震而惊之，予不愿诸弟学他，但愿诸弟学吴世兄、何世兄。吴竹如之世兄现亦学艮峰先生写日记，言有矩，动有法，其静气实实可爱。何子贞之世兄，每日自朝至夕总是温书，三百六十日，除作诗文时，无一刻不温书。真可谓有恒者矣。故予从前限功课教诸弟，近来写信寄弟，从不另开课程，但教诸弟有恒而已。

盖士人读书，第一要有志，第二要有识，第三要有恒。有志则断不甘为下流；有识则知学问无尽，不敢以一得自足，如河伯之观海，如井蛙之窥天，皆无识者也；有恒则断无不成之事。此三者缺一不可，诸弟此时，惟有识不可以骤几，至于有志、有恒，则诸弟勉之而已。

予身体甚弱，不能苦思，苦思则头晕，不耐久坐，久坐则倦乏，时时属望惟诸弟而已。

明年正月恭逢祖父大人七十大寿，京城以进十为正庆。予本拟在戏园设寿筵，窦兰泉及艮峰先生劝止之，故不复张筵。盖京城张筵唱戏，名为庆寿，实则打把戏。兰泉之劝止，正以此故。现在做寿屏两架。一架淳化笺四大幅，系何子贞撰文并书，字有茶碗口大。一架冷金笺八小幅，系吴子序撰文，予自书。淳化笺系内府用纸，纸厚如钱，光彩耀目，寻常琉璃厂无有也。昨日偶有之,因买四张。子贞字甚古雅,惜太大,万不能寄回。奈何奈何!

侄儿甲三体日胖而颇蠢,夜间小解知自报,不至于湿床褥。女儿体好,最易扶携,全不劳大人费心力。

今年冬间,贺耦庚先生寄三十金,李双圃先生寄二十金,其余尚有小进项。汤海秋又自言借百金与我用。计还清兰溪、寄云外,尚可宽裕过年。统计今年除借会馆房钱外,仅借百五十金。岱云则略多些。岱云言在京已该账九百余金,家中亦有此数,将来正不易还。寒士出身,不知何日是了也!我在京该账尚不过四百金,然苟不得差,则日见日紧矣。

书不能尽言,惟诸弟鉴察。兄国藩手草。

道光二十二年十二月廿日

**【译文】**

诸位贤弟足下:

十一月十七日所发出的第三号家信,想必已寄到家中。近日父亲到县里交粮,弟弟们为何不趁机写信,请父亲从县城转寄到省城呢?若以后遇到方便之机,就要尽量抽时间写信寄过来,切记切记。

九弟回家之后,一定会去各处拜访亲戚好友,各家的情况各不相同,新鲜事也不会少,为何不写信一一告知呢?

四妹小产之后再生育就很困难了,此事关系重大,不可小视,但也绝不可刻意勉强。家人要劝慰四妹不可急躁不安,听其自然即可,万万不要因此事过于拘谨。听说现在四妹在家往往很晚才起床,起床之后还经常要婆婆在旁服侍她,这可是最要不得的事情,会折福的。天下从没有不孝的妇人能得到好报的情况,所以弟弟们务必多加劝导,让她通晓大义。

诸位弟弟们在家读书习字,不知每天用功程度如何?自十月初一以来,我立志改过自新,虽不时有懒惰之意,但每天用楷书写日记,每天读十页史书,记茶余偶谈一则,这三件事倒是一直坚持,从未有丝毫的间断。从十月十一日发誓戒水烟算起,已两个多月,一直远离水烟,渐渐地就自然了。我这一生所立之志甚多,只有记茶余偶谈、读史十页历、写楷书体日记这三件事,发誓终身坚持,绝不让其有一日的间断。弟弟们也应该自定几件事情,每天努力去做,即使行船走路,也时刻随身携带,不能懈怠。除上述我所说的那三件事之外,其他事情我都没能长久坚持,但这三件事能够坚持下去,我一定终身坚持。

前不久我曾立下志愿,打算编写一部《曾氏家训》,而且就此事与九弟做过详谈。后来翻阅了各部经史才发现,若不能把经史烂熟于胸,反而会显得支离破碎,找不到一个鲜明的主线;若要采集摘选诸子各家之言,则显得更为乱,即使费力地抄上几百卷书,也无法将材料收齐,这时才懂得古人编著《大学衍义》、《衍义补》等书,真的是胸有成竹、水到渠成,都是自有一套体例、一组观点的,然后在创作的过程中随意引书为证,而不是逐个翻书拼凑而来的。从这之后我才懂得了著书之难,所以暂时不准备创作《曾氏家训》。待日后胸中积累的道理够丰富了、议论够贯通了再写。

自到了京城之后,结交了很多的朋友。其中身体力行者,有镜海先生、艮峰前辈、吴竹如、窦兰泉、冯树堂;对经书探究以明理的,有吴子序、邵蕙西;讲诗、文、字而技艺用于表现古人的"道"者,有何子贞;才气奔放,则有汤海秋;英气勃发,志向远大的,则有黄子寿;另外还有王少鹤(名锡振,任广西主事,年二十七岁,是张筱浦的妹夫)、朱廉甫(名琦,广西乙未年翰林)、吴莘畬(名尚志,广东人,吴抚台之世兄)、庞作人(名文寿,浙江人),这四君子,对我都是慕名来访。虽然这些人不同的造化，但都是胸怀壮志的有识之士，不甘平庸之人。

京师是人才集中之地，学问渊博之人济济一堂，不去追求则无从发现，但若有心，越去追求朋友就会越多。近来听说有很多可交朋友的人，但我并不打算主动去拜访别人，只怕那样对做学问无益，反而只会落得个自我标榜的虚名。访求好友的目的是匡正自己的过失，这才是交友的最大益处；而借此标榜谋图虚名，则是最大的害处。天下凡是有益的事，其中便有足以造成损害的因素掺杂，一定要审慎，不可不细心分辨。

黄子寿最近作了一篇《选将论》，此文共有六千余字，他可真称得上是奇才。此人从戊戌年起才开始学作文之道，六年之中就做出如此大学问，实属罕见。不过这也与他的天资有关，并不是可以通过学习达到的。弟弟们不必为此震惊，我并不是要弟弟们学他，只愿你们以吴世兄、何世兄为榜样。吴竹如世兄现也效仿艮峰先生，每日写日记，谈论有规矩，行为有法则，其安详自得的风采实在让人心生爱意。何子贞世兄，每日从早到晚不停地温习各家之书，一年三百六十天，除了作诗写文章的时间之外，无时无刻不在温习书本，真可称得上是有恒心的人。所以我从前督促弟弟们的学业时，总是会给你们限定功课，而近日来的信中，却从不另外开列课程，只是警示你们读书做学问要有恒心而已。

士人读书做学问，第一要有志向，第二要有见识，第三要有恒心。志向高远，则必然不会甘心屈居人下；有了超然的见识，便知晓学海无边的道理，就不敢因某一方面的成功而自足自满，如河伯观海，井蛙窥天，这种方法只有目光短浅的人才会去做；有持久的恒心，则绝对没有成就不了的事业。这三者缺一不可。诸位兄弟不可能一下子便很有见识，至于有志向有恒心，就是你们自己努力的事了。

我最近身体越来越差，不能思虑过多，思虑过多就会头晕目眩；不能坐得时间太长，坐得时间长了，就会疲倦乏力，只能把一切希望寄托在诸位兄弟身上。

明年正月，是祖父大人七十大寿，按照京城的惯例，进十的岁数都是正式庆典。我本打算在戏园摆宴庆贺，而窦兰泉及艮峰先生劝阻我，申述其中利弊，便打消了这个念头。因为在京城设筵唱戏，名义上是为庆寿，但是实质才是玩把戏，所以兰泉竭力劝阻。现在我打算只做两架寿屏，一架是四大幅淳化笺，文章是何子贞亲笔撰写的，每个字都有茶碗口大；一架是八小幅冷金笺，文章是由吴子序撰写的，我书写上去的。淳化笺用的是内府用纸，此纸如铜钱般厚实粗重，光彩耀目，这样的纸质很难在琉璃厂见到，碰巧昨天瞧见，一下买了四张。子贞的字古雅有致，但是字体太大，是寄不回去的。苦无良策！

你们的侄儿甲三，身体稍胖，显得蠢笨可爱，自己已经知道夜里小便了，不会再尿床。侄女身体无恙，乖巧听话，不劳大人费心。

今年冬天，贺耦庚先生寄来了三十两银子，李双圃先生又寄来二十两，还有其他的一些小进项，汤海秋先生还答应可以暂且借给我百金用，如此算来，除了可以还清兰溪、寄云的债外，还可宽裕过年。总的算来，今年除了借会馆房钱以外，另借了一百五十两银子。岱云借得稍微多一些，他说在京已欠账九百余两，家里也欠了这个数，数额如此巨大以后若想还清确实很难。出身贫穷的人，这借借还还的日子还不知尽头呢！虽然我在京所欠的债务合起来不过四百两银子，不过如果不是有一官半职的话，也同样会一日比一日吃紧了。

信中很多事情没说完，希望诸位兄弟细细鉴察。兄国藩手草。

道光二十二年十二月二十日

## 五致诸弟：

勉读书行事以有恒为要

**【原文】**

四位老弟足下：

前月寄信，想已接到。余蒙祖宗遗泽、祖父教训，幸得科名，内顾无所优，外遇无不如意，一无所觖矣。所望者再得诸弟强立，同心一力，何患令名之不显？何患家运之不兴？欲别立课程，多讲规条，使诸弟遵而行之，又恐诸弟习见而生厌心；欲默默而不言，又非长兄督责之道。是以往年常示诸弟以课程，近来则只教以有恒二字。所望于诸弟者，但将诸弟每月功课写明告我，则我心大慰矣。

乃诸弟每次写信，从不将自己之业写明，乃好言家事及京中诸事。此时家中重庆，外事又有我料理，诸弟一概不管可也。以后写信，但将每月作诗几首，作文几首，看书几卷，详细告我，则我欢喜无量。诸弟或能为科名中人，或能为学问中人，其为父母之令子一也，我之欢喜一也。慎弗以科名稍迟，而遂谓无可自力也。如霞仙今日之身份，则比等闲之秀才高矣。若学问愈进，身份愈高，则等闲之举人、进士又不足论矣。

学问之道无穷，而总以有恒为主。

兄往年极无恒。近年略好，而犹未纯熟，自七月初一起至今，则无一日间断，每日临帖百字，抄书百字，看书少亦须满二十页，多则不论。自七月起至今，已看过《王荆公文集》百卷，《归震川文集》四十卷，《诗经大全》二十卷，《后汉书》百卷，皆朱笔加圈批。虽极忙，亦须了本日功课，不以昨日耽搁而今日补做，不以明日有事而今日预做。诸弟若能有恒如此，则虽四弟中等之资，亦当有所成就，况六弟、九弟上等之资乎？

明年肄业之所，不知已有定否？或在家，或在外，无不可者。谓在家不可用功，此巧于卸责者也，吾今在京，日日事务纷冗，而犹可以不间断，况家中万万不及此间之纷冗乎！树堂、筠仙自十月起，每十日作文一首，每日看书十五页，亦极有恒。诸弟试将《朱子纲目》过笔圈点，定以有恒，不过数月即圈完矣。若看注疏，每经亦不过数月即完。切勿以家中有事而间断看书之课，又弗以考试将近而间断看书之课。虽走路之日，到店亦可看；考试之日，出场亦可看也。兄日夜悬望，独此有恒二字告诸弟，伏愿诸弟刻刻留心。幸甚幸甚。兄国藩手草。

道光二十四年十一月廿一日

**【译文】**

四位老弟足下：

上个月寄去的信，我想大概已经收到了吧。我有幸得到祖宗遗留的恩泽、祖父的教训，考取了科举功名，如今家里没有可担忧的，在外没有不如意的，别无所求了。我现在所希望的就是各位兄弟能够自强自立，同心同德，若真能如此，声名必定会远播。还怕家业不能兴旺吗？我最近计划另外开设些课程，多讲一些规矩，把它作为诸兄弟行事的规范，又怕各位兄弟因为规矩多了而厌烦；想闭口不谈，又唯恐不能尽到兄长督促弟弟的责任。因此往年都要告诉各位兄弟具体该学些什么课程，近来就只教“有恒”两字。我对各位兄弟的期望，只是明白告诉我每个月的功课，这样我心里就觉得是莫大的安慰。

可是各位兄弟每次写信，从来不在信中写明自己的学业情况，只是喜欢说些家中的事和京城的事。现在自有父母大人操持家中的大小事情，外头的事自然由我来打理，各位兄弟完全可以不必过问。所以以后写信，只要详细告诉我每月作了几首诗、几篇作文，看了几卷书，就再好不过了。各位弟弟或者可以成为科名中的人，或者也可以专心作学问，但父母对待子女都一样，我心里对诸位弟弟也是一样的喜欢。千万要慎重，不要以为科名迟了，便说自己不行。如霞仙一样，今天的身份，比普通的秀才才气要高一些。如果学问再进，身份更高，一般的举人、进士便不足道了。

学海无涯，但终日还是要有恒心。

为兄往年最没恒心，近年情况稍好，但依然没有达到成熟的境界。从七月一日至今，没有一天间断，每天临帖一百个字，抄书一百个字，至少看二十页的书。从七月起，至今已看《王荆公文集》一百卷，《归震川文集》四十卷，《诗经大全》二十卷，《后汉书》一百卷，都用红笔加以圈点。虽然时间紧促，但每天的功课保证完成，不因为昨天耽搁而今天补做，也不以明天有事而今天预先做。各位弟弟如也能有如此恒心，则即使像四弟这样的中等天资，也会有所成就，何况六弟、九弟这种天资上等的人呢？

不知定下来明年学习的地方没有？在家乡或者在外地，都是可以的。说在家读书不能用功，这只是借口用来推卸责任。我现在在京城，天天事务繁多，而仍然坚持读书，从不间断，何况家中怎么也比我这里事务少！树堂、筠仙二人自十月起，每十天作一篇文章，每天看十五页书，可见也很有恒心的。弟弟们请尝试用笔圈点《朱子纲目》，只要有恒心，不过几个月就可以圈点完。如看注疏，每部经书看完也就花费几个月。千万不要以家里的琐事为由而间断看书的功课，更不要以考试临近为借口而间断。即使是在行途中，到了旅店也可看；即使面临考试，待考试结束后也可以看。为兄我日夜牵挂的，只是告诉弟弟们“有恒”二字。衷心希望弟弟们对这二字要时刻留心，深悟其中的道理。幸甚幸甚。兄国藩手草。

道光二十四年十一月二十一日

## 八致诸弟：

### 读名人文集足以养病

**【原文】**

澄、温、沅、季四位老弟足下：

廿五日春二、维五到营，接奉父亲大人手谕并澄沅来信、纪泽儿禀函，具悉一切。

此间自四月十九小挫之后，五月十三各营在青山与该逆大战一次，幸获全胜。该逆水战之法尽仿我军之所为，船之大小长短，桨之疏密，炮之远近，皆与我军相等。其不如我军处，在群子不能及远，故我军仅伤数人，而该逆伤亡三百余人。其更胜于我处，在每桨以两人摧送，故船行更快。

罗山克复广信后，本可即由饶州、都昌来湖口会剿，因浙江抚台札令赴徽州会剿，故停驻景德镇，未能来湖口。顷又因义宁州失守，江西抚台调之回省城，更不能来南康、湖口等处。事机未顺，处处牵掣，非尽由人力做主也。

永丰十六里练团新集之众，以之壮声威则可，以之打仗则恐不可，澄弟宜认真审察一番。

小划子营，如有营官、哨官之才，望即告知荫亭，招之以出。沅弟荐曾和六，其人本有才，但兵凶战危，渠身家丰厚，未必愿冒险从戎。若慷慨投笔则可，余以札调则不宜也。朱楚成之才，不过能带一舢板。闻父亲所办单眼铳甚为合用，但引眼宜略大，用引线两三根更为可靠。

沅弟买得方、姚集，近已阅否？体气多病，得名人文集静心读之，亦自足以养病。凡读书有难解者，不必遽求甚解。有一字不能记者，不必苦求强记，只须从容涵泳。今日看几篇，明日看几篇，久久自然有益。但于已阅过者，自作暗号，略批几字，否则历久忘其为已阅未阅矣。筠仙来江西时，余作会合诗一首，一时和者数十人，兹命书办抄一本寄家一阅。

癣疾近已大愈，惟今年酷暑异常，将士甚苦，余不一一，即问近好。

父亲大人前，即此跪禀万福金安。叔父大人前，诸弟送阅禀安。兄国藩手草。

咸丰五年五月廿六日

【译文】

澄、温、沅、季四位老弟足下：

二十五日，春二、维五抵达军营，已接到父亲大人亲笔信，另外还有澄、沅两弟的来信以及纪泽儿的禀函，信中大小事情我全都知道了。

自从四月十九日的一次小的失败之后，五月十三日，各营大战逆贼于青山，有幸得以全胜。逆贼尽数仿效我军水战之法，无论船的大小长短、船桨的疏密还是炮的远近，都和我军相差无几。逆贼不及我军之处，只是在于他们的炮弹射程太近，因此只伤我军数人而已，而逆匪则伤亡三百多人。不过他们的装备比我军优秀的地方也有，就是每支船桨由两人划，所以船的速度比我军的更快。

罗山的部队收复广信后，本来可以立即由饶州、都昌前来湖口参加会剿，但是浙江抚台来信命令他前往徽州会剿，所以就在景德镇驻军，未能到达湖口。不久义宁州失守，江西抚台据此下达命令，调他回省城镇守，南康、湖口等处自不能来。近来事情不顺利，处处受牵制，这些都不是人力所能主宰的。

永丰十六里团练新招募的兵士，技艺未精，壮壮军威还可以，至于用他们打仗恐怕远远不够，澄弟对此要审查认真。

小划子营中如有营官、哨官这种人才，请让荫亭尽快知晓，可破格将他们提拔出来任职。沅弟曾经推荐过曾和六，此人确有才能，但战争之中生死难断，而他家家资丰厚，未必愿意冒险从军。如果他能自愿为国效力，投笔从戎，那自然最好。若要我用命令把他强行调来，恐怕是不适宜的。朱楚成的才干，仅能带一块舢板罢了。听说父亲制造的单眼铳火力很猛，很适合作战之用，不过我觉得引眼应稍大些，用两三根的引火线便可靠多了。

听说沅弟近来把方、姚文集购来，不知近来是否研读？既然身体一直多病，若能得到名人的文集就应该静心阅读，如此才能有利于养病。研读时若有难于理解的地方，不必一定当时就要求得到透彻深刻的理解；若有一个字不能记住，也不必苦求强记，只对它理解和领会要自然而然便好。今日看几篇，明日看几篇，日日积累，收获自然会有。不过阅读之时，最好对已读过的部分作出记号，哪怕只稍微批几个字，否则时间久了就会忘记自己读过的和没读过的究竟是那些。筠仙来江西时，我作了一首会合诗，一时有几十人唱和，现在叫书办抄录一本寄回家中供大家传阅。

我的癣病近来已大好，不过今年夏天酷热难当，将士们生活条件异常辛苦。其余的就不一一叙述，顺问近好。

父亲大人面前，就此跪禀万福金安。叔父大人面前，让弟弟们送信给他，并代为禀安。兄国藩手草。

咸丰五年五月二十六日

## 九谕纪泽：

### 读古文之要义

**【原文】**

字谕纪泽儿：

接尔安禀，字画略长进，近日看《汉书》。余生平好读《史记》、《汉书》、《庄子》、《韩文》四书，尔能看《汉书》，是余所欣慰之一端也。

看《汉书》有两种难处，必先通于小学、训话之书，而后能识其假借奇字；必先习于古文辞章之学，而后能读其奇篇奥句。尔于小学、古文两者皆未曾人门，则《汉书》中不能识之字、不能解之句多矣。欲通小学，须略看段氏《说文》、《经籍纂诂》二书。王怀祖(名念孙，高邮州人)先生有《读书杂志》，中于《汉书》之训话极为精博，为魏晋以来释《汉书》者所不能及。

欲明古文，须略看《文选》及姚姬传之《古文辞类纂》二书。班孟坚最好文章，故于贾谊、董仲舒、司马相如、东方朔、司马迁、扬雄、刘向、匡衡、谷永诸传皆录其著作；即不以文章名家者，如贾山、邹阳等四人传，严助、朱买臣等九传、赵充国屯田之奏、韦元成议礼之疏以及贡禹之章、陈汤之狱奏，皆以好文之故，悉载巨篇。如贾生之文，既著于本传，复载于《陈涉传》、《食货志》等篇；子云之文，既著于本传，复载于《匈奴传》、《王贡传》等篇，极之充国《赞酒箴》，亦皆录入各传。盖孟坚于典雅瑰玮之文，无一字不甄采，尔将十二帝纪阅毕后，且先读列传。凡文之为昭明暨姚氏所选者，则细心读之；即不为二家所选，则另行标识之。若小学、古文二端略得途径，其于读《汉书》之道思过半矣。

世家子弟最易犯一奢字、傲字。不必锦衣玉食而后谓之奢也，但使皮袍呢褂俯拾即是，舆马仆从习惯为常，此即日趋于奢矣。见乡人则嗤其朴陋，见雇工则颐指气使，此即日习于傲矣。《书》称：“世禄之家，鲜克由礼。”《传》称：“骄奢淫佚，宠禄过也”。京师子弟之坏，未有不於骄、奢二字者，尔与诸弟其戒之。至嘱至嘱。

咸丰六年十一月初五日

**【译文】**

字谕纪泽儿：

你的禀帖我已经接到，见你的字体略微有些长进，也了解到你近日在研读《汉书》。我平生最爱《史记》、《汉书》、《庄子》、《韩文》这四部书籍，你愿意研读《汉书》，让我感到十分欣慰。

读《汉书》有两个难处，首先一定要把小学、训诂类书籍弄懂，然后才能认识它的假借奇字；再者要先学习古文辞章的学问，然后才能读懂其中深奥的篇章。你对小学、古文两样都还没有入门，那么《汉书》中一定有很多不认识的字和不能解释的文句。若要弄通小学，必须大略看段氏《说文》、《经籍纂诂》两本书。《读书杂志》是王念孙先生所作，其中对《汉书》

的训诂最精深渊博，是魏晋以来解释《汉书》的人达不到的高度。

若要懂得古文，《文选》和姚姬传的《古文辞类纂》两本书必须看。班孟坚最喜欢《文选》，所以贾谊、董仲舒、司马相如、东方朔、司马迁、扬雄、刘向、匡衡、谷永等人的传记对他们的著作都全文抄录；即使有些人不是靠文章闻名于世，如贾山、邹阳等四个人的传记，严助、朱买臣等九个人的传记，赵充国屯田的奏疏，韦无成的议礼之疏，以及贡禹的谢恩之章、陈汤呈奏的案件都因为喜欢《文选》，而在长篇中全部载入。像贾生的文章，既著录本传，又记于《陈涉传》、《食货志》等篇；扬雄的文章，既著录本传，又在《匈奴传》、《王贡传》等篇中记载。极之赵充国的《赞酒箴》，在各本传记中也有抄录。大概班孟坚对于典雅瑰玮的文章，是没有一个字不抄录的。你读完十二帝纪后，暂时先读列传。凡是被昭明太子和姚姬传所选用的书，都要细细研读，即使是两家没有选用的文章，也要另外作好标记。如果从小学、古文两种学问里略微得到途径，那就等于获得了一半研读《汉书》的诀窍了。

世家子弟，最容易犯奢侈、骄傲的毛病，当然，奢侈并不单指锦衣玉食，只要皮袍呢褂多得俯拾即是、车马仆人习以为常，这样便一天天的接近奢侈了；见到乡下人就嗤笑他们朴陋，见到雇工就颐指气使、不可一世，这样便接近于骄傲了。《尚书》称："世禄之家，鲜克有礼"。《左传》称："骄奢淫逸，宠禄过也"。京城子弟道德败坏，所引起的源头便是骄傲和奢侈，你和各位兄弟们务必要引以为戒。至嘱至嘱。

咸丰六年十一月初五日

## 一一谕纪泽：

### 望雪父平生三耻

【原文】

字谕纪泽儿：

十九日曾六来营，接尔初七日第五号家信并诗一首，具悉。次日人闱，考具皆齐矣。此时计已出闱还家。

余于初八日至河口。本拟由铅山入闽，进捣崇安，已拜疏矣。光泽之贼窜扰江西，连陷泸溪、金溪、安仁三县，即在安仁屯踞。十四日派张凯章往剿。十五日余亦回驻弋阳。待安仁破灭后，余乃由泸溪、云际关入闽也。

尔七古诗，气清而词亦稳，余阅之忻慰。凡作诗，最宜讲究声调。余所选抄五古九家、七古六家，声调皆极铿锵，耐人百读不厌。余所未抄者，如左太冲、江文通、陈子昂、柳子厚之五古，鲍明远、高达夫、王摩诘、陆放翁之七古，声调亦清越异常。尔欲作五古、七古，须熟读五古、七古各数十篇。先之以高声朗诵，以昌其气；继之以密咏恬吟，以玩其味。二者并进，便古人之声调，拂拂然若与我之喉舌相习，则下笔为诗时，必有句调凑赴腕下。诗成自读之，亦自觉琅琅可诵，引出一种兴会来。古人云"新诗改罢自长吟"，又云"煅诗未就且长吟"，可见古人惨淡经营之时，亦纯在声调上下工夫。盖有字句之诗，人籁也；无字句之诗，天籁也。解此者，能使天籁人籁凑泊而成，则于诗之道思过半矣。

尔好写字，是一好气习。近日墨色不甚光润，较去年春夏已稍退矣。以后作字，须讲究墨色。古来书家，无不善使墨者，能令一种神光活色浮于纸上，固由临池之勤染翰之多所致，亦缘于墨之新旧浓淡，用墨之轻重疾徐，皆有精意运乎其间，故能使光气常新也。

余生平有三耻：学问各途，皆略涉其涯涘，独天文算学，毫无所知，虽恒星五纬亦不识认，一耻也；每作一事，治一业，辄有始无终，二耻也；少时用字，不能临摹一家之体，遂致屡变而无所成，迟钝而不适于用，近岁在军，因作字太钝，废阁殊多，三耻也。尔若为克家之子，当思雪此三耻。推步算学，纵难通晓，恒星五纬，观认尚易。家中言天文之书，有《十七史》中各天文志，及《五礼通考》中所辑《观象授时》一种。每夜认明恒星二三座，不过数月，可毕识矣。凡作一事，无论大小难易，皆宜有始有终。作字时，先求圆匀，次求敏捷，若一日能作楷书一万，少或七八千，愈多愈熟，则手腕毫不费力。将来以之为学，则手抄群书；以之从政，则案无留牍。无穷受用，皆自写字之匀而且捷生出。三者皆足弥吾之缺憾矣。

今年初次下场，或中或不中，无甚关系，榜后即当看《诗经》注疏。以后穷经读史，二者迭进。国朝大儒，如顾、阎、江、戴、段、王数先生之书，亦不可不熟读而深思之。光阴难得，一刻千金。以后写安禀来营，不妨将胸中所见，简编所得，驰骋议论。俾余得以考察尔之进步，不宜太寥寥。此谕（书于弋阳军中）。

咸丰八年八月廿日

**【译文】**

字谕纪泽儿：

十九日曾六到军营，接到你初七寄来的第五封家信和一首诗，信中的一切都已经知道。信中说你第二天就要参加考试了，必已准备齐全了考试用具。估计这时候应该已经考完回家了吧。

初八那天我到达河口，本来打算由铅山进入福建，进攻崇安，我已经请奏了此事。光泽的贼军活动在江西，并先后攻陷了泸溪、金溪、安仁三个县，之后又在安仁据守。我于十四日派张凯章军进剿，十五日我也回驻弋阳，等把安仁攻下之后，我再从泸溪、云际关进入福建境内。

你现在所写的七言古诗，不仅气势清新，用词也已很稳妥，读后让我感到十分欣慰。凡是作诗，自然十分讲究声调。我所选抄的九家五言古诗、六家七言古诗，声调都是铿锵有力的，让人百读不厌。而有些诗我没选抄，像左太冲、江文通、陈子昂、柳子厚等人的五言古诗，鲍明远、高达夫、王摩诘、陆放翁等人的七言古诗，也有着十分清新的声调。你若打算作五言古诗和七言古诗，必须要熟读数十篇五言古诗和七言古诗。熟读的时候，首要的是大声朗读，感知诗中蕴含的气势；之后再不断地吟咏，掌握诗的韵味。若能协调两种阅读方法，便可使古人的声调和自己的喉舌相通，这样再下笔作诗的时候，自然会有好诗句从笔下不断涌来。自己所作的诗，一定要熟读数遍，便自然会有朗朗上口的感觉，引出自己的独特诗味。古人说"新诗改罢自长吟"，又说"煅诗未就且长吟"，从这些句子中可见，古人在作诗时的费神，是注意在声调上下工夫的。因为有字句的诗是人的声音，而无字句的诗则是天的声音。只要能理解这些道理，天声人声便能协调。若能做到这一点，便明白了很多作诗的道理。

你平常爱好习字，这个习惯很好。只是你近来写的字墨色稀淡，缺乏光泽，与去年春夏时的水平相比，反而有些退步了。日后习字之时，对墨色的浓淡必须讲究。古时的书法家，无一不擅长用墨，字写成之后，便有一种神光活色跃然于纸上，有这样的效果，固然缘于勤奋的练习，但与墨的新旧浓淡也有很大关系。用墨的轻重缓急，其中都有精要之意，所以才会使书写的字光泽毕现、神气常新。

在我这一生中，我惭愧于三件事：各种学问都稍稍涉猎，略懂一二，唯有天文算学，一点儿也没有学习过，也辨认不出恒星和五纬，这是耻辱之一。无论是处事还是治业，总是有始无终，这是耻辱之二。小时候我也经常习字，但却没持之以恒的对一家字体进行临摹，因屡次改变，最终一无所成，现在只能以很慢的速度写字，很不适用。特别是近年来，在军营里处理公务，常因字写得太慢而耽误很多事情，这是耻辱之三。你若是我家有志子孙，就该经常反思这三件耻辱。纵然推步算学很难弄明白，认识恒星五纬还是很容易的。家中讲天文的书，有《十七史》中各史的天文志以及《五礼通考》中所辑录的《观象授时》一种。每天晚上认明二三颗恒星，不到几个月，就能全部认识。凡是做事，不管大小难易，都应该有始有终。练习写字时圆匀为先、繁捷其次。如果能一天练习一万楷书，少则也要写七八千字，越多越熟练，那么自然手腕会省劲。将来做学问，便可手抄群书，若从事政治，也不会积压公文。数不尽的好处，都会因写字的好和快而衍生出来。你若能做到以上三方面，就足以弥补我今生的缺憾了。

你今年是初次下场参加考试，不要在意中不中举。放榜以后，就应当继续研读《诗经》注疏。今后，同时进行经书和史书的研读。我朝的大儒，如顾、阎、江、戴、段、王几位先生的书，也务必熟读深思，也要领悟其中的精妙。光阴易逝，一刻千金。在以后的来信中，不妨写上自己的见解、读书的心得体会，以便我能从中对你学业的进步和变化进行考察，不要写寥寥数语，过于简单。此谕（书于弋阳军中）。

咸丰八年八月二十日

## 一三谕纪泽：

### 谈读书作文之要义

**【原文】**

字谕纪泽：

日来接尔两禀，知尔《左传》注疏将次看完。《三礼》注琉，非将江慎修《礼书纲目》认得大段，则注疏亦殊难领会，尔可暂缓，即《公》、《谷》亦可缓看。尔明春将胡刻《文选》细看一遍，一则含英咀华，可医尔笔下枯涩之弊；一则吾熟读此书，可常常教尔也。

沅叔及寅皆先生望尔作四书文，极为勤恳。余念尔庚申、辛酉下两科场，文章亦不可太丑，惹人笑话，尔自明年正月起，每月作四书文三篇，俱由家信内封寄营中。此外或作得诗赋论策，亦即寄呈。

写字之中锋者，用笔毫尖着纸，古人谓之蹲锋. 如狮蹲虎蹲犬蹲之象。偏锋者，用毛毫之腹着纸，不倒于左，则倒于右，当将倒未倒之际，一提笔则为蹲锋，是用偏锋者，亦有中锋时也。此谕。涤生字。

咸丰八年十二月廿三日

**【译文】**

字谕纪泽儿：

近日一连收到你的两封来信，得知《左传》注疏快要看完。如果不能把江慎修《礼书纲目》认得大段，则很难领会《三礼》（注疏），你可以暂缓，就是《公羊传》、《谷梁传》也可以暂时搁置不看。你明年春仔细看一遍胡刻《文选》，一方面你可以仔细体会其中的精华，改正作文章枯涩无味的缺点；一方面我熟读此书，也可指导你。

沅叔和寅皆先生希望你仿照"四书"写文章，你要诚恳接受这个中肯的建议。我考虑到你庚申、辛酉两次参加科举考试，自然文章也不会太差，惹人笑话，所以我让你从明年正月开始，每月仿照"四书"作三篇文章，都附在寄来的家信中寄到军营。另外，也一定寄来你平时所作的诗赋、策论。

写字的中锋，着纸的是笔尖，古人把它称为蹲锋，像狮蹲、虎蹲、狗蹲的样子。偏锋，用笔腹着纸，或向左倒，或向右倒，当将要倒还没倒的时候，一提笔就是蹲锋。该用偏锋的时候，有时也有用中锋的。此谕。

咸丰八年十二月二十三日

## 一四谕纪泽：

### 教导用笔、作文之法

**【原文】**

字谕纪泽：

三月初二日接尔二月二十日安禀，得知一切。内有贺丹麓先生墓志，字势流美，天骨开张，览之欣慰。惟间架间有太松之处，尚当加功。

大抵写字只有用笔、结体两端。学用笔，须多看古人墨迹；学结体，须用油纸摹古帖。此二者，皆决不可易之理。小儿写影本，肯用心者，不过数月，必与其摹本字相肖。吾自三十时，已解古人用笔之意，只为欠却间架工夫，使尔作字不成体段。生平欲将柳诚悬、赵子昂两家合为一炉，只为间架欠工夫，有志莫遂。尔以后当从间架用一番苦功，每日用油纸摹帖，或百字，或二百字，不过数月，间架与古人逼肖而不自觉。能合柳、赵为一，此吾之素愿也。不能，则随尔自择一家，但不可见异思迁耳。

不特写字宜摹仿古人间架，即作文亦宜摹仿古人间架。《诗经》造句之法，无一句无所本。《左传》之文，多现成句调。扬子云为汉代文宗，而其《太玄》摹《易》，《法言》摹《论语》，《方言》摹《尔雅》，《十二箴》摹《虞箴》，《长杨赋》摹《难蜀父老》，《解嘲》摹《客难》，《甘泉赋》摹《大人赋》，《剧秦美新》摹《封禅文》，《谏不许单于朝书》摹《国策·信陵君谏伐韩》，几于无篇不摹。即韩、欧、曾、苏诸巨公之文，亦皆有所摹拟，以成体段。尔以后作文作诗赋，均宜心有摹仿，而后间架可立，其收效较速，其取径较便。

前信教尔暂不必看《经义述闻》，今尔此信言业看三本，如看得有些滋味，即一直看下去。不为或作或辍，亦是好事。惟《周礼》、《仪礼》、《大戴礼》、《公》、《谷》、《尔雅》、《国语》、《太岁考》等卷，尔向来未读过正文者，则王氏《述闻》，亦暂可不观也。

尔思来营省觐，甚好，余亦思尔来一见。婚期既定五月二十六日，三四月间自不能来，或七月晋省乡试。八月底来营省觐亦可。身体虽弱，处多难之世，若能风霜磨炼、苦心劳神，亦自足坚筋骨而长识见，沅甫叔向最羸弱，近日从军，反得壮健，亦其证也。

赠伍嵩生之君臣画像乃俗本，不可为典要，奏折稿当抄一目录付归。余详诸叔信中。

咸丰九年三月初三日

【译文】

字谕纪泽儿：

我已于昨日收到你二月二十日的来信，已经知晓了信中的内容。信中附上贺丹麓先生的墓志铭，见你的字体流畅美观、天骨开张，心中很是欣慰。只是间架结构之间有些地方显得有些松散，还应该多多练习。

练习写字，需要注意的是用笔和结构这两方面。学习用笔，要多看古人的墨迹；学习间架结构，用油纸临摹古人的字帖。这两个重要的方面，都绝不能轻易改变。小孩子学写影本，若用功专心，不过几个月，便类似于摹本的字体。我自三十岁时起，就理解了古人用笔的方法，只是在间架结构上还欠缺火候，自然字写起来也是全无体统。在习字上，我此生的愿望就是想把柳诚悬（柳公权）、赵子昂两家融为一体，只因为间架结构欠缺功夫，一直未实现这个愿望。你以后应于间架结构上多下苦功，每天用油纸临摹字帖，要么一百字，要么二百字，不到几个月，间架结构就会在不经意间类似于古人的了。若你能把柳、赵字体的优长合二为一，就了却我的心愿了。若不能做到，可随便你自选一家，当然不可见异思迁。

不仅习字要模仿古人的间架，作文章也要模仿古人的间架。《诗经》中造句的方法，没有一句话是无原本的，而《左传》里的文句，多数是现成的句调。汉代的文宗扬子云，他的《太玄》模仿《易》，《法言》模仿《论语》，《方言》模仿《尔雅》，《十二箴》模仿《虞箴》，《长杨赋》模仿《易》，《法言》模仿《难蜀父老》，《解嘲》模仿《客难》，《甘泉赋》模仿《大人赋》，《剧秦美新》模仿《封禅文》，《谏不许单于朝书》模仿《国策·信陵君谏伐韩》，几乎都是从前人的基础上模仿而来。即使是韩、欧、曾、苏各位文坛巨星的文章，也都有所模拟，已成体裁。你以后作文章及诗赋要用心模仿，而后间架可自成一体，这样收到的效果比较快，也更容易入门。

我在上封信中，说你可暂时不看《经义述闻》，现在你在信中说已经看了三本了。如果你觉得很有兴趣，可以继续，做和不做都不算是坏事。只是《周礼》、《仪礼》、《大戴礼》、《公》、《谷》、《尔雅》、《国语》、《太岁考》等书，你从来没有读过正文，所以我才说王氏的《述闻》可以暂时不看。

你信中说想来军营看我，这是好事啊，我也希望你能来。既然你的婚期已经定在五月二十六日，看来三四月份是不能来了。可能你参加在省城的乡试应该是七月底，那八月底来营中探亲也可。你平日身体虽然很弱，但如今国家正在危难之时，若能趁此机会经受些风霜的考验，多费些心思，也可以锻炼锻炼筋骨，长些见识。沅甫叔身体向来羸弱，近日前来营中，锻炼之后反倒更加强健了，这个例子便很好的说明了问题。

我赠送给伍嵩生的君臣画像是俗本，不可作为典要。抄一个奏折稿的目录带回来。其他的详细情况在各位叔叔的信中已讲过了，就不再赘述。

咸丰九年三月初三日

## 一六谕纪泽：

### 论书法南北两派之长

【原文】

字谕纪泽儿：

二十二日接尔禀并《书谱叙》，以示李少荃、次青、许仙屏诸公，皆极赞美。云尔钩联顿挫，纯用孙过庭草法，而间架纯用赵法，柔中寓刚，绵里藏针，动合自然等语。余听之亦欣慰也。

赵文敏集古今之大成，于初唐四家内师虞永兴，而参以钟绍京，因此以上窥二王，下法山谷，此一径也；于中唐师李北海，而参以颜鲁公、徐季海之沉着，此一径也；于晚唐师苏灵芝，此又一径也。由虞永兴以溯二王及晋六朝诸贤，世所称南派者也；由李北海以溯欧、褚及魏北齐诸贤，世所谓北派者也。尔欲学书，须窥寻此两派之所以分。南派以神韵胜，北派以魄力胜。宋四家，苏、黄近于南派，米、蔡近于北派。赵子昂欲合二派而汇为一。尔从赵法人门，将来或趋南派，或趋北派，皆可不迷于所往。我先大夫竹亭公，少学赵书，秀骨天成。我兄弟五人，于字皆下苦功，沅叔天分尤高。尔若能光大先业，甚望甚望！

制艺一道亦须认真用功。邓瀛师，名手也。尔作文，在家有邓师批改，付营有李次青批改，此极难得，千万莫错过了。

付回赵书《楚国夫人碑》，可分送三先生（汪、易、葛）二外甥及尔诸堂兄弟，又旧宣纸手卷、新宣纸横幅，尔可学《书谱》，请徐柳臣一看。此嘱。父涤生手谕。

咸丰九年三月廿三日

**【译文】**

字谕纪泽儿：

我于二十二日收到你的来信和《书谱叙》，我拿给李少荃、次青、许仙屏等人观阅，诸人都大加称赞。他们都说你书法的钩联顿挫，草书方法用孙过庭的，而间架结构纯属赵派书法，柔中有刚，绵里藏针，动合自然。我听了很欣慰。

赵文敏集古今之大成，师从初唐四家中的虞永兴，而参学钟绍京，并以此上探索二王，下仿效黄山谷，这是一条路径；向中唐时期的李北海学习，而参学颜鲁公、徐季海的沉着稳重，这是一条路径；师从晚唐时期的苏灵芝，这样的路径也可以。从虞永兴追溯二王和晋、六朝各位各家，是世人所称的南派；由李北海而追溯到欧、褚和魏、北齐各位名家，即被世人吹捧的北派。你要学习书法，就要了解这两派的异同，南派擅长的是神韵，北派善于突显魄力。宋朝四家中，苏、黄接近南派，而米、蔡则近于北派。赵子昂曾尽力合并这两个门派，融会贯通成为一体。你从赵派书法入门，将来可能会趋向南派，也可能会趋向北派，无论效法何派，方向不要迷失。我先大夫竹亭公，幼时学习赵派书法，秀骨天成。我们兄弟五个人，在写字方面都下很大工夫，其中要数沅叔的天资最高。你若能发扬光大先辈的业绩，我的希望也就达到了。

八股文的写作，也需要你认真用功。邓瀛师是写作八股文的高手。你现在写文章，在家里有邓老师为你批改，交到军营中又有李次青给你提意见，这是很难得的学习机会，千万不可错过。

现把赵书《楚国夫人碑》附回，可分别送给三位先生（汪、易、葛）、两个外甥和你的各位堂兄弟。另外还有旧的宣纸手卷、新的宣纸横幅，你也可以学习《书谱》，请徐柳臣看一看。此嘱。

咸丰九年三月二十三日

## 一七谕纪泽：

看书要有所择，了解治学之道

**【原文】**

字谕纪泽：

前次于诸叔父信中，复示尔所问各书帖之目。乡间苦于无书，然尔生今日，吾家之书，业已百倍于道光中年矣。买书不可不多,而看书不可不知所择。以韩退之为千古大儒,而自述其所服膺之书,不过数种:曰《易》、曰《书》、曰《诗》、曰《春秋左传》、曰《庄子》、曰《离骚》、曰《史记》、曰相如、子云。柳子厚自述其所得,正者:曰《易》、曰《书》、曰《诗》、曰《礼》、曰《春秋》;旁者:曰《谷梁》、曰《孟》、《荀》、曰《庄》、《老》、曰《国语》、曰《离骚》、曰《史记》,二公所读之书,皆不甚多。

本朝善读古书者,余最好高邮王氏父子,曾为尔屡言之矣。今观怀祖先生《读书杂志》中所考订之书:曰《逸周书》、曰《战国策》、曰《史记》、曰《汉书》、曰《管子》、曰《晏子》、曰《墨子》、曰《荀子》、曰《淮南子》、曰《后汉书》、曰《老》、《庄》、曰《吕氏春秋》、曰《韩非子》、曰《杨子》、曰《楚辞》、曰《文选》,凡十六种。又别著《广雅疏证》一种。伯申先生《经义述闻》中所考订之书:曰《易》、曰《书》、曰《诗》、曰《周官》、曰《仪礼》、曰《大戴礼》、曰《礼记》、曰《左传》、曰《国语》、曰《公羊》、曰《谷梁》、曰《尔雅》,凡十二种。王氏父子之博,古今所罕,然亦不满三十种也。

余于四书、五经之外,最好《史记》、《汉书》、《庄子》、《韩文》四种,好之十余年,惜不能熟读精考。又好《通鉴》、《文选》及姚惜抱所选《古文辞类纂》、余所选《十八家诗抄》四种,共不过十余种,早岁笃志为学,恒思将此十余书贯串精通,略作札记,仿顾亭林、王怀祖之法。今年齿衰老,时事日艰,所志不克成就,中夜思之,每用愧悔。泽儿若能成吾之志,将四书、五经及余所好之八种一一熟读而深思之,略作札记,以志所得,以著所疑,则余欢欣快慰,夜得甘寝,此外别无所求矣。至王氏父子所考订之书二十八种,凡家中所无者,尔可开一单来,余当一一购得寄回。

学问之途,自汉至唐,风气略同;自宋至明,风气略同;国朝又自成一种风气,其尤著者,不过顾、阎(百诗)、戴(东原)、江(慎修)、钱(辛楣)、秦(味经)、段(懋堂)、王(怀祖)数人,而风会所扇,群彦云兴。尔有志读书,不必别标汉学之名目,而不可不窥数君子之门径。

凡有所见闻,随时禀知,余随时谕答,较之当面问答,更易长进也。

咸丰九年四月廿一日

**【译文】**

字谕纪泽:

上次你所问的各种书贴目录,我已经答复你了,就写在给各位叔父的信中。乡下乃偏僻之地,苦于闭塞,但你生活在当世,我们家所珍藏的书比起道光年间已经多出百倍。买书以多为好,但要有选择性的看书。韩退之被尊为千古大儒,据他自己所言,他所钦佩的书也不过几种而已:《易》、《书》、《诗》、《春秋左传》、《庄子》、《离骚》、《史记》和相如、子云等人的文章。柳子厚也是博学之人,但所有他看过的书中,声称正者仅有《易》、《书》、《诗》、《礼》、《春秋》;旁者也不过是《谷梁》、《孟》、《荀》、《庄》、《老》、《国语》、《离骚》、《史记》等书。由此可见,两个人所读的书都不是很多。

我最欣赏本朝会读古书的高邮王氏父子,也跟你多次提过他们。怀祖先生在《读书杂志》上所考订的书有:《逸周书》、《战国策》、《史记》、《汉书》、《管子》、《晏子》、《墨子》、《荀子》、《淮南子》、《后汉书》、《老子》、《庄子》、《吕氏春秋》、《韩非子》、《杨子》、《楚辞》、《文选》等共十六种,此外还有一种《广雅疏证》。《经义述闻》是伯申先生所作,其中所考订的书有《易》、《书》、《诗》、《周官》、《仪礼》、《大戴礼》、《礼记》、《左传》、《国语》、《公羊》、《谷梁》、《尔雅》共十二种。王氏父子学识渊博,古今罕见,但其中总共涉及三十种书而已。

我除了四书、五经之外，这十多年来最喜欢看《史记》、《汉书》、《庄子》、《韩文》，遗憾的是未能熟读及细细钻研这几本书。另外我还很欣赏《通鉴》、《文选》和姚惜抱（姚鼐）所选的《古文辞类纂》，以及我自己选抄的《十八家诗抄》四种书，这些书最多也不过十几种。早年我专心研究学问，潜心阅读，时常想把这十几种书贯串精通，略作札记，以顾亭林和王怀祖为榜样。如今年事已高，已经有心无力，看来无法实现立下的志向了。半夜想起来，常会独自悔恨。若泽儿能完成我年轻时的志向，一一熟读并深入研究四书、五经和我爱好的八种书，略作札记，把你读后的心得体会疑难问题记下，那我会感到无比的欢欣快慰。了此心愿，我晚上也能安然入睡了，除此之外也没有其他奢望。王氏父子考订的二十八种书，若家中没有收藏，你开出清单来，我可以一本一本地买了寄回家。

古今治学之道，由汉至唐，风气大致相同；从宋朝到明朝，变化也不太大；至本朝之后，风气又自不同。其中最负盛名的便是顾、阎（百诗）、戴（东原）、江（慎修）、钱（辛楣）、秦（味经）、段（懋堂）、王（怀祖）等数人。由于已经自成风格，所以人才众多，大师也多。你若有专心读书的志向，可以不用标榜汉学的名目，但对于以上提到的几位先生的治学之道却不能不了解。

凡是有新鲜的所见所闻，要随时向我禀告，我给你解答的也会尽量及时，这样的方式比起当面的问答，更容易进步。

咸丰九年四月二十一日

## 一九谕纪泽：

读书要求个明白

**【原文】**

字谕纪泽儿：

接尔二十九、三十号两禀，得悉《书经》注疏看《商书》已毕。《书经》注疏颇庸陋，不如《诗经》之该博。我朝儒者，如阎百诗、姚姬传诸公皆辨别古文《尚书》之伪。孔安国之传，亦伪作也。

盖秦燔书后，汉代伏生所传，欧阳及大小夏侯所习，皆仅二十八篇，所谓今文《尚书》者也。厥后孔安国家有古文《尚书》，多十余篇，遭巫蛊之事，未得立于学官，不传于世。厥后张霸有《尚书》百两篇，亦不传于世。后汉贾逵、马、郑作古文《尚书》注解，亦不传于世。至东晋梅赜始献古文《尚书》并孔安国传，自六朝唐宋以来承之，即今通行之本也。自吴才老及朱子、梅鼎祚、归震川，皆疑其为伪。至阎百诗遂专著一书以痛辨之，名曰《疏证》。自是辨之者数十家，人人皆称伪古文、伪孔氏也。《日知录》中略著其原委。王西庄、孙渊如、江艮庭三家皆详言之（《皇清经解》中皆有江书，不足观）。此亦《六经》中一大案，不可不知也。

尔读书记性平常，此不足虑。所虑者第一怕无恒。第二怕随笔点过一遍，并未看得明白。此却是大病。若实看明白了，久之必得些滋味，寸心若有怡悦之境，则自略记得矣。尔不必求记，却宜求个明白。

邓先生讲书，仍请讲《周易折中》。余圈过之《通鉴》，暂不必讲，恐污坏耳。尔每日起得早否？并问。此谕。涤生手示。

咸丰九年六月十四日辰刻

**【译文】**

字谕纪泽儿：

我刚收到你二十九、三十日两封来信，得知你《书经》注疏中的《商书》已经看完了。《书经》的注疏很浅陋，而《诗经》比它精深很多。我朝大儒，如阎百诗、姚姬传等人都辨明古文《尚书》是伪书，孔安国所传，也是伪作。

自秦代焚书坑儒之后，汉代伏生所传，欧阳和大小夏侯所学习的都只有二十八篇，即今文《尚书》。以后孔安国家有古文《尚书》十几篇，但因巫蛊之祸而未能立于学官，所以不能流传后世。后来张霸又有一百零二篇《尚书》，同样失传。后汉人贾逵、马、郑作的古文《尚书》注释，也未能传于后世。到了东晋梅赜始献古文《尚书》，并声称孔安国传此书，这个版本从六朝唐宋传承至今，目前的通行本便是这个。吴才老和朱子、梅鼎祚、归震川，都怀疑它是伪作。到了阎百诗才专门写了《疏证》痛加辩驳。这以后辨别真伪的有几十家，人人都说这些是伪古文、伪孔氏。《日知录》一书中阐述了原由，王西庄、孙渊如、江艮庭三家都讲得很详细（没有必要看《皇清经解》中江艮庭的书）。这也是《六经》中的一宗大案件，不可不知。

你自小记忆力平常，不用担心。应该担心的第一是“无恒”，第二是怕随意粗览一遍，而研读和理解却不够详细，因而并未看明白，这可是个大毛病。若真的看明白了，时间长了其中的真意便一定能体会，如果心中有一种心旷神怡的境界，则可用笔记录下来。不过也不必强求一定要笔录，但一定要将文意弄清楚，理解要深刻。

目前还是请邓先生讲《周易折中》。暂时可不必讲解我圈阅过的《通鉴》，以免把书弄脏弄坏。顺便问一下，你每天是否早起？此谕。

咸丰九年六月十四日辰刻

## 二六谕纪泽：

尔须读唐宋诗，作五言诗

**【原文】**

字谕纪泽：

正月十三四连接尔十二月十六、二十四两禀，又得澄叔十二月二十二日一缄，尔母十六日一缄，备悉一切。

尔诗一首阅过发回。尔诗笔远胜于文笔，以后宜常常为之。余久不作诗，而好读诗。每夜分辄取古人名篇高声朗诵，用以自娱。今年亦当间作二三首，与尔曹相和答，仿苏氏父子之例。尔之才思，能古雅而不能雄俊，大约宜作五言，而不宜作七言。余所选十八家诗，凡十厚册，在家中，此次可交来丁带至营中。尔要读古诗，汉魏六朝，取余所选曹、阮、陶、谢、鲍、谢六家，专心读之，必与尔性质相近。至于开拓心胸，扩充气魄，穷极变态，则非唐之李杜韩白、宋金之苏黄陆元八家不足以尽天下古今之奇观。尔之质性，虽与八家者不相近，而要不可不将此八人之集悉心研究一番，实“六经”外之巨制，文字中之尤物也。

尔于小学粗有所得,深用为慰。欲读周汉古书,非明于小学无可问津。

余于道光末年,始好高邮王氏父子之说,从事戎行未能卒业,冀尔竞其绪耳。

余身体尚可支持,惟公事太多,每易积压。癣痒迄未甚愈。家中索用银钱甚多,其最要紧者,余必付回。

京报在家,不知系报何喜?若节制四省,则余已两次疏辞矣。此等空空体面,岂亦有喜报耶?

葛家信一封,匾字四个付回。澄叔处此次未写信,尔将此呈阅。涤生手示。

同治元年正月十四日

【译文】

字谕纪泽儿:

正月十三、十四日两天连续接到你十二月十六、二十四日寄出的两封信,又接到澄叔十二月二十二日的一封信,还有你母亲十六日寄来的一封信,信中的一切都已尽知。

我已经读过了你写的诗,现在给你发回去。你的诗笔远远超过文笔,所以我建议你应当经常作诗。写诗这件事我已经很久没有做过了,但经常读诗。我几乎每天夜里都要高声朗读古人的名篇以自乐。我今年也须在空闲时作上两三首诗,以苏氏父子为楷模,和你们以诗相互应和。你的才思有古朴典雅之美,但不够雄俊,所以适宜作五言诗,作七言诗则不合适。我选的十八家诗,共十厚册,现在放在家中,这次可以由别人把诗带到军营。你若有心研读古诗,汉魏六朝的古诗,只取我选的曹、阮、陶、大谢、鲍、小谢六家的诗专门去读,因你的性情相投于这些诗作。若要开拓心胸,增强气魄,改变自己的风格,则非得读唐代的李杜韩白、宋金的苏黄陆元这八家,才可把天下古今的奇观读遍。你的性情,虽不与这八家相近,但也须悉心研读这八个人的文集。这八个人的诗文,实在堪称是"六经"之外的巨作,文字中的极品。

你在"小学"上取得的成就颇多,我感到很欣慰。若要读周汉古书,不弄明白"小学"就无法参透其中的奥妙。

道光末年,我开始对高邮父子的学说感兴趣,从军之后事务繁忙,所以未能继续研习此类的学问,现在希望你把我的心愿完成。

我的身体尚无大碍,只是近来公事太多,精力有限,所以常积压在案。癣痒的病还没痊愈。近来家中很多人跟我要钱,其中确实急需用钱的,我一定尽快寄回。

家中有来自京城的喜报,不知是报什么喜?如果是对我节制四省的喜报,我已经两次上疏请辞了。这样没有实际意义的虚名,报喜根本没必要。

我已经将葛家的一封信和四个匾字寄回去。这次没有给你澄叔写信,你让他看看这封信。

同治元年正月十四日

## 三一谕纪泽:

诗文立意,须超群脱俗

【原文】

字谕纪泽儿:

廿九接尔十月十八在长沙所发之信,十一月初一又接尔初九日一禀,并与左镜和唱酬诗及澄叔之信，具悉一切。

尔诗胎息近古，用字亦皆的当。惟四言诗最难有声响、有光芒，虽《文选》韦孟以后诸作，亦复尔雅有余，精光不足。扬子云之《州箴》、《百官箴》诸四言，刻意摹古，亦乏作作之光，渊渊之声。

余生平于古人四言，最好韩公之作，如《祭柳子厚文》、《祭张署文》、《进学解》、《送穷文》诸四言，固皆光如皎日，响如春霆。即其他凡墓志之铭词及集中如《淮西碑》、《元和圣德》各四言诗，亦皆于奇崛之中迸出声光。其要不外意义层出、笔仗雄拔而已。自韩公而外，则班孟坚《汉书·叙传》一篇，亦四言中之最俊雅者。尔将此数篇熟读成诵，则于四言之道自有悟境。

镜和诗雅洁清润，实为吾乡罕见之才，但亦少奇矫之致。凡诗文欲求雄奇矫变，总须用意有超群离俗之想，乃能脱去恒蹊。

尔前信读《马汧督诔》，谓其沈郁似《史记》，极是极是。余往年亦笃好斯篇。尔若于斯篇及《芜城赋》、《哀江南赋》、《九辩》、《祭张署文》等吟玩不已，则声情自茂，文思汩汩矣。

此间军事危迫异常。九洑洲之贼纷窜江北，巢县、和州、含山俱有失守之信。余日夜忧灼，智尽能索，一息尚存，忧劳不懈，它非所知耳！

尔行路渐重厚否？纪鸿读书有恒否？至为廑念。余详日记中。此次澄叔处无信，尔详禀告。涤生手示。

同治元年十一月初四日

【译文】

字谕纪泽儿：

我已经于二十九日收到你十月十八日在长沙发出的信，十一月初一这天又收到你十月九日的一封信，另外还收到了你与左镜和的唱酬诗及澄淑的信等，一切情况都已经知道了。

从你的诗中可见你的诗风脱胎于古人的诗，并且用字恰到好处，这些已经很难得了。古诗之中，最难写的便是四言诗。虽然《文选》中有韦孟以后的各种作品，但也是雅气有余，精气光芒不足。扬子云的《州箴》、《百官箴》等四言诗，刻意仿古，作作之光，渊渊之声也很缺乏。

对于古人的四言诗，韩愈的作品是我最喜欢的，如《祭柳子厚文》、《祭张署文》、《进学解》、《送穷文》等各篇四言佳作，都如皎皎红日般光芒四射，如隆隆春雷般响亮贯耳。即使是其他的墓志铭词及集中如《淮西碑》、《元和圣德》各四言诗，也都是在奇崛之中把独有的音律和光芒蕴育其中。能达到这种境界，关键在于意义层出、笔势雄劲挺拔。除了韩愈的作品，就是班孟坚的《汉书·叙传》一篇了，这个作品在四言诗中也算是俊雅脱俗。你熟读、背诵这几篇，就能深深体会到四言的境界了。

镜和的诗雅洁清润，堪称是家乡罕见的作诗奇才，但是也缺乏奇崛的意境。凡是写诗作文，都要求风格的雄奇变化，还要有超群脱俗的构想，只有这样才能脱离僵化世俗的模式。

你在上一封信中说读了《马汧督诔》，说此篇如《史记》一样的沉郁，我很认同你的看法。早年我也很喜欢这篇文章。你如果对这篇诔文及《芜城赋》、《哀江南赋》、《九辩》、《祭张署文》等篇细细体味，深加琢磨，写文章自然能够声情并茂，文思泉涌了。

最近军事状况异常危急。九洑洲的敌人纷纷窜往江北，巢县、和州、含山纷纷失守。我日夜忧虑焦灼,力求竭尽所能,只要一息尚存,必定奋斗到底,可是谁又知道这些呢!

你走路的步伐是否渐趋稳重?纪鸿读书有恒心吗?我很挂念家中的这些事。其余的详写在日记中。这次没有给澄叔的信,你禀告给他详情就可以了。

同治元年十一月初四日

## 三二谕纪泽:

宽闲岁月,切莫错过好光阴

【原文】

字谕纪泽儿:

二月廿一日在运漕行次,接尔正月二十二日、二月初三日两禀,并澄叔两信,具悉家中五宅平安。大姑母及季叔葬事,此时均当完毕。

尔在团山嘴桥上跌而不伤,极幸极幸。闻尔母与澄叔之意欲修石桥,尔写禀来,由营付归可也。《礼》云:"道而不径,舟而不游。"古之言孝者,专以保身为重。乡间路窄桥孤,嗣后吾家子侄凡遇过桥,无论轿马,均须下而步行。

吾本意欲尔来营见面,因远道风波之险,不复望尔前来,且待九月霜降水落,风涛性定,再行寄谕定夺。目下尔在家饱看群书,兼持门户。处乱世而得宽闲之岁月,千难万难,尔切莫错过此等好光阴也。

余以十六日自金陵开船而上,沿途阅看金柱关、东西梁山、裕溪口、运漕、无为州等处,军心均属稳固,布置亦尚妥当。惟兵力处处单薄,不知足以御贼否?余再至青阳一行,月杪即可还省。南岸近亦吃紧。广匪两股窜扑徽州,古、赖等股窜扰青阳。其志皆在直犯江西以营一饱,殊为可虑。

澄叔不愿受沅之赐封。余当寄信至京,停止此举,以成澄志。

尔读书有恒,余欢慰之至。第所阅日博,亦须札记一二条,以自考证。脚步近稍稳重否?常常留心。此嘱。涤生手示。

澄叔此次未另写信,将此禀告。

同治二年二月廿四日

【译文】

字谕纪泽儿:

二月二十一日,我在运漕行船的途中收到你正月二十二日、二月三日两封信和澄叔的两封信,得知家中五宅平安。大姑母和季叔的葬礼,想来早已处理妥善了。

信中说,你不留心在团山嘴桥上跌倒,幸而没有受伤,真是万幸啊。听说你母亲和澄叔打算重新修座石桥,你在信中对这个意思也作了表示,我看(所需资金)由我从营中寄回就行了。《礼记》中这样说:"道而不径,舟而不游"。古人所说的孝,最重要的是保身。乡间的道路和桥梁都窄小危险,以后我们家的后代,凡是过桥的时候,无论是坐轿还是骑马,步行过去最稳妥。

我本想你来营中见面,因路途遥远,而且又有危险,你暂且待在家里吧。等到九月霜降雨停之后,气候稳定了,我再给你寄信,告诉你来营的日期。现在你在家得以饱览群书,还可兼管家庭事务。身处乱世，得以享受宽闲的岁月，实在是机会难得，万万不要错过这样的好时光啊。

十六日我从金陵坐船，迎流而上，沿途察看金柱关、东西梁山、裕溪口、运漕、无为州等处，目前军心尚稳，还有妥当的军事布置。只是各处的兵力都显得单薄，不知是否能够抵挡得住来势汹汹的敌人。我还要赶去青阳一趟，回省城应该到月底了。南岸的情况近来比较紧张。敌军又派出两股人马进攻徽州，古、赖等股(捻军)敌军又不时地骚扰青阳，其最终目的显然是要进攻江西，为此我深为忧虑。

澄叔不愿意接受朝廷给沅叔的赐封。我应当马上给京城写信，请示朝廷取消这项举措，以遂了澄叔的心愿。

我知晓你能不间断的读书，心里特别欣慰。不过随着自己读书涉及的知识日见广博，有必要做一两条札记，对自己日后的查考会很方便。最近脚步是否稳重些了？要常常注意这些。此嘱。

这次没有另外给澄叔写信，你把这封信转给他看。

同治二年二月二十四日

## 三三谕纪泽：

### 好文章须熟读成诵

**【原文】**

字谕纪泽儿：

接尔二月十三日禀并“闻人赋”一首，具悉家中各宅平安。

尔于小学训诂颇识古人源流，而文章又窥见汉魏六朝之门径，欣慰无已。余尝怪国朝大儒如戴东原、钱辛楣、段懋堂、王怀祖诸老，其小学训诂实能超越近古，直逼汉唐，而文章不能追寻古人深处，达于本而阂于末，知其一而昧其二，颇所不解。私窃有志，欲以戴、钱、段、王之训诂，发为班、张、左、郭之文章(晋人左思、郭璞小学最深，文章亦逼两汉，潘、陆不及也)。久事戎行，斯愿莫遂，若尔曹能成我未竟之志，则至乐莫大乎是。即日当批改付归。

尔既得此津筏，以后便当专心壹志，以精确之训诂，作古茂之文章。由班、张、左、郭上而扬、马而《庄》、《骚》而“六经”，靡不息息相通，下而潘、陆而任、沈而江、鲍、徐、庾，则词愈杂，气愈薄，而训诂之道衰矣。至韩昌黎出，乃由班、张、扬、马而上跻“六经”，其训诂亦甚精当。尔试观《南海神庙碑》、《送郑尚书序》诸篇，则知韩文实与汉赋相近。又观《祭张署文》、《平淮西碑》诸篇，则知韩文实与《诗经》相近。近世学韩文者，皆不知其与扬、马、班、张一鼻孔出气。尔能参透此中消息，则几矣。

尔阅看书籍颇多，然成诵者太少，亦是一短。嗣后宜将《文选》最惬意者熟读，以能背诵为断，如《两都赋》、《西征赋》、《芜城赋》及《九辩》、《解嘲》之类皆宜熟读。《选》后之文，如《与杨遵彦书》(徐)《哀江南斌》(庾)亦宜熟读。又经世之文如马贵与《文献通考》序二十四首，天文如丹元子之《步天歌》《文献通考》载之，《五礼通考》载之)，地理如顾祖禹之《州城形势叙》(见《方舆纪要》首数卷，低一格者不必读，高一格者可读，其排列某州某郡无文气者亦不必读)。以上所选文七篇三种，尔与纪鸿儿皆当手抄熟读，互相背诵，将来父子相见,余亦课尔等背诵也。

尔拟以四月来皖,余亦甚望尔来,教尔以文。惟长江风波,颇不放心,又恐往返途中抛荒学业,尔禀请尔母及澄叔酌示。

如四月起程,则只带袁婿及金二甥同来,如八九月起程,则奉母及弟妹妻女合家同来,到皖住数月,孰归孰留,再行商酌。

目下皖北贼犯湖北,皖南贼犯江西,今年上半年必不安静,下半年或当稍胜。尔若于四月来谒,舟中宜十分稳慎,如八月来,则余派大船至湘潭迎接可也。余详日记中,尔送澄叔一阅,不另函矣。涤生手示。

同治二年三月初四日

【译文】

字谕纪泽儿:

近日收到了你二月十三日写来的信,另外附在其中的还有一首《闻人赋》,知道家中各宅平安。

在小学训诂方面,你认识到古人的本源问题,从你所学的文章也可以看出来你已经学到了汉魏六朝的门径,我实在是很高兴。我曾经奇怪于本朝的大儒如戴东原、钱辛楣、段懋堂、王怀祖等老一辈人,他们的小学训诂能超越近古之人,甚至接近了汉唐的水平,但做文章却不能追求古人文章中深刻内涵的表达,能够抵达本源,却被阻于末端,只知其一不知其二,我很是困惑于这些。我曾经暗自发誓,要吸收戴、钱、段、王他们那样的训诂经验,作出班、张、左、郭那样的文章(晋人左思、郭璞小学方面的学问最深,文章也是与两汉时的水平最接近,潘、陆不如他们)。但是长期的戎马生涯,奔走南北,以致没有实现这个愿望。如果你能完成我未竟的志向,我真是为你高兴。我把你的文章批改之后,今天就给你寄回去。

你既然找到了入门的方法,以后应当更加专心,训诂之法要精确,做古朴有内涵的文章。从班、张、左、郭上溯到扬、马,再到《庄子》、《离骚》、"六经",无不息息相通,下到潘、陆、任、沈,再到江、鲍、徐、庾,他们用词越来越繁杂无序,并且气势越来越弱,训诂的水平自然也越来越低了。直至韩愈出世,才从班、张、扬、马上跻"六经",也有了十分精确恰当的训诂。你应当着手研读《南海神庙碑》、《送郑尚书序》等文章,就会了解韩愈的文章实在接近汉赋的水平和风格。之后再看《祭张署文》、《平淮西碑》等文章,就会了解到韩愈的文章也接近《诗经》的风格。近代人读韩愈的文章,都看不出他和扬、马、班、张其实同呼吸于一个鼻孔,你能看透其中的奥秘,说明你所用的工夫差不多了。

你读过的书籍不少,但却很少能够背诵,这个弱点不算小。今后你应选出《文选》中最好的文章,熟读乃至背诵,如《两都赋》、《西征赋》、《芜城赋》及《九辩》、《解嘲》之类的都应熟读。

也应该熟读《文选》后半部分的文章如《与杨遵彦书》(徐)、《哀江南赋》(庾)。还有传世之作如马贵与的《文献通考》序二十四首,天文学方面的例如丹元子的《步天歌》(《文献通考》和《五礼通考》都把它录入),地理学方面的如顾祖禹的《州城形势叙》(见《方舆纪要》头几卷,可以忽略低一格的内容,但可读的也便是高一格的内容,其中排列某州某郡无文采的也不必读)。以上我选的文章共三种、七篇,你和纪鸿儿都要抄写并熟读,相互考察背诵情况,将来我们父子相见之时,我也要考考你们是否已熟练背诵。

四月份我打算前往安徽,我希望你也能来,可以在这段时间教你怎么作文章。只是长江风浪太大，又很担心你的安全，而且怕你在往返途中因耽误了时间而荒废学业。这件事你可以先请示你母亲和澄叔，他们商量完之后你们再决定。

如果打算四月份前来，就只带袁婿和金二外甥同来即可；如果八九月份起程，就陪同你母亲和弟妹及他(她)们妻子儿女全家一起前来。能够在安徽多住几个月，之后谁回去谁留下再决定。

如今皖北的敌军大举进犯湖北，皖南的敌军又出兵进犯江西，今年上半年局势定不平静，或许在下半年情况会好转。如果你四月份来看我，坐船过江的时候要加倍谨慎小心，如果八月份来，那我就到湘潭用大船把你们接来。其余的事都详记在日记中，你送给澄叔看看，不再另写信了。

同治二年三月初四日

## 日日自省、时时自制，日后必是有用之才

诸位贤弟足下：

九弟到家，遍走各亲戚家，必各有一番景况，何不详以告我？四妹小产，以后生育颇难，然此事最大，断不可以人力勉强，劝渠家只须听其自然，不可过于矜持。又闻四妹起最晏，往往其姑反服侍他；此反常之事，最足折福，天下未有不悌之妇而可得好处者，诸弟必须时劝导之，晓之以大义。

明年正月，恭逢祖父大人七十大寿，京城以进十为正庆；予本拟在戏园设寿筵，窦兰泉及艮峰先生劝止之，故不复张筵，盖京城张筵唱戏，名日庆寿，实则打把戏；兰泉之劝止，正以此故。现作寿屏两架，一架淳化笺四大幅，系何子贞撰文并书，字有茶碗口大，一架冷金笺八小幅，系吴子序撰文，予自书。淳化笺系内府用纸，纸厚如钱，光彩耀目，寻常琉璃厂无有也。昨日偶有之，因买四张。子贞字甚古雅，惜太大，万不能寄回，奈何奈何？书不能尽言，唯诸弟鉴察，国藩手草。

附课程表

一、主敬。整齐严肃、无时不具，无事时心在腔子里，应事时专一不杂。

二、静坐。每日不拘何时，静坐一会，体验静极生阳来复之仁心，正位凝命，如鼎之镇。

三、早起。黎明即起，醒后勿沾恋。

四、读书不二。一书未读完，断不看他书，东翻西阅，都是徇外为人。

五、读史。廿三史每日读十页，虽有事，不间断。

六、写日记、须端谐。凡日间过恶，身过，心过，口过，皆记出，终身不间断。

七、日知其所亡。每日记茶余偶谈一则，分德行门，学问门，经济门，艺术门。

八、月无忘所能。每月作诗文数首，以验积理之多寡，气之盛否。

九、谨言。刻刻留心。

十、养气。无不可对人言之事，气藏丹田。

十一、保身。谨遵大人手谕，节欲，节劳，节饮食。

十二、作字。早饭后作字，凡笔墨应酬，当做自己功课。

十三、夜不出门。旷功疲神，切戒切戒！

**【译文】**

诸位贤弟足下：

九弟到家，走遍各亲戚家，一定有一番盛况，请给我详细说明。四妹小产，以后生育就困难了，然而这件事最大，也不可勉强于人力，要劝她家只要顺其自然，不要过于固执。又听说四妹起床最迟，往往是她的婆婆服侍她，这是反常的事情，福泽也最易折去。天下没有不孝的媳妇而可以得好处的。弟弟们要时时教导她，大义是她所必须明白的。

明年正月，祖父七十大寿。京城以进十为正庆。我本打算在戏园设寿筵，窦兰泉和艮峰先生劝阻，因此不准备办。因京城张筵唱戏，以庆寿之名打把戏。兰泉之所以劝止，就是这个原因，如今两架寿屏已做好，一架是淳化笺四大幅，是何子贞撰文并书，字有茶碗口大，一架冷金笺八小幅，是吴子序撰文，我自己写字。内府才用淳化笺，纸厚如钱币，光彩夺目，平常的琉璃厂没有，昨天适逢而购入四张。子贞的字很古雅，可惜太大，万不能寄回，实在是无可奈何。书不尽言，请弟弟鉴察，兄国藩手草。

附课程表

一、主敬。做事要整齐严肃，要时刻警惕。没事的时候心要装在肚子里，做事的时候一定要专心致志，不能心存杂念。

二、静坐。每天不论何时，静坐必不可少，体验静极生阳来复之仁心，凝神静气，内心踏实安稳，如鼎镇住一般。

三、早起。黎明即起，醒来后就要起床，贪睡要不得。

四、读书要专心不二。一本书没读完，不能贪多再翻别书，东翻西阅，都是置身于客观事物之外，不会有所收获。

五、读史。二十三史每日读十页，即使有事，也要坚持。

六、写日记，须端谐。凡日间过恶，身过，心过，口过，皆记出，终身不间断。

七、日知其所亡。每天要记一则茶余偶谈，分德行篇，学问篇，经济篇，艺术篇。

八、月无忘所能。每月作几首诗文，以检验积理之多寡，气之盛否。

九、谨言。出言要谨慎，并时刻留心。

十、养气。没有不可对人言之事，要气沉丹田。

十一、保身。谨遵大人教诲，节欲，节劳，节饮食。

十二、作字。早饭后作字，凡是笔墨应酬，也当是自己在做功课。

十三、夜不出门，以免浪费时间，劳神费心。切戒切戒！

## 善读书者，须视书如水

字谕纪泽儿：

八月一日，刘曾撰来营，接尔第二号信并薛晓帆信，得悉家中四宅平安，至以为慰。

汝读《四书》无甚心得，由不能虚心涵泳，切己体察。朱子教人读书之法，此二语最为精当。尔现读《离娄》，即如《离娄》首章“上无道揆，下无法守”，我往年读之，亦无甚警惕。近岁在外办事，乃知上之人必揆诸道，下之人必守乎法。若人人以道揆自许，从心而不从法，则下凌上矣。“爱人不亲”章，往年读之，不甚亲切，近岁阅历日久，乃知治人不治者，智不足也。此切己体察之一端也。

涵泳二字，最不易识，余尝以意测之。曰：涵者，如春雨之润花，如清渠之溉稻。雨之润花，过小则难透，过大则离披，适中则涵濡而滋液；清渠之溉稻，过小则枯槁，过多则伤涝，适中则涵养而浡兴。泳者，如鱼之游水，如人之濯足。程子谓鱼跃于渊，活泼泼地；庄子言濠梁观鱼,安知非乐?此鱼水之快也。左太冲有"濯足万里流"之句,苏子瞻有夜卧濯足诗,有浴罢诗,亦人性乐水者之一快也。善读书者,须视书如水,而视此心如花、如稻、如鱼、如濯足,则涵泳二字,庶可得之于意言之表。尔读书易于解说文义,却不甚能深人,可就朱子涵泳、体察二语悉心求之。

邹叔明新刊地图甚好。余寄书左季翁,托购致十副。尔收得后,可好藏之。薛晓帆银百两宜璧还。余有复信,可并交季翁也。此嘱。

**【译文】**

字谕纪泽儿:

八月一日,刘曾撰来军营,收到你第二封信和薛晓帆的信,知晓家中四宅都平安,非常欣慰。

你读《四书》丝毫没有心得体会,是由于不能虚心涵泳,切身体察。朱子教人读书的方法,就这两句话最为精辟。你如今读《离娄》,便要以《离娄》第一章的"上无道揆,下无法守"作为法则。我过去也并没有注意这里,这些年在外办事,才知道处于高位的人必须遵守道德,处于低位的人应当遵守法规。假如每个人都遵守道德,只从心愿而不从法律,就会以下凌上。"爱人不亲"一章,我从前读它时,不觉得亲切,这些年逐渐加深了阅历,才知道治人者而不能治人,是智力不够,这是我亲身体验的一个方面。

最难理解的便是涵泳二字,我曾经诠释说:所谓涵,像春雨滋润鲜花,像清澈的渠水灌溉稻秧。雨水滋润鲜花,太少了就不容易浇透,太多了就容易倒伏,若使花得到充足水分,水量便应适中;渠水灌溉稻秧,太少了稻秧就会干枯,太多了就会造成涝灾,若使稻秧茁壮成长水量也应适中。泳者,就像鱼儿游泳,像人洗脚。程子说鱼跃进水潭,十分活跃;庄子说,在濠梁上看鱼,鱼儿快不快乐,人又怎么会得知?鱼儿在水中的开心便是如此吧。左太冲有"濯足万里流"的语句,苏子赡有夜卧濯足诗,有浴罢诗,也是人天性喜水的一种快乐。善于读书的人,必须把书看作水,而用鲜花来比喻这种心情,像稻秧,像鱼儿,像洗脚,那么便深刻理解"涵泳"二字了。你读书理解文章的含义比较容易,却不能深入体会。但愿你能从朱子涵泳、体察两句中,专心追求。

还有一样东西很好,便是邹叔明新刊刻的地图。我寄了信给左季翁,托付他购买十副,你收到后,一定好好收藏。薛晓帆的百两银子理应归还。我有回信,请交给季翁。特此叮嘱。

## 四致诸弟:

### 常存谦虚敬畏之心

**【原文】**

四位老弟足下:

四月十六日,余寄第三号交折差,备述进场阅卷及收门生诸事,内附寄会试题名录一纸。十七日朱啸山南旋,余寄第四号信,外银一百两、书一包计九函,高丽参一斤半。二十五日冯树堂南旋,余寄第五号家信,外寿屏一架,鹿胶二斤一包、对联条幅扇子及笔共一布包。想此三信,皆于六月可接到。

树堂去后，余于五月初二日新请李竹坞先生(名如昆，永顺府龙山县人，丁酉拔贡，庚子举人)教书。其人端方和顺，有志性理之学，虽不能如树堂之笃诚照人，而已为同辈所最难得者。

初二早，皇上御门办事。余蒙天恩，得升詹事府右春坊右庶子。次日具折谢恩，蒙召见于勤政殿，天语垂问共四十余句。是日同升官者：李菡升都察院左副都御史，罗惇衍升通政司副使，及余共三人。余蒙祖、父余泽，频叨非分之荣，此次升官，尤出意外，日夜恐惧修省，实无德足以当之。诸弟远隔数千里之外，必须匡我之不逮，时时寄书规我之过，务使累世积德，不自我一人而堕。庶几持盈保泰，得免速致颠危。诸弟能常进箴规，则弟即吾之良师益友也。而诸弟亦宜常存敬畏，勿谓家有人作官，而遂敢于侮人；勿谓已有文学，而遂敢于恃才傲人。常存此心，则是载福之道也。

今年新进士善书者甚多，而湖南尤甚。萧史楼既得状元，而周荇农(寿昌)去岁中南元，孙芝房(鼎臣)又取朝元，可谓极盛。现在同乡诸人讲求词章之学者固多，讲求性理之学者亦不少，将来省运必大盛。

余身体平安，惟应酬太繁，日不暇给，自三月进闱以来，至今已满两月，未得看书。内人身体极弱，而无病痛。医者云必须服大补剂，乃可回元。现在所服之药与母亲大人十五年前所服之白术黑姜方略同，差有效验。儿女四人皆平顺如常。

去年寄家之银两，屡次写信求将分给戚族之数目详实告我，而至今无一字见示，殊不可解。以后务求四弟将帐目开出寄京，以释我之疑。又余所欲问家乡之事甚多，兹另开一单，烦弟逐条对是祷！兄国藩草。

道光二十五年五月初五

**【译文】**

四位老弟左右：

四月十六日，我交给信差第三号家信，信中详细叙述了进场阅卷及收门生等事，信内还附有一份会试题名录。十七日朱啸山南归，我托他将第四号信带到家，另外有一百两银子，书一包计九函，还有一斤半高丽参。二十五日冯树堂又回南方，我趁机让他把第五号信带回去，外加一架寿屏，一包重两斤的鹿胶，对联条幅扇子及笔共一个布包。以上三封信，大概在六月份可以收到。

自树堂离开之后，我于五月二日请来李竹坞先生(名如昆，永顺府龙山县人，丁酉年的贡生，庚子年的举人)教书。此人仪表端庄，性情温顺和善，有志于性理之学，尽管不像树堂一样有笃朴诚实的品质来感染人，但在同辈中已算是非常难得。

初二一大早，我在御门办事，蒙受天恩，得升为詹事府右春坊右庶子。第二天写折子去谢恩，又在勤政殿被皇上召见，皇上问了四十多句话。当日一同升官的还有：李菡升为都察院左副都御史；罗惇衍升为通政司副使。我蒙祖上余泽，本应不该得到这么多荣耀，这次升官，尤其出乎意料，日思夜想，发现自己实在是没有什么德行能够让我接受这样的荣耀。弟弟们远隔千里之外，我做得不好的地方要纠正，常常写信来规诫我的过错，务必使我家历代积累的德行，不从我这儿开始衰落。在一帆风顺时小心谨慎，才不会阴沟翻船。诸弟若能常进规箴，那么弟弟就是我的良师益友。而弟弟们也要时刻心存畏惧，不要认为家里有人做官，就敢欺侮人；不要认为自己有学问，就恃才傲物。牢牢记住这些是获得福气之道。

今年的新进士，很多人的文章写得好，湖南的更多。萧史楼得了状元，周荇农(寿昌)去年中了南元，孙芝房（鼎臣）又得了朝元，可说是显赫了。现在很多同乡人喜欢研究词章学问，研究性理的人也不少，将来湖南的气运一定还会更加兴盛。

我的身体健康，只是应酬太多，空暇时间少，从三月进考场以来，到现在已经有两个月，一直没有时间读书。你们嫂子的身体很弱，但并无大碍。医生说：必须吃些补药才能复原。现在吃的药，与母亲大人十五年前所吃的白术黑姜方大体相同，有点效果。子辈们也都还好。

去年寄到家里的钱，曾叫详细地告诉我你们分给戚族的数目，而到如今没有写来一个字，实在不知道是为什么。请你们以后务必将账目寄来，以解除我的疑虑。还有，我很想知道家乡的事，已列出一个清单，烦请弟弟逐条解答。兄国藩草。

道光二十五年五月初五

## 六致诸弟：

交友须勤加来往

**【原文】**

澄侯四弟、子植九弟、季洪二弟左右：

二月十一接到第一、第二号来信。三月初十接到第三、四、五、六号来信，系正月十二、十八、二十二及二月朔日所发而一次收到。家中诸事，琐屑毕知，不胜欢慰！祖父大人之病竟以服沉香少愈，幸甚！然予终疑祖大人之体本好，因服补药大多，致火壅于上焦，不能下降，虽服沉香而愈，尚恐非切中肯綮之剂。要须服清导之品，降火滋阴为妙。予虽不知医理，窃疑必须如此，上次家书亦曾写及，不知曾与诸医商酌否？丁酉年祖大人之病，亦误服补剂，赖泽六爷投以凉药而效，此次何以总不请泽六爷一诊？泽六爷近年待我家甚好，即不请他诊病，亦须澄弟到他处常常来往，不可太疏，大小喜事宜常送礼。

尧阶即允为我觅妥地，如其觅得，即听渠买，买后或迁或否，仍由堂上大人作主，诸弟不必执见。

上次信言予思归甚切，嘱弟探堂上大人意思何如。顷奉父亲手书，责我甚切，兄自是谨遵父命，不敢作归计矣。郭筠仙兄弟于二月二十到京。筠仙与其叔及江岷樵住张相公庙，去我家甚近。翊臣即住我家，树堂亦在我家人伙，我家又添二人服侍李、郭二君，大约榜后退一人，只用一打杂人耳。

筠仙自江西来，述岱云母之意，欲我将第二女许配渠第二子，求婚之意甚诚。前年岱云在京，亦曾托曹西垣说及，予答以缓几年再议。今又托筠仙为媒，情与势皆不可却。岱云兄弟之为人与其居官治家之道，九弟在江西一一目击。烦九弟细告父母，并告祖父，求堂上大人吩咐，或对或否，以便答江西之信，予夫妇无成见，对之意有六分，不对之意亦有四分，但求直大人主张。

九弟去年在江西，予前信稍有微词，不过恐人看轻耳，仔细思之，亦无妨碍，且有莫之为而为者，九弟不必自悔艾也。

碾儿胡同之屋，房东四月要回京，予已看南横街圆通观东间壁房屋一处，大约三月尾可移寓，此房系汪醇卿之宅（教习门生汪廷儒），比碾儿胡同狭一小半，取其不费力易搬，故暂移彼。若有好房，当再迁移。黄秋农之银已付还，加利十两，予仍退之。周子佩于三月三日喜事。正斋之子竟尚未归。黄茀卿、周韩臣闻皆将告假回籍，茀卿已定十七日起行。刘盛唐得疯疾，不能入闱，可悯之至。袁漱六到京数日，即下园子用功。其夫人生女仅三日即下船进京，可谓胆大。周荇农散馆，至今未到，其胆尤大。曾仪斋（宗逵）正月廿六在省起行，二月廿九日到京，凌笛舟正月廿八起行，亦廿九到京，可谓快极，而澄弟出京，偏延至七十余天始到，人事之无定如此。

新举人复试题“人而无恒，不知其可”二句，赋得“仓庚鸣”得“鸣”字，四等十一人，各罚停会试二科，湖南无之。我身癣疾，春间略发而不甚为害；有人说方，将石灰澄清水用水调桐油擦之，则白皮立去，如前年擦铜绿膏。予现二三日一擦，使之不起白皮，剃头后不过微露红影（不甚红），虽召见亦无碍，除头顶外，他处皆不擦，以其仅能济一时，不能除根也。内人及子女皆平安。

今年分房，同乡仅恕皆，同年仅松泉与寄云大弟，未免太少。余虽不得差，一切自有张罗，家中不必挂心。今日余写信颇多，又系冯、李诸君出场之日，实无片刻暇，故予未作楷信禀堂上，乞弟代为我说明，澄弟理家事之间，须时时看《五种遗规》，植弟、洪弟须发愤读书，不必管家事。兄国藩草。

道光二十六年三月初十日

**【译文】**

澄侯四弟、子植九弟、季洪二弟左右：

二十一日接到第一、第二号来信。三月初七接到第三、四、五、六号来信，分别是正月十二、十八、二十二及二月朔日发出的，我全部收到了。已经知道了家里最近发生的大小事情，心中非常高兴！听说祖父大人吃了沉香之后，病竟然好了些，万幸啊。但我怀疑祖父大人身体本来就很健康，因为补药服太多，以致火壅在上焦，不能下降。虽说吃了沉香身体有所好转，但恐怕并不是特别对症的药，恐怕还得吃药精理疏导，降火滋阴为妙。虽然我不懂医理，但心里觉得肯定是这样，上次信中，也曾经提到过，不知是否与医生们商量过？丁酉年祖父大人的病也是误吃补药，依靠泽六爷下了凉药才好，这次是否请泽六爷给治疗了？泽六爷近年对待我家很好，就是不请他诊病，也要多到泽六爷家走动，不要就此疏远了，每逢大小喜事，更要常送礼，不可怠慢。

既然尧阶已经答应为我找一块妥善的地，就由他做主，合适就买。至于买后迁与不迁，仍然由堂上大人做主决定，弟弟要尊重堂上大人的意见。

上次信中说，我思归心切，嘱咐弟弟们征询一下堂上大人的意见，问问他们的意思如何。刚刚收到父亲的亲笔手书，严厉地斥责我，兄长当然谨遵父命，最近不敢回家。二月二十日，郭筠仙兄弟到京，筠仙与他叔父以及江岷樵都住张相公庙，到我家很近。翊臣就住在我家，树堂也在我家，因此找了两个人伺候李、郭二君，估计发榜后可以退掉一个，打杂的留一个。

筠仙从江西来，转达了岱云母子的想法，想让他家二少爷取我二女，而且求婚的态度很是诚恳。前年岱云在京城的时候，就曾经托曹西垣谈过此事，那时我建议再晚两年。如今他家又托筠仙做媒，不论从感情上和道理上来看都应该答应。再说，岱云兄弟的为人，以及为官治家之道，九弟在江西见到的，麻烦九弟详细告诉父母，并告祖父，看堂上大人意思，答应与否，给个准信，以便早日给他答复。对于此事，我们夫妇倒没有成见，有六分答应意思，不答应的意思有四分，由堂上大人来做主吧。

九弟去年在江西，我上次信中有点责备的意思，不过是恐怕别人看轻罢了，仔细想起来，也没有妨碍，而且也并不是故意为之，所以九弟不必自我懊悔。

碾儿胡同的房东，四月要回京城，我看了一处的位于南衡街圆通观东间壁房子，估计三月底就要搬家了，这房子是汪醇卿（教习门生汪廷儒）的住宅，碾儿胡同的房子比这大一倍，可取之处是容易搬，所以暂时移居。以再有好房子也方便一点。黄秋农的银子已还了，所加的利息十两，我退还了。三月三日周子佩办了喜事，但是正斋儿子却未归。听说黄茀卿、周韩臣都要告假还乡了，而且茀卿已经定于十七日起行。刘盛唐不幸患上了疯病，这次的科举考试他无法参加，真是让人生怜悯之心。袁漱六到到京之后就开始下园子用功。他夫人生下女儿仅三天就坐船进京，胆子可真够大的。周荇农在翰林院学习期满，现在未到，人比较大胆。曾仪斋（宗逵）正月二十六日自省城起程，到达京城才二月二十九日，凌笛舟正月二十八日起程，二月二十九日到京城，他们都算是很快的了。不过澄弟离京之后，偏偏延长七十多天才到达目的地，人事就是这样无定数。

"人而无恒，不知其可"，这是新举人复试的题目，赋得"仓庚鸣"，得"鸣"字，四等十一人，各罚停会试两科，湖南没有。我的癣疾，虽发作但无关紧要，有人说，用石灰澄清水，用水调桐油擦，白皮立刻消失，就像前年擦铜绿膏的情况一样。我现在每隔两天就涂沫一次，使它不起白皮，剃头后不过露点红影，即便面圣也很方便，除头顶外，其他地方都不擦，因这方子只能治标，不能治本。妻子及子女都平安。

今年分房，同乡只有恕皆，同年只有松泉和寄云弟，不免太少，我虽无事情可做，一切自有张罗，家中不必挂念。今天我写信很多，又是冯、李诸君出场的日子，很忙，所以没有用楷书写信禀告堂上，求弟弟代我告知堂上大人。澄弟料理家中空闲之时，要时刻看看《五种遗规》。植弟、洪弟只管勤奋读书，不必理会其他的家事，兄国藩草。

道光二十六年三月初十日

## 七致诸弟：

### 切勿占人便宜

**【原文】**

澄侯、子植、季洪三弟足下：

自四月二十七日得大考谕旨以后，二十九日发家信，五月十八又发一信，二十九又发一信，六月十八又发一信，不审俱收到否？二十五日接到澄弟六月一日所发信，具悉一切，欣慰之至。

发卷所走各家，一半系余旧友，惟屡次扰人，心殊不安。我自从己亥年在外把戏，至今以为恨事。将来万一作外官，或督抚，或学政，从前施情于我者，或数百，或数千，皆钓饵也。渠若到任上来，不应则失之刻薄，应之则施一报十，尚不足满其欲。故兄自庚子到京以来，于今八年，不肯轻受人惠，情愿人占我的便益，断不肯我占人的便益。将来若作外官，京城以内无责报于我者，澄弟在京年余，亦得略见其概矣。此次澄弟所受各家之情，成事不说，以后凡事不可占人半点便益，不可轻取人财，切记切记！

彭十九家姻事，兄意彭家发泄将尽，不能久于蕴蓄，此时以女对渠家，亦若从前之以蕙妹定王家也，目前非不华丽，而十年之外，局面亦必一变，澄弟一男二女，不知何以急急订婚若此？岂少缓须臾，即恐无亲家耶？贤弟从事，多躁而少静，以后尚期三思。儿女姻缘前生注定，我不敢阻，亦不敢劝，但嘱贤弟少安毋躁而已。

成忍斋府学教授系正七品，封赠一代，敕命二轴。朱心泉县学教谕系正八品。仅封本身，父母则无封。心翁之父母乃诰封也。家中现有《搢绅》，何不一翻阅？牧云一等，汪三入学，皆为可喜，啸山教习，容当托曹西垣一查。

京寓中大小平安。纪泽读书已至"宗族称孝焉"，大女儿读书已至"吾十有五"。前三月买驴子一头，顷赵炳堃又送一头，二品本应坐绿呢车，兄一切向来俭朴，故仍坐蓝呢车。寓中用度比前较大，每年进项亦较多(每年俸银三百两、饭银一百两)，其他外间进项尚与从前相似。

同乡诸人皆如旧，李竹屋在苏寄信来，立夫先生许以教馆，余不一一，兄国藩草。

道光二十七年六月廿七日

**【译文】**

澄侯、子植、季洪三弟足下：

自四月二十七日皇上颁布大考谕旨后，二十九日发一家信，五月十八日又发一信，二十九日又发一信，六月十八日再发一信，不知都收到没有？二十五日，收到澄弟六月一日寄来的信，知道一切，欣慰之至！

发卷所走各家，一半是我的旧友，多次打扰他们实感抱歉。我自从己亥年在外逢场作戏，至今以为恨事。日后一旦为地方之父母官，或督抚，或学政，从前有情于我的人，或数百，或数千，当年所作所为都成了垂钓的诱饵。他若到我任所来，他要办的事我不答应则失之刻薄，答应了则施一报十，还不能满足这些人的欲望。所以我自庚子年到京城以来，至今八年，不肯轻易得人好处，甘愿别人占尽我的便宜，断不肯我占人的便宜。将来如果做了地方上的官，京城以内没有能指望我报答的人。澄弟在京城待了一年多，也都基本看见了。这一次澄弟所欠各家的情，事情能成的就不说了，以后凡事不可占人半点便宜，也不可轻取人家的钱财。切记切记。

彭十九家姻事，兄长的意思是彭家已到衰落气数，不可能长久了，这个时候，把女儿许配他家，也好比以前把蕙妹许配王家。眼前，他家也不是不华丽，但十年之后，也一定会改变这个局面，澄弟只有一男二女，不知道为什么这般匆忙的订婚？难道稍微迟一刻，就找不到亲家了？贤弟做事，毛躁不冷静，以后都切记三思而后行。儿女姻缘，前生注定，我不敢阻止，也不敢劝说，不过嘱咐贤弟少安毋躁罢了。

成忍斋府学教授系正七品，封赠一代，皇上敕命二轴。县学教谕授予朱心泉任系正八品，不过只是封他本人，父母并没有得到浩封。心翁的父母是承接以前的诰封。家中现有《搢绅》，为什么不看一看呢？牧云考试列一等，还有汪三已入学，这些事情都是让人高兴的。至于啸山教习的情况，待我委托曹西垣查一查。

京城家里一切安康。纪泽读书已读到"宗族称孝焉"，大女儿读书已读到"吾十有五"。三个月前买了一头驴子，随后赵炳堃又送来一头驴子。二品官本来应该坐绿呢车，我向来简朴，故仍坐蓝呢车。家中花费甚于以前，每年的收入也多些(每年俸银三百两，饭银一百两)，其他外头的收入尚与以前差不多。同乡人都照旧，李竹屋在我处寄住着，宋立夫先生答应他在教馆任职，其余不一一写了，兄国藩草。

道光二十七年六月二十七日

## 一零致九弟：

劝宜息心忍耐为要

【原文】

沅甫九弟左右：

十二日申刻代一自县归，接弟手书，具审一切。

十三日未刻文辅卿来家，病势甚重，自醴陵带一医生偕行，似是瘟疫之症。两耳聋，昏迷不醒，间作谵语，皆惦记营中。余将弟已赴营、省城可筹半饷等事告之四五次。渠而醒悟，且有喜色。因嘱其静心养病，不必挂念营务，余代为函告南省、江省等语，渠亦即放心，十四日由我家雇夫送之还家矣。若调理得宜，半月当可痊愈，复原则尚不易。

陈伯符十二日来我家，渠因负咎在身，不敢出外酬应，欲来乡为避地计。七十侄女十二上来。亦山先生十四归去，与临山皆朝南岳。临山以二十四归馆，亦山二十二夕至。科四读《上孟》至末章，明日可毕。科六读《先进》三页，近只耽搁一日也。彭茀庵表叔十一日仙逝，二十四日发引。尧阶之母十月初二日发引，请叔父题主。黄子春官声极好，听讼勤明，人皆畏之。弟到省之期，计在十二日，余日内甚望弟信，不知金八、佑九何以无一人归来，岂因饷事未定，不遽遣使归与？弟性褊激似余，恐怫郁或生肝疾，幸息心忍耐为要！二十二日郴州首世兄凌云专丁来家，求荐至弟营。据称弟已于十七日起程赴吉矣。兹趁便寄一缄，托黄宅转递，弟接到后，望专人送信一次，以慰悬悬。家中大小平安。晰箸事暂不提。诸小儿读书，余自能一一检点，弟不必挂心。兄国藩手草。

咸丰七年九月廿二日

【译文】

沅甫九弟左右：

十二日下午，代一从县里回来，收到你的信，知道了一切。

十三日午后文辅卿到我家来，病势很重，还有一位醴陵医生随行。他好像是染上了瘟疫，两耳已聋，昏迷不醒，有时还说胡话，不过对营中的事物很挂念。我把你已到营中且省城可以筹一半饷银等事对他说了四五次，他醒后很是欢喜。我叫他静心养病，对营中的事不必挂念，并说愿代他写信去湖南、江西，他才放下心来。十四日我家的几个佣人护送他回家去了。如果调理得好，大约半个月，他的病就可以痊愈，但要康复如初看来不太容易。

陈伯符十二日来到我家，因为感到愧疚，外出应酬是不敢的了，只能到乡下避风头。七十侄女十二日也到我家来了。亦山先生十四日离开，和临山一道对南岳去朝拜了。二十日临山回到学馆，亦山是二十二日晚上到的。科四已读最后一章《上孟》，明日可读完。科六读《先进》三页，最近只耽搁了一天。彭茀庵表叔十一日仙逝，二十四日发葬。十月二日尧阶的母亲发葬，请叔父题神主名。黄子春做官的声望颇高，审案辛勤谨慎、明察秋毫，百姓对他都很佩服。你到省城的时间，估计是二十日。这几天我很想收到你的来信，弄清金八、佑九为什么一个也不回来，会不会是因为饷源没有定准，才不急着派人回来？你像我一样，具有偏激的性格。我真担心你因忧郁而患肝病，要注意息心忍耐。二十二日郴州首世兄凌云专门派人到我家，请求我把他推荐到弟弟营中当差。听他说弟已在十七日起程赴吉安了。现趁便给你寄去信，托黄家转送，你接到后，希望派人送来你的回信，以免我挂念。家中大小都平安。暂时不提分家的事。孩子们读书，我也能安排，你不必挂念。

咸丰七年九月二十二日

## 一四谕纪泽：

### 做人要有气量

**【原文】**

字谕纪泽：

闻尔至长沙已逾月余，而无禀来营，何也？少庚讣信百余件，闻皆尔亲笔写之，何不发刻？或请人帮写？非谓尔宜自惜精力，盖以少庚年未三十，情有等差，礼有隆杀，则精力亦不宜过竭耳。

近想已归家度岁。今年家中因温甫叔之变，气象较之往年迥不相同。余因去年在家，争辩细事，与乡里鄙人无异，至今深抱悔憾。故虽在外，亦恻然寡欢。尔当体我此意，于叔祖各叔父母前尽此爱敬之心。常存休戚一体之念，无怀彼此歧视之见，则老辈内外必器爱尔，后辈兄弟姊妹必以尔为榜样，日处日亲，愈久愈敬。若使宗族乡党皆曰纪泽之量大于其父之量，则余欣然矣。

余前有信教尔学作赋，尔复禀并未提及。又有信言涵养二字，尔复禀亦未之及。嗣后我信中所论之事，尔宜一一禀复。

余于本朝大儒，自顾亭林之外，最好高邮王氏之学。王安国以鼎甲官至尚书，谥文肃，正色立朝，生怀祖先生。念孙经学精卓，生王引之，复以鼎甲官尚书，谥文简，三代皆好学深思，有汉韦氏、唐颜氏之风。余自憾学问无成，有愧王文肃公远甚，而望尔辈为怀祖先生，为伯申氏，则梦寐之际，未尝须臾忘也。怀祖先生所著《广雅疏证》、《读书杂志》家中无之。伯申氏所著《经义述闻》、《经传释词》，《皇清经解》内有之。尔可试取一阅。其不知者，写信来问。本朝穷经者，皆精小学，大约不出段、王两家之范围耳。余不一一。父涤生示。

咸丰八年十二月三十日

**【译文】**

字谕纪泽：

听说你抵达长沙已经一月有余，至今没有写信到营中来的原因是什么呢？少庚的讣告信件有一百多封，据说都是你亲自写的，为什么不拿去刻写？或者请人帮写呢？让你惜力并非我的本意，而是因为少庚生前未满三十，情谊有差别，礼节有轻重，就是有精力也没必要这样消耗。

你最近几天应该已回家过年了吧？因为温甫叔的变故，今年家里的气氛迥然于往年。去年我在家中，因为一些鸡毛蒜皮的小事与温甫叔争执，简直跟那些鄙夷的乡下人无异，现在想来，依然深感悔恨。如今虽然身在异乡，但郁郁寡欢，心生愧疚。你应该理解我的心意，在叔祖和各位叔父、叔母面前多尽敬爱之心。平常做事的时候，要谨记把全家当做不可分割的一个整体，万万不能有相互歧视之心，这样家中老辈、内外亲戚必然会器重、喜爱你，后辈的兄弟姐妹们也必以你为榜样，也更加尊敬亲近你。如果能让宗族、乡党们都认为纪泽的度量比他的父亲还要好，那就是我莫大的欣慰了。

以前我在信中曾教你学作赋，你却在回信中没有提及此事；后来我又写信教导你涵养二字，你的回信中同样也没有提到，这是为什么呢？以后我在信中议论的事，你在回信时要逐一作出回应。

历数本朝大儒，除了顾亭林以外，我最喜欢高邮王氏的学问。王安国早年以科举鼎甲进入仕途，官至尚书，追谥文肃，被朝中官员崇为严正之名。他生怀祖先生念孙，念孙对于经学研究精卓；念孙生王引之，引之又以鼎甲入仕，官至尚书，追谥文简。好学深思延及祖孙三代，沿袭了汉韦氏、唐颜氏的学识和风范。我对自身学问的无所成就深感遗憾，与王文肃公相差如此之远，更是有愧。如今只希望你能成为怀祖先生，成为伯申氏，这件事我做梦都没忘。怀祖先生的著作《广雅疏证》、《读书杂志》家里没有，不过伯申氏的著作《经义述闻》、《经传释词》，在《皇清经解》中都有，你找出来认真阅读。若碰到不懂之处，可以写信问我。本朝研究经学的人，都精通小学，但大致都没有超越段王两家的水平。剩下的就不一一列举了。

咸丰八年十二月三十日

## 一七致四弟：

不宜非议讥笑他人

**【原文】**

澄侯四弟左右：

二月初一日唐长山等来，接正月十四日弟发之信，在近日可谓极快者。

弟言家中子弟无不谦者，此却未然，余观弟近日心中即甚骄傲。凡畏人，不敢妄议论者，谦谨者也，凡好讥评人短者，骄傲者也。弟于营中之人，如季高、次青、作梅、树堂诸君子，弟皆有信来讥评其短，且有讥至两次三次者。营中与弟生疏之人，尚且讥评，则乡间之与弟熟识者，更鄙睨嘲斥可知矣。弟尚如此则诸子侄之藐视一切，信口雌黄可知矣。

谚云："富家子弟多骄，贵家子弟多傲。"非必锦衣玉食、动手打人而后谓之骄傲也，但使志得意满毫无畏忌，开口议人短长，即是极骄极傲耳。余正月初四信中言戒骄字，以不轻非笑人为第一义；戒惰字，以不晏起为第一义。望弟常常猛省，并戒子侄也。

此间鲍军于正月二十六大获胜仗，去年建德大股全行退出，风波三月，至此悉平矣。余身体平安，无劳系念。

咸丰十一年二月初四日

**【译文】**

澄侯四弟左右：

二月初一这天唐长山等人到来，收到了弟弟正月十四日寄出的信，在近些日子到达的信件中，速度也算是很快的了。

弟弟说家里的子弟没有一个不谦和恭谨的，事实上真是这样吗？我观察弟弟近日就开始心生傲气了。凡心存敬畏不妄加评论别人的人,都是恭谨谦和的人;凡是喜欢讥笑评论他人短处的,都是骄傲的人。营中之人,如季高、次青、作梅、树堂诸位君子,弟弟都在来信中嘲笑他们的短处,而且有两三次之多。对于营中与你比较生疏的人,你都妄加评论肆意讥笑,那乡里间与你熟识的人,你对他们的鄙睨和斥责,更甚于此。弟弟尚且如此,那其余的子侄们目中无人、藐视一切、信口雌黄的肯定很多。

谚语说:“富家子弟多骄,贵家子弟多傲。”从此句来看,并非只有锦衣玉食、对人动不动就拳脚相加才称得上是骄傲,最重要的是神色中展现出来的志得意满、毫无顾忌,开口闭口议人短长,这就是极骄傲的体现。我正月初四的信中说戒除“骄”字,第一要义就是不轻易非议、嘲笑人;戒除“惰”字,就是以不晚起为第一要义。望弟弟常以这两点来反省自己,时时谨守。

这里鲍军于正月二十六日大获胜仗,去年建德大军被击败溃退,三个月的风波,至此终于全部平息了。我近来身体无恙,健康平安,无须挂念。

咸丰十一年二月初四日

## 二六谕纪泽纪鸿:

好而知其恶,恶而知其美

**【原文】**

字谕纪泽、纪鸿儿:

接泽儿八月十八日禀,具悉。择期九月二十日还湘。十月二十四日四女喜事,诸务想办妥矣。凡衣服首饰百物,只可照大女二女三女之例,不可再加。纪鸿于廿日送母之后,即可束装来营。自坐一轿,行李用小车,从人或车或马皆可,请沅叔派人送至罗山,余派人迎至罗山。

淮勇不足恃,余亦久闻此言,然物论悠悠,何足深信?所谓好而知其恶,恶而知其美。省三、琴轩均属有志之士,未可厚非。申夫好作识微之论,而实不能平心细察。余所见将才杰出者极少,但有志气,即可予以美名而奖成之。

余病虽已愈,而难以用心,拟于十二日续假一月,十月奏请开缺,但须沅叔无非常之举,吾乃可徐行吾志耳。否则别有波折,又须虚与委蛇也。此谕。

同治五年九月初九日

**【译文】**

字谕纪泽、纪鸿儿:

接到了泽儿八月十八日的来信,知道了一切。你选定日子在九月二十日回湘乡,十月二十四日是四女出嫁的好日期,我想已办妥了各项事务。大凡衣服首饰等物,只能依照大女、二女、三女出嫁时的定例办,不要再增。纪鸿在二十日送过母亲后,便能收拾妥当行装来大营。自己坐一顶轿子,行李用小车搭载,跟从的人乘车骑马都行,请沅叔派人送到罗山处,我从罗山处派人迎接。

我早听说不能够依靠淮勇,但人多嘴杂,哪值得相信?可贵之处在于喜好他能知其恶,厌恶他能知其美。刘省三、潘琴轩这种人才都志向高远,不能批评过分。申夫好作一些洞察秋毫的议论,实际上却不能静下心观察。我所见过的将才里面,杰出的极少,但只要有大志，就可以给他美名奖励他，成就他。

我的病虽已好，但难以用心，想续假一个月，准备从十二日始，十月奏请去职。但必须是沅弟没有不寻常的举动，这个愿望我才能慢慢实现。否则的话，另生波折，又要敷衍应付。此谕。

同治五年九月初九日

## 二七致沅弟：

与他人交际，须省己之不是

**【原文】**

沅弟左右：

初四日接二十八日信，初五日又接三十夜信，具悉一切。

二十日之寄谕（令余人觐者），初二日之复奏，均于初三日交专差带去，想已收到。顷又得初一日寄谕，令回江督本任。

余奏明病体不能用心阅文，不能见客多说，既不堪为星使，又岂可为江督？即日当具疏恭辞。余回任之说，系筱泉疏中微露其意。兹将渠折片并来信抄寄弟，余回信亦抄阅。

弟信云"宠荣利禄利害计较甚深"，良为确论。然天下滔滔，当今疆吏中不信倚此等人，更有何人可信可倚？吾近年专以至诚待之，此次亦必以江督让之。余仍请以散员留营，或先开星使、江督二缺，而暂留协办治军亦可，乞归林泉亦非易易。

弟住家年余，值次山、筱泉皆系至好，故得优游如意。若地方大吏小有隔阂，则步步皆成荆棘。住京养病，尤易招怨丛谤。余反复筹思，仍以散员留营为中下之策，此外皆下下也。

弟开罪于军机，凡有廷寄，皆不写寄弟处，概由官相转咨，亦殊可诧。若圣意于弟，则未见有薄处，弟惟诚心竭力做去。吾尝言："天道忌巧、天道忌盈、天道忌贰"，若甫在向用之际，而遽萌前却之见，是贰也。即与他人交际，亦须略省己之不是。弟向来不肯认半个错字，望力改之。顺问近好。

同治五年十一月初七日

**【译文】**

沅弟左右：

初四日接到弟二十八日的来信，初五又接到三十夜的来信，便知晓了一切情况。

二十日的寄谕（命我入朝觐见），初二的复奏，都在初三日交由专差带去，估计已寄达。刚才又接到初一的寄谕，令我回两江总督署担任原职。

我向朝廷奏明自己近来多病，无法用心阅文，见客多说话也是不能，既然不能担任钦差大臣，又怎可担任两江总督呢？当日就写了奏章，推辞了这个职务。回到原任之事，便是在筱泉的奏疏中稍有提及，现将他的折稿和来信抄寄给弟，我给他的回信也一并抄阅寄去。

弟弟在信中说宠荣对利禄利害计较太深，确是如此。但世上人物众多，事情也纷乱无章，当今的疆吏不信赖倚仗这样的人，那么还有其他什么人可信赖及倚仗呢？我近年诚恳待他，这次也必定也要让他担任两江总督一职。我仍请求若留在军营，自己的身份便是散员，或者先辞去钦差、江督二职，暂留军营协办治军也可以，但却很难解甲归田。

弟在家住了一年多，适逢次山、筱泉都是好友至交，所以我也能如意。如果地方大官与我们小有隔阂，就足以使我们阻碍丛生，寸步难行了。如果辞官住京养病，更容易招致怨恨、谤议。我反复考虑仍以散员留营为中下之策，别的举行也并非明智，乃下下之策。

弟弟得罪了军机处，所以朝中凡有廷寄，都不写寄弟处，一概由官相转送公文于弟处，也很令人奇怪。皇上对于贤弟，也未显露出来减薄的表现，贤弟只要尽心竭力地做好自己的分内之事即可。我曾说过："天道忌恨伪诈，天道忌恨自满，天道忌恨不专一"，正如过去自己受重用，即刻又萌发前却后退的想法一样，这就是"贰"了。与他人交往时，自己不对的地方也要反省。弟向来不肯向别人认半个"错"字，希望以后能用心改正这个毛病。顺问近好。

同治五年十一月初七日

## 二八谕纪泽：

### 构怨太多将毁仕途

**【原文】**

字谕纪泽儿：

正月初四日专人送信并书箱之式回家。旋于初六日自周家口起行，至十五日抵徐州府。一路平安，惟初十日阻雪一天，余均按程行走。定于十九日接印。官员中自李少荃宫保而下，至大小文武各员，皆愿我久于斯任，不再疏辞；江南士民闻亦望之如岁。自问素无德政，不知何以众心归向若此？

沅叔劾官相之事，此间平日相知者如少荃、雨生、眉生皆不以为然，其疏者亦复同辞。闻京师物论亦深责沅叔而共恕官相，八旗颇有恨者（雨生云然）。尔当时何以全不谏阻？顷见邸抄，官相处分当不甚要，而沅叔构怨颇多，将来仕途易逢荆棘矣。

曾文煜尚未到营，而尔交彼带来之信却已先到。近两旬未接尔信，殊深悬系。嗣后除专勇接信外，须另写两次交李中丞排递来营。每月三信，不可再少。信中须详写几句，如长沙风气如何，吾县及吾都风俗如何，尔与何人交好，凡本家亲邻近状，皆宜述及，以慰远怀。此信呈澄叔一阅。涤生手示（徐州考棚）。

同治六年正月十七日

**【译文】**

字谕纪泽儿：

正月初四，我派专人送回家信件及书箱图样。初六即自周家口起行，十五日抵达徐州府。这一路上还算平安，只是初十下了一场大雪，耽搁了一天，其他时间行程所指定的目的地都到达了。我决定十九日接掌印信。官员中从李少荃官保到下层文武各官，我都很期盼能在这个官职上做下去，不要再上奏辞职。江南的绅士百姓听说这事之后，对我回任总督也都很期望。我自问一直没有什么出色的政绩，不知为何众望所归竟到如此程度？

至于官相被你沅叔参劾的事情，平日相好的如李鸿章、丁日昌、金安清等人，都认为此事不妥，关系疏远的人，看法也是一样。听说京师舆论也深责沅甫而宽恕官相，八旗中对沅甫更是怀恨在心(据丁日昌所言)。你当时为何不提出建议,阻止你沅叔的行为呢?刚看到邸报,对官相的处分不是很严重,麻烦的是你沅叔在官场本已有太多的构怨,他将来仕途必定是易逢荆棘了。

曾文煜还没来到军营,但你交由他带来的信却已提前收到。近两旬来都没接到你的来信,我心里日日担忧,牵挂不已。以后除了派兵勇专人接送信外,你还要另写两次交给李中丞转递到军营来。这样每月三封信便能达到,不可再少。信中要详写几句,如长沙的风气如何,我县和我乡的风俗如何,再加上你的交际圈等等。只要是本家亲邻的近况,都要尽多提及,以宽慰我身在远方的牵挂之心。这信可交由澄叔一阅。涤生手示(徐州考棚)。

同治六年正月十七日

## 五致九弟:

### 注意平和二字

**【原文】**

沅甫九弟左右:

春二、安五归,接手书,知营中一切平善,至为欣慰。次青二月以后无信寄我,其眷属至江西不知果得一面否?接到弟寄胡中丞奏伊入浙之稿,未知果否成行?顷得耆中丞十三日书,言浙省江山、兰溪两县失守,调次青前往会剿。是次青近日声光,亦渐渐脍炙人口。广信、衢州两府不失,似浙中终无可虑,未审近事究复如何?

广东探报,言逆夷有船至上海,亦恐其为金陵余孽所攀援。若无此等意外波折,则洪杨股匪不患今岁不平耳。九江竟尚未克,林启容之坚忍实不可及。闻麻城防兵于三月十日小挫一次,未知确否?弟于次青、迪、厚、雪琴等处须多通音问,俾余亦略有见闻也。

家中四宅大小眷口清吉。兄病体已愈十之七八,日内并未服药,夜间亦能熟睡,至子丑以后则醒,是中年后人常态,不足异也。纪泽自省城归,二十五日到家。尧阶二十六日归去。澄侯二十七日赴永丰,为书院监课事。湘阴吴贞阶司马于二十六日来乡,是厚庵嘱其来一省视,次日归去。

余所奏报销大概规模一折,奉朱批:"该部议奏。"户部奏于二月初九日。复奏言"曾(国藩)所拟尚属妥协"云云。至将来需用部费不下数万,闻杨、彭在华阳镇抽厘,每月可得二万,系雪琴督同凌荫庭、刘国斌等经纪其事,其银归水营杨、彭两大股分用。余偶言可从此项下设法筹出部费,贞阶力赞其议,想杨、彭亦必允从。此款有着,则余心又少一牵挂。

郭意诚信言四月当来乡一次。胡莲舫信言五月当来一次。余前荐许仙屏至杨军门处,系厚庵专人来此请荐作奏者。余荐意诚、仙屏二人,闻胡中丞荐刘小钺(芳蕙,袁州人),已为起草一次,不知尚须再请仙屏否?余因厚庵未续有缄来,故未先告仙屏也。仙屏上次有一信与余,尚未复信。若已来吉营,乞先为致意。季高处此次匆遽,尚未作书,下次决不食言。

温弟尚在吉安否?前胡二等赴吉,余信中未道及温弟事。两弟相晤时,日内必甚欢畅。温弟丰神较峻,与兄之伉直简慠虽微有不同,而其难于谐世,则殊途而同归,余常用为虑。大抵胸中抑郁,怨天尤人,不特不可以涉世,亦非所以养德;不特无以养德,亦非所以保身。

中年以后，则肝肾交受其病。盖郁而不畅，则伤木；心火上烁，则伤水。余今日之目疾及夜不成寐，其由来不外乎此。故于两弟时时以平和二字相勖，幸勿视为老生常谈。至要至嘱。

朱云亭妹夫二十七日来看余疾，语及其弟存七尚无功名。兹开具履历名条，望弟即为玉成之。亲族往弟营者人数不少，广厦万间，本弟素志。第善觇国者，睹贤哲在位，则卜其将兴；见冗员浮杂，则知其将替。善觇军者亦然。似宜略为分别：其极无用者，或厚给途费遣之归里，或酌赁民房令住营外，不使军中有惰漫喧杂之象，庶为得宜。至顿兵城下为日太久，恐军气渐懈，如雨后已弛之弓，三日已腐之馔，而主者晏然，不知其不可用。此宜深察者也。附近百姓果有骚扰情事否？此亦宜深察者也。

目力极疲，此次用先大夫眼镜，故字略小，而蒙蒙者仍如故。温弟未及另缄，谅之。兄国藩手草。

咸丰八年三月三十日

**【译文】**

沅甫九弟左右：

春二、安五已经回来了，你的手书我已接到，得知营中一切平安稳定，心里非常欣慰！自从二月份以来，次青一直都没有寄信给我，他的家眷已经到达江西，不知他们见面与否？弟弟把胡中丞奏请他入浙的文稿寄来了，不知是否去了？刚得耆中丞十三日的信，说浙省江山、兰溪两县失守，次青前去会剿。看来次青近来已有脍炙人口的名望。广信、衢州两府不失，似乎浙中并没有什么可担忧了，只是不知近来的具体情形究竟怎么样？

根据广东送来的探报，上海有洋人船开到，只怕那是金陵余孽请来的援兵。如果没有这些意外的波折，那洪、杨之祸，便在今年彻底平定。九江至今还没有攻克，可见林启容的坚忍，实在是常人难以企及的。听说麻城防守的兵，于三月十日小败，不知是否确实？对于次青、迪庵、雪琴等处，弟弟与他们通信也要频繁，我也会经常留意关注他们的情况。

家中四宅大小平安。愚兄的病也有大好，近来并没有吃药，晚上睡眠也好。只是到子丑以后便自然醒来，这种现象在人过中年之后很正常，一点儿也不奇怪。纪泽从省城回来，二十五日到家。尧阶二十六日回去，澄侯二十七日去永丰，为书院监课事而去。湘阴吴贞阶司马在二十六日来乡，是厚庵嘱咐他来看望一次，只过了一夜便走了。

我所写的关于报销的事，大致拟了一份奏折出来，奉朱批由户部议奏，户部随即在二月初九上奏，复奏说曾国藩所拟的还比较妥当。将来需要动用多于几万两的经费。听说杨、彭在华阳镇抽厘金，每月可得二万两，是雪琴督责凌荫庭、刘国斌等经办这件事，水营杨、彭两军分用抽取的厘金。我偶然间说可以从这个项目下设法筹出部费，贞阶很赞成，想来赞同的也有杨、彭二人。这笔钱有了着落，我心里的牵挂又减少了。

郭意诚在信中说，四月份准备来乡一次。五月份胡莲舫打算来一次。我曾经推荐过许仙屏到杨军门处，是厚庵专门派人来请求推荐作奏折的人。我对意诚、仙屏二人极力推荐，听说胡中丞推荐刘小钺（芳蕙，袁州人），而且已经代他起草过一次奏折了，不知道是否党政军需要请来仙屏？因为厚庵没有再写信给我，所以也没有预先把这件事告诉仙屏。仙屏上次给我写了一封信，我还没有回信给他。如果他已抵达吉营，请代我谢谢他。因为时间太紧，所以还没有给季高写信，下次绝不会食言。

温弟是否还在吉安？上次胡二等人前往吉安，我的信中没有提到温弟的事。两弟相见时，想来一定十分欢畅。温弟的风采神气外露而严峻，略区别于我的率直简单，但不善处世，却是殊途同归。我经常忧虑于此。大抵胸中忧郁，怨天尤人，不仅不能处世，也不能养性修身；不仅不能养性修身，也不能保护自身。中年以后，由于肝肾有病，只要心情忧虑不通，则伤木；心火旺盛，则伤水。我现在的眼病和夜里失眠的原因也是来源于此。所以常告诫两位兄弟以平和二字，别认为这些只是旧调重弹。至要至嘱。

二十七日朱云亭妹夫来探望我的病情，说到他的弟弟存七现在还没考取功名。现开下履历名条，盼望弟弟能成全此事。亲族中前往弟营中的人数不少，广厦万间，招贤纳士，是弟弟素来的志愿。观察历代兴亡，若贤哲在位，那么国家将兴旺；若冗员浮杂，那么国家灭亡。仔细体察军队的情况同样如此。应该将前来投军的人有所区别，没有一点才能的，或者多给路费命他们回家，或者租赁些民房，让他们住在营外，这样才可以保证没懈怠、散漫、喧哗、杂乱的现象出现在军中。至于屯兵城下，时日过久，恐怕军心士气会逐渐懈怠，就像弓被雨水浸泡已腐朽，食物放了三天已经腐烂，但是使用的人对他的失效却还不明了，这种情况需要慎重对待。附近真有骚扰军队的百姓吗？这也要谨慎处理。

最近眼睛极为疲倦，这次戴上了先大夫的眼镜，所以字显得略小，眼睛还是和以前一样模糊。来不及另给温弟写信了，请谅解。

咸丰八年三月三十日

## 七致诸弟：

### 劝宜力除牢骚

**【原文】**

澄侯、温甫、子植、季洪四弟足下：

日来京寓大小平安。癣疾又已微发，幸不为害，听之而已。湖南榜发，吾邑竟不中一人。沅弟书中言温弟之文，典丽矞皇，亦尔被抑。不知我诸弟中将来科名究竟何如？以祖宗之积累及父亲、叔父之居心立行，则诸弟应可多食厥报。以诸弟之年华正盛，即稍迟一科，亦未遽为过时。特兄自近年以来，事务日多，精神日耗，常常望诸弟有继起者，长住京城，为我助一臂之力。且望诸弟分此重任，余亦欲稍稍息肩。乃不得一售，使我中心无倚！

盖植弟今年一病，百事荒废；场中又患眼疾，自难见长。温弟天分本甲于诸弟，惟牢骚太多，性情太懒。前在京华不好看书，又不作文，余心即甚忧之。近闻还家以后，亦复牢骚如常，或数月不搦管为文。吾家之无人继起，诸弟犹可稍宽其责，温弟则实自弃，不得尽诿其咎于命运。

吾尝见友朋中牢骚太甚者，其后必多抑塞，如吴檀台、凌荻舟之流，指不胜屈。盖无故而怨天，则天必不许；无故而尤人，则人必不服。感应之理，自然随之。温弟所处，乃读书人中最顺之境，乃动则怨尤满腹，百不如意，实我之所不解。以后务宜力除此病，以吴檀台、凌荻舟为眼前之大戒。凡遇牢骚欲发之时，则反躬自思：吾果有何不足而蓄此不平之气？猛然内省，决然去之。不惟平心谦抑，可以早得科名，亦且养此和气，可以消减病患。万望温弟再三细想，勿以吾言为老生常谈，不值一哂也。

王晓林先生（植）在江西为钦差，昨有旨，命其署江西巡抚。余署刑部，恐须至明年乃能交卸。袁漱六昨又生一女，凡四女，已殇其二。又丧其兄，又丧其弟，又一差不得，甚矣！穷翰林之难当也。黄麓西由江苏引见人京，迥非昔日初中进士时气象，居然有经济之才。王衡臣于闰月初九引见，以知县用。后于月底搬寓下洼一庙中，竟于九月初二夜无故遽卒。先夕与同寓文任吾谈至二更，次早饭时，讶其不起，开门视之，则已死矣。死生之理，善人之报，竟不可解。

邑中劝捐弥补亏空之事，余前已有信言之，万不可勉强勒派。我县之亏，亏于官者半，亏于书吏者半，而民则无辜也。向来书吏之中饱，上则吃官，下则吃民，名为包征包解，其实当征之时，则以百姓为鱼肉而吞噬之；当解之时，则以官为雉媒而播弄之。官索钱粮于书吏之手，犹索食于虎狼之口，再四求之，而终不肯吐。所以积成巨亏，并非实欠在民，亦非官之侵蚀入己也。

今年父亲大人议定粮饷之事，一破从前包征包解之陋风，实为官民两利，所不利者仅书吏耳。即见制台留朱公，亦造福一邑不小。诸弟皆宜极力助父大人办成此事。惟捐银弥亏，则不宜操之太急，须人人愿捐乃可。若稍有勒派，则好义之事反为厉民之举。将来或翻为书吏所借口，必且串通劣绅，仍还包征包解之故智，万不可不预防也。

梁侍御处银二百，月内必送去。凌宅之二百亦已兑去。公车来兑六七十金，为送亲族之用，亦必不可缓。但京寓近极艰窘，此外不可再兑也。

邑令既与我家商办公事，自不能不往还，然诸弟苟可得已，即不宜常常人署。陶、李二处，容当为书。本邑亦难保无假名请托者，澄弟宜预告之。

书不详尽。余俟续具。兄国藩手草。

咸丰元年九月初五日

**【译文】**

澄侯、温甫、子植、季洪四弟足下：

近日京城家里大小平安，我癣疾又复发了，幸亏病情还不很严重，任凭它去吧。湖南的科考榜单已经发布，但是没有一个出自我们县。沅弟在来信中说，温弟的文章典丽堂皇，才思出众，同样也被压抑。不知道在将来的科考中，各位弟弟的功名如何？以祖宗的积德，父亲、叔父的居心立行，各位弟弟应该多承受一些挫折和历练。凭各位弟弟现在风华正茂，即使稍微迟一科及第，也不会过时。只是为兄近年，公务日益繁忙，精神日益耗损，所以希望各位弟弟中能有继我而起的人，长住京城，助我一臂之力。希望各位弟弟能把我的一些重担卸去，以使我能稍为休息一下。但这个愿望却一直未能实现，以致我心里孤苦无依。

植弟今年一病，以致百事俱废，学业耽搁，再加上在考场中又患目疾，自然很难提高学问。温弟的天分，在弟弟中居首位，只是牢骚太多，性情太懒。前些日子在京城不用心看书，也不作文章，我就开始担心了。近来听说他回家后，性情还是如此，经常空发牢骚，甚至长达数月懒得动笔。我家中之所以无人继起，没有办法责骂其他弟弟，唯独温弟无法推卸责任，实在是自暴自弃，不能把责任全都归于命运。

我常常看见朋友中有人整日牢骚，结果经历曲折，一生不顺，如吴檀台、凌荻舟等人便是如此，还有很多这样的例子。无缘无故而怨天，天必定不会应允；无缘无故而尤人，人也不会信服。天人感应之理，只有顺其自然，无须强求。温弟现在所处的境况，对读书人来说最有利，但是动不动就满腹怨言，处处不如意，我实在没有办法理解。以后务必努力改掉这个毛病，以吴檀台、凌荻舟为前车之鉴，时时告诫自己，每当抱怨的时候，就反躬自思，到底因为什么而积蓄这些不平之气,猛然内省,决然舍弃。若真能如此,不仅可以平心谦抑,早得科名,还可以养成和气的性情,减轻病痛。万望温弟再三细想,不要觉得我的话是旧调重弹,不放在心里。

王晓林先生(植)在江西担任钦差,昨日有圣旨下达,上任江西巡抚,我主管刑部,恐怕得到明年交卸差事。袁漱六家昨天又生了一个女儿,四个女儿,早已死了两个,再加上丧兄丧弟,并且没有谋到一个差事,穷翰林真是难当啊。黄麓西近日由江苏引见入京,受到了皇上的召见,过去初中进士的气象迥然不同,现在居然有治理国家的才能。王衡臣在闰月初九引见,用为知县,后来在月底搬到下洼一个庙里住,竟于九月初二日晚上离奇死亡。前一天晚上,还与文任吾聊天到二更方歇。第二天早饭时,文任吾奇怪他不起床,打开门一看,已经死了。生与死的道理,好人的这种报应,没办法说明。

家乡劝捐,弥补亏空的事,我前不久有信说到过,万万不可以勉强勒派,我县的亏空,亏于官员的占一半,亏于书吏的占一半,老百姓是无辜的。中间得利的从来都是书吏,上面吃官,下面吃民,名义上是包征包解,其实当征的时候,便鱼肉百姓。解送的时候,又以官为招引的雉媒而从中播弄。官员从书吏手上索取钱粮,就像从虎狼之口讨食,多次请求,还是不肯吐。之所以积累成大亏,并不是民众拖欠,也不是官员自己侵吞了。

今年父亲议定粮饷的事,破除从前包征包解的陋风,实在是官民两利,不利的只是书吏。就是见制台留朱公,也对桑梓造福甚多,各位弟弟都应该帮父亲大人办成这件事。只是捐钱补亏空,不要操之太急,要以自愿为主。稍有勒派,那么一件好义的事,反而成了厉民之举,将来或许会被书吏找到口实,并且必然串通劣绅,闹着要恢复包征收包解送,千万不可不早做防备。

梁侍御处银二百两,月内一定要送去。也已兑去凌宅的二百两。官车来,兑六七十两,为送亲族之用,事情不能拖延了。但京城家里近来艰难窘迫,除上述几处不可再兑。

县令既然与我家商办公事,往来的应酬自然不能少,然而诸弟如果可以,就不应常常入县衙。陶、李两处,容我稍后回信。本县假借他人名字请托的也可能会有,澄弟应预先告诉我。

信写得不详细,其余容以后再写。兄国藩手草。

咸丰元年九月初五日

## 人生有难耐之处时,忍字当头

**【原文】**

澄侯、沅甫、季洪三位老弟左右:

十二月初三日接澄弟十六、十七日两信,初七日接沅弟廿一、洪弟廿日两信,得悉家中四宅大小平安。

吾于十月廿五日派安七、玉四送信回家,不知何以至今未归营?已四十八日矣。初三日专人送信已得回报,十三日专人亦满一月,不知何以久延未到也?

此间一切平安。意诚于廿八日归,人树于初三日归去,李小泉之弟少荃于初十来营,王壬秋初九来,次青初九日抵南昌,计日内亦可到矣。

温弟之事,家中不知如何举动?至今犹无手信,尚忍言哉?希庵接霍山王令信,言迪庵及筱石遗骸业经寻得,兹抄付归。不知我温弟尚能返葬首邱否?吾往年在外,与官场中落落不合，几至到处荆棒，此次改弦易辙，稍觉相安。去年在家，兄弟为小事争竞，今日温弟永不得相见矣。回首前非，悔之何及！

洪弟明年出外，尚须再三筹维。若运气不来，徒然怄气。帮人则委曲从人，尚未必果能相合；独立则劳心苦力，尚未必果能自立。如真能受委曲，能吃辛苦，则家庭亦未始不可处也，望与沅弟酌之。徐详日记中。

再，此次寄银百两与刘峙衡之嗣子。我去年丁艰时，峙衡穿青布衣冠来代我治事，至今感之，故以此将意。或专使送去，或交纪泽正月带去，祈酌之。

再，泽六老爷之孙葛培，因昨归于玉山解围案内，保举主簿，兹将伤知付回。望专人送去，并望写一信，言明年不可再来投效，来则决不再收。须切实言之，使通境皆闻也。

古人言，今日之恩窦即异日之怨门，其理深矣。澄、沅、洪三弟左右。藩又行。

**【译文】**

澄侯、沅甫、季洪三位老弟左右：

十二月三日收到澄弟的家书，这两封信分别是十六、十七日写的，七日收到沅弟二十一日、洪弟二十日写的两封信，才知晓家中四宅老少平安。

我十月二十五日派安七、玉四送信回家，不知什么缘故今日还没回到军营？已经四十八天了。三日派去送信的人都已收到回复了，十三日派去送信的人也已经一个月了，不知为什么耽搁这般久还没有回来？

这里一切平安。二十八日意诚回去的，人树是三日回去的，李小泉的兄弟少荃十日来到营中，王壬秋九日来到营中，次青九日到了南京，预计近几天也能够抵达营中。

温弟的事情，家中不知如何处理，到现在还没有写信告诉我，难道还要忍住不说吗？希庵收到霍山王令信，说迪庵及筱石的遗骸已经找到，现将信抄写带回。不知家乡能否收葬温弟遗骨？我往年在外面，混官场也总独来独往，几乎到处都有荆棘；这次改变作法，略微觉得相安无事。去年在家，为了小事兄弟之间发生争吵，如今永远不能再见到温弟了，想起原来的过错，又怎么能来得及懊悔呢？

洪弟明年外出，还必须再三考虑。假如运气没到，只会白白怄气。只能委曲求全的帮助别人做事，听命于人，别人还不一定顺心；假如自己独立干事又劳心费力，还不一定能出人头地。倘若真能够忍气吞声，吃苦耐劳，那么家中必定和睦相处。希望能与沅弟好好商谈这件事。其他详细的情况在日记本中已写明。

再，这次给刘峙衡的儿子寄了百两银子。我去年守丧时，峙衡穿戴着青布素服来帮我做事，我到现在依然感激，因此借此向他示谢。要么派专人送去，要么叫纪泽正月时带去。希望考虑。

再，泽六老爷的孙子葛培由于上次归入玉山解围案被保举为主簿，如今已带回任命书。希望能派专人送去，并写一封信，说明年内不能再来投军，即使到来也会赶他走。必须照实讲明白，让全境都知道。

古人说过，今日怨恨由昔日恩情所生。这个道理很深刻。澄、沅、洪三弟左右。藩又行。

## 诚心待人，不能丢掉良知

**【原文】**

澄侯、温甫、子植、季洪四位老弟左右：

十四日刘一、名四来，安五来，先后接到父大人手谕及洪弟信，具悉一切。靖港之贼，现已全数开去，窜奔下游，湘阴及洞庭，皆已无贼，直至岳州以下矣。新墙一带土匪皆已扑灭，惟通城、崇阳之贼，尚未剿净，时时有窥伺平江之意。湘潭之贼，在一宿河以上被烧上岸者，窜至醴陵、萍乡、万载一带。闻又裹胁多人，不知其尽窜江西，抑仍回湖南浏、平一带。如其回来，亦易剿也。安化土匪现尚未剿尽，想日内可平定。

吾于三月十八发岳州战败请交部治罪一折，于四月初十日奉到朱批“另有旨”。又夹片奏，初五日邹国螭被火烧伤、初七大风坏船一案，奉朱批“何事机不顺若是，另有旨”。又夹片奏，探听贼情各条，奉朱批“览。其片已存留军机处矣”。又有廷寄一道，谕旨一道，兹抄录付回。十二日会同抚台、提台奏湘潭、宁乡、靖港各处胜仗败仗一折，兹抄付回，其折系左季高所为。又单衔奏靖港战败请交部从重治罪一折，又奏调各员一片，均于十二日发六百里递去，兹抄录寄家，呈父、叔大人一阅。

兄不善用兵，屡失事机，实无以对圣主，幸湘潭大胜，保全桑梓，此心犹觉稍安。现拟修整船只，添招练勇，待广西勇到，广东兵到，再作出师之计。而饷项已空，无从设法，艰难之状，不知所终。人心之坏，又处处使人寒心。吾惟尽一分心作一日事，至于成败，则不能复计较矣。

魏荫亭近回馆否？澄弟须力求其来。吾家子侄半耕半读，以守先人之旧，慎无存半点官气。不许坐轿，不许唤人取水添茶等事。其拾柴收粪等事须一一为之，插田莳禾等事亦时时学之。庶渐渐务本，而不习于淫佚矣，至要至要，千嘱万嘱。

**【译文】**

澄侯、温甫、子植、季洪四位老弟左右：

十四日刘一、名四来，安五来，我先后收到父亲大人手谕及洪弟的信，便知晓了所有情况。靖港的贼兵已全部逃走，窜奔下游，湘阴和洞庭都已经没有贼，直到岳州以下都一样。新墙一带的土匪都已经被剿灭，只有通城、崇阳的贼兵还没有剿灭干净，并且还想着窥视平江。湘潭的贼兵，在一宿河以上被烧船上岸的，在醴陵、萍乡、万载一带流窜。据说他们又裹胁很多人，不知他们是全部窜至江西，还是在湖南浏阳、平红一带。假如他们回来，也容易剿灭。安化的土匪现在还没有剿尽，想必近日内就可平定。

我在三月十八日所发出一道关于岳州战败请交刑部治罪的奏折，大概于四月初十日迎奉到圣上朱批“另有旨”。又夹片奏初五日大火烧伤了邹国螭、初七日大风吹坏船只一案，迎奉朱批“何事机不顺若是，另有旨”。再有打探贼情各条夹片奏，迎奉到朱批“览。其片已存留军机处矣”。还有一道廷寄，一道谕旨，现都抄录寄回。十二日会同抚台、提台上奏湘潭、宁乡、靖港各处打胜仗、败仗的一道奏折，现抄录寄回左季高写的这道折子。又我个人具衔奏靖港战败请交刑部从重治罪的一道折子，还有一个有关对各位官员奏调的夹片，都在十二日六百里紧急送京，现抄录寄回家中，呈上父亲大人、叔父大人一阅。

为兄不善于用兵，多次错失良机，面对圣上实在无言，幸好湘潭大胜，保全家乡，这颗心才觉得稍微安定。现打算修整船只，添招练勇，等广西兵勇、广东兵来到后再打算出师。而怕银已空,无从设法。结束艰难的情况又不知在何时!人心的败坏,又处处让人寒心。我只是尽一分心做一日事,至于成败,已无从计罗。

魏荫亭近来回学馆了吗?澄弟必须尽力求他来。我家子侄半耕半读,很是恪守祖先的规矩,注意不存半点官气。不许坐轿,端茶倒水都是自己的事。捡柴拾粪等事,也必须一一做到,插秧锄地等事,也要时刻学做。以便逐渐务农而不至溺于淫逸。这些至关重要,千嘱万嘱。

## 威严、大度之人可以为师

**【原文】**

温甫六弟左右:

五月廿九、六月初一连接弟三月初一、四月廿五、五月初一三次所发之信,并四书文二首,笔仗实实可爱。

信中有云"于兄弟则直达其隐,父子祖孙间不得不曲致其情",此数语有大道理。余之行事,每自以为至诚可质天地,何妨直情径行。昨接四弟信,始知家人天亲之地,亦有时须委曲以行之者。吾过矣!吾过矣!

香海为人最好,吾虽未与久居,而相知颇深,尔以兄事之可也。丁秩臣、王衡臣两君,吾皆未见,大约可为尔之师。或师之,或友之,在弟自为审择。若果威仪可测、淳实宏通,师之可也;若仅博雅能文,友之可也。或师或友,皆宜常存敬畏之心,不宜视为等夷,渐至慢亵,则不复能受其益矣。

尔三月之信,所定功课太多,多则必不能专,万万不可。后信言已向陈季牧借《史记》,此不可不熟看之书。尔既看《史记》,则断不可看他书。功课无一定呆法,但须专耳。余从前教诸弟,常限以功课。近来觉限人以课程,往往强人以所难,苟其不愿,虽日日遵照限程,亦复无益。故近来教弟,但有一"专"字耳。专字之外,又有数语教弟,兹特将冷金笺写出,弟可贴之座右,时时省览,并抄一付寄家中三弟。

来信要我寄诗回南,余今年身体不甚壮健,不能用心,故作诗绝少,仅作感春诗七古五章。慷慨悲歌,自谓不让陈卧子,而语太激烈,不敢示人。余则仅作应酬诗数首,了无可观。顷作寄贤弟诗二首,弟观之以为何如?

京笔现在无便可寄,总在秋间寄回。若无笔写,暂向陈季牧借一支,后日还他可也。兄国藩手草。

**【译文】**

温甫六弟左右:

五月二十九日、六月一日接连收到弟三月一日、四月二十五日、五月一日三次发出的信,以及二首回书文,文笔对仗工整。

信中谈到"于兄弟则直达其隐,父子祖孙间不得不曲致其情。"这两句话道理深厚。我做事,常常自认为只要诚心诚意,可质证天地,所以直爽的言辞也很好。昨天接到四弟的信,才知道一家人虽然是骨肉之亲,有时也需要委曲行事,这是我的不对!

香海为人最好,我虽然没有和他一起久居过,但对对方都有很深的了解,你可以把他当成兄长看。丁秩臣、王衡臣两位,我都没有见过,估计做你的老师都可。或当做老师,或当做朋友,由你们自己慎重决定。倘若真是仪貌威严,知识渊博,涵养深厚,你可以把他当做老师;倘若仅仅是博雅善文,交个朋友就可以了。不管是当做老师还是朋友,敬畏之心要常存,敬重人家,不应看作与自己水平相差无几,渐渐怠慢人家,那样别人是不会帮助你的。

你三月份来信中所定的功课太多,万万不能博而不精啊。后一封信中说已向陈季牧借了《史记》,这本书必须熟读。你既看《史记》,就决不可以看其他的书。温习功课并没有固定的法则,但必须专一。我以前教各位弟弟,常限定功课。最近觉得限定别人学什么课程,通常是强人所难,如果违背别人的意愿,即便天天依照规定的课程学,也没有什么好处。因此近来教弟弟的只有一个专字。专字之外,又有几句话教给弟弟,特地用冷金笺写出,弟弟在座右贴之,时时看,时时反省,并另抄一副寄给家中三个弟弟。

来信要我寄诗回来,今年我的身体情况很糟,不能过多用心,因此作诗极少,只作感春诗七古五章。慷慨悲歌,可以与陈卧子比肩,但言辞太激烈,不敢给人看。其余的也只作了应酬诗几首,没什么可看的。过几天我作二首诗寄给贤弟,你认为怎么样?

京笔现在没办法带去,等到秋天寄回。如果现在没有笔用,可以借陈季牧一支笔,之后还他就行了。

## 方寸中有一定之权衡

**【原文】**

沅弟左右:

十四日接初九日来信,十六、十七连接十一日两缄,具悉一切。

此间近事,侍逆之党于初六日陷绩溪,唐桂生于初八日出队小胜。初九日唐与王开琳之军均获胜仗,收复绩溪。惟歙之南乡贼数尚多,初十进剿,不知得手否。贼马闻已到千余,侍逆大股又将续至。毛军赴休宁,今日始从安庆南渡。江、席赴婺源亦为雪阻,均落后着,实为焦灼。能否不令侍、辅、堵等深入江楚变成流寇,则全仗国家之福也。

金眉生十四日到此,已交银二万,令买米解弟营。篪轩履宁潘之任,凡眉生有善策无不采纳,凡弟处有函商无不尊允。晋鹤既调皖抚,自不能干预淮北盐务。惟用人极艰,听言亦殊不易,全赖见多识广,熟思审处,方寸中有一定之权衡。如眉生之见憎于中外,断非无因而致。筠仙甫欲调之赴粤,小宋即函告广东京官,以致广人之在籍在京者物议沸腾。今若多采其言,率用其人,则弹章严旨立时交至,无益于我,反损于渠。余拟自买米外,不复录用。许小琴老而自用,亦未便付以北鹾重任。且待忠鹤皋相见、李军全撤之后,再议淮北章程。

闻弟宅所延之师甚善讲解,可慰之至。问及后辈,兄弟极为和睦,科一、三、四行坐不离,共被而寝,亦是家庭兴旺之象。余所虑者弟体气素弱,能常康强无疾,至金陵蒇事之日不起伤风小恙;其次侍、辅、堵等酋不上江西,不变流贼;其次洪、李城贼猛扑官军,弟部能稳战稳守。三者俱全,如天之福。

雪、厚、南、竹等皆以弟新营太多为虑,余苦无良将调以助弟,极歉仄也。复问近好,国藩手草,十月十七日。

**【译文】**

沅弟左右:

十四日收到你九日的来信,十六、十七日又接连两天收到你十一日的两封信,已然知晓了一切。

这里近来诸事，侍王李世贤所属贼匪于六日攻陷绩溪，八日唐桂生出外对阵，获小胜。初九日唐桂生与王开琳部都获胜，收复绩溪。只是较多敌军还围聚在歙县以南，十日出兵进剿，不知有没有得手？据说敌军调了来一千多马匹，大部队又将依次到来。毛军奔赴休宁，今天开始从安庆南渡。风雪也阻挡了江、席到婺源的路途，我方部署迟一步，实在着急。能不能不让侍王李世贤、辅王杨雄清、堵王黄汶金深入到江西、湖南等地变成流动作战的窜寇，只能靠国祚保佑了。

金眉生十四日到这里，交付了白银二万两，我已令他买米送往弟营。篪轩任江宁布政使职时，他都只管采纳眉生的好主意，只要弟处有公函商谈事情也没有不遵行答应的。晋鹤已调任安徽巡抚，对淮北盐务事宜理应不干涉。用人是非常难的，接受别人的言论也很不容易，全凭见多识广，深思熟虑，谨慎处理，自在心中衡量。例如金眉生受到朝野人士憎恶，决不没有理由。眉生刚被郭筠仙调任广东，小宋就给广东人在京师中央各衙门任职的写信通告，以致在京做官的广东人议论纷纷。假如多多采纳眉生的意见，草率地任用他，那么弹劾我辈的奏章，便马上到来严厉指责我辈的谕旨，对我辈没有好处，对他反而有害。我准备除了买米事项以外，不再任用他。许小琴上年纪又自以为是，不便掌管淮北盐务的重任。还是等到忠鹤皋相见，李部全都撤走以后，再商量淮北盐务章程。

听闻老弟家中所请的老师很善于讲解，太让我安慰了。问到后辈，兄弟友爱，科一、三、四这几位形影不离，睡时盖一条被子，这也算是家庭兴旺的景象吧。我所担心的是，老弟身体一向较弱，希望能强健安康，没有疾病，到平定了金陵的那天，哪怕是伤风一类的小毛病都不要得；其次，太平军侍王、辅王、堵王不会窜到江西作流寇；再次，洪、李二城的贼匪向官军猛攻，弟部或战或守定能安稳。若是三者都如意，就算是洪福齐天了。

雪、厚、南、竹等人都担忧于弟部中有太多的新营，我苦于没有优良将官能够调去帮助老弟，极为愧疚抱歉。再问近好。国藩手草，四月十七日。

## 处世应能立能达，不怨不尤

**【原文】**

沅弟左右：

鄂署五福堂有回禄之灾，幸人口无恙，上房无恙，受惊已不小矣。其屋系板壁纸糊，本易招火。凡遇此等事，只可说打杂人役失火，固不可疑会匪之毒谋，尤不可怪仇家之奸细。若大惊小怪，胡思乱猜，生出多少枝叶，仇家转得传播以为快。惟有处之泰然，行所无事。申甫所谓“好汉打脱牙和血吞”，星冈公所谓“有福之人善退财”，真处逆境者之良法也。

弟求兄随时训示申儆，兄自问近年得力，惟有一悔字诀。兄昔年自负本领甚大，可屈可伸，可行可藏，又每见得人家不是。自从丁巳、戊午大悔大悟之后，乃知自己全无本领，凡事都见得人家有几分是处。故自戊午至今九载，与四十岁以前迥不相同。大约以能立能达为体，以不怨不尤为用。立者，发奋自强，站得住也；达者，办事圆融，行得通也。

吾九年以来，痛戒无恒之弊，看书写字，从未间断；选将练兵，亦常留心。此皆自强能立工夫。奏疏公牍，再三斟酌，无一过当之语，自夸之词。此皆圆融能达工夫。至于怨天本有所不敢，尤人则常不能免，亦皆随时强制而克去之。弟若欲自做惕，似可学阿兄丁戊二年之悔，然后痛下箴砭，必有大进。

立达二字，吾于已未年曾写于弟之手卷中，弟亦刻刻思自立自强，但于能达处尚欠体验，于不怨尤处尚难强制。吾信中言，皆随时指点，劝弟强制也。赵广汉本汉之贤臣，因星变而劾魏相，后乃身当其灾，可为殷鉴。默存一悔字，无事不可挽回也。

【译文】

沅弟左右：

鄂署五福堂发生火灾，还好没有人员伤亡，上房也安然无事，但受惊不小。五福堂是纸糊的板壁，本身就容易招火。凡遇这类事，只能说失火于打杂人员，决不可是贼匪的阴谋，尤其不可说仇家的奸细已混入内部。假如大惊小怪，胡乱猜想，生出许多枝端，仇家反而会把它作为快事，到处传播。只能从容对待，恍若平日。申甫所说"好汉打脱牙和血吞"；星冈公所说"有福之人善退财"，这是面对危难的人解除危机的好办法。

弟要求我随时训导、反复告诫。这几年来"悔"字诀我体会最深。往年自以为自己本领很大，能屈能伸，能露，能匿，对别人的做法总看不习惯。自从咸丰七年、咸丰八年大悔大悟之后，才知道自己并无多大本领，遇事也能体谅别人的做法。故自咸丰八年至今九年，我和四十岁以前完全不同了。大概是因为自己已掌握了能立能达的根本原则，学会了凡事不怨天尤人的处世方法。所谓立，就是奋发图强，站得住脚；所谓达，就是办事圆融，行得通。

我九年来，把不能守恒的缺点一并改去，看书写字，从不间断；选将练兵也时常留心。这都是自强能立功夫。至于怨天的情绪，本来就不太敢，却总免不掉忧人，也只好随时强制自己去克服。沅弟如果也想儆诫自我，可以学阿兄咸丰七、八两年的悔悟经验，然后痛下责己之决心，必有大的进步。

立达二字，我于咸丰九年曾写在沅弟的手卷中，自立自强也是弟时刻想做的事，但对怎么样能达到还缺乏经验，要克制自己切勿怨天尤人。我在信中说，弟该怎么样克制自己，我愿随时进行指点。赵广汉原本是西汉的贤臣，因为弹劾权臣魏相，身遭劫难，这个教训引人沉思。心存一个"悔"字，就没有不可挽回的事情。

## 决不可无强毅之气

【原文】

沅甫九弟左右：

十二月廿八日接弟二十一日手书，欣悉一切。

临江已复，吉安之克实意中事。克吉之后，弟或带中营围攻抚州，听候江抚调度；或率师随迪安北剿皖省，均无不可。届时再行相机商酌。此事我为其始，弟善其终，补我之阙，成父之志，是在贤弟竭力而行之，无为遽怀归志也。

弟书自谓是笃实一路人，我自信亦笃实人，只为阅历仕途、饱更事变，略参些机权作用，把自家学坏了。实则作用万不如人，徒惹人笑，教人怀憾，何益之有？近月忧居猛省，一味向平实处用心，将自家笃实的本质，还我真面、复我固有。贤弟此刻在外，亦急须将笃实复还，万不可走入机巧一路，日趋日下也。纵人以巧诈来，我仍以浑含应之，以诚愚应之，久之，则人之意也消。若钩心斗角，相迎相距，则报复无已时耳。

至于强毅之气，决不可无，然强毅与刚愎有别。古语云：自胜之谓强。曰强制，曰强恕，曰强为善，皆自胜之义也。如不惯早起，而强之未明即起；不惯庄敬，而强之坐尸立斋；不惯劳苦，而强之与士卒同甘苦，强之勤劳不倦，是即强也。不惯有恒，而强之贞恒，即毅也。舍此而求以客气胜人，是刚愎而已矣。二者相似，而其流相去霄壤，不可不察，不可不谨。

李云麟气强识高，诚为伟器，微嫌辩论过易。弟可令其即日来家，与兄畅叙一切。

兄身体和以前一样，惟中怀郁郁，恒不甚舒畅，夜间多不成寐，拟请刘镜湖三爷来此，一为诊视。闻弟到营后，体气大好，极慰极慰。九弟媳近亦平善，元旦至新宅拜年。叔父、六弟亦来新宅。余与澄弟等初二至白玉堂，初三请本房来新宅。任尊家酬完龙愿三日，因五婶脚痛所许，初四即散，仅至女家及攸宝庵，并未烦动本房。温弟与迪安联姻，大约正月定庚。科四前要包铳药之纸，微伤其手，现已痊愈。邓先生订十八入馆。葛先生拟十六去接。甲三姻事，拟对筱房之季女，现尚未定。三女对罗山次子，则已定矣。

刘詹岩先生得一见否？为我极道歉忱。黄莘翁之家属近状何如？苟有可为力之处，弟为我多方照拂之。渠为劝捐之事沤气不少，吃亏颇多也。

母亲之坟，今年当觅一善地改葬，惟兄脚力太弱，而地师又无一可信者，难以下手耳。余不一一。顺问近好，诸惟心照。国藩手具。咸丰八年正月四日。

再，带勇总以能打仗为第一义，现在久顿坚城之下，无仗可打，亦是闷事。如可移扎水东，当有一二大仗开。弟营之勇，锐气有余，沉毅不足，气浮而不敛，兵家之所忌也，尚祈细察。偶作一对联箴弟云：

打仗不慌不忙，先求稳当，次求变化；

办事无声无臭，既要精到，又要简捷。

贤弟若能行此数语，则为阿兄争气多矣。国藩又行，初四夜。

**【译文】**

沅甫九弟左右：

十二月二十八日收到弟二十一日的亲笔信，知道了一切情况，很是欣慰。

已收复了临江，吉安的攻克确定是意料之中的事。收复吉安之后，弟或者要领中营围攻抚州，一定要听从江西巡抚的调度；或者率领部队跟随迪安向北围剿安徽省的敌人，都没有什么不可以的，到时再看情况商讨。这事以我作为开始，弟圆满地结束，弥补我的遗憾，父亲的志愿要完成，是贤弟在尽力而为，不要有即刻退隐的念头。

弟在信中自认为是老实人，老实人也同样适用于我。只由于阅历一事，经历了许多变故，稍掺杂了一些机谋权变的方法，自己学坏了。但实际这块我还比不上别人，白白叫人笑话，叫人怀恨，有什么好处？近日忧居突然醒悟，拼命努力做到平实，将自己老实的本质归还本来面目，恢复从前。贤弟此时在外，也需把老实的本质还原，万万不可走入投机取巧之路，越走越远。纵使有人以巧诈对我，我仍以浑含应付，以诚愚应付，久而久之，他会改变主意的。倘若钩心斗角，相迎相距，那么相互报复，将是永无止境的。

至于强毅之气，决不可没有，但强毅与刚愎绝不能等同。古语云：自胜之谓强。强制，强怒，强为善，都是自胜之义。若不习惯早起，但在天未明时便强制自己起床；不习惯庄重尊敬，而强制参与祭祀仪式；不习惯劳苦，而强制与士兵同甘共苦、勤劳不倦，这就是强。不习惯有恒，但以持之以恒来强制自己，这就是毅。舍此而力求以气势胜人，是刚愎。二者虽然相似，但差别却是一个天上，一个地下，一定要分清，一定要谨慎。

李云麟气强识高，是个人物，只是说话过分，弟可令其即日来家，让他与我聊天。

兄身体仍与前无恙，只是心中抑郁，老是不大舒心，常常失眠，准备请刘镜湖三爷来此诊视。听说弟在军营身体安好，感到非常欣慰。九弟媳近日平安，元旦到新宅拜年了，叔父六弟也来了。初二我与澄弟等到白玉堂,初三请本房来新宅,任尊家还了因五婶脚痛所许的三日心愿,初四就散了,仅到女家及攸宝庵,并没有烦动本房。正月定庚了温弟与迪安的联姻。科四前些天玩包枪药的纸,手受了点轻伤,现在已经痊愈了。十八日邓先生将要入馆,葛先生打算十六日去接。甲三的婚事,现在考虑的是筱房的小女儿,现在还没有说定。三女嫁给罗山次子,则已经定了。

刘詹岩先生近来可见?请为我极力道歉。黄莘翁的家属近况怎么样?如有需要帮助之处,请弟多多关照。他为劝捐之事很呕气,也有不少地方吃亏。

母亲的坟,今年必须改葬到一块好地方,只是兄身体太弱,又没有可信任的风水先生,难以办理。余不一一,顺问近好,诸惟心照。国藩手具,咸丰八年正月四日。

另外,打仗总在带兵中列为第一,如今长期驻兵坚城之下,没有仗可打,也是闷事。若可能的话移兵驻扎水东,并可开一二大仗。弟营的勇气有余,沉毅不足。兵家忌讳的便是心浮气躁,尚望细察。但作一对联与弟:

打仗不慌不忙,先求稳当,次求变化;

办事无声无臭,即要精到,又要简捷。

贤弟要是能按照上面的话来做,阿兄的脸上也会有光。国藩又行,初四夜。

## 六致九弟:

### 宜以求才为急

**【原文】**

沅甫九弟左右:

四月初五日得一等归,接弟信,得悉一切。

兄回忆往事,时形悔艾,想六弟必备述之。弟所劝譬之语,深中机要,"素位而行"一章,比亦常以自警。只以阴分素亏,血不养肝,即一无所思,已觉心慌肠空,如极饿思食之状,再加以憧扰之思,益觉心无主宰,怔悸不安。

今年有得意之事两端:一则弟在吉安声名极好,两省大府及各营员弁、江省绅民,交口称颂,不绝于吾之耳;各处寄弟书,及弟与各处禀牍信缄,俱详实妥善,犁然有当,不绝于吾之目。一则家中所请邓、葛二师,品学俱优,勤严并著。邓师终日端坐,有威可畏,文有根柢,又曲合时趋,讲书极明正义,而又易于听受。葛师志趣方正,学规谨严,小儿等畏之如神明,而代管琐事亦甚妥协。此二者,皆余所深慰,虽愁闷之际,足以自宽解者也。弟声闻之美,可恃而不可恃。兄昔在京中颇著清望,近在军营,亦获虚誉。善始者不必善终,行百里者半九十里,誉望一损,远近滋疑。弟目下义名望正隆,务宜力持不懈,有始有卒。

治军之道,总以能战为第一义。倘围攻半岁,一旦被贼冲突,不克抵御,或致小挫,则令望隳于一朝。故探骊之法,以善战为得珠,能爱民为第二义,能和协上下官绅为第三义。愿吾弟兢兢业业,日慎一日,到底不懈,则不特为兄补救前非,亦可为吾父增光于泉壤矣。

精神愈用而愈出,不可因身体素弱,过于保惜,智慧愈苦而愈明,不可因境遇偶拂,遽尔摧阻。此次军务,如杨、彭、二李、次青辈,皆系磨炼出来,即润翁、罗翁亦大有长进,几于一日千里。独余素有微抱,此次殊乏长进。弟当趁此增番识见,力求长进也。

求人自辅,时时不可忘此意。人才至难,往时在余幕府者,余亦平等相看,不甚钦敬。洎今思之,何可多得?弟当常以求才为急,其冗者,虽至亲密友,不宜久留,恐贤者不愿共事一方也。

澄侯弟初九日晋县,系刘月槎、朱尧阶等约去清算往年公账。山先生近日小疾,服黄芪两余,尚未痊愈,请甲五在曾家坳帮同背书。如再数日不愈,拟令科四来从郑先生读,科六则仍从甲五读;若渐愈,则不必耳。纪泽近亦小疾,初八日两人皆停课未作。纪泽出疹,咳嗽亦难遽期全瘳。余自四月来,眠兴较好,近读杜佑《通典》,每日二卷,薄者三卷。惟目力极劣,余尚足支持。四宅大小眷口平安。定三舅爹三月十六来,四月初六归去,在新宅住四天,余住老宅。王福初十赴吉安,另有信,兹不详。

再,弟前请兄与季高通信,兹写一信,弟试观之尚可用否?可用则便中寄省,不可用则下次再写寄可也。又行。

迪庵嘱六弟不必进京,厚意可感。弟于迪、厚、润、雪、次青五处,宜常常通问。恽廉访处,弟亦可寄信数次,为释前怨。《欧阳文忠集》,吉安若能觅得,请先寄回。兄国藩草。

咸丰八年四月初九日

**【译文】**

沅甫九弟:

四月初五,得一他们回来,接到你的信,便知晓了一切事情。

我回忆往事,时间和事业上都有许多地方很是悔恨,我想六弟一定都跟你说了。你的劝告都深中要害,按照我现在所处的地位,"素位而行"这一章,我警惕自己时也常常用它。只因我阴分素亏,血不养肝。即便是不想任何事,也觉得心慌腹空,就像饿极了想吃东西的样子,再加上忧心忡忡,更觉得心里没有了主张,很是烦躁不安。

今年有两件事使我很得意,一是你有很好的名声在吉安。两个省的官长和各营的将士,江西省的绅士,很是赞不住口的夸奖你。各处寄给你的信,还有你给各处写的信,都详实妥善,我经常看到。二为家中请的邓、葛两位教师,都有优秀的品行及学识,勤谨严厉,都很有名望。邓老师终日端坐,威仪可畏,文章很扎实且能切中时弊,讲书能讲明正义,而又深入浅出。葛老师志趣方正,学规谨严,小孩们像怕神明一样怕他,而且代管琐碎之事也很妥当。这两件事,都使我很欣慰,即使是愁闷不乐的时候,内心也很宽慰。好名声,只可以追求,不可自满。我以前在京中,也很有声望,近来在军营,也有些虚名。善始的人不一定能善终,行百里者半九十的大有人在,声望一旦下降,便会让远近的人起疑心。你目前名望正高,务必要坚持不懈,有始有终。

治军的第一要义便是战,如果围攻半年,一旦被敌人冲破,不能取胜,或者受到小挫折,那么你的名声下落可能只需要一早上的时间。所以按照探骊得珠的方法,善战就是得到的珠。能够爱民为第二义,能把上下官绅的关系处理和谐为第三义。希望你兢兢业业,日慎一日,凡事做到底、决不松懈,这不仅为我补救了从前的过失,父亲在九泉之下也会安息。

精神气得经常提炼,不要因为身体一向很弱而过分地保养;智慧是愈苦练愈明智,不可以因为一旦遭受挫折便迅速放开。这次的军务使杨、彭、二李、次青等人,都磨炼出来了,即使是润翁、罗翁也一日千里地长进着。只是我向来都有自满的毛病,这次没有什么长进。你定要趁着这次军务增长见识,力求进步。

求人要自助,这个道理要随时记住。人才难得,以前在我幕府中的人,我只是平等相待,不很钦佩。现在想起来,他们那样的人到哪里才能找到!你应当把求才作为当务之急,军营中的庸碌多余的人,就算是至亲密友,也不宜久留,那样做恐怕请不来能共事的真正贤者。

澄弟九日去晋县,是刘月槎、朱尧阶等人邀约清算往年的公账。山先生近日身患小病,服了一两多黄芪,至今尚未痊愈,请甲五在曾家坳代他认真督促学生们学习。如再过几天山先生的病情还不见好,我打算让邓老师教科四学习,科六还跟甲五读书。如果病情得以缓解,就无需如此了。纪泽近日也有点小毛病,八日两人都停课,没有写文章。纪泽出疹,咳嗽之病也总是好不了。我从四月以来,睡眠较好。近日读杜佑的《通典》,每天读两卷,薄的读三卷。就是眼睛不行,其他还可。家里一切安康。定三的舅父三月十六到这里来了一趟,四月六日回去,在新房子住了四天,其余时间都住在老房子。王福十日到达吉安,关于此事另外有信,这里不详说。

还有,弟弟之前曾请我与季高通信,现在我就写了一封信,看一下还能不能寄去?能用就寄到省城,不能用就下次写好了一块寄去。

迪庵叮嘱六弟不必进京城,厚意让人感动。弟对于迪、厚、润、雪、次青五人,要往来频繁,互相问候。恽廉访那里,弟也可以寄几次信,以冰释前嫌。在吉安如果能够找到《欧阳文忠集》,希望先寄回来。

咸丰八年四月初九日

## 一二致沅弟季弟:

### 随时推荐人才

**【原文】**

沅、季弟左右:

初七日接沅弟初三日信、季弟初二日信,旋又接沅弟初四日信。所应复者,条列如左:

辅卿而外,又荐意卿、柳南二人,甚好。柳南之笃慎,余深知之。意卿谅亦不凡。余告筱荃观人之法,以“有操守而无官气,多条理而少大言”为主。又嘱其求润帅、左、郭及沅荐人。以后两弟如有所见,随时推荐,将其人长处短处一一告知阿兄,或告筱荃,尤以习劳苦为办事之本。引用一班能耐劳苦之正人,日久自有大效,无以“不敢冒奏”四字塞责。

季弟言,出色之人断非有心所能做得,此语确不可易。名位大小,万般由命不由人,特父兄之教家、将帅之训士,不能如此立言耳。季弟天分绝高,见道甚早,可喜可爱,然办理营中小事,教训弁勇,仍宜以勤字作主,不宜以命字谕众。

润帅先几陈奏,以释群疑之说,亦有函来余处矣。昨奉六月二十四日谕旨,实授两江总督兼授钦差大臣。恩眷方渥,尽可不必陈明。所虑考,苏、常、淮、扬无一枝劲兵前往。位高非福,恐徒为物议之张本耳。

余好出汗,沅弟亦好出汗,似不宜过劳,宜常服蜜芪。京茸已到,日内专人送去。

咸丰十年七月初八日

【译文】

沅、季二位贤弟：

初七接到沅弟写于初三的一封信和季弟写于初二的一封信，紧接着又收到了沅弟写于初四的一封信，其中所应该答复的，都列在下面：

你们在辅卿之外，又荐意卿、柳南二人，很好！柳南笃实谨慎，我很了解，意卿想必也有过人之处。我把观察人的方法告诉了筱荃，主要是爱憎分明，有原则而没有官气，办事有条理而不是口出狂言。又让他求润帅、左、郭和沅推荐人。以后假如碰上了符合条件的人，随时推荐给我。推荐时要详细告诉我这个人的优缺点，或告诉筱荃。能耐劳苦是办事的根本条件，用一些能耐劳苦的正直人，日子久了自然能发现效果，不要以"不敢冒奏"四个字来搪塞。

季弟说，出色的人，绝不是心到了，就自然做到了出色，这话确实不错。名位的大小，都是由天命而不由人定的。可是做父兄的教育家里的人，做官的教训士兵，可不能这样说。你的天分绝高，看透这个道理很早，叫人非常高兴。可是，你处理军营事务时，教训下面的官兵，仍然要以劝导为主，不适宜以命令口吻训谕大家。

润帅几次陈奏尽释大家疑团的说法，也有到我这里的信。昨天接到六月二十四日谕旨，派我任两江总督兼任钦差大臣，恩宠正厚，这些都可以不明说。我忧虑的是，苏、常、淮、扬一带，没有一支强有力的部队前往。地位高了可不是件好事，恐怕也可能为以后落人口实提供把柄。

我爱出汗，沅弟也是这样，过分劳累肯定不行，最好经常服用蜜炙黄芪。京茸已经运到，我会尽快派专人送去。

咸丰十年七月初八日

## 二一致沅弟：

### 可分可合，不伤和气

【原文】

沅弟左右：

十七日钦奉谕旨，兄拜协办大学士之命，弟拜浙江按察使之命。一门之内，迭被殊恩，无功无能，忝窃至此，惭悚何极！惟当同心努力，仍就"拼命报国，侧身修行"八字上切实做去。前奉旨赏头品顶戴，尚未谢恩，此次一并具折叩谢。

到省后，或将新营交杏南等带来，而弟坐轻舟先行，兼程赴营，筹商一切，俾少荃得以速赴上海。至要至要。少荃现有四千五百人，望弟再拨一二营与之，便可独当一路。渠所部淮扬水师，余嘱其留两营在上游，归弟调遣。弟将来若另造炮船，自增水师，此二营仍退还黄、李，弟自有水师两营。其余大处仍请杨、彭协同防剿，庶几可分可合，不伤和气。

同治元年正月十八日

【译文】

沅弟左右：

我十七日接到谕旨，得知已任命我担任协办大学士，弟弟被任命为浙江按察使。一家之内,接连地受到朝廷的特殊的恩宠,何德何能,窃居如此高位,心中实在有愧,惶恐不安!我们应当同心努力,继续切实的做到"拼命报国,侧身修行"八个字。不久前奉旨赏头品顶戴,还没有谢恩,这次一起写奏折叩谢吧。

你抵达省城后,可以让杏南等人带领新营前来,你要只身坐轻舟提前先来,最好是日夜兼程,以便来营后筹商一切,这样少荃也可以快速前去上海,此事至关重要!少荃手下现有四千五百人,希望弟弟再另外调配给他一两个营,那样他就可以独当一面。他所率的淮扬水师,我已嘱咐他把两个营留在上游由弟弟调遣。弟弟将来如果另造炮船,自己增设水师,仍退还给黄、李这两个营,你也有两个营水师。其他地方仍命杨、彭协同防守和清剿战,也许可分可合,不会伤了和气。

同治元年正月十八日

## 二七谕纪泽:

推诚相与,吏治或可渐有起色

**【原文】**

字谕纪泽儿:

日内未接家信,想五宅平安为慰。

此间近状如常。各军士卒多病,迄未少愈。甘子大至宁国一行,归即一病不起。许吉斋座师之世兄名敬身号藻卿者,远来访我,亦数日物故。幸杨、鲍两军门皆有转机,张凯章闻亦少瘥。三公无他故,则大局尚可为也。

沅叔营中病者亦多。沅意欲奏调多公一军回援金陵。多公在秦,正当紧急之际,焉能东旋?且沅、季共带二万余人,仅保营盘,亦无请援之理。惟祝病卒渐愈,禁得此次风浪,则此后普成坦途矣。

李希庵于闰八月二十三日安庆开行,奔丧回里。唐义渠即于是日到皖。两公予余处皆以长者之礼见待,公事毫无掣肘。余亦推诚相与,毫无猜疑。皖省吏治,或可渐有起色。

余近日癣疾复发,不似去秋之甚。眼蒙则逐日增剧,夜间几不复能看字。老态相催,固其理也。余不一一。此信可送澄叔一阅。涤生手示。

同治元年八月廿四日

**【译文】**

字谕纪泽儿:

已几日没有收到家信,想来家中五宅都还平安吧。

我这里的情况一切如常。部队里的有越来越多的士兵患病,至今仍没有好转的迹象。甘子大到宁国去了一趟,返回后便病倒了。许吉斋座师的世兄名敬身,号藻卿,从很远的地方来看我,也是几天就死了。幸亏杨、鲍两军门都有转机,张凯章也已初愈。三位身上没有什么大的变故发生,还是可以有作为的。

沅叔营中也有很多士兵生病,他的意思是要上奏,请求调回多公一军援助金陵。多公目前正在陕西作战,而且处于非常危急的情势,怎么能调回东部呢?再说沅、季两人共带兵两万余人,而且仅仅负责坚守营盘,也没有理由请求援兵啊。现在只能希望士卒们的病情能够逐渐好转,安全度过这次风浪,以后的路就平坦多了。

闰八月二十三日李希庵从安庆起程,回家奔丧。是唐义渠今天到达安徽。这两个人都受到长者般的礼遇和款待,并且丝毫没有耽误公事。我对他们都是坦诚相待,没有任何的猜疑。照此发展下去,安徽的吏治,只会大有起色。

近日我的癣病复发,不过还没严重到去年秋天那样。眼花却日益严重了,夜间几乎看不见字了。可见岁月不饶人,这个道理适用于每个人。其余的不再一一写了,你可以将这封信送给你澄叔看看。

同治元年八月二十四日

## 一禀祖父母:

### 与英国议和事宜

**【原文】**

孙男国藩跪禀:

祖父母大人万福金安。

九月十三日接到家信,系七月父亲在省所发,内有叔父信及欧阳牧云致函,知祖母于七月初三日因感冒致恙,不药而愈,可胜欣幸!高丽参足以补气,然身上稍有寒热,服之便不相宜,以后务须斟酌用之,若微觉感冒,即忌用。此物平日康强时,和入丸药内服最好,然此时家中想已无多,不知可供明年一单丸药之用否?若其不足,须写信来京,以便觅便寄回。

四弟、六弟考试又不得志,颇难为怀。然大器晚成,堂上不必以此置虑。闻六弟将有梦熊之喜,幸甚!近叔父为婶母之病劳苦忧郁,有怀莫宣。今六弟一索得男,则叔父含饴弄孙,瓜瓞日蕃,其乐何如?唐镜海先生德望为京城第一,其令嗣极孝,亦系兄子承继者,先生今年六十五岁,得生一子,人皆以为盛德之报。

英夷在江南,抚局已定,盖金陵为南北咽喉。逆夷既已扼吭而据要害,不得不权为和戎之策,以安民而息兵,去年逆夷在广东曾经就抚,其费去六百万两,此次之费,外间有言二千一百万者,又有言此项皆劝绅民捐输,不动帑藏,皆不知的否。现在夷船已全数出海,各处防海之兵陆续撤回,天津亦已撤退,议抚之使,系伊里布、耆英及两江总督牛鉴三人。牛鉴有失地之罪,故抚局成后即革职拿问。伊里布去广东,代奕山为将军,耆英为两江总督。自英夷滋扰,已历二年,将不知兵,兵不用命,于国威不无少损,然此次议抚,实出于不得已,但使夷人从此永不犯边,四海晏然安堵,则以大事小,乐天之道,孰不以为上策哉!

孙身体如常,孙妇及曾孙兄妹并皆平安,同县黄晓潭鉴荐一老妈吴姓来,渠在湘乡苦请她来,而其妻凌虐婢仆,百般惨酷,黄求孙代为开脱,孙接至家住一日,转荐至方夔卿太守(宗钧)处,托其带回湖南,大约明春可到湘乡。

今年进学之人,孙见题名录,仅认识彭惠田一人,不知廿三四都进入否?谢宽仁、吴光煦取一等,皆少年可慕,一等第一,题名录刻黄生平,不知即黄星平否。

孙每接家信,常嫌其不详,以后务求详明,虽乡间田宅、婚嫁之事,不妨写出,使游子如仍在里门。各族戚家,尤须一一示知,幸甚!

敬请祖父母大人万福金安。余容后呈。孙谨禀。

道光二十二年九月十七日

【译文】

孙儿国藩跪禀：

祖父母大人万福金安！

我于九月十二日接到七月间父亲在省城发的家信，信中附上了叔父和欧阳牧云的信函，我从信中知道祖母在七月初三日不经意间患感冒，没有服药便自然康复，真是令人欣慰。高丽参足以补气，但如果身上稍微有点寒热服用就不合适，所以以后服用时一定要反复斟酌。若稍觉感冒，就忌用。平日身体健康无恙时，可以混着药丸一起吃。现在家里想必也没有多少剩余了，不知明年一个单子的药丸还能否供应？如果不够，就写信到京城，以便我找人顺便带回家。

信中说四弟、六弟又名落孙山，很是难为情。然大器晚成，堂上大人为此事而费心焦虑大可不必。听说六弟家即将生儿子，真是我家的大幸！近来叔父为了婶母的病辛苦又忧郁，也无处诉说心中的苦，整日郁郁寡欢。如今六弟家第一胎便是男孩，那么叔父便可含饴弄孙，多么美满的满堂子孙之家！唐镜海先生在京城里品德威望首屈一指，他的儿子非常恭顺孝敬他，也是从兄长处过继过来的。先生今年六十五岁，又喜得贵子，人家都说这是他一贯积德行善所得到的酬劳。

在江南一带，当局已经制定下来了安抚英国人的政策，英国人已经扼住了金陵北面的咽喉之地，这个军事要害很重要，所以我方不得不从权变而采取和戎的策略，以安定百姓，平息战火。去年英国人曾经接受安抚，花了六百万两银子，这次的费用，外面有二千一百万两的传闻，又传说这项费用都是劝导着绅士和百姓捐钱，不动用国库，都不知道现在洋船是否已经全部出海，各处防海的兵陆续撤回，天津也已撤回，伊里布、耆英和两江总督牛鉴是和谈的使节。牛鉴有守地失守的罪过，所以和谈以后，也是立刻要革职拿问。伊里布去广东，代替奕山为将军，耆英为两江总督。自从英国人寻衅滋事至今已有两年的时间，这两年内，我朝军中带兵的对如何打仗不甚了解，当兵的不努力作战，甚至不听号令，这些现象大大损伤了我朝威望。这次议和，实在是情非得已，但若此次举动能够让洋人从此不侵犯边境，四海太平，那么以大事小，乐天之道，也算一枚上策！

孙儿近来身体如常，孙媳妇及曾孙兄妹都平安无恙。同县黄晓潭推荐来一位吴老妈子，他在湘乡苦苦请来这位老妈子，但是其妻虐待下人，十分残忍无道，因此黄求孙替他想个办法，孙儿便接她在家里住了一天，转荐到方夔卿太守家，托他带回湖南，大约是明年春天抵达湘乡。

今年进学的人，孙儿看见题名录，相识的只有彭惠田一人，不知道我乡二十三四是否有人进学？谢宽仁、吴光煦取一等，都是年少得志，真是让人眼羡，一等一名，题名录刻黄生平，是不是把黄星平给写错了。

孙儿每次接到家中的来信，总是感觉信写得不详细，以后请详说家中情况，虽说是乡间田地房屋、婚姻嫁娶的事，不妨都写上，使在外的游子仍然感觉身处家中。尤其是各族亲戚家的事，一定要一一告知！

敬请祖父母大人万福金安，其余容以后再禀告。孙儿谨禀。

道光二十二年九月十七日

## 七致诸弟：

不可以为有损架子而不为

**【原文】**

澄侯、温甫、子植、季洪四弟足下：

久未遣人回家，家中自唐二、维五等到后亦无信来，想平安也。

余于二十九日自新堤移营，八月初一日至嘉鱼县。初五日自坐小舟至牌洲看阅地势，初七日即将大营移驻牌洲。水师前营、左营、中营自闰七月二十三日驻扎金口。二十七日贼匪水陆上犯，我陆军未到，水军两路堵之。抢贼船二只，杀贼数十人，得一胜仗。罗山于十八、廿三、廿四、廿六等日得四胜仗。初四发折俱详述之。

初三日接上谕廷寄，余得赏三品顶戴，现具折谢恩。寄谕并折寄回。余居母丧，并未在家守制，清夜自思，跼蹐不安。若仗皇上天威，江面渐次肃清，即当奏明回籍，事父祭母，稍尽人子之心。

诸弟及儿侄辈务宜体我寸心，于父亲饮食起居十分检点，无稍疏忽，于母亲祭品礼仪必洁必诚，于叔父处敬爱兼至，无稍隔阂。兄弟姒娣总不可有半点不和之气。凡一家之中，勤敬二字能守得几分，未有不兴；若全无一分，未有不败。和字能守得几分，未有不兴；不和未有不败者。诸弟试在乡间将此三字于族戚人家历历验之，必以吾言为不谬也。

诸弟不好收拾洁净，比我尤甚，此是败家气象。嗣后务宜细心收拾，即一纸一缕、竹头木屑，皆宜检拾伶俐，以为儿侄之榜样。一代疏懒，二代淫佚，则必有昼睡夜坐、吸食鸦片之渐矣。四弟、九弟较勤，六弟、季弟较懒。以后勤者愈勤，懒者痛改，莫使子侄学得怠惰样子。至要至要。子侄除读书外，教子扫屋、抹桌凳、收粪、锄草，是极好之事，切不可以为有损架子而不为也。

前寄来报笋殊不佳，大约以盐菜蒸几次，又咸又苦，将笋味全夺去矣。往年寄京有泡竹，今年寄营有泡盐菜。此虽小事，亦足见我家妇职之不如老辈也，因便付及，一笑，烦禀堂上大人。余不一一。

坐小舟至京口看营，船太动摇，故不成字。

咸丰四年八月十一日

**【译文】**

澄侯、温甫、子植、季洪四弟足下：

我已经很长时间没有派人回家了，自从家中唐二、维五等来京之后，也再没有来信，想必家中一切都平安吧。

二十九日，我从新堤移营，到嘉鱼县是八月初一，初五坐小船到牌洲察看地势，初七便把大营移驻牌洲。水师的前营、左营、中营，自闰七月二十三日驻扎金口，敌军分子陆两路于二十七日进犯，我们的陆军没有到，由水师分两路堵击，杀死几十敌军，抢到敌船两艘，打了个胜仗，罗山在十八、二十三、二十四、二十六日等几天中，打了四个胜仗，初四发寄奏折，详细说明此间经过，现一并寄回。

八月三日接到皇上谕旨，赏赐于我三品顶戴。现在已准备好谢恩的奏折，而且将廷寄、上谕连同奏折一并寄回。如今我应处守母丧之时，但因公务在身，也是不可能守丧在家。晚上独自反省之时，内心深感局促不安。如果仰仗皇上天威，逐步肃清江面上敌人，我便奏明皇上尽早回到家乡，以侍奉父亲，祭祀母亲，尽到为人之子的责任，表达自己的一片孝心。

诸位弟弟和儿、侄辈，要体谅我的这份心意，在父亲饮食起居方面，要十分检点，不要有什么疏忽不到之处，一定要清洁对待母亲的祭品、礼仪，要诚心诚意，对叔父那边要做到敬爱双全，没有一点隔阂，兄弟姑嫂之间，也不能有半点不和气。凡属一个家庭，勤、敬两个字，能遵守得几分，没有不兴旺的，假若没有丝毫遵守，没有不败落的；和字能遵守得几分，没有不兴旺的，不和没有不败落的。弟弟们试着在乡里把这三个字到家族亲戚中去逐一验证，就会认为我说的是正确的。

弟弟们不爱干净，不爱收拾，这点我尤其突出，这种气象显示了败家。以后务必要严加要求自己，细心收拾，也应收拾干净纸缕和竹头木屑，为子侄们做出榜样。第一代人懒散，第二代人便淫逸，则昼睡夜坐，也必会出现吸食鸦片之类败落迹象。四弟、九弟较勤，六弟、季弟较懒。以后勤的越勤，懒的痛改前非，不要让子侄学到怠慢懒散，这十分重要。子侄们除了读书之外，教他们扫地、擦桌凳、收粪、锄草，都是极好的事，切不可以有损所谓的架子而不愿亲历亲为。

上次寄来的泡笋不如从前，大概是用盐菜蒸过几次，又咸又苦，掩住了笋的味道。往年寄到京师的有泡竹，而今年送寄军营中的只有泡盐菜。这虽是小事，却足以显出我家妇女之功不如老一辈，渐渐懒散，也不如往日技艺。此事只是顺便提及，以资一笑。有烦弟弟们禀明父亲大人。其余的我不一一叙说。

由于写信时正坐小船到京口查看营地，船太摇晃，所以写的字很不好。

咸丰四年八月十一日

## 八致诸弟：

为政不可骄奢淫佚

**【原文】**

澄、温、沅、季四位老弟左右：

廿五日着胡二等送家信，报收复武汉之喜。廿七日具折奏捷。初一日，制台杨慰农(霈)到鄂相会。是日又奏廿四夜焚襄河贼舟之捷。初七日奏三路进兵之折，其日酉刻，杨载福、彭玉麟等率水师六十余船前往下游剿贼，初九日前次谢恩折奉朱批回鄂，初十日，彭四、刘四等来营，进攻武汉三路进剿之折，奉朱批到鄂。

十一日，武汉克复之折，奉朱批、廷寄、谕旨等件，兄署湖北巡抚，并赏戴花翎。兄意母丧未除，断不敢受官职。若一经受职，则二年来之苦心孤诣，似全为博取高官美职，何以对吾母于地下？何以对宗族乡党？方寸之地，何以自安？是以决计具折辞谢，想诸弟亦必以为然也。

功名之地，自古难居，兄以在籍之官，募勇造船，成此一番事业，其名震一时，自不待言。人之好名，谁不如我？我有美名，则人必有受不美之名，与虽美而远不能及之名者。相形之际，盖难为情。兄惟谨慎谦虚，时时省惕而已，若仗圣主之威福，能速将江面肃清，荡平此贼,兄决意奏请回籍,事奉吾父,改葬吾母,久或三年,暂或一年,亦足稍慰区区之心,但未知圣意果能俯从否?

诸弟在家,总宜教子侄守勤敬。吾在外,既有权势,则家中子弟,最易流于骄,流于佚,二字皆败家之道也,万望诸弟刻刻留心,勿使后辈近于此二字,至要至要。

罗罗山于十二日拔营,智亭于十三日拔营,余十五六亦拔营东下也,余不一一。乞禀告父亲大人、叔父大人万福金安。

咸丰四年九月十三日

【译文】

澄、温、沅、季四位贤弟:

二十五日派胡二等送家信,报告收复武汉的喜讯,二十七日上奏折报捷。初一制台杨慰农到湖北相会,又向上禀告了烧掉襄河里敌船的胜利消息。初七上奏了三路进军的折子,当天晚上杨载福、彭玉麟等人率领水师六十多条船前往下游剿敌。初九在湖北接到前次谢恩信的朱批。初十,彭四、刘四他们来到军营,又接到兵分三路进剿武汉的朱批。

十一日收复武汉的奏折送上去之后,接到的朱批和宫廷寄来的谕旨中,任命给我湖北巡抚的官职,赏戴花翎。我的意思是现在还在为母亲守孝,无论如何也不能接受官职。如果我接受了,两年来我费尽心思做的事,好像都是为争取高官美职一般,那我还有何脸面去面对长眠于地下的母亲呢?又如何对宗族乡党交代呢?又何以能够使自己心安呢?有鉴于此,我决定写个奏折以示辞谢,想来几位弟弟也会同意我这个想法。

自古求取功名之地难以久居。我以一个在任官员的名义,招募兵员,制造船舰,成就了一番事业,名震一时,自不必说。谁都喜好声名,有谁会与我不同而厌恶声名吗?现在我有美名了,所以就一定有人名声不美,和虽有美名而不能远播者相比,让我情何以堪,故而我只能谦虚谨慎,时时刻刻警醒自身切勿骄傲自满。倘若能够倚仗皇上的威望和福祇,尽快肃清、荡平江面的敌兵,我就可以奏请皇上回到老家改葬母亲,侍奉父亲。多则三年,少则一年,这样也可以使我的心稍稍得到一点安慰。不知道皇上是否答应我的要求呢?

几位弟弟在家,教育子侄做到"勤"、"俭"二字最重要。我在外面有了权势,家里的子侄最容易骄傲和放荡起来。可以说,"骄"和"佚"这两个字,才会导致败家。所以,万望几位弟弟每时每刻都要注意,不让"骄"、"佚"二字浸染后辈,这十分重要。

罗罗山十二日出发,智亭十三日出发,我在十五六日也要出发,向东开去。别的就不说了。代我向父亲、叔父问好!祝万福金安。

咸丰四年九月十三日

## 九致诸弟:

### 但愿不张虚名,不进官阶

【原文】

澄侯、温甫、子植、季洪四位老弟足下:

廿五日遣春二、维五归家,曾寄一函并谕旨、奏折二册。

廿六日,水师在九江开仗获胜。陆路塔、罗之军在江北蕲州之莲花桥大获胜仗,杀贼千余人。廿八日克复广济县城。初一日在大河埔大获胜仗。初四日在黄梅城外大获胜仗。初五日克复黄梅县城。该匪数万现屯踞江岸之小池口,与九江府城相对。塔、罗之军即日追至江岸,即可水陆夹击。能将北岸扫除,然后可渡江以剿九江府城之贼。自至九江后,即可专夫由武宁以达平江、长沙。

兹因魏荫亭亲家还乡之便,付去银一百两,为家中卒岁之资。以三分计之。新屋人多,取其二以供用;老屋人少,取其一以供用。外五十两一封,以送亲族各家,即往年在京寄回之旧例也。以后我家光景略好,此项断不可缺。家中却不可过于宽裕。处此乱世,愈穷愈好。

我现在军中,声名极好。所过之处,百姓爆竹焚香跪迎,送钱米猪羊来犒军者络绎不绝。以祖宗累世之厚德,使我一人食此隆报,享此荣名,寸心兢兢,且愧且慎。现在但愿官阶不再进,虚名不再张,常葆此以无咎,即是持身守家之道。至军事之成败利钝,此关乎国家之福,吾惟力尽人事,不敢存丝毫侥幸之心。诸弟禀告堂上大人,不必悬念。

冯树堂前有信来,要功牌一百张,兹亦交荫亭带归。望澄弟专差送至宝庆,妥交树堂为要。衡州所捐之部照,已交朱峻明带去。外带照千张,交郭云仙,从原奏之所指也。朱于初二日起行,江隆三亦同归。给渠钱已四十千,今年送亲族者,不必送隆三可也。余不一一。兄国藩书于于武穴舟中。

咸丰四年十一月初七日

【译文】

澄侯、温甫、子植、季洪四位老弟足下:

二十五日,我派春二、维五回家,曾经寄去一封信,另外还附寄了谕旨、奏折两册。

二十六日,水师在九江打了一个大胜仗。陆路塔齐布、罗山两军在江北蕲州的莲花桥也打了大胜仗,杀敌千余人。二十八日克复广济县城,初一又于大河埔获胜,初四在黄梅县城外大获全胜,初五克复黄梅县城。敌军几万人,现在在江岸的小池口屯踞,和九江府城相对。塔、罗的军队,当日追到江岸,同时进攻并与水陆二军相互配合,可将北岸扫除,然后可以渡江进剿九江府之敌,自到九江后,便可有专人由武宁到达平江、长沙。

现因魏荫亭亲家近日回乡,我趁便让他捎回去一百两银子,作为家中年终之用。这一百两银子可分三份使用,新屋人多,取其中两份;老屋人少,取其中一份,另外还有一封五十两银子,用来送给亲戚族人各家,可按往年在京寄回的旧例安排。如果我家以后越过越好,这个惯例更要继续下去。不过家中过于宽裕则不太好,处在动乱年代,越穷越好。

如今我在军中很有威望,所过之处,百姓燃放爆竹,焚香跪拜,都很虔诚迎接、送往,送钱、米、猪、羊的人络绎不绝,用来犒劳军队。祖宗几代积累的厚德,而我一个人享用如此丰厚的回报,享这么大的声誉,心里真是战战兢兢,恭谨却又惭愧。现在只愿不再晋升官阶,虚名不再扩大,能够谨守本分不出错,才足以保身守家。至于军事上的成败胜负,关系到国家的荣辱祸福,我唯有尽力而为,不敢有丝毫侥幸。请弟弟们如实禀告父亲大人,不必挂念我。

冯树堂不久前来信说,要一百张功牌,现在交由荫亭顺便带回。希望澄弟派专差送到宝庆,妥善送给树堂。衡州所捐的部照,已交朱峻明带去。另外带一千张执照,交给郭云仙,这是遵从原奏的意旨。朱已于初二出发,同回的还有江隆三。已给他四十千钱。今年送给亲戚宗族的钱,不必再给隆三。其余我不再一一叙说。

咸丰四年十一月初七日

## 一零致四弟：

劝乱世应不露圭角

【原文】

澄侯四弟左右：

顷接来缄，又得所寄吉安一缄，具悉一切。朱太守来我县，王、刘、蒋、唐往陪，而弟不往，宜其见怪。嗣后弟于县城省城均不宜多去。处兹大乱未平之际，惟当藏身匿迹，不可稍露圭角于外。至要至要。

吾年来饱阅世态，实畏宦途风波之险，常思及早抽身，以免咎戾。家中一切，有关系衙门者，以不与闻为妙。诸唯心照，余不一一。兄国藩草。

咸丰六年九月初十日

【译文】

澄侯四弟左右：

刚刚接到家中的一封来信，还有你们寄往吉安的一封信，详细地了解了近来的一切。信中提到了朱太守来到我县之事，说前往作陪的有王、刘、蒋、唐四人，唯澄弟未去，应该让他见怪了。无论是县城还是省城，澄弟以后万万要小心踏足。如今正处大乱未平之际，最好藏身匿迹，在外面不能尽露头角。至要至要。

从官多年之后，我已尽阅官场百态，宦途风波险象环生，实在令人心生畏惧，因此常常想及早抽身退出，以免无辜获罪，惹祸上身。以后家中一切事务，如有府衙门牵连在内，最好是不闻不问，要置身事外。望家人们能够理解我的良苦用心，其他的就不再一一叙说了。

咸丰六年九月初十日

## 一三致四弟：

总以谦谨为主

【原文】

澄弟左右：

沅弟金陵一军，危险异常。伪忠王率悍贼十余万，昼夜猛扑，洋枪极多，又有西洋之落地开花炮，幸沅弟小心坚守，应可保全无虞。

鲍春霆至芜湖养病，宋国永代统宁国一军，分六营出剿，小挫一次。春霆力疾回营，凯章全军亦赶至宁国守城，虽病者极多，而鲍、张合力，此路或可保全。又闻贼于东坝抬船至宁郡诸湖之内，将图冲出大江，不知杨、彭能知之否？若水师安稳，则全局不至决裂耳。

来信言余于沅弟，既爱其才，宜略其小节，甚是甚是。沅弟之才，不特吾族所少，即当世亦实不多见。然为兄者，总宜奖其所长，而兼规其短。若明知其错而一概不说，则非特沅一人之错，而一家之错也。

吾家于本县父母官，不必力赞其贤，不可力低其非，与之相处，宜在若远若近、不亲不疏之间。渠有庆吊，吾家必到；渠有公事，须绅士助力者，吾家不出头，亦不躲避，渠于前后任之交代，上司衙门之请托，则吾家丝毫不可与闻。弟既如此，并告子侄辈常常如此。子侄若与官相见，总以谦谨二字为主。

同治元年九月初四日

【译文】

澄弟左右：

沅弟金陵一军近些天的情势非常危急，伪忠王率领十余万人，日夜进攻，无一时的停歇，而且敌军洋枪极多，也有西洋的落地开花炮。幸亏沅弟小心坚守，估计可以保全。

鲍春霆到芜湖养病，宋国永为宁国一军的代理官，分六营进攻，小败一次。春霆不顾病休，急速回营。凯章全军也赶到宁国守城，虽然病号很多，而鲍、张联合作战，或许可以保全这一路。又听说敌人在东坝抬船到宁郡附近湖内，企图冲出大江，不知杨、彭知道此意图否？如果水师安稳，那么全局就不至于溃败。你的来信中，有所谈到我跟沅弟的感情，说我既然爱他的才华，就无需过于计较他的小节，说得很有道理！

沅弟的才能，不仅在我家族中罕见，也是今世罕见。然而，作为兄长，既要夸奖他的长处，也应该让他警惕自己的短处。如果明知他错了，也不闻不问，什么也不说，那便不是沅弟一人之错，便是一家子的错。

对于本县父母官，不必刻意去称道他的贤良，也不可总是批评他们的不是。与之相处，要亲疏有度，最适宜的态度便是若即若离、不亲不疏。若有庆吊的事，我家决不缺席；若有公事，须要绅士帮助的，我家不要出头，但也无须躲避。对于官员的升迁变化，上司衙门的请求委托等，最好不要参与其中。弟弟不仅自己要这样做，还要告诫子侄们都要遵守。若子侄与官员相见，总的来说还是谦、谨二字为主。

同治元年九月初四日

## 一五致九弟：

只问积劳不问成名

【原文】

沅弟左右：

初五夜地道轰陷贼城十余丈，被该逆抢堵，我军伤亡三百余人，此盖意中之事。城内多百战之寇，阅历极多，岂有不能抢堵缺口之理？

苏州先复，金陵尚遥遥无期，弟切不必焦急。

古来大战争，大事业，人谋仅占十分之三，天意恒居十分之七。往往积劳之人非即成名之人，成名之人非即享福之人。此次军务，如克复武汉、九江、安庆，积劳者即是成名之人，在天意已算十分公道，然而不可恃也。吾兄弟但在积劳二字上着力，成名二字则不必问及，享福二字则更不必问矣。

厚庵坚请回籍养亲侍疾，只得允准，已于今日代奏。苗逆于二十六夜擒斩，其党悉行投诚，凡寿州、正阳、颍上、下蔡等城一律收复，长、淮指日肃清，真堪庆幸！

弟近日身体健否？吾所嘱者二端：一曰天怀淡定，莫求速效；二曰谨防援贼城贼内外猛扑，稳慎御之！

同治二年十一月十二日

【译文】

沅弟左右：

已收到你初五晚寄来的信，得知我军用地道轰陷敌城十余丈，但被敌人抢先堵塞，以致我军伤亡三百多人。虽伤亡惨重，但事情也在意料之中。城里的敌人都身经百战，阅历丰富，岂有坐以待毙、对缺口不去抢堵的道理！

苏州已经被攻克，只是攻克金陵的日子还遥遥无期，不过弟弟切不可过于焦急。

古来大战争、大事业，十分之三在人的谋划，天意恒占十分之七，往往劳累日久的人，不是成名的人；成名的人，却往往不能享福。这次军务，如克复武汉、九江、安庆，积劳的人就是成名的人，就天意而论，自是公道万分，但是却不能单纯地依仗天意。我们兄弟在积劳二字上下工夫，成名两个字不必过分在意，也无需计较是否享福。

厚庵坚决要求回家养亲侍疾，我无法回绝，只好答应，今日已经代他给朝廷上奏了此事。苗逆已在二十六日晚被擒斩首，投降的还有他全部的党徒，寿州、正阳、颍上、下蔡诸城，一律收复，长、淮也在日内可以肃清，真值得庆幸！

近来弟可安康？我要嘱咐两条：一是胸怀淡定，不要贪图速成；一是谨防援敌，避免城内外敌人一起猛扑，一定要稳妥处理防御工事。

同治二年十一月十二日

## 近世保人亦有多少为难处

【原文】

沅弟左右：

初一日接弟七月二十四日二信，具悉一切。

陈斌述及与鲍军言改由七桥瓮（瓮桥）进孝陵卫，春霆欣然乐从，余已决从此策，日内即办公牍分别咨行。地道决不复开。七桥瓮（瓮桥）上流须用浮桥，容再由此间办竹木解去。前因花篱地道均非要务，故未饬知潜山县耳。

左帅保筠仙，此间并无所闻。黄信之所谓季帅者，似即毛寄云也。毛密片余未得见，大约系保两郭、黄、李。筠公已擢粤抚，筱泉已擢粤臬，南翁有旨往粤办厘，惟意诚保花翎三品卿未奉明文。

弟所保各员，均奉允准。惟金安清明谕不准调营，寄谕恐弟为人耸动。盖因金君经余两次纠参，朝廷恐余兄弟意见不合也。大抵清议所不容者，断非一口一疏所能挽回，只好徐徐以待其自定。又近世保人，亦有多少为难之处。有保之而旁人不以为然，反累斯人者；有保之而本人不以为德，反成仇隙者。余阅世已深，即荐贤亦多顾忌，非昔厚而今薄也。

景、河、婺、乐四卡，左帅业已归还余处。上海四万，余志在必得，恐不免大有争论。霞仙升陕抚，先办汉中军务。闻李雨苍系多帅所劾也。纪泽等今日往营省谒。父亲手泽六纸寄还。即问近好。

【译文】

沅弟左右：

初一日收到七月二十四日二信，已经知道了一切情况。

陈斌提到和鲍军商议改由七桥瓮(瓮桥)进攻孝陵卫,春霆欣然听命,这个计策我已采纳,现在立刻处理公文分别咨询商议。决不能重新再开挖地道。七桥瓮(瓮桥)上游须搭建浮桥,给我一些时间从这里送去竹子木材。先前由于花篱、地道均不是紧要事务,因此没有通知潜山县。

左帅保荐筠仙,这里并没有人听说。毛寄云为季帅,便是在黄信上提到的人。我没有见到毛的密札,可能是保荐两部、黄、李。筠公已提升为广东巡抚,筱泉已升任广东道台,南翁奉圣旨前往广东处理厘金之务,还没有收到意诚保荐花翎三品之官的明文。

弟所保荐各个官员,都已奉旨允许。只有金安清得谕旨明令不准调离军队,可能寄去的谕旨已被他人挑动。由于我两次弹劾金君,朝廷担心我兄弟之间意见不合。可能只要是清议所不能容忍的,绝不是一人或一封上疏就能挽回的,只好顺其自然,静观其变。还有如今保荐人才,也有不少为难之处。有时保荐,别人多对之无谓,反倒受其累;有时被保荐的人不以被保而知恩图报反而酿成怨恨。我处世已深,也顾虑推荐人才,并不是重视旧交而轻薄新识。

景、河、婺、乐四处关卡,管理权已被我从左帅收回。上海四万,我是势在必得,恐怕不免激烈争辩。霞仙升为陕西巡抚,首先把汉中军务处理好。听说李雨苍是多帅弹劾的。纪泽等人今天前往军营探视谒见。寄还父亲亲手写的六幅字。随信问好,希望一切安好。

## 谨慎身边最熟悉的人

**【原文】**

沅弟左右:

接弟十一、十二日两信,具悉一切。

辞谢一事,本可浑浑言之,不指明武职京职,但求收回成命。已请筱泉、子密代弟与余各拟一稿矣。昨接弟咨,已换署新衔,则不必再行辞谢。

吾辈所最宜畏惧敬慎者,第一则以方寸为严师,其次则左右近习之人,如巡捕、戈什、幕府文案及部下营哨官之属,又其次乃畏清议。今业已换称新衔,一切公文体制为之一变,而又具疏辞官,已知其不出于至诚矣。欺方寸乎?欺朝廷乎?余已决计不辞,即日代弟具折。用四六谢折外,余夹片言弟愧悚思辞,请收成命。二十一二日专人赍京。弟须用之奏折各件,即由此次并带归。

弟应奏之事暂不必忙。左季帅奉专衔奏事之旨,厥后三个月始行拜疏。雪琴得巡抚及侍郎后,除疏辞复奏二次后,至今未另奏事。弟非有要紧事件,不必专衔另奏,寻常报仗,仍由余办可也。

李子真尽可分送弟处。莫世兄年未二十,子偲不欲其远离。赵惠甫可至金陵先住月余,相安则订远局,否则暂订近局。

五月底以后之米,省局可支应。以三万人计之,每月需米万二千石(五百人一营者加夫一百八十名,每月需二百石)。弟部来此请米价及护票者已一万数石,计六七月必到,不尽靠皖台也。顺问近好。

**【译文】**

沅弟左右:

收到弟弟十一、十二日的两封信,已经知道了一切。

辞谢这件事,原想只泛说,不要指明武职、京职,只恳请收回成命。我已经请筱泉、子密替弟弟和我各写了一文。昨天收到弟弟的公文,已经更换新官衔,辞谢就不必了。

我们最应该畏惧谨慎的,第一便是严师;其次是左右身边熟悉的人,例如:巡捕、戈什、幕府文案及其部下营哨官等,第三就是害怕文人的议论。如今既然已经换任新衔,全部的公文体制也有变化,而还写奏折辞官,使人很容易觉得是虚情假意。是欺骗人心呢?还是欺骗朝廷呢?我已决定不辞了,今天我代弟弟写奏折。除用四六谢折以外,我又附加了几句,述弟想辞官的原因是愧疚害怕,恳请收回成命。二十一、二日派专人带到京城。这次一块带去弟弟要用的奏折文书。

弟弟应暂不忙奏请之事。左季帅奉专衔奏事的旨意,随后三个月开始执行。雪琴得到巡抚和侍郎官职后,除了疏辞和再次奏请两次后,一直赋闲。弟弟没有要紧的事,不用特地奏请,如果报告很普通,仍旧由我处理也行。

李子真尽可以分送给弟弟。莫世兄年岁不满二十,子偲想让他待在自己身边。赵惠甫可以先到金陵住一个多月,作长远的平安的打算,否则就做近期准备。

省局还供给五月底以后的米。按三万人计算,每月需要一万二千石米,(五百人一营加民夫一百八十名,每月需要二百石)。弟部来这里已请示一万几十石的米价和护票了,计划六、七月份一定到,不能全靠安徽粮台。随信问候,希望一切安好。

## 选将三要:坚忍、言明、不贪

**【原文】**

沅弟左右:

张胜禄竟以微伤殒命,可惜可痛。余昔年恸塔智亭之殁,失一威望之将;悼毕印侯之逝,失一骁悍之将。张声扬虽不如塔,似已远过于毕。一军之中,得此等人,千难万难。灵枢[illegible]过安庆时,余当下河祭奠,赙恤其家。

李臣典果足为继起之贤否?凌有和、崔文田、李金洲三人,余俱不甚熟。大约选将,以打仗坚忍为第一义,而说话宜有条理,利心不可太浓,两者亦第二义也。十六日之仗,崔文田等出卡在大壕外否?刘南云等亦出卡否?

洋枪与大炮、劈山炮三者比较,究竟何者群子最远?望校验见告。

弟两次抄示寄乔鹤济信,多影响之谈。淮盐向以江督为主。江督犹东,运司犹佃也。弟欲从盐中设法生财,不谋之于我,而谋之于乔,何也?

盐务利弊,万言难尽,然扼要亦不过数语,太平之世两语曰:出处防偷漏,售处防侵占。乱离之世两语日:暗贩抽散厘,明贩收总税。

何谓出处防偷漏?盐出于海滨场灶,商贩赴场买盐,每斤完盐价二三文,交灶丁收,纳官课五六文,交院司收。其有专完灶丁之盐价,不纳院司之官课者,谓之私盐,即偷漏也。

何谓售处防侵占?如两湖、江西,均系应销淮盐之引地,主持淮政者,即须霸住三省之地,只许民食淮盐,不许鄂民食川私,湘民食粤私,江民食闽私,亦不许川、粤、闽各贩侵我淮地,此所谓防侵占也。

何谓暗贩抽散厘?军兴以来,细民在下游贩盐,经过贼中金陵、安庆等处,售于上游华阳、吴城、武穴等处,无引无票无照,是为暗贩。无论贼卡、官卡,到处完厘,是谓抽散厘也。

何谓明贩收总税?去年官帅给票与商人“和意诚”号,本年乔公给票与商人“和骏发”

号,目下余亦给票与"和骏发",皆令其在泰州运盐,在运司纳课,用洋船拖过九洑洲,在于上游售卖。售于湖北省,在安庆收税,每斤十文半,在武昌收九文半。售于江西者,在安庆每斤收十四文,在吴城收八文。此所谓明贩收总税也。

弟前令刘履祥在大通开官盐店,小屯小卖,是暗贩之行径。今欲令二三商人赴乔公处领盐,驶上行销,是明贩之行径。若使照"和意诚"、"和骏发"之例,概不完厘,则有益于弟,有损于兄,殊不足以服众。

本年四月,刘履祥在下游运盐数船驶上,亦用洋船拖过贼境,被荻港卡员王寿祺拦住。刘履祥寄函与王,请完厘释放,厥后过盐河,华阳,竟未完厘。此事人多不服,余亦恶之,拟即将刘履祥撤去,并将大通官盐店拆毁,盖所得无多,徒坏我名声,乱我纪纲也。弟亦不必与乔公谋盐,弟以后专管军事,莫管饷事可也。

**【译文】**

沅弟左右:

张胜禄竟然由于轻伤而失去了性命,很令人痛惜。我前些年对塔智亭的去世深感伤痛,一员有声望的大将便这样损失了,又哀悼毕印侯的去世,损失了一员骁悍的大将。张的威望虽然比不上塔,远远在毕之上。一支队伍中,能有这样的人才非常不容易。他的灵柩过安庆时,我要到河中祭拜,厚厚抚慰他的家人。

李臣典堪为后起之秀吗?凌有和、崔文田、李金洲三个人,我都不是很了解。也许挑选将才,第一个条件便是坚韧的打仗,说话要有条理,利欲之心不能太重,两者都是第二个条件。十六日那一仗,崔文田等人是否已把哨卡冲出在大壕外面?刘南云等人是不是也冲出了哨卡在大壕外面?

洋枪和大炮、劈山炮,三种武器相比,射程最远的到底是哪种子弹?希望通过实验后告知我。

弟两次抄乔鹤济的信寄给我看,可是多为无稽之谈。淮盐向来以江督为主。江督好比东家,运司好比佃户。弟要想从盐务中想办法生财,不找我想办法,而找乔鹤济想办法,原因是什么?

盐务的好处与坏处,简单两语表达不清,但要点也不过几句话。太平盛世时是两句话:出处防偷漏,售处防侵占。动荡之世也有两句话:暗贩抽散厘,明贩收总税。

什么是出处防偷漏?盐出产在海边的灶场,商贩去盐场买盐,大概两三文钱可买一斤好盐,由灶丁收钱,缴官税五六文,交院司收。有的人交了灶丁钱该交的官税却没给院司交,这就是所谓的私盐,也就是偷漏。

什么是售处防侵占?例如湖南、湖北、江西都是指定的区域可销售淮盐,主持淮盐政务,就必须把三省的地方霸占住,只允许百姓吃淮盐,不允许湖北民众吃四川私盐,湖南民众吃广东私盐,江西民众吃福建私盐。也不允许四川、广东、福建的盐贩子侵占我们淮盐的销售地区,这就是所说的防侵占。

暗贩抽散厘是什么意思?军兴以后,小民在下游贩盐,经过敌军侵占的金陵、安庆等地,在上游的华阳、吴城、武穴等地方出售,没有凭证、票据、执照的人才是暗贩。不论敌人的关卡还是官方的关卡,到处收税,就是所指的抽散厘。

明贩收总税又指什么?去年官帅给票与商人"和意诚"号,今年乔公给票与商人"和骏发"号,目前我也要给票与商人"和骏发"号,便是允许他在泰州运盐,在运司纳税,用洋船拖过九洑洲，好在上游售卖。在湖北销售的，在安庆收税，每斤十文半钱，可只值九文半钱在武昌。在江西销售的，在安庆收税每斤十四文钱，在吴城收八文钱。这就是明贩收总税。

弟前不久让刘履祥在大通开官盐店，小本经营，是暗贩的行为。现在想安插在乔公那里两三个人领盐，运到上游售卖，是明贩的行为。如果参照一下“和意诚”、“和骏发”的规矩，也在运司纳税，也雇洋船拖过九洑洲，也在安徽和武昌交二十文税，同时于安徽和吴城交二十二文的税，那么除此之外，获利就很少了。假如不依照“和意诚”、“和骏发”的先例，一律不交税，只是对兄弟你有益，却有损于为兄的我，特别不足以使众人信服。

今年四月，刘履祥在下游运几船盐到上游，也只凭洋船穿越敌军境内，被荻港卡员王寿祺拦住。刘履祥寄信给王，恳求完税后释放，后来过盐河、华阳，竟然没纳税。很多人对这件事不服气，我也憎恶此事，准备立即撤去刘履祥，并把大通的官盐店拆毁，由于所得不多，白白破坏我的声誉，扰乱我的纲纪。弟也不用和乔公商讨盐务的事，以后专门管理军务，军饷的事让别人管。

## 观人四法：讲信用、无官气、有条理、少大话

**【原文】**

沅、季弟左右：

初七日接沅弟初三日信、季弟初二日信，旋又接沅弟初四日信，所应复者，条列如左：

辅卿而外，又荐意卿、柳南二人，甚好。柳南之笃慎，余深知之，意卿亮亦不凡。余告筱荃观人之法，以“有操守而无官气，多条理而少大言”为主。又嘱其求润帅、左、郭及沅荐人。以后两弟如有所见，可随时推荐，并将其人长处、短处一一告知阿兄，或告筱荃，尤以习劳苦为办事之本。引用一班能耐劳苦之正人，日久自有大效，无以“不敢冒奏”四字塞责。

季弟言，出色之人断非有心所能做得，此语确不可易。名位大小，万般由命不由人，特父兄之教家、将帅之训士不能如此立言耳。委弟天分绝高，见道甚早，可喜可爱，然办理营中小事，教训弁勇，仍宜以勤字作主，不宜以命字谕众。

润帅先几陈奏以释群疑之说，亦有函来余处矣。昨奉六月二十四日谕旨，实授两江总督兼授钦差大臣。恩眷方握，尽可不必陈明。所虑者，苏、常、淮、扬无一枝劲兵前往。位高非福，恐徒物议之张本耳。

余好出汗，玩弟亦好出汗，似不宜过劳，宜常服蜜芪。京茸已到，日内专人送去。初八日。

**【译文】**

沅、季弟左右：

初七日收到沅弟初三日的来信和季弟初二日的来信。沅弟初四日的来信已收到。应答复的事，回答如下：

除辅卿之外，意卿、柳南两人又被你们举荐，很好。柳南忠厚严谨，我对他了解得很清楚，意卿想来也不平凡。我告诉过筱荃看人的方式，不讲官气，只要节操，讲求条理而少说空话。又叮嘱他请润帅、左、郭和沅弟推荐人才。以后两弟如果有所发现，随时推荐，告诉我这个人的优缺点，或者告诉筱荃，尤其要以能经得起劳苦为办事的根本。把能吃苦的真君子聘进来，时间长了成效也会显著，不要以“不敢冒奏”四个字为借口来推脱。

季弟说绝不是人有心便能做到杰出，这句话确实不可改变。名誉地位的大小，都是由上天安排，人为不能决定。只不过父兄治家，将帅训练士卒不能像这样说而已。季弟天资

聪慧，很早便领悟了大道理，可喜可爱，然而办理军营中的小事，教训士兵，仍旧要以勤字为主，不要用命运来教训部众。

润帅先前几次陈奏对大家困惑的地方一一解释，也有信寄到我处。昨天接到六月二十四日圣旨，授予我两江总督兼授钦差大臣。当然不用陈明皇上的恩典。现在焦虑的是苏、常、淮、扬等地没有一支劲旅能够前往。地位高了不是福气，只是被别人谈论。

我爱出汗，沅弟也爱出汗，过多劳苦实属不该，应常服一些蜜芪等补药。京中的鹿茸已到，这几天派专人送去。初八日。

## 愈挫愈勇，愈挫愈强

【原文】

沅甫九弟左右：

五月二日接四月廿三寄信，藉悉一切。

城贼于十七早、廿日、廿二夜均来扑我壕，如飞蛾之扑烛，多扑几次，受创愈甚，成功愈易。惟日夜巡守，刻不可懈。若攻围日久而仍令其逃窜，则咎责匪轻。弟既有统领之名，自应认真查察，比他人尤为辛苦，乃足以资董率。

九江克复，闻抚州亦已收复，建昌想亦于日内可复。吉贼无路可走，收功当在秋间，较各处独为迟滞。弟不必慌忙，但当稳围稳守，虽迟至冬间克复，亦可无碍，只求全城屠戮，不使一名漏网耳。若似瑞、临之有贼外窜，或似武昌之半夜潜窜，则虽速亦为人所诟病。如九江之斩敌殆尽，则虽迟亦无后患。愿弟忍耐谨慎，勉卒此功，至要至要。

余病体渐好，尚未痊愈，夜间总不能酣睡。心中纠缠，时忆往事，愧悔憧扰，不能摆脱。四月底作先大夫祭费记一文，兹送交贤弟一阅，不知尚可用否？此事温弟极为认真，望弟另誊一本寄温弟阅看。此本仍便中寄回，盖家中抄手太少，别无副本也。

弟在营所寄回银，先后均照数收到。其随处留心，数目多寡，斟酌妥善。余在外未付银至家，实因初出之时，默立此誓；又于发州县信中以“不要钱、不怕死”六字自明。不欲自欺其志，而令老父在家受尽窘迫、百计经营，至今以为深痛。弟之取与，与塔、罗、杨、彭、二李诸公相仿，有其不及，无或过也，尽可如此办理，不必多疑。

初二日接温弟信，系在湖北抚署所发。九江一案，杨、李皆赏黄马褂，官、胡皆加太子少保，想弟处亦已闻之。温弟至黄安与迪庵相会后，或留营，或进京，尚未可知。

弟素体弱，比来天热，尚耐劳否？至念至念。羞饵滋补较善于药，如滋阴则海参炖鸭而加以益智仁，补阳则丽参蒸乌鸡或精肉之类。良方甚多，胜于专服水药也。不一一。

兄国藩手具。

咸丰八年五月初五日。

【译文】

沅甫九弟左右：

五月二日收到你四月二十三日寄出的信，一切都知道了。

城中敌人于十七日早晨、二十日、二十二日夜间来袭我的壕沟，就像飞蛾扑烛一样，多扑几次，损失越惨重，那么攻城就越容易成功。所以我们必须日夜巡逻守卫，时刻也不能懈怠。倘若围攻这么久，仍然让其逃脱，那就一定会有重的责罚，弟弟身为统领，自应仔细督察，比他人更为辛苦，才足以作为全军的表率。

九江收复后，又听说已收复了抚州，估计建昌近日也可以收复。吉安敌军无路可走，大概应在秋天建立功勋，但可能要晚于其他各地。弟弟不必慌乱，只是应当加固防守，即便推迟到冬天再克复，也没有什么关系，唯盼敌军切勿有漏网之鱼。倘若像瑞州、临州有敌人外逃，或者像武昌的敌军半夜潜逃，即便攻城较快，也会被人嘲笑。倘若像九江斩尽杀绝，尽管迟一些，但也再无后患。愿弟弟忍耐、谨慎，努力完成这项至为重要的大功。

我病体逐渐好转，还没有痊愈，晚上总是睡不安稳。心中始终放不下，时常回忆往事，悔疚交加，扰乱心思，难以解脱。四月底作先大夫祭文一篇，交给贤弟欣赏，不知是不是还可以用？对这件事温弟非常认真，希望弟弟另外誊写一本寄给温弟看看。方便的时候便寄回这一本吧，主要是家中抄写的人太少，副本也不存。

弟弟在军营寄回的银两，已收到了。希望随时留心，数目的多少，仔细考虑，妥善为好。我却没有给家里寄钱，实在是因为刚出来时，曾暗暗发过誓。又在寄给州县的信中讲“不要钱，不怕死”六字用来表明自己心志。由于不想自毁誓言，使年老的父亲在家尝尽生活窘迫之苦，不得不千方百计设法挣钱，对此我痛心至今。弟弟从公家领取的银两，同塔、罗、杨、彭、二李等人差不多，还要少些，没有超支，完全可以以此办理，不要再犹豫。

初二收到温弟的来信，是在湖北抚台衙门发出的。收复九江，杨、李都得赏了黄马褂，官、胡都加了太子少保衔，想来你已知晓这个消息。温弟到黄安与迪庵会合后，要么是留在军营，要么是进京，还不知道到底怎么样。

弟弟向来身体柔弱，能忍耐近些天的闷热吗？非常惦念。食物滋补比吃药好，若要滋阴就用海参炖鸭再加益智仁，若要补阳就用丽参蒸乌鸡或瘦肉之类。好方子很多，比专门服用汤药要好。就不说明详细了。

兄国藩手具。

咸丰八年五月初五日。

## “耐劳忍气”是我为官之道

**【原文】**

字谕纪泽儿：

萧开二来，接尔正月初五日禀，得知家中平安。罗太亲翁仙逝，当寄奠仪五十金，祭幛一轴，下次付回。

罗婿性情乖戾，与袁婿同为可虑，然此无可如何之事。不知平日在三女儿之前亦或暴戾不近人情否？尔当谆嘱三妹柔顺恭谨，不可有片语违忤。三纲之道，君为臣纲，父为子纲，夫为妻纲，是地维所赖以立，天柱所赖以尊。故《传》曰：君，天也；父，天也；夫，天也。《仪礼》曰：君至尊也，父至尊也，夫至尊也。君虽不仁，臣不可以不忠；父虽不慈，子不可以不孝；夫虽不贤，妻不可以不顺。

吾家读书居官，世守礼仪，尔当告诫大妹、三妹忍耐顺受。吾于诸女妆奁甚薄，然使女果贫困，吾亦必周济而覆育之。目下陈家微窘，袁家、罗家并不忧贫，尔谆劝诸妹，以能耐劳忍气为要。吾服官多年，亦常在耐劳忍气四字上做工夫也。

此间近状平安。自鲍春霆正月初六日泾县一战后，各处未再开仗。春霆营士气复旺，米粮亦瞳，应可再振。伪忠王复派贼数万，续渡江北，非希庵与江味根等来，恐难得手。

余牙疼大愈，日内将至金陵一晤沅叔。此信送澄叔一阅，不另致。涤生手示，正月廿四日。

【译文】

字谕纪泽儿：

萧开二来，你正月初五日的来信我已收到，得知家中平安。罗太亲翁逝世，应当寄去五十两奠仪，一轴祭幛以表悼念，下次再寄去。

罗婿性格乖张暴戾，与袁婿一样令人担心，这种事情也是无可奈何。不知道平时他对三女儿是不是也暴戾不近人情？你应当嘱咐三妹要温柔顺从恭敬谨慎，一句顶撞的话也不要说。三纲之道，君为臣纲，父为子纲，夫为妻纲，天柱赖此而尊，地维赖此以立。因此《传》说：君，天也；父，天也；夫，天也。《仪礼》记载：君是至尊的，父是至尊的，夫是至尊的。君虽然不仁义，臣却不可不忠诚；父虽然不慈祥，子不可以不孝顺；夫虽然不贤德，妻不可不顺从。

我们家读书做官，世代遵循礼仪，你应当告诫大妹三妹要忍耐顺从。我给女儿很少的嫁妆，但是假如女儿们真的贫困，对她们也尽心尽力帮助。眼下陈家家境困窘，袁家和罗家并不是很穷。你要耐心劝导妹妹们，最重要的便是吃苦耐劳，忍气吞声。我做官多年，也常在忍气耐劳这四个字上下工夫。

这里近来情况平安，自鲍春霆正月六日在泾县打了一仗之后，各地也在和平期。春霆的部队士气又高涨起来，粮食充足，应当能够振作。伪忠王（李秀成）又派几万名敌军已过江至江北，希庵与江味根等军要是还不到来，我军恐难免会失败。

我的牙痛已好了很多，近几天将到金陵去见你沅叔。也让澄叔看看这封信，就不另写信了。涤生手示，正月二十四日。

## 为官妙在浑不识世态

【原文】

沅甫九弟左右：

初四日午刻萧大满、刘得二归，接廿八日来信，藉悉一切。吉水击退大股援贼，三曲滩对岸之贼空壁宵遁。看来吉安之事尚易得手。

廿九日祖母太夫人九十一冥寿，共三十三席，来祭二十一堂。地方如王如一、如二、罗十、贺柏八、王训三、陈贵二等皆来，吉公子孙外房亦来。五席海参、羊肉、蛏蚶，祀事尚为诚敬。初一日，余与轩叔至三亩冲拜三舅婆八十一寿，抬盒一架，因接定二舅爹至腰里住五日。王大诚所借先大夫钱百千，收租十石者十余年，收六石九斗者又已二十年，实属子过于母。澄弟与余商："王氏父子太苦，宜焚券而蠲免之。"初三日请大诚父子祖孙来，涂券发还。令元一每年量谷二石以养其祖，量谷二石一斗分济其叔。

三房下首培砂工程已办一半余。日内作报销，大概规模折一件、片三件，交江西耆公代为附奏。兹由萧大满等手带至吉安，弟派妥人即日送江西省城，限五日送到。耆、龙、李三处并有信，接复信，专丁送家可也。

左季高待弟极关切，弟即宜以真心相向，不可常怀智术以相迎距。凡人以伪来，我以诚往，久之，则伪者亦共趋于诚矣。

李迪庵新放浙中方伯，此亦军兴以来一仅见之事。渠用兵得一暇字诀。不特其平日从容整理，即其临阵，亦回翔审慎，定静安虑。弟理繁之才胜于迪庵，惟临敌恐不能如其镇静。

至于与官场交接，吾兄弟患在略识世态，而又怀一肚皮不合时宜，既不能硬，又不能软，所以到处寡合。迪庵妙在全不识世态，其腹中虽也怀些不合时宜，却一味浑含，永不发露。我兄弟则时时发露，终非载福之道。雪琴与我兄弟最相似，亦所如寡合也。弟当以我为戒，一味浑含，绝不发露，将来养得纯熟，身体也健旺，子孙也受用，无惯习机械变诈，恐愈久而愈薄耳。

李云麟尚在吉安营否？其上我书，才识实超流辈，亦不免失之高亢，其弊与我略同。

长沙官场，弟亦通信否？此等酬应自不可少，当力矫我之失，而另立途辙。余生平制行，有似萧望之、盖宽饶一流人，常恐终蹈祸机，故教弟辈制行，早蹈中和一路，勿效我之偏激也。

黄子春丁外艰，大约年内回省，新任又不知何人。吾邑县运，如王、刘之殁，可谓不振！迪庵之简放，可谓极盛。若能得一贤令尹来，则受福多矣。

余身体平安，近日心血积亏，略似怔忡之象。上下四宅小大安好。诸儿读书如常，无劳远注。顺问近好。

兄国藩手草。

咸丰七年十二月初六日戌刻

【译文】

沅甫九弟左右：

初四日午时萧大满、刘得二回来，收到弟二十八日来信，得知了详细的情况。吉水我军击退大股援贼，三曲滩对岸的贼兵也空营宵遁，看来能够顺利完成吉安的战事。

二十九日是祖母太夫人九十一冥寿，共三十三席，共二十一堂来祭。地方上像王如一、如二、罗十、贺柏八、王训三、陈贵二等都来了，同时来的还有吉公子孙以及外房。有五席海参、羊肉、蛏虾。祭祀事务还算诚挚恭谨的应付。初一日，我和轩叔到三亩冲给三舅婆拜八十一岁大寿，抬盒一架，所以接二舅爹到腰里住了五天。王大诚所借先大夫的一百千钱，从他那里已长了十多年的十石租，十余年的六石九斗租，实际算来利钱已超过本金。澄弟与我商议说："王氏父子太苦了，应焚烧借券以免去他们的债务。"初三日请大诚父子祖孙来，验过券后给他们发还，让元一每年称量二石稻谷奉养他的祖父，称量稻谷二石一斗周济他的叔父。

三房下首培砂工程已完成一半多。近日内正作报销。大致的规模是包括奏折一件、附片三件，交给江西耆公代为附奏。现在萧大满亲自带到吉安，弟派稳妥人即日送往江西，限五日内送到。耆、龙、李三处都有信，收到回信后，派专丁送回家中就行了。

左季高待弟非常关切，弟对他也应坦诚相对，不可常心怀诡术，或迎或拒。凡他人用虚伪对我，我真诚对他，时间长了虚伪者也和我一样真诚待人了。

李迪庵新近放浙江省方伯之任，这种事在军兴以来绝无仅有。他用兵得到一个"暇"字的诀窍。不但在平日从容整理军务，就是亲临战场，也盘旋观察，认真谨慎，安心定夺。弟治理繁忙事务的才能超过迪庵，唯有临敌不能镇定如他。至于和官场来往，我们兄弟的毛病在于既稍稍了解世态而又填满一肚皮不合时宜，既不能硬，又不能软，因此到处落落寡合。迪庵妙就妙在全然不识世态，他肚子里尽管也怀着不合时宜，但即一味浑厚含容，永不显露。我们兄弟则是锋芒尽露，这种方法不会带来福气。将来养得性情纯熟，身体也健康旺盛，子孙也受用，不要习惯于官场机变狡诈，恐怕越久德行就越淡薄。

李云麟还在吉安营中吗？他上次给我的书信，才干见识，比一般人高出很多，但也不免失于高亢。他的弊病正和我一样。

长沙的官场，弟也和那里通信吗？自然免不了这些应酬之事，当下应大力纠正我的过失而另开门路。我生平节行好似萧望之、盖宽饶一流人物，也时常害怕最终的灾祸，因此教训弟弟们的节行要早走中庸平和的一路，切勿仿效我的偏激。

黄子春丁外艰，可能在本年回省城。新任官员又不知道是何许人。我们县的命运，如王、刘的死，可谓不振，迪庵的选放外任，又可说是极盛。若能得到一个贤明县令来我们县，则大大有福于我县。

我身体平安。最近心血连亏，可能是心悸病。上下四宅大小安好，诸儿读书和往常一样，不劳远注。随信问好，希望一切安好。

兄国藩手草。

咸丰七年十二月初六日戌刻

## 用人不率冗，存心不自满

**【原文】**

澄弟、沅弟左右：

三月十八接沅弟二月廿八日长沙河干一信，廿二日接澄弟二月廿二日一缄，具悉一切。沅弟定于十七日接印，此时已履任数日矣。

督抚本不易做，近则多事之秋，必须筹兵筹饷。筹兵，则恐以败挫而致谤；筹饷，则恐以搜刮而致怨。二者皆易坏声名。而其物议沸腾，被人参劾者，每在于用人之不当。沅弟爱博而面软，向来用人失之于率，失之于冗。以后宜慎选贤员，以救率字之弊；少用数员，以救冗字之弊。位高而资浅，貌贵温恭，心贵谦下。天下之事理人才，为吾辈所不深知、不及料者多矣，切勿存一目是之见。用人不率冗，存心不自满，二者本末俱到，必可免于咎戾，不坠令名。至嘱至嘱，幸勿以为泛常之语而忽视之。

陈筱浦不愿赴鄂，渠本盐务好手，于军事吏事恐亦非其所长。余处亦无折奏好手，仍邀子密前来，事理较为清晰，文笔亦见精当。自奏折外，沅单弟又当找一书启高手，说事明畅，以通各路之情。

此间军事，廿一日各折已咨弟处，另有密件抄去一览，复张子青一信亦抄阅。

纪泽母子等四月中旬当可抵鄂，纪鸿留弟署读书，余以回湘为是。科三嫂病愈，甚慰甚慰。顺问近好。

**【译文】**

澄弟、沅弟左右：

三月二十八日收到沅弟二月二十八日在长沙河干发出的信，二十二日收到澄弟二月二十二日的一封信，一切已经知道。沅弟定于十七日接受巡抚印，现在新官上任也已多天。

总督巡抚本来就不容易做，现在的事情又多，必须招募士兵、筹措军饷。筹兵，则害怕由于失败受挫而遭到诽谤；筹饷，则害怕由于搜刮民财而招来怨恨，便是这两样破坏声誉。而引起纷纷议论，被别人弹劾的，大多数是用人不当的原因。沅弟爱护的人多，而又爱面子，向来在用人上都失之于轻率，失之于杂多。对贤能的人员要谨慎挑选，以此改变草率的毛病；少用几个人，用来救治多杂的毛病。地位高而资历浅，外表以温和恭敬为贵，内心则贵在谦让下士。天下的事理人才，我们不能深知的、不知道的事情很多，要不得自以为是。用人不草率、多杂，内心不自满，这两者主次兼顾到了，必定能避免责难和过失，不使名誉扫地。特此叮嘱。千万不要以为这是平常的话语而忽视。

陈筱浦不愿意到湖北，他本来擅长盐务，他的专长并不在军事和史事上。我这里也没有写奏折的好手，仍旧请子密前来，他的事理较为清晰，文笔也精美得当。除奏折外，沅弟还应该找一位写信的好手，事情能够明白流畅，用来通报各方面的情况。

这里的军情，二十一日各道奏折都将发往弟处，并以奏折的形式，另外有密件，抄寄弟一阅。给张子青的回信也抄给你看一看。

纪泽母子等四月中旬应当可以抵达湖北，纪鸿留在弟官署中读书，其他人遣还湖南。科三嫂病已痊愈，甚感欣慰。随信问候，希望近日安好。

## 不必爱刁民不必敬劣绅

**【原文】**

沅甫九弟左右：

正月十七日蒋一等归，接十一日信，藉悉一切。兄于初五、十二、十四、十六共发四信，十六之信系交戈什哈李卿云带去，中有报销折稿，计二月初可到。次青处回信及密件，弟办理甚好。

民宜爱，而刁民不必爱，绅宜敬，而劣绅不必敬。弟在外能如此条理分明，则凡兄之缺憾，弟可一一为我弥缝而匡救之矣。

昨信言无本不立，无文不行，大抵与兵勇及百姓交际，只要此心真实爱之，即可见谅于下。余之所以颇得民心勇心者，此也。与官员及绅士交际，则心虽有等差，而外之仪文不可不稍隆，余之所以不获于官场者，此也。去年与弟握别之时，谆谆嘱弟以效我之长，戒我之短。数月以来，观弟一切施行，果能体此二语，欣慰之至。惟作事贵于有恒，精力难于持久，必须日新又新，慎而加慎，庶几常葆令名，益崇德业。

亦山先生十六日到，十七日上学。科四、科六书尚熟。九弟妇近日平安。季洪所请乳母十七已到。六弟妇、二妹子、青山舅舅皆常在左右不离。南五舅爹十七日来，十九日归。邓先生十九日可到。余身体如常。请刘镜湖先生，要廿四五始至。

四宅眷口均吉。母亲改卜吉城之事，余常常在念。现请刘为章来乡，大约正月可到。猫面脑之地，必须渠与尧阶等一看，始可放心。此外寻新穴，颇不易得，然余决志在今年办妥。新宁知县许九霞过此，自言于风水颇精，许来帮同寻觅。惟渠新被劾，未便在乡久住。弟在外亦尝闻有明眼人可延至家者否？若无其人，不必为此更分心也。

余俟续布，即候近好。兄国藩手草。

咸丰八年正月十九日。

**【译文】**

沅甫九弟左右：

正月十七蒋一等人回来，已收到你十一日写的来信，得以知道一切。为兄在五日、十二日、十四日、十六日一共发出四封信，十六日的信是交给戈什哈李卿云带去的，里面有报销折稿，估计二月初可以到达。次青那里的回信和密件，弟已很好的处理了。

要爱惜民众，不爱惜刁民，士绅要敬重而顽绅不用敬重。弟在外面处事能这样条理分明，那么凡是为兄的缺点、遗憾，弟可以为我一一弥补了。

昨日信中说，无本不立、无文不行，基本上与士兵和百姓交往，只要对他们真心爱惜，就可得到士兵百姓的谅解。我得不到民心兵心的原因便在此。与官员和士绅交往，心中尽管可能有等级差别，但是表面上还得做隆重的礼仪，我之所以在官场上不得人心，也是因为这个原因。去年与弟告别的时候，一再叮嘱，我的长处要学，我的短处要戒。几个月以来，观察弟的一切所作所为，这句话是真的做到了，非常欣慰。但做事贵在持之以恒，精力本来难于持久，必须日新又新、慎之又慎，才能保持你的名声，更加光大你的事业。

亦山老师十六日到来，十七日上课。科四、科六读书还好。九弟媳身体也不错。季洪请的奶娘十七日已经到了。六弟的妻子、二妹子、青山舅舅经常在这里一起玩耍。南五的舅爹十七日到的，十九日回去。十九日邓老师要来。我身体和往常一样。所请的刘镜湖先生，要二十四、五日才能到。

四宅的人都好，我时常惦念把母亲改葬在别的墓地，现在请刘为章来，大约正月内能赶到。关于猫面脑的地，必须他与尧阶一起看过后才可放心。除这块地外，也不容易再寻他地。但是，我决心在今年内办好。新宁知县许九霞路过这里，自称对风水术很精通，他答应帮忙一起看看。然而他刚被弹劾，不方便久住。弟在外面听说过有可请到家里来的精通风水的先生吗？要是没有，不用在这件事上费心，其他的再续，随信问候，希望一切安好。兄国藩手草。

咸丰八年正月十九日

## 做官为发财是一种耻辱

**【原文】**

澄侯、温甫、子植、季洪足下：

正月初十日发第一号家信，二月初八日发第二号家信，报升任礼部侍郎之喜，二十六日发第三号信，皆由折差带寄。三月初一日由常德太守乔心农处寄第四号信，计托带银七十两、高丽参十余两、鹿胶二斤、一品顶戴二枚、补服五付等件。渠由山西迂道转至湖南，大约须五月端午前后，乃可到长沙。

予尚有寄兰姊、蕙妹及四位弟妇江绸棉外褂各一件，仿照去年寄呈母亲、叔母之样。前乔心农太守行时不能多带，兹因陈竹伯新放广西左江道，可于四月出京，拟即托渠带回。澄弟《岳阳楼记》，亦即托竹伯带回家中。

二月初四澄弟所发之信，三月十八接到。正月十六七之信，则至今未接到。据二月四日书云，前信着刘一送至省城，共二封，因欧阳家、邓星阶、曾厨子各有信云云。不知两次折弁何以未见带到？

温弟在省时，曾发一书与我，到家后未见一书，想亦在正月一封之中。此书遗失，我心终耿耿也。

温弟在省所发书，因闻澄弟之计，而我不为揭破，一时气忿，故语多激切不平之词。予正月复温弟一书，将前后所闻温弟之行，不得已禀告堂上，及澄弟、植弟不敢禀告而误用诡计之故，一概揭破。温弟骤看此书，未免恨我。然兄弟之间，一言欺诈，终不可久。尽行揭破，虽目前嫌其太直，而日久终能相谅。

大凡做官的人，往往厚于妻子而薄于兄弟，私服于一家而刻薄于亲戚族党。予自三十岁以来，即以做官发财为可耻，以宦囊积金遗子孙为可羞可恨，故私心立誓，总不靠做官发财以遗后人。神明鉴临，予不食言。此时侍奉高堂，每年仅寄些须以为甘旨之佐。族戚中之穷者，亦即每年各分少许，以尽吾区区之意。盖即多寄家中，而堂上所食所衣，亦不能因而加丰，与其独肥一家，使戚族因怨我而并恨堂上，何如分润戚族，使戚族戴我堂上之德而更加一番钦敬乎？

将来若作外官，禄入较丰，自誓除廉俸之外不取一钱。廉俸若日多，则周济亲戚族党者日广，断不畜除廉俸之外不取一钱，积银钱为儿子衣食之需。盖儿子若贤，则不靠宦囊亦能自觅衣食；儿子若不肖，则多积一钱，渠将多造一孽，后来淫佚作恶，必且大玷家声。故立定此志，决不肯以做官发财，决不肯留银钱与后人；若禄人较丰，除堂上甘旨之外，尽以周济亲戚族党之穷者，此我之素志也。

京寓一切平安。纪泽《书经》读至《冏命》。二儿甚肥大。易南谷开复原官，来京引见，闻左青士亦开复矣。同乡官京中者，诸皆如常。余不一一。男国藩手草。

再者：九弟生子大喜，敬贺敬贺。自丙午冬葬祖妣大人于木兜冲之后，我家已添三男丁，我则升阁学，升侍郎，九弟则进学补廪。其地之吉，已有明效可验。我平生最不信风水，而于朱子所云“山环水抱”“藏风聚气”二语，则笃信之。木兜冲之地，予平日不以为然，而葬后乃吉祥如此，可见福人自葬福地，绝非可以人力参与其间。家中买地，若出重价，则断断可以不必；若数十千，则买一二处无碍。

宋湘宾去年回家，腊月始到。山西之馆既失，而湖北一带又一无所得。今年因常南陔之约，重来湖北，而南陔已迁官陕西矣，命运之穷如此。去年曾有书寄温弟，兹亦付去，上二次忘付也。

李笔峰代馆一月，又在寓抄书一月，现在已搬出矣。毫无道理之人，究竟难于相处。庞省三在我家教书，光景甚好。邹墨林来京捐复教官，在元通观住，日日来我家闲谈。长沙老馆，我今年大加修整，人人皆以为好。

琐事兼述，诸惟心照。

**【译文】**

澄侯、温甫、子植、季洪足下：

正月初十日发第一封家信，二月八日发第二封家信，是以告知升任礼部侍郎的喜讯，二十六日发第三封信，都由折差带回。三月一日的第四封信是由常德太守乔心农那里发出，共计托带银子七十两、十多两高丽参、两斤鹿胶、二枚一品顶戴、五件礼服等物品。他从山西绕道转到湖南，可能得在端午节前后才能抵达长沙。

我还寄给兰姐、蕙妹以及四位弟妹江绸棉外褂各一件，仿效去年寄给母亲及叔母样式的。上次乔心农太守走带的行李不能太多，如今由于陈竹伯放外任广西左江道，可以四月出京，准备委托他带回来。澄弟的《岳阳楼记》，也就托给竹伯带回家中。

澄弟二月四日寄的信，三月十八日收到。正月十六、十七的信。至今没有看到。根据二月四日信中所说，前一封信派刘一送到省城，共有两封，由于欧阳家、邓星阶、曾厨子各都有信等。而两次都没有带到是何原因？

温弟在省城时，曾寄了一封信给我，到家后却没有看到，想必也在正月的那封信当中。这封信的遗失，总让我耿耿于怀。

温弟在省城所寄出的信，由于听了澄弟的诡计，但我又不揭穿他，一时气愤，因此话语多有激切不平之词。我正月回了温弟一封信，把温弟前前后后的行为，和澄弟、植弟不敢禀告而误用诡计的原因全部说出来，禀告了堂上大人。温弟看了此信，对我很是怨恨，但是兄弟之间，虽可一句话骗过，但时间却不易过长。全部揭穿，尽管目前嫌我太直，而时间久了最终能互相谅解。

大凡做官的人，往往对妻子宽厚而对兄弟刻薄，对自家厚富却对亲党刻薄。我从三十岁以来，就耻于做官发财，认为宦囊积钱留给子孙可羞可恨。因此私下立誓，决不凭靠做官发财，神明可鉴，我决不食言。如今侍奉父母，每年也只寄些，用于吃东西上。宗族亲戚中贫困的，也是每年各分给少些，聊表心意。也许即便多寄钱给家中，但堂上大人吃的穿的也不能由此而丰厚，与其独自肥一家，而使宗族亲戚因嫉恨我而牵连堂上大人，还不如分给宗族亲戚，使他们感谢我堂上大人的恩德而更多一些敬仰钦佩。

假如在外地做官，俸禄较为丰厚，自己发誓除廉俸之外，不拿一分钱。廉俸倘若一天天增多，就周济越来越多的亲戚族人，决不为儿子的衣食之需蓄积银钱。儿子若贤明，则不靠官囊自己也能丰衣足食；儿子倘若不肖，那么多积一钱，他将多造一份孽，将来淫逸作恶，必定大损家庭声誉。所以下定这个决心，决不肯靠做官来发财，决不肯留银钱给后人。倘若俸禄收入较为丰厚，除供父母美味之外，尽可能用来周济亲戚族人中的贫穷者。这是我的志向。

京中寓所一切平安。纪泽《书经》读到《冏命》，二儿子很肥胖。易南谷已到原来职位上做官，来到京中进见，据说左青士也官复原职。同乡在京城中为官的人，大同于往日，余不一一。男国藩手草。

还有，九弟添儿是一件大喜事，恭贺恭喜。从丙午年冬天埋葬祖妣大人于木兜冲之后，我家已经新添了三个男孩，我则升任阁学、升任侍郎，九弟也进入学馆补了廪生。已应验了这块土地的吉祥。我向来最不信风水，而对于朱子所说的“山环水抱”、“藏风聚气”两句话，则是深深相信。木兜冲之地，我平常不以为然，而葬后是如此吉祥，可知福地自有福人入葬，绝不是人力可以参与其中的。家中要买地，对方出高价，肯定不需要，假如只要几十千，那么买一两处也无妨。

宋湘宾去年回家，腊月才到。已关闭了山西学馆，而在湖北一带又一无所得。今年由于常南陔的约定又来湖北，而南陔已到陕西作官。他的命运如此穷困！去年曾有信寄给温弟，现在也附寄过去，上两次忘寄了。

李笔峰在馆中代教一个月，后又在寓所抄书一个月，现在又在外面漂泊。毫不讲理的人，最终很难相处。庞省三在我家教书，光景很好。邹墨林来京捐复教官，在元通观住宿，天天到我家来闲聊。我在今年会大加修整长沙老馆，大家都觉得这是好主意。

许多琐碎杂事已说尽，兄弟们心中自会明白。

## 不可轻易出头露面干涉公事

**【原文】**

澄弟左右：

前月二十八日接弟十五日所发排单一信，痛悉惠妹于十四日未刻去世。吾同产骨肉九人，至是仅存吾与弟暨沅弟三人矣，哀哉！自丁巳至今八载，亲属死丧九人（合陈氏妾则十人)。久处兵戈之中,畏闻哀戚之事。昆八外甥适于是日由金陵来皖,因催令登舟上行,而未将讣音告之,大约至湘潭等处始得闻知。

金陵围师稳固如常。霆军于二十一日攻克金坛,现调春霆统率全军救援江西,须俟李少荃派兵接防东坝、句容后,鲍军乃能上行,大约起程在两月以后。比又派周军门宽世、金逸亭两军救援江西,共八千人,当在十日内由安庆起行。湖北之贼已由枣阳等处下窜,将自皖境救援金陵。闻发、捻近三十万,实属应接不暇。江西之贼若至瑞、袁等处,则湖南处处须设防兵。如有调弟带兵出境防剿者,弟千万不可应允。即在本县办团,亦须另举贤员为首,弟不可挺身当先。吾与沅弟久苦兵间,现在群疑众谤,常有畏祸之心。弟切不宜轻易出头露面,省城则以足迹不到为是。树堂劝弟不可干预公事,吾已作函谢之。并劝其出山,或蜀或粤矣。

去年十一月十四日,余寄温弟妇银一百两、燕菜二匣作贺生礼,至今未接回信,不知果寄到否?祈示复。兹又寄去银一百五十两作蕙妹赙仪,叶亭归时已带五十金去矣,请妥交。即问近好。

【译文】

澄弟左右:

上月二十八日收到弟十五日发的排单信,得知在十四日未时惠妹去世。与我一胎所生九人,到现在只剩下我与弟还有沅弟三个人了,实在是悲伤!从丁巳年直至今日的八年里,亲属去世的有九人(算上陈氏妾就是十人)。长期在营中生活,唯恐听到亲戚去世的消息。昆八外甥恰巧今天从金陵来安徽,由于催他上船去上游,并没有告诉他讣音,大概到了湘潭等地方,他才能知道。

包围金陵的军队同原来一样平稳坚固。霆军在二十一日攻打金坛,现在调派春霆统率全军救援江西,必须等李少荃派兵接替下来防守东坝、句容的鲍军,鲍才能上路,大概在两个月以后才能动身。不久又派提督周宽世、金逸亭两军共八千人救援江西,应当在十日内从安庆动身。湖北的敌人已经从枣阳等地方向下逃窜,救援金陵则必经安徽。据说长毛、捻军将近三十万人,实在是应接不暇。江西的敌人倘若到了瑞州、袁州等地方,那么必须设置防兵至湖南全境。倘若有调弟带兵出境围剿敌军的,弟万万不能同意。就是在本县操办团练,也需要另外保举贤才为首领,弟不能够挺身而出、一马当先。我和沅弟长期苦于军务,而今众人怀疑、诽谤,所以常在心头盘旋畏惧祸变的心态。弟千万不要轻易地抛头露面,也不要去省城。树堂劝弟不要干预公事,我已经写信感谢了他,并劝他进入仕途,要么去四川、要么去广东。

去年十一月十四日,我寄给温弟的妻子一百两银子、两匣燕菜,作为礼品以贺生日,至今没有收到回信,不知是否收到礼物,希望能回信答复我。现在又寄去一百五十两银子作惠妹身后的助丧钱。叶亭回去的时候我托他带去五十两银子,也请妥当地交给她。随信问候,希望一切安好。

## 三禀父母：

述家和万事兴

**【原文】**

男国藩跪禀：

父母亲大人万福金安。正月八日恭庆祖父母双寿，男去腊做寿屏二架，今年同乡送寿对者五人，拜寿来客四十人。早面四席，晚酒三席。未吃晚酒者，于十七日、廿日补请二席。又请人画椿萱重荫图，观者无不称羡。

男身体如常，新年应酬太繁，几至日不暇给。媳妇及孙儿女俱平安。正月十五，接到四弟、六弟信。四弟欲偕季弟从汪觉庵师游，六弟欲偕九弟至省城读书。男思大人家事日烦，必不能常在家塾照管诸弟，且四弟天分平常，断不可一日无师，讲书改诗文，断不可一课耽搁。伏望堂上大人俯从男等之请，即命四弟、季弟从觉庵师。其束脩银，男于八月付回，两弟自必加倍发奋矣。

六弟实不羁之才，乡间孤陋寡闻，断不足以启其见识而坚其志向。且少年英锐之气，不可久挫，六弟不得入学，既挫之矣；欲进京而男阻之，再挫之矣；若又不许肄业省城，则毋乃太挫其锐气乎？伏望堂上大人俯从男等之请，即命六弟、九弟下省读书，其费用，男于二月间付银廿两，至金竺虔家。

夫家和则福自生。若一家中，兄有言，弟无不从，弟有请，兄无不应，和气蒸蒸而家不兴者，未之有也；反是而不败者，亦未之有也。伏望大人察男之志，即此敬禀叔父大人，恕不另具。六弟将来必为叔父克家之子，即为吾族光大门第，可喜也。谨述一二，余俟续禀。

道光二十三年正月十六日

**【译文】**

儿子国藩跪着禀告：

父母亲大人万福金安。祖父母的生日为正月初八。为此，我去年腊月做了两架寿屏给他们祝寿。今年，祖父母生日那天，送来寿对的有五位同乡，有四十人来我这里向两位老人拜寿。上午，我为他们做了四桌寿面，晚上，招待他们的是三桌酒席。没有来赴席的，我准备在十七日和二十日补请他们。此外，我还请人画了一幅“椿萱重荫图”，看到的人都称赞不已。

我的身体如常，新年应酬太多，每天都忙忙碌碌的。媳妇和孙子孙女都平安。正月十五日，我收到四弟和六弟的来信。四弟想和季弟一同在汪觉庵先生家中学习，六弟和九弟想到省城去读书。我想父亲家务事已经很繁忙，不可能天天在家塾管教他们，而且四弟的天分平常，不能一天没有老师的教导，给他讲书、批改诗文。所以我想请父亲答应他们的要求，立刻叫四弟、季弟拜觉庵为师。需要给老师送的金酬，我八月初带来。这样，我想两个弟弟一定会努力学习、奋发向上的。

六弟天资聪颖，很有前途，但乡间的见闻太贫乏，不足以启发，并促使他发奋上进。他现在年轻气盛，总受打击肯定不行，上次没有考好，很是打击他；随后想到京城来，被我阻止，对他又是个打击；如果这次再不许他到省城读书，就大大挫伤了他的锐气。请父亲答应他们吧。二月间我带二十两银子放置在金竺虔家，作为他们的学习费用。

一家人如果和和气气，便会很快过上幸福生活。一家人若哥哥说话，弟弟都听，弟弟有什么要求，哥哥都答应，这样和气的家，没有不兴旺的；反之，这个家就一定要败落。恳请父亲体谅我的这片心意，还请转达叔叔我的意思，我就不另外给他写信了。六弟将来必定是继承叔叔家业的后代，他这个人能使我们曾家兴旺发达，这实在叫人感到高兴。暂且说到这儿吧，别的话容后再叙。

道光二十三年正月十六日

## 五禀祖父母：

先馈赠亲戚族人

【原文】

孙国藩跪禀：

祖父母大人万福金安！

二月十四日，孙发第二号信，不知已收到否？孙身体平安，孙妇及曾孙男女皆好。

孙去年腊月十八曾寄信到家，言寄家银一千两，以六百为家中还债之用，以四百为馈赠亲族之用。其分赠数目，另载寄弟信中，以明不敢自专之义也。后接家信，知兑啸山百三十千，则此银已亏空一百矣。顷闻曾受恬丁艰，其借银恐难遽完，则又亏空一百矣。所存仅八百，而家中旧债尚多，馈赠亲族之银，系孙一人愚见，不知祖父母、父亲、叔父以为可行否？伏乞裁夺。

孙所以汲汲馈赠者，盖有二故。一则我家气运太盛，不可不格外小心，以为持盈保泰之道。旧债尽清，则好处太全，恐盈极生亏；留债不清，则好中不足，亦处乐之法也。二则各亲戚家皆贫，而年老者，今不略为资助，则他日不知何如。自孙入都后，如彭满舅曾祖、彭王姑母、欧阳岳祖母、江通十舅，已死数人矣。再过数年，则意中所欲馈赠之人，正不保何若矣！家中之债，今虽不还，后尚可还。赠人之举，今若不为，后必悔之。此二者，孙之愚见如此。

然孙少不更事，未能远谋，一切求祖父、叔父作主，孙断不敢擅自专权。其银待欧阳小岑南归，孙寄一大箱，衣物银两概寄渠处，孙认一半车钱。彼时再有信回，孙谨禀。

道光二十四年三月初十日

【译文】

孙儿国藩跪禀：

祖父母大人万福金安！

二月十四日孙子所寄出的第二号家信，祖父母不知道是否已经收到？孙子现在身体平安，孙妻及曾孙子们一切安好。

孙子去年腊月十八日曾寄信回家，寄回家去一千两银子，其中六百两给家中还债，剩余四百两送给亲戚族人，在给弟弟的信中写了分赠的数目，以示我不敢自作主张。后来接到家信得知给了啸山百三十千，这笔钱便亏空一百两了。刚才听说曾受恬家中有丧事，恐怕不会很快还他借的钱，那不又亏空一百两吗？剩下的八百，家中还有很多旧债，恐怕就没有钱送给亲族了。赠给亲族们钱是我自己的愚见，不知祖父母大人、父亲、叔父认为这样做是不是可以？请你们斟酌后决定。

我之所以主张送钱给亲族，有两个原因，一是因为我家气运过盛，所以要加倍小心，这是保持盈泰的方法。旧账还尽，好处最全，恐怕盈极生亏，留点债不还清，虽美中不足，也是保持快乐心境的做法。二是因为各亲戚家都很穷困，而年老的，现在不略加资助，以后能过什么样的日子还不知。自从我到京城以后，如彭满舅曾祖、彭王姑母、欧阳岳祖母、江通十舅，早已先后辞世。再过几年，那些我们有心帮助的人，境遇又不知会如何。家中的债，今天虽不还，以后还可以还。帮助别人的事，今天不做，便将来后悔！这两个说法，是孙儿的愚见。

我年轻不懂事，长远的打算也不会做，请祖父、叔父做主，我决不敢自作主张。这笔钱等欧阳小岑回湖南时，请他带去，另外还有一大箱衣物，他的路费由我负担一半。钱和衣箱都先放在他家，到时候我还会写信回去请你们派人去取。

道光二十四年三月初十日

## 七致诸弟：

### 劝四弟须奉勤为先

**【原文】**

四弟、九弟、季弟足下：

六月廿八日发第九号家信，想已收到。七月以来，京寓大小平安。癣疾虽头面微有痕迹，而于召见已绝无妨碍。从此不治，听之可也。

丁士元散馆，是诗中“皓月”误写“浩”字。胡家玉是赋中“先生”误写“先王”。

李竹屋今年在我家教书三个月，临行送他俸金，渠坚不肯受。其人知情知义，予仅送他褂料被面等物，竟未送银。渠出京后来信三次。予有信托立夫先生为渠荐馆。昨立夫先生信来，已请竹屋在署教读矣，可喜可慰。

耦庚先生革职，同乡莫不嗟叹。而渠屡次信来，绝不怪我，尤为可感可敬。

《岳阳楼记》，大约明年总可寄到。家中《五种遗规》，四弟须日日看之，句句学之。我所望于四弟者，惟此而已。

家中蒙祖父厚德余荫，我得忝列卿贰，若使兄弟妯娌不和睦，后辈子女无法则，则骄奢淫佚，立见消败。虽贵为宰相，何足取哉？我家祖父、父亲、叔父三位大人规矩极严，榜样极好，我辈踵而行之，极易为力。别家无好榜样者，岂可不遵行之而忍令坠落之乎？现在我不在家，一切望四弟作主。兄弟不和，四弟之罪也；妯娌不睦，四弟之罪也；后辈骄恣不法，四弟之罪也。我有三事奉劝四弟：一日勤，二日早起，三日看《五种遗规》。四弟能信此三语，便是爱兄敬兄；若不信此三语，便是弁髦视兄。我家将来气象之兴衰，全系乎四弟一人之身。

六弟近来气性极和平，今年以来未曾动气，自是我家好气象。惟兄弟俱懒。我以有事而懒，六弟无事而亦懒，是我不甚满意处。若二人俱勤，则气象更兴旺矣。

吴、彭两寿文及小四书序、王待聘之父母家传，俱于八月付回，大约九月可到。

袁漱六处，予意已定将长女许与他，六弟已当面与他说过几次矣，想堂上大人断无不允。予意即于近日订庚，望四弟禀告堂上。陈岱云处姻事，予意尚有迟疑。前日四弟信来，写堂上允诺欢喜之意。筠仙已经看见，比书信告岱云矣。将来亦必成定局，而予意尚有一二分迟疑。

岱云丁艰，余拟送奠仪，多则五十，少则四十，别有对联之类，家中不必另致情也。余不尽言。兄国藩手草。

道光二十七年七月十八日

【译文】

四弟、九弟、季弟足下：

我于六月二十八日寄出第九封家信，估计现在已经收到了。从七月以来，京城家中大小都平安无事。虽然我的癣病在脸上头上还残留些痕迹，但面对皇上的召见看来已无伤大雅了。所以从此不再刻意费心治疗，一切随它而去吧。

丁士元已经结束了翰林院的学习，但是将诗中的"皓月"之"皓"误写成"浩"字。胡家玉的赋中的"先生"也误写成了"先王"。

今年，李竹屋在我家有三个月的任教时间，临行前我给他俸金的时候，他坚持不受，可见此人乃重情重义之人。我也没有勉强，最后只送给他褂子布料和被面等生活用品，送他银钱的事也没有再坚持。离开京城后，他共写了三次信来。他也一直被我牵挂在心上，所以写信拜托立夫先生为他另外推荐教书的地方。昨天立夫先生来信说，已让竹屋教书于署中，这件事真是可喜可贺，让人又庆幸又欣慰。

不过撤耦庚先生之职的事情，引起了同乡人的感叹。但是耦庚先生几次来信，都没有因此事怪罪于我，真是让人不由得感动和敬佩。

估计明年可以寄达《岳阳楼记》。家中的《五种遗规》，四弟必须每天翻看，逐句学习。我只期望四弟这个了。

家中承蒙祖父德高望重，我得以暂居高位，如果兄弟妯娌不和睦，晚辈子女无规矩，就会骄奢淫逸，那么家道也必然会衰败。到时即使贵为宰相，又有何用处呢？我家祖父、父亲、叔父三位大人的要求甚严，堪称我辈的榜样，我们做事以他们为楷模便可，这种事情省力并且容易。别的人家没有这样的好榜样，也要自立门户，自立规矩，何况我家有祖父现成的榜样，难道愿意弃先辈的榜样不去遵照，而忍心目睹家道的衰落吗？现在我不在家，一切需四弟做主。兄弟间有隔阂，是四弟的罪过；妯娌之间不和谐，是四弟的过失；晚辈们骄横放纵不知礼仪，是四弟的过错。我忠告四弟三件事：一是勤奋，二是早起，三是看《五种遗规》。四弟若能记住这三句话，就是对我的敬重，如果不信这三句话，即瞧不起我这个兄长。我们家以后的家业是兴旺还是衰败，关键是四弟你的作为了。

近日来，六弟的脾气性格已转为渐趋平和，这一年来也没动过气，这自然是我家的好气象。只是几位兄弟的缺点都是懒惰，我对此很是心烦。我是因为有很多事情牵累而显懒惰，而六弟整日无事可做，也时常犯懒惰的毛病，这种事情让我很不满意。如果两人都很勤劳，那家中气象自然愈加旺盛。

吴、彭处两幅寿文和小四书序言，王待聘的父母家传等文章，到八月托人带回，估计九月就可以发到。

我已经打定主意将大女儿许配给袁漱六家，六弟也已当面和他谈过几次了，想来家中大人也不会有什么不同的意见。我打算尽快让他们定亲，望四弟将我的意思给家中的各位长辈转达一下。陈岱云处婚事，我至今仍犹豫不决。前段时间四弟来信说，家中大人对这门亲事已同意，而且皆大欢喜。筠仙已经看到了这封信，事后便写信将此事告知岱云。看来这门亲事势必结成，只是我心里仍然犹豫不决。

近日岱云家中老人去世，正筹备丧事。我准备送点奠礼钱，最少四十两，最多五十两，另外还有挽联等物。如此一来，家中便不必再送别的东西了。其他的就不多说了。

道光二十七年七月十八日

## 八致诸弟：

### 贤肖不在高位而在谨朴

**【原文】**

澄侯、温甫、子植、季洪足下：

四月十四日接到己酉三月初九所发第四号来信，次日又接到二月二十三所发第三号来信，其二月初四所发第二号信则已于前次三月十八接到矣，惟正月十六七所发第一号信则至今未接到。

京寓今年寄回之家书：正月初十发第一号（折弁），二月初八发第二号（折弁），二十六发第三号（折弁），三月初一发第四号（乔心农太守），大约五月初可到省；十九发第五号（折弁），四月十四发第六号（由陈竹伯观察），大约五月底可到省。《岳阳楼记》，竹伯走时尚未到手，是以未交渠。然一两月内，不少妥便，亦必可寄到家也。

祖父大人之病，日见日甚如此，为子孙者远隔数千里外，此心何能稍置！温弟去年若未归，此时在京，亦刻不能安矣。诸弟仰观父、叔纯孝之行，能人人竭力尽劳，服事堂上，此我家第一吉祥事。我在京寓，食膏粱而衣锦绣，竟不能效半点孙子之职；妻予皆安坐享用，不能分母亲之劳。每一念及，不觉汗下。

吾细思凡天下官宦之家，多只一代享用便尽。其子孙始而骄佚，继而流荡，终而沟壑，能庆延一二代者鲜矣。商贾之家，勤俭者能延三四代；耕读之家，谨朴者能延五六代；孝友之家，则可以绵延十代八代。我今赖祖宗之积累，少年早达，深恐其以一身享用殆尽，故教诸弟及儿辈，但愿其为耕读孝友之家，不愿其为仕宦之家。诸弟读书不可不多，用功不可不勤，切不可时时为科第仕宦起见。若不能看透此层道理，则虽巍科显宦，终算不得祖父之贤肖、我家之功臣。若能看透此道理，则我钦佩之至。

澄弟每以我升官得差，便谓我是肖子贤孙，殊不知此非贤肖也。如以此为贤肖，则李林甫、卢怀慎辈，何尝不位极人臣，赫奕一时，讵得谓之贤肖哉？予自问学浅识薄，谬膺高位，然所刻刻留心者，此时虽在宦海之中，却时作上岸之计。要令罢官家居之日，己身可以淡泊，妻子可以服劳，可以对祖父兄弟，可以对宗族乡党，如是而已。诸弟见我之立心制行与我所言有不符处，望时时切实箴规。至要至要。

鹿茸一药，我去腊甚想买就寄家，曾请漱六、岷樵两人买五六天，最后买得一架，定银九十两。而请人细看,尚云无力。其有力者,必须百余金,到南中则值二百余金矣,然至少亦须四五两乃可奏效。今澄弟来书,言谭君送四五钱便有小效,则去年之不买就急寄,余之罪可胜悔哉!近日拟赶买一架付归。以父、叔之孝行推之,祖大人应可收药力之效。叔母之病,不知宜用何药?若南中难得者,望书信来京购买。

"安良会"极好。地方有盗贼,我家出力除之,正是我家此时应行之事。"细毛虫"之事,尚不过分,然必须到这田地方可动手。不然,则难免恃势欺压之名。既已惊动官长,故我特作书谢施梧冈,到家即封口送县可也。去年欧阳家之事,今亦作书谢伍仲常,送阳凌云,嘱其封口寄去可也。

澄弟寄俪裳书,无一字不合,蒋祝三信已交渠。兹有回信,家中可专人送至渠家,亦免得他父母悬望。予因身体不旺,生怕得病,万事废弛,抱疚之事甚多。本想诸弟一人来京帮我,因温、沅乡试在迩,澄又为家中必不可少之人,洪则年轻,一人不能来京;且祖大人未好,岂可一人再离膝下?只行俟明年再说。

希六之事,余必为之捐从九品。但恐秋间乃能上兑,乡试后南旋者乃可带照归耳。书不能详,余俟续寄。国藩手草。

道光二十九年四月十六日

**【译文】**

澄侯、温甫、子植、季洪足下:

四月十四日收到己酉年三月初九所寄出的第四封来信,第二天又收到二月二十三日所寄出的第三封来信,于三月十八日收到了二月初四所寄出的第二封信。只有正月十六七日所寄出的第一封信到现在都没收到。

今年我自京城家中寄回的家信,正月初十寄出去第一封(由信差带),二月初八寄出的第二封(由信差带)、二月二十六日寄出第三封(由信差带)、三月初一寄出第四封(由乔心农太守带),可能是五月初到省城,三月十九日寄第五封(由信差带),四月十四日寄出第六封(由陈竹伯观察带),可能是五月底到省城。竹伯走时,《岳阳楼记》还没有拿到手,所以没有托付他捎带回去。以后一两个月里,还是有很多方便的机会,一定可以将其送回家的。

祖父大人的身体一日不如一日,身为孙子,却远在千里之外,如何放得下这颗心!如果去年温弟留在京城不回去,此时也一定是时刻都不得安宁了。各位兄弟敬仰父亲、叔父的纯孝行为,时刻以他们为榜样,因此人人竭尽全力地服侍孝敬祖父,此即在我们家的第一等好事。我身在京城家中,享受佳肴美味、锦衣绸缎,却尽不到半点做孙子的责任,妻室儿女也都坐享其成,不能替母亲分担劳苦。每次想到这些,就不由得直冒冷汗,满怀愧疚。

我认真的思考和总结之后发现,凡是天下官宦人家,大多只能有一代显赫,很快就将其财富享用殆尽。他们的子孙开始骄奢淫逸,后来又放荡不羁,最后深入欲望这中苦不能出,这种旺盛之势罕能延续一两代;商贾人家,勤俭的能延续三四代;耕读人家,谨慎淳朴的能延续五六代;孝悌人家,则可以绵延十代八代。如今我仰仗着祖宗积下的德行,年岁尚轻居在高位,生怕我一人享用完了一生的财富,所以在此教导各位兄弟和孩子们,宁愿成为耕读孝友的人家,也不想成为仕宦人家。各位兄弟要尽量多读书,尽量学习刻苦,千万不能为了单纯的应试科举做官,求取功名。假若这层道理都看不透,即使科举高中,仕宦显赫,也算不得祖父的贤肖子孙,算不上是我曾家的有功之人;如果能看透这层道理,那我自然十分钦佩你们。

如今我身受皇命，任命官职，所以澄弟常因此就说我是贤肖子孙，其实不然。如果这样就可称为贤肖，那么李林甫、卢怀慎这样的人，位极人臣、显赫一时，这样的人难道算贤肖吗？我扪心自问，学识浅薄，却有幸谬居高位，因此我常常留心提醒自己，虽然目前我身处官场，却时时要准备好解甲归田。要让我罢官回乡的时候，可以淡泊无求。到那时，妻子可以亲身从事劳动，我可以对得起祖父兄弟，可以对得起宗族乡人，我的愿望便是这些。各位兄弟如果发现我所想和我的实际行动有哪些地方不符，希望时刻规劝我，这对我来说是很重要的。

鹿茸这一味药，我去年腊月很想买好就寄回家中。曾经请漱六、岷樵两人买了五六天，最后买到一架，说好了是九十两银子。后来又请人仔细看了看，说药力不够。凡是有药效的，至少要一百多两银子，到了南方就价值二百多两银子了。但若想有成效便得吃四五两鹿茸。现在澄弟来信说，谭君送来的四五钱，吃了便有起色。那么去年没有买下来及时寄回去，真是我的罪过，如今后悔也无济于事了！现在只想尽快把一架鹿茸买回去并寄家里，以弥补我的过失。以父亲、叔父的纯孝行为推断，祖父大人的病体受到药力的影响一定会有起色的。至于叔母的病，不知道应该用什么药，如果在南方买不到有明显药效的药物，希望尽快写信告知，以便在京城购买。

组织"安良会"很好。地方上盗贼横行，我家出力把他们剿灭，为百姓造福，正是最应该做的事。"细毛虫"之类的事，并不算过分，但必定是忍无可忍之时动手。不然，就会落得仗势欺人的罪名。既然已经惊动了地方官员，所以我特意写信感谢施梧冈，寄到家后就封上信口送到县里即可。去年欧阳家的事情，现在也写了对伍仲常表示感谢的信，请送给阳凌云，嘱咐他封好信口寄去。

澄弟寄给俪裳的信，字字合理恰当。前些日已交给他蒋祝三寄给他的信，现在已有回信了，家里可派专人送到他家，免得让他的父亲总挂念担心。因为我的身体状况不是很好，总是害怕得病，所以很多事情都荒废了，只能为此抱歉万分。本打算请兄弟中一人到京城来协助我处理各项事宜，但因为温弟、沅弟近来要参加乡试，澄弟在家中担当重任，不可或缺，而洪弟年纪尚小，所以目前找不到合适的人。并且祖父大人还生着病，人人在旁侍奉，这样的情况下哪里能够再有人离开呢？此事只好等明年再议。

关于希六的事，我已经有了打算，一定要尽力为他谋到一个九品的官职。不过也许要等到秋天才可以办妥。待乡试之后，才可托付南归之人带回去执照。信中不能详细述说，其他的事等以后来信时再谈吧。

道光二十九年四月十六日

## 一零致诸弟：

### 勤敬方能兴家

**【原文】**

澄、温、沅、季老弟左右：

湖北青抚台于今日入省城。所带兵勇，均不准其入城，在城外二十里扎营，大约不过五六千人。其所称难民数万在后随来者，亦未可信。此间供应数日，即给与途费，令其至荆州另立省城。此实未有之变局也。

邹心田处，已有札至县撤委。前胡维峰言邹心田可劝捐，余不知其即至堂之兄也。昨接父大人手谕始知之，故即札县撤之。胡维峰近不妥当，亦必屏斥之。余去年办清泉宁征义、宁宏才一案，其卷已送回家中，请澄弟查出，即日付来为要。

湖北失守，李鹤人之父（孟群，带广西水勇来者）想已殉难。鹤人方寸已乱，此刻无心办事。日内尚不能起行。至七月初旬乃可长征耳。余不一一。

诸弟在家教子侄，总须有勤敬二字。无论治世乱世，凡一家之中能勤能敬，未有不兴者，不勤不敬，未有不败者。至切至切。余深悔往日未能实行此二字也，千万叮嘱。澄弟向来本勤，但敬不足耳。阅历之后，应知此二字之不可须臾离也。兄国藩手草。

咸丰四年六月十八日

【译文】

澄、温、沅、季老弟左右：

今日，湖北青抚台率军进入省城，但不准所带士兵入城，只令他们在城外二十里扎营，大约五六千人。他所说的有几万难民跟随其后，也不可信。我打算让他们再逗留几天，然后就打发给他们一些路费，命他们到荆州另立湖北省城。这样的变乱局面确实从未发生过。

邹心田那里，已有信札寄至县里。以前胡维峰说邹心田可以劝捐，而我却不知他便是至堂的兄长。昨天接到父亲大人的亲笔信才知道，所以就用信札通知县里撤去。胡维峰近来办事不妥当，我必会指斥他。我去年办理清泉宁征义、宁宏才一案，案卷已送回家中，请澄弟清查出来，并即日送来为要。

湖北失守，李鹤人之父（孟群，带领广西水兵的人）想必已为国捐躯。如今鹤人方寸已乱，定无心办事。所以我近日还不能起程出发，定到七月上旬长征。我不一一说明了。

弟弟们在家训教子侄，以“勤、敬”二字最为重要。无论是和平时期还是乱世纷争之时，凡一家之中能做到勤和敬，都会兴旺发达；若不勤不敬，衰败之运便难逃。千万牢记！过去没能够切实实行这两个字，如今我深悔，所以现在才对你们千叮万嘱。澄弟勤字做得很好，只是敬做得还是不够。待你们阅历广泛了，就会发现这两个字是须臾不可离开的。

咸丰四年六月十八日

## 一二谕纪泽：

### 勿浪掷光阴，应勤劳持家

【原文】

字谕纪泽儿：

胡二等来，接尔安禀，字画尚未长进。尔今年十八岁，齿已渐长，而学业未见其益。陈岱云姻伯之子号杏生者，今年入学，学院批其诗冠通场。渠系戊戌二月所生，比尔仅长一岁，以其无父无母家渐清贫，遂尔勤苦好学，少年成名。尔幸托祖父余荫，衣食丰适，宽然无虑，遂尔酣豢佚乐，不复以读书立身为事。古人云：劳则善心生，佚则淫心生。孟子云：生于忧患，死于安乐。吾虑尔之过于佚也。

新妇初来，宜教之入厨作羹，勤于纺织，不宜因其为富贵子女不事操作。大、二、三诸女已能做大鞋否?三姑一嫂,每年做鞋一双寄余,各表孝敬之忱,各争针黹之工;所织之布,做成衣袜寄来,余亦得察闺门以内之勤惰也。

余在军中不废学问,读书写字未甚间断,惜年老眼蒙,无甚长进。尔今未弱冠,一刻千金,切不可浪掷光阴。四年所买衡阳之田,可觅人售出,以银寄营,为归还李家款。父母存,不有私财,士庶人且然,况余身为卿大夫乎!

余癣疾复发,不似去秋之甚。李次青十七日在抚州败挫,已详寄沅浦函中。现在崇仁加意整顿,三十日获一胜仗。口粮缺乏,时有决裂之虞,深为焦灼。尔每次安禀详陈一切,不可草率,祖父大人之起居,合家之琐事,学堂之工课,均须详载。切切此谕。

咸丰六年十月初二日

**【译文】**

字谕纪泽儿:

胡二带来了你告安的信,得知你的书法没有进步,你今年都已经十八岁了,年龄在增大,在学业上的长进却不明显。陈岱云姻伯的孩子,号杏生,今年入学,老师对他写的诗评价甚高,说他诗冠通场。他戊戌年二月出生,比你只大一岁。他无父无母,家境清贫,但他勤苦好学,终于少年成名。你多幸福,有祖父辈的荫庇,衣食不愁,也没有忧虑和担心的,结果你反安养逸乐,不再把读书自立列为正业。古人云:"劳则善心生,佚则淫心生。"孟子也说:"生于忧患,死于安乐。"我真担心你安逸过头。

你的媳妇刚嫁到我们家来,你要教她下厨房做饭菜,经常纺织,不要因为她是富贵人家的子女,就不让她做事。你的三个妹妹都会做鞋了吗?以后三个姑姑一个嫂嫂每年要寄给我一双做的鞋,以示孝心,看看是谁做得好;她们织的布要做成衣服、袜子一类的东西寄给我,我要通过这些东西来看看她们在家里是勤奋还是懒惰。

我在军中,也不荒废学问,也从来没有间断过读书和写字。可惜我年纪大了,眼睛花了,所以没有什么长进。你现在还不到二十岁,一刻值千金,不可以浪费光阴。咸丰四年在衡阳买的田,可找人帮忙卖掉,并寄给我卖得的钱,来归还欠李家的钱。父母健在时,做子女的不应该有自己的私产,不管是做官的还是老百姓,何况我是个卿大夫。

我的癣疾又复发了,不过比去年秋天要轻。李次青十六日在抚州打了败仗,详细情况我已经写在给沅甫的信中了。现在,崇仁县正加紧整顿队伍,三十日打了一次胜仗;由于口粮缺乏,随时都有破败的可能,很让人焦急。你每次写信来,都要详细写上所有情况,不能草草了事;祖父的日常生活,家里的琐碎小事,学校里的功课,写得要清清楚楚。千万要记住。

咸丰六年十月初二日

## 一八谕纪泽:

治家八事,缺一不可

**【原文】**

字谕纪泽儿:

初一日接尔十六日禀,澄叔已移寓新居,则黄金堂老宅,尔为一家之主矣。昔吾祖星冈公最讲求治家之法，第一起早，第二打扫洁净，第三诚修祭祀，第四善待亲族邻里。凡亲族邻里来家，无不恭敬款接，有急必周济之，有讼必排解之，有喜必庆贺之，有疾必问，有丧必吊。此四事之外，于读书、种菜等事尤为刻刻留心，故余近写家信，常常提及书、蔬、鱼、猪四端者，盖祖父相传之家法也。尔现读书无暇，此八事，纵不能一一亲自经理，而不可不识得此意，请朱运四先生细心经理，八者缺一不可。其诚修祭祀一端，则必须尔母随时留心。凡器皿第一等好者留作祭祀之用，饮食第一等好者亦备祭祀之需。凡人家不讲究祭祀，纵然兴旺，亦不久长。至要至要。

尔所论看《文选》之法，不为无见。吾观汉魏文人，有二端最不可及：一曰训诂精确，二曰声调铿锵。《说文》训诂之学，自中唐以后人多不讲，宋以后说经尤不明故训，及至我朝巨儒始通小学。段茂堂、王怀祖两家，遂精研乎古人文学声音之本，乃知《文选》中古赋所用之字，无不典雅精当。尔若能熟读段、王两家之书，则知眼前常见之字，凡唐宋文人误用者，惟“六经”不误，《文选》中汉赋亦不误也。即以尔禀中所论《三都赋》言之，如“蔚若相如，嚼若君平”，以一蔚字概括相如之文章，以一嚼字概括君平之道德，此虽不尽关乎训诂，亦足见其下字之不苟矣。至声调之铿锵，如“开高轩以临山，列绮窗而瞰江”，“碧出苌弘之血，鸟生杜宇之魄”，“洗兵海岛，刷马江洲”，“数军实乎桂林之苑，飨戎旅乎落星之楼”等句，音响节奏，皆后世所不能及。尔看《文选》，能从此二者用心，则渐有人理处矣。

作梅先生想已到家，尔宜恭敬款接。沅叔既已来营，则无人陪往益阳。闻胡宅专人至吾乡迎接，即请作梅独去可也。尔舅父牧云先生身体不甚耐劳，即请其无庸来营。吾此次无信，尔先致吾意，下次再行寄信。此嘱。

咸丰十年闰三月初四日

**【译文】**

字谕纪泽儿：

初一这天我收到你十六日所写的来信，从信中得知你澄叔已经乔迁新居了，如此一来，便由你来掌管黄金堂的老房子了，你也算是一家之主了。从前我的祖父星冈公治家最讲究方法，第一是务必早起，第二是打扫干净屋宅，第三是虔诚地祭祀，第四是善待亲族邻里。凡是亲戚邻居来到家中做客，招待别人时都是恭恭敬敬，有急事一定给以周济，有纠纷一定会去帮助排解，有喜庆的事一定前往庆贺，有丧事一定会去吊唁。除了上面所说的这四件事情之外，更要时刻留心读书、种菜的事，从不懈怠。因此近来我写的家信中，提到了很多书、蔬、鱼、猪这四件事，这些都是我的祖父传给我们的家法，要世代承袭。你现在正在读书，并没有宽裕的时间，所以这八件事不能事必躬亲，即便如此，也要理解这八件事的深刻含义。劳烦朱运四先生悉心打理，这八件事件件重要，缺一不可。祭祀要虔诚这件事特别要注意，也必须提醒你母亲时时放在心上。凡是最好的器皿必须留下来作为祭祀用，最好的食品也必须为祭祀准备。如果家庭不讲究祭祀，即使兴旺，也不会很长久的。这一点至关重要。

你所论述的看《文选》的方法也是有见地的。据我看来，汉魏时期的文人，最不能望其项背的有两点：一是训诂精确，二是声调铿锵。《说文》是训诂的学问，中唐以后很多人都不再讲究训诂之学，宋代以后讲经尤其不重视，直到我朝，巨儒们才开始精通小学。段茂堂、王怀祖两家，就对古人文字声音的本源研究仔细，才知道《文选》中古赋所用的字，无不典雅精当。你若能熟读段、王两家的书，就会发现如今文章中常用的字，在唐宋文人中有很多错用的。只有“六经”没有错，《文选》中的汉赋也基本无误。举《三都赋》（即在你信中提到）的例子吧，如“蔚若相如，嚼若君平”，用一个“蔚”字概括相如的文章，用一个“嚼”字概括君平的道德，这并不是全部指训诂，但至少可以说明他是一丝不苟的用字。至于声调的铿锵，如“开高轩以临山，列绮窗而瞰江”，“碧出苌弘之血，鸟生杜宇之魄”，“洗兵海岛，刷马江洲”，“数军实乎桂林之苑，飨戎旅乎落星之楼”等句子，节奏音响，都是后世文人无法企及的。你研读《文选》应该从这两个方面下工夫，就能慢慢理解它的精深之处了。

估计作梅先生已经到我们家了，你招待他时要恭敬诚心。沅叔既然已经到达营中，那就无人陪他前去益阳了。不过我听说胡家会专门派人到我们家乡迎接，那作梅先生一人前去就行了。你舅父牧云先生身体不太好，便别让他来营国之地了。我这次没给他写信，你代我向他转达这个意见，下次再给他写信。此嘱。

咸丰十年闰三月初四日

## 二六谕纪泽：

处乱世须以戒奢侈为要义

【原文】

字谕纪泽：

八月廿日胡必达、谢荣凤到，接尔母子及澄叔三信，并叔二信，具悉一切。

蔡迎五竟死于京口江中，可异可悯！兹将其口粮三两补去外，以银二十两赈恤其家。朱运四先生之母仙逝，兹寄去奠仪银八两。蕙姑娘之女一贞，于今冬发嫁，兹付去奁仪十两。家中可分别妥送。

大女儿择于十二月初三日发嫁，袁家已送期来否？余向定妆奁之资二百金，兹先寄百金回家，制备衣物，余百金俟下次再寄。

居家之道，惟崇俭可以长久，处乱世尤以戒奢侈为要义，衣服不宜多制，尤不宜大镶大滚，过于绚烂。尔教导诸妹，敬听父训，自有可久之理。

牧云舅氏书院一席，余已函托寄云中丞，沅叔告假回长沙，当面再一提及，当无不成。

余身体平安。二十一日成服哭临，现在三日已毕。疮尚未好，每夜搔痒不止，幸不甚为害。满叔近患疟疾，二十二日痊愈矣。此次未写澄叔信，尔将此呈阅。

咸丰十一年八月廿四日

【译文】

字谕纪泽：

胡必达、谢荣凤于八月二十日抵达营中，带来了你们母子及澄叔的三封信，尽知一切。

蔡迎五竟然在京口的江中死去了，发生这样的事，真是奇怪又可怜！现在补上他的三两口粮，此外为了赈恤家中，又寄去了二十两银子。得知朱运四先生的母亲离世，现寄去八两银以作祭奠之用。蕙姑娘的女儿一贞，定于今年冬天出嫁，现送去十两嫁妆钱。家中可以分别将这些钱妥善地送到。

信中说大女儿已定十二月初三的婚期，不知道袁家的期约是否送到？我为女儿出嫁定下的嫁妆费向来都是二百金，现在先寄一百金回家，为出嫁衣物的准备之用，余下的一百金待下次再寄。

居家之道，只有崇尚节俭才可以长久，处于乱世，第一要义更是戒除奢侈。日常的衣物不宜缝制太多，更不宜大镶大滚，过于华贵奢侈。关于这些事情，你要对妹妹们好好教导，谨听父亲的教育训诫，自然可以长久。

牧云的舅舅想获得书院里的一个席位，我已寄信给云中丞。沅叔已经告假回长沙，正好可以趁机再当面与他商谈一下，估计没问题。

近来我身体安康。二十一日丧服哭悼皇帝驾崩，现在三天已毕。只是我的癣病还是老样子，每天夜里瘙痒难忍，幸好不是特别严重。满叔最近患疟疾，只用了二十二天痊愈。这次没给你澄叔写信。你将此信转交给他看一下就可以了。

咸丰十一年八月二十四日

## 三零谕纪鸿：

衣食起居，勿沾富贵习气

**【原文】**

字谕纪鸿儿：

前闻尔县试幸列首选，为之欣慰。所寄各场文章，亦皆清润大方。昨接易芝生先生十三日信，知尔已到省。城市繁华之地，尔宜在寓中静坐，不可出外游戏征逐。

兹余函商郭意城先生，在于东征局兑银四百两，交尔在省为进学之用。如郭不在省，尔将此信至易芝生先生处借银亦可。印卷之费，向例两学及学书共三分，尔每分宜送钱百千。邓寅师处谢礼百两，邓十世兄处送银十两，助渠买书之资。余银数十两，为尔零用及略添衣物之需。

凡世家子弟衣食起居，无一不与寒士相同，庶可以成大器；若沾染富贵气习，则难望有成。吾忝为将相，而所有衣服不值三百金，愿尔等常守此俭朴之风，亦惜福之道也。其照例应用之钱，不宜过啬（谢廪保二十千，赏号亦略丰）。谒圣后，拜客数家，即行归里。今年不必乡试，一则尔工夫尚早，二则恐体弱难耐劳也。此谕。

涤生手示

再，尔县考诗有错平仄者。头场（末句移），二场（三句禁，仄声用者禁止、禁戒也，平声用者犹云受不住也，谚云禁不起），三场（四句节俭仁惠崇系倒写否？十句逸仄声），五场（九、十句失粘）。过院考时，务将平仄一一检点，如有记不真者，则另换一字。抬头处亦宜细心。再谕。

同治元年五月廿七日

**【译文】**

字谕纪鸿儿：

不久前听说你参加了县试，并且名列榜首，我感到很欣慰。你随信寄来的各场考试的文章，这些圆润大方之作也值得称道。我昨天接到易芝生先生十三日的来信，得知你已经抵达省城。省城乃是繁华奢靡之地，你最好多在寓所中静坐，不必到外面随便游玩了。

我已经给郭意城先生写信，决定在东征局那里交给你兑换而来的四百两银子，作为你在省城进学的费用。如果郭先生不在省城，你拿这封信到易芝生先生那里借钱也行。印卷的费用，按惯例是两学和学书一共三份，你应每一份送钱百千。邓寅师那里送银子一百两作为谢礼，邓十世兄那里，送十两银子，资助他多买点书，剩下的几十两银子，你可以零花或略添衣物。

凡是世家子弟，饮食起居，与寒士相同，也许可以成大器。如果沾染上富贵习气，就很难希望他有所成就。我虽有幸居相位，但所有衣服合计不值三百两金子，希望你们常恪守俭朴的家风，这可以看作珍惜福分。照例要应用的银钱，也不要太过吝啬（谢禀保二十千，赏号也可稍微多一点）。谒见圣人孔子以后，你拜客几家，就回家乡去。今年的乡试便不要参加了，一是因为你的工夫还早，二是恐怕你体质虚弱难耐劳苦。此谕。

涤生手示

还有，你在参加科考时所作的诗，也有多处平仄错误。头场末句的“移”字；二场第三句的“禁”字，作为仄声使用时是禁止、禁戒的意思，则是在平声使用中是受不住的意思，俗话说的禁不起；三场第四句是不是写倒了“节俭仁惠崇”？第十句“逸”仄声；第五场第九句、十句失粘。在院试时，你务必一一检查平仄，哪些地方记不准确，就另外换上一个字。最应该注意的地方就是开头处，要细心留意。再谕。

同治元年五月二十七日

## 三一致沅弟：

勿望各逞己见

**【原文】**

沅弟左右：

此次洋枪合用，前次解去之百支，果合用否？如有不合之处，一一指出，盖前次亦花大价钱买来，若过于吃亏，不能不一一与之申说也。

吾因近日办事，名望关系不浅，以鄂中疑季之言相告，弟则谓我不应述及。外间指摘吾家昆弟过恶，吾有所闻，自当一一告弟，明责婉劝，有则改之，无则加勉，岂可秘而不宣？鄂之于季，自系有意与之为难。名望所在，是非于是乎出，赏罚于是乎分，即饷之有无，亦于是乎判。

去冬金眉生被数人参劾，后至抄没其家，妻孥中夜露立，岂果有万分罪恶哉？亦因名望所在，赏罚随之也。众口悠悠，初不知其所自起，亦不知其所由止。

有才者忿疑谤之无因，而悍然不顾，则谤且日腾；有德者畏疑谤之无因，而抑然自修，则谤亦日熄。吾愿弟等之抑然，不愿弟等之悍然。愿弟等敬听吾言，手足式好，同御外侮，不愿弟等各逞己见，于门内计较雌雄，反忘外患。

至阿兄忝窃高位，又窃虚名，时时有颠坠之虞。吾通阅古今人物，似此名位权势，能保全善终者极少。深恐吾全盛之时，不克庇荫弟等，吾颠坠之际，或致连累弟等，惟于无事时，常以危词苦语，互相劝诫，庶几免于大戾。

酷热不能治事，深以为苦。

同治元年六月廿日

【译文】

沅弟左右：

这次的洋枪很好用，前次解送去的一百支，也好用吗？假若有哪些地方不好用，请一一指出。因为前次的洋枪也花了大的价钱买来，如果太吃亏，不能不向卖方申诉，讨个说法。

我因近来办事有些名望，有深厚的关系网，故告诉了你湖北疑心季弟的事，你反说我不该说起外面对我家弟兄过错的指责。我听到的当然都应该告诉你们，直言责备，婉言规劝，有则改之，无则加勉，怎么可以秘而不宣呢？湖北省对季弟，确实也有故意刁难的一面。不过也要看到，有了名望，是非就会多起来，赏罚是否分明也会出问题，就是提出给不给饷银的事，也会有所议论。

去年冬天几个人告了金眉生之后，他家就被抄没了，妻儿被赶出来，半夜里站在外面，难道他真有万分的罪恶吗？同样也是有了名望，赏罚便跟随而至。众口纷纭，不知道什么时候开始，也不知道什么时候停止。

有才能的人虽然对无端的诽谤愤愤不平，但也容易悍然不顾，从而使得诽谤一天天蔓延开来。真正有道德的人，因为害怕自己怀疑这种诽谤没有根据，便只会极力压制自己，力行修养，从而诽谤慢慢停息。我希望你们要抑制，不要凶悍。听我的话，搞好兄弟间的关系，共同抵御外来的侵害，不希望你在家门内坚持自己的看法，争论谁雄谁雌，反把忘了外面的侵害。

我虽然身居高位，广有声名，可是我却是随时都担心跌坠。我在书上看到古今许多位尊权重的人物，只有很少的人能善始善终。我实在担心在全盛之时，不能保护你们。等到我跌坠下来的那一天，可能还要连累你们。所以在没有事的时候，用些吓人的话、逆耳的话来互相劝诫，也是为了避免发生重大不幸。

天气酷热，处理事务力不从心，深深体会到了其中的苦楚。

同治元年六月二十日

## 三二致两弟：

宜早起、务农、疏医、远巫

【原文】

沅、季弟左右：

久不接来信，不知季病痊愈否？各营平安否？

东征局专解沅饷五万，上海许解四万，至今尚未到皖。阅新闻纸，其中一条言何根云六月初七正法，读之悚惧惆怅。

余去岁腊尾买鹿茸一架，银百九十两，嫌其太贵，今年身体较好，未服补药，亦未吃丸药。兹将此茸药送至金陵，沅弟配制后，与季弟分食之。中秋凉后，或可渐服，但偶有伤风微恙,则不宜服。

余阅历已久,觉有病时断不可吃药,无病时可偶服补剂调理,亦不可多。吴彤云大病二十日,竟以不药而愈,邓寅皆终身多病,未尝服药一次。季弟病时好服药,且好易方,沅弟服补剂,失之太多,故余切戒之,望弟牢记之。

弟营起极早,饭后始天明,甚为喜慰。吾辈仰法家训,惟早起、务农、疏医、远巫四者尤为切要。

同治元年七月廿五日

**【译文】**

沅、季弟左右:

我已很久没有收到你们的来信,不知季弟的病是否痊愈?各营是否平安?

东征局派专人解送给沅弟的五万军饷,还有上海许诺的四万军饷,至今还是没有到安徽。近来看新闻纸上刊载的一则消息说:何根云于六月七日被正法,读后令人悚然恐惧,惆怅不已。

我去年年底买了一架鹿茸,花去一百九十两银子了,后来觉得花费太多,有些贵了。今年身体状况还好,并未进服补药,也很少服丸药。现将这架鹿茸送到金陵,待沅弟配制之后,与季弟分享吧。中秋节天气渐凉之后,要慢一些服用,若偶尔有伤风小病,则不宜服用。

我自己在这方面有颇多的经验,我认为,患病之时,绝不可以滥服药物,倒是没病时可以偶尔服些补剂调理身体,但是不必太多。吴彤云身患重疾二十天,竟然不吃药就康复了;邓寅皆一辈子多病,但没吃过一次药。季弟生病时总爱吃药,并且经常更换药方,沅弟进服的补药也有些过量,因此我很坚定地规劝你们,尽量少服药品,望弟弟们能牢记在心。

听说弟弟在营中晨起得很早,待早饭后天才开始放亮,我于这一点很欣慰。我辈应该效法家训,其中最为重要的便是早起、务农、疏医、远巫四者。

同治元年七月二十五日

## 三七致澄弟:

累世俭朴之风不可尽改

**【原文】**

澄弟左右:

接弟三月二十五日县城发信,知已由长沙归,带陈婿夫妇回门。希庵之病,不知近日何如?此间望之真如望岁矣。

六安州以初六日解围,闻伪忠王因太仓州为少荃中丞所克,遂率大股回援苏州,不复上犯湖北。鄂之幸,亦余之幸也。鲍军现由庐州进攻巢县,萧为则与彭杏南初九日攻破铜城闸,毛竹丹、刘南云初七日攻破东关,北岸之事大有转机。苗沛霖复叛,攻围寿州已半月,尚能坚守。城中仅五百人,苗之伎俩实不足畏也。南岸芜湖、金柱关、宁国皆极平稳,徽州近日亦松,江西之北边亦不致被贼冲人,皆可喜之事。饷银虽极缺乏,然米粮充足,除度五、六、七荒月外,大约可剩谷二万余石。

余身体平安，入夏瞌睡甚多。欧阳凌云于初八日赴金陵，晓岑于十一日抵皖。泽儿果起行东来否？如其来营，必约金二外甥与袁婿同来。甥到此读书可豁眼界，婿亦可略就范围耳。闻弟居家用费甚奢，务宜收啬，累世俭朴之风，不可尽改。至嘱至嘱。

即问近好。兄国藩手草。

同治二年四月十四日

【译文】

澄弟左右：

我已经收到你三月二十五日从县城发出的信，得知你已离开长沙并返回，并带陈婿夫妇回门。希庵的病情，近日好些了吗？我在这里日夜盼望他的消息，真是度日如年啊！

本月六日六安州解围，听说少荃中丞攻克了太仓州，伪忠王率领大部兵力回救苏州，向湖北进犯已分身乏术了。这是湖北的幸运，也是我的幸运。鲍军现在从庐州进攻巢县，本月九日，萧为则与彭杏南攻下了桐城闸，初七那天毛竹丹、刘南云攻破东关，北岸的局势有了很大的转机。苗沛霖又叛变了，已有围攻寿州半个月，城中军兵还能够坚守。城中只有五百士兵，根本不惧怕苗的诡计。南岸芜湖、金柱关、宁国都很平安，徽州近几天也可以稍稍松一口气了，江西的北边近期内不会被敌军攻占，这些事情都让我欣慰。目前饷银虽然十分短缺，但是粮食储备还很充足，除了可以度过五、六、七三个荒月之外，估计还能剩下二万多石谷子。

我身体平安，进入夏天后总爱睡觉。本月八日，欧阳凌云到达金陵，十一日，晓岑到达安徽。泽儿确定向东来的行程了吗？如果他果真要到营中来，务必让他约金二外甥与袁婿一同前来。外甥到这里来读书，也可扩展一下眼界，袁婿也可以稍微规矩些。听说你现在日常家居的费用很是奢侈，一定要严加收敛。我们家世代承袭勤俭朴素的家风，怎么样都不能违背。再三嘱咐此事。

即问近好。兄国藩手草。

同治二年四月十四日

## 三八谕纪瑞：

勿忘专心读书、勤俭持家

【原文】

字寄纪瑞侄左右：

前接吾侄来信，字迹端秀，知近日大有长进。纪鸿奉母来此，询及一切，知侄身体业已长成，孝友谨慎，至以为慰。

吾家累世以来，孝悌勤俭。辅臣公以上吾不及见，竟希公、星冈公皆未明即起，竟日无片刻暇逸。竟希公少时在陈氏宗祠读书，正月上学，辅臣公给钱一百，为零用之需。五月归时，仅用去一文，尚余九十九文还其父。其俭如此。星冈公当孙入翰林之后，犹亲自种菜收粪。吾父竹亭公之勤俭，则尔等所及见也。今家中境地虽渐宽裕，侄与诸昆弟切不可忘却先世之艰难，有福不可享尽，有势不可使尽。勤字工夫，第一贵早起，第二贵有恒；俭字工夫，第一莫着华丽衣服，第二莫多用仆婢雇工。凡将相无种，圣贤豪杰亦无种，只要人肯立志，都可以做得到的。侄等处最顺之境，当最富之年，明年又从最贤之师，但须立定志向，何事不可成？何人不可作？愿吾侄早勉之也。

荫生尚算正途功名，可以考御史。待侄十八九岁，即与纪泽同进京应考。然侄此际专心读书，宜以八股试帖为要，不可专恃荫生为基，总以乡试会试能到榜前，益为门户之光。

纪官闻甚聪慧，侄亦以立志二字，兄弟互相劝勉，则日进无疆矣。顺问近好。涤生手示。

同治二年十二月十四日

【译文】

字寄纪瑞侄左右：

近日我收到了侄儿的来信，只见字体端庄清秀，可知你近来在学问方面进步很大。纪鸿护送他母亲来到这里，我询问了他所有事情，得知侄儿已长大成人，孝友谨慎，我很是欣慰。

我家世世代代孝悌勤俭。我没见过辅臣公以上的老人，竟希公、星冈公都是天没亮就起床，一天到晚没有片刻闲暇。竟希公少年时于陈氏宗祠读书，正月里开学，辅臣公给他一百文铜钱作零用钱，到五月份回家时，只用去一文钱，返还给其父剩下的九十九文，可见他年幼时就是如此节俭。星冈公更是以身作则，在他的孙辈都入了翰林之后，他仍勤于家务，仍亲历亲为种菜收粪。我父亲竹亭公的勤俭，你们也是有目共睹。如今我们家境虽然逐渐宽裕，侄儿和各位兄弟切不可忘记先人的艰难，不可享尽福气，不可使尽势头。勤字功夫，第一贵早起，第二贵有恒心；俭字功夫，第一不穿华丽的衣服，第二不多用仆婢雇工。没有人天生就是将相，豪杰圣贤也不是天生的，只要立志奋斗，克己守身，都可以做得到的。侄儿们如今境遇颇佳，正值年轻有为之际，明年又要跟随最好的老师学习，若立定志向，什么大事做不成？什么样的人做不到呢？希望侄儿早早努力。

荫生也还算是正途功名，可以考御史。等侄儿十八九岁了，纪泽进京应考时也要同来。但现在侄儿要专心读书，应把八股试帖定为主要功课，虽不能专恃荫生的功名作基石，总要乡试会试能名列榜上，更添门户光彩。

听说纪官天资聪颖，侄儿你也应该用“立志”二字于兄弟之间共勉，以求互相学习，日日进步。顺问近好。

同治二年十二月十四日

## 勤则兴，惰则败

【原文】

澄侯、温甫、子植、季洪老弟足下；

父大人自县还家后，又接一信，知合家清吉，甚慰甚慰。

此间发探卒数十人至常德、龙阳探听，均言常德已于十六日失守。省局及各处探信，众口一词，而桃源廿三日尚有清兵禀帖来省。桃源去常六十里，不应郡城失陷一无所闻，大约常德此时尚未失守。现已遣周凤山带道州新田勇一千六百前往，李辅朝带楚勇一千，胡咏芝带黔勇六百，新宁赵令带楚勇千人驰往，合之贵州兵一千，并常德本城二千，共六七千之多，兵力实不为单。惟中隔河水四渡，不知各兵能过至常否？澧州西接荆州之贼，南接常德之贼，而蒋家之富，久为贼所垂涎，实属可危。塔提军于廿二日在新墙打一胜仗，夺获贼船四十七只，夺得木城一座，现驻扎新墙之北，离岳州尚五十里。通城之贼，与江老四之楚勇相持月余。

林秀三因声名不好，撤回省城。自通城、平江之官绅庶民及省城之官员，无不说秀三坏话者。毁誉之至，如飘风然，蓬蓬然起于北海，蓬蓬然入于南海，而不知其所自，人力固莫能挽回也。

水师战船，省河所修葺及衡城所新造者，皆精坚可爱，比去年者好得三倍。拟于初十间令褚、夏、杨、彭起行赴常德剿办，是为头帮；余待广西水勇到一同起行，为二帮；陈镇台七月初起行，为三帮。现在发往各处者兵勇共二万人，饷项十分支绌，幸广东解银十二万，近日可到，略有生机。罗罗山初三可到省。芝生之信，罗山一到即交，当可速耳。

儿侄辈总须教之读书，凡事当有收拾。宜令勤慎，无作欠伸懒漫样子，至要至要。吾兄弟中惟澄弟较勤，吾近日亦勉为勤敬。即令世运艰屯，而一家之中勤则兴，懒则败，一定之理，愿吾弟及儿侄等听之省之。

付回参茸丸一坛，即颜翼臣、王仲山所作者。父大人能服更好，若不相宜，叔父及家中相宜者服之可也。初二日申刻，兄国藩手草。

**【译文】**

澄侯、温甫、子植、季洪老弟足下：

父亲大人从县城回家后，又收到一封信，全家安康，非常欣慰。

这段时间派了几十个探子到常德和龙阳打探消息，都说十六日常德已经失守。省局以及各处打探到的消息也是众口一词，而桃源二十三日报到省城的消息中还有请求支援的。桃源距离常德只有六十里，不可能没有听闻郡城失陷的消息，可能常德这时还没有失守。如今已经调周凤山带道州新田兵一千六百人、李辅朝带湖北兵一千人、新宁赵令带湖北兵一千人、胡咏芝带贵州兵六百赶去。合计贵州兵一千人，和常德本城兵两千人，兵力很多，共有六七千人。只是中间隔着四道河水，不知能否顺利渡河到达常德？澧州西周紧接荆州的敌人，南面接常德的敌人，而敌人对蒋家的富有早就垂涎三尺，的确危急。塔提军二十二日在新墙有一个胜仗，夺获敌人四十七只船，夺取一座木城。目前驻扎在新墙的北面，还有五十里才到岳州，通城的敌人与江老四的湖北兵相持了一个多月。

由于名声不佳，林秀三只好撤回省城。通城、平江的官员士绅、平民以及省城的官员，没有人不说秀三的坏话。谗毁和赞誉所到之处，就像飘风一般，在北海蓬蓬然爆起，蓬蓬然入于南海，却不知从什么地方而来，而人力根本挽回不了。

水军的战船，省城河中修整的和衡州新造的，都精致坚固可爱，比去年的好上三倍。准备在十日命令褚、夏、杨、彭起行奔赴常德剿办，这是第一批人马；等广西水兵同我汇合后，一同出发，为第二批人马；陈镇台七月初出发，为第三批人马。目前共有两万士兵派往各处，军饷非常紧张，幸好从广东汇来十二万银子，这两天能到，才稍有生机。罗罗山三日到省城。芝生的信件，罗山一到就交给他，应该速度甚快。

总应该教儿侄辈读书，让他们学着应付任何事，要让他们勤劳谨慎，不作打呵欠、伸懒腰等散漫的样子。至要至要。我的兄弟中只有澄弟更勤快些。我最近也下工夫恭谨刻苦。

即便世道艰难，而对于一个家庭来说，还是勤则兴盛、懒则衰落，这个道理古今不变。希望我弟和儿侄们仔细听，仔细反省。

寄回参茸丸一瓶，制于颜翼臣、王仲山之手。父亲大人能服用此药更好，若是不适合，叔父以及家中合适的人服用也可以。初二日申刻，兄国藩手草。

## 由俭入奢，易于下水，由奢反俭，难于登天

**【原文】**

字谕纪泽、纪鸿儿：

余即日前赴天津，查办殴毙洋官焚毁教堂一案。外国性情凶悍，津民习气浮嚣，俱难和协。将来构怨兴兵，恐致激成大变。余此行反复筹思，殊无良策。余自咸丰三年募勇以来，即自誓效命疆场，今老年病躯，危难之际，断不肯吝于一死，以自负其初心。恐邂逅及难，而你等诸事无所禀承，兹略示一二，以备不虞。

余若长逝，灵柩自以由运河搬回江南归湘为便。中间虽有临清至张秋一节须改陆路，较之全行陆路者差易。去年由海船送来之书籍、木器等过于繁重。断不可全行带回，须细心分别去留。可送者分送，可毁者焚毁，甚必不可弃者，乃行带归，毋贪琐物而花途费。其在保定自制之木器全行分送。沿途谢绝一切，概不收礼，但水陆略求兵勇护送而已。

余生平略涉儒先之书，见圣贤教人修身，千言万语，而要以"不忮不求"为重。忮者，嫉贤害能，妒功争宠，所谓"怠者不能修，忌者畏人修"之类也。求者，贪利贪名，怀土怀惠，所谓"未得患得，既得患失"之类也。忮不常见，每发露于名业相侔、势位相埒之人；求不常见，每发露于货财相接、仕进相仿之际。将欲造福，先去忮心，所谓人能充无欲害人之心，而仁不可胜用也。将欲立品，先去求心，所谓人能充无穿窬之心，而义不可胜用也。忮不去，满怀皆是荆棘；求不去，满腔日即卑污。余于此二者常加克治，恨尚未能扫除净尽。尔等欲心地干净，宜于此二者痛下工夫，并愿子孙世世戒之。

历览有国有家之兴，皆由克勤克俭所致。其衰也，则反是。余生平亦颇以勤字自励，而实不能勤。故读书无手抄之册，居官无可存之犊。生平亦好以俭字教人，而自问实不能俭。今署中内外服役之人，厨房日用之数，亦云奢矣。其故由于前在军营，规模宏阔，相尚未改，近因多病，医药之资，漫无限制。由俭入奢，易于下水，由奢反俭，难于登天。在两江交卸时，尚存养廉二万金。在余初意不料有此，然似此放手用去，转瞬即已立尽。尔辈以后居家，须学陆梭山之法，每月用银若干两，限一成数，另封秤出。本月用毕，只准赢余，不准亏欠。衙门奢侈之习，不能不彻底痛改。余初带兵之时，立志不取军营之钱以自肥其私，今日幸不负始愿。然亦不愿子孙过于贫困，低颜求人，惟在尔辈力崇俭德，善持其后而已。

吾早岁久宦京师，于孝养之道多疏，后来辗转兵间，多获诸弟之助，而吾毫无裨益于诸弟。余兄弟姊妹各家，均有田宅之安，大抵皆沅叔扶助之力。我身殁之后，尔等事两叔如父，事叔母如母，视堂兄弟如手足。凡事皆从省啬，独待诸叔之家，则处处从厚，待堂兄弟以德业相劝、过失相规，期于彼此有成，为第一要义。共则亲之欲其贵，爱之欲其富，常常以吉祥善事代诸昆季默为祷祝，自当神人共钦温甫、季洪两弟之死，余内省觉有惭德。澄侯、沅甫两弟渐老，余此生不审能否相见。尔辈若能从孝友二字切实讲求，亦足为我弥缝缺憾耳。

**【译文】**

字谕纪泽、纪鸿儿:

我即日前去天津,对殴打查办杀死洋人、焚毁教堂的案件。外国人脾性凶悍,天津人的习气又浮躁、嚣张,难得求协调。将来造成大怨恨而动兵,只怕会发生大的变故。我对这次前去反复思考,什么办法都没想到。我从咸丰三年招募兵士以来,就已发誓效命于疆场,而今年多病,危难之时,万不能吝惜身命,辜负最初心愿。唯恐遭遇不测,而许多事还没有托付,现指示一二,以防备意外。

倘若我死了,灵柩以从运河搬回江南再回家乡较为方便。中间尽管从临清至张秋要陆上行驶,但亦比全走陆路容易。去年由海船送来的书籍、木器等过于繁重,不要全都带回,需要细心分类决定去存。可以送别人的就送,可以毁掉的就烧毁,那些不能丢舍的,就带回去,不要由于贪图琐碎的物件而花很多路费。送出去那些在保定自制的木器。沿途要谢绝一切,一律不收礼,只是水路上稍求兵士们护送而已。

我生平大概涉及儒家先人的书籍,见到圣贤教人修身养性,千言万语,最重要的便是"不忮不求"。忮者,嫉贤忌能,嫉功争宠,所谓"怠者不能修,忌者畏人修",这类人最忌讳的便是别人修身。求者,贪利贪名,想着领地想着惠泽,所谓没得到的想得到,这类人常常患得患失。嫉妒不常见到,一般在名望与势力相当的人当中最常见;奢求不常见,一般见于货物钱财交换、仕进相妨碍的时候。要想造福,先要去除嫉妒之心,所谓人能没有害人欲望,而仁义就用之不尽了。要想树立品德,先要戒奢求之心,所谓的心不能被名利装满,而义就用之不尽了。嫉妒不去除,满心都是荆棘;奢求不去除,满腔都是卑污。我在这两方面时常加以抑制,只恨对这两方面清除还不够干净。你们要心地干净,应该在这两方面下工夫,并要子孙后代警戒它。

纵观国家、家庭的兴盛,郡来源于勤劳节俭。它的衰败,则正好相反。我生平也一直以勤字自勉,但事实上却不能做到勤,因此读书没有手抄本,也没有在官场上保留可存的文书。生平也常以俭字教人,但自问在实际中也没有做到俭。目前署衙中内外服役的人,厨房所用物品的数量,也可以说是奢侈了。因为以前在军营,规模很大,这个坏习惯没改,最近又多病,用于医药的钱也没有限定。从俭朴到奢侈犹如顺流而下般容易,但却很难由奢侈转回到俭朴。在两江总督交卸时,还有存放着二万养廉金。我最初的想法,没有想到会有这笔钱,于是就放手用,不久就会用光了。你们今后治家,必须学习陆梭山的方法,每月用多少两银子,规定一个数,另外的秤出封存。本月的用完,只能有余,不能亏欠。一定要戒除衙门奢侈的习气。我最开始带兵的时候,立志不用军营的钱来肥私,现在庆幸当初的心愿仍然在。但也不希望子孙过分穷困,低头求人,只要你们努力崇尚俭朴的品德,一定要坚持住。

开始时我做了很久京官,在孝顺养家之道上多有疏忽,后来又辗转于军中,获得弟弟们的帮助,而我却对弟弟们帮助不大。我兄弟姐妹各家,都有田宅以安家,大抵都是沅叔出力扶持的。我死之后,你们要待两个叔叔像对待父亲一样,要对待叔母像对待母亲一样,对待堂兄如同亲兄弟。凡事都要节省,唯独要处处厚待几位叔叔家,用品德、功业互相勉励与堂兄弟,要相互告诫过错失误,希望于此方面有所成就,这是最重要的。其次亲近他就希望他富贵,爱他就希望他富有,经常用吉祥的好事默默祝福各位弟弟,自然会得到神和人的一致敬重。温甫、季洪两兄弟的死，我反省自己，觉得有愧疚之意。澄侯、沅甫两弟渐渐老了，我这一生不知道还能不能相见。你们如果能切实讲求孝友二字，也足够为我弥补遗憾了。

## 吾家正盛，多救济孤儿寡母

【原文】

六弟、九弟左右：

所寄银两，以四百为馈赠族戚之用。

兄己亥年至外家，见大舅陶穴而居，种菜而食，为恻然者久之。通十舅送我，谓曰："外甥做外官，则阿舅来作烧火夫也。"南五舅送至长沙，握手曰："明年送外甥妇来京。"余曰："京城苦，舅勿来。"舅日："然！然吾终寻汝任所也。"言已泣下。兄念母舅皆已年高，饥寒之况可想，而十舅且死矣，及今不一援手，则大舅、五舅者又能沾我辈之余润乎？十舅虽死，兄意犹当恤其妻子，且从俗为之延僧，如所谓道场者，以慰逝者之魂，而尽吾不忍死其舅之心。

兰姊、蕙妹家运皆舛，兄好为识微之妄谈，谓姊犹可支撑，蕙妹再过数年，则不能自存活矣。同胞之爱，纵彼无觖望，吾能不视如一家一身乎？

欧阳沧溟先生夙债甚多，其家之苦况，又有非吾家可比者，故其母丧，不能稍隆厥礼。岳母送余时，亦涕泣而道。兄赠之独丰，则犹徇世俗之见也。

楚善叔为债主逼迫，抢地无门，二伯祖母尝为余泣言之。又泣告子植曰："八儿夜来泪注地，湿围径五尺也！"而田货于我家，价既不昂，事又多磨。尝贻书于我，备陈吞声饮泣之状，此子植所亲见，兄弟尝欲呕久之。

丹阁叔与宝田表叔，昔与同砚席十年，岂意今日云泥隔绝至此。知其窘迫难堪之时，必有饮恨于实命之不犹者矣。丹阁戊戌年曾以钱八千贺我，贤弟谅其景况，岂易办八千者乎？以为喜极，固可感也；以为钓饵，则亦可怜也。任尊叔见我得官，其欢喜出于至诚，亦可思也。

竟希公一项，当甲午年抽公项三十二千为贺礼，渠两房颇不悦。祖父曰："待藩孙得官，第一件先复竟希公项。"此语言之已熟，特各堂叔不敢反唇相稽耳。同为竟希公之嗣，而菀枯悬殊若此，设造物者一旦移其菀于彼二房，而移其枯于我房，则无论六百，即六两亦安可得耶？

六弟、九弟之岳家，皆寡妇孤儿，槁饿无策。我家不拯之，则孰拯之者？我家少八两，未必遂为债户逼取，渠得八两，则举室回春。贤弟试设身处地，而知其如救水火也。

彭王姑待我甚厚，晚年家贫，见我辄泣。兹王姑已没，故赠宜仁王姑丈，亦不忍以死视王姑之意也。腾七则姑之子，与我同孩提长养。

诸弟生我十年以后，见诸戚族家皆穷，而我家尚好，以为本分如此耳。而不知其初皆与我家同盛者也。兄悉见其盛时气象，而今日零落如此，则大难为情矣。

凡盛衰在气象。气象盛，则虽饥亦乐；气象衰，则虽饱亦忧。今我家方全盛之时，而贤弟以区区数百金为极少，不足比数。设以贤弟处楚善、宽五之地，或处葛、熊二家之地，贤弟能一日以安乎？

凡遇之丰啬顺舛，有数存焉，虽圣人不能自为主张。天可使吾今日处丰亨之境，即可使吾明日处楚善、宽五之境。君子之处顺境，兢兢焉常觉天之过厚于我，我当以所余补人之不足；君子之处啬境，亦兢兢焉常觉天之厚于我，非果厚也，以为较之尤啬者，而我固已厚矣。古人所谓境地须看不如我者，此之谓也。

来书有"区区千金"四字，其毋乃不知天之已厚于我兄弟乎？兄尝观《易》之道，察盈虚消息之理，而知人不可无缺陷也。日中则昃，月盈则亏，天有孤虚，地阙东南，未有常全而不缺者。剥也者，复之几也，君子以为可喜也。央也者，姤之渐也，君子以为可危也。是故既吉矣，则由吝以趋于凶；既凶矣，则由悔以趋于吉。君子但知有悔耳。悔者，所以守其缺而不敢求全也。小人则时时求全，全者既得，而吝与凶随之矣。众人常缺而一人常全，天道屈伸之故，岂若是不公乎？

今吾家椿萱重庆，兄弟无故，京师无比美者，亦可谓至万全者矣。故兄但求缺陷，名所居曰"求缺斋"，盖求缺于他事而求全于堂上。此则区区之至愿也。家中旧债不能悉清，堂上衣服不能多办，诸弟所需不能一给，亦求缺陷之义也！内人不明此意，时时欲置办衣物，兄亦时时教之。今幸未全备，待其全时，则吝与凶随之矣。此最可畏者也。贤弟夫妇诉怨于房闼之间，此是缺陷，吾弟当思所以弥其缺，而不可尽给其求，盖尽给则渐几于全矣。吾弟聪明绝人，将来见道有得，必且题余之言也。

如弟所云"家中欠债千余金"，若兄早知之，亦断不肯以四百赠人矣。如今信去已阅三月，馈赠族戚之语，不知乡党已传播否？若已传播而实不至，则祖父受吝啬之名，我加一信，亦难免二三其德之诮，此兄读两弟来书，所为踌躇而无策者也。兹特呈堂上一禀，依九弟之言书之，谓朱啸山、曾受恬处二百落空，非初意所料。其馈赠之项，听祖、父、叔父裁夺，或以二百为赠，每人减半亦可；或家中十分窘迫，即不赠亦可。戚族来者，家中即以此信示之，庶不悖于过则归已之义。贤弟观之，以为何如也？

若祖、父、叔父以前信为是，慨然赠之，则此禀不必付归，兄另有安信付去，恐堂上慷慨持赠，反因接吾书而尼沮。凡仁心之发，必一鼓作气，尽吾力之所能为，稍有转念，则疑心生，私心亦生。疑心生，则计较多而出纳吝矣；私心生，则好恶偏而轻重乖矣。使家中慷慨乐与，则慎无以吾书生堂上之转念也。使堂上无转念，则此举也，阿兄发之，堂上成之，无论其为是为非，诸弟置之不论可耳。向使去年得云贵广西等省苦差，并无一钱寄家，家中亦不能责我也。

六弟之信文笔拗而劲，九弟文笔婉而达，将来皆必有成。但目下不知各看何书？万不可徒看考墨卷，汩没性灵。每日习字不必多，作百字可耳。读背诵之书不必多，十页可耳。看涉猎之书不必多，亦十页可耳。但一部未完，不可换他部，此万万不易之道。阿兄数千里外教尔，仅此一语耳。

罗罗山兄读书明大义，极所钦仰，惜不能会面畅谈。余近来读书无所得，酬应之繁，日不暇给，实实可厌。惟古文各体诗，自觉有进境，将来此事当有成就。恨当世无韩愈、王安石一流人与我相质证耳。

贤弟亦宜趁此时学为诗古文，无论是否，且试拈笔为之，及今不作，将来年长，愈怕丑而不为矣。每月六课，不必其定作时文也。古文、诗赋、四六，无所不作，行之有常，将来百川分流，同归于海，则通一艺即通众艺，通于艺即通于道，初不分而二之也。此论虽太高，然不能不为诸弟言之，使知大本大原，则心有定向，而不至于摇摇无着。虽当其应试之时，全无得失之见乱其意中；即其用力举业之时，亦于正业不相妨碍。诸弟试静心领略，亦可徐徐会悟也。

**【译文】**

六弟、九弟左右：

寄回的银两，以四百两用来济赠亲戚。

兄道光十九年去外婆家，见大舅住在窑洞里，用瓜菜作食物，对此在一段时间内我都很难过。通十舅送我时，对我说："外甥去外地做官，你的烧火夫便由阿舅来当吧。"南五舅把我送到长沙，惜别时说："明年我送外甥媳妇去京师。"我说："京城很苦，舅舅不要来。"舅舅说："我知道很苦。但你做官的地方我始终要找到。"说着就掉下泪来。兄我惦记着舅舅都年事已高，可想而知他们饥寒的情况，而且十舅已经去世，现在我们不伸手救援，则大舅、五舅等人我们还能给予他们什么援助呢？十舅虽死，我意仍应抚恤他的妻子儿女，并按习俗为十舅请和尚念经，对死者的灵魂进行慰藉，尽我对十舅去世的不忍之心。

家运不顺的还有兰姐、蕙妹，就当前情况看，我预计，兰姐还能支持，蕙妹再过几年，就难以维持生计了。同胞之爱，纵然她们对我们期望并不大，我们能不把她们看为一家骨肉吗？

欧阳沧溟先生借的旧债很多，他家的苦境，我们根本没办法相比，因此他母亲去世，没有办法办隆重她的丧礼。岳母送别我时，也是哭着诉说她家苦境的。我特对她家多赠些钱，也是按世俗常理而行的。

楚善叔被债主逼迫得走投无路，入地无门，二伯祖母便向我哭诉。又哭着对子植弟说："八儿夜间涕哭，泪流满地，足有五尺方圆的面积都湿了。"他想把田卖给我们家，价钱不高，却事又多磨。他曾写信给我，细述忍气吞声、暗中哭泣的状况，这种情况子植弟曾亲历，我和子植弟曾哀叹好长时间。

丹阁叔与宝田表叔，与我十载同窗，怎能料想到今日竟会有天壤之别。我想他们在极其窘迫难堪之时，必定也是对自己不济的命运多有抱怨。丹阁叔在道光十八年曾拿出八千钱祝贺我考上进士，贤弟可以对他家的境况体谅一番，难道拿出八千是容易的吗？说他是为我升官太高兴而为，固然让人感激；说他是在抛钓饵，为以后讨好我，这种行为也值得人怜悯！任尊叔见我得官，他那种真诚的欢喜之情，也很让我怀念。

我中举是道光十四年的事，准备进京考进士，竟希公抽家中公用钱三十二千为我祝贺，其他两房的人都不高兴，祖父说："等国藩做了官，第一件事先还竟希公的公用钱。"已说明白了这句话，因此各堂叔谁也不敢顶嘴。同样是竟希公的后人，而今贫富家境竟然如此悬殊，上天一旦把富裕移赐给其他两房，而转移给我们这房贫困，那不要说要我房出六百两，即便是六两，又去哪里找呢？

六弟、九弟的岳母家，都是孤儿寡母，没办法抵御饥寒。我家不救济，让谁去救济呢？我家少用八两钱，债主不一定马上来逼要，他们家如果得到八两，则扭转了全家生机。贤弟试着设身处地想想，便会明白把一点钱给他们，就如同救人于水深火热之中了。

彭王姑待我非常好，晚年家贫，见我就哭。而今王姑已去世，因此送一点钱给宜仁王姑丈，也是不忍心看着彭王姑的去世。腾七是姑母之子，和我从小就要好。

在我十岁之后诸弟才出生了，看见戚族家都很穷，而我家较富，认为原本就是这样的，而不知道起先他们都与我家一样兴旺。兄我全看到了他们兴旺时期的气象,而今竟穷成这般光景,这实在太难为情了。

人的气度决定家景盛衰。气度旺盛,则即使有饥寒也会有快乐;气度衰落,则尽管饱暖也会有忧愁的时候。如今我家方进全盛之时,而贤弟认为的区区百金这么少,不足以帮助人家渡过难关。倘若贤弟处于楚善、宽五的境地,处于葛、熊两家之境地,这一天贤弟能安生度过吗?

人们遇到的年景是丰收或歉收,日子过得顺心或不顺心,命运早安排好了这一切,即便是圣人也不能改变。今天,上天既可使我家在顺利丰厚之境处之,明天,也就可以使我家陷于楚善、宽五之境。君子处在顺境之时,应当坚定地了解自己得到了上天的厚待,我应当以己之所余去救助别人之不足;君子处在困境时,仍应坚定地认为上天对自己并不刻薄,并不是果真多么厚待,而是与比我更为穷困者相比罢了。古人所说的看自己的境地好坏,只需看比自己穷的,就是这个道理。

来信有"区区千金"四字,这岂不是不懂得你我兄弟已得到上天厚爱的道理吗?我曾研究《易》之道,考察盈虚变化的道理,从而认识到没有十全十美的人。日到正午就开始西斜,月到圆满就开始亏缺,天有日辰不全,地有东南陷缺,没有常全不缺的。事物剥落了,便开始其复苏的机会,君子为此而高兴;人们感到满意了,反映了事物的渐善趋美,君子则认为这是危险的征兆。因此说,已达吉利之时,灾祸会由于太过吝啬而马上到来;灾难来临时,由于能反省悔过,就可能转为吉利。真君子只是懂得应该时刻悔过。懂得悔过的人,就能坚持按求缺过日子,便不敢奢求完美了。小人则时时求完美,得到了完美,随之而来的便是吝啬与灾难。世上多数人经常处于有短缺的情况,而只有个别人是处于完善的状况,这是天意有屈有伸的原因,这难道是不公平吗?

如今我们家父母、祖父母都健在,兄弟们平安,我在京城的家庭一切安好,也可称得上万分完美了。但我只求亏缺,因此把我的居室命名为"求缺斋",求的是缺在其他事情,而对于堂上老人则是求全。这是我的一点小小心愿。不能完清家中旧债,堂上老人衣服不能多办,诸弟之所需不能一一满足,也是求缺的意思。这个道理你们嫂子不懂,时时想着多置办点衣物,我也经常劝导她。而今幸而没有全备,等到齐备时,便躲不掉吝啬与灾难了。这是最可怕的事情。贤弟夫妇在家里彼此诉苦埋怨,这是缺陷。我的弟弟们应当考虑这个缺陷怎么弥补,而不可尽量满足他们的要求,由于尽量满足,便会逐渐接近齐全。我弟聪明绝人,将来见识多了,一定会认为我的话是对的。

倘若真像弟弟所说"家中还欠债千余金",这个情况我若是早知道,那我决不会拿四百金去赠人。如今已有三个月了,自寄去那封信之后,馈赠族戚的话,不知乡党间已传出去没有?要是已传了出去,我们说得好听而实际不给人家,太吝啬的名誉便会落在祖父头上,我即便再写一信作解释,也难免被人讥笑,这就是兄读两弟来信后到底该怎么做而踌躇无策的缘故。现特呈堂上一信,所写的都依据九弟的道理,就说朱啸山、曾受恬处的二百不给了,其理由是考虑不周。馈赠多少,听从祖父、父亲、叔父决定,或用二百作馈赠,每人减半也可;或因我家困难,不赠也可。戚族有人来了,便让他们看这封信,或许这就不违背"有过自己承担"的原则了吧。贤弟看看,以为怎么样?

如果祖父、父亲、叔父认为以前的信是对的,要慷慨馈赠,便不必寄去这封信,我另写问安信回去，怕的是堂上大人本愿慷慨赠送，而终止馈赠的原因反而是由于我的信。凡仁爱之心一发，必须一鼓作气，尽力而为，只要稍微有回心转意的意思，疑心便生于转移之间，私心也就出现。疑心生，就会斤斤计较，出手吝啬；私心生，就会好坏不分，轻重颠倒。如果堂上想要慷慨馈赠，则要慎重而行，不要因为我的信而使堂上大人产生改变主意的念头。假如堂上大人不改变主意，便是由阿兄我发起此举，堂上老人成全，不管这事是对是错，诸弟都不要管这件事。假如去年我得到去云贵广西等省的苦差事，并无往家寄一分钱，家中也不会责怪我吧。

六弟之信，文笔刚劲有力，九弟文笔婉转流畅，以后定有出息。但眼下不知你们各自看的是什么书？千万不可只看科举考卷，埋没自己的灵性。每日写字不必多，只写百来个字便足够。读、背、诵的书不必多，十页就可以。不必浏览众多的普通书，也看十页就可以了。但一部没有看完，不可换他部，这个原则莫改。为兄数千里外指教你们的，仅此一句而已。

罗罗山兄读书明白大义，我非常钦佩仰慕他，可惜不能见面畅谈。我近来读书没有什么收获，应酬太多，日不暇接，实在厌恶。惟古文与各种体裁的诗，自觉有所进步，在这方面或许以后有些成就。只恨当世没有韩愈、王安石这一流人物与我切磋考证。

贤弟也应该在这个时候把诗和古文学习好，不管好坏，只管试着提笔写去，现在不做，将来年纪大了，就更怕丢丑而不去做了。每月六次课，科举考试用的诗与八股文不一定要写。要古文、诗赋、四六文，无所不作，长期坚持下去，将来百川分流，同归大海，这样技艺也能举一反三。艺通了，道也就通了，最初这两者就是连在一起的。我这些观点尽管有些深奥，但一定要向诸弟说一说，使你们知道知识的本源，一定要树立起来志向，而不至于摇摆不定。这样，即便到你们在科举应试之时，自己的想法也不会由于患得患失而搞乱；即便到全心作科举考试的诗文时，也不耽搁自己的读书写作正业。诸弟试着静心领略一下，会慢慢把其中的道理领悟出来。

## 尽心做事勤俭节约

**【原文】**

澄侯、沅甫、季洪老弟左右：

十三日专吉字营勇送信至家，十七日接澄弟初二日信，十八日接澄弟初五日信，敬悉一切。三河败挫之信，初五日家中尚无确耗，且县城之内毫无所闻，亦极奇矣。

九弟于廿二日在湖口发信，至今未再接信，实深悬系。幸接希庵信，言九弟至汉口后有书与渠，且专人至桐城三河访寻下落，余始知沅甫弟安抵汉口，而久无来信，则不解何故。岂余近日别有过失，沅弟心不以为然耶？当此初闻三河凶报，手足急难之际，即有微失，亦当将皖中各事，详细示我。

今年四月，刘昌储在我家请乩。乩初到，即判曰："赋得偃武修文，得闲字（字谜败字）。"余方讶败字不知何指。乩判曰："为九江言之也，不可喜也。"余又讶九江初克，气机正盛，不知何所为而云。然乩又判曰："为天下，即为曾宅言之。"由今观之，三河之挫，六弟之变，正与"不可喜也"四字相应。岂非数皆前定耶？

然祸福由天主之，善恶由人主之。由天主者无可如何，只得听之；由人主者，尽得一分算一分，撑得一日算一日。吾兄弟断不可不洗心涤虑，以求力挽家运。

第一，贵兄弟和睦。去年兄弟不和，以致今冬三河之变，嗣后兄弟当以去年为戒。凡吾有过失，澄、沅、洪三弟各进箴规之言，余必力为惩改；三弟有过，亦当互相箴规而惩改之。

第二，贵体孝道。推祖父母之爱以爱叔父，推父母之爱以爱温弟之妻妾儿女及兰、蕙二家。又父母坟域必须改葬，请沅弟作主，澄弟不可过执。

第三，要实行勤俭二字。内间妯娌不可多事铺张，后辈诸儿须走路，不可坐轿骑马。诸女莫大懒，宜学烧茶煮菜。书、蔬、鱼、猪，一家之生气；少睡多做，一人之生气。勤者生动之气，俭者收敛之气。有此二字，家运断无不兴之理。余去年在家，未将此二字切实做工夫，至今愧恨，是以谆谆言之。余详日记中，不赘。

**【译文】**

澄侯、沅甫、季洪老弟左右：

十三日派吉字营士兵专程送信回家，十七日收到澄弟初二的来信，十八日收到澄弟初五来信，敬悉一切。三河失败的消息，初五家中还没有确切的消息，而且县城内也没有露一点口风，也真够奇怪的。

九弟二十二日在湖口发过信，到现在我还没收到这封信，实在挂念。幸好收到希庵来信，说九弟到汉口后有信给他，而且派了专人到桐城、三河寻找下落，我才知道汉口沅甫弟已安全抵达，但这么长时间不来信，不知是什么缘故。莫非是我近期做错了什么事，沅弟心中不以为然吗？正当刚刚听到三河凶讯，手足无措之时，就是有过失，也应该将皖中各种事情让我知晓详尽啊。

今年四月，刘昌储请乩于我家中。乩一到，就判说："赋得偃武修文，得闲字（字谜败字）。"我刚惊讶不知什么才能形容败字。乩判说："为九江言之也，不可喜也。"我又惊讶九江刚刚攻克，我军气势正旺，他说的也不可解释。乩又说："为天下，就为曾家言。"如今看来，三河之败，六弟殉难，正同"不可喜也"四字相应，终究是气数已定？

但是上天安排福祸，喜恶由人自主。由上天安排，没什么办法，只得听它的；由人自主，就应尽可能地得一分算一分，一天撑到算一天。我们兄弟决不能不慎重考虑，以图尽力挽救家运。

第一，贵在兄弟和睦。去年兄弟不和，导致今冬三河之变的发生。今后兄弟应以去年为戒，凡是我有过失，澄、沅、洪三弟都应规劝，我一定尽力改正，三弟有过，也要劝勉并改正他的过错。

第二，贵在尽孝道。像爱戴祖父母那样爱戴叔父，由对父母的爱戴推及爱护温弟的妻妾儿女及兰、蕙两家。另外，必须改葬父母的坟墓。请沅弟做主，澄弟不要固执。

第三，要实行勤俭二字，妯娌之间切勿奢侈靡华。后辈诸儿要走路，不要坐轿骑马，诸女别太懒，应学烧茶做饭。书、蔬、鱼、猪是一家的生气，一个人的生气则是少睡觉多做事。"勤"是生动之气，"俭"是收敛之气。有此二字，才能有兴旺的家运。我去年在家，没有在这二字上切实下工夫，现在很懊悔，只能孜孜教诲于此。其他详记在日记中，不赘述。

# 六禀父母：

禀近服补肝之品

【原文】

男国藩跪禀：

父母亲大人万福金安！

正月初三日发第一号家信。初七日彭棣楼太守出京，男寄补服四副、蓝顶二个，又寄欧阳沧溟先生江绸褂料一件、对联一副、高丽参二两、鹿胶一斤，又寄彭茀庵表叔鹿胶一斤。二月初寄第三号家信。想俱收到。

男等在京合室平安。男病尚未痊愈，二月初吃龙胆泻肝汤，甚为受累，始知病在肝虚。近来专服补肝之品，颇觉有效。以首乌为君，而加以蒺藜、淮山药、赤芍、茯苓、菟丝诸味。男此时不求疮癣遽好，但求脏腑无病，身体如常，即为如天之福。今年虽不能得差，男亦毫无怨尤。

同乡张仲涟丁艰，男代为张罗一切，令之即日奔丧回里。黎樾乔于二月十四到京。

四弟近日读书，专以求解为急，每日摘疑义二条来问。为男煮药求医及纪泽教书，皆四弟独任其劳。六弟近日文思大进，每月作四书文六首、经文三首，同人无不击节称赏。

请封之事，大约六月可以用玺，秋冬可以寄家。余详四弟书中。男谨禀。

道光二十六年二月十六日

【译文】

男国藩跪禀：

父母亲大人万福金安。

儿子于正月初三寄出去了第一封家信。彭棣楼太守于初七这一天离开京城前去任职，儿子便顺便托他把四套补服、两个蓝顶带去；另外还有带给欧阳沧溟先生的一件江绸褂料、一副对联、二两高丽参和两斤鹿胶；把一斤鹿胶带给表叔彭茀庵。我于二月初又寄出了第三号家信。估计现在都已经收到了。

儿子全家人在京城平安无事。只是儿子的病现在还未全好，二月初开始吃龙胆泻肝汤，感觉很是受累，然后才知道肝虚便是病根。近段时间专门吃补肝的东西，觉得还稍有成效。这种补肝的药方以首乌为主，再配上蒺藜、山药、赤芍、茯苓、菟丝等各味药。我现在已经不奢望能很快治好疮癣了，只求内脏正常无恙，身体健康无忧，便是我最大的福气了。即使今年无法担任任何官职，我也不会有一句怨言。

近日，同乡张仲涟家的老人不幸离世，儿子受他所托，把京城的一切事宜代为办理，以使他当天就回家好好料理丧事。黎樾乔抵达京城之日是二月十四日。

最近四弟读书之时，其急务便是求解，每天都要摘抄两条不解的地方来问我。现在为儿煎药、请医生，还有教纪泽读书这些事，都只有四弟奔忙。近来，六弟的文思大有长进，每月都会作六篇四书文、三篇经文，身边的同事们看了，对他都交口称赞。

最后再说请封的事，此事大概要等到六月份皇上恩准，估计秋冬之交便可以寄回家。其余诸事详见四弟所寄之信。儿子谨禀。

道光二一十六年二月十六日

## 六禀父母：

谨守保养身体之训

**【原文】**

男国藩跪禀父母亲大人万福金安：

四月十四日接奉父亲三月初九日手谕，并叔父大人贺喜手示，及四弟家书。敬悉祖父大人病体未好，且日加沉剧。父叔率诸兄弟服侍已逾三年，无昼夜之闲，无须臾之懈，独男一人远离膝下，未得一日尽孙子之职，罪责甚深。闻华弟、荃弟文思大进，葆弟之文得华弟讲改，亦日驰千里，远人闻此，欢慰无极。

男近来身体不甚结实，稍一用心，即癣发于面。医者皆言心亏血热，故不能养肝；热极生风，阳气上干，故见于头面。男恐大发，则不能人见（二月二十三谢恩，蒙召见。三月十四值班，蒙召见。三十又蒙召见），故不敢用心，谨守大人保养身体之训。隔一日至衙门办公事，余则在家，不妄出门。现在衙门诸事，男俱已熟悉。各司官于男皆甚佩服，上下水乳交融，同寅亦极协和。男虽终身在礼部衙门为国家办照例之事，不苟不懈尽就条理，亦所深愿也。

英夷在广东，今年复请人城。徐总督办理有方，外夷折服，竟不入城。从此永无夷祸，圣心嘉悦之至（四月十五日上谕甚嘉奖，兹付呈）。李石梧前辈告病。陆立夫总制两江，亦极能胜任。术者每言皇上连年命运行劫财地，去冬始交脱。皇上亦每为臣工言之。今年气象果为昌泰，诚国家之福也。

儿妇及孙女辈皆好。长孙纪泽前因开蒙太早，教得太宽，顷读毕《书经》，请先生再将《诗经》点读一遍。夜间讲《纲鉴》正史，约已讲至秦商鞅开阡陌。李家亲事，男因桂阳州往来太不便，已在媒人唐鹤九处回信不对。常家亲事，男因其女系妾所生，具闻其嫡庶不甚和睦，又闻其世兄不甚守俭敦朴，亦不愿对。南陵先生今年来京时，男不与之提及此事，渠已知其不谐矣。

纪泽儿之姻事屡次不就，男当年亦十五岁始订婚，则纪泽再缓一二年，亦无不可。或求大人即在乡间选一耕读人家之女，或男在京自定，总以无富贵气习者为主。纪云对郭雨三之女，虽未订盟，而彼此呼亲家，称姻弟，往来亲密，断不改移。二孙女对岱云之次子，亦不改移。谨此禀闻，余详与诸弟书中。男谨禀。

道光二十九年四月十六日

**【译文】**

男国藩跪禀父母亲大人万福金安：

我于四月十四日接到父亲三月初九亲写的手谕和叔父大人贺喜的手示，此外还有来自四弟的一封家信。从信中得知祖父大人的病不但康复无望，反而日益加重。父亲、叔父携各位兄弟服侍祖父已达三年之久，无一时一刻的闲暇，而也不曾有任何时刻怠慢。如今只有孩儿一个人不能侍奉在旁，承欢膝下，一天都没尽到做孙子的责任，孩儿深知自己罪责深重，不能原谅！最近听说华弟、荃弟的文思大有进步。葆弟的文章，因得到华弟的指点，进步也是一日千里。远方亲人听了这些事情，也可深感欣慰。

只是近日来，孩儿的身体很不结实，只要稍微用心思考，他会复发脸上的癣病。医生都说这要归结于心亏血热，以致不能养肝；热度太高，就会生风；阳气上冲，在头脸上便出现了症状。孩儿担心疥癣大发，便不能晋见皇上了（二月二十三日谢恩，蒙受皇上召见。三月十四日值班，蒙受皇上召见。三十日又蒙受皇上召见），因此也不敢费心思考，每日严格遵守父亲大人的教导，谨慎地保养自己的身体。每隔一天到衙门办理公事，而在其余的时间里休息，从不敢轻易出门。如今衙门各项事务都已步入正轨，各个部门的官员也很敬佩孩儿，与下属之间相处得都很融洽，如水乳交融般，同年人之间也非常和谐。即使孩儿终身在礼部衙门成为国家照例事务的管办官员，也绝不会有一丝的马虎、怠慢，事情务必井井有条，这也是孩儿对自己的深切希望。

英夷（按：英国侵略者）先是践踏广东，而今年省城又成为他们的目标。幸亏徐总督办事干练，主控大局，外夷也很佩服他的能力，才没有强行进城。从今以后再也没有英夷来侵扰，皇上龙颜大悦，欢喜至极（四月十五日上谕很是嘉奖，现附在一起呈上）。李石梧老前辈因病告假，朝廷改派给陆立夫总管两江之职，他也是众望所归，轻松胜任。术士常说，皇上连年命运行在劫财之地，去年冬天才刚脱离此境。皇上也经常向臣下谈及此事，今年气象果然繁荣昌盛，真乃国家之福。

儿媳和孙女们都好。大孙子纪泽因为以前学习得太早，教得太宽泛，也于前几日看完《书经》，请先生再给他选读一遍《诗经》。晚上给他讲解《纲鉴》，正史大约已讲到秦国商鞅开阡陌的部分。至于李家提亲一事，孩儿认为桂阳距湖南甚远，来往不便，因此已经向媒人唐鹤九回信说明，我家不同意此事。还有常家的亲事，由于小妾所生之女，据传他家的嫡生子女与庶生子女相处得并不和睦，而且又听说他的哥哥浮华刁钻，不够淳朴节俭，也不同意这门亲事。今年南陔先生到京城来，孩儿从未向他提起关于这门亲事的任何看法，相信他已知晓这个结果。

纪泽儿的婚事屡次出现问题，到现在还未成功。不过想来十五岁了孩儿才订婚，所以纪泽即使再过一两年定亲，也无不可。儿子有时希望父亲大人就在乡下选取一个耕读人家的女儿，或者孩儿在京城自己挑选，总的说来家人要没有富贵习气。纪云与郭雨三的女儿，虽然还没有正式缔结婚约，但相互之间已经称呼为亲家、姻弟，已经是不会更改的事实了。二孙女配岱云的儿子，也已成定局了。这次就向父母详细禀告这些事情，其他的事在给各位兄弟的信中已详谈，不再赘述。

道光二十九年四月十六日

## 一零致两弟：

早起乃健身的千金妙方

**【原文】**

澄侯、沅甫两弟左右：

廿二日接初七日所发家信，内澄弟一件、沅弟一件、纪泽一件！知叔父大人已于三月二日安厝马公塘，两弟于家中两代各位老人养病送死之事，皆备极诚敬，将来必食报于子孙。闻马公塘山势平衍，可决其无水蚁凶灾，尤以为慰。

澄弟服补剂而大愈，甚幸甚幸！丽参、鹿茸虽享福稍早，而体气本弱，亦属无可如何。

吾生平颇讲求惜福二字之义，近来亦补药不断，且菜蔬亦比往年较奢。自愧享用太过，然亦体气太弱，不得不尔。胡润帅、李希庵常服辽参，则其享受更有过于余者。澄弟平日太劳伤精，唢呐伤气，多酒伤脾。以后戒此三事，而常服补剂，自可日就痊可。丽参、鹿茸服毕后，余可再寄，不可间断，亦不可过多，每早服二钱可也。家中后辈子弟个个体弱，唢呐、吃酒二事须早早戒之，不可开此风气。学射最足保养，起早尤千金妙方、长寿金丹也。

纪泽今年耽搁太多，此次宜静坐两个月。《汉魏六朝百三名家》，京中带回一部，江西带回一部，可付一部来营。纪鸿《通鉴》讲至何处？并问。即候日好。兄国藩手草。

再，抚州绅士刻余所书《拟岘台记》，共刷来八份，兹寄五份回家。澄弟一份，沅弟一份，纪泽一份，外二份送家中各位先生。暂不能遍送也。

咸丰十年三月廿四日

**【译文】**

澄侯、沅甫两弟左右：

二十二日收到家中初七日发出的信，内有三封，各有一封来自澄弟、沅弟及纪泽。我从信中得知叔父大人已于三月二日在马公塘安葬，对于家中上两代各位老人养病送葬的事，两位弟弟办得尽心妥当，满怀诚敬，将来后代子孙也必然会有厚报。听说马公塘山势平缓无碍，不会出现洪水泛滥之势，也无须担心白蚁之患，我听了很高兴。

澄弟近来服用了很多的补药，身体已渐痊愈，实在是幸运之事。高丽参、鹿茸这些补药，虽然很早就开始服用，但体质本来虚弱，也是无可奈何。我平生对“惜福”二字的含义很是讲究。近来补药不断，也比往常奢侈于吃蔬菜，自己感觉太过了，吃了很惭愧。然而体质中气也确是太弱，不得不吃得稍好一点。胡润帅、李希庵常常服用辽参，他们比我更会享受。澄弟平时劳神伤精，唢呐伤气，多饮酒伤脾。这三件事以后必须要戒除，常服补药，自然可以逐渐好转。高丽参、鹿茸服完之后，我可以再寄，不可以间断，过多食用也不可，每早上服用二钱就可以了。家中后辈子弟个个身体都不是很健壮，唢呐、吃酒二事必须尽早戒除，不可开此风气。锻炼身体的好方法之一是学习射箭，早起更是长寿的千金妙方。

今年以来，功课已被纪泽耽误的太多，他目前最应该做的就是静下心来坐上两个月。《汉魏六朝百三名家》这部书，我从京城带回一部，从江西带回一部，在营中送来一部。顺便问一下，纪鸿的《通鉴》已经讲到何处了？即候日好。

另外，近日抚州绅士命人刻下了我书写的《拟岘台记》，一共给我拓来八份，现将其中五份寄回家中，澄弟、沅弟、纪泽各一份，把两份剩下的送至家中各位先生了。暂时不能人人都送。

咸丰十年三月二十四日

## 一四谕纪泽：

毋滥服药、饭后散步乃养生要诀

**【原文】**

字谕纪泽儿：

曾名琮来，接尔十一月二十五日禀，知十五、十七尚有两禀未到。

尔体甚弱，咳吐咸痰，吾尤以为虑，然总不宜服药。药能活人，亦能害人。良医则活人者十之七，害人者十之三；庸医则害人者十之七，活人者十之三。余在乡在外，凡目所见者，皆庸医也。余深恐其害人，故近三年来，决计不服医生所开之方药，亦不令尔服乡医所开之方药。见理极明，故言之极切，尔其敬听而遵行之。每日饭后走数千步，是养生家第一秘诀。尔每餐食毕，可至唐家铺一行，或至澄叔家一行，归来大约可三千余步。三个月后，必有大效矣。

尔看完《后汉书》，须将《通鉴》看一遍。即将京中带回之《通鉴》，仿照余法，用笔点过可也。尔走路近略重否？说话略钝否？千万留心，此谕。涤生手示。

咸丰十年十二月廿四日

**【译文】**

字谕纪泽儿：

曾名综已在我这，我刚收到你十一月二十五日的来信，从这封信中知晓还有十五、十七日写的两封信至今还没到。

听说你最近身体很弱，常有痰伴着咳嗽而出，我心里万分焦急。不过你一定不要总是吃药，药能救人，也能害人。良医救治病人，十分之七能够救活，还有十分之三的人不治身亡；若是庸医，害死的人就是十分之七，而能救活的人不过十分之三而已。我无论是身在家乡，还是外出治军做官，所见几乎尽是庸医。我很担心他们拙劣的医术会有害于人，所以近三年来从不吃医生所开处方的药，也不让你们吃乡下医生所开处方的药。因为道理是显而易见的，所以说起来也很恳切，你们必须认真遵从我的话，并依照着去做。每天饭后走上几千步，是养生的第一秘诀。你每顿饭后，可到唐家铺，或者到澄叔家走一走，顺便拜访他。这个过程的来回大约有三千多步，坚持三个月以后肯定会大有成效。

你通读《后汉书》之后，一定要阅读一遍《通鉴》。按照我的做法，将我从京城里带回的《通鉴》，用笔圈点一遍。你最近走路是不是稳重些了？说话是否也略显深重了？千万要注意这些事项。此谕。

咸丰十年十二月二十四日

## 二一致两弟：

治身应以"不药"为药

**【原文】**

沅、季弟左右：

季弟病似疟疾，近已痊愈否？吾不以季病之易发为虑，而以季好轻下药为虑。

吾在外日久，阅事日多，每劝人以不服药为上策。吴彤云近病极重，水米不进已十四日矣。十六夜四更，已将后事料理，手函托我，余一概应允，而始终劝其不服药。自初十日起，至今不服药十一天，昨夜竟大有转机，疟疾减去十之四，呃逆各症减去十之七八，大约保无他变。希庵五月之季病势极重，余缄告之，云治心以广大二字为药，治身以不药二字为药，并言作梅医道不可恃。

希庵乃断药月余，近日病已痊愈，咳嗽亦止。是二人者，皆不服药之明效大验。季弟信药太过，自信亦太深，故余所虑不在于病，而在于服药。兹谆谆以不服药为戒，望季曲从之，玩力劝之。至要至嘱。

季弟信中所商六条皆可允行。回家之期，不如待金陵克后乃去，庶几一劳永逸。如营中难耐久劳，或来安庆闲散十日八日，待火轮船之便，复还金陵本营，亦无不可。若能耐劳耐烦，则在营久熬更好，与弟之名日贞、号曰恒者，尤相符合。其余各条皆办得到，弟可放心。

上海四万尚未到，到时当全解沅处。东征局于七月三万之外，又有专解金陵五万，到时亦当全解沅处。东局保案，自可照准，弟保案亦日内赶办。雪琴今日来省，筱泉亦到。

同治元年七月廿日

**【译文】**

沅、季弟左右：

季弟的病颇似疟疾，最近的病情有没有改善？我倒不担心季弟容易患病，而是为他喜欢轻率用药而担心。

我在外面日子久了，阅历也多了，总说吃药为下策。吴彤云近日病得极重，水米都不沾，已经十四天。十六日晚上四更，已料理好后事，亲笔写信托我，我一概答应，而开始劝他不吃药。自初十日起，到今天，十一天不吃药，昨天竟大有转机，已减轻十分之四的疟疾，呕逆等症，减去十之七八，这条命总算保住。

希庵五月末病情也很严重，我写信告诉他，“治心以广大二字为药，治身以不药二字为药。”并说不要寄希望于作梅的医术。希庵于是停药一个多月，近日病已好了，咳嗽也止住了。这两个人，效果明显的都源于不吃药。季弟太迷信药物，自信也太深，所以我忧虑他不在于病，而在于吃药。现在谆谆嘱咐切勿吃药，希望季弟能够听从我的意见，沅弟也要力劝。至要至嘱！

季弟信中提出来商量的六条，都可以。回家的日期，可以待攻下金陵后，也许可以一劳永逸。如果在军营难以忍耐劳累，或者回安庆闲散十天八天，等轮船方便，再回金陵本营，也无不可。如果能耐劳耐烦，那么最好在军营久熬，与弟弟的名叫贞，字叫恒，意义尤其符合。其余各条，都办得到，弟弟放心。

还没收到上海四万两军饷，到时就全部解送到沅弟处。东征局在七月三万两之外，又专门解送金陵五万两，到时请沅弟接收。东局保举有功人员的文案，自可照准，弟保案也将在日内赶办。雪琴今日来省，筱泉也该到了。

同治元年七月二十日

## 二三致沅弟：

去忿欲以养体、存倔强以励志

**【原文】**

沅弟左右：

十九日接弟十四日缄，交林哨官带回者，具悉一切。

肝气发时,不惟不和平,并不恐惧,确有此境。不特弟之盛年为然,即余渐衰老,亦常有勃不可遏之候。但强自禁制,降伏此心,释氏所谓降龙伏虎。龙即相火也,虎即肝气也。多少英雄豪杰打此两关不过,亦不仅余与弟为然。要在稍稍遏抑,不令过炽。降龙以养水,伏虎以养火。古圣所谓"窒欲",即降龙也;所谓"惩忿"即伏虎也。释儒之道不同,而其节制血气,未尝不同,总不使吾之嗜欲戕害吾之躯命而已。

至于"倔强"二字,却不可少。功业文章,皆须有此二字贯注其中,否则柔靡不能成一事。孟子所谓"至刚",孔子所谓"贞固",皆从"倔强"二字做出。吾兄弟皆禀母德居多,其好处亦正在"倔强"。若能去忿欲以养体,存倔强以励志,则日进无疆矣。

新编五营,想已成军。郴桂勇究竟何如?殊深悬系。吾牙疼渐愈,可以告慰。刘馨室一信抄阅,顺问近好。兄国藩手草。

同治二年正月廿日

**【译文】**

沅弟左右:

十九日接到弟弟十四日捎来的信,就是交给林哨官带回来的那封,明白了一切。

肝气上升时,身体不但不平和,心中也不恐惧,到这个时候便会这种情况发生。不但弟弟年轻气盛时如此,已渐苍老的我,也常有肝气勃发不能遏制的症候。不过只要自己强加禁制,便可降伏心火。正如佛家所说的降龙伏虎:龙即是相火,虎就是肝气。这两道关有多少英雄豪杰都过不去,跟我们兄弟一样的人还有很多。重要的是要稍加遏抑,不要让肝火过分炽烈。降龙用来养水,伏虎用来养火。古代圣人所说的"窒欲",就是降龙;所说的"惩忿",就是伏虎。佛教道术虽然和儒教医术有异,但在节制血气这一点上,还是相通的,区别不是很大,其宗旨不外乎是克制自己的嗜好欲望,以免戕害自己的身体性命。

至于"倔强"这两个字,这种气质却不可或缺。功业文章,都须要有这两个字的精神贯穿其中,否则一生只能在萎靡及碌碌无为中度过。孟子所说的"至刚",孔子所说的"贞固",都从"倔强"二字引申而来。我们兄弟继承了母亲所具有的诸多品德,其精髓正在于"倔强"二字。如能消除体内仇恨的欲望,保养自己的身体,而多些倔强之气来激励心志,那么长进自然可以与日俱增。

新编的五个营,想必早已发展为军旅。郴、桂的士兵究竟操练得如何?我心中很是挂念。最近我的牙疼不像过去那么厉害了,可以稍稍欣慰,不必过于挂念了。现将刘馨室的一封信抄寄给你看。顺问近好。

同治二年正月二十日

## 二五致九弟:

恼怒如蝮蛇,去之不可不勇

**【原文】**

沅弟左右:

适闻初六常州克复,初八丹阳克复之信,正深欣慰!而弟之信中有云"肝病已深,痼疾已成,逢人辄怒,遇事辄忧”等语。读之不胜焦虑!

今年以来,苏浙克城甚多,独金陵迟迟尚无把握,又饷项奇绌,不如意之事机、不入耳之言语纷至迭乘。余尚温郁成疾,况弟之劳苦过甚百倍阿兄,心血久亏数倍于阿兄乎?

余自春来,常恐弟发肝病,而弟信每含糊言之,此四句乃露实情,此病非药饵所能为力,必须将万事看空,毋恼毋怒,乃可渐渐减轻。蝮蛇螫手,则壮士断其手,所以全生也。吾兄弟欲全其生,亦当视恼怒如蝮蛇,去之不可不勇,至嘱至嘱!

余年来愧对老弟之事,惟拨去程学启一名将,有损于阿弟。然有损于家,有益于国,弟不必过郁,兄亦不必过悔。顷见少荃为程学启请恤一疏,立言公允,兹特寄弟一阅,请弟且抄后寄还。

李世忠事,十二日奏结。又饷细情形一片抄阅,即为将来兄弟引退之张本。余病假于四月廿五日满期,余意再请续假,幕友皆劝销假,弟意以为何如?

淮北票盐、课厘两项,每岁共得八十万串,拟概供弟一军。此亦巨款,而弟尚嫌其无几,余于咸丰四、五、六、七、八、九等年,从无一年收过八十万者,再筹此等巨款,万不可得矣。

同治三年四月十三日

**【译文】**

沅弟左右:

刚刚得到常州克复、丹阳克复的捷报,正在高兴此事时,却看到弟弟在信中说:“肝病已经愈加严重,满身都是恶病,挥之不去。现在逢人便发怒,遇事便忧愁。”读了之后,兴奋之意顿消,心中不胜焦急。

今年以来,苏、浙克城很多,只是金陵没有攻下,再加上军饷奇缺等等,这些不如意的事情、不堪入耳的议论,纷至沓来,恐怕我都要生病了,更何况弟弟在军中整日辛苦,比我要胜过十倍!心血久亏之状,自然要比为兄弟严重。

自从入春以来,我经常害怕弟弟再次得肝病,而弟弟每次来信均含糊其辞,这次信中的四句话终于暴露了实情,但药却治愈不了这个病,为人处世必须胸怀广阔,遇事不恼不怒,疾病才可渐渐痊愈。蝮蛇咬手,则壮士断然斩断其手,这才把性命保全。沅弟若要保全生命,应把恼怒当做蝮蛇看待,下决心戒恼怒,不能优柔寡断,没有勇气,至嘱至嘱!

这一年来,我做了愧对老弟的事,只调配给你程学启,这显然有损阿弟。然而,有损于家,却有益于国,为此弟弟不要难过,为兄也不必后悔。刚看到少荃为程学启请恤的疏折,立言公允,现特寄给你看看,请弟弟抄后再寄还给我。

李世忠的事,已经于十二日奏结。至于严重的缺饷一事,可以作为张本用以我们将来的引退。我的病假于四月二十五日满期,我想再续假,幕友都劝我销假,不知你的看法怎样?

淮北票盐、厘课两项,每年共得八十万串,准备让弟弟一军用这供饷。这也是巨款,而弟弟还嫌少了。我在咸丰四、五、六、七、八、九等几年,每年根本收不到八十万串的。今后若再想筹集这么大的巨款,恐怕更难。

同治三年四月十三日

## 三零致四弟：

述养身之法有五事

【原文】

澄弟左右：

五月十八日接弟四月八日信，具悉一切。七十侄女移居县城，长与娘家人见面，或可稍解郁郁之怀。

乡间谷价日贱，禾豆杨茂，尤是升平景象，极慰极慰。此间军事，贼自三月下旬退出曹、郓之境，幸保山东运河以东各属，而仍蹂躏于曹、宋、徐、泗、凤、淮诸府，彼期此窜，倏往忽来。直至五月下旬，张、牛各股始窜至周家口以西，任、赖各股始窜至太和以西。大约夏秋数月，山东、江苏可以高枕无忧，河南、皖、鄂又必手忙脚乱。

余拟于数日内至宿迁、桃源一带察看堤墙，即由水路上临淮而至周家口。盛暑而坐小船，是一极苦之事，因陆路多被水淹，雇车又甚不易，不得不改由水程。余老境日逼，勉强支持一年半载，实不能久当大任矣。因思吾兄弟体气皆不甚健，后辈子侄尤多虚弱，宜于平日请求养生之法，不可于临时乱投药剂。

养生之法，约有五事：一日眠食有恒；二日惩忿；三日节欲；四日每夜临睡洗脚；五日每日两饭后各行三千步。惩忿，即余篇中所谓养生以少恼怒为本也。眠食有恒及洗脚二事，星冈公行之四十年，余亦学行七年矣。饭后三千步近日试行，自矢永不间断。弟从前劳苦太久，年近五十愿将此五事立志行之，并劝沅弟与诸子侄行之。

余与沅弟同时封爵开府，门庭可谓极盛，然非可常恃之道。记得己亥正月，星冈公训竹亭公日："宽一虽点翰林，我家仍靠作田为业，不可靠他吃饭。"此语最有道理，今亦当守此二语为命脉。望吾弟专在作田上用些工夫，辅之以书、蔬、鱼、猪、早、扫、考、宝八字，任凭家中如何贵盛，切莫全改道光初年之规模。

凡家道所以可久者，不恃一时之官爵，而恃长远之家规，不恃一二人之骤发，而恃大众之维待。我若有福罢官回家，当与弟竭力维持。老亲旧眷贫贱族党不可怠慢，待贫者亦与富者一般，当盛时预作衰时之想，自有深固之基矣。

同治五年六月初五日

【译文】

澄弟左右：

五月十八日接到你四月八日的来信，一切尽知。七十侄女搬到县城居住，经常可与娘家人见面，或许可稍稍把心中的郁闷消除。

听说近来乡里谷价日益降低，田里的禾苗豆苗还是异常茂盛，看似太平盛况，心中十分快慰！这段时间，敌人自三月下旬退出曹、郓境内，山东运河以东所属各县得以保全，但仍然蹂躏了曹、宋、徐、泗、凤、淮几府，此处清剿，彼处逃窜，便这样来去不定。直到五月下旬，张、牛各股，才窜到周家口以西。任、赖各股，才窜到太和以西。夏、科几个月过后，山东、江苏可以高枕无忧。河南、安徽、湖北，可能会面临紧张的形势，地方官自然又要手忙脚乱了。

我准备在几天内到宿迁、桃源一带视察堤墙。去临淮到周家口都走水路,盛暑坐小船,是很苦的差事。因为水把陆路淹了,又不方便雇车,不得不改由水路;我年纪越来越接近于老境,勉强支持一年半载,实在不能久抗这个大任了。我想我们兄弟身体都不太好,后辈子侄尤其虚弱,要在平日注意养身,不可病急乱投医,更不能胡乱吃药。

养身之法,大约有五个方面:一是要有规律的睡眠饮食;二是制怒;三是节欲;四是每日临睡前洗脚;五是两餐饭后,各走三千步。制怒便是养生为主,少发脾气。眠食有恒、临睡洗脚二事,星冈公坚持了四十年,我也学习了七年,至于饭后三千步一事,近日我才开始实行,并打算从此永不间断。弟弟年轻时太过劳苦,现也年近五十了,希望你能实践这五个方面,并劝沅弟和子侄们实行。

我与沅弟同时封爵开府担任督抚,门庭盛极一时,然而,这些虚名是不能长久倚仗的。记得己亥正月,星冈公训竹亭公说:"宽一虽点翰林,但家业仍需仰仗种田,不可靠他为生。"这话很有道理,今天对这句遗训也应遵循并以此为全家的命脉。希望弟弟在作田上多加用心,辅以书、蔬、鱼、猪、早、扫、考、宝八个字,不管家里如何富贵兴盛,道光初年的规模不要改变。

若要使家道长久兴盛,不可倚仗一时的官爵万,而要以长远的家规为根本;不能倚仗一两个人的骤然发迹,其基础是大众的维持。我若有福苟活残年,待罢官回家之后,定当与弟弟同心竭力维持家道。老亲旧戚,贫困的族党,千万不可怠慢,要同等对待贫困富有者,不可有异样。兴盛之际也想到衰落之际,这样自然可以为我曾家奠定深厚坚实的基础了。

同治五年六月初五日

## 要起早,要勤洗脚

**【原文】**

澄侯、沅甫两弟左右:

闰月一日彭芳四来,接两弟信并纪泽一禀,具悉一切。

澄弟移寓新居,闻光彩焕发,有王相气象,至慰至慰。沅弟新屋前闻不甚光明,近日长夫来者皆云极好。吾两对所祝者,将来必如愿矣。祭叔父文亦斐亹可诵,四字句本不易作,沅弟深于情者,故句法虽弱而韵尚长也。余办木器送澄弟,即请澄自为妥办,女家之钱已交盛四带归。即仿七年之例,由县城办就,至家中再漆可也。

此间自浙江克复,人心大定。太湖各营于二十四五日拔营,宿松吉中、吉左四营于廿六日拔营,均至右牌取齐,初五日将进围安庆。朱惟堂一营初二日至江边,距宿松仅七十里。营中一切平安,余身体亦好。惟饷项暂亏,若四川不速平,日亏一日,必穷窘耳。

澄弟之病日好,大慰大慰。此后总以戒酒为第一义。起早亦养身之法,且系保家之道,从来起早之人,无不寿高者。吾近有二事效法祖父,一日起早,二日勤洗脚,似于身体大有禅益。望澄弟于戒酒之外,添此二事,至嘱至嘱。

顺问近好。兄国藩手草,闰三月四日。

**【译文】**

澄侯、沅甫两弟左右:

闰月一日彭芳四已到,收到两位弟弟和纪泽的信,全部都知晓了。

澄弟搬了新家，听说容光焕发，有王侯景象，很欣慰。本来听说沅弟新房暗，这些天来我这里的长夫都说很好。我那两副对联所祝福的，日后定能实现。祭叔父的祭文也是朗朗上口，向来很难做四字句，但沅弟情意深重，因此句法虽逊些但韵味还好。我准备了一些木器送给澄弟，就请澄弟自己妥善处理，已由盛四带回女方家给的钱。就仿效七年的旧例，在县城里办好，到家后再粉刷就行了。

这段期间自收复浙江，人心很平静。二十四五日间驻扎太湖的各营将拔营，宿松的吉中、吉左四营将于二十六日拔营，都要到右牌会合，对安庆则初五合围。朱惟堂所带领的营队初二抵达江边，距离宿松只有七十里。营中一切都好，我身体也健康。只是军饷缺乏，倘若四川不马上收复，一天天短缺下来，情况急迫。

澄弟的病已逐渐好转，十分欣慰。今后首要大事是戒酒。早起也是养身之道，而且也是保家之法，早起的人，向来没有短寿的。我最近仿效有两件事祖父：一是早起，二是勤洗脚，大有裨益于体质。期望澄弟除戒酒以外，再添加这两件事。特此叮嘱。

随信问候，希望一切安好！兄国藩手草，闰三月四日。

## 须心平气和

**【原文】**

澄弟左右：

九月十七日接弟八月廿九日信，系在县城所发者。廿二三日连接弟九月初七八日两缄，具悉一切。

弟为送科一之考两次晋省，实觉过于勤劳，兄闻之深抱不安。且弟于家庭骨肉之间，劳心劳力，已历三十余年，今年力渐老，亦宜自知爱惜保养，不特为家庭之际，不可过劳也。

吾人金陵署中已半月，大小平安，隔日至沅弟处看病。沅之湿毒未愈，尚尔病痛，而肝郁少减，大约十月初登舟起行。其湿毒与我廿五六年之病相似，而我之病似更重。余劝沅不必吃药敷药，此等皮肤之疾，始可不治自愈。惟夜不成寐，却是要紧之症，须用重心和平之法医之。

褚一帆事，不能请谥。盐局之事，全依次帅与黄、郭之言，断不掣肘。顺问近好。九月廿四日。

**【译文】**

澄弟左右：

九月十七日收到老弟八月二十九日的来信，是从县城发出的。二十二、三两天接连收到九月初七、初八两封来信，便知晓了所有情况。

老弟为了送纪鸿参加考试而两次上省城，实在觉得弟过于辛劳苦累，我对此忧虑不已。况且老弟你为全家人已呕心沥血三十多年，现年纪、精力都步入老境，也该知道爱惜身体，保养身心，不仅为了家族，就是为了你自己也不要操劳过度了。

我搬进金陵官署里已有半个月，家中一切安好，每隔几天便到沅弟那里探望病情。沅弟湿毒还没痊愈，还感疼痛，但肝气郁结的症状稍微减轻了，大约十月初搭船启程。沅弟湿毒之症与我道光二十五、六年的病有类似之处，但不如我病重。我劝说沅弟没有必要吃药、敷药，这类皮肤病，最终能够不用医治而自动痊愈的。但是晚上失眠，却是重要的症状，要用保养心气平和的办法来治疗。

褚一帆的事，不能请求谥号。盐局的事，完全听从次帅以及黄、郭等人的建议，不要参与决策，左右他们。随信问候，希望一切顺利。九月廿四日。

## 放心静养，不可怀忿怄气

【原文】

沅弟左右：

廿六日接弟廿三日信。廿七日傍夕兰泉归来，备述弟款接之厚，才力之大，十倍竺虔旧仆。而言弟疾颇不轻，深为忧灼，闻系肝气之故。

吾日内甚郁郁，何况弟之劳苦百倍于我？此心无刻不提起，故火上炎，而血不养肝。此断非药所能为力，必须放心静养，不可怀忿呕气，不可提心吊胆，总以能睡觉安稳为主。兰泉言弟尚能睡。

今日接到寄谕，江西厘金之讼，仍是督抚各半。然官司虽输，而总理衙门奏拨五十万两专解金陵大营，未必尽靠得住，而其中有二十一万实系立刻可提者，弟军四五两月不致哗溃。六月以后，则淮北盐厘每月可得八万，故余转恼为喜。向使官司全赢，则目下江西糜烂，厘金大减，反受虚名而无实际，想弟亦以得此为喜也。兹将恭王咨文付阅，廷寄俟明后日咨去，即问近好。国藩顿首。

【译文】

沅弟左右：

二十六日收收到二十三日的来信。二十七日黄昏兰泉回到这里，详细叙述老弟对他的热情款待，财势简直比竺虔以前那位随从大十倍。又听闻你病得很严重，我深感担忧焦急，听说是肝火上升的原因。

我这段时间很烦闷，更何况老弟比我多百倍的困苦烦恼呢？心每时每刻放不下，因此火气上升，而血脉不能顺气养肝。这种病药物根本不管用，一定要放下心来，安心静养，不能胸怀愤懑，自己生气，不能提心吊胆，最主要的便是睡不安稳觉，兰泉说老弟还是能睡着。

今天已收到寄来的圣旨，有关江西厘金的纷争，还是两江总督与江西巡抚各分一半。然而这场官司虽然输了，总理衙门奏准另拨款五十万两专门解往金陵大营。虽然不是很靠谱，但其中有二十一万两实际上唾手可得，因此老弟一军四、五两月之内不至于哗变崩溃了。六月以后，则淮北盐厘每月可收入八万两，故此消除了我的怒气。如果官司全赢下来，眼下江西还乱成一团，厘金收入大减，我辈反而徒有占江西全省厘金之虚名却没收到实际利益。我想老弟也会因此次输掉官司而开心吧。现将恭王发来咨文让弟阅读。寄来的圣旨则等明后天以咨文发去。随信问候，希望一切都安好。国藩顿首。